本研究及成果出版受以下基金项目资助

国家社科基金重大项目

"认知科学视阈下的中华文化特质研究"批准号：23&ZD238

"语言、思维、文化层级的高阶认知研究"批准号：15ZDB017

国家自然科学基金重点项目

"语言理解的认知机理与计算模型研究"批准号：62036001

贵州省哲学社会科学规划国学单列重大项目

"认知科学与阳明心学的实证研究"批准号：20GZGX10

清华大学认知科学研究系列丛书
Series of Cognitive Science Research, Tsinghua University

蔡曙山 著

认知科学导论

INTRODUCTION TO COGNITIVE SCIENCE

人民出版社

致　谢

　　本书是20年来我在清华大学和贵州民族大学讲授认知科学及相关学科课程以及进行科学研究的一项成果。追溯我的一生，应该感谢很多的人，没有他们的爱、关心和帮助，就不可能有我的成长，不可能有我一生的成就，也不可能有这部著作。

　　感谢我的父亲和母亲，感谢他们给予我生命，伴随我成长，给予我健康和智慧。父亲蔡之时先生，贵阳市人，大夏大学（今华东师范大学）毕业，历任贵阳达德学校教师、贵阳一中、都匀一中教导主任，1950年初调任省立独山中学校长、独山一中副校长。"文化大革命"中受到诬陷和迫害，历尽劫难而浴火重生，其后任独山中学（后改为独山县民族中学）校长、县人大常委会副主任。父亲终生从事教育，家徒四壁，两袖清风，品德高尚，立天地间。父亲是我人生的第一位导师。母亲彭世伦女士，雷山县人，独山中学语文教师，"文革"中与父亲相濡以沫，共度劫难。母亲是我人生的第一位语言学教师和"耕读指导"。从小母亲陪伴我们在灯下读书，三年困难时期带着我们种田。多年后我以"耕读"命名书斋，为牢记母亲的教导：一等人忠臣孝子，两件事读书耕田。父母亲一生恩爱，堪称楷模。"家，可爱的家，我不能离开你，你的恩惠比天长。"这是父亲在生命的最后时刻给我们一家唱的最后一首歌。感谢父母给了我们这个家，让我们得到温暖，享受亲情，健康成长。谨将本书献给我的父亲和母亲，愿他们在天堂幸福。感谢我的家人，特别感谢蔡太太曹静博士多年来对我的理解和支持。

　　感谢我的清华大学认知科学团队共同创建人及合作伙伴傅小兰教授、沈家煊教授、杨英锐教授、江铭虎教授、周建设教授、张钹院士、张建伟院士、孙茂松院士、杨士强教授、高上凯教授、高小榕教授、彭凯平教授、李虹教授、樊富珉教授、宛小昂教授、郑美红副教授，清华大学博士后合作伙伴张寅生教授、衣新发教授、白晨教授及各届博士研究生和硕士研究生；贵州民族大学领导和合作伙伴张学立教授、谢治菊教授、杜薇教授、张正华副教授、白正府副教授、曹发生副教授、甘伟副教授、韩莉副教授、李永副教授以及张景婷博士、龙艺红、石仕婵、张付霞、童娴、童欢等各位老师，贵州民族大学逻辑与认知、民族文化与认知、教育学各届硕士研究生。

特别要衷心感谢人民出版社陈亚明老师、夏青老师对清华大学—贵州民族大学认知科学研究和教学工作以及对我予以的全力的、热忱的支持和帮助。本丛书第一批书目已经出版 6 种，对推动我国认知科学发展发挥了重大的作用。2021 年初选第二批书目 8 种，本书为第二批书目中第一本教材。感谢夏青老师和出版社诸位同仁为本书的编辑出版所付出的艰辛劳动。希望本书以及其后第二期书目其他图书的出版继续对推动我国认知科学科研和教学发挥积极作用。

2020 年，中国教育部、国家自然科学基金委纷纷出台重大政策和举措，推动我国交叉学科和新文科建设。一时间全国高校和科研机构各种交叉学科如山花烂漫。回想起清华大学认知科学团队创业诸多艰难，真是"廿载一觉认知梦，十年辛苦不寻常。"（蔡曙山、傅小兰、杨英锐、张刚：《科学中国人》2018 年第 12 期，参见本书附录一）此时心情用毛泽东《卜算子·咏梅》的词意来描写最为恰当：

> 风雨送春归，飞雪迎春到。
>
> 已是悬崖百丈冰，犹有花枝俏。
>
> 俏也不争春，只把春来报。
>
> 待到山花烂漫时，她在丛中笑。

丛 书 总 序

蔡曙山

卷首诗：

开天辟地历洪荒，

历尽洪荒让有光。

直立而行行致远，

火薪相继继世长。

发明言语通心智，

运用思维著文章。

知识千年成大厦，

传承文化万古扬。

一、认知科学的起源与发展

话说盘古开天地，宇宙走出混沌。经过直立行走、火的使用和语言的发明三大事件，猿终于进化为人。20 世纪 50 年代，认知科学这艘航船开始启航，此时距宇宙大爆炸 148 亿年，距地球诞生 45 亿年，距生命出现 35 亿年，距人类发明语言和运用思维 200 万年，距文字发明 5000 年，距孔子开馆授徒 2500 年，距西方创办大学 1200 年，距造纸术和印刷术发明 700 年，距工业革命 300 年，距计算机发明 50 年，与互联网发明同时代。①

---

① 米黑尔·罗科、威廉·班布里奇编著，蔡曙山、王志栋、周允程等译：《聚合四大科技 提高人类能力——纳米技术、生物技术、信息技术和认知科学》，清华大学出版社 2010 年版，第 32 页。

当时这艘航船由乔姆斯基掌舵。到 20 世纪 70 年代中期，航船上的舵手和领航人乔姆斯基（N. Chomsky，语言学）、沃森和克里克（J. D. Watson and F. Crick，生命科学）、米勒（G. Miller，心理学）、冯诺依曼和西蒙（von Neumann and H. Simon，计算机科学）等决定将这艘航船命名为"认知科学"号（cognitive science），认知科学就此创立。

认知科学创立之初的学科框架如下图（图 0-1）。

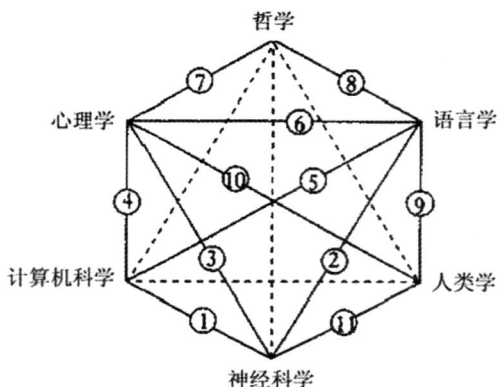

图 0-1　认知科学学科框架图

图中，哲学、心理学、语言学、计算机科学、人类学和神经科学称为认知科学的来源学科（original disciplines），六大来源学科在认知科学的框架下形成各自的新兴学科：心智哲学（philosophy of mind）、认知心理学（cognitive psychology）、认知语言学（cognitive linguistics）、人工智能（AI）、认知人类学（cognitive anthropology）和认知神经科学（cognitive neuroscience）。六个来源学科之间互相交叉，产生出 11 个新兴交叉学科，即：①控制论；②神经语言学；③神经心理学；④认知过程仿真；⑤计算语言学；⑥心理语言学；⑦心理学哲学；⑧语言哲学；⑨人类学语言学；⑩认知人类学；⑪脑进化。

以上这些学科都是认知科学诞生以后产生的世界前沿的新兴交叉学科。显而易见，如果没有认知科学，这些新兴交叉学科都不会产生。

2000 年，人类迈入新世纪，认知科学这艘航船在它航行的道路上又做了两件大事。一件事是将教育学纳入认知科学的学科框架，形成

"6+1"新的认知科学学科框架（图0-2），因为教育是伴随人终生的心智和心身健康发展的认知过程。在认知科学背景下来发展教育和教育学，不仅会带来教育学的新发展，更重要的是能够促进人的各个阶段的心身健康发展，而这正是教育的目的。第二件事是将认知科学这首航船与其他三艘航船组成舰队一起航行，这支舰队被命名为NBIC（Nano-technology，Biotechnology，Information Technology and Cognitive Science），包括纳米技术（Nano-technology）、生物技术（Biotechnology）、信息技术（Information technology）和认知科学（Cognitive science），简称"恩比克"（NBIC）或"聚合技术"（Converging technologies）。[1] 认知科学被纳入到一个更大的学科共同体之中，人类社会进入一个综合发展的新时代。[2]

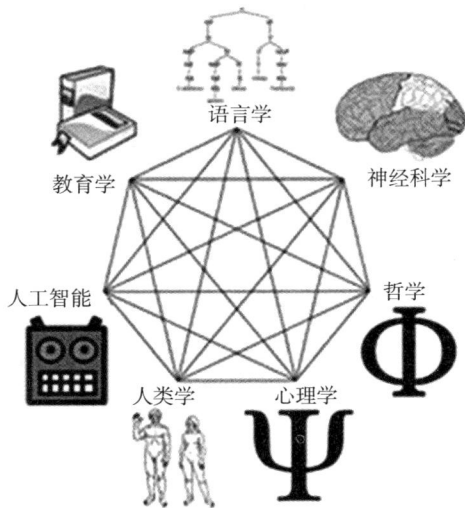

图0-2 认知科学"6+1"学科框架图

---

[1] 米黑尔·罗科、威廉·班布里奇编著，蔡曙山、王志栋、周允程等译：《聚合四大科技 提高人类能力——纳米技术、生物技术、信息技术和认知科学》，清华大学出版社2010年版，第32页。本书入选2011年中央国家机关"强素质，作表率"读书活动科技类唯一推荐书目。

[2] Cai, S. The age of synthesis: From cognitive science to converging technologies and hereafter, Beijing: *Chinese Science Bulletin*（《科学通报》英文版），2011，56：465-475，doi：10.1007/s11434-010-4005-7。

我曾经将认知科学的目标概括为科学目标和学科目标两大类①：科学目标：揭开人类心智的奥秘。学科目标：促进学科交叉发展。

我们略加分析。

第一，科学目标：揭开人类心智的奥秘。

在由美国近 70 位科学家撰写的《聚合四大科学技术　提高人类认知能力》一书中，公布了美国两大科学计划：人类基因组计划和人类认知组计划。人类基因组计划（Human Genome Project，HGP）的目标是破解人类生命的秘密，方法是测定组成人类染色体中所包含的 30 亿个碱基对组成的核苷酸序列，从而绘制人类基因组图谱，并且辨识其载有的基因及其序列，达到破译人类遗传信息的最终目的。人类认知组计划（Human Cognome Project，HCP）的目标是揭开心智的奥秘，方法是通过多学科包括神经科学、心理学、人类学、计算机科学与人工智能、语言学和哲学的交叉研究，通过了解人脑的结构和功能，从而了解人类大脑，以期完全理解人类心智和认知。

《聚合四大科学技术　提高人类认知能力》一书，对认知科学的科学目标及其在纳米技术、生物技术、信息技术、认知科学四大科技中的指导地位和关键作用，有两段精彩的论述：

> 在下个世纪，或者在大约 5 代人的时期之内，一些突破会出现在纳米技术（消弭了自然的和人造的分子系统之间的界限）、信息科学（导向更加自主的、智能的机器）、生物科学和生命科学（通过基因学和蛋白质学来延长人类生命）、认知和神经科学（创造出人工神经网络并破译人类认知）及社会科学（理解文化信息、驾驭集体智商）领域，这些突破被用于加快技术进步的步伐，并可能会再一次改变我们的物种，其深远的意义可以媲美数十万代人以前人类首次学会口头语言知识。NBICS（纳米—生物—信息—认知—社会）的技术综合可能成为人类伟大变革的推进器。

---

① 蔡曙山主编，江铭虎副主编：《人类的心智与认知》，人民出版社 2016 年版，"导言"第 1—5 页。

聚合技术（NBIC）以认知科学为先导。因为规划和设计技术需要从如何（how）、为何（why）、何处（where）、何时（when）这 4 个层次上理解思维。这样，我们就可以用纳米科技来制造它，用生物技术和生物医学来实现它，最后用信息技术来操纵和控制它，使它工作。

第二，学科目标：促进学科交叉发展。

从认知科学到聚合技术的发展，体现了 21 世纪综合发展的时代特征、综合交叉的学科发展趋势、实现人的全面发展的时代要求，代表着人类前进的方向。[①]

2020 年，国家多个职能部门和科研机构包括教育部、自然科学基金委、中国科学院纷纷出台重要政策和重大举措，倡导学科交叉融合发展。

■教育部设置交叉学科门类

2020 年 8 月，全国研究生教育会议提出要建立"交叉学科"门类。随后，国务院学位委员会、教育部印发通知，新设置"交叉学科"门类，成为我国第 14 个学科门类。

■中国科学院建立哲学研究所

2020 年 9 月 24 日，中国科学院哲学研究所正式揭牌成立。中国科学院哲学研究所是中国科学院面向国家战略需求而建立的新型科研机构，其目标是通过创建科学家与哲学家的联盟，来促进科技创新、哲学发展和文明进步。中科院哲学所下设 5 个研究中心，包括逻辑学与数学哲学中心、物质科学哲学中心、生命科学哲学中心、智能与认知科学哲学中心以及科学与价值研究中心。

■教育部召开新文科发展促进会

2020 年 11 月 3 日，由教育部新文科建设工作组主办的新文科建设工作会议在山东大学（威海）召开。会议研究了新时代中国高等文科教育创新发展举措，发布了《新文科建设宣言》，对新文科建设作出了

---

① Cai, S. The age of synthesis：From cognitive science to converging technologies and hereafter，Beijing：*Chinese Science Bulletin*（《科学通报》英文版），2011，56：465-475，doi：10. 1007/s11434-010-4005-7。

全面部署。

■自然科学基金委设立交叉学科部

在 2020 年 11 月 29 日召开的国家自然科学基金委员会交叉科学高端学术论坛上，国家自然科学基金委员会宣布成立交叉科学部，这标志着在促进学科交叉融合方面又迈出新的一步。

在 20 年前建立的清华大学认知科学团队是中国第一支认知科学创新团队。关于清华大学认知科学团队的思想理念、理论创新、科学研究和学科建设的重要成果，我们在下面一并介绍。

二、人类认知五层级理论

认知科学的两大目标：揭开人类心智的奥秘和促进学科交叉发展，前者是科学目标，是第一性的；后者是学科目标，是第二性的。这是由科学与学科的关系决定的：首先，科学与学科有本质的区别；其次，科学是第一性的，学科是第二性的。科学研究决定学科发展和学科规范，学科规范和学科发展反过来又会影响科学研究。①

前面介绍和分析的认知科学的六大来源学科结构（图 0-1）和"6+1"的学科结构（图 0-2）对认知科学都是一种学科的理解，在这种认识之下，认知科学仅仅被当作一个交叉学科。清华大学认知科学团队早期对认知科学的理解以及目前国内大多数认知科学团队和学者对认知科学的理解，甚至国家层面对认知科学的理解，也只是交叉学科的理解。但这显然是不够的，甚至可以说是错误的。

那么，什么是认知科学的科学理解和科学结构呢？

2015 年，我开始思考这一问题。首先，我们要确立认知科学的目标和对象。根据前面的分析，认知科学的目标是揭开人类心智的奥秘，据此，我们将人类心智（human mind）确立为认知科学的对象。其次，在此基础上，我们需要对此目标和对象进行结构性的分析。

① 蔡曙山等：《科学与学科的关系及我国的学科制度建设》，《中国社会科学》2002 年第 3 期。

图0-3是人所尽知的达尔文物种进化论的示意图,从此图我们不仅能够看到达尔文的物种进化论,还能够看到另外两种进化论:基因进化论和心智进化论。关于这三种进化论的详细论述,请参阅蔡曙山《生命进化和人工智能》。[①]

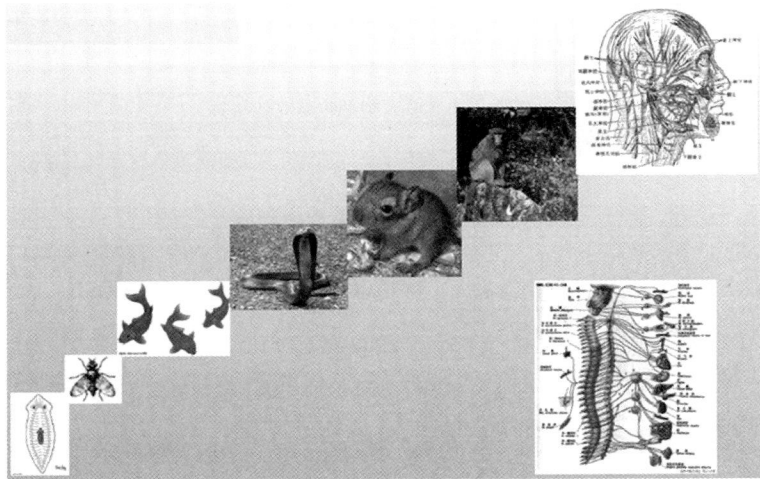

图0-3 动物和人类心智进化图

对动物和人类心智进化图进行结构化分析,我们就得到人类认知五层级结构图(图0-4)。

心智是认知科学的初始概念,认知和认知科学都是用心智来定义的。从脑和神经系统产生心智(mind)的过程叫认知(cognition)。认知科学(cognitive science)就是研究人类心智和认知原理的科学。[②]从人类认知五层级示意图我们可以看出:

(1)人类的心智和认知涵盖所有五个层级,包括高阶的心智和认知以及低阶的心智和认知。从神经认知、心理认知、语言认知、思维认知到文化认知的发展,是动物和人类心智和认知进化方向的体现。人类

---

① 蔡曙山:《生命进化与人工智能》,《上海师范大学学报》2020年第3期。
② 蔡曙山:《认知科学框架下心理学、逻辑学的交叉融合与发展》,《中国社会科学》2009年第2期。

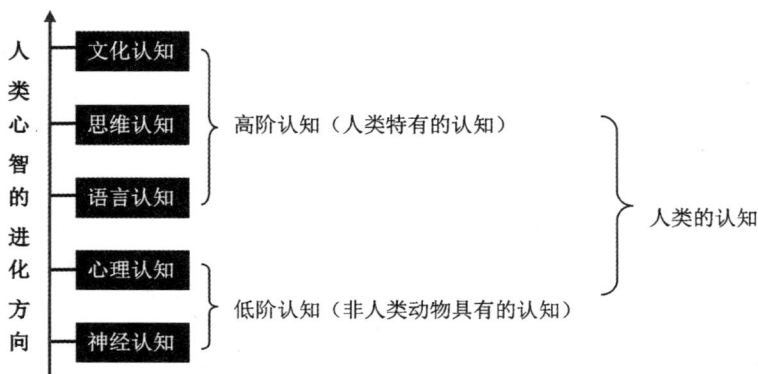

图 0-4　人类认知五层级结构

五个层级的心智和认知，是心智和认知进化各阶段能力的遗留，是自然进化对人类的馈赠。

（2）每一种初级认知依次成为高级认知的基础。例如，神经认知是心理认知的基础，心理认知是语言认知的基础，语言认知是思维认知的基础，思维认知是文化认知的基础。当然我们也可以说，神经认知和心理认知是语言认知的基础；神经认知、心理认知和语言认知是思维认知的基础；神经认知、心理认知、语言认知和思维认知是文化认知的基础等等。

（3）由于高级认知向下包含了较初级的认知，所以较高层级的心智认知形式会对它所包含的初级的心智认知形式产生影响。例如，文化认知对思维认知、语言认知、心理认知和神经认知产生影响；思维认知对语言认知、心理认知和神经认知产生影响；语言认知对心理认知和神经认知产生影响等等。

（4）由语言认知、思维认知和文化认知构成的高阶认知是人类特有的认知形式，非人类的动物并不具有这种认知形式。在高阶认知中，语言认知是基础；在人类认知的五个层级中，语言认知是核心。

（5）低阶认知是非人类动物具有的认知形式，当然人类也具有这种形式的认知。

五个层级的认知是科学的划分。所谓科学划分，就是将科学研究的对象作为划分的根据。迄今为止，认知科学所研究的对象都分属于这五个层级，没有也不可能有超出这五个层级的认知科学对象。当然，有些对象是跨层级的，这就形成认知科学跨领域、跨学科的研究。

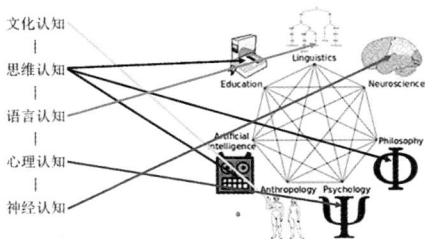

图 0-5　认知科学的科学与学科关系映射图

将这个科学结构映射到相关学科上得到认知科学的学科结构。图 0-5 表示从认知科学结构到学科结构的映射。

从这里我们看到，认知科学的科学结构是基础的，是第一性的，将这个结构映射到相关学科上就得到认知科学的学科结构，这是科学决定学科的又一证据。

根据这个理论，2015 年，我带领的清华大学认知科学团队以"语言、思维、文化层级的高阶认知研究"为题，申报国家社科基金重大项目并获得批准。[①] 2023 年，我带领的清华大学团队再次以"认识科学与中华文化特质研究"为题申报国家社科基金重大项目并获得批准。[②] 20 年来，特别是近五年来，本团队在认知科学的科学研究、学科建设、教学教育、人才培养、学术交流和服务社会等多方面取得了显著成绩。详见本书"导言"及"附录一"。

三、清华大学认知科学研究系列丛书

在清华大学认知科学研究中心发展时期（2006—2015），我们与人民

[①]　蔡曙山、江铭虎、张学立、周建设、鞠实儿等.《语言、思维、文化层级的高阶认知研究》，国家社会科学基金重大项目，批准号15ZDB017，2017 年获滚动资助。

[②]　蔡曙山、江铭虎、衣新发、白晨、张寅生等.《认知科学视阈下的中华文化特质研究》，2023 年度国家社科基金重大项目，批准号 23&ZD238。

出版社合作出版了清华大学认知科学研究系列丛书，已经出版《自然语言形式理论研究》（蔡曙山、邹崇理，2010）、*Mind and Cognition*（Cai, Shushan and Natalie Beltz，2014）、《人类的心智与认知》（蔡曙山、江铭虎等，2016）等多种，在国内国际认知科学界产生积极影响，为推动我国认知科学发展作出了贡献。

2021年，人民出版社重新审查并批准清华大学认知科学系列丛书第二辑出版计划。本丛书第二辑第一批书目计划出版认知科学研究相关题材的图书预计8种，继续推进我国的认知科学研究和学科建设。

导　言

本书是《清华大学认知科学系列丛书》第二辑第一批书目中的第一本图书。

本书所依据的资料来自两个方面，一是过去 20 年来本人和本团队在认知科学研究方面的理论建树和科研成果；二是过去 20 年来本人在清华大学开设的认知科学及相关学科课程。第一个方面的工作和成果参见《丛书总序》及本书附录一和附录二。下面我们来看作者在教学方面的工作和成果。

本书作者自新世纪之初在清华大学开设认知科学相关课程，至今已逾 20 年。在清华大学开设的本科生和研究生相关课程如下：

心理学和认知科学

（1）语言心理学；（2）思维心理学；（3）推理心理学；（4）溯因推理导论；（5）认知科学基础；（6）认知科学研究方法；（7）高阶认知（人类的心智与认知）；（8）认知科学系列讲座。

逻辑学

（9）一阶逻辑；（10）模态逻辑；（11）多值逻辑；（12）现代逻辑和形式化方法；（13）心理逻辑；（14）认知逻辑。

逻辑学和语言学

（15）语言逻辑；（16）自然语言的形式理论；（17）语用学和自然语言理解；（18）心理语言学；（19）认知语言学。

语言哲学和心智哲学

（20）言语行为理论；（21）语言哲学；（22）心智哲学；（23）心理学哲学。

2015 年，本书作者受聘贵州民族大学，组建民族文化与认知科学学院，任学院院长。该学院下设认知科学与技术、心理学和教育学三个系，另设逻辑与认知、阳明心学与认知科学两个中心。2020 年 8 月，笔者在贵州民族大学的第一个任期结束时，除了将清华大学以上相关课程和教学方法（如学生主动学习，积极参与、课堂师生互动等方法）移植到贵州民族大学相关专业之外，还开设了文化学和文化认知的相关课程，如下：

（24）文化学概论；（25）中华文化与认知。

在这个过程中，笔者感到非常有必要写一本《认知科学导论》，一是用作"认知科学基础"及其他相关课程的教材；二是为本科生和研究生系统学习认知科学提供基础知识。

既然是一本教材，应该作两个方面的考虑：一方面要考虑教材的理论基础和学科框架；另一方面要考虑教材的篇章结构安排，使之符合 18 周的教学需要。

按照以上两个方面的考虑和要求，本书根据人类认知五层级理论，按照脑神经与认知、心理与认知、语言与认知、思维与认知、文化与认知五个部分写作，全书共 17 章。本书结构与主要章节如图 0-6 所示。

本书所使用的素材源于作者在清华大学和贵州民族大学从事认知科学研究的成果和相关课程教学的实践，具有坚实的科学理论基础和成功的教学实践经验。如"认知科学基础"一门课程在清华大学和贵州民族大学已经开设 20 年，经历逾 30 次课程的补充和完善。本课程导言共 138 张 PPT，16 章课程内容共 660 张 PPT，是一门深受学生欢迎的成熟的课程，这些教学科研成果均已贡献于本教材之中。

本书适合认知科学及相关学科专业，如哲学、逻辑学、语言学、心理学、教育学、人类学、民族学、文化学和文化研究、计算机科学、人工智能、神经科学等领域教师、研究生、本科生用作教材和教学参考书，亦可供以上领域科研人员参考。

篇目及认知层级　　　　认知加工方式　　　　认知领域（本书主要章节）

一　脑、神经与认知
- 脑与神经认知 — 左右脑分工
- 心智与认知 — 心智进化五层级结构及理论
- 心身关系 — 心智进化论

二　心理与认知
- 感觉加工 ┐
- 知觉加工 ┘ 感知觉加工和注意
- 表象加工 — 表象加工和记忆

三　语言与认知
- 语形加工
  - 词法加工
  - 句法加工
- 语义加工
  - 真值语义
  - 模型语义
  - 形式语义
- 语用加工
  - 言语行为——如何以言行事
  - 间接言语行为理论
  - 语言建构社会
  - 人工智能中文房间模型
  - 语言交际模型

四　思维与认知
- 概念加工 — 概念认知
- 判断加工 — 判断认知
- 推理加工 — 推理认知
- 决策加工 — 决策认知
- 无意识思维 — 无意识认知

五　文化与认知
- 科学与人文认知
  - 科学认知
  - 技术认知
- 哲学认知
  - 古代哲学：本体论
  - 近代哲学：认识论
  - 当代哲学：心智论
    - 分析哲学
    - 语言哲学
    - 心智哲学
- 宗教认知
  - 儒家（儒教）
  - 道教
  - 佛教
  - 基督教*
  - 伊斯兰教*

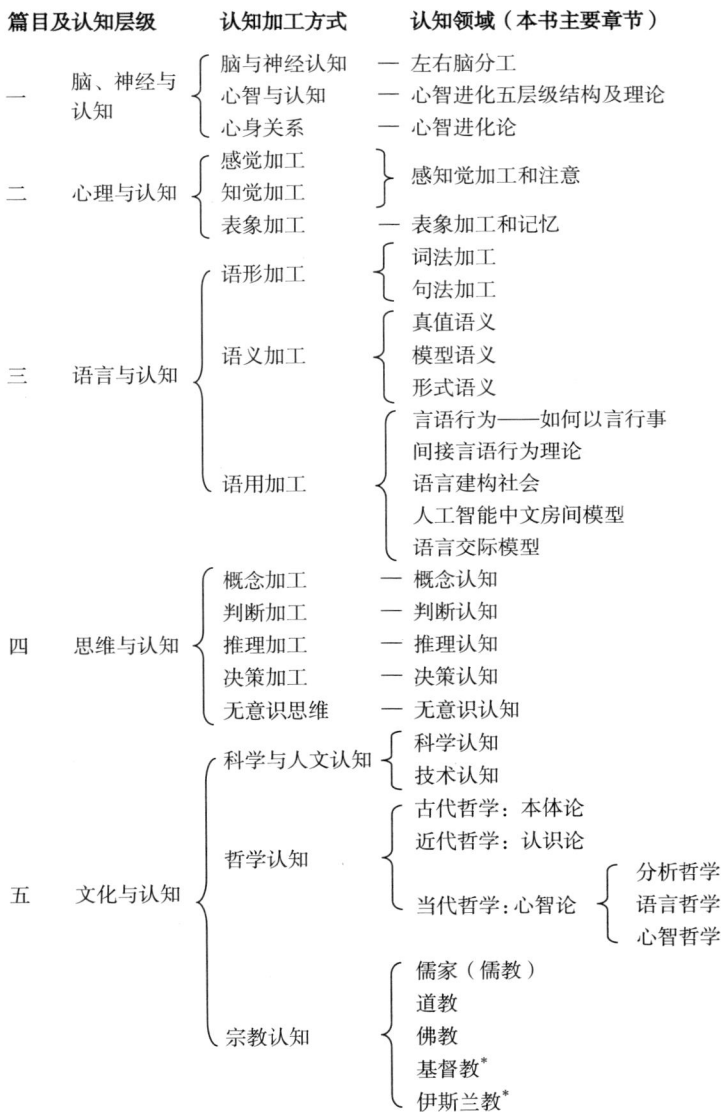

图 0-6　本书结构和主要章节内容示意图

注：星号（＊）部分本书不涉及。

目　录

第一部分　脑与神经认知

第二部分　心理认知

第三部分　语言认知

第四部分　思维认知

第五部分　文化认知

CONTENTS

Part I   Brain and Neuro Cognition

Part II   Psychological Cognition

Part III   Language Cognition

Part IV Cognition in Thinking

Part V   Cultural Cognition

第一部分

脑与神经认知

本部分摘录

　　左右脑的所有其他功能都是从原始的基本功能进化而来的。左右脑的原始功能是：左脑捕食、进攻。右脑防止被捕食、防守。左右脑明确分工而又协调一致地工作。

　　认知科学将心智看作是生命进化的依据，并以心智为研究对象。认知科学是研究心智与认知现象及规律的科学。心智和认知从低级到高级的发展决定了生命从低级到高级的发展。根据心智进化论，我们将生命35亿年的演化过程，看作是一个心智的进化过程。心智的进化从初级到高级经历了五个阶段的发展，分别是神经层级的心智、心理层级的心智、语言层级的心智、思维层级的心智和文化层级的心智。

　　心智和认知五层级理论的建立，使认知科学从交叉学科变成单一学科，因为认知科学有单一的研究对象——人类心智，也有自己独特的研究方法——经验科学和实验分析方法。认知科学的学科结构不过是认知科学的科学结构的一个映射。

　　心身问题（mind-body problem）是哲学千年难题，也是当代科学包括认知科学关注的核心问题。两千多年来，哲学和哲学家所关心的无非就是"心身问题"。20世纪的两大科学计划"人类基因组计划"和"人类认知组计划"为心身问题的解决提供了新的科学证据。通过从人类心智五个层级对心身问题的分析，我们可以为深入思考意识、自我意识和他人之心等重大问题即为心身问题这个千年难题提供新解。

第一章

认知的神经科学基础

人是自然的产物，是自然进化的结果（图 1-1）。

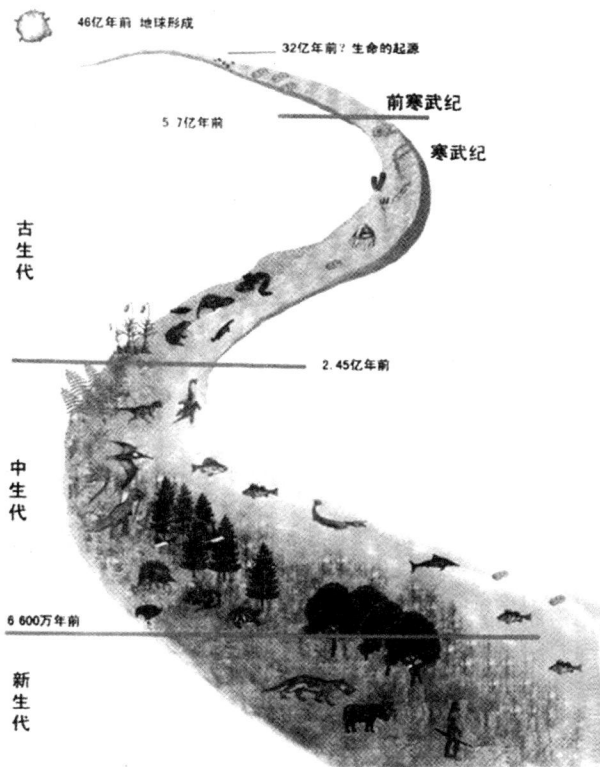

图 1-1　32 亿年生命的历程

一部宇宙进化史，事实上是人类心智和认知发展的历史。① 宇宙已有150亿年的历史，地球有45亿年的历史，生命有35亿年的历史，人类有200万年的历史，人类语言有200万年的历史，文字却只有5000年的历史。在这个漫长的宇宙进化过程中，从一个死寂的世界诞生了生命，产生了最简单的动物心智，心智的进化依次经历了神经、心理、语言、思维和文化五个阶段的发展，依次产生了神经、心理、语言、思维和文化五个层级的认知。②

因此，人是自然的产物，是自然进化的结果。在进化过程中，脑与神经系统逐渐产生出越来越复杂的结构和功能，左右脑产生分工，并进化出更多的功能。在这个过程中，人类的语言产生了。人类最终脱离动物界并进化成人。人类认知是以语言为基础、以思维和文化为特征的。人类心智和认知的进化，是脑与语言双重进化的结果。

本章我们依次讨论脑和神经系统的进化和基本结构、左右脑的基本功能和左右脑的详细分工、左右脑对信息加工的基本方式以及大脑偏侧性对人类认知的影响。

第一节　脑与神经系统的进化和基本结构

任何具有脑或神经系统的动物都有心智和认知。那么，脑与神经系统是如何进化并产生出心智与认知的呢？

生命可能起源于40亿年前覆盖地球的原始海洋。目前尚不能知道生命的具体发生过程和机制。大约35亿年前出现了DNA分子，形成第一批单细胞生物，DNA是生命的基础。在DNA拷贝过程中，核酸沿螺旋楼梯的顺序可能偶尔会发生错误。这种分子遗传的错误被称为突变。在极少的情况下，这种遗传突变可产生新的DNA序列，并得以生存和复制，于是物种产生了一个新性状。如果这个性状适应环境的改变，则

---

① 近来的科学研究表明，世界因意识而存在，先有意识而后才有宇宙万物。本书仍然采用进化论的思想，尽管这一理论正在面临前所未有的挑战。

② 蔡曙山：《论人类认知的五个层级》，《学术界》2015年第12期。另请参见本书"序言"。

物种得以发展，相反则被淘汰。由于生物进化基本上是遗传基因在空间中的一种随机运动，所以，进化在时间上是缓慢的，结果是复杂的。

15 亿年前真核细胞的出现是生物进化的第二个里程碑。4.4 亿年前，远古的节肢动物离开水域来到陆地，揭开生物进化史上新的一页。3.6 亿年前，第一批两栖动物离开海洋来到陆地。然后由恐龙到爬行类动物，并进一步衍生出鸟类和哺乳类动物。

基因考古学证明，人类共同的祖先是非洲南方古猿。南方古猿生存年代大约为 500 万年—150 万年之间。南方古猿化石最早于 1924 年在南非约翰内斯堡附近的汤恩发现，为一幼年头骨。其后陆续在非洲、亚洲发现十多处。其中较突出的代表是 1959 年在奥杜瓦伊峡谷发现的东非人头骨化石。南方古猿已经具有原始的言语能力。

人类进化的历史漫长，至今已经经历了 1000 多万年（图 1-2）。在这个过程中，有三个重要的事件。

图 1-2　人类的进化

第一个事件是直立行走。美国亚利桑那大学等机构的人类学家选取了4名人类志愿者以及5只黑猩猩作为研究对象。通过测量他们在跑步机上行进过程中消耗的氧气和运用的力量，计算各自所耗费的能量。结果发现人靠两足行走的步法比黑猩猩四肢行走的步法要节省75%的能量。这就解释了为什么人类祖先最终会选择直立行走的方式（图1-3）。直立行走

图1-3　人的直立行走

使人类解放了前肢，用于采摘和狩猎。猿类的这一支走出丛林，活动范围大大扩展。

第二个事件是火的使用。火的使用使人类可以摄入异体蛋白，蛋白质的大量摄入是脑容量增大的前提。考古证明，人类脑容量的急剧增大与火的使用在同一时期（图1-4）。人类终于进化出与其他动物有本质差异的最复杂的脑与中枢神经系统。

图1-4　火的使用和人类脑容量的增大

第三个事件是语言的发明。语言的发明意义重大，语言使猿最终进化为人。第一个证据是进化的证据。在人类进化的过程中，首先发明出语言的非洲南方古猿战胜了所有其他更强大的猿类，在竞争中胜出，终于走出非洲，向欧洲和亚洲迁徙，将自己的基因繁衍于世界。

第二个证据是符号学和脑与语言双重进化的证据。人类发明了由抽象概念构成的符号语言，并运用抽象语言进行思维，语言和思维形成知识，知识积淀为文化。从此，人类的进化不仅仅是或者说主要不是基因层次的进化，而是脑与语言的双重进化，[1]　是语言、知识和文化层级的进化，而非人类的动物只能是基因层次的进化。所以，人类的存在是语言的存在。第三个证据是人类心智和认知的证据。语言区分了高阶认知和低阶认知，即区分了人类认知与非人类动物的认知。在人类认知中，语言认知是基础，语言决定思维，语言和思维又共同决定文化。所以，语言决定人类的存在，这种存在不是动物意义的存在，而是人类意义的存在。第四个证据是哲学的证据。人类的存在，包括作为认知主体的存在，作为思维主体的存在和作为文化主体的存在，不过是语言的存在。"我思，故我在"这个经典的哲学命题，在认知科学发展的今天，应该被"我言，故我在"这个更深刻的命题所取代。[2]　语言使猿最终进化为人。

图 1-5　语言和文字的发明
甲骨文：中国古代文字

① Deacon, T. W. *The Symbolic Species：The Co-Evolution of Language and the Human Brain*. New York：W. W. Norton，1997.
② 参见蔡曙山：《论语言在人类认知中的地位和作用》，《北京大学学报》2016 年第 4 期。

人类用语言来做一切事情（doing everything by speaking），包括建构整个人类社会。①

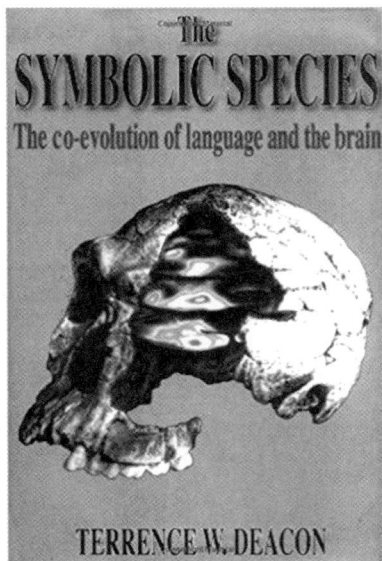

图 1-6　迪肯《符号物种：语言与脑的双重进化》

第二节　脑的偏侧性和左右脑的基本功能

哺乳动物的中枢神经系统由脑和脊髓两部分构成。脑又由三个部分构成：大脑、小脑和脑干。神经元是构成神经系统结构和功能的基本单位。

一、神经元

神经元（neuron），又称神经细胞，是基本的信号处理单位，它们依靠各自的外形、功能、位置和神经系统内的相互联结方式来彼此区分。神经元是具有长突起的细胞，它由细胞体和细胞突起构成。细胞体

---

① Searle, John R. *The Construction of Social Reality*, Free Press, 1997. *Mind, Language and Society: Philosophy in the Real World*, Basic Books, 1999.

位于脑、脊髓和神经节中，细胞突起可延伸至全身各器官和组织中。

　　细胞突起是由细胞体延伸出来的细长部分，又可分为树突和轴突。每个神经元可以有一个或多个树突，可以接受刺激并将兴奋传入细胞体（图1-7）。

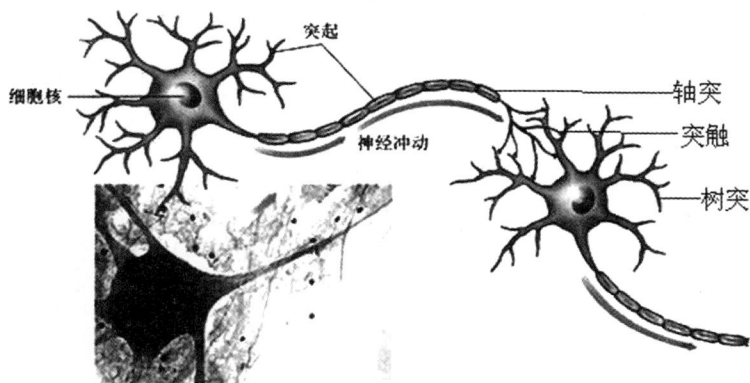

图1-7　神经元图

　　每个神经元只有一个轴突，可以把兴奋从细胞体传送到另一个神经元或其他组织，如肌肉或腺体。

二、大脑和左右半球

　　大脑位于脑干前方，背侧以大脑纵裂分成左、右大脑半球，每个半球都是由分层的神经元组成。大脑半球表面覆盖一层灰质，称大脑皮质（cerebral cortex），皮质深层为白质，由各种神经纤维构成，每侧半球内各一个内腔，即侧脑室。大脑皮质是神经系统调节躯体运动的最高中枢，大脑的表面是皮质或皮层。人和其他高等哺乳动物的皮质有很多褶皱，褶皱中凹陷的部分称为沟，突出的部分称为回（图1-8）。

　　人类大脑皮质上的褶皱有非常重要的特殊功能。首先，在相同脑容量的条件下，皮质的褶皱使得脑具有更大的表面积。人脑的表面积大约为2200—2400平方厘米，由于褶皱的存在，大约有2/3的皮质被折叠到脑的沟裂中，皮质的褶皱使得所需空间缩小到展开时的1/3。

　　人脑两个半球可以分为四个叶，分别为额叶（frontal lobe）、顶叶

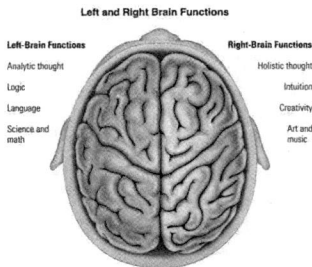

图1-8 大脑左右半球

（parietal lobe）、颞叶（tepporal lobe）和枕叶（occipital lobe）。中央沟将额叶和顶叶分开，外侧裂则将颞叶与额叶、顶叶分开（图1-9）。大脑皮质负责人脑较高级的认知和情绪功能，同时会对内脏活动也有调节作用。

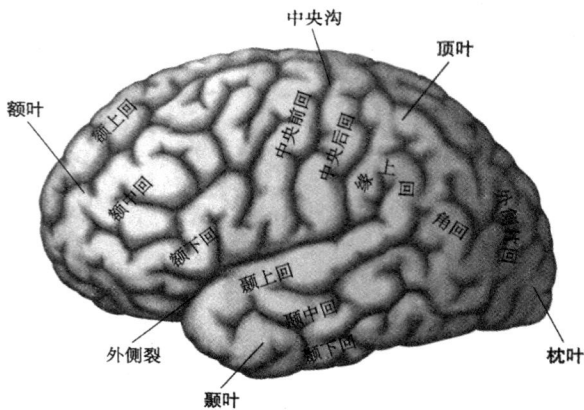

图1-9 大脑四大分区

胼胝体在两个半球之间，位于大脑半球纵裂的底部，是连接左右两侧大脑半球的横行神经纤维束，是大脑半球中最大的联合纤维体，它是哺乳类真兽亚纲的特有结构。组成胼胝体的纤维向两个半球内部的前、后、左、右辐射，连系额、顶、枕、颞叶，其下面构成侧脑室顶。人和大多数哺乳动物的胼胝体都属于大脑的髓质。

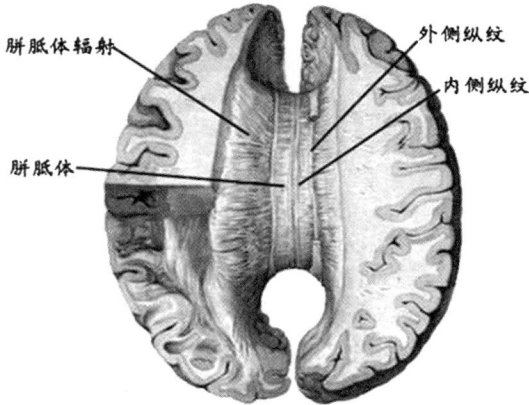

图 1-10 胼胝体（上视图）

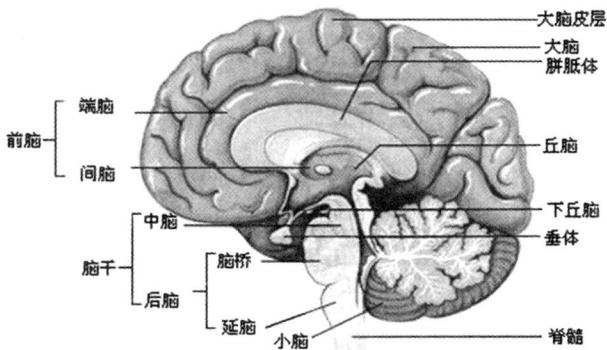

图 1-11 胼胝体（剖视图）

三、裂脑实验

裂脑实验和左右脑分工理论是 20 世纪脑与神经科学最重要的实验和最重大的发现。

美国神经心理学家斯佩里教授（Roger Wolcott Sperry，1913—1994）通过著名的割裂脑实验，建立了大脑不对称性的"左右脑分工理论"，因此荣获 1981 年诺贝尔生理学和医学奖。正常人的大脑有两个半球，由胼胝体连接沟通，构成一个完整的统一体。在正常的情况下，大脑是作为一个整体来工作的，来自外界的信息，经胼胝体传递，左、右两个半球的信息可在瞬间进行交流，人的每种活动都是两个半球信息交换和综合的结果。大脑两个半球在机能上有分工，左半球感受并控制右边的身体，右半球感受并控制左边的身体。

20世纪40年代，科学家对癫痫病人采用切断胼胝体的办法进行治疗。手术后，病人癫痫病发作减轻或停止了，但由于大脑两半球被分割开来，左右脑的信息不通，导致左右侧身体的行动互不配合，成为特殊的人群，即所谓的"裂脑人"（the split brain in man）。

对裂脑人进行的实验从20世纪60年代开始。斯佩里教授等人对裂脑人进行了仔细的观察和研究。

例如，在一次实验中，主试让裂脑人坐下，左右手分别放在桌子上下，眼前放一块能映出文字和图像的屏幕。操控仪器，屏幕左侧信号由右半球处理，右侧信号由左半球处理。当"NUT"（螺帽）这个字映入裂脑人左半球视野时，信号投射到右半球，被试能用左手正确地从一堆物件中挑出螺帽来，但却说不出左手抓的是什么。

斯佩里又把短词"点火"、"盛水"、"测距"的文字信号，分别映入裂脑人的左半球视野，他同样会准确无误地找出"火柴"、"玻璃杯"、"尺子"等图像与之一一对应。当左侧屏幕映出字"BOOK"（书）这个字时，被试能用左手正确地写出这个字，但问他："你左手写了些什么"，裂脑人竟回答是"CUP"（杯子），这表明右半球只能进行图像信息的加工，却不能进行语义信息的加工。

斯佩里又将"HATBAND"（帽带）这个字分成两部分，让"HAT"进入裂脑人左半球视野，"BAND"置于右半球视野，使它们分别投射到裂脑人的右、左半球。结果裂脑人只报告他看到"BAND"（带子），却不知是什么类型的"BAND"。这表明，裂脑人左半球虽然接受了"BAND"的视觉信息并进行了语言加工，但却不能把相应的语言加工信息转达到右半球，所以他回答不出关于"BAND"的语义问题。

斯佩里又将一个年轻女子和一个小男孩的照片以鼻子为中线，各取一半，拼成嵌合相片。他用一种特殊的实验方法，正好使年轻女子的照片的那一半置于裂脑人的左半球视野，小男孩的照片的那一半置于右半球视野。裂脑人能用手指出她看见了年轻女子，而嘴里却说看见了小孩。这表明左半球有言语、书写表达功能，而没有理解文字的能力；右半球基本上没有言语表达功能，却有识别理解文字的能力。由于切断了胼胝体，两半球信息中断，便出现了如此奇特的怪现象。

四、奇特的"裂脑人"现象

■出现在左右眼视野中的光束，右撇子裂脑人只能看到右边的光线。如果只呈现左边视野的光束，裂脑人说自己什么都没看见。但是，如果要求被试指出光线出现的位置，他竟然指出了左边的光束，但依然说自己看不见左边的光线！实际上，裂脑人的右眼确实看到了光线，但他的言语脑——左脑无法得到右脑的信息，所以表达说没有看到任何东西。

■将生活中非常熟悉的物品放在右撇子裂脑人的右手中，蒙上他的眼睛让他猜猜是什么东西，他会很准确地说出这个物品的名字。但奇怪的是，如果将这个东西放在他的左手中，裂脑人却说不出这个东西的名称。更加奇怪的是，如果此时让他从面前摆好的一堆东西中挑出刚才放在他左手中的东西，他竟然能挑得出来，但是他还是不知道这是什么东西！当然，在这个过程当中裂脑人一直被蒙着眼睛。合理的解释是，右脑负责加工触觉信息和图像信息，被试记住了握过的东西；然而语言信息由左脑加工，由于切断了胼胝体，右脑加工的信息无法传送到左脑，所以被试无法说出东西的名称。

■给右撇子裂脑人的右脑呈现一个图像，裂脑人像第一个实验那样，不能描述这个图像，甚至，他认为自己根本没有看到什么图像。但是让他用手尝试去挑出刚才呈现的东西，他却又能莫名其妙地挑出图像中的物品。这是视觉和触觉的协调实验。

■右撇子裂脑人两只手分别绘制立体图形，左手成绩远远好于右手，右手画的图形毫无立体感可言，如同幼儿园的孩子们所画。看来，空间信息加工能力主要在右脑上。

■给一个女性裂脑人左脑呈现一个裸体女人的照片，女裂脑人会大笑，并说这个是裸体女人。如果呈现在右脑，这个裂脑人说自己什么都没看见，但是她却莫名其妙地咯咯笑，问她笑的原因，她吞吞吐吐，然后说机器真有趣。这个实验说明虽然右脑无法说出物体的名字，但是存在着情绪反应。

■在暗室内，如果用话语指示裂脑人用左手去拿一个东西，裂脑人能够准确拿到，但是同样的物品放到他左手中，他却不能说出是什么。这说明右脑能够进行从语词到世界的语言加工，却不能进行相反的从世界到语词的语言加工。

通过一系列的裂脑人实验，斯佩里认为大脑左半球有语言、意识、概念、分析、连续、计算等功能；右半球有音乐、绘画、综合、整体性、几何空间等功能，左右两半球的功能是互补的。对于音乐，左半球负责旋律（或和声），右半球则负责节奏。斯佩里则认为，在正常情况下，人只有一种精神，是一个人；而裂脑人有两种精神，是两个人。

现在，人们已经基本弄清人类大脑左右半球的基本功能（图1-12）。

图1-12　左右脑分工示意图

左半脑主要负责逻辑理解、记忆、时间、语言、判断、排列、分类、逻辑、分析、书写、推理、抑制、五感（视、听、嗅、触、味觉）等，思维方式具有连续性、延续性和分析性。因此左脑可以称作"意识脑"、"学术脑"、"语言脑"、"逻辑脑"。

右半脑主要负责空间形象记忆、直觉、情感、身体协调、视知觉、美术、音乐节奏、想象、灵感、顿悟等，思维方式具有无序性、跳跃性、直觉性等。所以右脑又可以称作"本能脑"、"潜意识脑"、"创造脑"、"音乐脑"、"艺术脑"。

第三节　左右脑的原始功能和脑的进化

斯佩里的裂脑实验最终弄清了左右脑的分工和基本功能，但如果要问为何如此，即为何左脑是"意识脑"、"语言脑"、"逻辑脑"，右脑是"本能脑"、"潜意识脑"、"创造脑"？为何左右脑会作如此分工？回答这个问题却要困难得多。

正确回答以上问题的逻辑思路是：首先，左右脑的分工是自然进化的结果，左右脑的各种复杂功能一定是从一种原始的功能进化而来；其次，左右脑分工起源于古代人类生存的需要，左右脑的原始功能一定与古代人类最根本的生存需要密切相关。那么，人类早期最根本的生存需要又是什么呢？

科学家们提出的假说是：所有生物（包括人类）生存的最根本的需要，一是捕食，二是防止被捕食。左右脑的原始功能，就是管理这两种最根本的行为，一是捕食，二是防止被捕食，或者说，一是进攻，二是防御。

是否还有其他更基本的生存需要呢？例如：生育和繁衍后代。有人会问，要是没有求偶、交配和繁衍后代，所有物种都会灭绝，这个需要难道不是更重要吗？

这里要分清的是，什么是基因控制的本能的行为？什么是大脑控制的非本能的行为？呼吸、消化、求偶、交配和繁衍后代是基因控制的本能的行为，捕食和防捕食、进攻和防御却是大脑控制的非本能的行为。

如果一种生物只具有基因控制的本能的行为，那么可以说，这类生物就只具有基因进化的能力，而不会具有脑进化的能力和优势。如果是这样，人类就不可能从猿进化为人。

一、左右脑的原始功能

最近的脑与认知科学研究发现，早在5亿年以前，脊椎动物大脑的左右半球就已经开始分工协作，后来，在达尔文的"后代渐变"过程中，大约在500万年前，人类大脑的左右半球结构便形成了。

美国得克萨斯大学奥斯汀分校进化心理学教授麦克尼利奇（Peter F. MacMeilage）、澳大利亚及英格兰大学神经科学和动物行为学教授罗杰斯（Lesley J. Rogers）和意大利心理—脑科学研究中心和特兰托大学认知神经科学教授瓦洛蒂加拉（Giorgio Vallortigara）的合作研究表明，脊椎动物左右脑的分工来源于动物的两个最基本的功能：

> 早期脊椎动物中，当某个大脑半球在特定环境下表现出发挥主导作用的趋势，两个大脑半球的分工可能就开始了。我们推测，右脑最初主要在危急情况下发挥作用，这需要动物作出快速反应，比如侦测周围环境中的猎食者。而在非危急情况下，主控权将由左脑接管。换句话说，左脑进化成为自发行为的控制中心，即对行为"自上而下"的控制（我们要强调的是，自发行为不一定是与生俱来的，其实很多自发行为都是后天学会的），而右脑则是环境诱发行为的控制中心，也即"自下而上"的控制。其他特化程度更高的功能，比如语言、工具制作、空间定位及面孔识别，都是从这两种控制能力进化而成的。[①]

这里提出的假说是，左右脑的所有其他功能都是从原始的基本功能进化而来的。左右脑的原始功能如下：左脑捕食、进攻。右脑防止被捕食、防守。

有很多证据来支持以上假说。第一类是考古和化石的证据；第二类是动物的行为证据；第三类是人类身体留下的证据；第四类是历史和文化的证据；第五类是实验证据。

---

① Peter F. MacMeilage, Lesley J. Rogers and Giorgio Vallortigara, Evolutionary Origins of Your Right and Left Brain. *Scientific American*, July 2009。中译文见冯泽君译：《大脑为何分左右半球》，《环球科学》2009年第8期。

（一）考古和化石的证据

研究发现，所有动物无一例外都是从右侧捕食的。由于动物的左右脑对身体进行交叉管理，即左脑对右侧身体进行管理，右脑对左侧身体进行管理。因此，动物应该是向右侧捕食的，因为动物右侧偏向的捕食行为，是由他的左脑进行控制的。

美国西雅图阿拉斯加渔业科学中心的克拉普汉姆和同事发现，75头驼背鲸中，60头的双颚右颚有磨损痕迹，只有15头左颚出现磨损。这一发现有力证明，驼背鲸也是从右边捕食的。证据表明，所有脊椎动物（圆口类、鱼类、爬行类、两栖类、禽类、哺乳类）的捕食都具有右侧偏向性。

图 1-13 动物强烈偏好从右侧捕食

图片说明：许多动物都表现出右侧偏好的行为，如狒狒和鲸，说明这些行为受左脑控制。法国普罗旺斯大学的两位研究者马格底奇安（Adrien Meguerditchian）和雅克·沃克莱尔（Jacques Vauclair）发现过狒狒喜欢用右手轻拍地面来传达信息。美国西雅图的阿拉斯加渔业科学中心的克拉彭（Phillip J. Clapham）发现，鲸首先磨损的是下颚右侧（白色箭头指处），说明它们强烈偏好从右侧捕食。

考古发现的人类头骨化石中，有一块是左侧裂开的，表明他遭到同类使用钝器从左侧进行攻击，攻击者是用右手进行攻击的。

（二）动物的行为证据

在左脑管理右侧向捕食的日常行为基础上，灵长类动物又进化出"右撇子"的日常行为方式。美国耶基斯国家灵长类动物研究中心的威廉·D. 霍普金斯（William D. Hopkins）及其同事在对猿进行的双手协调性试验和非直立状态下抓取食物的试验中，证明了猿倾向于用右手来完成更为复杂的日常操作。

科学家研究了各类动物对掠食者的反应，结果发现，当掠食者从视野的左侧出现时，无论鱼类、两栖类、禽类还是哺乳类动物，都会出现更为强烈的回避反应。这是因为在远古时代，对脊椎动物来说，没有任何其他事情比掠食者突然出现更让动物感到惊恐、更能唤起它们的快速回避反应。研究发现，蟾蜍、蜥蜴、鸡和狒狒都更喜欢攻击站在自己左边的同类。人在遭到突然攻击时，左手的反应也比右手更快，即使是右利手的人也是如此。动物总是从猎物的右侧即警惕性不高的一侧发起攻击，因为这样会降低被发觉的概率。

（三）人类身体的证据

脑与神经科学的研究表明，左脑的所有功能都是从捕食的基本功能逐步进化而来的。防止被捕食是右脑最原初的功能。右脑的所有功能也都是从防止被捕食的原始功能进化而来的。人类身体留下了左右脑原始分工的证据是"右手执剑，左手执盾"，表明左脑负责进攻，右脑负责防守，尽管这仅仅是针对右利手而言。

人类中左利手和右利手的比例约为 1：9，而黑猩猩中这个比例是 2：1。从南方古猿那适合咀嚼坚韧难咬食物的粗大结实的臼齿可以断定，早期古猿摄取的食物中大部分是植物，主要是成熟的果实和树叶等。火的使用改变了古猿的食性，烧熟的动物尸体逐渐成了古猿的主要食物来源。火的使用和异体蛋白的摄入，使古猿的脑容量急剧增大，也变得越来越聪明。与此同时，古猿从食草动物进化为杂食动物，食肉的需求越来越大，古猿开始了日常的和大规模的捕猎活动。在这个过程中，导致右利手占优势，社会、教育和文化等因素又加强了右利手的优势地位。

另一个原因是语言的发明进一步促进脑的进化。研究表明，绝大部分右利手的语言优势半球在左侧，因而称左半球为优势半球，称右半球为非优势半球。由于语言进化在左半球，这就大大加强了左半球和右利手的优势地位。

对于占人口总数约 10% 的左利手而言，他们是否会因为不具有进化的优势而被淘汰呢？研究表明，左利手在面对面的搏击中可能具有某种优势。例如，在体育竞技比赛中，对于不需要进行面对面搏斗的运动，如游泳、田径、射击等，左撇子运动员占的比例较其在人口中的比例并不高。然而，对于那些需要选手在比赛中靠得更近的面对面搏击项目，如击剑、乒乓球、篮球等，左撇子运动员比例远远高于左撇子在人口中的比例。这是由于左利手在面对面的搏击中会使对方感到怪异和别扭，另外，左利手从对方的右侧发起攻击，而右侧正是灵长动物防守的弱点。左利手的这种优势，使得一定比例的左利手得以遗传和保存种群。

在我们的身体上，还保留着其他一些左右脑原始分工的证据。例如，仔细观察你的面庞，你会发现，你的左右脸长得不一样。右脸更凶悍一些，左脸更善良一些；右脸会更早出现衰老的痕迹，左脸则会显得更年轻。想一想，这是为什么？如果我们亲吻爱人，我们亲吻他或她的左脸还是右脸？如果有人要吻你，你是让他或她吻你的左脸还是右脸？这个不用想，因为你的行为全部是在无意识状态中，你只需要实验一下就知道了。

（四）历史和文化的证据

在历史和文化中也留下了左右脑的原始分工的证据。

从左右脑的原始分工而来，由于左脑主管向右捕食和进攻，右脑主管防止被捕食和防御，进化的结果，人的右脸特别是男人的右脸会显得凶悍一些，而人的左脸特别是女人的左脸会显得更善良一些。

有人查证了欧洲宫廷中几百年留下的国王和王后的画像，国王的画像大都是正面的，少数是左侧的；王后的画像大都是左侧的，少数是正面的。那时候的国王、王后和画师并不知道左右脑分工的理论以及左右脑的原始分工对面像的影响，但他们都知道，人的左脸比右脸要好看。

西方和东方的文化差异，也可以从左右脑的原始分工来研究。从本质上说，西方文化是一种捕猎的文化，后来发展为游牧的文化、航海的文化和工业的文化。这种文化的共同特征就是进攻，不断地进攻。不言而喻，这种文化种群是左脑优势的种群。与西方文化相对照，东方文化，特别是中国文化，本质上是一种农耕文化，注重对环境的适应而不是改造，如中国古代思想家老子所言："人法地，地法天，天法道，道法自然。"自然才是中国文化的最高范畴。这种文化的特征是防御而不是进攻，这种文化种群是右脑优势的种群。欧洲各国的凯旋门、巴黎的埃菲尔铁塔是进攻和胜利的象征。中国的万里长城却是防御的遗迹。欧洲和美国的大学是没有校园的，是开放的，这也是进攻和扩张的象征。中国的大学都是用围墙围起来的，这是防御的集体无意识认知的表现。

（五）实验证据

左右脑原始分工的假说是否可以用实验来加以证实呢？

研究者设计了一个内外两层的圆盘，将蟾蜍放在内层圆盘中央，而将蟾蜍喜爱的食物蚱蜢放在外层圆盘中。转动外层圆盘，让蚱蜢从左侧顺时针方向逐渐进入蟾蜍的视野。当蚱蜢处于蟾蜍的左侧视野时，蟾蜍对之熟视无睹，无动于衷。当蚱蜢随着圆盘旋转进入蟾蜍的右侧视野时，蟾蜍立即发起攻击，捕食蚱蜢（图 1-14）。

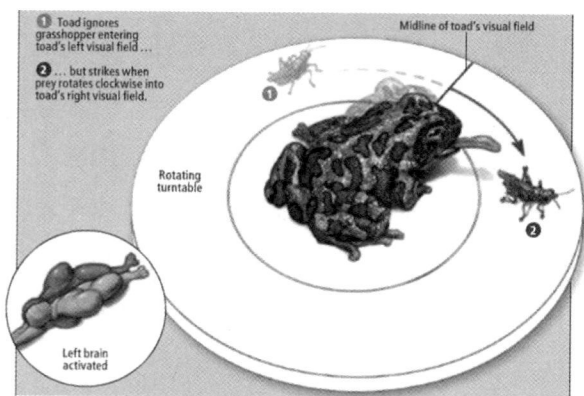

图 1-14　动物的日常行为控制

澳大利亚并英格兰大学神经科学和动物行为学教授罗杰斯（Lesley J. Rogers）的实验发现，控制小鸡孵化时的给光条件，就可以控制小鸡左右脑发育时的特化功能。如果始终在暗处孵化，就会阻止该特化功能的发育。罗杰斯还发现，家鸡从小石子中分拣谷物的能力（由左脑负责）和对掠食者快速反应的能力（由右脑负责）的发育，也会受到暗处理的影响。在此基础上，罗杰斯、瓦洛蒂加和意大利泰拉莫大学的保罗·祖卡（Paolo Zucca）合作，测试了经过暗处理的家鸡和正常家鸡完成双重任务的能力。测试要求家鸡一边从小石子从寻找谷物，一边提防头顶上飞来的掠食者。在给光条件下孵育出来的正常家鸡能同时完成这两个任务，在暗处理条件下孵育出来的家鸡则无法同时完成这两个任务。左脑发育而右脑不发育的小鸡可以完成觅食的行为（从沙粒中拣食米粒），却不能完成防御的行为（躲避从天而降的老鹰）。相反，右脑发育则左脑不发育的小鸡可以完成防御的行为，却不能完成觅食的行为。

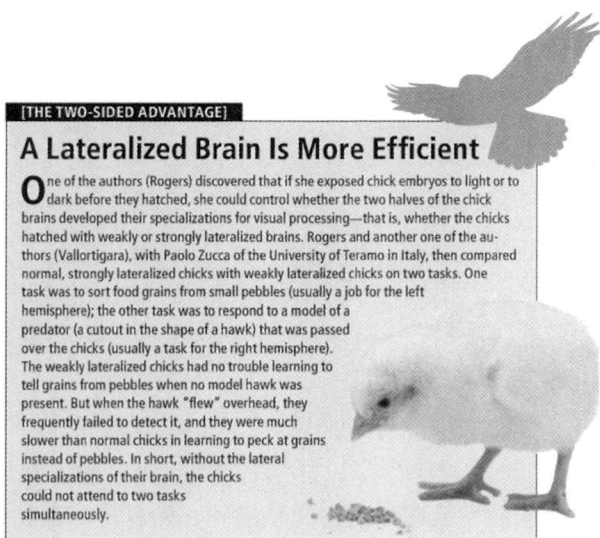

[THE TWO-SIDED ADVANTAGE]

A Lateralized Brain Is More Efficient

One of the authors (Rogers) discovered that if she exposed chick embryos to light or to dark before they hatched, she could control whether the two halves of the chick brains developed their specializations for visual processing—that is, whether the chicks hatched with weakly or strongly lateralized brains. Rogers and another one of the authors (Vallortigara), with Paolo Zucca of the University of Teramo in Italy, then compared normal, strongly lateralized chicks with weakly lateralized chicks on two tasks. One task was to sort food grains from small pebbles (usually a job for the left hemisphere); the other task was to respond to a model of a predator (a cutout in the shape of a hawk) that was passed over the chicks (usually a task for the right hemisphere). The weakly lateralized chicks had no trouble learning to tell grains from pebbles when no model hawk was present. But when the hawk "flew" overhead, they frequently failed to detect it, and they were much slower than normal chicks in learning to peck at grains instead of pebbles. In short, without the lateral specializations of their brain, the chicks could not attend to two tasks simultaneously.

图 1-15　左右脑各司其职，协调一致工作更有效

二、语言的产生，为何是左脑

言语和左脑发音是从咀嚼进化而来的吗？

根据麦克尼利奇等人的研究，人类言语的起源可以追溯到发音的进化，即轮流地发出辅音和元音。例如，在"妈妈"这个词中，每一个音节以辅音［m］开始而以元音［a］结束。图 1-16 的口腔剖面图显示，发辅音［m］时，要抬起下颚，或降低上颚，闭起嘴唇，阻止气流流出（图左）。接着发元音［a］，下颚降低，气流自由地从声带流出

（图右）。麦克尼利奇据此提出，说出一个声音话语是日常咀嚼行为的一种进化变革，这一变革产生于 2 亿年前的哺乳动物。

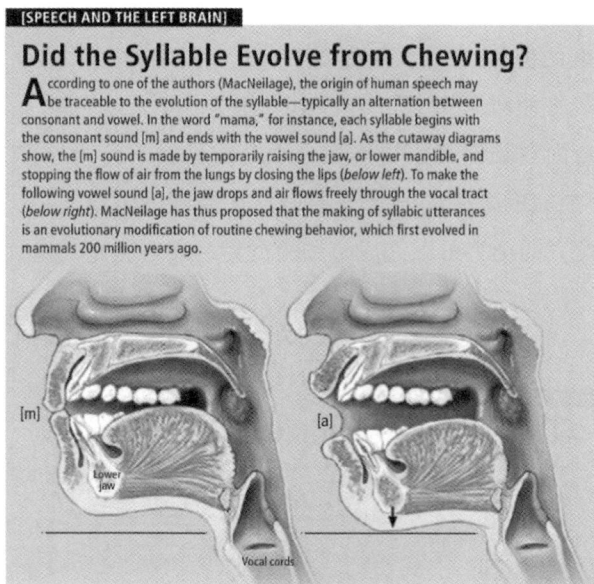

图 1-16 口语产生于哺乳动物日常的咀嚼行为

左右脑的原始功能是捕食和防止被捕食，后来进化出更多的越来越复杂的功能。脑的进化同样根据"用进废退"和"最大效用"的原则进行。因此，相同的功能应该放在大脑的同一侧管理。那么，众所周知的由左脑控制的语言行为是否也是由左脑的原始功能进化而来的呢？麦克尼利奇等人认为："大脑的语言功能是从左脑的一个不算太原始的'过渡性功能'进化而来的。这个'过渡性功能'就是控制日常交流，包括口头与非口头交流。"① 罗杰斯等人研究发现，猕猴召唤同伴时，嘴巴右边比左边咧得大一些；人类说话时，嘴巴右边也会比左边张得大一些，原因就是左脑对右脸的激活程度更高。法国普罗旺斯大学的梅格蒂奇安（Adrien Meguerditchian）和沃克莱（Jacques Vauclair）观察到，

---

① Peter F. MacMeilage, Lesley J. Rogers and Giorgio Vallortigara, *Evolutionary Origins of Your Right and Left Brain. Scientific American*, July 2009, p. 65.

狒狒也是通过右手拍地来进行沟通。那么，左脑控制的捕食、发声、右手交流等行为，最终是如何进化成语言的？麦克尼利奇发现，语言竟然产生于咀嚼动作！麦克尼利奇指出，言语出现要以音节的进化为前提，典型的音节是元音和辅音有节律的交替。在咀嚼、吮吸和舔舐时，下颚骨要交替抬起（可以产生辅音）和放下（可以产生元音）。麦克尼利奇认为，音节可能就是由这些行为的"副产物"进化出来的。

　　语言进化在左脑的另一个证据是，在哺乳动物早期的生存活动中，语音话语（口语）功能与左脑的原始捕食功能密切相关。脑进化的需要使人类学会用火，并开始了日常的捕猎其他动物的活动。在捕猎大型的动物时，需要用言语来协调大规模的集体捕猎行动，语音话语由之产生。（图1-17）研究证据表明，人类共同的祖先南方古猿率先发明并使用语音话语，从而具有明显的进化优势，并战胜比其更强大的猿类和其他食肉动物，终于走出非洲，将他们的基因繁衍到全世界。

图1-17　古猿在捕猎时用言语来协调行动

　　语言进化在左脑，进一步加强了人脑左半球的优势，因为语言的产生是人类最终与非人类的动物相分离的最后一个事件。人类凭借抽象的符号语言，产生了思维，又凭借语言和思维，产生了知识，并由知识积淀为文化。从此，人类的进化主要的不再是基因和生理层次的进化，而是脑和语言的双重进化，是知识和文化的进化，并形成与生物基因平行或者说甚至更重要的文化基因。这是人类特有的进化方式。

　　语言的发明在人类进化史上意义非凡，这进一步强化了人脑左半球的优势。

三、脑与语言的双重进化

迪肯（T. W. Deacon，1997）的《符号物种：语言与脑的双重进化》一书，从符号学和神经科学的角度，对语言与思维的依存关系做了深入研究。

迪肯是美国人类学家，加州大学伯克利分校生物人类学和神经科学教授。迪肯的理论兴趣在于研究多层级的类似进化过程，包括这些过程在胚胎发育、神经信号处理、语言变化、社会过程中的作用，特别注重这些过程的相互影响。他长期以来一直致力于发展一种科学符号学（scientific semiotics），特别是生物符号学（biosemiotics），这将对语言学理论和认知神经科学作出贡献。

迪肯将人体进化生物学和神经科学结合起来，目的是研究人类认知的进化。他的工作已经从对细胞分子神经生物学（cellular-molecular neurobiology）的研究扩展到规定动物和人类交际的符号过程的研究，特别是对语言和语言起源的研究。他的神经生物学研究集中在确定人类从典型的灵长动物的大脑解剖学特征分离出来的性质，即产生这种区别的细胞分子机制以及这些解剖学的差别与人类特殊的认知能力（特别是人类的语言能力）之间的相互关联。

在《符号物种：语言与脑的双重进化》一书中，作者展示进化认知这个主题下具有广泛意义和深远影响的思想。迪肯深受19世纪后期美国百科全书式的哲学家、逻辑学家、数学家和科学家、符号学的奠基者皮尔士（C. S. Peirce）的影响，并一生致力于对皮尔士思想和符号学的研究。在该书中，他对符号学进行研究，并作了透彻的阐释。他以寄生物和宿主的隐喻，来描述语言与大脑的关系。他认为语言的结构适应其大脑宿主，从而实现语言与脑的双重进化。迪肯在本书中提出的重要思想和精辟的结论有：

（1）语言的进化并不涉及一种语言的器官或本能，也不是更大和更复杂的大脑产生的简单结果。

（2）语言反映了人类新的思维模式，这就是符号思维。

（3）在两百多万年的人类进化过程中，符号思维触发了语言与脑双重进化的进程。"代代相传的思想最终引起身体的种种变化，从而形成人类独一无二的身体和大脑。"

（4）世界上各种语言的语法是非常类似的。尽管这些语法非常复杂，却很容易为幼儿所习得，这并不是因为这些幼儿具有先天语法知识，而是因为语言对于人类的认知强制特别是对于幼儿未发育的大脑，具有自身的进化结构适应（evolved structural adaptations）。

（5）第一次符号交际是作为一种我们的人类祖先不得不使用的唯一的方法进化出来的。为了捕食其他动物，关键因素是以合作群体的方式来觅食，为此他们需要使用符号交际的手段，还必须克服一些进化上的困难，包括大多数以配偶形式存在的长期的性交排他性。

（6）大脑为语言而重新组织起来，这样就带来很多间接的和意想不到的结果，包括对不规范的声音的控制；独特的内在呼唤，如笑和哭泣；精神失常的脆弱情感，如精神分裂症和自闭症，以及将符号指派给物理世界的几乎所有方面的强迫症。

（7）理解符号交际使我们对意识的某些方面重新作出解释，包括理性意向、意义、信念和自我意识等，而这些意识形式作为现实世界的紧要性质，是由符号所创造的。这也说明建造机器的方法不仅仅是使用符号，而且还要理解符号。

（8）符号能力造就了这样一个新的物种，这就使得在生命史上第一次有可能获得进入他人思想和感情的通道，而这样我们又将面对社会行为的伦理问题。

四、左右脑分工而又协调一致工作

斯佩里的研究以及其他的一些研究表明，人的大脑两半球存在着机能上的分工，对于大多数人来说，左半球是处理语言信息的"优势半球"，它还能完成那些复杂、连续、有分析的活动以及熟练地进行数学计算；右半球虽然是"非优势的"，但是它掌管空间知觉的能力，对非语言性的视觉图像的感知和分析比左半球占优势。还有的研究表明，音乐和艺术能力以及情绪反应等与右半球有更大的关系。对于正常人来说，大脑两半球虽然存在分工，但是大脑始终是作为一个整体而工作的。

大量研究特别是脑与神经科学的研究表明，人的大脑之所以能够协调一致地工作，主要是左右半球由胼胝体相连，左右脑互相协同。因此，切除胼胝体的人，其先天综合能力亦丧失。

其实，类似裂脑人的思维分裂现象在正常人中也比比皆是。例如，司机一边开车一边聊天，夫妻吵架既想分居又难分难舍等。这是否表明正常人本来就有两个精神呢？英国牛津大学圣希尔达学院的女科学家威尔克斯认为，这只能证明裂脑人的反常现象和正常人是一样的，人只有一个统一的精神；精神的所有者是统一的有形躯体的人，而不是脑，更不是脑半球。

正常人的左右脑由胼胝体相连，使左右脑的信息互相交流，从而保障两个半球协调一致地工作。大量研究表明，无论是在神经认知和心理认知层级上，还是在语言认知、思维认知和文化认知层级上，正常人的左右脑既各司其职，又协调一致地工作。

第四节　大脑偏侧性对人类认知的影响

根据人类认知五层级理论，处于人类认知最基层的神经认知，会依次对其上的心理认知、语言认知、思维认知和文化认知发生决定性的作用和影响。所以，左右脑分工产生的大脑偏侧性对人类认知其他各层级会发生决定性的作用和影响。

一、左右脑分工与神经认知

左右脑的原始分工首先对男女性别的人群产生决定性影响。由于左脑分管捕猎，右脑分管防守，而男人专事捕猎，女人专事看守家园，相对于男人和女人这两个种群，男人的左脑便逐渐取得优势地位，而女人的右脑也逐渐取得优势地位。接下来，男人基于进攻的各种能力也发展起来，相应地，女人则发展了基于防守的各种能力。例如，男人对觅食行为更擅长，女人对居住环境更敏感。男人主外，女人主内；男人更骁勇有力，女人更温柔善良等。进化的结果，男女的这种性别差异性从基因、神经系统和生理行为上逐渐固定下来。

就人类整个种群而言，在漫长的进化过程中，左右脑的进化并不平衡，左脑始终处于进化的优势地位。原因之一，由于在左右脑的原始功能中，左脑管理的捕食功能比右脑管理的防止被捕食的功能对于人类的生存更为重要，人类的左脑在进化初期便占有优势。原因之二，在过去的几十万年甚至更长的时期内，灵长类动物和人类均处于食物匮乏状态，捕食和觅食成为人类生存的第一要务，左脑继续取得进化优势。原因之三，语言的发明和使用更加强化左脑的优势，语言产生之后，理性思维进一步强化左脑优势，语言和思维形成的人类知识体系和教育体系，使左脑取得均可替代的绝对优势地位。可以说，过去的几百年、几千年、几万年、几十万年，人类都被左脑所统治。左脑的这种优势地位，从未受到人类自身和进化规则的挑战，直到认知科学建立，右脑的功能和地位才开始受到重视。

认知科学的建立和右脑的发展，我们将在本书关于心理认知、语言认知、思维认知、文化认知各章节中加以深入讨论。

二、左右脑分工与心理认知

左右脑的原始功能和分工的演化在男女性别的心理行为上也造成了差异。例如，上面分析的由左右脑原始功能演化出来的男主捕猎觅食，女主看守家园，进一步演化出男女不同的心理行为模式。男人性格粗犷外露，女人性格细腻内隐；男人情绪较稳定，女人情绪易波动；男人的行为方式是理智型的、逻辑型的，女人的行为方式是经验型的、情感型的、心理型的、直觉型的；男人做事果敢决断，女人行事瞻前顾后；男人以天下为家，女人以一室为家等。

东西方的心理行为差异也可以从左右脑的原始分工找到根源。西方人崇尚武力、进攻和征服，东方人崇尚和平、防御和服从。究其根源，古代欧洲人以游牧为生，食肉主要靠捕猎提供，近代则以航海为手段来开拓疆域，掠夺财富，这些都是左脑原始的掠食功能的演变；古代东方人特别是中国人以农耕为生，主要食物是谷物和蔬菜瓜果，肉食靠驯养动物提供，这些都是右脑原始的防御功能的演变。食物结构上，西方人是食肉动物，东方人则是食草动物。

甚至同一种族不同地域人群的心理行为差异也可以从左右脑的原始分工得到解释。例如，中国的北方民族以游牧为生，南方的民族以耕种为生；北方人是左脑型的，南方人则是右脑型的。进化的结果，形成中国的北方人和南方人心理行为的差异。北方出英雄豪杰，南方出才子佳人。

三、左右脑分工与语言认知

语言的发明在人类进化史上极为重要。人类最初的语言都是声音语言，文字的起源又都是象形的。同是人类语言，为何西方文字走的是拼音之路，中国文字走的却是完全不同的图形之路？这两种语言文字是如何分道扬镳的？又是如何继承和发展的？这一直都是一个难解之谜。从左右脑的原始分工和它们所导致的西方人和东方人之间的心理行为差异，我们可以破解这个千古之谜。

根据乔姆斯基唯理主义语言理论，拼音文字是理性文字，它按照规则从字母表（初始符号）组成语词，再按规则从语词生成语句。前一规则叫作词法，后一规则称为句法，二者合称语形规则（syntax），它对应的语言理论叫作语形学。语形学所描写的脑认知过程则称为语形加工过程。乔姆斯基的句法理论叫作生成转换语法（transformational grammar），他认为这一理论描写的是头脑里的句法加工过程，因此，他的语言理论又是心理主义的（phychologistic）。①

与拼音文字相比，象形文字是经验文字，最典型的是汉字。独体字每一个字都是象形的。"日"就是☉；"月"就是☽；"山"就是⛰；"水"就是�。合体字中，占汉字90%的形声字也是象形的。从词法上

---

① Chomsky, N. (1957). *Syntactic Structures*. The Hague：Mouton. Second printing, 1962. Mouton & Co. S-Gravenhage. Chomsky, N. (1965). *Aspects of the Theory of Syntax*, Cambridge：Cambridge University Press.

讲，汉字系统的初始符号是偏旁部首，由偏旁部首组成汉字。汉字词法的规则是"六书"造字法，即象形、指事、会意、形声、专注和假借，前四种是造字法，后两种是用字法。汉语的句法规则，是否就是乔姆斯基"普遍语法"理论下所有语言共享的生成转换语法呢？

从词法上看，拼音文字和象形文字使用的逻辑规则和加工方式是截然不同的。在构词法上，拼音语言采用演绎规则，是自上而下的加工方式。象形文字采用类比（隐喻）规则，即使用"A 是 B"或"A 就是 B"的形式，进行自下而上的加工。

从句法上看，拼音文字的象形文字使用的方法也不尽相同。我们认为，乔姆斯基的生成转换语法，是英语的句法规则，显然它不能说明至少不能完全说明汉语的句法加工过程。关于这个问题，我们在本书第七章"句法加工和语句结构"再做详细讨论。

根据前面述及的西方人的左脑优势原理，西方文字从最早的幼发拉底河起源的楔形文字走向拼音文字，这个发展道路是必然的。

中国古代文字也是起源于象形文字——甲骨文，但它并未走向拼音化的道路，历史上多次发生欲将它改造为拼音文字的强迫，但均未成功，这同样也不是偶然的。究其原因，我们认为这与中国人的右脑优势是因果相关的。关于这个问题，我们在本书第三部分的有关语言认知的句法加工、语义加工、语用加工各章再作详细分析。

四、左右脑分工与思维认知

思维包括概念、判断和推断三种形式，概念组成判断，判断构成推理，因此，推理是最高级的思维形式。

世界上所有民族，其推理的思维形式只有四种：演绎推理、归纳推理、类比推理和溯因推理。这是思维的统一性。另外，思维的民族差异性也是非常之大。从推理形式看，西方人擅长自上而下的演绎推理，毫无疑义，这是他们的左脑优势所决定的。实验证据说明，中国人并不擅长演绎推理，却非常擅长自下而上的归纳推理、"以类取，以类与"的类比推理和"由果溯因"的溯因推理。这三种推理都是经验推理，因为推理的前提都是经验事实。毫无疑义，这也是中国人的大脑特征——右脑优势所决定的。

实验证据还表明，人们在做各种推理时都会有心理和经验因素参与并受到这些因素的干扰。归纳推理、类比推理和溯因推理这三种经验推理自不必说，假言推理和三段论这种最纯粹的演绎推理，也会受到经验和心理因素的干扰，发生很大的偏差。那种试图把心理因素完全从逻辑和数学之中清除出去的想法，那种试图把逻辑推理设计成按规则办事的纯粹精神活动的想法，纯粹是逻辑学者包括弗雷格等一些伟大的逻辑学家的不切实际的痴心妄想和一厢情愿，因为只要是正常人而非裂脑人，他的左右脑都是由胼胝体联结的。因此他的左右脑在做认知加工时都是互相影响的，因为左右脑在做认知加工时彼此间的信息是互相交流的。

过去很长的时间内，特别是 20 世纪，总有一些人把逻辑学等同于演绎逻辑，又等同于从亚里士多德到弗雷格和罗素的西方逻辑，凡不符合这个标准的统统斥之为"不是逻辑"。通过认知科学的分析我们知道，这些看法都是错误的，至少是幼稚可笑的。从认知科学和左右脑分工的理论和实验我们知道，右脑优势的东方人的逻辑与左脑优势的西方人的逻辑确实不一样，并非全人类共享一个逻辑，而是不同民族具有不同的思维方式和逻辑。过去一个世纪以来言必称希腊、唯西方马首是瞻的西方逻辑至上论可以休矣！认知科学开启了东方思维和中国逻辑的新时代！

五、左右脑分工与文化认知

在人类认知五层级中，文化认知是最高层级的认知。以人类认知和非人类动物的认知相比较，在人类与非人类的动物共有的神经和心理这两个层级上，人类与动物的区别并不大，但在语言、思维、文化三个层级上，人类与非人类动物有本质的区别。事实上，语言、思维、文化三个层级的认知是人类所特有的，非人类的动物并不具有这些认知方式。

从人类不同个体、群体、民族和种群的比较来看，越是高层级的认知，个体、群体、民族、种群之间的差异就越大。所以，不同民族的文化认知存在巨大的差异。

先来做东西方文化认知的对比，这种差异非常明显。西方文化与东方文化的主要差异在以下两个方面：一是游牧文化和农耕文化的差异；二是理性文化和经验文化的差异。这两种差异都源于西方人和东方人左右脑原始功能上的差异及其演化产生的左右半球优势的差异。

再来做中国不同民族之间文化认知的对比。汉族和少数民族的大脑结构有很大的差异性吗？显然不是。那么，如何理解大脑分工决定文化差异性呢？语言，就是语言。前面已经论证大脑分工决定语言的差异性，语言的差异性又决定思维和文化的差异性。语言认知在人类认知中至关重要。文化的多样性源于语言的多样性。所以，我们既要珍爱自己民族的语言，也要尊重其他民族的语言。

消解一种语言或强行推行某一种语言，都会使语言的多样性丧失，而语言多样性的丧失会消解民族认知的差异，从而消解文化的多样性。

认知科学诞生以来，东西方文化对比和文化神经科学已然成为研究的热点。通过这些研究，我们懂得一些道理。

从灵长类动物算起，在人类漫长的进化历程中，基因的多样性逐渐演变出语言的多样性、思维的多样性和文化的多样性。每一种文化的出现，都是自然进化的结果。文化没有高低之分。我们不要再纠结西方的理性文化和东方的经验文化哪个更高哪个更低，而是应该平等地对待每一种文化。

时代和文明的进步并不一定意味着文化的进步，古希腊的人文主义文化远远高于以科学技术为主流的现代西方文明与文化；春秋战国时期的诸子百家的多元文化也远远高于后世某些阶段的文化。

文化差异可以从文化的基础和载体，即语言、思维、逻辑、服装、音乐、绘画、饮食、娱乐、节日等来加以说明。更多的阅读和讨论，请参考本书第五部分"文化认知"。

思考作业题

1. 为什么说人是自然的产物，是自然进化的结果？

2. 简述生命和人类进化的历史。

3. 人类进化过程中，三个重大的事件是什么？为什么？

4. 为什么说语言的发明使猿最终进化为人？

5. 请解释语言与脑的双重进化。

6. 请解释脑的偏侧性和左右脑的基本功能。

7. 请解释斯佩里的裂脑实验，并说明实验的结果及其意义。

8. 试述左右脑的分工和左右脑的主要功能。

9. 左右脑的原初功能是什么？为什么说左右脑的其他功能都是由原始功能进化而来的？请用考古和化石的证据加以证明。

10. 试用动物行为的证据说明左右脑的分工。

11. 试从你自己身上找到左右脑分工的证据。

12. 试以历史和文化的证据说明左右脑的分工。

13. 试设计一个实验来证明左右脑的分工。

14. 语言的进化为何在左脑？试提出假说并加以分析和证明。

15. 为什么说人是符号的动物？试对迪肯《符号物种：语言与脑的双重进化》一书的论点加以分析。

16. 左右脑既有明确分工，又协调一致地工作，试举例对大脑的这种工作机制加以分析。

17. 左右脑的分工对人类认知有何影响？试以人类认知五层级理论从神经认知、心理认知、语言认知、思维认知和文化认知五个层级分析这种影响。

18. 脑与神经认知对其他层级的认知有决定作用，为什么却不能把人类认知归为神经活动？

19. 为什么对人类而言，大脑整体的活动比神经系统的活动更为重要？试述脑认知与神经认知的关系。

推荐阅读

Augusto，L. M.（2010）. Unconscious knowledge：A survey. *Advances in Cognitive Psychology* 6：116-141.

Baynes K，Wessinger C. M，Fendrich R，Gazzaniga M. S.（1995）. The emergence of the capacity to name left visual field stimuli in a callosotomy patient：Implaications for functional plasticity. *Neuropsychologia*，30：187-200.

Carroll，David W.（2008）. *Psycholgy of Language*，5th ed. Australia；Belmont，CA：Thomson/Wadsworth.

Chomsky，N.（1957）. *Syntactic Structures*. The Hague：Mouton. Second printing，1962. Mouton & Co. S-Gravenhage.

Chomsky，N.（1965）. *Aspects of the Theory of Syntax*，Cambridge：Cambridge University Press.

Chomsky，N.（1968）. Language and mind. New York：Harcourt，Brace & World.

Christiansen，M. H. and S. Kirby，（2003）. Language evolution：the hardest problem in science? In M. H. Christiansen and S. Kirby（Eds.），Language Evolution. Oxford：Oxford University Press.

Deacon，T. W.（1997）. *The Symbolic Species：The Co-Evolution of Language and the Human Brain*. New York：W. W. Norton.

Peter F. MacMeilage，Lesley J. Rogers and Giorgio Vallortigara，（2009）. Evolutionary Origins of Your Right and Left Brain. *Scientific American*，July 2009. 中译文见冯泽君译：《大脑为何分左右半球》，《环球科学》2009年第8期。

Cai，S. The age of synthesis：From cognitive science to converging technologies and hereafter，Beijing：*Chinese Science Bulletin*（《科学通报》英文版），2011，56：465-475，doi：10. 1007/s11434-010-4005-7。

蔡曙山：《认知科学与技术条件下心身问题新解》，《学术前沿》2020年5月（上）。

蔡曙山：《生命进化与人工智能》，《上海师范大学学报》2020 年第 3 期。

蔡曙山：《论语言在人类认知中的地位和作用》，《北京大学学报》2020 年第 1 期。

蔡曙山：《经验在认知中的作用》，《科学中国人》2003 年第 12 期。

蔡曙山：《认知科学：世界的和中国的》，《学术界》2007 年第 4 期。

蔡曙山：《论人类认知的五个层级》，《学术界》2015 年第 12 期。

蔡曙山：《自然与文化》，《学术界》2016 年第 4 期。

第二章

心智与意识

心智（mind）是认知科学的研究对象。脑和神经系统产生心智的过程叫认知（cognition）。认知科学（cognitive science）就是研究人类心智和认知原理的科学。认知科学由哲学、心理学、语言学、人类学、计算机科学和神经科学六大学科支撑，是目前最大的学科交叉群体，它是数千年来人类知识的重新整合。认知科学的诞生，为众多学科的交叉融合提供了可能的框架，也预示着一个新的科学综合时代的到来。①

第一节 心 智

一、心智的定义

心智是认知科学的初始概念。在一个理论系统内，初始概念本来是不可定义的，也无须定义，但所有其他概念均由它而定义，例如：认知、认知科学、心身问题、心脑同一性等，均由"心智"定义，由此可见，心智是很重要的基本概念，有必要加以说明。

（一）维基百科的相关内容

1999 年出版的《MIT 认知科学百科全书》（*The MIT Encyclopedia of the Cognitive Sciences*）也没有给出心智的定义，甚至没有"心智"的专

① 蔡曙山：《认知科学框架下心理学、逻辑学的交叉融合与发展》，《中国社会科学》2009 年第 2 期。

门词条，但却定义了与"心智"相关的众多词条，如"心智设计"（mind design）、"心身问题"（mind-body problem）、"心脑同一性理论"（mind-brain identity theory）、"认知"（cognition）、"认知科学"（cognitive science）、"心智哲学"（philosophy of mind）等。

1. 维基百科对心智的描述性说明

心智是认知能力的一个集合，包括意识、知觉、思维、判断、语言和记忆。心智通常被定义为一个实体的思想和意识的能力。心智拥有想象力、认识和欣赏的能力，并负责处理感情和情绪，心智的结果是一些态度和行为。

关于心智的构成以及它的特殊的属性，在哲学、宗教、心理学和认知科学中有一个长久的传统认识。

关于心智本质的一个开放问题是心身问题，该问题探索心智与物理大脑和神经系统的关系。旧的观点包括二元论和唯心主义，它认为心智是非物理的。现代的观点通常围绕着物理主义和功能主义，认为心智与大脑大致相同，或者可以归约为诸如神经元活动之类的物理现象，尽管二元论和唯心主义仍有许多支持者。另一个问题是，哪些类型的生物能够拥有心智？例如，无论心灵是人类独有的，还是由某些或所有的动物所拥有，甚至为所有的生物都拥有；无论心智是否是一个严格的完全可定义的特征，或者也可以是某种人造机器的属性——这些都是令人着迷和疯狂的问题。

无论心智的本质是什么，人们普遍认为，心智是使一个生物对其环境有主观意识和意向性，通过某种机制来感知和回应刺激，并拥有意识，包括思考和感觉。

心智的概念被许多不同的文化和宗教传统作不同的方式理解。有些人认为心智是人类独有的特性，而另一些人则将心智的属性归因于非生物的实体（如泛灵论和万物有灵论），或归因于动物和神灵。一些最早记载的推测将心智（有时被描述为与灵魂或精神完全相同的）与死后的生命或宇宙和自然秩序这样一些理论联系起来，例如，在佐罗亚斯德、佛陀、柏拉图、亚里士多德，以及其他古希腊、印度及后来的伊斯兰教和中世纪的哲学家的学说中所说的一样。

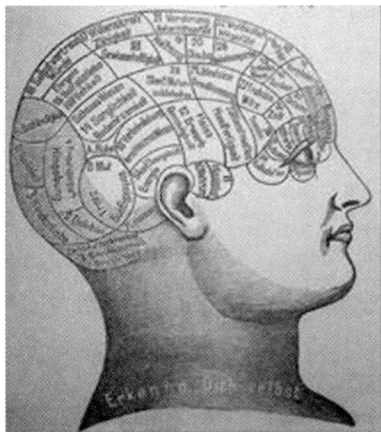

图 2-1 颅相学的心—脑映射图
颅相学是最早的心智学说之一，它试图将心智功能与特定的
脑区联系起来

重要的心智哲学家包括柏拉图、笛卡尔、莱布尼茨、洛克、柏克莱、休谟、康德、黑格尔、叔本华、塞尔、丹尼特、福多、纳格尔和查尔默斯。像弗洛伊德和詹姆斯这样的心理学家，以及像图灵和普特南这样的计算机科学家，发展了有影响力的关于心智本质的理论。在人工智能领域探索非生物心智的可能性，这项工作与控制论和信息论密切相关，通过这项工作，我们可以了解非生物机器的信息处理方式以及它们与人类心智中的精神现象的区别。

心智也被描绘成感官印象和精神现象在不断变化的意识流。

2. 维基百科试图给出的心智的定义

定义（心智）构成心智的属性是有争论的。一些心理学家认为，只有更高的智力功能构成心智，尤其是理性和记忆。根据这种观点，情感（爱、恨、恐惧和快乐）等更原始或更主观的性质，应该被看作是与心智不同的。另一些人争辩说，不同的理性和情感状态不能如此分离，它们具有相同的性质和起源，因此应该被认为是心智的全部组成部分。

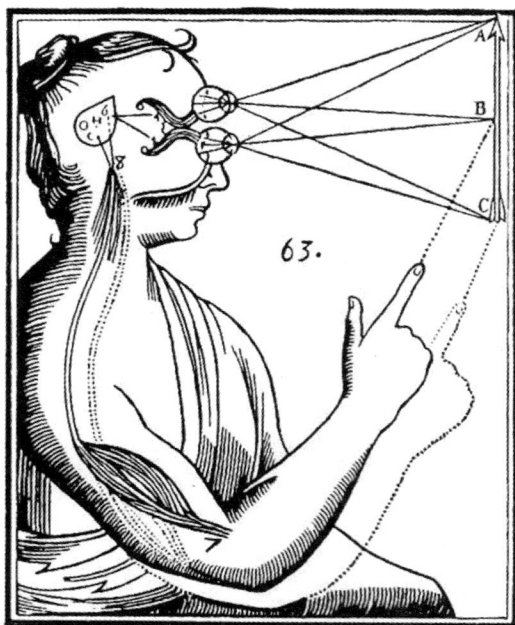

图 2-2　笛卡尔心身关系图
笛卡尔相信，视觉等输入信息通过感觉器官传送到大脑中的果松体，
并由此产生非物质的心智和精神活动

在流行的用法中，心智常常是思想的同义词，是我们在"头脑中"进行的私人谈话。这样，我们就对某事"作出决定"（make up our minds）、"改变主意"（change our minds），或者"三心二意"（of two minds）。在这个意义上，心智的一个关键属性是，它是一个私人领地，除了我们自己之外，没有人可以访问它。没有人能"了解我们的思想"。他们只能解释我们有意识或无意识地流露出来的东西。

3. 对维基百科相关内容的解析

第一，对"心智"这个基本概念，维基百科给出的无论是描述性解释，或是定义，都不是对心智的直接定义，而只是一种描述和解释。这说明"心智"这个基本概念，在神经科学、心理学、语言学、逻辑学和认知科学中，都是不可定义的。

第二，在神经认知、心理认知、语言认知和思维认知等层级上，心智作为认知科学的对象，应该有一个清晰的界定即定义，至少在以下几个方面应该是清晰的。

① 心智是大脑的功能，是非实体的存在，解剖上不可见，但却是实实在在地存在。

② 心智是脑与神经系统对外部信息的加工能力、加工方式和加工过程。

③ 心智是有脑或神经系统的动物都具有的智力或行为方式，不仅人类有心智，非人类的动物也具有某种程度的心智。

④ 人类心智与非人类动物的心智和机器智能（人工智能）有着本质的区别，认知科学应该有明确的标准来区分这些不同类型的心智或智能。

（二）心智的定义

心智是人和动物的脑或神经系统的功能和能力。人和动物凭借这种能力对内部信息和外部信息进行加工，并由此支配自己的精神活动和身体行为。

对于这个定义，还需要做以下补充和说明。

第一，人类心智是动物心智长期进化的结果，人和有神经系统的动物都有心智，但分别属于不同层级。

第二，不存在非生物的心智，但允许有非生物的智能，包括人工智能。所谓人工智能，系指人造物（包括机器）对人类心智和智能的模仿。

第三，人类心智是已知的最高形式的动物心智，但有可能存在其他类型的生物和神灵的心智，如果存在不同于人类的生物和神灵，并且我们能够发现这些生物和神灵存在的话。

《MIT 认知科学百科全书》在"序言"之后，从认知科学的六大来源学科，即哲学、心理学、神经科学、计算机科学和人工智能、语言学和语言、人类学（文化、认知和进化）对认知科学的历史和发展进行了论述。

二、关于心智的三个经典问题

在哲学部分，《MIT 认知科学百科全书》对关于心智的三个经典的哲学问题表述如下：

（一）**心物关系**(the mental-physical relation)

心物关系是心身问题的历史表述，它是由笛卡尔在 17 世纪上半叶提出的著名问题。人的身体是一种物质结构，它是物质的并且完全由机械论的原则来决定。但是，人体的特殊性在于，它是由物质的和非物质的即精神的这样两个部分构成，又是不完全由机械论的原则决定的。用笛卡尔自己的话说，人是由精神的部分（心智）和物质的部分（身体）结合而成。以更通俗的话说，人具有心智和身体两个部分。这就是笛卡尔的心身二元论（mind-body dualism），在西方哲学史上影响深远。20世纪 70 年代中叶，认知科学在美国创立，哲学成为认知科学的来源学科之一，心智哲学成为认知科学的主流学科之一，心身问题仍然是认知科学和心智哲学的基本问题和难解之谜。

（二）**心智与知识的结构**(the structure of the mind and knowledge)

这是历史上另一个重要的与心智相关的心智哲学的重要论题。既然人的认知的任何事情都是以心智来区分，那么心智的结构又是怎样的呢？这里有两个基本的维度。

一个维度来自于 17—18 世纪的唯理主义和经验主义之争。唯理主义和经验主义争论的是人类知识的性质。经验主义者认为，我们的全部知识来源于感觉经验，或经验与世界的交互作用；唯理主义者与此相对立，认为存在某种并非来源于经验的知识。

另一个关于心智结构问题的维度是对于意识在精神现象中的地位的思考。从威廉·詹姆斯（William James）《心理学原理》（1890）到文艺复兴时期对意识流的现象学分析，一直到近年出版的论著，意识一直被认为是精神现象中最让人困惑的问题。目前最普遍地被接受的看法是，意识的精神状态是心智的一部分。但意识是精神状态中多大和多重要的部分，对此却存在争议。

（三）第一人称和第三人称的观点

与心身问题密切相关并占据传统心智哲学中心位置的是所谓他人心智（other minds）问题，简称"他心问题"。"我"对于自己的精神状态的存在总是可以直接了解的，这种自我认知是相对的。与此相对照，"我"对于他人的精神状态则必须采取一种有风险的推断才能得知。因此，"我"只要经过简单的内省和自称反思就能够了解"我"自己的精神状态，但对于他人精神状态的认知却需要某种类型的证据才能推出结论。自我认知是第一人称的观点，他人心智的认知是第三人称的观点。一个主体的行为自然会导向他或她的精神状态，但在这种类型的精神状态和那种通过归因得出的他人的精神状态之间存在差距，因为通过归因得出的他人心智状态并不存在于自我归因的状态之中。因此，他人心智主要的是认识论的问题，有时被表述为我们对他人心智做归因认证的不可知论的一种形式。

第二节　心智的进化

在生命的漫长进化中，直立行走、火的使用和语言的发明三大事件最终使人类进化为人。

关于生命的进化，迄今有两种基本的理论和解释：达尔文进化论（darwin's theory of evolution）和现代综合进化论（modern comprehensive evolution）。在此基础上，我们建立认知科学的心智进化论（theory of mind evolution）。

一、达尔文进化论（物种进化论）

1859 年，达尔文（Charles Robert Darwin，1809—1882）出版《物种起源》，标志着进化论的诞生。达尔文认为，生物之间存在着生存竞争，适应者会生存下来，不适应者则会被淘汰，这就是自然的选择。生物通过遗传、变异和自然选择，从低级到高级，从简单到复杂，种类由少到多地进化和发展。达尔文进化论有四个部分：一是进化论，即物种是可变的，现有的物种是从别的物种变来的，一个物种可以变成新的物种；二是共同祖先学说，即认为所有的生物都来自共同的祖先，分子生物学发现了所有的生物都使用同一套遗传密码，生物化学揭示了所有生物在分子水平上有高度的一致性；三是自然选择，即优胜劣汰是进化的主要机制；四是渐变论，即认为生物进化的步调是渐变式的，而不是跃变式的，它是一个在自然选择作用下，累积微小的优势变异的演化过程。

二、现代综合进化论（基因进化论）

综合进化论是对达尔文进化论的发展，它应用现代基因科学的理论和研究成果，充分重视基因的变异在生命进化中的作用，以此建立了新的生命进化理论。其要点是：第一，基因突变、染色体畸变和通过有性杂交实现的基因重组是生物进化的表现形式；第二，进化的基本单位是群体而不是个体，进化是由于群体中基因频率发生了重大的变化；第三，自然选择决定进化的方向，生物对环境的适应性是长期自然选择的结果；第四，隔离导致新种的形成，长期的地理隔离常使一个种群分成许多亚种，亚种在各自不同的环境条件下进一步发生变异就可能出现生殖隔离，形成新种。

现代综合进化论彻底否定了获得性的遗传，强调进化的渐进性，认为进化现象是群体现象并重新肯定了自然选择的压倒一切的重要性。

三、心智进化论（认知科学进化论）

以上两种关于生命与进化的理论和解释，共同的缺陷是只看到生命的表现形态和基因的表现形态，而没有看到心智的表现形态，没有看到心智在生命进化中的作用。

20世纪70年代以来，认知科学的发展取得了一系列重要的研究成果，根据认知科学的理论，我们可以对生命的进化提出新的解释，这就是认知科学的进化论，即心智进化论。

认知科学将心智看作是生命进化的依据，并以心智为研究对象。认

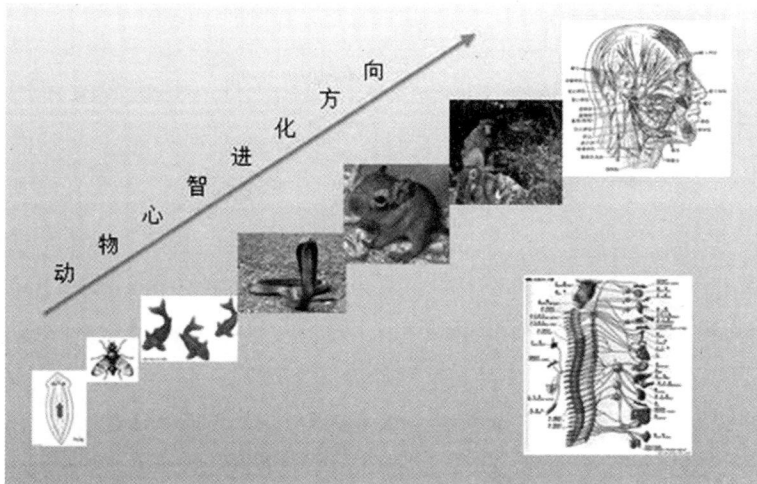

图 2-3 动物心智进化图

知科学是研究心智与认知现象及规律的科学。① 认知科学的进化论或
心智进化论，是根据认知科学的理论、方法和研究成果，对生命进化提
出新的解释。根据认知科学的基本原理，将生命的进化过程看作是心智
的进化过程。由于心智决定认知，因此，心智和认知从低级到高级的发
展决定了生命从低级到高级的发展。

　　根据心智进化论，我们将生命 35 亿年的演化过程，看作是一个心
智的进化过程。心智的进化从初级到高级经历了五个阶段的发展，分别
是神经层级的心智、心理层级的心智、语言层级的心智、思维层级的心
智和文化层级的心智。动物心智的进化可以用图 2-3 来表示。心智的
进化水平决定了动物的种性和形态，非人类动物只具有神经和心理两个
层级的心智，人类则继承了全部五个层级的心智。语言层级的心智、思
维层级的心智和文化层级的心智是人类特有的心智。由于认知是定义在
心智基础之上的，认知是心智加工信息和支配行为的能力，因此，人类
也就具有五个阶段心智进化产生的五个层级的认知能力，即神经层级的

────────────

① 蔡曙山：《认知科学框架下心理学、逻辑学的交叉融合与发展》，《中国社会科
学》2009 年第 2 期。

认知能力、心理层级的认知能力、语言层级的认知能力、思维层级的认知能力和文化层级的认知能力。

以上可以看出，达尔文进化论看到内在条件（遗传和变异）和外在条件（自然选择）对物种进化的作用，但看不到基因在生命进化中的作用；综合进化论看到基因在生命进化中的作用，但却没有看到心智在生命进化中的作用，因此，综合进化论并不能完全回答个体差异性问题，如同卵双胞胎的个体差异性问题；心智进化论重视心智在生命进化中的作用，超越了达尔文的物种进化论和基因进化论，对生命的进化提出了新的解释，完全回答了个体差异性问题。

第三节　心智与意识

生命是自然进化的产物，心智和意识是生命的唯一标准，不存在其他的标准和定义。① 意识是一个令人困惑的东西，是一个难解之谜。例如，意识是如何产生的？意识是大脑的一个物理过程吗？如果是，那么这个过程是怎样的？如果不是，那么意识的本质以及它与大脑的关系又是什么？——这些看似简单的问题，其实都是难以回答的。所以，意识问题常常被看作是认知科学、脑科学甚至哲学的终极问题，是哲学家、科学家包括认知科学家永远的梦魇。

一、心智与意识

意识常常被看作是一种心理状态，它包括感觉、知觉、语言的使用、当前的想法和如何解决问题等。我们对这些意识形式是非常熟悉的，它是人类精神生活的一个普遍的、无所不在的特征。

按照笛卡尔的看法，意识是一种精神活动（exhaust the mental），在某种意义上说，所有精神活动都是意识，或者可以归为意识。这种看法的最新版本，是塞尔的"关联原则"（connection principle）："所有无

---

① 蔡曙山：《生命进化与人工智能》，《上海师范大学学报》2020 年第 3 期。

意识的意向状态原则上都可以归为意识状态。"①

在当代科学技术特别是认知科学发展的背景下，我们可以为深奥的意识问题提供新的答案和解释。② 我们先来看心智哲学家的解释。2004年，世界著名心智和语言哲学家塞尔（John R. Searle）在他的名著《心智：简要的导论》（*Mind：A Brief Introduction*）中，提出"心智哲学的一些问题"，值得关注。这12个关于心智的问题是：

（1）心身问题。

（2）他人心智的问题。

（3）关于外部世界的怀疑论问题。

（4）知觉分析。

（5）自由意志问题。

（6）自我和个人同一性问题。

（7）动物有心智吗？

（8）睡眠问题。

（9）意向性问题。

（10）精神因果性和副现象论。

（11）无意识。

（12）心理和社会解释。

以上每一个问题的核心都涉及对心智的理解，以上每一个问题的解决不仅是心智哲学的重大理论问题，同时也是认知科学的重大疑难问题。

（一）意识和身心问题

塞尔对关于意识的四个错误假设进行分析，并提出克服这四个错误假说的解决方案。

① Searle, John R. *The Mystery of Consciousness*, The New York Review of Book, 1992, p. 156.

② 蔡曙山：《认知科学与技术条件下心身问题新解》，《学术前沿》2020年第5期（上）。

1. 关于心身问题的四个错误假设 ①

假设一：精神的与生理的区分。

这一假设将精神的东西与生理的东西截然分开，相互排斥，成为本体论的范畴。精神的东西就完全不能是生理上的东西，生理上的东西也完全不能是精神上的东西。精神的东西与生理的东西完全相互排斥。

反对这一假设等于说，精神的东西可以还原为生理的东西，精神的东西只不过就是生理的东西。反对者认为这样他们就克服了二元论。

假设二：还原论。

这一假设所使用的还原概念是指，一种现象可以归结为另一种现象，一切清清楚楚，毫无疑义。还原论的公式是：A 还原为 B，则只不过就是 B。例如，物质的客体可以还原为分子，因为物质客体不过就是分子的集合。类似地，如果意识可以被还原为脑的过程，那么，意识除了是脑过程之外什么都不是。

还原论来源于自然科学。正是自然科学将物质客体看作是粒子的集合，而不是别的什么东西。因此，自然科学将意识还原为神经冲动或计算机程序——这是两个最适合的还原对象——此外，意识什么都不是，意识没有什么神秘。

假设三：因果关系与事件。

这是一个普遍的假设，因果性问题将两个在时间上分离的事件关联起来，原因在结果之前。一个事件出现在另一事件之前，前者是原因，后者是结果。因果关系的特例就是普遍的因果律。

由因果性假设立刻得出假设一和假设三，如果脑事件引起精神事件，二元论就产生了。脑事件是生理上的事情，精神事件是精神上的事情。

---

① Searle, John R. *Mind：A Brief Introduction*, Oxford University Press, 2004, pp. 107-111.

假设四：同一性的透明度。

同一性也是一个毫无疑义的假设。任何事物都与自身同一，却与任何其他事物不同一。同一性的范例是客体的同一性和构成的同一性。第一种同一性（客体同一性）的例子是昏星和晨星；第二种同一性（成分同一性）的例子是水和 H_2O，因为水的成分是 H_2O。

在这个讨论中引入同一性概念的想法是，我们可能发现精神状态与脑的神经生理学状态的同一性类似于我们已经发现的昏星和晨星的同一性或水和 H_2O 的同一性。

塞尔认为，以上四种假设是非常混乱的，它们妨碍我们得出有关意识和心身问题的正确结论。下面就转入对这四种假设的分析和批判。

2. 克服错误的假设 [①]

塞尔指出，上述四个假设不可能解决意识和心身问题，他提出了克服这些错误的解决方案。

对假设一的分析和批判。

这个假设一最大的错误就是，假设在精神状态的天真理解和生理状态的天真理解之间，区别是某种深层的形而上学的表现。意识是一个系统层面的生物特征，类似于消化、生长或胆汁分泌是系统层面的生物特征一样。我们旗帜鲜明地反对这种看法，因为精神状态本质上就是精神的东西，它不可能令人信服地被降低为生理的东西。毕竟，精神和生理的全部术语是试图建立精神和生理的绝对对立之用的。因此，最好不用这套术语，而只需说，意识是脑的一种生物特征，正如消化是消化器官的生物特征一样。在这两种情况下，我们谈论的都是自然过程，并不存在形而上学的分歧。

我们使用术语所面对的问题是，这些术语在传统上是互相排斥的。表 2-1 显示，如果某种东西是精神的，它具有本表左栏的性质；如果是身体的，则它具有右栏的性质。

---

① Searle, John R. *Mind：A Brief Introduction*, Oxford University Press, 2004, pp. 115-126.

表 2-1　心身关系术语对照表①

精神的	身体的
主观的	客观的
定性的	定量的
意向的	非意向的
非空间定位的，非空间延伸的	空间定位的，空间延伸的
非身体过程可解释的	微观物理学上因果可解释的
在身体上无因果行为方式	作为一个因果封闭的系统，按因果方式行动

　　塞尔认为，对意识和心身关系这种理解存在很多问题。在一个统一的理论内部我们来考虑精神的性质，是否所有精神的东西都是意识和具有意向性呢？如果意识的性质是定性的和主观的（两者可推出它是第一人称的），那么，我们不需要它具有空间性质。问题在于，定性的、主观的和意向性的现象如何适应物理世界？它们需要适应的物理世界的性质又是如何？当代的物理概念已经比笛卡尔认可的传统概念要复杂得多了。例如，电子是物质或能量的点，但根据笛卡尔的定义却不是物质的，因为它没有空间广延性。但物理的可推理的概念至少要求有这样一些性质：第一，真实的物理现象是时空定位的，因此，电子是物质，而数字不是；第二，它们的性质和行为在微观物理学中是因果可解释的，因此，固体和流体符合这一实验条件，鬼魂（如果存在的话）并不符合这一条件；第三，真实的、物理的功能也是因果性的。因此，固体是真实的物理现象，而"彩虹"一词中的彩虹并不是天空中真正的物质之门。物理宇宙在微观意义上是封闭的，其中具有因果功能的任何事物都是物理宇宙的一部分。

　　对假设二的分析和批判。

　　假设二中的还原的概念和还原性是哲学中最容易混淆的概念，因为这个概念在多方面都是含糊不清的。

---

① Searle, John R. *Mind: A Brief Introduction*, Oxford University Press, 2004, p. 116.

　　首先，我们必须区分因果关系还原和本体论还原。我们说 A 类现象可以因果还原到 B 类现象，当且仅当 A 的行为完全可以用 B 的行为来作因果关系的解释，A 对于 B 完全没有任何附加的因果力量。例如，固体可以从因果关系还原为分子行为。固体的性质即不可入性、能够支撑其他固体等，是可以用分子状态来作因果解释的。固体的因果关系除了还原为分子的因果力之外，并无任何附加的因果力。A 类现象可以用本体论还原为 B 类现象，当且仅当 A 不过就是 B 时。例如，物体不过就是分子的集合，落日不过就是地球围绕自己的轴旋转而相对于太阳产生的现象。

　　在科学史上，我们将本体论还原置于因果关系还原的基础上。因此，我们现在讨论的要点是：关于意识，我们可以作因果关系的还原，但却不能作本体论的还原。意识完全可以用神经元的行为来作因果关系解释，但却不能因此说意识行为就是神经元的行为。意识概念所具有的重要性质是它具有第一人称的主观的性质，如果我们以第三人称和客观的术语来重新定义它，那么，意识的第一人称和主观的性质就完全失去了。所以，我们确实需要第一人称本体论这个概念。意识不同于其他物体，如固体和流体，这些物体被还原后其表面特征仍然保持不变。但有很多概念，其现象的表面特征远比其微观结构要有趣得多。想想贝多芬的《d 小调第九交响曲》，演奏这首乐曲可以还原为空气中声波的振动，但声波振动绝不是我们听演奏时感兴趣的东西。你可以如此这般地还原意识和意向性，但你仍然需要一些词汇来谈论这首乐曲的表面特征。意识和意向性的独特性就在于它们具有第一人称的本体论。

　　塞尔认为，真实的物理世界有两类不同的实体，一类是第三人称本体论的实体，如树、浴室等；另一类是第一人称本体论的实体，如痛苦和颜色的体验等。所有第一人称本体论实体都可以按因果关系还原为第三人称本体论的实体，但对痛苦体验的还原和对颜色体验的还原是不对称的。颜色不必用颜色的体验来解释，而是可以用引起颜色体验的光线的反射率来解释。但我们却不能这样来解释意识或意识的概念，如痛苦。如果我们去掉第一人称本体论，并用第三人称本体论来重新定义意识和痛苦,我们就会失去这些概念的本质。"痛苦"一词使我们更多地体验我们所感到的痛苦,而"颜色"一词并没有使我们体验那么多。

还原论的另一种形式是消解论,但两者也是有区别的。消解的还原论显示被消解的现象其实并不真正存在。例如,"日落"这种现象其实并不存在,它仅仅是地球相对于太阳自转对地球上的观察者产生的视觉现象。但对于固体却不能使用消解还原论,因为你不能对真实存在的东西做消解的还原。

因此,我们不能对意识做消解还原,如同我们对日落所做的消解还原一样。对一种事物是否能够消解还原,在于该事物是我们观察的现象还是真实的存在。太阳东升西落,但事实并不如此。而一旦我意识到我是有意识的,那我就是有意识的。关于我的意识状态的内容我可能会产生很多误解,但对于这些意识确实存在这一点,我却不会产生误解。

对假设三的分析与批判。

大量的因果关系是离散事件之间的时间顺序关系。哲学家们喜欢举的一个因果关系的例子是:一个台球撞击两个台球并停下来,而那两个台球被撞开了。但并非所有的因果关系都这么简单。在因果关系中,大量的情况是原因和结果同时发生。看看你的周围,你会看到很多东西都对地板产生压力,什么是这些压力产生的原因?当然是地球的引力。但引力并不是一个离散事件,它是在自然中连续起作用的力。进一步说,存在大量同时发生的因果关系,其中下层的微观现象是上层微观现象的原因。现在再看看你周围的东西,桌子承载着书本,而这一因果现象由分子状态作出因果关系解释。前面提到的固体,我们可以根据因果性还原对之做本体论还原。我们说过,固体是一种可以抵抗压力的物体,是外物不可入的物体以及可以支撑他物的物体。这些性质是可以从分子的行为做因果性解释的,固体的微观结构可以给我们一个深层的解释。我们也可以说,固体就是分子在晶格结构中的振动,这也解释了一个固体可以支撑另一个固体。要点在于,我们在此讨论自然的因果顺序,这种顺序常常不是一种有时间顺序的离散事件,而是一种对系统的宏观特征作出微观解释的东西。

对假设四的分析与批判。

物质对象如行星和水等化合物的同一性是很清楚的。但对于某些事件如大萧条、我的生日派对，同一性的标准就不是很清楚了。当我们考虑一个心理事件时，意识与脑的过程是同一的吗？显而易见，意识仅仅就是脑的过程。意识是发生在神经系统中定性的、主观的、第一人称的过程。当然，这并不是同一性理论家想要的东西。他们想要的是将意识状态与神经生物学的过程同一，并能够从神经生物学来描述它。在笔者看来，当我们拥有意识的神经生物学特征和现象学特征时，我们就可以处理一个事件以及同样的事件。一个事件与相同的事件是一个神经冲动的序列，如一个痛苦与另一个痛苦相连。这种情况有点像金在权（Jaegwon Kim）标记同一性的例子。①　每个标记颜色的对象与标记形状的对象同一，这毫无疑义是真的，但这并不说明标记颜色的对象与标记形状的对象是同一事物。我们已经注意到一个足够大的神经生物学过程，使得每一个标记为痛苦的过程也是一个大脑中标记的神经生物学过程，但这不能因此得出第一人称的痛苦的感觉与第三人称的神经生物学过程是同一的。同一性概念对心身问题帮助不大，因为我们的事件可能做得很大以至既包括现象学过程也包括神经生物学过程。正确的做法是忘记这些伟大的范畴，而尝试去供述事实。然后回头看看如何调整你的先入之见，以便接纳事实。

如果我们定义事件具有现象学和神经生物学两方面的特征，那么，结果的同一性是否服从于克里普克对必然同一性的反驳呢？不是。在水和 H_2O 的必然同一性的例子中，必然性是通过定义得到的。一旦我们发现水这种东西是 H_2O 分子的化合物，我们就会在"水"的定义中加入" H_2O "，类似地，我们也可以调整对"痛苦"的定义，使得让痛苦成为痛苦的东西成为神经生物学过程中被引起和被实现的东西。岂知使之成为非常真实的神经生物学过程的那种过程，正是引起和实现非常真

---

① 金在权（Jaegwon Kim），韩裔美国哲学家，布朗大学教授。他以心理因果关系和心身问题的研究闻名。

实的痛苦的过程。顺便说一下，通常的做法也以因果关系来定义感觉。例如，"坐骨神经痛"就是一种由坐骨神经刺激所引起的痛苦。

（二）意识结构和神经生物学

1. 意识的特征

意识的特征是什么？这是每个哲学—科学理论都希望解释的。塞尔认为，最好的办法是列举出人类意识核心的特征，也许动物也有这些特征。以下是塞尔在《心智：简要的导论》一书中所列出的意识的 11 个特征。

（1）性质。

每一种意识都有性质的感觉与之关联。意识状态就是那种性质的状态。一些哲学家引入"感受性"（qualia）一词来描述这种特征，塞尔认为这种用法至少是误导，因为使用这个术语暗示有的意识不是定性的。他们认为，某些意识状态是有性质的，如痛苦的感觉、品尝冰激凌的感觉等，而另一些意识却没有特别的质感，如思考数学问题。塞尔认为，在谈论意识时，"感受性"这个术语是不必要的，因为当我们说"意识"一词时，读者或听者完全理解。

（2）主观性。

由于意识的定性特征，意识状态仅当人或动物主观体验时才存在。意识具有主观性，指出这一特征的另外的方式是意识具有第一人称本体性。意识仅仅作为人或动物的主观体验而存在，而且它仅仅在第一人称的意义下存在。当我了解你的意识时，我所具有的这种知识与我具有自己的意识这种知识是不同的。

（3）统一性。

当下我不仅体验到指尖的感觉、衬衣对脖子的压力、户外秋天落叶的风光，我还能体验到所有那些作为单一的或统一的意识领域。正常的、非病态的意识以一种统一的结构被我们体验。康德称这种意识领域的统一性为"先验统觉的统一"（transcendental unity of apperception）。

意识的本质是定性的、主观的和统一的，它不可能只有定性和主观的特征而没有统一性。意识不会像物理对象一样被分割，意识总是以统一的意识领域中的离散对象的统一体的方式出现的，理解这一点是绝对必要的。

（4）意向性。

意向性和意识常常被当作两个独立的现象来谈论。但是，许多意识状态本质上都是意向的。例如，如果不是我正在寻找近旁的桌子和椅子的话，我的视知觉不可能成为那种视觉经验。我们的许多经验会指向超越经验的东西，哲学家们把这种特征称为"意向性"。并非所有意识都是意向的，也不是所有意向性都是意识，但在意识和意向性之间确实有非常严格和重要的重合。两者之间有逻辑联系：事实上，无意识的心理状态不得不在原则上看作是某种类型的意识。有很多心理状态，范围从脑损伤到心理压抑，它们不可能进入意识，但它们是意识心理状态的一部分。不是意向的意识状态的例子是焦虑，即当一个人并不是焦虑某一件特别的事情但又有焦急的感觉时就是这种情况。不是意识而是意向的例子多得数不清，例如酣睡。当我在熟睡时，我仍然真实地知道，二加二等于四，如此等等。这样的信念很多，但它们从来也没有进入我的意识。

（5）情绪。

所有的意识状态都是以某种类型的情绪向我们呈现的。我们总是处于某种情绪之中，即便这种情绪并没有一个特殊的名称。我并不特别地得意，也不是特别的沮丧，甚至也不是无聊，但恰恰是所有这些造成一种确定的意识趣味，一种确定的意识体验的色调。意识到这一点需要通过观察某些戏剧性的变化。如果你收到某种坏消息，你会发现你的情绪变化。如果你收到好消息，你的情绪会发生相反的变化。情绪不是情感，其中一个区别是情感总是意向性的。情感具有某种意向内容，而情绪无须具有意向内容。情绪会使我们产生情感。例如，如果你在一种急躁情绪之中，你就容易产生愤怒的情感。

（6）中心与边缘的区别。

在意识领域，我们常常对一件事比另一件事关注更多。一些事情在我的意识场的中心，另一些事情却处于意识的边缘地带。其所以如此，是因为我们能够在意愿上调整我们的注意。我们能够将自己的注意力集中在前面的水杯上,或者集中在窗户外面的树上,甚至不用改变位置,也不用动一下眼睛。在某种情形下,意识场仍然保持不变,但我们可以关注到对象的不同特征。改变注意的能力、区别那些在意识场中受到关注的特征与那些不受关注的特征,已经成为神经生物学的重要研究主题。

(7) 快乐和不快乐。

情绪是那种与意识相关而又不同的现象,它具有某种程度的快乐或不快乐。因此可以进一步说,意识在某一点上具有一定程度的快乐或不快乐。所以,对任何意识体验而言,你会带感情地问:你喜欢它吗?它有意思吗?你过得好吗?过得不好吗?无聊吗?愉快吗?它令人厌恶吗?讨人喜欢吗?令人沮丧吗?只要与意识相关,快乐或不快乐就无处不在。

(8) 情景性。

我们所有意识经验的出现都伴随着一种可以称为背景情形的感觉,在这种感觉之中,意识场才能被体验。某个人的这种情景感觉通常不是,也不必是意识场的一部分。正常情况下,我处于某种感觉认知之中,如我在地面上,今天是什么日子,今年是哪一年,我吃午饭了没有,我是哪国公民等,这一系列特征理所当然地成为我的意识背景,在此情景中,我的意识场才能发现自我。

(9) 主动意识和被动意识。

任何人只要反思自己的意识体验,就会明显区分一方面是自愿的意向行为,另一方面是被动的感知行为。但这种区分不是截然二分的,因为有一种感知的自愿因素,也有自愿行为的被动成分。主动意识和被动意识明显区分的例子有:主动抬起你的手臂是一种意识行为,而被别人触发你的神经关节抬起手臂是被动的知觉行为。一位加拿大神经外科医生彭菲尔德(W. Penfield)发现,通过刺激病人的运动皮质层,会使他的手臂运动。病人总是说:"我没有动手臂,是你动的。"在这个案例中,病人感知了手臂的运动,但却并未体验主动运动。

主动运动的体验是意识的重要形式，它让我们确认自己的自由意识，任何对于心智的研究，都必须面对这种体验。

（10）完形结构。

我们的意识体验送给我们的不是一些杂乱无章的东西，而是一些定义良好的、有时甚至是非常精确的结构。例如，正常视力看到的并不是一些无法区分、模糊不清的事物和碎片，而是看到桌子、椅子、人、车等。尽管仅仅是这些对象的一些碎片将光子反映到视网膜上，而视网膜上的影像又是以种种方式被扭曲的。完形心理学家研究了这些结构，并发现了非常有趣的事实。一个发现是，大脑具有接受退化刺激的能力，并把它们组织成一个连贯的整体。研究进一步发现，大脑能够接受连续的刺激，并将这些刺激一会处理成一个感知，一会又处理成另外的感知。著名的"鸭兔图"就是这样的例子。这是一个连续的感知刺激，但我们看到的却一会儿是鸭子，一会儿是兔子（见图2-4）。

图2-4 视觉竞争：鸭兔图

完形结构不仅仅是将我们的感知组织为一个连贯的整体，它还形成一个意识场，使我们能够在这个意识场内区分并识别感知的对象和这些对象被感知的背景。

意识的完形能力至少有两个值得注意的方面，一是大脑具有将知觉组织为一个连续整体的能力；二是大脑具有将图形从背景中区分出来的能力。

（11）自我感知。

自我感知是正常意识体验的典型。我有确定的我是谁的感觉观念，即将自己作为自我的观念。这意味着什么呢？我体验"自我"的方式与我体验穿鞋和体验喝啤酒的方式完全不同。

除了以上 11 个方面的特征，塞尔认知意识还具有神秘性（意识问题不可解，除非我们找到新的科学方法）、伴随性（意识与大脑过程相伴随）、泛心论（意识无处不在）等特征。

2. 神经生物学的意识研究

长期以来，科学家们对意识问题讳莫如深，噤若寒蝉，究其原因有三：一是人们感到尚未做好准备来研究意识，我们首先要更多地了解神经现象的脑机制；二是人们认为意识问题还未发展成为科学问题，因为它缺少作为科学问题的正确结构，它仍然只是哲学家和神学家谈论的问题；三是对最接近的神经生物学而言，我们不能给出意识的生物学描述，甚至我们无法解释温暖何以被感觉为温暖、红色如何被看作为红色等。

认知科学诞生以后，在意识研究领域取得了很多有意义的进展。大量的神经生物学家试图准确理解产生意识的脑过程。这些研究可以分为三个步骤：第一，发现意识的神经关联（Neuronal Correlate of Consciousness，NCC）；第二，测试这种关联是否有因果关系；第三，建立理论。

（三）量子意识

认知科学建立以后，对心智和意识的研究突飞猛进。当前意识研究最前沿也是最不可思议的领域是量子意识。目前，量子意识不属于科学范畴，因为它不具有重复性与可验证性，但它具有可体验性。

量子意识理论认为，经典力学无法完整解释意识，意识是一种量子力学现象，如量子纠缠和叠加作用。大脑中存在海量的处于量子纠缠态的电子，意识正是从这些电子的波函数的周期性坍塌中产生。这一假说在解释大脑功能方面占有重要地位，形成了解释意识现象的基础。

量子意识涉及量子力学特别是主导量子力学的两个基本原理，即薛定谔方程和测量原理。

1. 薛定谔方程

薛定谔方程是奥地利物理学家埃尔文·薛定谔（Erwin Schrödinger，

1887—1961）于 1926 年提出的，它是量子力学最基本的方程之一，在量子力学中的地位与牛顿方程在经典力学中的地位相当。

图 2-5　埃尔文·薛定谔

薛定谔方程是描述物理系统的量子态怎样随时间演化的偏微分方程，它将物质波的概念和波动方程相结合建立二阶偏微分方程，可描述微观粒子的运动。每个微观系统都有一个相应的薛定谔方程式，通过解方程可得到波函数的具体形式以及对应的能量，从而了解微观系统的性质。薛定谔方程表明量子力学中，粒子以概率的方式出现，具有不确定性。

在量子力学中，体系的状态不能用经典力学量（例如 x）的值来确定，而是要用力学量的函数 $\Psi(x, t)$，即波函数来确定，因此波函数成为量子力学研究的主要对象。力学量取值的概率分布如何，这个分布随时间如何变化，这些问题都可以通过求解波函数的薛定谔方程得到解答。

薛定谔方程广泛用于原子物理、核物理和固体物理，对于原子、分子、核、固体等一系列问题中求解的结果都与实际符合得很好。

一维薛定谔方程：

$$-\frac{\hbar^2}{2\mu}\frac{\partial^2 \Psi(x, t)}{\partial x^2} + U(x, t)\Psi(x, t) = i\hbar\frac{\partial \Psi(x, t)}{\partial t}$$

三维薛定谔方程：

$$-\frac{\hbar^2}{2\mu}\left(\frac{\partial^2 \Psi}{\partial x^2} + \frac{\partial^2 \Psi}{\partial y^2} + \frac{\partial^2 \Psi}{\partial z^2}\right) + U(x, y, z)\Psi = i\hbar\frac{\partial \Psi}{\partial t}$$

定态薛定谔方程：

$$-\frac{\hbar^2}{2\mu}\nabla^2\Psi + U\Psi = E\Psi$$

这些方程适用于在三维空间中运动的一个粒子，但也有相对应的方程描绘一个由多个粒子组成的系统。如果不把波函数写成位置和时间的函数，人们也可以将它们化为动量和时间的函数。式中，ψ（x，y，z）是待求函数，它是 x、y、z 三个变量的复数函数。式子最左边的倒三角是拉普拉斯算符，意思是分别对 ψ（x，y，z）的梯度求散度。

2. 测量原理

量子力学与经典力学的一个主要区别，在于测量过程在理论中的地位。在经典力学中，一个物理系统的位置和动量，可以无限精确地被确定和被测量。至少在理论上，测量对这个系统本身并没有任何影响，可以无限精确地进行。在量子力学中，测量过程本身却会对系统造成影响。

要描写一个可观察量的测量，需要将一个系统的状态——线性分解为该可观察量的一组本征态的线性组合。测量过程可以看作是在这些本征态上的一个映射，测量结果是对应于被投影的本征态的本征值。假如对这个系统的无限多个拷贝都进行一次测量的话，我们可以获得所有可能的测量值的机率分布，每个值的机率等于对应的本征态的系数的绝对值平方。

由此可见，对于两个不同的物理量 A 和 B 的测量顺序，可能直接影响其测量结果。事实上，不相容可观察量就是这样的。

最著名的不相容可观察量，它是一个粒子的位置 x 和动量 p。它们的不确定性 Δx 和 Δp 的乘积，大于或等于普朗克常数的一半。

1927 年海森堡发现的"不确定性原理"，也常称为"不确定关系"或者"测不准关系"，说的是两个不对称算符所表示的力学量（如坐标和动量，时间和能量等），不可能同时具有确定的测量值。其中的一个测得越准确，另一个就测得越不准确。它说明：由于测量过程对微观粒子行为的"干扰"，致使测量顺序具有不可交换性，这是微观现象的一个基本规律。实际上，像粒子的坐标和动量这样的物理量，并不是本来就存在而等待着我们去测量的信息，测量不是一个简单的"反映"过程，而是一个"变革"过程，它们的测量值取决于我们的测量方式，正是测量方式的互斥性导致了测不准关系。

通过将一个状态分解为可观察量本征态的线性组合，可以得到状态在每一个本征态的机率幅 c_i。这机率幅的绝对值平方 $|c_i|^2$ 就是测量到该本征值 n_i 的概率，这也是该系统处于本征态的概率。c_i 可以通过映射到各本征态上计算出来。

因此，对于一个系统的完全相同系统的某一可观察量，进行同样地测量，一般获得的结果是不同的；除非该系统已经处于该可观察量的本征态上了。通过对系综内每一个同一状态的系统，进行同样的测量，可以获得测量值 n_i 的统计分布。所有试验，都面临着这个测量值与量子力学的统计计算的问题。

量子力学的三个奇特现象可能用来解释量子意识。

（1）量子双缝实验。

第一个奇特的量子现象是超级可怕和诡异的电子双缝干涉实验。1807 年，托马斯·杨总结出版了《自然哲学讲义》一书，综合整理了他在光学方面的工作，并第一次描述了双缝实验（double-slit experiment）。

实验的原理和装置都很简单。在如图 2-6 的装置中，从一个点光源发出的光射到一块开了两条窄缝的隔板上，隔板背后设有一块受光的屏幕。实验假设十分清晰：如果光以粒子的形式通过双缝时，我们会在屏幕上看到两条不相干涉的条纹；如果光以波的形式通过双缝时，我们会在屏幕上看到互相干涉的条纹（图 2-7）。结果发现，量子（电子或光子）通过双缝以后，会在后面的平板上留下干涉条纹（图 2-8）。这表明量子是以波的形式运动的。但科学家质疑，会不会是众多量子通过狭缝时互相碰撞，由此产生了干涉？于是他们决定改变实验方法，现在一次只发射一个电子，当第一个电子到达屏幕以后再发射第二个电子，结果如何呢？与前述的实验一样，我们依然得到了条纹干涉图案。这说明即使是单个的电子，它仍然是以波的形式通过双缝的。

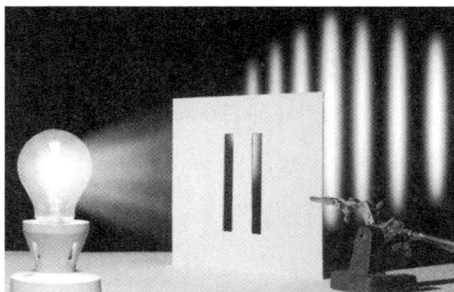

图 2-6　量子双缝实验

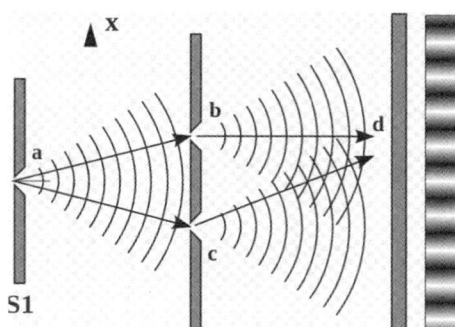

图 2-7　从光源 a 射出的光通过 b 和 c 两条狭缝，在屏幕 d 上打出干涉条纹

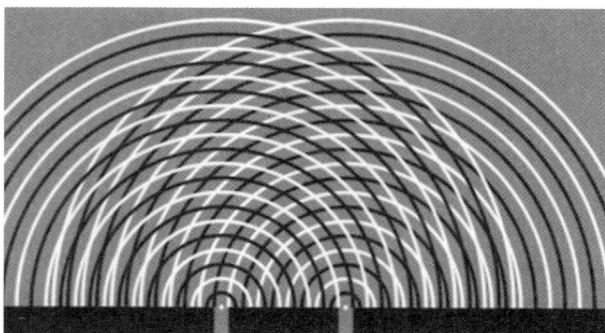

图 2-8　光的波动性质使得通过两条狭缝的光束互相干涉，产生漂亮的干涉条纹

现在继续改进实验。如果在双缝实验中加入观测仪器，结果又会如何呢？只要观测仪发出的光子一干扰到电子的运动，干涉条纹就会消失，后面的平板上就会清晰地留下两道条纹——电子又以粒子的形式通过双

缝了！物理学的术语称为"波函数坍缩"——电子的波函数在瞬间坍缩，变成一个实实在在的粒子，随机出现在某个位置上，让你能看到它。

　　然而更恐怖的事还在后面。1979 年在普林斯顿举行了一场纪念爱因斯坦诞辰 100 周年的活动，活动中爱因斯坦曾经的同事惠勒（John Wheeler）提出了一个实验，这就是著名的"延迟选择实验"（Delayed Choice Experiment）。

　　前面说过，人们不观测，电子就以波的形式通过双缝；人们一观测，电子就呈"粒子形式"通过双缝。惠勒提出，如果我们根据电子的速度，当确定它已经通过双缝之后，迅速地在后面的板上放上摄像机，会出现什么情况？此话一出，天崩地裂。无数的科学家马上开始动手设计实验，结果发现，当我们在确定电子已经通过双缝后，迅速地在后面的板上放上摄像机，结果是——出现了两道条纹！反之，如果迅速地拿掉摄像机，又会出现干涉条纹，即使我们在决定拿掉摄像机的时候，电子已经通过了双缝！这意味着，当我们没有看电子的时候，电子就不是个实的东西，它像个幽灵，以波的形态飘浮在空间中。你一睁开眼睛，所有的幻影就立马消失，电子的波函数在瞬间坍缩，变成一个实实在在的粒子，随机出现在某个位置上，让你能看到它。

　　波尔的解释更加恐怖：它认为世界是由意识决定的！互补原理是这样说的：电子既是一种粒子，也是一种波，它具有波—粒二重性。但在每一个特定的时刻，电子不可能既是粒子又是波，而只能是其中的一种。它到底会是粒子还是波，这取决于是否有人观察它，当没人观察它时，它就是波，而一旦有人观察它，它就变成了粒子。

　　其实，中国古代哲学家早就具备了这样的思想。明代思想家、哲学家王阳明（1472—1529）心学中"心外无物"、"心外无理"、"万物皆由心生"的思想，与现代物理学和认知科学的结论完全一致。所以，阳明心学（Wang Yangming's theory of mind）不是唯心主义，而是一种更接近于当代物理学和认知科学的哲学思想。[1]

---

　　①　蔡曙山：《阳明心学就是中国的认知科学》，《贵州社会科学》2021 年第 1 期。

（2）"薛定谔的猫"。

第二个奇特的量子现象是单体的迭加态——"薛定谔的猫"，它证明测量的核心是人的意识。

图 2-9　"薛定谔的猫"

"薛定谔的猫"是由薛定谔于 1935 年提出的有关猫生死叠加态的著名思想实验，试图从宏观尺度阐述微观尺度的量子叠加原理。这一思想实验巧妙地把微观物质在观测后是粒子还是波的存在形式和宏观的猫联系起来，以此求证观测介入时量子的存在形式。

"薛定谔的猫"的著名思想实验，是把微观领域的量子行为扩展到宏观世界的推演。"薛定谔的猫"佯谬假设了这样一种情况：将一只猫关在装有少量镭和氰化物的密闭容器里。镭的衰变根据几率，如果镭发生衰变，会触发机关打碎装有氰化物的瓶子，猫就会死；如果镭不发生衰变，猫就活着。根据量子力学理论，由于放射性的镭处于衰变和没有衰变两种状态的叠加，猫就理应处于死猫和活猫的叠加状态。这只既死又活的猫就是所谓的"薛定谔的猫"。

显然，既死又活的猫是荒谬的，可这使微观不确定原理变成宏观不确定原理，客观规律不以人的意志为转移，猫既活又死违背了逻辑思维。薛定谔想要借此阐述的物理问题是：宏观世界是否也遵从适用于微观尺度的量子叠加原理。"薛定谔的猫"佯谬巧妙地把微观放射源和宏观的猫联系起来，从而承认宏观世界存在量子叠加态。随着量子力学的发展，科学家已先后通过各种方案获得了宏观量子叠加态。美国国家标准和技术研究所的莱布弗里特等人在《自然》杂志上称，他们已实现拥有粒子较多而且持续时间最长的"薛定谔的猫"态。他们使六个铍离子在 50 微秒内同时顺时针自旋和逆时针自旋，实现了两种相反量子态的等量叠加纠缠。奥地利因斯布鲁克大学的研究人员也在同期《自然》杂志上报告说，他们在八个离子的系统中实现了"薛定谔的猫"态，维持时间稍短。

这种事物的存在状态依赖于观察者的理论使人自然而然地想起英国经验论哲学家贝克莱（George Berkeley）的名言："存在就是被感知"（拉丁文：Esse Est Percipi）。这句话要是稍加改变为"存在就是被测量"，那就和哥本哈根派的意思完全一致了。贝克莱在哲学史上是主观唯心主义的代表，人们通常乐于批判他，哥本哈根派是否比他走得更远呢？王阳明在《传习录》中也说过一句有名的话："汝未看此花时，此花与汝同归于寂；汝来看此花时，则此花颜色一时明白起来，便知此花不在汝之心外。"[1]　阳明先生的这句话用量子论来说就是："你未观测此花时，此花并未实在地存在，按波函数与你同归于寂；你来观测此花时，则此花波函数发生坍缩，它的颜色一时变成明白的实在。"一个多么绝妙的关于量子叠加态和波函数坍缩理论的表述：心智即是物，心智外无物；测量即是理，测量外无理。而这样深刻的思想竟然是由 500 多年前的一位中国古代哲学家说出。所以我们说：阳明心学就是中国古代的认知科学。[2]

"薛定谔的猫"很好地阐述了 20 世纪量子力学这个科学成就的突破性和争议性的现状。随着量子物理学的发展，"薛定谔的猫"还延伸出了平行宇宙等物理问题和哲学争议。

---

[1]　王阳明：《传习录·钱德洪录》，《王阳明全集》上卷，上海古籍出版社 2011 年版，第 122 页。

[2]　蔡曙山：《阳明心学就是中国人的认知科学》，《贵州社会科学》2021 年第 1 期。

（3）量子纠缠。

第三个奇特的量子现象是多体的迭加态——量子纠缠。

量子纠缠与"薛定谔的猫"是类似的，只不过"薛定谔的猫"讲的是同一个东西处于不同的状态的迭加，量子纠缠讲的是如果有两个以上的东西它们都处于不同的状态的迭加，它们彼此之间有什么关联。

量子纠缠（quantum entanglement）是一种纯粹发生于量子系统的现象，在经典力学里，找不到类似的现象。量子纠缠是指当几个粒子在彼此相互作用后，由于各个粒子所拥有的特性已综合成为整体性质，无法单独描述各个粒子的性质，只能描述整体系统的性质的现象。

假设一个零自旋中性 π 介子衰变成一个电子与一个正电子。这两个衰变产物各自朝着相反方向移动。电子移动到区域 A，在那里的观察者"爱丽丝"会观测电子沿着某特定轴向的自旋；正电子移动到区域 B，在那里的观察者"鲍勃"也会观测正电子沿着同样轴向的自旋。在测量之前，这两个纠缠粒子共同形成了零自旋的"纠缠态"——$|\psi\rangle$，是两个直积态（product state）的叠加，以狄拉克标记表示为：

$$|\psi\rangle = \frac{1}{\sqrt{2}}(\||\uparrow\rangle \otimes |\downarrow\rangle \otimes |\uparrow\rangle))$$

其中，$|\uparrow\rangle$、$|\downarrow\rangle$ 分别表示粒子的自旋为上旋或下旋。

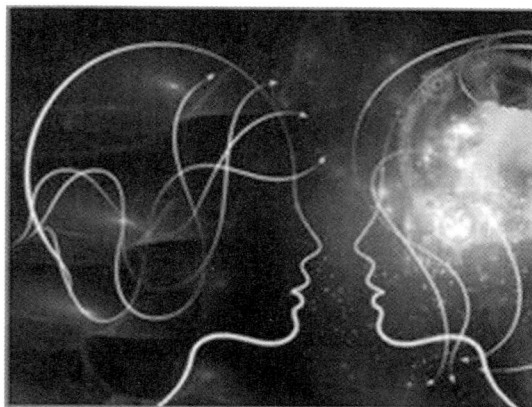

图 2-10　量子纠缠与人类意识

在圆括号内的第一项表明，电子的自旋为上旋当且仅当正电子的自旋为下旋；第二项表明，电子的自旋为下旋当且仅当正电子的自旋为上旋。两种状况叠加在一起，每一种状况都有可能发生，不能确定到底哪种状况会发生，因此，电子与正电子纠缠在一起，形成纠缠态。假若不做测量，则无法知道这两个粒子中任何一个粒子的自旋，根据哥本哈根诠释，这性质并不存在。这单态的两个粒子相互反关联，对于两个粒子的自旋分别做测量，假若电子的自旋为上旋，则正电子的自旋为下旋，反之亦然；假若电子的自旋为下旋，则正电子自旋为上旋，反之亦然。量子力学不能预测到底是哪一组数值，但是量子力学可以预言，获得任何一组数值的概率为 50%。

不确定性原理的维持必须依赖量子纠缠机制。例如，设想先前的一个零自旋中性 π 介子衰变案例，两个衰变产物各自朝着相反方向移动，分别测量电子的位置与正电子的动量，假若量子纠缠机制不存在，则可借着守恒定律预测两个粒子各自的位置与动量，这违反了不确定性原理。由于量子纠缠机制，粒子的位置与动量遵守不确定性原理。

以相对论速度移动的两个参考系分别测量两个纠缠粒子的物理性质，尽管在每一个参考系，测量两个粒子的时间顺序不同，获得的实验数据仍旧违反贝尔不等式，仍旧能够可靠地复制出两个纠缠粒子的量子关联。

量子纠缠与薛定谔的猫密切相关，因为多体的叠加态总是与单体的叠加态密切相关。关于薛定谔的猫，爱因斯坦等许多科学家是持怀疑态度的，他们认为：这个原因是由"平行宇宙"（MWI）造成的，即当我们向盒子里看时，整个世界分裂成它自己的两个版本。这两个版本在其余的各个方面都是相同的，区别只是在于其中一个版本中，原子衰变了，猫死了；而在另一个版本中，原子没有衰变，猫还活着。在量子的多元世界中，我们通过参与而选择出自己的道路。在我们生活的这个世界上，没有隐变量，上帝不会掷骰子，一切都是真实的。

这个观点还有更骇人听闻的假设：量子自杀。这个令人啼笑皆非的实验在 80 年代末由汉斯·莫拉维克（Hans Moravec）等人提出，而又在 1998 年为宇宙学家麦克斯·泰格马克（Max Tegmark）在那篇广为人知的宣传 MWI（Many Worlds Interpretation，平行宇宙）的论文中所发展和重提。泰格马克认为宇宙有多个，量子的不确定性被分配到各个宇宙去，只要从主观视角来看，不但一个人永远无法完成自杀，事实上他一旦开始存在，就永远不会消失！总存在着一些量子效应，使得一个人不会衰老，而按照 MWI，这些非常低的概率总是对应于某个实际的世界！如果一个人自杀，他怎么死都死不掉，总存在那么一些宇宙，让他还活着！

从宇宙诞生以来，已经进行过无数次这样的分裂，它的数量以几何级数增长，很快趋于无穷。我们现在处于的这个宇宙只不过是其中的一个，在它之外，还有非常多的其他的宇宙。那么，自大爆炸以来，究竟有多少个宇宙被创造出来了？宇宙的数量每秒钟都在以骇人听闻的速度增长？

量子世界是如此的难以理解，难怪波尔说："如果谁不曾对量子论感到震惊，他就根本没有理解它。"美国物理学家理查德·费曼说："我可以大胆地说，没有人懂量子理论。"然而，我们这个宇宙从根本上说是量子的，没有量子力学，我们就无法解释从基本粒子的运动到生命和宇宙的演化以及宇宙中最复杂的人脑、心智和意识等复杂的现象，如酶的催化（量子隧穿）、光合作用（量子漫步）、鸟的导航（量子纠缠）、鱼的嗅觉（量子自旋）、基因突变（量子跃迁）等生命现象。

二、心智与无意识

（一）无意识（潜意识）和前意识

无意识（unconscious）是指那些在正常情况下根本不能变为意识的东西，比如，内心深处被压抑而无从意识到的欲望。

意识和无意识的关系可以用弗洛伊德的冰山理论来形象地说明。人的意识组成就像一座冰山，露出水面的只是一小部分（意识），但隐藏在水下的绝大部分（无意识）却对其余部分产生影响。弗洛伊德认为无意识具有能动作用，它主动地对人的性格和行为施加压力和影响。弗洛伊德在探究人的精神领域时运用了决定论的原则，认为事出必有因。看来微不足道的事情，如做梦、口误和笔误，都是由大脑中的潜在原因决定的，只不过是以一种伪装的形式表现出来。由此，弗洛伊德提出关于无意识精神状态的假设，将意识划分为三个层次：意识、前意识和无意识。

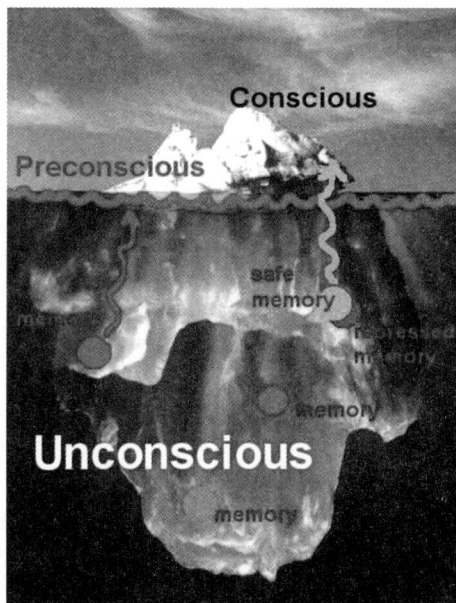

图 2-11　弗洛伊德冰山理论

也有人将无意识称为"下意识"或"潜意识"。但从英文原文看，"无意识"（unconscious）是从"意识"（conscious）加上否定的前缀"un"而得，译为"无意识"是正确的，"下意识"或"潜意识"的译法不妥。下文中，为了尊重现有的译法，引文中"潜意识"的用法仍予以保留，不作变更。

意识是个人在任何时刻觉察到的感觉和体验。它涉及我们心理现象的广大范围，包含着我们感知到的一切消息、观念、情感、希望和需要等。它还包括我们从睡眠中醒来时对梦境内容的意识。人类的这些心理的感知，是通过语言来实现的。

无意识是人们在正常情况下觉察不到，也不能自觉调节和控制的心理现象。人在梦境中产生的心理现象通常是无意识的。

(二) 弗洛伊德的无意识理论

弗洛伊德是系统研究无意识的第一人。西格蒙德·弗洛伊德（Sigmund Freud，1856—1939）是奥地利心理学家、精神病医师。弗洛伊德认为：存在于无意识中的性本能（libido）是人的心理的基本动力，是支配个人命运、决定社会发展的力量，并把人格区分为自我、本我和超我三个部分。主要著作有《梦的解析》（1900）、《日常生活的精神病理学》（1904）、《精神分析引论》（1910）、《图腾与禁忌》（1913）、《精神分析引论新编》（1933）。

弗洛伊德关于意识和无意识的关系体现在他的"冰山理论"中。冰山理论是弗洛伊德、海明威和萨提亚（Virginia Satir）在各自领域将这一理论提出并加以应用到心理学、文学、管理学、医学等，传播广泛。

1923年，弗洛伊德建立起精神分析更为正式的结构模式，这一模式由"本我、自我和超我"三个概念所定义，它们代表了人类心理功能的不同侧面。

图 2-12　弗洛伊德

弗洛伊德把心灵比喻为一座冰山，浮出水面的是少部分，代表意识，而埋藏在水面之下的大部分，则是潜意识。他认为人的言行举止，只有少部分是意识在控制的，其他大部分都是由潜意识所主宰，而且是主动地运作，人却没有觉察到。

1. 本我

依据理论，本我代表所有驱力能量的来源。个人心理功能的能量根源于生与死的本能，或者是性和侵犯性本能，这些本能是本我的一部分。在发挥其功能时，本我寻求解除兴奋和紧张以及释放能量。它依据快乐原则来运作，即追求快乐和回避痛苦。依据这样的运作方式，本我寻求立即的完全的释放。它具有一个被宠坏的孩子的品质：当想要得到时，就要得到想要得到的。本我不能忍受任何挫折，没有任何顾忌。它不顾任何现实并且能够通过行动或通过想象已经得到想要得到的来获得满足——满足幻想的与实际的满足一样的好。本我是没有理性、逻辑、价值观、道德感和伦理信条的。总而言之，本我是过分的、冲动的、盲目的、非理性的、非社会化的、自私的并且是纵情享乐的；本我追求愉悦，超我追求完美，本我根据快乐原则进行运作。

2. 自我

按照弗洛伊德的陈述，所谓自我，是自己意识的存在和觉醒；本我，则是原始欲望的自然表现；而超我，则是社会行为准则及形成的禁忌。自我则追求现实。自我的功能就是论据现实来表达和满足本我的愿望与超我的要求。自我则依据现实原则（reality principle）运作——本能地满足被延迟直到适当的时机，以使多数愉悦包含最小限度的痛苦和否定性的结果。依据现实原则，来自本我的能量可能被阻碍、转移，或者是慢慢地释放，这都得依现实的要求和良知而定。这样的运作方式与快乐原则并不矛盾，而只是代表了满足的暂时中断。用乔治·伯纳·肖的话来说，自我在发挥其功能时要"能够选择最大利益的路线而不是朝着阻力最小的方向去"。自我能够把愿望从幻想中分离出来，能够忍受紧张和妥协，并能随着时间的推移而改变。相应地发展出知觉和认知的技巧，知觉更多的事物和思考更为复杂问题的能力。例如，人们能够从未来的角度考虑问题并且考虑从长远来看什么是最好的。所有这些品质与本我的不切实际、不可改变、过分的品质是截然相反的。

3. 超我

本我的对立面是超我，也就是人类心理功能的道德分支，它包含了我们为之努力的那些观念，以及在我们违背了自己的道德准则时所预期的惩罚（罪恶感）。人格的这部分结构依据社会的标准来控制行为从而发挥其功能，对好的行为给予奖赏（自豪感，自爱），对坏的行为则给予惩罚（罪恶感，自卑感，意外事故）。超我能够在非常原始的层次上发挥其功能，所以相对来说经不起现实的检验，也就是说，不能够依据不同的情境来改变自己的行动。在这种情况下，人们不能够分辨思想和行动，就会对某些甚至没有导致行动的想法而感到内疚。此外，个体被非黑即白、全或无的判断所束缚并且追求完美。严格的超我表现为对诸如好、坏、评判、判决等字眼的过度使用。但是超我也能够通情达理和灵活而有弹性。例如：人们也许能够忘记自己或者别人的错，如果是出于意外事故或处于严重压力的情境之下。在成长的过程中，儿童将学会这些重要的区别并且学会不仅是以有或无、对或错、黑与白的方式来看待事情。

比起对无意识和本我工作方式的探究，弗洛伊德对于自我功能的研究相对要弱一些。他把自我描述为一个服从于三个主人——本我、现实和超我——的可怜虫。可怜的自我困难地为这些主人服务并且必须协调三者的主张和要求。当中最有意思的是自我与独断的本我之间的关系。

弗洛伊德的精神分析理论有时也称为"深度心理学"或"心理学哲学"，特别热衷于挖掘底层潜意识。弗洛伊德曾在致友人信中说："我只对人的地下室有兴趣。"

超我往往是由道德判断、价值观等组成，本我是人的各种欲望，自我介于超我和本我之间，协调本我和超我，既不能违反社会道德约束又不能太压抑本我。

弗洛伊德研究的无意识主要是梦境和催眠两种形式。弗洛伊德将梦作为"理解潜意识心理过程"的捷径。在《梦的解析》一书中，他引入本我的概念，描述了潜意识理论，并用于解析梦，解读人们的潜意识在梦中的表象。在该书中，弗洛伊德记述了许多梦，来阐明他的理论。他对梦的解析有许多来自病人的个案研究，还有一些梦境来自文学作品，超出心理学研究的领域。弗洛伊德在此书中首次讨论了后来发展的恋母情结理论，也就是俄狄浦斯情结。在书中，笔者声称他发现了三大真理：梦是无意识欲望和儿时欲望伪装的满足；俄狄浦斯情结是人类普通的心理情绪；儿童是有性爱意识和动机的。

弗洛伊德在 19 世纪 90 年代开始进行催眠实践，但由于他使用的催眠术需要较长的时间，而每一天需要他催眠和治疗的病人很多，他在实践中发现，有些人根本用不着催眠诱导，只需要进行"自由联想"的诱导和精神分析就可以达到治疗的目的，于是弗洛伊德就逐渐放弃催眠，构建了他的精神分析技术。① 此后，精神分析成为一个学派，而催眠术则被忽视。

20 世纪初，被誉为"现代医疗催眠之父"同时也是短期心理治疗的创始人的米尔顿·艾瑞克森（Milton Hyland Erickson，1901 — 1980）出生在美国一个农场。1919 年，一场凶猛的脊髓灰质炎（小儿麻痹症）袭击了这个 17 岁少年，使他全身陷入瘫痪，除说话和眼能动外不能做任何事情。在治疗的过程中，艾瑞克森学会了催眠，学会了心理暗示和与人沟通，也了解了催眠和潜意识对心理康复和生理康复的重要作用。他创立了催眠治疗和短期策略心理治疗方法。在自然催眠状态下，病人可以通过"无意识学习"和"心理暗示"进行自我心理治疗。艾瑞克森成为一代催眠大师、20 世纪催眠界的领导人物。他对于心理治疗的实际的贡献，可与弗洛伊德对心理治疗理论的贡献相提并论。②

案例：仙人掌治酗酒

有一位酗酒者来找艾瑞克森，并叙说其与酒精的渊源："我的父母以及他们的父母均嗜酒如命。我的父母与岳父、岳母也都是离不开酒瓶的酒鬼。我的妻子酗酒，我自己更曾经有过 11 次酒精中毒的精神错乱现象。我实在厌倦了与酒为伍的日子。对了，我的弟弟也是不折不扣的酒鬼。对你而言，这八成称得上是祖传的酗酒案例，但不知你有什么解决之道？"艾瑞克森问起他的职业："当我

---

① 参见弗洛伊德：《梦的解析》，马晓佳译，时代文艺出版社 2019 年版。

② 杰弗瑞·萨德：《催眠大师艾瑞克森和他的催眠疗法》，陈厚恺译，化学工业出版社 2016 年版。

清醒时，我在报社工作。酒精则是从事这份工作的危机所在。"艾瑞克森表示："这样吧！既然你希望我针对这历史悠久的问题想个办法。我建议你去做一件似乎不对劲的事。请到植物园去看看那些仙人掌，赞叹那些可以在缺水缺雨情况下存活 3 年的仙人掌。此后，自己好好反省。"

许多年后，一位年轻女孩突然到访："艾瑞克森博士，我很早就认识你，如今，我住在凤凰城，想借机来看你到底是何方神圣。"艾瑞克森："那你可得仔细想清楚，不过我很想知道你何以专程跑来评头论足。"她解释道："会将酗酒者送往植物园观察植物，以借机引导他们不依赖酒精生活的人，即是我渴望亲眼目睹的伟人。自从你将我父亲送往植物园后，我的父母就再也没碰过酒了。"

评价：再一次让人想起阳明心学和"阳明格竹"。王阳明（1472—1529）是比弗洛伊德和艾瑞克森早 300 多年的心学大师，中国古代的思想家、哲学家、心理学家和认知科学家。①

（三）思维是无意识的

弗洛伊德奠定了无意识研究的基础，但他的理论是有缺陷的，也是不完全的。认知科学建立以来，对无意识的研究取得了很大的进展。

首先，认知科学三大发现之一 ——"思维是无意识的"。这就将无意识的研究拓展到思维的领域。传统认为，思维是逻辑的领域，是理性的领域，因为思维、理性、逻辑是左脑的功能。认知科学发现，从认知的脑与神经基础看，由于左右脑通过胼胝体相连，所以，人在做认知加工时，左右脑的功能是互相影响的。所以，右脑的心理、直觉、情感、无意识会强烈地影响我们的思维。卡尼曼（D. Kahneman）和特沃斯基（A. Tversky）经过近半个世纪的研究发现，系统 1（右脑）在判断和决策中占主导的地位，系统 2（左脑）仅处于从属的地位（详见本书第十三章"决策与认知"）。第二代认知科学的领袖莱考夫（G. Lakoff）

---

① 蔡曙山：《阳明心学就是中国的认知科学》，《贵州社会科学》2021 年第 1 期。

在其划时代的著作《体验哲学：涉身心智及其对西方思想的挑战》①
中一开篇就指出所谓"认知科学的三大发现"，它们是：

心智本质上是涉身的（The mind is inherently embodied）；

思维多半是无意识的（Thought is mostly unconscious）；

抽象概念大都是隐喻的（Abstract concepts are largely metaphorical）。

"思维是无意识的"——这是认知科学三大发现之一，是从乔姆斯
基开始半个世纪以来人类对无意识思维的一个革命性的认知。此后，对
无意识思维的研究取得很大的进展，有很多重要的发现。

第一，语言（母语）的加工是无意识的，因此，我们在说母语时
会有口误，会"言不由衷"，会"语无伦次"，会"口是心非"等。又
例如，人的自动化了的活动，无法回忆起的记忆或无法理解的情绪也属
于无意识，如熟练运动时的无意识思维和无意识行为等。

第二，弗洛伊德的无意识理论需要修正和发展。例如，在他的
"意识"、"无意识"和"前意识"的划分中，"前意识"处于"意识"
和"无意识"之间，好像是一条"边境线"，意识进入无意识或无意识
进入意识，都要经过前意识的审查，符合规定才能放行。认知科学的研
究发现，情况完全不是这样，意识与无意识之间是"平滑瞬间转换"
的，因此，"前意识"这个范畴的设置是完全没有必要的。

第三，无意识比我们想象的要强大得多。无意识无处不在，犹如意
识无处不在一样。除了梦境、催眠、语言、运动中存在的无意识，在人
类一切行为中都存在着无意识。意识和无意识共同主宰着人类思想和行
为，而无意识在两者之中居于主导地位。

三、意识与无意识

第一，意识与无意识，都是人类进化中获得的心智和认知能力。

① Lakoff, G. , *Philosophy in theFlesh*：*the Embodied Mind & its Challenge to Western Thought*, New York：Basic Books, 1999, p. 3.

意识和无意识，是人类心智的两种重要的能力，这两种重要能力都是人类在进化中获得的。人类使用心智能力对内部和外部信息进行加工，以获取知识，获得生存条件，这就是认知。所以，意识与无意识，都是人类在进化中获得的心智和认知能力。

为何进化出无意识能力？一是因为人类心智一刻也不能失去控制。如果只有意识一种心智形式，当意识处于休息状态的时候（如睡眠、运动等），心智就会失去控制。二是意识与无意识采取不同的方式工作，意识的工作方式是消耗能量的、精准的、慢的；无意识的工作方式是节省能量的、易错的、快的。心理学和认知科学研究发现，意识和无意识这两个系统中，无意识是主导的，意识是从属的。① 这样，人类的心智通常以无意识的方式即以快的、节省能量的方式工作，如有偏差，意识的方式即以慢的、精确的、消耗能量的方式再加以纠正。显而易见，具有这样双系统工作方式的个体在进化时占有优势。因此，人类心智进化的结果产生了无意识的心智和认知能力。

第二，意识和无意识犹如两个舵，轮流掌控人类心智。

意识和无意识犹如两个舵，它们轮流掌控人类心智，从而控制着人的行为。具体地说，无意识以节省能量的、易错的、快的方式工作；意识以消耗能量的、精准的、慢的方式工作。无意识是主导的、缺省的方面，意识则处于从属的地位。

第三，意识和无意识瞬间平滑转换。

意识和无意识之间是瞬间平滑转换的，弗洛伊德的"前意识"的设置是没有根据的，也是不必要的。

总之，意识与无意识的关系，是认知科学重要的研究问题和领域。在认知科学背景下，我们对意识、无意识以及两者的关系，有了不同于以往的更加深刻的认识。关于无意识的更多的论述，请参见本书第十四章"无意识思维"。

---

① D. Kahneman, 2011. *Thinking*, *Fast and Slow*, Farrar, Straus and Giroux；Reprint edition.（中译本《思考：快与慢》，中信出版社 2012 年版。）

第四节　心智与认知

认知是用心智来定义的，认知科学是研究人类心智和认知规律的科学。

一、心智与认知

本章图 2-1 表明了脑、心智与认知三者之间的关系：从脑和神经系统产生心智的过程叫认知。

根据这个定义，不仅人类有心智和认知，因为人类有大脑和强大的中枢神经系统，事实上，非人类动物，甚至很低级的只有神经系统而没有脑的动物也具有某种程度的心智和认知。因此，我们可以将脑与神经系统与心智和认知的关系用图 2-13 作更为合理的表现。

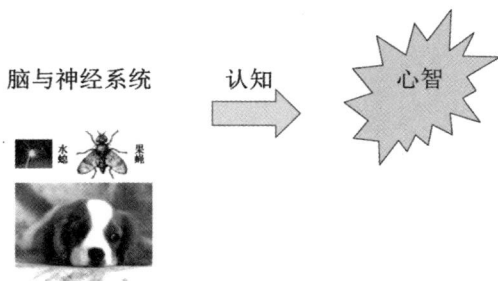

图 2-13　脑与神经系统、心智和认知关系图

图 2-13 中，水螅属腔肠动物门，是有神经组织的低级动物，它的神经细胞连接成弥散型的最原始的神经网，机体的反应是"全反应"型，即神经冲动的传导没有一定的方向性，没有中枢和外周的极性之分，任何一点的刺激便可引发全身性反应。果蝇属节肢动物门，是有脑的最小的动物。果蝇简单的神经系统、结构精密的信息系统、复杂的行为等特点为研究基因——神经（脑）——行为之间关系的研究提供了理想的动物模型。果蝇是生物学研究中最重要的模式生物之一，20 世纪初，摩尔根（T. H. Morgan，1866—1945）选择黑腹果蝇作为研究对象，通过简单的杂交及子代表型计数的方法，建立了遗传的染色体理

论，奠定经典遗传学的基础并开创利用果蝇作为模式生物的先河。犬属于脊椎动物门，脊椎动物亚门，哺乳纲。犬的脑和神经系统已经非常发达。神经系统可分为中枢神经系统和植物性神经系统。中枢神经系统有12对脑神经，主要分布于头部和颈部，植物性神经系统是由交感神经和副交感神经组成，分布在心脏、血管、各种脏器和腺体的平滑肌上，支配着呼吸、消化、循环和分泌等器官的活动。俄国生理学家巴甫洛夫（Ivan Petrovich Pavlov，1849—1936）的神经学说就是以犬为被试对象，从而建立他的以条件反射为核心的高级神经活动学说。稍后，由美国心理学家华生在巴甫洛夫条件反射学说的基础上创立了行为主义心理学。

图 2-14　巴甫洛夫的狗

二、认知科学的学科框架和科学结构

认知科学的启航在 20 世纪 50 年代，建立在 70 年代中期。认知科学的发展经历学科交叉模式的发展阶段和以心智为目标的单一学科的发展阶段。

（一）学科交叉的发展阶段

1. 六学科的框架

认知科学成为一个学科的三个主要标志是：

《认知科学》期刊创刊（1977 年）；

《斯隆报告》（*Sloan Report*）论述了认知科学的方法（1978 年）；

认知科学协会（Cognitive Science Society）成立（1979 年）。

认知科学建立时的学科框架如图 0-1 所示。图 0-1 六角形六个角上的学科称为认知科学的来源学科或支撑学科，它们是：（1）哲学；（2）心理学；（3）语言学；（4）人类学；（5）计算机科学；（6）神经科学。

认知科学的六大来源学科在认知科学框架下形成六大核心学科，它们是：（1）心智哲学（philosophy of mind or cognitive philosophy）；（2）认知心理学（cognitive psychology）；（3）认知语言学（语言与认知）（cognitive linguistics or language and cognition）；（4）认知人类学（文化、进化与认知）（cognitive anthropology or culture, evolution and cognition）；（5）认知计算机科学（人工智能）（cognitive computer science or AI）；（6）认知神经科学（cognitive neuroscience）。[①]

认知科学框架下产生的 11 个新兴交叉学科是：①控制论（cybernetics）；②神经语言学（neurolinguistics）；③神经心理学（neuropsychology）；④认知过程仿真（simulation of cognitive processes）；⑤计算语言学（computational linguistics）；⑥心理语言学（psycholinguistics）；⑦心理学哲学（philosophy of psychology）；⑧语言哲学（philosophy of language）；⑨人类学语言学（anthropological linguistics）；⑩认知人类学（cognitive anthropology）；⑪脑进化（evolution of brain）。[②]

认知科学创立之初，就确定了"揭开人类心智的奥秘"的目标，[③]与人类心智研究相关的学科都被集合于认知科学框架下，形成一个综合交叉的学科群体。因此，认知科学曾经被理解为一个综合交叉的学科框架，而非单一的学科。

2."6+1"的学科框架

新世纪之初，教育学也被置于认知科学的框架之下，形成"6+1"

---

① Robert A. Wilson PhD, Frank C. Keil, *The MIT Encyclopedia of the Cognitive Sciences*（MITECS）, A Bradford Book, 2001.

② Pylyshyn, Z. Information science: its roots and relations as viewed from the perspective of cognitive science. In Machlup and Mansfield, 1983: 76.

③ Cai, S. The age of synthesis: From cognitive science to converging technologies and hereafter, Beijing: *Chinese Science Bulletin*, 2011, 56: 465-475. 另见夏炎：《让认知科学降落凡间——清华大学—贵州民族大学认知科学十大成就》，《科学中国人》2018 年第 5 期。

的学科结构（图 0-2）。为何要将教育学纳入认知科学的学科框架？因为教育是伴随人一生的心智成长和培养的社会活动。教育既属于社会科学，也属于认知科学。

心智进化具有重演律即个体发展重演种群进化的各阶段的特征。因此，人的个体心智发展重演人类心智进化各阶段，即每个人的心智发展依次经历了神经（身体）的发展阶段、心理的发展阶段、语言的发展阶段、思维的发展阶段和文化的发展阶段。

我们以心智发展阶段（五层级）为自变量，以教育发展阶段为因变量，研究心智发展阶段对教育的决定作用，以及教育对心智发展的适应性。心智发展各阶段与教育发展各阶段的关系和教育内容如表 2-2 所示。

表 2-2　心智与教育发展各阶段对照表

教育发展阶段 ＼ 心智发展	神经发展	心理发展	语言发展	思维发展	文化发展
高中大学	创造性神经活动 高级神经活动	家庭和婚育 恋爱	语用加工	哲学 现代逻辑系统 数学逻辑	宗教 艺术 哲学
小学初中	情商智商发展 逻辑认知能力 语言操控能力	情窦初开 叛逆行为 心理敏感	语义加工 句法加工	数字和科学 逻辑思维 直觉思维	科学
学前儿童	情感发展 智力发展 大脑充分发育	语句和判断能力 形成概念 识图能力	词法和识字	表象思维	潜意识
婴幼儿	左右脑平衡发展 大脑继续发育 神经联接	表象和记忆 自我意识 感知觉 亲情	语音和言语	演绎规则MP 先天逻辑能力	潜意识

（纵轴：教育发展阶段　横轴：心智发展阶段）

（二）单一学科的发展阶段

2015 年，笔者相继著文，在《人类的心智和认知》、《人类认知的五个层级和高阶认知》等著作和文章中，提出人类认知五层级理论。

根据心智的进化，我们可以对心智进行结构性的分析，并将其从低级到高级划分为五个层级：神经层级的心智和认知、心理层级的心智和认知、语言层级的心智和认知、思维层级的心智和认知、文化层级的心智和认知。由于认知是以心智为基础的，五个层级的心智和认知可以简称为神经层级的认知、心理层级的认知、语言层级的认知、思维层级的认知、文化层级的认知；更进一步可以简称为神经认知、心理认知、语言认知、思维认知和文化认知。五个层级的认知结构如图 0-4 所示。

五个层级的认知是按照科学标准划分的。所谓科学标准，就是将科学研究的对象作为划分的根据。迄今为止，认知科学所研究的对象都分属于这五个层级，没有也不可能有超出这五个层级的认知科学对象。当然，有些对象是跨层级的，这就形成认知科学跨领域、跨学科的研究。

心智和认知五层级理论的建立，使认知科学从交叉学科变成单一学科，因为认知科学有单一的研究对象——人类心智，也有自己独特的研究方法——经验科学和实验和分析方法。认知科学的学科结构不过是认知科学的科学结构的一个映射，两者的关系见图 0-5。

思考作业题

1. 什么是心智？什么是（非人类）动物心智？什么是人类心智？

2. 试述 3 种进化论。心智进化论对物种进化论和基因进化论的发展在哪些方面？

3. 什么是意识？心智和意识两者之间是什么关系？

4. 试述意识和心身问题（同时参阅本书第三章）。

5. 塞尔在《心智：简要的导论》一书中列出意识的 11 个特征是什么？试加以分析。

6. 试述量子意识。量子力学的两个基本原理和三个重要实验（薛定谔方程、测量原理；量子双缝实验、薛定谔的猫、量子纠缠）对量子意识的研究有何影响？

7. 试用量子力学和量子意识原理对英国哲学家贝克莱的命题"存

在就是被感知"加以剖析。

8. 试用量子力学和量子意识原理对中国哲学家王阳明的命题"心外无物""心外无理"加以剖析。

9. 为什么说阳明心学是中国古代的认知科学？试以人类认知五层级理论为依据进行论证。

10. 一个当代科学理论（认知科学、量子力学、大爆炸宇宙论、相对论等），其观察现象或科学原理能够被古人（科学家和哲学家）所窥见吗？为什么？请举例说明。两者（古代素朴的科学认知与当代严格的科学理论）之间有何联系和区别？

11. 根据量子力学和量子意识原理，分析意识是进化的产物还是物质自身的性质？请加以论证。

12. 什么是意识？什么是无意识？试述两者之间的关系。

13. 试述弗洛伊德的无意识理论和认知科学的无意识理论，并说明两者的关系。

14. 人能够做同一个梦（醒来后把原来的梦重做一遍，或者接着做原来的梦）吗？为什么？

15. 为什么说"思维是无意识的"？请加以论证并举例说明。

16. 什么是心智？什么是认知？两者之间是什么关系？为什么说认知科学的目标是"揭开人类心智的奥秘"？

17. 请给出认知科学的6个学科框架和"6+1"的学科框架。为何要将教育学纳入认知科学的学科框架？教育学在认知科学的框架下有什么可能的新发展？

18. 请给出人类认知五层级的科学结构，试述人类认知五层级理论。

19. 为什么说人类认知五层级是科学结构？认知科学的科学结构和学科结构之间是什么关系？

20. 为什么说人类认知五层级理论建立后，认知科学从交叉学科变成了单一学科？

推荐阅读

Cai, S. The age of synthesis：From cognitive science to converging technologies and hereafter, Beijing：Chinese Science Bulletin, 2011, 56：465-475.

Lakoff, G. , *Philosophy in theFlesh*：*the Embodied Mind & its Challenge to Western Thought*, New York：Basic Books, 1999.

Kahneman D. *Thinking*, *Fast and Slow*. New York：Farrar, Straus and Giroux, 2011.

Kahneman D. , *Thinking*, *Fast and Slow*, New York：Farrar, Straus and Giroux；Reprint edition, 2011. （中译本《思考：快与慢》，中信出版社 2012 年版。）

Kahneman, D. , P. Slovic, A. Tversky, *Judgement under Uncertainty*：*Heuristics and Biases*, Cambridge University Press, 1982. （中译本《不确定状况下的判断：启发式和偏差》，中国人民大学出版社 2013 年版。）

Kahneman D, Tversky A. Choices, values, and frames. American Psychologist, vol. 39（4）, Apr 1984, 341-350.

Pylyshyn, Z. Information science：its roots and relations as viewed from the perspective of cognitive science. In Machlup and Mansfield, 1983：76.

Robert A. Wilson PhD, Frank C. Keil, *The MIT Encyclopedia of the Cognitive Sciences（MITECS）*, A Bradford Book, 2001.

Searle, John R. *Mind*：*A Brief Introduction*, Oxford University Press, 2004.

Searle, John R. The Mystery of Consciousness, The New York Review of Book, 1992.

Tversky A, Kahneman D. *Judgment under uncertainty*：*Heuristics and biases*. Science, 1974, 185：1124-1131.

蔡曙山：《认知科学框架下心理学、逻辑学的交叉融合与发展》，《中国社会科学》2009 年第 2 期。

蔡曙山：《生命进化与人工智能》，《上海师范大学学报》2020 年第 3 期。

蔡曙山:《认知科学与技术条件下心身问题新解》,《学术前沿》2020 年第 5 期（上）。

蔡曙山:《阳明心学就是中国的认知科学》,《贵州社会科学》2021 年第 1 期。

夏炎:《让认知科学降落凡间——清华大学—贵州民族大学认知科学十大成就》,《科学中国人》2018 年第 5 期。

叶明勇、张永生、郭光灿:《量子纠缠和量子操作》,《中国科学》G 辑,2007 年。

周正威、郭光灿:《量子信息讲座续讲第三讲:量子纠缠态》,《物理》2000 年第 11 期。

弗洛伊德:《梦的解析》,马晓佳译,时代文艺出版社 2019 年版。

杰弗瑞·萨德:《催眠大师艾瑞克森和他的催眠疗法》,陈原恺译,化学工业出版社 2016 年版。

https://en.wikipedia.org/wiki/Mind#cite_ref-3.

https://en.wikipedia.org/wiki/Mind#cite_ref-3.

https://baike.so.com/doc/2378962-2515385.html.

第三章

心 身 问 题

心身问题（mind-body problem）是哲学千年难题，也是当代科学包括认知科学关注的核心问题。两千多年来，哲学和哲学家所关心的无非就是"心身问题"。唯物论是身心一元模型的表现形式，唯心论是心身一元模型的表现形式，二元论则是心身平衡模型的表现形式。20 世纪的两大科学计划"人类基因组计划"和"人类认知组计划"为心身问题的解决提供了新的科学证据，在当代科学技术条件下，人心能够被识别，"他人之心"可知。通过从人类心智五个层级对自我认知和他人认知的分析，我们可以为深入思考意识、自我意识和他人之心等重大问题即为心身问题这个千年难题提供新解。①

第一节　心身问题的起源和发展

心身问题是心理学和哲学最根本的理论问题之一，也是认知科学的重大问题。不同的哲学学派和心理学派以不同的方式解决这一问题。德谟克利特的原子论、柏拉图的二元论、斯宾诺莎的心身一元论、马赫等人的新实在论都深刻讨论了心身问题。莱布尼茨、笛卡尔等人认为，心理活动与脑的神经生理过程之间有区别，心理活动是脑的神经生理过程

---

① 蔡曙山：《认知科学与技术条件下心身问题新解》，《人民论坛·学术前沿》2020 年 5 月（上）。

的产物，其产生之后，又与脑的神经生理过程发生相互影响。20 世纪，心身问题在心理学研究中得到发展，美国著名行为主义心理学家华生（John Broadus Watson）认为人的心理状态只可能从行为（包括言语行为）来观察，刺激—反应可以塑造人的一切行为，他还将心身等同论、环境决定论等应用于儿童心理教育和训练。此外，詹姆斯的心身相互作用论、斯宾塞和铁钦纳的心身平行论、操作行为主义的副现象论、荣格的心身同型论等二元论均承认心身之间存在差异，但又夸大了这种差异，视二者为两种独立的过程。20 世纪 70 年代认知科学建立以后，对心身问题进行了全方位、更加深入的研究。例如，塞尔在《心智：简要的导论》一书中，专列"意识和心身问题"一章，详尽深入地讨论了心身问题。① 关于认知科学的心身问题研究，我们在本章第二、第三节展开论述。

马克思将哲学区分为唯物主义和唯心主义两大派别，根据的就是心身谁是第一性的原则。一切承认物质第一性、精神第二性和物质决定精神的，是唯物主义；一切承认精神第一性、物质第二性和精神决定物质的，是唯心主义。二元论则是承认物质和精神、身和心是两个独立的本原。

一、身心决定论和唯物主义的各种表现形态

唯物主义实际上可以看作是身体决定精神（心身决定论）的表现，只是表现形态有种种的不同。换言之，物质决定精神、存在决定意识的唯物主义，不过是心身决定论的表现形式。

唯物主义（physicalism）也称为物理主义，认为宇宙中的一切都可以由物质和能量等物理实体来解释和组成。唯物主义最基本的形式是同一性理论，根据这一理论，所有的精神状态和物理状态在大脑中都是同一的。按照这种观点，虽然精神实体（如思想和感觉）最初可能是一

---

① Searle, John R., *Mind：A brief Introduction*, Oxford University Press；1 edition, pp. 107-132.

种完全新奇的事物，但实际上，精神的东西完全可以划归为物质的东西。所有的想法和经验都只是大脑中的物理过程。唯物主义认为，物理世界及其定律最终解释了宇宙中一切事物的行为，包括人类的行为。

根据唯物主义，当你用锤子击打你的手时，神经反应会进入大脑并引发一种中枢神经状态。这种中枢神经状态并不是让你感到疼痛，而是你自己具有疼痛。毕竟，大脑中神经元的激活模式就是疼痛感。对于每一种精神状态，都应该有一个相应的、使该精神状态还原于其上的物理状态。因此，你说话的决定不过就是大脑激活的另一种模式。这种神经活动本身就是一个决定，然后引起你的语言活动。

整个因果关系序列可以仅用物理术语来描述。但是，它也可以用精神或心理的术语来描述，但这些术语所表示的，正是与物理状态和过程同一的状态和过程。还原物理主义并没有消除精神；相反，它将精神的东西还原为物理的东西。另一种形式的唯物主义，叫作"取消式唯物主义"，它试图消除而不是减少精神属性。

在哲学史上，唯物主义有三种主要的形式，即古代的朴素唯物论、近代的机械唯物论和马克思主义的辩证唯物论。古代的朴素唯物论的代表人物和理论有：古希腊的泰勒斯水的本原论，认为万物生于水又复归于水；中国古代的五行学说，认为金、木、水、火、土是生成万物的五种基本元素。古代欧洲德谟克利特和伊壁鸠鲁的原子论，中国古代的气一元论，也属于朴素唯物主义的范畴。近代的机械唯物论或称形而上学唯物论有：17世纪的英国唯物主义，18世纪的法国唯物主义，19世纪40年代德国费尔巴哈的唯物主义等。马克思主义的辩证唯物主义和历史唯物主义，是唯物主义发展中最彻底、最科学的形态，是唯物主义历史上的第三种形态，是唯物主义哲学发展的最高形态。

20世纪著名的唯物主义一元论哲学家包括英国哲学家普莱斯（U. T. Place）和澳大利亚哲学家斯马特（J. J. C. Smart）等。同一理论是关于心身关系的一个族群观点。类型同一论认为，至少某些类型（或种类，或类别）的精神状态，作为偶然的事实，在字面上与某些类型（或种类，或类别）的大脑状态相同。类型标识的最早倡导者普莱斯、费格尔（Herbert Feigl）和斯马特分别在20世纪50年代末到60年代初提出了他们自己的理论版本。但直到大卫·阿姆斯特朗提出了一个激进的主张，即所有的精神状态（包括故意的精神状态）都与物理状态相同，心智哲学家们才在这个问题上把自己分成了不同的阵营。多年来，人们对类型识别提出了无数异议，从认识论的抱怨到指控莱布尼茨律违反希拉里·普特南（Hilary Putnam）的著名论断，即精神状态实际上能够以"多种方式实现"。为了回应普特南的主张，类型同一性的辩护者提出了两种基本策略：一是把类型同一性的主张限制在特定的物种或结构上；二是把这类主张扩展到分离的物理类型的可能性上。直到今天，关于这些策略的有效性和心—脑类型同一性的真实性的争论仍在哲学文献中激烈地进行着。

二、心身决定论和唯心主义的各种表现形态

唯心主义实际上可以看作是精神决定身体（心身决定论）的表现，只是表现形态有种种的不同。换言之，精神决定物质、意识决定存在的唯心主义，不过是心身决定论的表现形式。

唯心主义认为，物理对象、属性、事件（无论被描述为物理的什么东西）都可以还原为心理对象、属性、事件，最终，只有精神对象存在。在唯心主义看来，物质世界就像梦一样。当你做了一个生动的梦，你会发现自己处在一个看起来由物质实体组成的梦境中。事实上，你梦想世界中的一切都是你梦想的创造。如果你梦到自己骑着自行车，那么你一定会觉得自行车是真的。而事实上，自行车并不是独立存在于你自己的心智之外的。当你醒来时，自行车可能就不存在了。唯心主义认为，我们生活于其中的整个"现实世界"从根本上来说都是一种精神创造。只有心智和心智的体验才真正地存在。

最著名的唯心主义者是18世纪的爱尔兰哲学家、克洛伊本主教乔治·贝克莱（George Berkeley，1685—1753）。贝克莱认为物质实体的概念是不连贯的。作为他论证的结果，他得出结论：只有心智及其内部状态或称"思想"才存在。他承认人的心智、神的心智或上帝的存在。

根据贝克莱的观点，人类所有的观念都是由上帝产生的。感觉观念以连续一致的形式产生，这使它看起来像是一个物理的实在。但他坚持认为，这些感觉观念实际上只是精神的存在。我们经验的所有形状和颜色都只存在于我们的心智之中。贝克莱提出了一个富有哲理的观点："如果森林里有棵树倒了，但没有人在那里，它会发出声音吗？"他回答说："是的，因为无限的心智即上帝，会意识到树的存在和它的声音。"

事实上，比贝克莱早二百多年的中国明代唯心主义哲学家、心学大师王阳明早就提出了同样的理论，只可惜未被西方知晓，甚至也不被他身后的中国哲学家重视，直到日本明治维新将阳明心学奉为理论典范。近代以来，阳明先生成为后世诸多成就大业者推崇的心灵导师。

阳明心学是一个完整的哲学思想体系，包括作为本体论的"心本论"；作为认识论的"格物论"；作为伦理学和实践观的"知行合一"。实质是恪守儒家伦理，成为圣人。其心身关系的著名论断是"心外无物"。王阳明晚年对心学思想做了一个总结，后人称为阳明先生"四句教"："无善无恶心之体，有善有恶意之动，知善知恶是良知，为善去恶是格物。"王阳明先生自己曾说"此四句，中人上下无不接着。我年来立教亦更几番，今始立此四句。"[①] 阳明心学被划归唯心主义是一种简单划分，事实上，阳明心学是中国古代的认知科学。

三、心身平衡论与二元论

二元论是一种心身平衡理论，即承认精神和物质、思维和存在、心智和身体是两个独立的本原，二元论也有各种不同的表现形式。

二元论认为，精神和身体是不同类型的东西，其中物质是一种可以独立存在的事物或实体，独立于其他类型的实体。在传统本体论中，物质是属性的最终承载者。它们可以由它们的本质属性来定义，这些属性使它们成为这类事物。因此，心智的本质属性就是精神属性，无论它们

---

① 王阳明：《语录》一，《传习录上》，《王阳明全集》卷一，上海古籍出版社2011年版，第 1 页。

是什么。例如，意识状态就是本质上可表征性的状态，无论精神如何被定义。身体（body）或物质的本质属性就是物理或物质属性，无论它们是什么。例如，空间广延、质量、力，无论物理的或物质的属性如何被定义。

在西方哲学中，二元论的第一个主要支持者是柏拉图。柏拉图提出了一个理论，认为最基本的现实是形式或抽象类型，这个理论被称为柏拉图唯心主义（Platonic idealism）。但他也认为心智和身体是不同的。后来的柏拉图主义者，如希波的奥古斯丁，也采取了这一立场。

二元论最著名的拥护者是笛卡尔，他提出了一种二元论，后来被称为笛卡尔心身二元论（mind and body Dualism）或交互二元论（interaction dualism）。笛卡尔二元论认为心智和身体是两种完全不同的事物，但它们可以在大脑中相互作用。物理事件可以导致心理事件——例如，用锤子击打你的手的物理行为可以导致影响心智的神经过程，并产生疼痛的体验。相反，心理事件会导致生理事件——例如，心理决定说话会引发神经过程，使你的舌头运动。

二元论哲学承认心身二者皆存在（existence of both mind and body）。在笛卡尔的哲学中，身体在心理功能中扮演着重要的角色。这一点在他的激情理论中表现得最为明显，那就是"身体第一"理论。也就是说，身体机制决定了一个人在特定环境下所感受到的激情或情绪。这些身体机制指导着人们对环境的反应：逃离可怕的动物，拥抱友好的同伴。心智的作用是随后继续保持或改变身体最初的反应。

副现象学可以是二元论的另一种类型，因为副现象学认为心智和身体是两种根本不同的事物。这种物质的副现象主义与笛卡尔二元论一致，认为物理原因可以引起心理事件——用锤子击打你的手的物理行为会产生疼痛的心理体验。与笛卡尔的二元论不同，副现象主义认为，精神事件在任何情况下都不会产生物理效应。所以，如果我的手接触到火，物理上的热量会引起精神上的痛觉，我的手会立即缩回。这也许表明，疼痛的心理体验导致手向后缩回的物理事件。根据副现象说，这是一种幻觉——事实上，物理热通过神经过程直接引起手的缩回，这些同样的过程也引起疼痛的感觉。精神事件是由物理事件引起的，但它们本身不可能对物质产生任何影响。

平行主义，作为二元论的一种形式，认为心理和物理事件发生在不同的领域，构成了两种根本不同的事物，它们永远不会以任何方式相互作用。这一观点承认，物理事件似乎会导致心理影响（用锤子打你的手似乎会导致疼痛），而心理事件似乎会导致生理影响（决定说话似乎会导致你的舌头运动）。然而，平行论认为，精神世界和物质世界之间的这种对应关系只是一种相关性，而不是因果性的结果。锤子造成的神经过程形成一个闭合的环，导致你的手缩回去。一系列独立的心理事件平行进行；你看到锤子砸到你的手，然后你感到疼痛。这样看来，精神世界和物质世界是平行的，但又是分离的，从来没有直接的相互作用。

综上所述，人类两千多年的哲学史，无非心身关系和心身关系认知的历史。哲学关注人类主体与认识客体之间的关系，关注认识的可能性和方法，实际关注的是自身的命运，最深层的则是意识和心身的关系问题。

第二节　当代科学的心身问题

心身问题也是当代科学技术所关心的最重要的问题，这里涉及人类有关自身的两大秘密：身体的秘密和心智的秘密。20 世纪中叶以来，由于科学技术的发展，使我们能够用科学技术的方法来窥探这两个秘密。

在 21 世纪，这两个最大的秘密——生命的奥秘和心智的奥秘——将要被揭开，美国因此制订了两大科学计划：人类基因组计划和人类认知组计划。

一、人类基因组计划

目标：揭开人类生命的奥秘。

方法：人类基因组计划（Human Genome Project，HGP）由美国科

学家于 1985 年率先提出，1990 年正式启动。按照这个计划的设想，在 2005 年，要把人体内约 2.5 万个基因的密码全部解开，同时绘制出人类基因的图谱。换句话说，就是要揭开组成人体 2.5 万个基因的 30 亿个碱基对的秘密，揭开生命的奥秘。截至 2003 年 4 月 14 日，人类基因组计划的测序工作已经完成。其中，2001 年人类基因组工作草图的发表（由公共基金资助的国际人类基因组计划和私人企业塞雷拉基因组公司各自独立完成，并分别公开发表）被认为是人类基因组计划成功的里程碑。

历史：20 世纪 20 年代，美国遗传学家摩尔根发现了染色体的遗传机制，提出基因位于染色体上，并由此建立了基因学说。1944 年，埃弗里、麦克劳德和麦卡蒂发现 DNA 是携带遗传信息的分子，从而使人们认识到基因是由 DNA 上的碱基对序列所编码的。1953 年 4 月 25 日，克里克（F. H. C. Crick，1916—2004）和沃森（J. D. Watson，1928—　）在《自然》上公开了他们的 DNA 模型。两人将 DNA 的结构描述为双螺旋，在双螺旋的两部分之间，由四种化学物质组成的碱基对呈扁平环连接着。他们暗示说，遗传物质可能就是通过它来复制的。这一设想的意味是令人震惊的：DNA 恰恰就是传承生命的遗传模板（图 3-1）。

图 3-1　DNA 的发现者克里克和沃森

进展：1990 年 10 月，国际人类基因组计划启动。1998 年，一批科学家在美国罗克威尔组建塞雷拉遗传公司，与国际人类基因组计划展开竞争。12 月，线虫基因组序列的测定工作宣告完成，这是科学家第一次绘出多细胞动物的基因组图谱。1999 年 12 月 1 日，国际人类基因组计划联合研究小组宣布，完整破译出人体第 22 对染色体的遗传密码，这是人类首次成功地完成人体染色体完整基因序列的测定。5 月 8 日，美、德、日等国科学家宣布，已基本完成了人体第 21 对染色体的测序工作。2001 年 2 月 12 日，中、美、日、德、法、英等国科学家和美国塞雷拉公司联合公布人类基因组图谱及初步分析结果。2006 年，美国科学家文特（John Craig Venter）在他的实验室用化学元素合成第一个生命"辛西娅"（Synthia），至此，生命的奥秘已被揭开。①

但是，基因的克隆并不能够复制出具有个体特征的生命。除了基因和身体的构造之外，还有由他的身体和经验共同决定的独特的认知方式。

人之所以成为人，与两个秘密相关：生命的奥秘和认知的奥秘。基因科学揭示了生命的秘密，我们还需要揭开另一个秘密，这就是人类认知的秘密。

---

① 作者注：克莱格·文特，1946 年 10 月 14 日出生于美国盐湖城。2007 年 10 月 6 日，克雷格·文特的研究小组用化学物质合成了由 381 个基因、58 万个碱基对组成的人造染色体，并将其植入细菌生殖支原体的外壳中。在这些基因的控制下，新细菌能摄食、代谢和繁殖，堪称人类历史上第一个"人造生命"。2008 年年初，文特将研究结果发表于《科学》（Science）杂志，宣称他们已人工成功制造了一种支原体的基因组，完成人造生物的最关键一步。他们研究的这种支原体拥有 485 个基因、58 万个碱基对，是已知的基因组最小、最简单的生命形态。2010 年 5 月 20 日，美国科学家宣布世界首例人造生命诞生，命名为"Synthia"。《时代》杂志在 2000 年 7 月将文特与人类基因组计划代表佛兰西斯·柯林斯同时选为封面人物，又在 2007 年将他选进世界上最有影响力的人之一。又注：文特的这项工作，开创了化学和生命科学的一个新的重要领域——合成化学（synthetic chemistry）。"synthia"一词源于英文"synthesis"，意为"综合"，故"synthia"音译为"辛西娅"，意译可为"综合妹"或"合成妹"。对于文特的工作科学界褒贬不一，赞成者认为应该授予他诺贝尔奖，反对者认为他打开了潘多拉魔盒，突破了科学伦理的底线，是一个"科学坏蛋"（a bad man of science）。

二、人类认知组计划（Human Cognome Project，HCP）

目标：揭开人类心智的奥秘。

方法：通过多学科包括神经科学、心理学、人类学、计算机科学与人工智能、语言学和哲学的交叉研究，通过了解人脑的结构和功能，反过来了解人类大脑，以期完全理解人类心智和认知。

图 3-2　认知科学之父诺姆·乔姆斯基
（Noam Chosky）

历史：人类认知的探秘也可以追溯到 20 世纪 50 年代。这是一个特殊的时代，我们将它称为"轴心时代"，因为 20 世纪科学技术的很多重大发现都诞生于这个时期。除了我们前面提到的沃森和克里克的 DNA 双螺旋结构的发现及其后生命科学的发展，与人类认知有关的研究和发展有：冯诺依曼的第一台电子计算机的发明及其后计算机科学技术的发展；乔姆斯基的形式句法结构理论的建立及其后现代语言学的发展；乔治·米勒、赫伯特·西蒙、艾伦·纽厄尔、肖、乌瑞克·内舍尔对认知心理学的研究及其后心理学的发展；萨丕尔、坎克林、马林诺斯基、列维-施特劳斯、格尔茨、雷德菲尔德和罗依斯、派克、古迪纳夫、布鲁纳等文化进化与认知的研究及其后人类学的发展；乔姆斯基、奥斯汀、塞尔的语言哲学和心智哲学及其后英美哲学的发展等。

在这样的发展背景下，到了 20 世纪 70 年代，人们感到有必要而且有可能对与人类心智有关的问题进行系统的和多学科的交叉研究。1975 年，由于美国著名的斯隆基金的投入，将哲学、心理学、语言学、人类学、计算机科学和神经科学六大学科整合在一起，研究"在认识过程中信息是如何传递的"，这个研究计划的结果产生了一个新兴学科——认知科学。

2000 年，美国国家科学基金会（NSF）和美国商务部（DOC）共同资助 60 多名科学家开展一个研究计划，目的是要弄清楚哪些学科是带头学科。研究的结果是一份长达 480 多页的研究报告，题目是《聚合四大技术力量　促进人类生存发展》，它的副标题是"纳米技术、生物技术、信息技术和认知科学"，这就是 21 世纪的四大带头学科，用它们的英文首字母表示就是 NBIC。[1]　该书被称为 21 世纪科学技术的纲领性文献。

2003 年，美国商业巨头、微软创始人之一艾伦（Paul Allen）投入 1 亿美元建立艾伦脑科学研究所，其目标是发现大脑如何工作。因信息发展图和提出人类基因组计划而闻名于世的美国政治科学家霍恩（Robert Horn）提出的人类认知组计划被给予最高优先权，即通过多学科的共同努力，理解人类心智的结构、功能，并提高其潜能。在《聚合四大技术力量　促进人类生存发展》一书中，研究者对人类认知组计划给予特别优先的地位。该书"编辑提要"说："最高优先权被给予'人类认知组计划'，即通过多学科的努力，去理解人类心智的结构、功能，并增进人类的心智。其他优先的领域还有：人性化的传感装置界面、通过人性化技术丰富交际、学习如何学习、改进认知工具以提高创造力。"该书对人类认知组计划做了更加详细的综述：

> 与成功的人类基因组计划相比，现在是启动人类认知组计划来研究人类心智的结构和功能的时候了。对贯穿科学与工程技术的进展，没有任何计划比人类认知组计划更基本，也没有任何计划比人类认知组计划要求 NBIC 科学更加完全的统一。人类认知组计划的成功将使人类比以往任何时候更加理解自身，从而提高人类在自己

---

[1]　Mihail C. Roco and William Sims Bainbridge（eds.）*Converging Technologies for Improving Human Performance*：*Nanotechnology*，*Biotechnology*，*Information Technology and Cognitive Science*. Dordrecht/Boston/London，Kluwer Academic Publishers，2002，p. *xi*.

生活所有领域中的能力。

人类认知组计划将要揭示人类大脑的所有联结方式，与此同时，该计划还要扩展到比神经科学更加广阔的领域。考古学的记录说明，解剖学意义上的现代人早在最早的艺术样本出现之前就已经存在了，这一事实说明，人类心智不仅仅是脑进化的结果，它还要求文化与个性的实质进化。人类认知组计划的核心是一个完整的新型的研究，除了基础的认知科学的进展，还要对文化和个性的本质做严肃的研究。①

在21世纪，人类基因组计划和人类认知组计划将从根本上提高人类生存能力，改变人类生存状态，重新塑造生命，甚至改变人类进化的方向。研究报告说：

在下个世纪，或者在大约五代人的时期之内，一些突破会出现在纳米技术（消弭了自然的和人造的分子系统之间的界限）、信息科学（导向更加自主的、智能的机器）、生物科学和生命科学（通过基因学和蛋白质学来延长人类生命）、认知和神经科学（创造出人工神经网络并破译人类认知）及社会科学（理解文化信息，驾驭集体智商）领域，这些突破被用于加快技术进步的步伐，并可能会再一次改变我们的物种，其深远的意义可以媲美数十万代人以前人类首次学会口头语言知识。NBICS（纳米—生物—信息—认知—社会）的技术综合可能成为人类伟大变革的推进器。②

美国的两大科学计划，人类基因组计划要揭开生命的奥秘，人类认知组计划则要揭开心智的奥秘——讲到底仍然是身心问题。在身心或心

① Mihail C. Roco and William Sims Bainbridge（eds.）*Converging Technologies for Improving Human Performance*：*Nanotechnology*，*Biotechnology*，*Information Technology and Cognitive Science*. Dordrecht/Boston/London，Kluwer Academic Publishers，2002，p. 98.（中译文见蔡曙山等译：《聚合四大科技 提高人类能力——纳米技术、生物技术、信息技术和认知科学》，清华大学出版社2010年版，第118页。）
② 米黑尔·罗科、威廉·班布里奇编：《聚合四大科技 提高人类能力——纳米技术、生物技术、信息技术和认知科学》，蔡曙山等译，清华大学出版社2010年版。本书入选2011年中央国家机关"强素质，做表率"读书活动科技类唯一推荐书目。

身关系这一对矛盾中，人类基因组计划关注的是生命的共性方面，而人类认知组计划则更多关注个体差异性的方面。因此，人类认知组计划远比人类基因组计划要艰难得多。人类心智的秘密是"上帝最后的秘密"，因为这个秘密一旦揭开，人类再也没有任何秘密可言。到那时，人类自诞生以来感到困惑难解而不得不交给"上帝"的心身之谜将彻底解开。① 而这一切都是由认知科学来引领的。研究报告说：

　　聚合技术的协调综合以认知科学为先导。因为一旦我们能够在如何（how）、为何（why）、何处（where）、何时（when）这四个层次上理解思维，我们就可以用纳米科学和纳米技术来建造它，用生物技术和生物医学来实现它，最后，我们就能够用信息技术来操纵和控制它，使它工作。

　　这是一幅怎样的蓝图！在 21 世纪的某一天，我们可能会合成生命（事实上，J. C. 文特已经把这个预言提前实现了），还可能出现超过人类智能的人工智能（2016 年 AlphaGo 完胜李世石。人们惊呼，人类主导的时代已经结束，人工智能将主宰人类）。② 科学技术从来都是一把双刃剑，它可以造福人类，也可能毁灭人类。我们对此应该有所认知，有所准备。关于认知科学与人类命运问题，请参阅本书最后一章"人类去向何方"。

第三节　涉身心智与心智哲学

　　认知科学的发展特别是脑与神经科学的发展极大地影响了西方哲学的发展，产生了 20 世纪西方哲学的一个新领域——心智哲学（philosohpy of mind），并形成 20 世纪西方哲学的三大主流：分析哲学、语言哲学和

---

① 蔡曙山：《认知科学：世界的和中国的》，《学术界》2007 年第 4 期，《新华文摘》2007 年第 19 期转载。
② 蔡曙山：《生命进化与人工智能》，《上海师范大学学报》2020 年第 3 期。

心智哲学。①

本节介绍心智哲学的两个代表性人物莱考夫和塞尔。

一、涉身心智和体验哲学

莱考夫和约翰逊在《体验哲学——涉身的心智及其对西方思想的挑战》一书中，首次提出"涉身心智"（embodied mind）和"体验哲学"（philosophy in the flesh）这两个重要概念。下面我们来分析这两个重要概念。

（一）涉身心智

莱考夫认为，最近的认知科学已经摧毁了长期以来关于人的推理和预测能力的假定，而认知科学的三大发现提示了对"人是什么"这一根本问题的全新的和详尽的理解。根据莱考夫和约翰逊的观点，灵与肉完全分离的笛卡尔哲学意义上的人根本就不存在；按照普遍理性的律令而具备道德行为的康德哲学意义上的人根本就不存在；仅仅依靠内省而具备完全了解自身心智的现象主义意义上的人根本就不存在；功利主义哲学意义上的人、乔姆斯基语言学意义上的人、后结构主义哲学意义上的人、计算主义哲学意义上的人以及分析哲学意义上的人统统都不存在。②

莱考夫的结论，是认知科学的结论；认知科学的转向，是经验转向。认知科学不承认任何唯理主义的东西，人的一切知识都来源于经验。

首先，是第一语言的加工。莱考夫举了一个简单对话的例子。一次简单的对话需要经过下面的复杂过程：③

---

① 蔡曙山：《20世纪语言哲学和心智哲学的发展走向——以塞尔为例》，《河北学刊》2008年第1期。

② George Lakoff, G., Mark Johnson. *Philosophy in the Flesh*: *the Embodied Mind and its Challenge to Western Thought*, Basic Books, 1999: 1-7.

③ George Lakoff and Mark Johnson, *Philosophy in the Flesh*: *the Embodied Mind and its Challenge to Western Thought*, Basic Books, 1999: 10-11.

（1）访问与说话内容相关的记忆；

（2）领会作为语言的音流，将它分为能够区分的语音特征和片段，划分音素，并将它们组成语素；

（3）指派一个结构给该语句，这个结构应与说话者母语中大量的语法结构中的某个结构相一致；

（4）选择语词并赋予它们与语境相应的意义；

（5）将语句的语义和实际意义理解为一个整体；

（6）根据相应讨论内容制定谈话框架；

（7）对正在讨论的内容作出相应推断；

（8）对相关的内容作出内心的想象，并检查这些想象；

（9）填补谈话中的空缺；

（10）注意并理解对话者的肢体语言；

（11）预期谈话的方向；

（12）想好要说什么以作应对。

首先，莱考夫认为，在对话的瞬间时刻，我们不可能这么快地通过意识知觉来接受并处理这样复杂的程序。因此，这样的处理程序是隐藏在认知意识之下的，我们的思维依赖于这种无意识的模型。所以，"乔姆斯基语言学意义上的人"即唯理主义语言学的人，是绝对不存在的。对概念的隐喻性、心智的体验性，莱考夫及其合作者也作了深刻的论证。

其次，是人们的逻辑思维。1966 年，英国著名心理学家沃森（Peter Cathcart Wason，1924—2003）所做的著名实验——沃森选择任务实验（Wason selection task），证明人们在做逻辑推理时，会受到心理因素的强烈干扰。这说明，不受心理和经验干扰的所谓"纯理性"和"纯逻辑"的东西，是绝对不存在的。关于沃森选择任务实验和心理逻辑，我们在本书第十二章至第十四章"推理与认知"、"决策与认知"和"无意识思维"中，还会详细论述。

再次，是人们浸润于其中并赖以生存的文化。

从人类认知五层级看，脑与神经层级的认知即身体的认知是人类全部认知的基础，它依次决定其上的心理认知、语言认知、思维认知与文化认知，因此，文化认知是涉身的。关于文化认知的涉身性，我们在本书第五部分"文化认知"中，还要展开论述。

以上我们从语言、思维和文化三个方面，也就是高阶认知即人类认知的三个层级，论证了"思维是涉身的"。

莱考夫和约翰逊不仅阐明严格的认知科学研究所应遵循的哲学立场，还重新审察了心智、时间、因果性、寓意、自我等认知哲学的基本概念，然后思考哲学的传统。最后，研究 20 世纪哲学的两个主要问题：我们应该如何看待理性？我们又应该如何看待语言？莱考夫和约翰逊的文本划时代著作被认为是对西方哲学（特别是英美传统分析哲学）教义的突破性挑战。革命胜于一切，他们的经典思想将成为新世纪哲学革命的优良种子。

（二）"涉身心智"的内涵和规定性

涉身心智是莱考夫的体验哲学的核心概念，也是心智哲学的核心概念。涉身心智的内涵或本质规定有如下几个方面：

其一，就人类而言，从脑与神经层级上说，涉身心智就是进化中所产生的左右脑分工所引起的个体和群体的认知差异性。例如，个体的左右脑的偏侧性决定了左脑控制右侧身体做进攻性的行为，右脑控制左侧身体做防御性的行为。所以，人们总是右手执剑，左手执盾；人的左脸要漂亮一些，右脸要凶狠一些；汽车左舵的设计要更便于驾驶员观察来自前方的危险，因而会更加安全一些。又例如，从群体上看，女性具有右脑的优势，情感比男性更加细腻，适合从事艺术、音乐、绘画和其他服务性或辅助性的职业。美国妇女所从事的职业排在前几位的依次是秘书和行政助理、护士、出纳员、中小学教师等。男性具有左脑优势，力量比女性更大，适合从事战争、搏斗和危险的工作。在美国，男性比女性占有明显优势的职业依次是：保险、商业、金融服务；专家和经纪人；农民、农场经营者、农业管理者；殡仪业者；个人财务助理等。

其二，在心理认知上，涉身心智体现为感觉是一切认识的来源，所以，人的感觉是心理认知的基础，而感觉是不能离开感觉器官而存在的。多通道的感觉经过整合加工形成知觉，在知觉的基础上进一步加工形成表象，表象已经具有某种抽象性，它可以脱离感官而存在。表象为过渡到概念已经做好了准备。但非人类动物的表象是不可能被加工成概念的，为什么？（请参见本书第五章"表象和记忆"）在心理认知这个层级上，涉身心智可以解释为何不同的个体和不同的群体之间，会有不同的感知觉和注意，不同的表象和记忆，也可以解释为何人类进化过程中会保留而不是淘汰掉那种特殊的错误认知——错觉，还可以解释为何非人类动物不具有抽象概念和思维。

其三，涉身心智在语言认知上体现为语言也是心智进化的产物，语言与心智双重进化，依次产生了肢体语言、声音语言、表意的符号语言（概念语言）。人类的语言是概念语言，在抽象的概念语言的基础上产生了抽象思维，语言和思维形成人类全部知识，知识积淀为文化。语言是人类认知的基础。人类用语言来做一切事情，人类的存在，不过就是语言的存在。"我言，故我在。"[①] 语言是心智进化的产物，语言学则是对大脑的语言加工过程的摹写。在认知科学背景下，我们对语言的本质有了更深刻的认知。大脑的语言加工分为词法和句法加工、语义加工和语用加工三种基本方式，对应的语言理论则是语形学、语义学和语用学。在句法加工层次上，乔姆斯基发现了先天语言能力，即第一语言的加工是自动化的，并建立了唯理主义和心理主义的语言加工理论——生成转换语法。在语义加工层次上，古今语言学家和逻辑学家先后建立的真值函数语义学、模型论语义学和形式语义学是对语义加工过程的摹写与刻画。在语用加工层次上，维特根斯坦提出"语言的意义在于运用"是语用学的先声，说明语言的加工是经验式的，是与心智相关的。奥斯汀的言语行为理论为语用学奠定了第一块基石，塞尔则发展和完善了言语行为理论，并将它推进到语用逻辑（illocutionary logic）的高度。[②]

---

① 蔡曙山：《论语言在人类认知中的地位和作用》，《北京大学学报》2020 年第 1 期。

② 参阅蔡曙山博士论文《语力逻辑》（中国社会科学院博士论文，1992 年）；另参见蔡曙山、邹崇理：《自然语言的形式理论研究》，人民出版社 2016 年版；蔡曙山：《命题的语用逻辑》，《中国社会科学》1997 年第 5 期；蔡曙山：《量化的语用逻辑》，《哲学研究》1999 年第 2 期；蔡曙山：《模态的语用逻辑》，《清华大学学报》2002 年第 3 期。

塞尔从语言哲学，经过意向性理论，最终过渡到心智哲学，是 20 世纪语言学到认知科学发展的完美演绎。

其四，涉身心智在思维认知上体现为"思维是无意识的"——这是认知科学的三大发现之一。第一，概念的产生是与经验和心理相关的，因而是涉身的。中国人发明的象形文字是涉身概念的最好证据。事实上，世界各民族的文字在起源上也都是象形文字。概念和判断的指称和意义也是在经验和心理的基础上建立的，因而也是涉身的。第二，判断的加工包括递归构造、等值互换等也是与心理相关的。第三，四种基本的推理方式存在巨大的民族心理差异性。认知科学的研究发现，西方人擅长演绎推理，东方人擅长非演绎推理（归纳、类比、溯因），究其原因，西方人是左脑型的，东方人是右脑型的。第四，20 世纪中期以后，以沃森选择任务实验为标志，产生了逻辑（学）与心理（学）交叉融合的发展趋势。研究发现，科学发现的逻辑主要是归纳、类比和溯因。① 涉身心智在思维认知上的应用方兴未艾。

其五，涉身心智在文化认知方面体现在自然与文化的关系上，体现在五层级的自然文化观上，也体现在文化的三种主要形式科学、哲学和宗教上。文化就是人化，文化和它的主体人都是自然进化的产物。心智是涉身的，所以，文化也是涉身的。文化既具有群体的差异性，例如东西方的文化差异，也具有个体的差异性，例如男性和女性具有不同的文化存在和发展模式，就是同一个人的不同年龄阶段和时期，也具有不同的文化存在和发展模式。文化作为人类认知的形式，在神经、心理、语言、思维等各个层级上都体现出心智的涉身性。文化自身又可以分为科学、哲学和宗教三个层次，每一个层次的文化存在都体现出涉身心智的决定作用。说到底，认知科学关注的最终是人的自身，是人的心身的健康和发展。人类向何处去？这是认知科学的终极问题。

（三）体验哲学

"体验哲学"英文是"philosophy in the flesh"国内一些学者译为

① 蔡曙山：《科学发现的心理逻辑模型》，《科学通报》2013 年第 34 期。

"肉体哲学"、"肉身哲学"甚至"肉的哲学",不通,且荒谬。笔者主张译为"体验哲学",强调哲学的涉身性、经验性和体验性。

认知科学的转向是经验转向,[①] 是唯理主义的终结和经验主义的重新兴起。莱考夫的体验哲学即心智哲学(philosophy of mind)。我们以塞尔的《心智:简要的导论》为例,简单分析心智哲学的若干特征。

二、心智哲学

(一)心智哲学的基本问题

在《心智:简要的导论》一书中,塞尔详尽而透彻地讨论了心身问题。塞尔认为,哲学上传统的术语和假设无助于理解"心身问题",对这四个假设和相关的术语的分析和批判,见本书第二章第三节第一部分中的"关于心身问题的四个错误假设"。

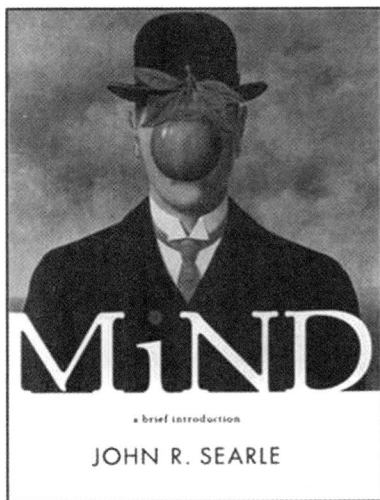

图 3-3 塞尔《心智:简要的导论》

塞尔以口渴的意识引起喝水的行为,说明因果关系是一种精神现象的关系。所以,口渴和喝水并不需要唯物主义和二元论的解释。他说:"我称我的观点是'生物自然主义',因为它为传统的心身问题提供了

---

① 蔡曙山:《经验在认知中的作用》,《科学中国人》2003 年第 12 期。

自然主义的解决方案，就是强调精神状态的生物学特征，避免唯物主义和二元论。"①

塞尔对上述四个关于心身总是的假说和术语进行了逐一分析。例如，对于第一个假设，即"精神的"和"物质的"假设，塞尔认为，按照传统的哲学术语，"精神的"被定义为定性的、主体的、第一人称的等，因而是非物质的；"物质的"被定义为定量的、客体的、第三人称的等，因而是物质的。塞尔认为，为了保持理论的一致性，必须把"精神的"和"物质的"假设扩展到哲学范畴的一切方面，见表3-1：

表3-1 "精神的"和"物质的"范畴对照表

精神的	物质的
主体	客体
定性的	定量的
有意的	无意的
非空间延展的	空间延展的
微观物理学因果不可解释的	微观物理学因果可解释的
在物质层面上无因果行为能力的	系统的因果行为是因果封闭的

塞尔分析说，事实上，这种一致性是很难保持的。例如，并没有形而上学的证据说明你不能测量痛苦或意识知觉的量化程度。最后他得出结论说："一旦你修正传统的范畴去适应事实，那么作为精神对象的精神就是作为物质对象的物质，这种认识是毫无疑问的。"②

由此可见，"精神的"和"物质的"假设并不是哲学的基本问题，心身问题才是哲学的基本问题。

（二）自我意识与他人之心

意识（consciousness）、自我意识（self-consciousness）与他人之心（other minds）是当代心智哲学和认知科学中最棘手也是最重要的三个

---

① Searle, John R., *Mind: A brief Introduction*, Oxford University Press, 2011, p. 112.
② Searle, John R., *Mind: A brief Introduction*, Oxford University Press, 2011, p. 116.

基本问题。

1. 意识

意识的问题可以说是当前心智理论的核心问题。尽管缺乏对意识理论的任何共识，但有一个广泛的共识，即需要一个明确地理解它和它在自然中的位置。

意识问题和人类历史一样古老。自从人类出现以来，人们就一直在问关于意识本质的问题。新石器时代的丧葬习俗似乎表达了精神信仰，并为至少最低限度地反思人类意识的本质提供了早期证据（皮尔森，1999，克拉克和里尔-萨尔瓦托，2001）。同样地，无文字之前的文化无一例外地接受某种形式的精神或至少是万物有灵论的观点，这种观点表明了对意识本质的某种程度的反思。

尽管如此，一些人认为，我们今天所知道的意识是一个相对较近的历史发展，出现在荷马时代之后的某个时候（Jaynes，1974）。根据这一观点，早期的人类并没有体验到自己作为思想和行为的统一内在主体。还有人声称，即使在古典时期，古希腊也没有一个词与"意识"相对应（Wilkes，1984，1988，1995）。虽然古人对于精神的东西说了许多，但是对于我们现在所认为的意识，他们的概念并不那么清楚。

到17世纪早期，意识已经成为思考心灵的中心。事实上，从17世纪中期到19世纪晚期，意识被广泛认为是精神的本质或决定性因素。笛卡尔用反身意识或自我意识来定义思想的概念。在《哲学原理》（*Descartes*，1640）一书中，他写道："通过'思想'一词，我理解了我们所意识到的发生在我们身上的一切。"17世纪末，英国哲学家约翰·洛克（John Locke）在一篇关于人类理解的文章（Locke，1688）中提出了一个类似的观点，但洛克明确地放弃了关于意识的实质性基础及其与物质的关系的任何假设，虽然他明确地认为它对于思想以及个人身份都是必不可少的。与洛克同时代的莱布尼茨（G. W. Leibniz）在《形而上学论》（Leibniz，1686）中提出了一种心智理论，允许无限多的意识程度，甚至可能允许一些无意识的思想。莱布尼茨是第一个明确区分知觉和统觉的人，大致说来就是区分的意识和自我意识。在接下来的两个世纪的大部分时间里，思想和意识的领域被认为或多或少是相同的。18 世纪后期的大卫·休谟（David Hume，1739）和 19 世纪的詹姆斯·穆勒（James Mill，1829）所追求的联想主义心理学，其目的都是发现有意识的思想或观念相互作用或相互影响的原则。约翰·斯图亚特·穆勒（John Stuart Mill）继承了他父亲在联想主义心理学方面的研究，但他认为，思想的组合可能产生超出其组成心理部分的结果，从而提供了精神涌现的早期模型（Mill，1865）。纯粹联想主义方法在 18 世纪晚期被康德（Immanuel Kant）所批判（Kant，1787），他认为对经验和现象意识的充分描述需要一个更丰富的精神和意向性组织结构。根据康德的观点，现象意识不可能仅仅是一系列相关联的思想，而至少应该是一个意识自我的经验，它位于一个客观世界中，这个客观世界是由空间、时间和因果关系构成的。在英美国家，联想论者的方法直到 20 世纪在哲学和心理学中仍然具有影响力。而在欧洲，人们更大的兴趣在于更大的经验结构，这导致现象学的研究工作，其中包括埃德蒙德·胡塞尔（Edmund Husserl，1913，1929）、海德格尔（Martin Heidegger，1927）、莫里斯·梅洛-庞蒂（Maurice Merleau-Ponty，1945）和其他那些将意识研究扩展到社会、身体和人际关系领域的研究。19 世纪中叶，在现代科学心理学发展之初，心智在很大程度上仍然等同于意识，而内省方法在这一领域占据了主导地位，威廉·冯特（Wilhelm Wundt，1897）、赫尔曼·冯·赫姆霍尔兹（Hermann von Helmholtz，1897）、威廉·詹姆斯（William James，1890）和阿尔弗雷德·铁钦纳（Alfred Titchener，1901）的工作均是如此。然而，意识和大脑之间的关系仍然是一个谜，正如赫胥黎（T. H. Huxley）所说："任何如此非凡的意识状态都是由刺激神经组织产生的，这和阿拉丁擦灯时精灵的出现一样令人费解。"（Huxley，1866）

20 世纪早期，特别是在美国，随着华生和斯金纳所代表的行为主义的兴起（Watson，1924；Skinner，1953），意识问题从科学心理学中逐渐消失。而在欧洲，以科勒（W. Köhler）和考夫卡（K. Köffka）为代表的格式塔心理学仍然持续关注意识的科学问题（Köhler，1929；Köffka，1935）。20 世纪 60 年代，随着认知心理学的兴起及其对信息处理和内部心理过程建模的强调，行为主义的影响力减弱（Neisser，1965；Gardiner，1985）。然而，尽管重新强调了对诸如记忆、感知和语言理解等认知能力的解释，意识在接下来的几十年里仍然是一个很大程度上被忽视的话题。

20世纪80年代和90年代，对意识的本质和基础的科学和哲学研究有了重大的复兴（Baars，1988；Dennett，1991；Penrose，1989，1994；Crick，1994；Lycan，1987，1996；Chalmers，1996）。意识一旦重新回归到讨论之中，便带来研究工作的快速增长，也带来大量书籍的出版和文章的发表，以及专业期刊如《意识的研究期刊》（*The Journal of Consciousness Studies*）、《意识和认知》（*Consciousness and Cognition*）、《心理分析》（*Psyche*）、专业协会（意识科学研究协会 Association for the Scientific Study of Consciousness—ASSC）和专门的意识研究年度会议"意识研究年会"（Annual Conferences of the Science of Consciousness）的出现。

2. 自我意识

自我意识是人与动物区别的重要标准之一。非人类动物中，只有黑猩猩能够通过自我意识测试。

对自我意识的关注和意识问题一样古老。古希腊神话中，就有关于自我意识的记载。古希腊哲学家也非常关注自我意识。例如，亚里士多德认为，一个人在感知任何事物的同时，也必须感知自己的存在，这一观点暗示了意识包括自我意识的观点。① 此外，根据亚里士多德，自从智力采取思想的形式，"它就是可思考的，只要思考的对象存在。"亚里士多德的中世纪的解释者解释道，亚里士多德的自我意识依赖于对精神之外的事物的意识。

现代哲学对自我意识的讨论见于笛卡尔的《沉思录》的第二断言："我在，这必然是真的，不论这是我提出的，或是在我心智中确认的。"② 在《演讲集》和《哲学原理》中笛卡尔提出"我思，故我在"

---

① Aristotle, *De Anima* (*On the Soul*), 7.448a, translated by Hugh Lawson-Tancreed, London：Penguin, 1986.

② Descartes, René, 1641：80, *Meditations on First Philosophy*, translated in Descartes 1998：73-159.

的著名论断。① 奥古斯丁（Augustine）在《三位一体》中认为笛卡尔的论断体现了自我意识的两个要素：一个是我在思考的意识，另一个是我存在的意识。这两个要素在笛卡尔的认识论中起着基础性的作用。② 因此，笛卡尔的断定"我思故我在"对我们而言是绝对确定的。

洛克是一位接受"我在思考"的哲学家。他声称我们对自己的存在有一种直观的认识，有一种内在的万无一失的感知。在每一个感觉、推理或思维的行为中，我们对自己的存在都是有意识的。③

康德关于自我意识及其与客观思维能力之间关系的论述，为后康德哲学的大发展奠定了基础。叔本华与康德的观点一致，但他认为"主体应该成为自身的客体，这是人们所能想到的最荒谬的矛盾。"④ 费希特是后康德主义传统中对自我意识影响最大的人物。费希特认为，笛卡尔、洛克甚至康德对自我意识的论述都是"反思性的"，认为自我不是主体，而是客体。但费希特认为，这种自我意识的反思形式，是以一种更原始的形式为前提的，因为反思的自我必须意识到，反思的自我实际上就是它自己。因此，根据费希特的观点，我们必须对自己有一个直接的认识，即"自我存在着，并且仅仅凭借存在而假定自己存在"⑤。

到 20 世纪初期，弗雷格提出了一种形式的自我认识，声称"每个人都以一种特殊而原始的方式呈现给自己。"⑥ 类似地，罗素早期倾向于"我们熟悉我们自己"这样一种观点，他把思想的自指和自我否定

---

① Descartes, René, 1637: 36, *Discourse on the Method of Rightly Conducting One's Reason and Seeking the Truth in the Sciences*, translated in Descartes 1998: 20-56. —1644: 162, Principles of Philosophy, translated in Descartes 1998: 160-212.

② Augustine, *On the Trinity*: Books 8-15, edited by Gareth B. Matthews, translated by Stephen McKenna, Cambridge: Cambridge University Press, 2002.

③ Locke, John, 1700: IV. ix. 3, *An Essay Concerning Human Understanding*, 4th Edition, edited by Peter H. Nidditch. Oxford: Clarendon Press, 1975.

④ Janaway, C., *Self and World in Schopenhauer's Philosophy*, Oxford: Clarendon Press, 1989, p. 120.

⑤ Fichte, J. G., 1794 - 1795: 97, *Science of Knowledge*, 2nd edition, edited and translated by Peter Heath and John Lachs, Cambridge: Cambridge University Press, 1982.

⑥ Frege, G., 1918 - 1919: 333, *Thought*, translated by Peter Geach and R. H. Stoothoff, in Michael Beaney (ed.), *The Frege Reader*, Oxford: Blackwell, pp. 325-345.

应用到语言表达式上，创立了"罗素悖论"，引发了"第三次数学危机"，解决这一危机的努力导致数学逻辑的建立和哥德尔定理的证明（Gödel，1931），形式化方法成为 20 世纪席卷西方科学、哲学和思想界的潮流，形式化、数字化、虚拟化成为 20 世纪人类最重要的思想遗产和人类进入 21 世纪的钥匙。[①]　关于自我意识的性质的问题及争论，一直活跃于整个 20 世纪。

我们可以从思想上、经验上、条件上以及儿童和非人类动物的意识上来研究自我意识。下面我们简要介绍两个著名的自我意识实验。

（1）自我意识镜像实验。

美国生物心理学家和演化心理学家盖洛普和同事们宣称，在镜子中认出自己的能力是自我意识的一个标志。[②]　盖洛普设计了一个镜子自我识别的测试：在面对镜子之前，偷偷地在受试者的前额上放上一个红色标记，然后观察他们照镜子是否会触摸这个红点（Gallup，1970）。与实验假设一样，黑猩猩通过了镜像测试，而其他灵长类动物却失败了（Anderson & Gallup，2011）。也有人声称海豚和一些大象通过了测试（Reiss & Marino 2001；Plotnik et. al.，2006）。对于人类婴儿所做的实验，一致的结果是，镜像测试取得成功在婴儿 15 个月到 18 个月的时候，24 个月的时候大多数孩子都通过了这一实验（Amsterdam，1972；Lewis & Brooks-Gunn，1979；Nielsen、Suddendorf & Slaughter，2006）。

（2）元认知实验。

"元认知"（metacognition）一词通常指的是监控和控制自己认知状态的能力，它表现在一个人对自己学习的判断（或感觉）及其后的确定或自信程度上（Beran et al.，2012；Proust，2013；Fleming & Frith，2014）。

---

① 蔡曙山：《论形式化》，《哲学研究》2007 年第 7 期；《论数字化》，《中国社会科学》2001 年第 4 期；《论虚拟化》，《浙江社会科学》2006 年第 5 期。

② Gallup, Gordon G., 1970, Chimpanzees: Self - Recognition, *Science*, 167 (3914)：86-87. Gallup, Gordon G., James R. Anderson, and Steven M. Platek, 2011, Self-Recognition, in Gallagher 2011：80-110. Gallup, Gordon G., Steven M. Platek, and Kristina N. Spaulding, 2014, The Nature of Visual Self-Recognition Revisited, *Trends in Cognitive Sciences*, 18 (2)：57-58.

这表明，如果一个生物能够监控自己的自信程度，那么它在一定程度上就有自我意识。测试元认知能力的一个常见范例涉及向受试者提供刺激，他们必须以两种方式中的一种进行分类。重要的是，他们也有机会选择退出测试。正确的分类会得到最高的奖励，退出测试会得到较低的奖励，而错误的分类则不会得到奖励。这个假设是，选择退出测试反映了对不确定性的元认知判断。从这种范式中收集的证据已经被用来证明某些鸟类（Fujita et. al. 2012）、海豚（Smith et. al. 1995）、灵长类动物（Shields et. al. 1997）和 4 岁左右的儿童（Sodian et. al. 2012）的元认知能力。然而，选择不参加自我意识归因测试的意义和解释仍然存在争议。

3. 他人之心

他人之心（other minds）是哲学上的另一个重要而又棘手的问题。他人之心的"心"是指人类心智，因此，他人之心的问题又是一个重要而严肃的认知科学问题。

问题起源于 20 世纪中叶，人们对他人之心有很多讨论。哲学家们常常把他人之心当作认识论的问题来讨论。我如何知道存在其他有思想、感情和精神属性的存在？或者我能证明这种信念吗？对这个问题的一个标准回答是诉诸类比，另一个是诉诸最佳解释，还有一个不太靠谱的方法是诉诸标准。

（1）类比论证。

中国人常说，将心比心。我为何能够知道他人之心，关键就是将心比心。这里使用的是类比推理。既然我与他人是一样的，那么，他也会有与我同样的想法。

从穆勒的著作中可以找到类比论证的表述。穆勒写道：①

首先，他们有像我一样的身体，我知道在我的情况下，这是情感的前提条件；其次，因为他们所表现的行为和外在的迹象，就我个人而言，我凭经验知道是由感情引起的。

_____

① Mill, John Stuart, 1865/1872：243, *An Examination of Sir William Hamilton's Philosophy*, fourth edition, London：Longman, Green, Reader and Dyer. First edition, 1865.

　　这种推理就是传统的类比论证。类比推理引用两个事物之间的相似性，并以此作为结论的支持，即进一步的相似性可能被认为是存在的。在面对不确定性时，类比推理被用来扩展知识。①

　　这一观点一度很流行，但很快被认为是不适合的目的。首先，有人指出，虽然这种方法在某些领域可能有效，但在认识他人之心的情况下，结论在逻辑上是不可检验的（Locke，1968）。其次，人们认为这种扩展知识的方式源于单一案例是有问题的（Locke，1968）。再次，有人声称这个论证的第一个前提——在我自己的例子中，我是知道的——是有问题的。

　　人们作出各种努力来挽救这一论证。针对上述第一种考虑，有人指出，当我们把知识从现在扩展到过去时，我们成功地运用了类比法。然而，希斯洛普和杰克逊提醒我们，在他人之心的例子中，类比论证不可能验证事实，其结论也不可能得到检验。在这里，为类比推理辩护的理由毋宁指出：即使论证正确，它也不是"明显相关"的。他们还指出，类比推理的结论不能被证实的事实可能被它也不能被反驳的事实所"中和"。

　　希斯洛普和杰克逊还提出了另一种方法来替代上述第二种考虑的类比论证的标准辩护。他们认为，只要一个人能够在精神状态和行为之间建立起联系，就没有必要求助于多个案例。希斯洛普提醒说，我们不应该诉诸无效的原则从结果去找原因；而应该诉诸有效的原则从原因推出结果。一个有效的原则就是：类似的原因会产生类似的结果。所以，如果我观察自身使我得出假设：我们精神状态是由我的生理状态引起的，那么，我就可以推论：其他人类似的生理状态也会引起类似的精神状态。在这里实际上诉诸了自然齐一性原理（the principle of the Uniformity of Nature）（Hyslop，1995）。

　　第三个反对类比论证的论据需要仔细考虑。一些人认为，相信一个

---

① Bartha，Paul，2016，Analogy and Analogical Reasoning，*The Stanford Encyclopedia of Philosophy*，（Winter 2016 Edition），Edward N. Zalta（ed.），URL＝＜https://plato. stanford. edu/archives/win2016/entries/reasoning-analogy/＞.

人可以了解他人之心，这是一个无可救药的问题。对此的反驳可以引用维特根斯坦的一句名言："在我看来是对的事就是对的。——这句话仅仅意味着在这里我们可以谈论'对的'这个语词。"（Wittgenstein，1953：§258）。如果我们不能理解他人之心，这将不可避免地导致唯我论（solipsism），即认为我是这个世界上唯一的认知主体。显然这是荒谬的。所以，他人之心是可以认识的。应该注意到唯我论有两种：认识论的唯我论和概念论的唯我论（epistemological and conceptual）。认识论的唯我论是：我能了解的唯一的心智是我自己的心智（the only mind I can know is my own）；概念论的唯我论是：我能思考的唯一的心智是我自己的心智（the only mind I can think about is my own）。但是，讨论概念论的唯我论与他人之心的关系会把我们引向与我们用认识论的唯我论来处理这个问题的不同方向。

（2）最佳解释。

类比论证被认为是论证的一种进步。虽然希斯洛普坚称，对我相信他人之心的任何理由都必须以我自身为参照，人们却认为，我们不需要依赖这种参照，这一点使得最佳解释的论证更适合于作为我们对他人之心信念的证据。大卫·查默斯（David Chalmers）写道："似乎这个来自最佳解释的论证是解决他人之心问题的最佳方法"（Chalmers，1996：246）。

类比论证曾经一度是科学中流行的证明方法。例如，人们发现太阳上氦的特征光谱类似于地球上氦的特征光谱。近代科学倾向于根据一致性原则理性地相信这种假设：在一个给定的时间，对一个特别的现象给出最好的解释。这种论证有时被称为溯因（abduction），它与演绎和枚举归纳在一起作为另一种形式的推理。一般而言，我们有 4 种不同的推理：演绎推理、归纳推理、类比推理和溯因推理。4 种推理之中，只有演绎推理的结论与前提之间的联系是必然的，其他 3 种推理的结论与前提之间的联系是或然的。然而，正是这 3 种或然性的推理，是科学发现的逻辑模型。① 从最佳解释的理论看，归纳推理为简单枚举的有

---

① 蔡曙山：《科学发现的心理逻辑模型》，《科学通报》2013 年第 34 期。

限数据到一般性的结论提供了最佳解释；类比推理为个体间相同属性的有限数据到新属性相同的结论提供了最佳解释。溯因推理则为因果关系和作为结果的观察现象到可能原因的猜测提供了最佳解释。因此，这 3 种或然性的推理可以为他人之心的理解提供逻辑推理和论证工具。

（3）标准问题。

另一种观点认为，心灵是行为背后的原因，行为是心智的标准。前一种关于心智与行为的观念与下列观念有关：第一，我的精神是属于我私人的；第二，就我自己的精神状态而言，我既无懈可击，又积习难改；第三，我可以知道自己的精神状态，但无须观察我的身体。这种心智概念导致了传统的他人之心的认识论问题。对于这个问题，标准的回答是——通过类比和最佳解释——将他人之心的知识和科学解释进行比照。

包括维特根斯坦在内，哲学家们都试图建立一个关于精神和行为之间关系的标准，例如，逻辑蕴涵、归纳推理、类比推理和溯因推理都曾被当作这种标准。有些人在这里看到了一种标准关系和对他人之心感性知识的可能性之间的联系（McDowell，1982，Hacker，1997）。

另一些人试图将标准看作不过是一种行为主义。他们对维特根斯坦论点的总结如下：我们可以决定一个应用于 X 存在的谓词 Y，那么，或者 X 是 Y 的标准，或者 X 与 Y 是有关联的。因此，他们声称，在某种情况下对一个谓词的应用的论证的概率，依赖于对"一个解释系统整体的简单性、合理性和预测的适当性"的诉求（Chihara and Fodor，1965：411）。他们指出，科学家在探测那些不能直接观测到的粒子时，就会使用这种解释方法。他们同意维特根斯坦派的观点，即认为孩子不是通过内省来了解心理状态，而是在学习语言的过程中来了解复杂的心理状态和行为之间的关系，但他们指出，部分孩子的学习是通过他自身的想法和感受来解释他人的行为，说明这可能是外显的培训或天生的能力的结果。

第四节　从心智五层级认知自我与他人

如何认识世界，这是古代哲学（科学其时孕育于哲学的母体之中）的根本问题；如何认识自身（主体）与世界（客体）的关系，这是近代科学和哲学的根本问题；如何认识自我，如何认识他人，这是认知科学和心智哲学的重要问题。根据人类认知五层级理论，使用神经认知的分析方法、心理认知的分析方法、语言认知的分析方法、思维认知的分析方法以及文化认知的分析方法，我们可以窥探自我与他人的心智奥秘。

一、神经认知的分析方法

使用神经科学的方法，测量各种生理数据，从各种生理指标探测心智的奥秘，这是历史悠久的身—心关系的现代科学技术探测研究方法。

根据身心原理，从一个人的生理行为数据来分析其心智状态的科学仪器，在近代越来越普遍使用和存在重大争议的，就是测谎仪。

测谎仪，准确亦称是多道生理心理描记器或多道心理生物记录仪。这是一项犯罪心理测试技术，它检测的实质是嫌疑人有无与案件相关的犯罪心理痕迹。第一个尝试利用科学仪器"测谎"的人是意大利犯罪学家和刑事学家西萨重·隆布索（Ceu are Lombroso）。1895 年，他研制出一种"水力脉搏记录仪"，通过记录脉搏和血压的变化判断嫌疑人是否与案件有关，并且成功侦破了几起案件。此后，经历了第二代的测谎仪"里德多谱描记仪"和第三代测谎仪也就是电子多谱记录仪。70 年代，美国弗吉尼亚州的德克特反计谋安全公司设计了一种能进行次声波分析的全新型第四代测谎仪。在实践中，用得较多的是多谱记录仪。如今测谎技术作为一项通用科技已被广泛应用于国防、司法、保险、商贸乃至企业招聘雇员等各个领域。

事件相关电位 ERP 是一种脑电设备，它对时间很敏感，可以精确到毫秒（1/1000 秒）。它通过测量被试在执行加工任务时是否出现某种典型的波形，来判断被试当时的心智状态。例如，P300 和 N400 刺激材料出现 300 毫秒后的一个正波和 400 毫秒后的一个负波，这两种波分别是句法（语形）和语义失匹配时出现的典型波形。这样我们可以根据研究工作的需要设计出适合的实验任务，并测量被试在执行这项加工任务时是否出现 P300 和 N400，来看下面的例子。

（一）用于测谎的 P300

研究者将 P300 应用于认知障碍的病人的论断，如脑血管病和痴呆；弱智儿童。精神病包括精神分裂症和情感性精神病，情感性精神病又包括抑郁症和躁狂症等，ERP 的共同特点是 P300 时限延长，波幅会有不同程度的减低。除应用于临床，在提高工效、智力开发方面，P300 也有很好的应用。研究者还将 P300 应用于测谎。结果发现，相对于传统测谎以植物神经变化为指标间接判断心理活动，P300 则不然，它是以波幅和波面积作为指标，选用不同内容（人物或环境）的照片作有关刺激和无关刺激组成序列。人对熟知的人或环境所记录的电位波幅必然要高，面积也相应要增大，而对不熟的人或环境所记录的电位波幅必然低，面积也较小。加工任务以被试用"是"或"否"回答问题，根据被试的答案正确率和波幅及波面积，判定其是否在撒谎，获得了较高的准确度。①

（二）伪成语引发的 N400

伪成语是指通过修改汉语成语的某些字而得到的用语，如："好色之涂"（涂料广告用语）、"晋善晋美"（山西省广告宣传用语）等。研究者收集的伪成语已达数千个之多，可见这种语言现象已经非常普遍。谢晓燕研究发现，伪成语的使用引起语义失匹配，引发 N400，造成语义加工困难，从而引起主体注意，达到加强的语言加工和宣传效果（谢晓燕，2018）。但是，伪成语的大量使用，破坏了汉语的严肃性，这种为一己之私而不惜破坏民族语言严肃性和继承性的做法，不仅不能提倡，而且应当明令禁止。白晨和谢晓燕的研究还发现，成语与词组在

---

① 林大正、滕春芳：《事件相关电位（ERP）》，《承德医学院学报》2005 年第 3 期。

认知过程中存在着显著的差异；成语的构建度不影响成语意义的提取；词组的构建度显著影响了词组的认知加工。与汉语成语的认知过程比较，词组意义的加工激发了强烈的 N400 效应。这表明词组的意义提取过程更依赖于对词组构成单元意义的分析和整合。词组激发出显著的 N400 效应说明，与成语意义的加工比较，认知系统在对词组意义的检索过程中消耗了更多的认知资源。特别是在对比高构建度词组与低构建度词组中，由成语改写而成的低构建度词组（如杞人担心）激发了更显著的 N400 效应。这表明，虽然两类词组都是符合句法和意义规则的词组，但是由于低构建度词组中的部分单元与成语类似，认知系统在词组字面意义的整合之后还在试图检索该词组的引申比喻意义。比喻意义的检索失败导致了低构建度词组认知加工的负荷增大，从而在脑电位上表现出更强的 N400 效应。[①]

二、心理认知的分析方法

使用心理分析的方法，观察和控制人的行为，从行为来分析人的心理，这是行为心理学的基本方法。认知心理学，则主要从高阶认知的部分，即从语言、思维和文化反向来分析人的心理。

图 3-4　庄子（约前 369—前 286）

---

① 白晨：《汉语认知加工的实证研究》，载蔡曙山主编，江铭虎副主编：《人类的心智与认知》，人民出版社 2016 年版，第 396—434 页。

行为主义的心理分析，最早的例子应该说是中国古代哲学家庄子。一天，庄子与惠子游于濠梁之上。两人发生以下对话（《庄子·秋水》）：

庄子：鯈鱼出游从容，是鱼之乐也。

惠子：子非鱼，安知鱼之乐？

庄子：子非吾，安知吾不知鱼之乐？

惠子：吾非子，固不知子矣；子固非鱼也，子之不知鱼之乐，全矣。

庄子：请循其本。子曰"汝安知鱼之乐"云者，既已知吾知之而问吾，吾知之濠上也。

这是发生在2000年前的一场智慧的对话。这个故事所表述的科学（不错，是科学，而且是认知科学）原理非常清晰：第一，鱼是知道快乐和痛苦的，也就是有心理认知的。从当代认知科学的原理看，鱼类已经进化出大脑，因此，鱼有神经和心理两个层级的认知。这个道理庄子已经明了。第二，鱼的心理包括快乐和痛苦，是可以从它的行为来观察的。庄子从鯈鱼跃出水面，知道鱼这时是快乐的。动物的行为反映出它的心理，这个道理西方行为主义心理学家直到20世纪初才讲清楚了。第三，他人之心是否可知的问题，这里讲得清清楚楚，这又有三层意思。其一，人可以知道其他动物的心理，用的是行为观察法。庄子从鱼跃出水面，知道鱼非常快乐。其二，人可以知道他人之心，用的是语言和逻辑分析法。庄子回答惠子的提问"子非鱼，安知鱼之乐？"采用了反问"子非吾，安知吾不知鱼之乐？"诘问非常有力。这个反问使用了类比推理。如前分析，他人之心可知，其依据就是类比推理，所谓"推己及人"，甚至"推己及物（包括动物）"，这个道理我们的先贤庄子就已经懂得，真是了不起！其三，庄子的最后一句话最为精彩。首先要注意，在这段不平凡的对话中，庄子是"他人之心可知论"者，惠子却是"他人之心不可知论"者，然后我们看到，庄子从他人（惠子）之心反推出他人（惠子）亦知他人（庄子）之心，从而论证他人之心可知（"既已知吾知之"），最后得出非常强悍的结论：不仅我（庄子）

是他人之心可知论者，你（惠子）也是他人之心可知论者啊！

这个寓言故事，使用了非常强悍的语言分析方法和非常强悍的逻辑论证方式，得出了非常强悍的他人之心可知的结论。这个 20 世纪西方哲学家、心理学家和认知科学家才意识到并展开讨论的深刻的哲学、心理学和认知科学问题——他人之心问题——竟然在 2300 年前由中国古代思想家、哲学家、文学家庄子以如此简明而清晰的方式进行了如此深刻的讨论，难道我们还有任何理由对自己的思想文化、科学和哲学采取虚无主义的立场和态度吗？

三、语言认知的分析方法

中国古代圣贤说："言为心声。"①　到 20 世纪中期，西方学者奥斯汀和塞尔建立了言语行为理论。塞尔认为，人的一切行为都是言语行为。人用语言来做一切事情，包括建构整个人类社会。②　乔姆斯基则说："语言是心智的窗户。"③　因此，从语言能够窥探心智的奥秘。——这是认知科学和认知心理学与过去的行为主义心理学和语言学的本质区别：人的心理行为是由语言来表达的。

如何从语言窥探他人之心？20 世纪语言学的发展为我们提供了三种理论：语形学（syntax）、语义学（semantics）和语用学（pragmatics）。认知科学建立以后，发现人的大脑里有三种对应的加工方式：语形加工（syntactic processing）、语义加工（semantic processing）和语用加工（pragmatic processing）。这就为我们窥探他人之心提供了有效的语言分析方法。

（一）语形加工和语形分析

语形加工是语言表达式的空间排列的加工方式，对应的语言理论是

---

① 扬雄："故言，心声也；书，心画也。声画形，君子小人见矣。"《法言·问神》。

② Searle, John R., *Speech Acts*: *An Essay in the Philosophy of Language*, Cambridge University Press, 1969. Searle, John R., *The Construction of Social Reality*, Free Press, 1997.

③ Ungerer, F. and H. J. Schmid. 1996. *An Introduction to Cognitive Linguistics*, Preface by Chomsky, 外语教学与研究出版社 2001 年版。

语义学。语形加工包括词法加工和句法加工，前者指将初始符号（initial symbol）加工为语词（word），后者指将语词加工为语句（sentence）。语形加工研究语言符号的空间排列关系，它只对一个世界即语言符号世界进行操作。例如："about"由五个英文字母排列而成，是有意义的符号串即语词。还是这五个字母，如果排列的空间顺序错误，就不是有意义的符号串，即不是语词。汉语也是一样。例如："语"这个字（汉字单独成词）由"言"和"吾"两部分拼成，是形声字。《说文》："语，论也。从言，吾声，鱼举切。"还是这两个偏旁部首，如果空间顺序排列错误，也不是有意义的符号串，即不是汉语语词。以上就是一个语言的词法。怎么知道一个符号串是否是语词？——查词典。因为自然语言的词法规则就是词典。形式语言的词法规则不同，它是先有规则，由规则生成有意义的符号串。

句法加工理论由美国语言学家乔姆斯基创立，限于篇幅，这里不展开论述，有兴趣的读者可以参阅《自然语言形式理论研究》。①

（二）语义加工和语义分析

语义加工是语言表达式的指称和意义的加工方式，对应的语言理论是语义学。语义加工对语言符号世界和现实世界（为保持一致性，扩充为可能世界）两个世界进行操作，方法是将语言符号映射（mapping）到现实世界和可能世界之中，从而建立语言符号的指称和意义。语词映射到现实世界或可能世界的个体之上，从而建立语词的意义。例如："北京"映射到现实世界中的中华人民共和国首都之上；"鲁迅"映射到现实世界中周树人这个人物之上；"人"映射到现实世界中有语言能思维的这类动物之上；"红的"映射到现实世界中光谱在某个范围内的一类事物之上；"孙悟空"映射到某个可能世界（吴承恩的《西游记》世界）中猴王齐天大圣之上。小学阶段的识字就是在学生的语言心智上建立这种映射关系，从而建立语词的意义。句法加工排列好的语句则通过映射到现实世界或可能世界的事件之上来建立语义。如果一个语句指

①　参见蔡曙山、邹崇理：《自然语言形式理论研究》，人民出版社 2010 年版。

称的事件存在，这个语句就是真的，否则就是假的。例如："北京是中华人民共和国首都"是真的，因为这个事件在现实世界中存在；"孙悟空一个筋斗十万八千里"也是真的，因为这个事件在吴承恩的世界里存在；"林黛玉不爱贾宝玉"是假的，因为这个事件无论是在现实世界还是曹雪芹的世界里都不存在。

（三）语用加工和语用分析

以上语形加工和语义加工都不涉及人的因素，语用加工却要涉及语言符号的使用者，涉及人的因素。语用加工是语言符号和使用者关系的加工方式，对应的语言理论是语用学。语用加工将说者（speaker）、听者（hearer）、时间（time）、地点（place）、语境（context）五大要素纳入语言表达式的意义加工范围。例如："我是教师"这句话会因说话人的身份不同而具有真假不同的意义；"你是学生"这句话的真假和听话人的身份相关；"现在是上午 8 时"的真假与话语说出的时间相关；"现在室外温度是零下 10 度"的真假与话语说出的地点相关等。如此看来，只有语用加工和语用学层次上的意义才是语言的完整意义。

汉语是典型的语用语言，汉语的意义与语境密切相关。限于篇幅，我们在此不展开论述。

关于语用加工和语用学的更多的分析以及语用交际模型及其在语言交际中的应用，请参阅本书第九章"语用加工和语言交际"。

四、思维认知的分析方法

20 世纪初，在解决罗素悖论（Russell's paradox）所引发的第三次数学危机即数学基础的危机过程中，形成了一套科学严密的形式化方法，就是通过建立表意的符号语言，得到一个形式语言系统，包括初始符号和形成规则，并在这个形式语言基础上，构造一个形式系统，包括形式公理和形式推理规则。1930 年，奥地利数学家和逻辑学家哥德尔证明了这个系统的一致性和完全性。这两个定理在"真"和"可证"之间建立联系。一致性定理是说，在此系统中，凡可证的（定理）皆真，这是一致性；同时，凡真的皆可证，这是完全性。也就是说，在此系统中，真公式集和定理集是完全重合的。至此，罗素悖论引起的危机得以解决，数学和整个科学体系得以保全。1931 年，哥德尔证明了一个更加深刻的后来以他自己的名字命名的定理——哥德尔不完全性定理，简称哥德尔定理。第一不完全性定理说，一个至少包括形式算术的系统，如果这个系统是一致的，那么它就是不完全的；第二不完全性定理说，如果这个系统是一致的，那么它的一致性是不能在该系统内部得到证明的。哥德尔定理在一致性和完全性之间建立关系，这个定理的意义更加深刻和伟大。例如，根据第一不完全性定理，任何形式系统的一致性和完全性是不可能同时得到满足的，而一致性即无矛盾性是一个逻辑系统包括形式系统最低限度的要求，这就等于说，任何一致的逻辑系统包括形式系统都不可能是完全的，在此系统内，存在真而不可证的命题。又例如，根据第二不完全性定理，一个形式系统如果是一致的（这是必需的），那么，它的一致性是自身不能够证明的。

——石破天惊！这是人类理智结出来的最灿烂的花朵！

为解决罗素悖论和数学基础问题所形成的这种崭新的形式化方法，迅速成为横扫西方哲学和整个西方学术的形式化潮流，它的第一项成果是分析哲学，第二项成果是语言哲学，代表性人物是同一个人却分为前后两个时期的奥地利哲学家维特根斯坦。前期维特根斯坦的代表作是《逻辑哲学论》，他认为哲学的任务就是语言分析，在该书中他试图用 7 个命题来终结哲学的真理。第六个命题说，哲学上一切有意义的命题都可以用一个逻辑公式 $[\bar{p}, \bar{\xi}, N(\bar{\xi})]$ 来表示；第七个命题则宣告，如果不能这样言说，就应该保持沉默。后期维特根斯坦的代表作是《哲学研究》，他批判自己前面的那本书"每一页都充满了无知的呓语"，并提出要回归自然语言，回归日常思维。后期维特根斯坦仍然坚持语言分析，但是转到以日常思维为根据的日常语言分析。这种方法成为言语行为理论和语用学的基础。此后，奥斯汀和塞尔发展了言语行为理论（speech acts theory），提出"以言行事"（doing somethings in saying somethings）的理论① 和"用语言建构整个人类社会"的革命性思想。②言语行为理论构成语用学的基础，从此，语言分析具有了最完全的理论。

哥德尔定理的影响是深远的。史蒂芬·霍金把这个定理的结论推广到物理学，他认为物理学因为至少包含了算术系统，因此也是不完全的，即存在真而不可证的命题。按照霍金的理解，尽管哥德尔定理产生于相当具有严格条件的形式系统中之内，但它与形式系统并无必然联系。一个物理学理论是一个数学模型，如果在这个模型之内存在不可证的数学命题，那么，在这个物理学理论中也就存在一个不可预测的物理学问题。一个非形式的理论，如果它或它的一部分能够映射到一个至少包含 PA 的充分大的形式系统之中，而这个形式系统又不能逃避哥德尔定理的命运，这样，那个非形式的理论也就不可能是完全的。这样的要求其实是非常低的，因为迄今为止以数学为工具的自然科学，大概没有任何一个理论比它更小。难怪霍金说："我们迄今所有的理论既是不一致的，又是不完全的。"③

五、文化认知的分析方法

文化认知是人类认知的最高层级，文化因素非常复杂。以文化因素为自变量，以认知各层级因素为因变量，产生了文化神经科学、文化心理学、文化语言学、文化思维科学和文化逻辑等新的学科领域与方法，可以统称为文化认知科学，它有助于我们来认识自我和他人。例如，朱滢、张力等人用功能磁共振成像（fMRI）对中国人进行研究，根据实验结果得出结论说："强调人与人之间的相互联系的中国文化导致发展出自我与亲密的他人（如母亲）的神经联合，而强调独立自我的西方

---

① Austin, J. L. *How to Do Things with Words*, Harvard University Press, 1962. Searle, John R., *Speech Acts*: *An Essay in the Philosophy of Language*, Cambridge University Press, 1969.

② Searle, John R., *The Construction of Social Reality*, Free Press, 1997.

③ Franzén, Torkel（2005）*Gödel's Theorem*: *An Incomplete Guide to Its Use and Abuse*. Wellesley, Mass.: AK Peters, pp. 88-89.

文化造成了自我与他人（甚至非常亲近的母亲）的神经分离。"①　因此可以说，中西文化的不同导致中国人与西方人自我的不同神经基础。在此基础上，隋洁、朱滢等人提出文化启动效应的假设。以中国大学生为被试，采用经典的文化启动范式研究启动对自我结构和自我参照记忆的影响。结果表明，启动美国文化后，被试对独立型自我结构的描述显著多于中国文化启动和控制启动条件，表明文化启动影响被试的自我结构。另一实验发现启动美国文化后，被试参照母亲的记忆成绩（R 判断）显著低于中国文化启动和控制启动组，即表明美国文化启动显著降低了母亲参照的记忆成绩。②

长期进行中国文化心理研究的台湾学者杨国枢、黄光国、杨中芳等人从中国人的自我、自尊、面子、人情、关系、家族、孝道、人缘等方方面面，研究中国人的文化心理，为认识中国人的自我和他人提供了理论依据和实验案例。③

认知科学的建立，发生了科学和哲学的经验转向，④　认知科学的经验性和综合性两大特征与中国文化的农耕特征和经验特征完全契合，中国人认知的经验性而非唯理性、综合性而非分析性、类比和归纳性而非演绎性、整体性而非局部性等这些特征，得到了更坚实的文化背景的支持。认知科学的三大发现也为中国文化的上述特征和优势提供了科学理论依据。⑤　认知科学来了，中国人的世纪到了。认知科学为我们更

---

①　Zhu, Y., Zhang, L., Fan, J., & Han, S. (2007). Neural basis of cultural influence on self representation. *Neuroimage*, 34, 1310–1316.

②　Sui, J., Zhu, Y., & Chiu, C-Y. (2007). Bicultural Mind, Self-Construal, and Recognition Memory: Cultural Priming Effects on Self-and Mother-Reference Effect. *Journal of Experimental Social Psychology*, 43, 818–824.（转引自蔡曙山主编、江铭虎副主编：《人类的心智与认知》，人民出版社 2016 年版，第 86—106 页。）

③　杨国枢、黄光国、杨中芳：《华人本土心理学》，重庆大学出版社 2008 年版；杨国枢、陆洛：《中国人的自我》，重庆大学出版社 2009 年版；杨国枢主编：《中国人的心理》，江苏教育出版社 2006 年版。

④　蔡曙山：《经验在认知中的作用》，《科学中国人》2003 年第 12 期。

⑤　认知科学的三大发现是：心智在本质上是涉身的；思维大多数是无意识的；抽象概念大部分是隐喻的。参见 G. Lakoff and M. Johnson, *Philosophy in the Flesh: the Embodied Mind & its Challenge to Western Thought*, Basic Books, 1999, p. 3。

好地理解和认识他人之心，提供了新的理论和方法。

思考作业题

1. 什么是心身问题？什么是身心问题？两者有何不同？

2. 为什么说心身问题或身心问题是人类关注的最古老的哲学问题？试述心身问题的起源和发展。

3. 为什么说心身问题是哲学的基本问题？试以心身问题解释哲学史上的唯物论、唯心论和二元论。

4. 阳明心学如何解决心身问题？为什么说阳明心学是中国古代的认知科学？

5. 试述人类基因组计划和人类认知组计划。为什么说这两大科学计划是心身问题在当代科学中的延续？

6. 试述两大科学计划在解决心身问题方面所取得的成果，试分析这些成果对人类未来的影响。

7. 为什么说科学技术是一把"双刃剑"？试以认知科学为例加以分析。

8. 什么是认知科学的三大发现？

9. 为什么说"心智是涉身的"？试加以论证和分析。

10. 什么是心智哲学？心智哲学与以往的哲学有何本质的不同？

11. 阅读塞尔的《心智哲学导论》，写一篇读书心得。

12. 什么是"自我意识镜像实验"？根据自我意识镜像实验能够区别人与非人类动物吗？为什么？

13. 什么是"元认知实验"？根据元认知实验能够区别人与非人类动物吗？为什么？

14. 为什么说利用认知科学与技术能够更好地认知自我和他人？请从人类认知5个层级加以论证。

15. 为什么说庄子是"他人之心可知论"者？庄子是如何论证自己的论点的？以今天的标准看，庄子的理论和思想属于行为主义心理学、认知心理学还是认知科学？为什么？

推荐阅读

Aristotle, De Anima (On the Soul), 7. 448a, translated by Hugh Lawson-Tancreed, London: Penguin, 1986.

Austin, J. L. How to Do Things with Words, Harvard University Press, 1962. Searle, John R. , Speech Acts: An Essay in the Philosophy of Language, Cambridge University Press, 1969.

Augustine, On the Trinity: Books 8-15, edited by Gareth B. Matthews, translated by Stephen McKenna, Cambridge: Cambridge University Press, 2002.

Cai, S. The age of synthesis: From cognitive science to converging technologies and hereafter, Beijing: Chinese Science Bulletin, 2011, 56: 465-475.

Descartes, René, 1637: 36, Discourse on the Method of Rightly Conducting One's Reason and Seeking the Truth in the Sciences, translated in Descartes 1998.

—1641: 80, Meditations on First Philosophy, translated in Descartes 1998.

—1644: 162, Principles of Philosophy, translated in Descartes 1998.

Fichte, J. G. , 1794-1795: 97, Science of Knowledge, 2nd edition, edited and translated by Peter Heath and John Lachs, Cambridge: Cambridge University Press, 1982.

Franzén, Torkel (2005) Gödel's Theorem: An Incomplete Guide to Its Use and Abuse. Wellesley, Mass.: AK Peters, pp. 88-89.

Frege, G. , 1918－1919: 333, Thought, translated by Peter Geach and R. H. Stoothoff, in Michael Beaney (ed.), The Frege Reader, Oxford: Blackwell.

Gallup, Gordon G. , Chimpanzees: Self-Recognition, Science, 1970: 167 (3914).

Gallup, Gordon G. , James R. Anderson and Steven M. Platek, 2011, Self-Recognition, in Gallagher 2011.

Gallup, Gordon G. , Steven M. Platek and Kristina N. Spaulding, 2014, The Nature of Visual Self-Recognition Revisited, Trends in Cognitive Sciences, 18 (2).

Janaway, C. , Self and World in Schopenhauer's Philosophy, Oxford: Clarendon Press, 1989.

Lakoff, G. and Mark Johnson., Philosophy in the Flesh: the Embodied Mind & its Challenge to Western Thought, New York: Basic Books, 1999.

Locke, John, 1700: IV. ix. 3, An Essay Concerning Human Under-standing, 4th Edition, edited by Peter H. Nidditch. Oxford: Clarendon Press, 1975.

Mill, John Stuart, 1865/1872: 243, An Examination of Sir William Hamilton's Philosophy, fourth edition, London: Longman, Green, Reader and Dyer. First edition, 1865.

Roco, Mihail C. and William Sims Bainbridge (eds.) Converging Tech-nologies for Improving Human Performance: Nanotechnology, Biotechnology, Information Technology and Cognitive Science. Dordrecht/Boston/London, Kluwer Academic Publishers, 2002.

Searle, John R. , Mind: A brief Introduction, Oxford University Press, 2011.

Searle, John R. , Speech Acts: An Essay in the Philosophy of Lan-guage, Cambridge University Press, 1969.

Searle, John R. , The Construction of Social Reality, Free Press, 1997.

Searle, John R. , The Construction of Social Reality, Free Press, 1997.

Sui, J., Zhu, Y., & Chiu, C-Y. (2007). Bicultural Mind, Self-Construal, and Recognition Memory: Cultural Priming Effects on Self-and Mother-Reference Effect. Journal of Experimental Social Psychology, 43, 818-824. 转引自蔡曙山、江铭虎主编:《人类的心智与认知》,人民出版社 2016 年版,第 86—106 页。

Ungerer, F. and H. J. Schmid. 1996. An Introduction to Cognitive Linguistics, Preface by Chomsky, 外语教学与研究出版社 2001 年版。

Zhu, Y., Zhang, L., Fan, J., & Han, S. (2007). Neural basis of cultural influence on self representation. Neuroimage, 34, 1310-1316.

蔡曙山:《语力逻辑》,中国社会科学院博士论文,1992 年。

蔡曙山:《命题的语用逻辑》,《中国社会科学》1997 年第 5 期。

蔡曙山:《量化的语用逻辑》,《哲学研究》1999 年第 2 期。

蔡曙山:《论数字化》,《中国社会科学》2001 年第 4 期。

蔡曙山:《模态的语用逻辑》,《清华大学学报》2002 年第 3 期。

蔡曙山:《经验在认知中的作用》,《科学中国人》2003 年第 12 期。

蔡曙山:《论虚拟化》,《浙江社会科学》2006 年第 5 期。

蔡曙山:《认知科学:世界的和中国的》,《学术界》2007 年第 4 期。

蔡曙山:《论形式化》,《哲学研究》2007 年第 7 期。

蔡曙山:《从语言到心智和认知:20 世纪语言哲学和心智哲学的发展——以塞尔为例》,《河北学刊》2008 年第 1 期。

蔡曙山:《科学发现的心理逻辑模型》,《科学通报》2013 年第 34 期。

蔡曙山:《论语言在人类认知中的地位和作用》,《北京大学学报》2020 年第 1 期。

蔡曙山:《生命进化与人工智能》,《上海师范大学学报》2020 年第 3 期。

蔡曙山:《认知科学与技术条件下心身问题新解》,《人民论坛·学术前沿》2020 年 5 月(上)。

蔡曙山、邹崇理:《自然语言形式理论研究》,人民出版社 2010 年版。

蔡曙山、王志栋、周允程等译:《聚合四大科技 提高人类能力》,清华大学出版社 2010 年版。

林大正、滕春芳:《事件相关电位(ERP)》,《承德医学院学报》2005 年第 3 期。

杨国枢、黄光国、杨中芳:《华人本土心理学》,重庆大学出版社 2008 年版。

杨国枢、陆洛:《中国人的自我》,重庆大学出版社 2009 年版。

杨国枢主编:《中国人的心理》,江苏教育出版社 2006 年版。

第二部分

心理认知

本部分摘录

感觉是人类知识的唯一来源，感性认知是理性认识的基础，也是人类知识的基础。从认知科学看，感觉、知觉和表象不仅是一种知识形式，也是一种认知形式。人类的知识不过是人类心智和认知能力所产生的结果，人类的心智和认知能力产生相应的知识形式。

我们为什么需要错觉？错觉是一种与背景认知有关的特殊的认知能力。如果进化中淘汰掉错觉能力，就等于淘汰掉背景认知能力！这样的个体在进化中是没有优势的，势必也被淘汰！这样，错觉这种特殊的认知能力便被保留下来了，并且还将继续保留下去。

表象是最高层次的心理认知形式，也是感性认知的最高形式。它已经具备了某种抽象性，并为过渡到概念和思维做好了准备。表象是否可以直接上升为概念和思维？从哲学的认识论模型看似可以，但如果对照人类认知五层级模型却是不能。表象要被加工为概念，需要等待一种特殊的认知方式——符号语言的出现。人类发明了这种抽象的符号语言，他的表象认知才能被加工为概念认知，也才有思维认知。

动物是否有思维？根据人类认知五层级理论，我们可以得到一个确定的结论：非人类动物没有思维。这是由于非人类动物的语言（肢体语言和声音语言）只是传达某种信息的信号，而不是表达抽象概念的符号。非人类动物也有认知，但只是神经和心理层级的认知。动物类似于思维的行为只是一种心智行为，但却不是思维，不用也不必用思维来解释。

第四章

感知觉和注意

现在我们进入本书第二部分：心理层级的认知。这部分包括两章：第四章"感知觉和注意"、第五章"表象和记忆"。

根据人类认知五层级理论，心理层级的认知属人类认知第二个层级，它是人与动物共有的认知。心理层级的认知以脑与神经层级的认知为基础，同时也为过渡到语言层级和高阶认知做好了准备。这样的过渡需要什么条件呢？是否人和非人类动物的心理认知都能够上升到语言认知呢？非人类动物是否也有语言和思维呢？这些都是我们在心理认知部分需要认真研究和解决的问题。

按照哲学认识论的经典划分，人类知识分为感性认识和理性认识两个阶段。其中，感性认识包括感觉、知觉和表象三种认识形式，属于认识的初级阶段，它是心理学研究的对象；理性认识包括概念、判断和推理三种形式，属于认识的高阶阶段，它是逻辑学研究的对象。这些认识形式之间的关系如图4-1所示。

从图4-1我们看出，感觉是人类知识的唯一来源，感性认知是理性认识的基础，也是人类知识的基础。我们还看出，感性认识的三种主要形式感觉、知觉和表象是人和动物共有的认识形式，是心理学的研究对象。

从认知科学看，人类的知识是人类心智和认知能力所产生的结果。因此，感觉、知觉和表象不仅是一种知识形式，也是一种认知形式，人类的心智和认知能力产生相应的知识形式。

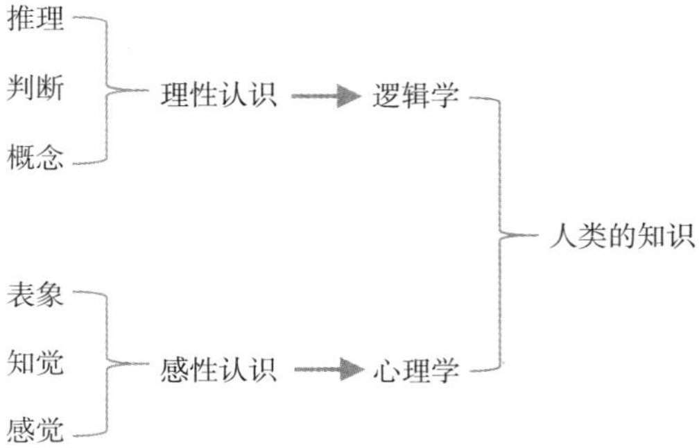

图 4-1　人类知识体系图

第一节　感　觉

一、感觉

感觉（sensation）是单一感官获得的认识形式，是人脑对直接作用于感官的客观刺激物的个别属性的反映。

人有五种感觉器官，眼、耳、鼻、舌、身，它们与外部环境接触产生五种基本的感觉：视觉、听觉、嗅觉、味觉和触觉。感觉是一种直接反映，它是客观事物直接作用于人的感官而产生的认识形式，感觉不能脱离感官而存在。

感觉所反映的是客观事物的个别属性，而不是事物整体和全貌。"盲人摸象"的寓言说明，凭借单一的感官，我们就不可能认识事物的真实面貌（图4-2）。

感觉是客观事物的主观印象。事物的存在只有凭借我们的感官才能被我们认识。

人的感觉器官有一个"灵敏度"，这个灵敏度范围的数值称为感觉的"阈值"和"阈限"，超过这个限度，我们的感觉器官就不能感知这些存在的物体或现象。各种感觉的阈值如表4-1所示。

图 4-2　盲人摸象

表 4-1　感觉的阈限

感觉类别	绝对阈限
视　觉	晴朗的夜晚可以看见 48 千米外的烛光
听　觉	安静条件下可以听见 6 米外手表的滴答声
嗅　觉	1 滴香水扩散到 3 个房间的套房
味　觉	1 茶匙糖溶于 7.5 升水中可以辨别出甜味
触　觉	一只蜜蜂翅膀从 1 厘米高处落在你的面颊上
温冷觉	皮肤表面温度有 1 摄氏度之差即可觉察

　　1860 年，德国心理学家费希纳（G. T. Fechner，1801—1887）研究了刺激强度与感觉强度的关系。他认为最小可觉察误差（JND）在主观上都相等。因此，任何感觉的大小都可由在阈限上增加的最小可觉察误差来决定。根据这个假定，费希纳在感觉大小和刺激强度之间，推导出一种数学关系式：

$$P = K \lg I$$

　　这就是费希纳的对数定律（logarithmic law）。其中，I 指刺激量，P 指感觉量。按照这个公式，感觉的大小（感觉量）是刺激强度（刺激量）的对数函数。如果我们已知某个光线的物理强度 $I = 10$，而常数

$K=1$，那么由它引起的感觉强度 P 为 1。如果我们使感觉强度加倍，即 $I=20$，那么由它引起的感觉强度为 1.3。可见，当刺激强度按几何级数增加时，感觉强度只按算术级数上升。图 4-3a 说明了刺激的物理时与由它引起的感觉量的关系。当物理量迅速上升时，感觉量是逐步变化的。如果刺激量取对数值，那么它和感觉量的关系可以表示为一条直线，如图 4-3b。[1]

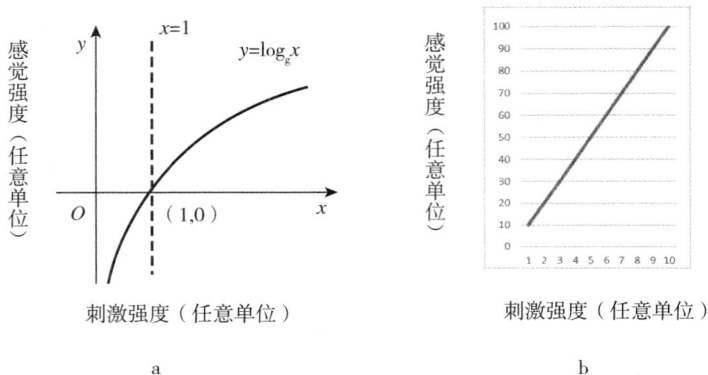

图 4-3　费希纳的刺激量与感觉强度关系图

二、感觉剥夺实验（sensory deprivation）

1954 年，美国心理学家荷比（D. O. Hebb）、贝克斯顿等在加拿大的麦克吉尔大学进行了首例感觉剥夺试验研究。他们在付给大学生每天 20 美元的报酬后，让他们在缺乏刺激的环境中逗留。具体地说，就是在没有视觉（被试需戴上特制的半透明的塑料眼镜）、限制触觉（手和臂上都套有纸板做的手套和袖子）和控制听觉（实验在隔音室里进行，用空气调节器的嗡嗡声代替其听觉）的环境中，静静地躺在舒适的帆布床上（图 4-4）。志愿者每天躺在床上睡觉，他们可以自己决定何时退出实验。

实验过程中，被试开始是睡觉，慢慢觉得厌倦和不安，然后自己制

―――――――――

① 彭聃龄主编：《普通心理学》，北京师范大学出版社 2012 年版，第 98 页。

造刺激，包括唱歌、吹口哨、自言自语，最后是出现幻觉。通过对脑电波的分析，证明被试的全部活动严重失调。在实验过后的几天里，被试注意力涣散，不能进行明晰的思考，智力测验的成绩不理想等。

实验结果，大多数被试在实验开始后 24—36 小时内要求退出，几乎没有人能够坚持 72 小时以上。①

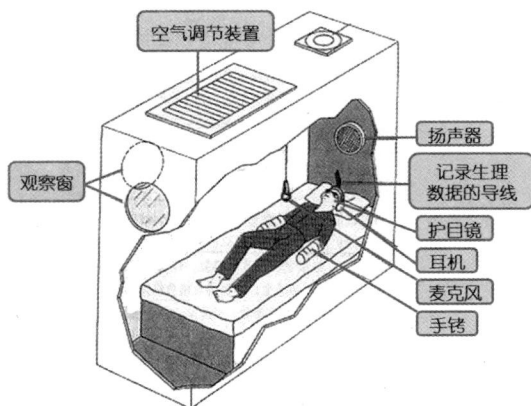

图 4-4　感觉剥夺试验（D. O. Hebb，1954）

三、感觉适应

感觉适应（sensory adaptation）就是刺激物对感觉器的持续作用，而使感受性提高或降低的现象。换言之，感觉适应是指对持续的同一刺激所产生的应激性形态，特别是感受器的适应。感受器的感受性（感觉刺激的阈值）逐渐变化，直至稳定在与该刺激相应的值。感觉适应是感觉机能的熟练或疲劳现象，当刺激水平提高时，感受性降低，当刺激水平降低时感受性提高。

第一，感觉适应的表现和意义。适应现象表现在所有的感觉中（痛觉除外）。感觉适应对身心有利有弊：利的方面是可以减少身心负

---

① Bexton, W. H., W. Heron, and R. H. Scott（1954）Effects of Decreased Variation in the Sensory Environment. *Canadian Fournal of Psychology*, 1954, 8（2）：70—76.

担，对于我们感知外界事物、调节自己的行为，具有积极的意义；弊的方面是可能使人丧失警觉性。

第二，感觉适应的一般规律。持续作用的强刺激使感受性降低；持续作用的弱刺激使感受性增高。例如，视觉的明适应和暗适应。在光线暗淡的地方，我们的眼睛瞳孔会放大，加大进光量，以提高视觉的感受性，这叫暗适应。反之，在光线明亮的地方，我们的瞳孔会缩小，减少进光量，以降低视觉的感受性，这叫明适应（图4-5）。

图4-5 视觉适应（明适应和暗适应）图

第三，感觉对比。是同一感受器接受不同刺激而使感受性发生变化的现象。分同时对比和继时对比。例如，灰色方块放在黑色背景上比放在白色背景上，显得更加明亮一些，如图4-6。其实，左右两边中间的灰色方块的亮度是完全一样的。如果把一个灰色的小方块放在绿色的背景上，看起来小方块显得带红色，放在红色的背景上则显得带绿色，如图4-7所示。其实，左右两边中间的灰色方块的色调是完全一样的，但我们的视觉会根据背景的色调进行调整，取背景的补色作为目标色调的补偿，因此看起来左边中间的灰色方块略带红色，右边中间的灰色方块略带绿色。

第四，不同感觉间的相互作用。不同感觉间的相互作用，指的是一种感觉的感受性会由于其他感觉的影响而发生变化的现象。例如，中国烹调讲究"色香味"俱全，就是要利用不同感觉间的相互作用，以达到最佳的烹调效果。

第五，不同感觉的相互补偿。感觉的补偿是指某种感觉系统的机能丧失后而由其他感觉系统的机能来弥补。例如，盲人由于失去视觉，他的触觉就会比常人更强。

图 4-6 感觉对比（亮度对比）

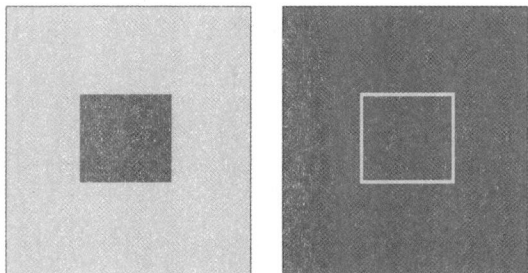

图 4-7 感觉对比（色调对比）

第六，联觉。当某种感官受到刺激时出现另一种感官的感觉和表象的现象称为联觉，是一种感觉引起另一种感觉的心理现象。例如，红色象征革命和吉祥，中国人过春节写春联、贴福字、放爆竹，讲究的都是红色，让人感觉喜气洋洋。又如，绿色象征春天，表示青春和健美，给人以喜悦和宁静的感觉。红、橙、黄色，往往引起温暖的感觉，称为暖色。青、蓝、紫色，往往引起寒冷的感觉，称为冷色。

第七，后像。当感受器的刺激作用停止后，暂时留存的关于刺激物的感觉印象。正后像：指刺激消失后，残留的亮度或颜色与刺激相似的视觉后像。负后像：指刺激消失后，残留的亮度性质与刺激相反、颜色性质与刺激互补的视觉后像。

正后像在于它保持着原来效应刺激物所具有的同一品质的痕迹。如在暗室里把灯点亮，在灯前注视灯光三四秒钟，再闭上眼睛，就会看见在黑的背景上有一个灯的光亮的痕迹。这是正后像，因为它保持着原来效应刺激物——灯光的同样的"亮"的品质。随着正后像出现以后，如果继续注视，就会发现在亮的背景上出现一个黑斑的痕迹。这是负后像，因为它保持的"黑"品质和原来效应刺激物——灯光——的"亮"品质相反。如果用的是彩色刺激物，例如对一个红色的四方形注视一定时间以后，再把目光移到一张灰白纸上，那么在这张灰白纸上可以看到一个蓝绿色的四方形。这是负后像，因为它保持着与原来效应刺激物（红色四方形）互为补色的色觉（蓝绿色四方形）。但是，在彩色的视觉中，却很少有正后像出现。

感觉后象可以使我们对断续出现的刺激产生连续的感觉。当然，这种断续刺激的出现必须达到一定的频率。

视觉后像也叫视觉暂留或视觉暂停现象（persistence of vision, visual staying phenomenon, duration of vision），1824 年由英国伦敦大学教授彼得·罗杰在他的研究报告《移动物体的视觉暂留现象》中最先提出。

人眼在观察景物时，光信号传入大脑神经，需经过一段短暂的时间，光的作用结束后，视觉形象并不立即消失，这种残留的视觉称为"后像"。电影正是运用了感觉后象（视觉暂留）的心理学原理。视觉暂留时间约为 0.1 至 0.4 秒。如果放映机投射到屏幕上的影像多于每秒 24 幅（格）画面，由于视觉暂留，我们在银幕上就会看到连续的图像。当拍摄时转动的速度超过了每秒 24 格，就意味着速度提升了，电影的术语叫"升格"。如果拍摄速度达到了每秒 48 格，放映速度是每秒 24 格的时候，它们的速度刚好是 2 倍，我们看到的画面就被放慢了 2 倍，同理，拍摄每秒 72 格的时候放慢 3 倍，96 格的时候放慢 4 倍，依此类推。当摄影师用"升格"的速度拍摄，而用正常的 24 格速度放映，我们就会看到"慢镜头"。反之，当拍摄的速度低于每秒 24 格，而用 24 格速度放映，我们就会看到"快镜头"，人是跳着走的。早期的电影看起来是跳的，因为早期的摄影机的拍摄速度是每秒 8 格。

第二节 知 觉

感觉、知觉、表象是心理认知的三种基本形式，人类的认知可以覆盖这三种形式，也就是说，人类的认知可以从感觉上升为知觉。但非人类动物的认知就不一定能够从感觉上升到知觉。

一般而言，有脑的动物就具有了某种程度的心理认知，就有了感觉。但一些有脑的动物其感觉未必能够加工成知觉，而无脑的动物只有神经层级的反应，连感觉认知也没有，更不用说知觉了。

下面我们来看人类的知觉认知。

一、感觉和知觉

（一）词源学的考察

在心理学上，知觉是一个"拎不清"（定义不清）的概念。知觉对应的英文至少有3—5个。我们需要作一番词源学的辨析。

1. feeling/sense/sensation 的区别

这几个名词均含有"感觉"之意。

Feeling 是日常用语的"感觉"，既可指身体上的感觉，如冷暖、饥饿、疼痛等，又可指精神上的感觉，如喜、怒、哀、乐、失望等。与中文对应的语词应该是"感到"。如：

① I had a tingling feeling in my fingers.（我手指感到刺痛。）

② I've got this strange feeling in my stomach.（我的胃里有这种怪怪的感觉。）

③ My toes were so cold that I'd lost all feeling in them.（我的脚趾冻得完全失去知觉了。）

Sensation 是较严密的科学用词，心理学的"感觉"这个术语用的就是 Sensation。它指视觉、听觉、味觉、视觉、嗅觉或触觉；还可指引起激动或冲动的事物。如：

④ a burning sensation（灼烧的感觉）。

⑤ I had no sensation of pain whatsoever. （我没有任何痛苦的感觉。）

⑥ The disease causes a loss of sensation in the fingers. （这种病会使手指失去知觉。）

不过，心理学上也常常使用 sense 来表示"感觉"这种心理活动。如：

⑦ With her excellent sense of smell, she could tell if you were a smoker from the other side of the room. （她嗅觉灵敏，在房间的另一端就能知道你是否抽烟。）

⑧ My cold is so bad I've lost my sense of smell/taste（ = I can't smell/taste anything）. （我感冒很严重，闻不到任何气味了/尝不出任何味道了。）

仔细体会，⑦⑧与①②③的用法还是有差异的。

另外，sense 的复数形式 senses 也常用来指人的知觉，表现了知觉的多通道加工的特点。

2. perception/awareness/consciousness 的区别

perception 侧重对外界刺激的反应和对产生感觉的物体的辨别，它是经过加工的 sense 或 sensation。心理学的"知觉"一般用的就是 perception 的字义。如：

⑨ Drugs can alter your perception of reality. （毒品会改变你对现实的感知。）

⑩ She showed great perception in her assessment of the family situation. （她对家庭状况的分析显示出敏锐的洞察力。）来源：《牛津词典》

⑪ It did not require a lot of perception to realize the interview was over. （不需要很强的洞察力就可以意识到面试结束了。）来源：《柯林斯英汉双解大词典》

⑫ Perception is important in social cognition too. （感知在社会认知中也很重要。）

⑬ Perception is not something that is hardwired into the brain. （感知并不是大脑固有的东西。）

Perception 的以上含义，使它常常放在"知觉"和"感知"两种意义上来使用。但两者也是有区别的。知觉是心理认知的一个范畴，是在感觉之上进行加工而得。感知实际上包含了感觉和知觉两种心理认知形式，这也确实是 perception 应有的含义。第一，知觉包含了感觉，并经心理认知加工而成；第二，在感觉、知觉和表象三种心理认知形式之中，感觉和知觉是密切相连的，两者常常难以分开，它们都是与感官直接联系的，表象却不同，它可以脱离感官而存在。

awareness 是"知道"、"意识到"、"认识"之意。严格地说，它并不是心理学的一个范畴，而是日常生活或哲学认知论的用语。如：

⑭ The 1980s brought an awareness of green issues. （20 世纪 80 年代有了环保意识。）来源：《柯林斯英汉双解大词典》

⑮ He was tortured by an awareness of the equivocal nature of his position. （他意识到很难解释自己的立场，因此备受折磨。）来源：《柯林斯英汉双解大词典》

⑯ Yoga is about inside awareness. （瑜伽与内在意识相关。）

⑰ We hope it can arouse students' awareness of water crisis. （我们希望这个活动能激起学生们对水资源的危机意识。）

consciousness 是"意识"、"知觉"，它与 awareness 的区别在于：awareness 是感性的对实际事物的认识，consciousness 是理性的思维层面本身上的意识。如：social consciousness（社会意识）、legal consciousness（法律意识）、national consciousness（民族意识；国族意识）等。下面是一些例子：

⑱ She banged her head and lost consciousness. （她撞了头，失去了知觉。）来源：《柯林斯英汉双解大词典》

⑲ It took her a few minutes to recover consciousness. （过了几分钟她才恢复知觉。）来源：《牛津词典》

⑳ The heart monitor shows low levels of consciousness. （心脏监控器显示低意识水平。）来源：《柯林斯英汉双解大词典》

㉑ I can't remember any more—I must have lost consciousness. （我想

不起来了—我当时一定是失去了知觉。)

可见，consciousness 常常是在意识和知觉两个意义上使用的。事实上，与 perception 的意义最为接近的范畴就是 consciousness。

关于意识、无意识的研究，请参阅本书第十四章"无意识思维"。

（二）心理学的考察

1. 什么是知觉

感觉（sensation）是人们从外部世界同时也从身体内部获取信息的第一步，是人们的感官对多种不同能量的觉察，并转换成神经冲动，如视觉中眼睛将光刺激转换成神经冲动。这些神经冲动经过传入神经（或称感觉神经）传往大脑。当它们到达大脑皮层上的高级神经中枢以后，再进行高一级的加工成为知觉（perception）。

心理学家对知觉的定义是：知觉是人脑对直接作用于感官的客观事物的整体属性的反映。是人对感觉信息的组织和解释。①

前面我们分析，感觉与知觉不仅在 perception 的词源学上紧密关联，在心理认知上也是紧密相关，因为两者都是通过感官获得的，不能脱离感官而存在。因此，perception 通常也译作"感知"。

2. 知觉的形成

知觉是在感觉的基础上进一步加工而成，它必须满足以下条件：

① 知觉通常是多种感觉协同活动的结果。

② 知觉需要已有经验的参与。

③ 知觉是有意注意参与认知活动。

④ 脑是知觉加工的必要条件，但不是充分条件。

根据这些特点必须回答下面的问题：

问题一：单一感觉是否能够形成知觉?

回答：确实有单一的感觉加工而成的知觉，如视知觉、听知觉、嗅知觉等。但心理学家研究这种单通道的知觉形式只是一种理想状态，犹如物理学家研究没有摩擦力的运动一样。事实上，任何知觉形式都是多

① 张厚粲主编：《大学心理学》，北京师范大学出版社 2004 年版，第 95 页。

通道的，都有其他知觉形式的参与。

案例1　认知神经科学家加扎尼加（M. S. Gazzaniga）所举的一个病例 P. T. 在丧失视知觉能力时，已经不能认知自己的妻子，但一听到她的声音，对她的视觉感知就会"变得鲜活起来"。加扎尼加说："知觉是人类拥有的一种神奇的能力，通常由五种感觉整合而得到：视觉、听觉、触觉、嗅觉和味觉。P. T. 仅仅失去了他视知觉中的相对较小的一个方面的能力，……但他能够利用其他感觉来弥补这个缺陷。类似地，在探索这个世界的过程中，一个失明的人可以变得对声音和触摸异常地敏感，从而在一定程度上弥补'看不见'的缺陷。"[①]

问题二：知觉需要经验的参与吗？

回答：知觉加工需要经验的参与，这是毫无疑义的。没有脑的低级动物如软体动物，它们只有神经系统，这类低级动物是不可能产生知觉的，甚至连感觉也没有，有的只是对环境刺激的神经反应。但即使是有脑和中枢神经系统的高等动物，如人，知觉加工也是需要经验参与的。

案例2　广岛原子弹爆炸70周年（2015年）时，记者采访了幸存者。记者提出这样的问题：当天（1945年8月6日）发生爆炸时，你是否意识到那是原子弹爆炸？当然没有一个人知道那是原子弹爆炸，因为没有人有这样的经验。8月8日《朝日新闻》使用的是"新型炸弹来袭"这样的报道。后来经过日本核物理学家核实，才确认是核武器。[②]　倒是有很多受访者回忆，当时认为是海啸或地震，因为他们有过这样的经历。所以，知觉需要有经验的参与。

问题三：注意在知觉加工中有何作用？

回答：注意是知觉加工的必要条件。我们有这样的经验，当我们在

① 加扎尼加、艾弗瑞、门冈：《认知神经科学：关于心智的生物学》，周晓林、高定国等译，中国轻工业出版社2015年版，第141页。

② 日本《朝日新闻》对广岛原子弹爆炸的报道："敌军在广岛使用新型炸弹，少量B29飞机来袭"。见1945年8月8日《朝日新闻》。

用心做一件事时（例如：读书、看手机），往往会对身边产生的事情没有觉察。

最有名的实验是伊利诺伊大学心理学系和贝克曼学院教授丹尼尔·西蒙（Daniel Simons）做的"看不见大猩猩"的实验。被试要求看两组分别穿着白色衣服（白队）和黑色衣服（黑队）的大学生传球的视频，被试的任务是在视频结束后回答"白队（或黑队）的人互相传了几次球？"只要认真观看基本都能答对。接着问"刚才你是否看到什么奇怪的东西？"有相当一部分人表示自己没有看到奇怪的东西，而一部分人表示自己看到了一只大猩猩走了过去。为什么有人能看到有人看不到呢？那些声称自己没看到的人，是真的没看到吗？

当把眼动仪与这个实验结合后，研究人员发现那些声称没"看到"的人，其实是"看到"了的，他们的眼动轨迹有足够长的时间是落在大猩猩上的，这才是这个实验的关键点。

现在的问题是：为什么那些实际上"看到"的人会说自己没有"看到"？这是因为，注意是具有选择性的，我们在知觉事物的时候，总是关注特定的对象，而把其余对象当作背景，当你仔细数着黑衣学生传球次数时，就会尽可能地撇除其他干扰物，因此就算大猩猩站在中央且大力捶胸，你也会无视它的存在。

加扎尼加用实验支持了图 4—8 中的注意与知觉关系模型。在这个模型中，感觉输入经过注意的分析与筛选，才可能进行觉知，然后才可以产生有意识的报告。①

实验和模型显示，从感觉到知觉的加工过程中，注意的参与是必需的。

问题四：低级动物具有感觉，是否同时也具有知觉？

回答：我们说，有脑的动物都有某种程度的心理认知活动。但是，有脑的动物如果按其脑进化的程度做一个从低级到高级的划分，那么我

① 加扎尼加、艾弗瑞、门冈：《认知神经科学：关于心智的生物学》，周晓林、高定国等译，中国轻工业出版社 2015 年版，第 476—477 页。

图 4-8　注意与知觉关系模型

左：有意识注意模型　　　右：有意识与无意识注意模型

们会看到，它们的心理认知的层级也是从低级到高级排列的。低级的动物有感觉，未必会有知觉。例如，"飞蛾扑火"。飞蛾等昆虫在夜间飞行活动时是依靠月光来判定方向的。飞蛾只要保持同月亮的固定角度，就可以使自己朝一定的方向飞行。飞蛾看到灯光，错误地认为是"月光"。因此，它也用这个假"月光"来辨别方向。可是，灯光距离飞蛾很近，飞蛾按本能仍然使自己同光源保持着固定的角度，于是只能绕着灯光打转，直到最后精疲力竭而死去。所以，飞蛾不能将光源知觉为灯光，也不能将灯光知觉为危险。因此，脑是知觉加工的必要条件，但不是充分条件。

3. 五种知觉形式

前面说到，眼耳鼻舌身五种感官分别产生视听嗅味触五种感觉。在单一的感觉通道上，对人类而言，感觉也能够被加工为知觉，尽管如前所说，知觉常常是多通道加工的。但这并不排除我们可以从单通道感觉到知觉的加工来认识知觉的性质，正如物理学对运动的研究可以先不考虑摩擦力的存在一样，尽管在地球上没有摩擦力的运动是不可能的。

下面我们仅对视知觉进行分析。先做以下几个小实验。

实验一："Don't move or die."（别动，动就死！）

这是我们在电影上常常听到的一句话。当警察用枪对着杀人犯要实行抓捕时，他一定会说这句话。有意思的是，在电影《侏罗纪公园》中，两位主角面对一条霸王龙时，一个人对另一个人也说了这句话："Don't move or die."（这是真的吗？不动就能保命吗？）

这是真的。夏天我们在厨房里，忽然觉得有个东西动了一下：蟑螂！结果这只蟑螂就毙命了——你打死了它。如果蟑螂足够聪明，像

《侏罗纪公园》中的那两个人一样，它是不会动的，但蟑螂这种低等动物是没有这种知觉能力的。

以上例证说明：我们的视知觉是有选择地进行加工的。我们为什么会注意移动的物体，因为移动的东西更危险！——这是我们在进化中获得的视知觉能力。

实验二：哪一栋更高？

图 4-9　两栋楼房哪一栋更高

上下两张照片是同一小区的两栋楼，结构、楼层完全相同，上图左边一栋显得更高些，下图右边一栋显得更高些，其实是完全一样高。人的视觉可以进行认知加工，让我们判断它们是一样高，计算机处理起来就会比较麻烦了。因为计算机是没有知觉能力的，只是人可以通过算法来赋予它这种认知能力，但说到底这还是人的认知能力（图 4-9）。同样的道理，如果我骑一辆自行车去教室上课，去时把它靠在教学楼前的一棵树旁。下课从另一个方向走出教学楼，我完全不费事就立刻认出我的那辆自行车，但让计算机来识别从两个完全不同的方向拍摄的照片是同一辆自行车就不是那么容易的事了。

实验三：花瓶还是人脸？

图 4-10 是著名的"两可图"（也叫"视觉竞争图"）。所谓两可图，就是背景和对象可以互换的图形。在这幅图中，如果我们把黑色作为背景、白色作为对象，这时我们看到的像是一个杯子（或者像一根廊柱）；如果我们把白色作为背景，黑色作为对象，这时我们看到的是两张相对的面孔。两可图涉及我们视觉认知的一种重要的能力：背景认知（或对象认知）能力，就是能够将对象从背景中分离出来的能力。

图 4-10　两可图

实验四：眼见为实？

我们常说"眼见为实"，例如，英文句子"I see."表示的不是"我看到"而是"我明白。"这就是"眼见为实"。汉语也有"我晓得"这样的句子，也是"眼见为实"。

视知觉是人最重要的知觉形式，我们的大脑通过五种感官接受的外部信息 83% 来源于视觉，然后加工为视知觉。但如果我们完全相信视知觉，那就错了。例如《诗经·伐檀》有"河水清且涟猗"的诗句，《迢迢牵牛星》也有"河汉清且浅，相去复几许"的诗句，清清的河水看起来总是比实际上要浅，这是由于光线的折射在我们的视觉上引起的错觉。汉语中"清浅"二字充满诗意，古往今来有很多美好的诗句以此二字入诗。但夏天在郊外的小河里游泳时可是要注意了，那看起来"清浅"的河水可能会很深的呢（图4-11）。还有海市蜃楼，也是由于光的折射而形成的一种虚像，是一种不真实的存在（图4-12）。

图4-11　河水清且浅（贵州荔波小七孔）

4. 知觉的种类

按照知觉所凭借的感觉信息的来源不同，可以将知觉分为视知觉、听知觉、嗅知觉、味知觉、触知觉。已于前述。

按照知觉所反映对象的特点，可以将知觉分为物体知觉和社会知觉（对人的知觉）。

（1）物体知觉：以物质或物质现象为知觉对象的知觉。物体知觉再分为空间知觉、时间知觉、运动知觉等。

图 4-12　海市蜃楼

①　空间知觉：对物体空间特性的反映，包括形状、大小、方位、远近和立体等知觉。

②　时间知觉：对客观事物发展变化的持续性和顺序性的反映。线索：自然界周期变化、生物节律、计时工具等。

③　运动知觉：对物体位置移动及其速度的知觉。前述视知觉中，人和动物对运动物体有特别敏锐的知觉能力。

（2）社会知觉：以社会生活过程中的人为知觉对象的知觉。社会知觉再分为自我知觉、他人知觉、人际知觉。

①　他人知觉：感知他人的外部特征，了解他人的内心世界。

②　自我知觉：对自己的行为和心理活动的知觉（认知和评价）。

③　人际知觉：对人与人之间相互关系、彼此作用的知觉。

社会知觉经常发生的四种偏差：

①　第一印象：指与陌生人初次相见后留下的印象。

②　近因效应：依据较近或最近的信息形成的关于他人的印象。

③　晕轮效应：对人的某些品质、特征形成的清晰鲜明的印象掩盖了其余品质、特征的知觉。

④　刻板印象：对社会上的各类人群所特有的固定看法，或对人概括、泛化的看法。

四种社会知觉偏差可以列表如下：

表 4-2　4 种主要的社会知觉偏差

偏差	特点
首因效应	先入为主
近因效应	最近信息
晕轮效应	以点概面
刻板印象	固定看法

这些知觉偏差会造成认知的偏差。在社会交往中，应该尽量避免这些知觉偏差带来的认知偏差，以免造成工作和学习上的失误。

5. 知觉的基本特性

（1）选择性。

选择性是指人们能从背景中选择出知觉对象的这样一种知觉特性。当我们面对众多的客体时，常常优先知觉部分客体。这就是知觉的选择性。被清楚地知觉到的客体叫对象，未被清楚地知觉到的客体叫背景。

选择性的影响因素包括：a. 对象与背景的差异；b. 对象的活动性；c. 刺激物的强度；d. 知觉主体的状态；e. 对象与背景的差别越大，越容易选择（差别较大、活动的、新颖的等）；f. 人的知识经验、兴趣爱好影响知觉的选择性；g. 知觉者的知觉目的影响知觉的选择性（图 4-13）。

图 4-13　选择性：背景与对象

（2）整体性。

整体性是指在刺激不完整时知觉者仍保持完整的认识能力的这样一种知觉特性。例如，在图 4-14 中，尽管这些点没有用线段连接起来，但我们仍能看到一个三角形和一个长方形。

图 4-14 整体性：三角形和长方形

在整体性知觉中，物体的各部分所起的作用是不同的。关键性的、代表性的、强化部分往往决定对整体的知觉。

在整体性知觉中，刺激物之间的关系起着很重要的作用。刺激物的个别部分改变了，各部分的关系不变，就能保持整体的知觉。

如果感知的对象是个熟悉的东西，那么知觉就更多依赖于感觉并根据其接近、相似、闭合、连续等因素感知为整体。

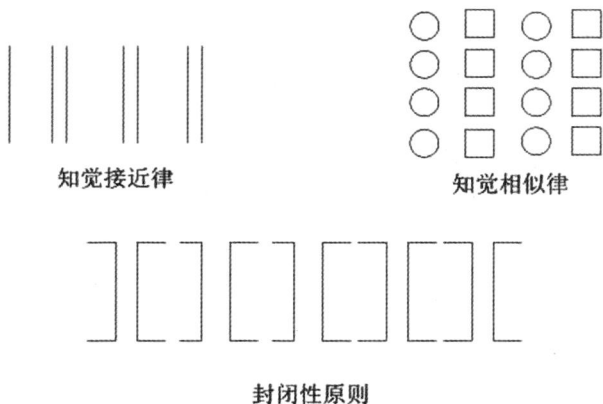

知觉接近律　　　　　知觉相似律

封闭性原则

图 4-15 整体知觉的组织原则

整体知觉的组织原则包括：a. 接近因素；b. 相似因素；c. 完整倾向因素；d. 好图形因素（规则的、对称的等）；e. 好的连续因素；f. 定势因素（心理活动的准备状态）；g. 经验因素等。

（3）理解性。

理解性是依据已有知识经验对感知的事物进行加工处理、解释，并用语词来标志，如罗夏墨迹图（图4-16）。

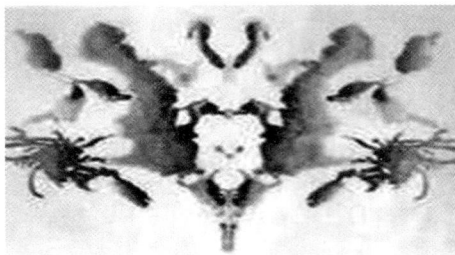

图4-16 理解性：罗夏墨迹图

罗夏是瑞士的精神病医生。他想知道病人的精神障碍会对知觉产生什么影响，于是用20年时间使用大量的画片来测验病人。后来他改用墨迹图（在一张纸的中间滴一滴墨汁，然后将纸对折，用力一压，墨汁便向四面八方流动，形成了一个对称的但形状不定的图）。罗夏发现不同类型的精神病人对墨迹图的反应是不同的，然后又与艺术家、正常人、低能者的反应作比较，从上千张随机形成的图案中挑选出10张作为测验材料，并确定记分方法和解释反应的原则。该实验于1921年正式发表。

（4）恒常性。

恒常性是指客观事物的物理特性在一定范围发生变化，但知觉形象并不因此发生相应变化的这样一种特性。

恒常性可分为：a. 大小恒常性；b. 形状恒常性；c. 明度恒常性；d. 颜色恒常性；e. 声音恒常性。

以形状恒常性为例。图4-17是以不同角度打开的同一扇门，其中由于门打开的角度不同，每一幅图的形状是不一样的。但具有正常知觉能力的人依然能够把它们知觉为同一扇门，这就是知觉的形状恒常性——将它们知觉为同一扇门。如果让计算机来完成这样的知觉加工任务，显然就要困难得多，我们得赋予计算机这样的知觉能力，这就是我们今天非常熟悉的图形识别能力。还有今天人工智能中非常重要的

"人脸识别"功能，也是一种模仿人的知觉能力的人工智能。

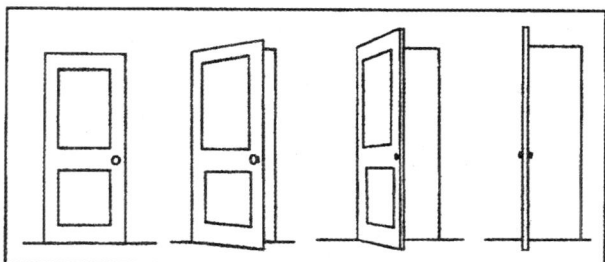

图 4-17　恒常性：它们是同一扇门吗？

<h2 style="text-align:center">第三节　错　觉</h2>

错觉是一种错误的知觉形式，但却具有重要的认知意义。

一、错觉概述

（一）定义

错觉是一种特殊的知觉形式，它是在特定条件下对客观事物必然产生的失真的和歪曲的知觉。

下图是著名的艾宾浩斯视错觉图，图中（a）和（b）两部分中间的小圆是一样大的，但（a）中的小圆看起来稍大一些，（b）中的小圆看起来稍小一些。这种视觉上的误差是如何产生的？这种视错觉是否可以消除呢？我们稍后给出答案和分析。

错觉可以发生在视觉方面，也可以发生在其他知觉方面。如当你掂量一公斤棉花和一公斤铁块时，你会感到铁块重，这是形重错觉；当你坐在正在开着的火车上，看车窗外的树木时，会以为树木在移动，这是运动错觉等。

（二）类型

错觉的类型可以分为空间错觉、时间错觉、运动错觉、颜色错觉、形重错觉等。

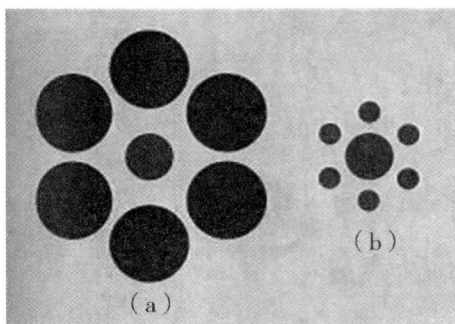

图 4-18　艾宾浩斯错觉图

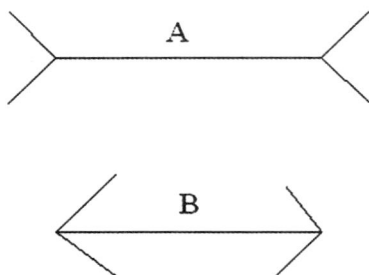

图 4-19　缪勒-莱耶尔错觉图

二、错觉的应用

错觉虽然是一种错误的知觉，但它在军事、生活、商业和艺术等各方面都具有广泛的用途。

（一）价格

在美国的超市购物，你会注意到商品的价格不会是整数。1 美元的东西会标价 99 美分；100 美元的商品会标价 99 美元。这样的标价会让顾客感觉好很多，尽管实际上的差别只有百分之一而已。

（二）摊贩

摊贩利用顾客的错觉来赚黑钱，这几乎是常规。摊贩称东西肯定是先约分量不够，然后一点点往上加，而绝不会先加多了再一点点往回拿。两种做法让顾客的感受是不一样的，前一种做法让顾客感到更舒服。还有摆了一地琳琅满目的"地摊货",通常都是日用品,也是利用家庭主妇们"贪便宜"的心理,买回来才知道是残次商品,而且价格并不便宜。

(三)销售

利用形重错觉,促进商品销售。1斤棉花和1斤铁哪一个重?铁重——这就是形重错觉。有这样一个笑话令人深受启发:一位老太太领着孙子去买拖鞋,结果,买了一双"大"拖鞋回来。孩子穿着不合适,挂不住脚,老太太却兴奋地说:大拖鞋与小拖鞋价格一样,当然买大的了,划算——这就是形重错觉产生的销售效果。有些商家把大小(包括体积、重量、尺寸、厚薄等)不一但价格相等的商品放到一起销售,人们就会觉得买大的比买小的合适,这样,商家的"愚蠢"就使消费者"占了便宜",从而也就促进了商品的销售。

(四)军事

错觉在军事上的应用很广,例子比比皆是。四面楚歌就是一个很好的例子。西汉史学家司马迁《史记·项羽本纪》:"项王军壁垓下,兵少食尽,汉军及诸侯兵围之数重。夜闻汉军四面皆楚歌,项王乃大惊,曰:'汉皆已得楚乎?是何楚人之多也。'项王则夜起,饮帐中。有美人名虞,常幸从;骏马名骓,常骑之。于是项王乃悲歌慷慨,自为诗曰:'力拔山兮气盖世,时不利兮骓不逝。骓不逝兮可奈何!虞兮虞兮奈若何!'歌数阕,美人和之。项王泣数行下。左右皆泣,莫能仰视。"一代英雄项羽,竟被刘邦用歌声打败,这是应用了歌声引起的心理错觉,使项羽以为楚地尽失,英雄气短。

(五)品质

利用颜色对比错觉,提高经济效益。日本三叶咖啡店的老板发现不同颜色会使人产生不同的感觉,但选用什么颜色的咖啡杯最好哪?于是他做了一个有趣的实验:邀请了30多人,每人各喝四杯浓度相同的咖啡,但四个咖啡杯分别是红色、咖啡色、黄色和青色。最后得出结论:几乎所有的人认为使用红色杯子的咖啡调得太浓了;使用咖啡色杯子认为太浓的人数约有三分之二;使用黄色杯子的感觉是浓度正好;而使用青色杯子的都觉得太淡了。从此以后，三叶咖啡店一律改用红色杯子盛咖啡，既节约了成本，又使顾客对咖啡质量和口味感到满意。

（六）体形

利用几何图形错觉等，提供针对性服务，获得更好服务效果。阿根廷足球队的竖条斑马线队服在世界各国足球队队服中是很有特色的。队员们穿着这样的队服各个显得十分潇洒，身材更令人羡慕不已。横向的线条，把人的目光引向左右，使人的身材显得更丰满；竖向的线条，把人的目光引向上下，使人的身材显得更苗条——这就是高估错觉的效果。因此，在为消费者提供服务时，巧妙利用几何图形错觉，往往能收到极佳的服务效果。如为矮胖的人推荐竖条服装，劝阻其购买横条服饰、较宽的腰带、低领衬衫等商品，以使其显得苗条；为瘦人推荐横条服装，以使其显得丰满。

（七）舞台

错觉在舞台布置上也有广泛的应用。当同一形态的事物被形态比它小的事物包围时，就会让人感觉它比实际的要大一些；当它被形态比它大的事物包围时，就会让人感觉它比实际的要小一些。把这种视错觉现象运用于舞台美术设计往往会取得很好的表现效果。正面人物出场时，往往采用暖色调，反面人物则采用冷色调；正面人物仰拍，显示其高大，反面人物用俯拍，显示其渺小。事物之间的远近对比也是重要的空间构成因素。在舞台有限的空间里，要给予正面人物更大的空间，使之处于舞台中心。拍摄电影时往往要用特写，让观众看清他面部的细微的表情和细节。

三、为何我们需要错觉（错觉的认知意义）

错觉是错误的知觉，尽管它有很多重要的应用，但毕竟是错误的知觉，在很多情况下会造成错误的认知，带来不可挽回的严重后果。

既然如此，我们为何还需要错觉呢？错觉在认知上有什么意义，以至于人类在进化中不是淘汰掉这种错误的知觉形式，而是要将它保留下来呢？

图4-20是著名的奥尔比逊错觉（Orbison illusion），由美国心理学家奥尔比逊提出。将一正方形放在有多个同心圆的背景上，其对角线交叉点与圆心重合，看起来这个正方形的四条边向内弯曲。他曾分别将不同的几何形状（如圆形、方形、三角形等）放在线条背景上，结果发现这些形状看上去均会变形而出现形状错觉。

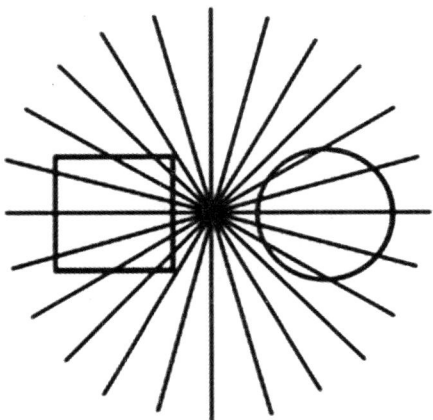

图4-20 奥尔比逊错觉图

认真观察视错觉图片，我们发现，所有视错觉都是在背景认知的情况下发生的。

我们可以做一个简单的实验。用两张玻璃片，一张画上如图4-20的轮辐，另一张画上如图的一个正方形和一个正圆形。现在把两张玻璃片叠放在一起，你就会看到如图4-20的错觉图。如果把两张玻璃片分开，我们看到第二张玻璃片上正方形仍然是正方形，正圆形仍然是正圆形。

其他著名的错觉图见图4-21和图4-22。读者可以用上面类似的方法来证明，错觉是一种与背景认知有关的特殊的认知能力。如果进化中淘汰掉错觉能力，就等于淘汰掉背景认知能力！这样的个体在进化中是没有优势的，势必也被淘汰！这样，错觉这种特殊的认知能力便被保留下来了，并且还将继续保留下去。因此，我们一定要很好地了解和使用我们的错觉能力，懂得趋利避害，得到正确的知觉和认知。

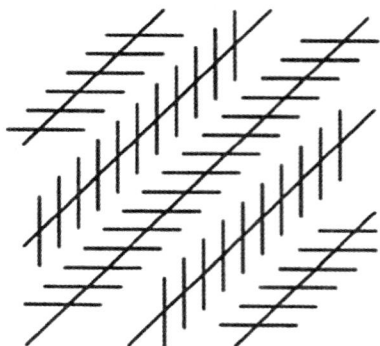

图 4-21　松奈错觉（Z llner illusion）图

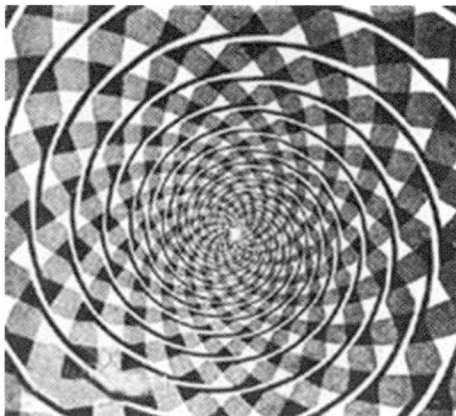

图 4-22　编索错觉（twisted cord illusion）图

第四节　注　意

一、定义和功能

（一）定义

注意是一个心理学概念，属于认知过程的一部分，是一种导致局部刺激的意识水平提高的知觉的选择性的集中。例如侧耳倾听某人的说话，而忽略房间内其他人的交谈；或者在驾驶汽车时接听手机。注意是心理学中研究最热门的题目之一。在与人类意识有关的许多认知过程

（决策、记忆、情绪等）中，注意被认为是最具体的，由于它与知觉的关系非常密切。同样，它也是其他知觉的入门。但是必须明确，注意是伴随心理过程的心理现象，但不属于心理过程。

注意与意识的关系：一方面，注意不等同于意识。一般来说，注意是一种心理活动或"心理动作"，而意识主要是一种心理内容或体验。与意识相比，注意更为主动和易于控制。[①]　另一方面，注意和意识密不可分。当人们处于注意状态时，意识内容比较清晰。人从睡眠到觉醒再到注意，其意识状态分别处在不同的水平上。

总之，在注意条件下，意识与心理活动指向并集中于特定的对象，从而使意识内容或对象清晰明确，意识过程紧张有序，并使个体的行为活动受到意识的控制，而进入意识的具体过程则可能是无意识的，即有时包含了无意识过程。

（二）功能

第一，选择功能。注意的基本功能是对信息进行选择，使心理活动选择有意义的、符合需要的和与当前活动任务相一致的各种刺激；避开或抑制其他无意义的、附加的、干扰当前活动的各种刺激。

第二，保持功能。外界信息输入后，每种信息单元必须通过注意才能得以保持，如果不加以注意，就会很快消失。因此，需要将注意对象的一项或整个内容保持在意识中，一直到完成任务，达到目的为止。

第三，调节功能。有意注意可以控制活动向着一定的目标和方向进行，使注意适当分配和适当转移。

第四，监督功能。注意在调节过程中需要进行监督，使得注意向规定方向集中。

二、注意的分类

（一）根据功能分类

根据注意的功能，可以对注意进行分类，一般把注意分为选择性注

---

① Buss, A. H. , Buss, （1997）. Evolutionary perspectives on personality traits. In *Handbook of Personality Psychology*, 346 – 364, eds. R. Hogan, J. Johnson and S. Briggs. San Diego：Academic Press.

意、集中性注意和分配性注意。

第一，选择性注意。把注意指向于一项或一些任务而忽视与之相竞争的其他任务。

第二，集中性注意。指我们的意识不仅指向于一定的刺激，而且还集中于一定的刺激。

第三，分配性注意。指主体能够对于不同的任务给予关注或能操作几项任务。

（二）根据有无目的及抑制程度分类

根据产生和保持注意时有无目的以及抑制努力程度的不同，注意可分为无意注意、有意注意和有意后注意三种。

第一，无意注意。无意注意也称不随意注意，是指事先没有预定的目的，也不需要作意志努力的注意。引起无意注意的原因是：刺激物的特点和人本身的状态。

第二，有意注意。有意注意也叫随意注意，它是指有预定目的，需要做一定努力的注意。引起有意注意的条件和方法有以下几种。①加深对活动目的、任务的理解；②培养间接兴趣；③合理的组织活动；④用坚强意志与干扰做斗争；⑤对过去经验的依从性。

第三，有意后注意。有意后注意也叫随意后注意，是指有自觉的目的，但不需要意志努力的注意，也称为随意后注意。有意后注意是注意的一种特殊形式。从特征上讲，它同时具有无意注意和有意注意的某些特征。无意后注意通常是有意注意转化而成的。例如在刚开始做一件工作的时候，人们往往需要一定的努力才能把自己的注意保持在这件工作上，但是在对工作发生了兴趣以后，就可以不需要意志努力而继续保持注意了，而这种注意仍是自觉的和有目的的。

三、注意的特征

第一，注意的稳定性。注意的稳定性是指在同一对象环境或同一活动上的注意持续时间。狭义的注意稳定性是指注意保持在同一对象上的时间。广义的注意稳定性是指注意保持在同一活动上的时间。

第二，注意的广度。注意的广度就是注意的范围，是指同一时间内能清楚地把握对象的数量。影响注意广度的因素主要有两个，一是知觉对象的特点；二是个人知觉活动的任务和知识经验。

第三，注意的分配。注意的分配是指同一时间内把注意指向于不同的对象。注意的分配对人的实践活动是必要的，也是可能的。

第四，注意的转移。注意的转移是指注意的中心根据新的任务，主动地从一个对象或活动转移到另一个对象或活动上去。

四、注意障碍

注意障碍是指注意过程中发生的心理障碍。注意不是一种独立的心理过程，感知觉、思维、记忆、智能活动等之所以能够正常进行，均需要注意的参与，因此注意是一切心理活动共有的属性。注意对判断是否有意识障碍（特指对周围环境的意识障碍）有重要意义，意识发生障碍时总是伴随有注意障碍。临床上常见的注意障碍有：

第一，注意减弱。患者主动和被动注意的兴奋性减弱，以至注意容易疲劳，注意力不容易集中，从而记忆力也受到不好的影响。多见于神经衰弱症状群、器质性精神障碍及意识障碍等。

第二，注意狭窄。患者的注意范围显著缩小，主动注意减弱，当注意集中于某一事物时，不能再注意与之有关的其他事物，见于有意识障碍时，也可见于激情状态、专注状态时和智能障碍患者。

五、注意力训练

注意力对于我们的工作与生活、学习来说，是非常重要的，如果我们出现了注意力不集中时，应该怎么办呢？下面是几种常用的训练方法，能帮助我们集中自己的注意力。

第一，培养兴趣。给自己设置一定的训练科目和训练方式。例如，在假期里训练自己读书，培养读书的兴趣。

第二，培养自信。在学校教育中，对于一个注意力不集中的孩子，要培养他的自信，训练他能够专心地做每一件事。

第三，排除干扰。毛泽东年轻的时候为了训练注意力集中的能力，曾经到城门洞口的车水马龙之处读书，就是为了训练自己的抗干扰能力。

第四，放松心灵。研究表明，自觉在放松时能更加有效地工作。上课时，放松心情，能够排除自己内心的干扰。

第五，劳逸结合。疲劳导致注意力不集中，这时的学习和工作效率降低。俗话说"磨刀不误砍柴工"，要保持劳逸结合，累了赶紧休息，高效率地学习和工作才是最好的方法。

第六，空间清静。当你复习功课或学习时，将书桌上与你此时学习内容无关的其他书籍、物品全部清走。

第七，清理大脑。大脑的记忆容量是有限的，就像一台电脑，需要清理，使之有效地工作。"心无杂念"是理想的工作状态。

第八，对感官的训练。感觉是认知的来源，要保持心灵的澄明，必先清除感觉的干扰，要训练自己的感官只接受有用的信息，排除无用的信息。

第九，不在难点上停留。在有限时间完成一批认知任务，如听课或考试，这时不能在某个较难的任务上耗费时间，以至影响其他任务的完成。

思考作业题

1. 试用人类认知五层级理论说明感性认知和理性认识的关系。

2. 试用人类认知五层级理论说明感性认识、心理认知和心理学的关系。

3. 试用人类认知五层级理论说明理性认识、思维认知和逻辑学的关系。

4. 试用人类认知五层级理论说明感知觉在人类认知中的地位和作用。

5. 什么是感觉？人类的五种感觉器官和五种感觉是什么？

6. 什么是感觉的阈限？五种感觉阈限各是多少？

7. 费希纳的刺激量与感觉强度关系是什么？请写出关系式，并给出关系图。

8. 感觉是客观事物的主观反映。请用感觉认知原理说明"盲人摸象"这个故事的寓意。

9. 试述感觉剥夺实验，并说明这个实验的认知意义。

10. 什么是感觉适应？请说明感觉适应的表现和意义。

11. 什么是感觉适应的规律？请画出视觉适应（明适应和暗适应）图。

12. 试说明感觉对比中亮度对比和色调对比的规律。

13. 试说明不同感觉间的相互作用，并请举例说明。

14. 试说明不同感觉的相互补偿，并请举例说明。

15. 什么是联觉？请举例说明。

16. 什么是后像？试说明后像的应用。

17. 什么是知觉？请说明感觉和知觉的关系。

18. 单一感觉是否能够形成知觉？为什么？试举例说明。

19. 知觉需要经验的参与吗？为什么？试举例说明。

20. 注意在知觉的加工中有何作用？试举例说明。

21. 试画出注意与知觉关系模型，包括有意识注意模型和有意识加无意识注意模型。

22. 所有动物的感觉都会被加工为知觉吗？为什么？试举例说明。

23. 试说明五种知觉方式。

24. 试设计实验证明视知觉的主观性和经验性。

25. 四种主要的社会知觉偏差是什么？试举例说明。

26. 知觉的四个基本特性是什么？试举例说明。

27. 什么是错觉？错觉是可以克服的吗？为什么？

28. 什么是视错觉？除了视错觉之外，还有哪些错觉形式？请举例说明。

29. 错觉虽然是一种错误的知觉，但它在生活中有很多重要的应用，请举例说明。

30. 产生错觉的基本条件是什么？请用实验加以证明。

31. 既然错觉是一种错误的知觉，我们为何还需要错觉呢？为何人类在进化中不是淘汰掉这种错误的知觉形式，而是要将它保留下来呢？

32. 试说明错觉的认知意义。

33. 什么是注意？注意与意识是何关系？

34. 注意有何功能，请举例说明。

35. 以注意力为自变量，学习成绩为因变量，设计一个实验证明两者的相关性。

36. 在学习和工作中如何提高自己的注意力？请以自身的事例加以说明。

推荐阅读

Bexton, W. H., W. Heron, and R. H. Scott （1954） Effects of decreased variation in the sensory environment. *Canadian Fournal of psychology*, 1954, 8 （2）: 70-76.

Buss, A. H., Buss, （1997）. Evolutionary perspectives on personality traits. In *Handbook of Personality Psychology*, 346-364, eds. R. Hogan, J. Johnson and S. Briggs. San Diego: Academic Press.

加扎尼加、艾弗瑞、门冈：《认知神经科学：关于心智的生物学》，周晓林、高定国等译，中国轻工业出版社 2015 年版。

彭聃龄主编：《普通心理学》，北京师范大学出版社 2012 年版。

张厚粲主编：《大学心理学》，北京师范大学出版社 2004 年版。

第五章

表象和记忆

在心理认知的三种形式感觉、知觉、表象之中，表象是最高层次的心理认知形式，也是感性认知的最高形式（图5-1）。①

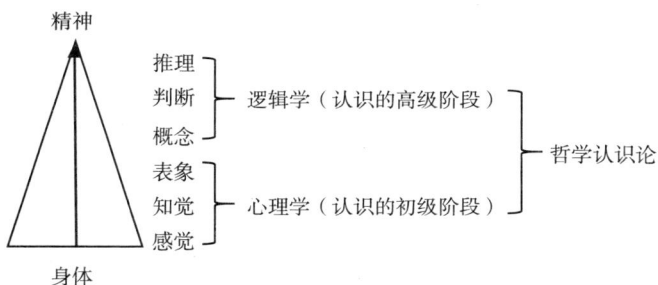

图5-1　传统哲学的认识论模型

在传统哲学认知论的体系中，感觉、知觉和表象属于感性认识的形式，对应的学科是心理学。概念、判断、推理则属于理性认识的形式，对应的学科是逻辑学。从这个模型看，表象是感性认识的最高形式，它已经具备了某种抽象性，并为过渡到概念和思维做好了准备。

表象是否可以直接上升为概念和思维？从以上哲学的认识论模型看似可以，但如果对照人类认知五层级模型（本书"序言"部分，图0-1）却是不能。表象要被加工为概念，需要等待一种特殊的认知方

---

① 蔡曙山：《认知科学框架下心理学、逻辑学的交叉融合与发展》，《中国社会科学》2009年第2期。

式——语言的出现，这就是人类的抽象的符号语言。人类在距今 600 万年至 200 万年前发明了这种语言，他的表象认知才能被加工为概念认知，也才有思维认知。那么，非人类动物是否有思维？本章我们就来揭晓这个问题的答案。

第一节　表　象

一、表象

表象（representation）是在感知觉基础上，经大脑的进一步加工而形成的经验的认识形式。感知觉不可以脱离感官而存在，表象却可以脱离感官而存在。

表象是事物不在面前时人们在头脑中出现的关于事物的形象。从信息加工的角度来讲，表象是指当前并不存在的物体或事件的一种知识表征，这种表征具有鲜明的形象性。在心理学中，表象是指过去感知过的事物形象在头脑中再现的过程，即客观对象不在主体面前呈现时，在观念中所保持的客观对象的形象和客体形象在观念中复现的过程。

二、表象的特征

表象有如下特征：

（一）直观性

表象是在知觉的基础上产生的，构成表象的材料来自过去知觉过的内容。因此表象是直观的感性反映。但表象又与知觉不同，它只是知觉的简略再现。与知觉比较，表象有下列特点：

第一，表象不如知觉完整，不能反映客体的详尽特征，它甚至是残缺的、片段的；

第二，表象不如知觉稳定，是变换的，流动的；

第三，表象不如知觉鲜明，是比较模糊的、暗淡的，它反映的仅是客体的大体轮廓和一些主要特征。

然而在某些条件下，表象也可以呈现知觉的细节，它的基本特征是直觉性。例如，在儿童中可发生一种"遗觉象"（eidetic image）现象。向儿童呈现一张内容复杂的画片，几十秒钟后把画片移开，使其目光投向一灰色屏幕上，他就会"看见"同样一张清晰的图画。这些儿童根据当时产生的映象可准确地描述图片中的细节，同时他们也清楚地觉得画片并不在眼前。

（二）**概括性**

一般来说，表象是多次知觉概括的结果，它有感知的原型，却不限于某个原型。因此表象具有概括性，是对某一类对象的表面感性形象的概括性反映，这种概括常常表征为对象的轮廓而不是细节。

表象的概括性有一定的限度，对于复杂的事物和关系，表象是难以完全表现的。例如，上述产生遗觉象的图片，如果是表呈一个故事的片段，那么，关于整个故事的前因后果，人物关系相互作用的来龙去脉，则不可能在表象中完整地呈现，各个关于故事的表象不过是表达故事片断的例证，要表达故事情节和含义，则要靠语言描述中所运用的概念和命题。对连环画的理解是靠语言把一页页画面连贯起来，漫画的深层含义也是由词的概括来显示的。

因此，表象是感知与思维之间的一种过渡反映形式，是二者之间的中介反映阶段。作为反映形式，表象既接近知觉，又高于知觉，因为它可以离开具体对象而产生；表象既具有概括性，又低于词的概括水平，它为词的思维提供感性材料。从个体心理发展来看，表象的发生处于知觉和思维之间。

（三）**在多种感觉道上发生**

表象可以是各种感觉的映象，有视觉的、听觉的以及嗅、味觉和触、动觉的表象等等。

表象在一般人中均会发生，但也可因人而异。由于视觉的重要性，大多数人都有比较鲜明的和经常发生的视觉表象。很多事例说明，科学家和艺术家通过视觉的形象思维能完成富有创造性的工作，甚至在数学、物理学研究中都相当有效。

视觉表象也给美术家、作家带来创造力。唐王维的诗是"诗中有画",就是以视觉表象呈现的佳作。艺术家往往具有视觉表象的优势。

声音表象对言语听觉和音乐听觉智能的形成起重要作用,运动表象对各种动作和运动技能的形成极为重要;而对于某些乐器的操作,例如钢琴以及提琴等弦乐器,则既需要听觉表象,又需要动觉表象的优势。

三、表象在思维中的作用

表象不仅是一个人的心理映象,而且是一种操作,心理操作可以以表象的形式进行,即形象思维活动。从这个意义上说,表象的心理操作、形象思维与概念思维可处于不同的相互作用之中。

第一,表象思维(形象思维)就是对心理表象进行操作,并形成表象思维的认知过程。必须指出,只有人才具有这种认知能力,非人类动物并不具备这种认知能力。在著名的"心理旋转"实验(R. Shepard,1973)中,给被试呈现各种旋转角度的字母 R,被试的任务是做"正"或"反"的判断。结果表明,旋转的角度越大,作出判断所需的时间越长。反应时的差异表明形象思维——表象操作的存在。谢帕德(R. Shepard)的实验证明,心理旋转在性质上类似于实际物体的物理旋转,证明表象是以模拟码的形式存储的。

第二,表象与词在心理操作中双重编码,在更多情况下,信息在脑中可以进行编码,也可以进行图像编码。在一定条件下,图像和词是可以互译的。具体的图像可以通过语言提取、描述和组织,例如,电影剧本作者通常进行图像编码,最后通过语言存储起来,这就是剧本;同时,导演按照剧本再生图像,这就是表演,也就是通过语言使图像恢复。

第三,表象是概念思维操作的支柱,概念思维操作所需表象的参与和支持,甚至表象操作在思维操作中是否出现,可因思维任务之不同而异。例如,几何学在运算中,很大程度上依赖图形操作的支持,图形操作是几何运算的必要支柱。但是,代数学、方程式,只用符号概念按照公式进行推理和演算,完全排除了较低层级的形象操作。

四、影响表象的因素

表象的生成受到许多因素的影响，这些影响包括：

第一，物自身。从物自身来看，物自身的信息是表象产生的根本原因，不同的物自身就会发出不同的信息（当然也会有相同的信息），不同的信息就会产生出不同的表象，通过这些不同的表象在实践中我们就会把外物区别开来。物自身发生变化了，发出的信号就会不同，我们就会看到表象也变化了。比如秋天来了，树叶变黄了，其原因主要不是我们的眼睛变了，而是物自身发生了变化，传到眼睛的信息变了，所以生成的表象也就变化了。

第二，信息的传播媒介。两小儿辩日的困境就是这种原因造成的，太阳早晨大、中午小，不是因为物自身变化了，也不是太阳在早晨与中午与我们眼睛的距离有多大的差距造成的，也不是人的眼睛有问题，这种差异的主要原因，就是在早晨传播信息的光线距离地面较近，受到地面物体的干扰，信息发生变化造成的。唯物主义坚信物体独立于我而存在的，"物是不依赖于我们的心灵而独立存在的客观实在"。但事实却并非如此，在实际生活中我们发现许多物体会随着"我"的变化而变化。"我"戴上墨镜，实在事物的颜色就改变了，全部变成了墨色；晚上戴上夜视镜，外面的世界就发生变化，明亮起来；通过望远镜，外面的物体与"我"的距离就会拉近；透过放大镜，世界就会变大。在这些情况下变化的是表象，而不是物自身，表象之所以变化，是因为外来的信息在通过眼睛时发生了改变。

第三，人的感官。一片绿叶在色盲的人看来不是绿色的；在盲人的世界中没有颜色；"做一只蝙蝠又如何？"物体的大小也是随"我"的感官的性质的变化而变化的。苹果是甜的，生了病的时候，吃起来就是苦的，如果吃了糖再去吃苹果，苹果就特别酸；把一只手放在冰上，另一只手放在火上烤，然后同时放入一盆水中，这盆同样的水就会变化成既是热的又是凉的。物体的颜色、大小、冷暖、酸甜等属性都会因感官的变化而变化，这些变化都不是物自身的变化，而是表象的变化，是因感官的变化造成的。

第四，"我"所在的位置。表象与物自身实际上是一种对应关系，而不是真正的融为一体，既然是一种对应关系，那么就会因"我"与物自身的距离和方位的关系的不同带来表象的变化。同一个物体在近处看就会大，在远处看就会小，科学描述的太阳是如此的大，我们却把它看的如此之小，只是因为我们看到的不是太阳本身，只是它的表象。"横看成岭侧成峰，远近高低各不同。"同一个物自身，因我们与它的方位不同，接收到的信息就不同，产生的表象就不同。

第五，经验与环境。表象的形成过程也受到人的已有经验的影响，我们的眼睛在看远处的物体时，并不是严格遵循透视法则，我们并不像照相机一样把远处的东西看成很小。但是长期生活在热带雨林中的部落，由于没有看远处东西的经验，所以在走出雨林，就会把远处的东西看得很小。如果人由于没有从高处往下看的经验，当从高楼上往下看时，就会见到下面的人很小。但是长期从事高空作业的人员，在他们眼中地面上物体就不会变小。

第二节 记 忆

一、记忆

记忆是在头脑中积累和保存个体经验的心理过程。用信息加工的术语来讲，就是人脑对外界输入的信息进行编码、存储和提取的过程。[①]

以认知科学的观点看，记忆（memory/recollection/remembrance/to recollect/to memorize）是人类心智活动的一种，属于心理学、脑科学和认知科学的范畴。记忆是一个人对过去活动、感受、经验的印象累积，是表象的认知形式的脑机制与功能。

在记忆形成的步骤中，可分为下列三种加工方式：

（1）译码：获得信息并进行解释、加工和组合。

---

① 彭聃龄：《普通心理学》，北京师范大学出版社 2012 年版，第 236 页。

（2）储存：将组合整理过的信息用一定的形式保留在人的头脑中。

（3）提取：以再认和回忆的形式将储存的信息取出来。

二、记忆的分类

记忆可以按不同的标准进行分类。

（一）按内容分类

记忆按其内容可以分为五类。

（1）形象记忆：对感知过的事物形象的记忆。

（2）情境记忆：对亲身经历过的，有时间、地点、人物和情节的事件的记忆。

（3）情绪记忆：对自己体验过的情绪和情感的记忆。

（4）语义记忆：又叫词语—逻辑记忆，是用词语概括的各种有组织的知识的记忆。

（5）动作记忆：对身体的运动状态和动作机能的记忆。

（二）按保持时间长短分类

1. 瞬时记忆

瞬时记忆（immediate memory/instant memory）又叫感觉记忆（sensory memory）或感觉登记（sensory register），是指外界刺激以极短的时间一次呈现后，信息在感觉通道内迅速被登记并保留一瞬间的记忆。一般又把视觉的瞬时记忆称为图像记忆，把听觉的瞬时记忆叫作声像记忆。

瞬时记忆的特点：

① 瞬时记忆的编码方式，是外界刺激物的形象。因为瞬时记忆的信息首先是在感觉通道内加以登记，因此，瞬时记忆具有鲜明的形象性。

② 瞬时记忆的容量大，但保留的时间很短。一般认为，瞬时记忆的内容为 9—20 比特。

③ 如果对瞬时记忆中的信息加以注意，或者说当意识到瞬时记忆的信息时，信息就被转入短时记忆，否则，没有注意到的信息过 1 秒钟

便会消失，也就是遗忘了。

2. 短时记忆

短时记忆（shortterm memory）是指外界刺激以极短的时间一次呈现后，保持时间在 1 分钟以内或是几分钟的记忆。

短时记忆的特点：

① 短时记忆的容量有限，一般为 7±2，即 5—9 个项目。如果超过短时记忆的容量或插入其他活动，短时记忆容易受到干扰而发生遗忘。为扩大短时记忆的容量，可采用组块的方法，即将小的记忆单位组合成大的单位来记忆，这时较大的记忆单位就叫作块。

② 语言文字的材料在短时记忆中多为听觉编码，即容易记住的是语言文字的声音，而不是它们的形象；非语言文字的材料主要是形象记忆，而且视觉记忆的形象占有更重要地位。此外，也有少量的语义记忆。

③ 短时记忆中的信息是当前正在加工的信息，因而是可以被意识到的。在短时记忆中加工信息的时候，有时需要借助已有的知识经验，这时又要从长时记忆中把这些知识经验提取到短时记忆中来。因此，短时记忆中既有从瞬时记忆中转来的信息，也有从长时记忆中提取出来的信息，它们都是当前正在加工的信息，所以短时记忆又叫工作记忆。

④ 短时记忆的信息经过复述，不管是机械复述，还是运用记忆术所做的精细复述，只要定时复习，就都可以转入长时记忆系统。

3. 长时记忆

长时记忆（longterm memory）是指永久性的信息存贮，一般能保持多年甚至终身。

长时记忆的特点：

① 长时记忆的容量无论是信息的种类或是数量都是无限的。

② 长时记忆的编码有语义编码和形象编码两类。语义编码是用语言对信息进行加工，按材料的意义加以组织的编码。形象编码是以感觉映象的形式对事物的意义进行的编码。

③ 长时记忆中存储的信息如果不是有意回忆的话，人们是不会意识到的。只有当人们需要借助已有的知识经验时，长时记忆存储的信息

才会再次被提取到短时记忆中，才能被人们意识到。

④ 长时记忆的遗忘或因自然的衰退，或因干扰造成。干扰分为前摄抑制和倒摄抑制两种。

阿特金和谢夫林（R.C. Atkinson & Shiffrin）提出的三级记忆模型，很好地说明了瞬时记忆、短时记忆和长时记忆之间的关系（图5-2）。①

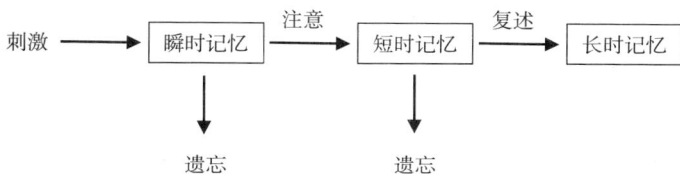

图5-2　人类记忆三级加工模型

三、记忆的脑机制

把抽象无序转变成形象有序的过程就是记忆的关键。人类的学习需要颞叶参与。潘菲尔德（W. Penfield）在医治严重癫痫病人时进行了开颅手术，然后用微电极刺激病人大脑皮层颞叶，引起病人对往事的鲜明回忆。② 颞叶中对记忆储存特别重要的结构是海马，海马是长时记忆的暂时场所，信息最终是在大脑皮层的相关部位存着，表达记忆信息需从前额叶皮层表达。

大脑海马区（hippocampus）是帮助人类处理长期学习与记忆声光、味觉等事件的大脑区域，发挥所谓的"叙述性记忆"（declarative memory）功能。在医学上，"海马区"是大脑皮质的一个内褶区，在"侧脑室"底部绕"脉络膜裂"形成一弓形隆起，它由两个扇形部分所组成，有时将两者合称海马结构，如图5-3所示。

_____

① Atkinson, R. C. and R. M. Shiffrin, Human memory：A proposed system and its control peocess. In Spence, K. W. & J. T. Spence（eds.）, *The psychology of learning and motivation：Advances in research and theory*（Vol. 2, pp. 89~195）. New York：Academic Press, 1968. 转引自彭聃龄：《普通心理学》，北京师范大学出版社2012年版，第238页。

② Penfield, W. and P. Perot, The Brain's Record of Auditory and Visual Experience. *Brain*, 1963, 86：pp. 596-696.

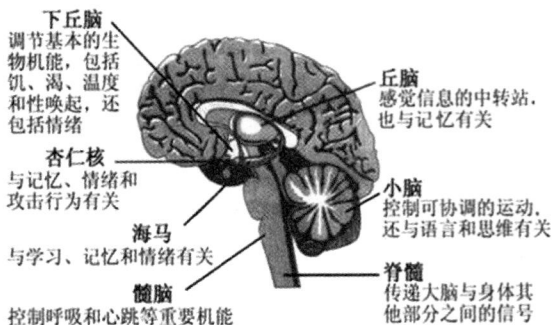

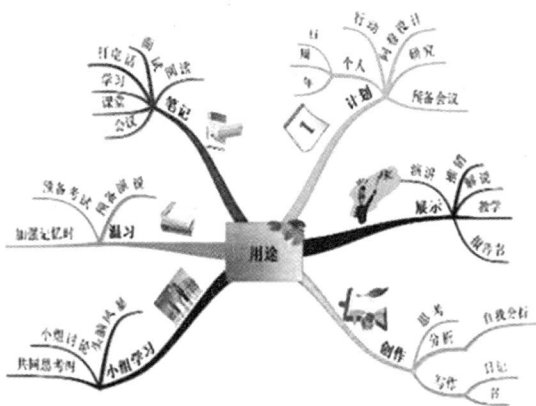

图 5-3 大脑海马区的结构（上）和功能（下）

此外，前额叶在情景记忆、工作记忆、空间记忆、时间记忆及记忆的编码、存储和提取过程中也都起重要作用。

四、记忆与遗传

遗传是一种在生命层次上的记忆方式，遗传是记忆行为的释放。生命的主要特征就是遗传，也就是在染色体上形成特定标示，这一标示的形成是非常漫长的，也是比较复杂的，这种标示首先必须是某细胞群（比喻人类大脑细胞群）受到连续的或特殊的刺激，使其带上这一特定的刺激的标示，这样，这一刺激的遗传基因已经完成了一半，另一半取决于异性，假如和这个人结婚的异性也带有这一特定遗传标示，那么这一刺激的结果就可能在他们的后代中出现，比如肤色。黄种人的三大特征之一的黄皮肤，又比如白种人的白皮肤，因为长期的阳光照射稀少产生的皮肤标记，这一标记能遗传，就是在长期的同种刺激中，使得欧洲人产生了这一遗传标记。

标记的产生有以下特点：第一，来自长期的大面积种类都得到的刺激；第二，来自突然的单一的刺激。变异是指在正常遗传的位点上出现了特殊变化。但变异不尽相同，它不仅包括某种非普通物种雷同的改变，还包括新细胞的诞生和新功能的产生。在语言出现以前，人（那时是猿）是没有思维的。抽象的概念语言出现以后，思维也就同时产生了。以后经过长期的社会群居，由于社会交往的需要，人类的语言能力和思维能力得到了重要的发展。包括人类在内的动物界的所有行为都是遗传的结果，环境只能使这种行为更加完美和复杂。从人类的吮吸到性行为，都是遗传的结果。

自然界的原块使人体产生记块的信息量，在人的一生中是非常庞大的，不过很多的记块都被大脑隐藏了，只有在特殊的情况下才可能被提取出来。儿时唱的歌几十年也不会忘记。人的记忆力是无限的。可以知道，记块一旦产生，它就牢牢地储存在大脑里了，只是你没有使它们复出的能力，一旦有了这种提示的生物钟，它就会被唤出，形成记块，有些人在突然遇到一种事件的发生时，总是对付得了，就是他们有这方面的记块，所以他们就很成功。

还有一种细胞层级的记忆，如"生铺"（认床）行为，证明周身细胞是有记忆的，当一个人睡在一个新环境的一张床上面，就会有翻来覆去睡不着觉的感觉产生，这是因为这个人背部和身躯侧面的细胞牢记着以前的"睡眠床"的"性质"：如软硬、平凹、覆盖物的轻重、枕头的性质及睡的方向等，当他入眠于这一陌生环境时，躯体细胞的所有原记块都与刺激格格不入或对不上号，所以细胞出现大调整（兴奋），通过一定路径反馈给大脑的兴奋中枢，大脑于是建立一个新的联系区，产生的兴奋使人不能入睡。

五、记忆的作用

第一，记忆作为一种基本的心理过程，是和其他心理活动密切联系的。在知觉中，人的过去经验有重要的作用，没有记忆的参与，人就不能分辨和确认周围的事物。在解决复杂问题时，由记忆提供的知识经验，起着重大作用。

第二，记忆在个体心理发展中也有重要作用。人们要发展动作机能，如行走、奔跑和各种劳动机能，就是必须保存动作的经验。人们要发展语言和思维，也必须保存词和概念。可见没有记忆，就没有经验的累积，也就没有心理的发展。另外，一个人某种能力的出现，一种好的或坏的习惯的养成，一种良好的行为方式和人格特征的培养，也都是以记忆活动为前提。

第三，记忆联结着人的心理活动，是学习、工作和生活的基本机能。学生凭借记忆，才能获得知识和技能，不断增长自己的才干；演员凭借记忆，才能准确表达自己各种感情、语言和动作，完成艺术表演。离开了记忆，个体就什么也学不会，他们的行为只能由本能来决定。所以，记忆对人类社会的发展也有重要的意义，在一定意义上也可以说，没有记忆和学习，就没有人类文明。

六、遗忘曲线

遗忘是与记忆相反的心理过程。

德国心理学家艾宾浩斯（H. Ebbinghaus）研究发现，遗忘在学习之后立即开始，最初遗忘速度很快，以后逐渐缓慢。他认为"保持和遗忘是时间的函数"，他用无意义音节作记忆材料，用节省法计算保持和遗忘的数量（表5-1）。并根据他的实验结果绘成描述遗忘进程的曲线，即著名的艾宾浩斯记忆遗忘曲线（图5-4）。设初次记忆后经过了 x 小时，那么记忆率 y 近似地满足 $y = 1 - 0.56x^{0.06}$。

表 5-1 记忆保持的时间和记忆量的关系

时间间隔	记忆量
刚刚记忆完毕	100%
20 分钟后	58.2%
1 小时后	44.2%
8—9 小时后	35.8%
1 天后	33.7%
2 天后	27.8 %
6 天后	25.4%

记忆的数量（百分数）

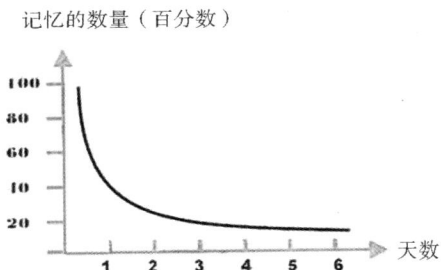

图 5-4 艾宾浩斯记忆遗忘曲线

　　这条曲线告诉人们在学习中的遗忘是有规律的，遗忘的进程很快，并且先快后慢。观察曲线，你会发现，学得的知识在一天后，如不抓紧复习，就只剩下原来的 25%。随着时间的推移，遗忘的速度减慢，遗忘的数量也就减少。有人做过一个实验，两组学生学习一段课文，甲组在学习后不复习，一天后记忆率为 36%，一周后只剩 13%。乙组按艾宾浩斯记忆规律复习，一天后记忆率保持 98%，一周后为 86%，乙组的记忆率明显高于甲组。图 5-5 是使用艾宾浩斯遗忘曲线进行复习后的记忆效果。

　　早在两千多年前，中国古代教育家孔子就知道"学"和"习"之间的关系，而且知道复习对记忆效果的作用。子曰："学而时习之，不亦说乎？有朋自远方来，不亦乐乎？人不知而不愠，不亦君子乎？"（《论语·学而》）

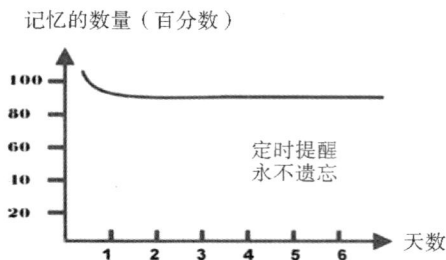

图 5-5 使用记忆曲线复习后的记忆效果

2017年贵州民族大学逻辑与认知专业研究生入学试题考了孔子的学习理论与记忆理论之间的关系。试题如下：

子曰："学而时习之，不亦说乎。"（《论语·学而》）

试以记忆和遗忘理论加以论述。

本试题的答题要点如下：

要点一：正确理解和解释孔子的学习理论："学而时习之，不亦说乎。"（《论语·学而》）。区分"学"（lear）和"习"（review）。"学"是了解和掌握新的知识；"习"是回顾、温习旧的知识。温故而知新。"时"为"时常"、"经常"之意。

要点二：记忆的定义；艾宾浩斯的记忆理论；记忆属心理认知的表象加工的层次。

要点三：遗忘的定义；遗忘理论和艾宾浩斯（H. Ebbinghaus）遗忘曲线；遗忘是与记忆紧密相连但方向相反的心理过程。

要点四：中国古代教育家孔子已经非常透彻地理解并清晰表述了"学"与"习"的特征与关系，当代心理学对记忆和遗忘的研究完全证明和支持孔子的学习理论。

要点五：掌握记忆和遗忘理论有利于我们更加有效地学习。

七、记忆方法

掌握记忆和遗忘的规律，可以有多种方法可以帮助我们提高记忆力和记忆效果。

（1）掌握最佳时间。上午 9—11 时，下午 3—4 时，晚上 7—10 时，为最佳记忆时间。

（2）要注意力集中。记忆时只要聚精会神、专心致志，排除杂念和外界干扰，大脑皮层就会留下深刻的记忆痕迹而不容易遗忘。

（3）视听说结合。视觉、听觉和语言是人类信息加工的主要通道和方式，多通道信息加工能够提高我们的记忆效果。

（4）兴趣浓厚。兴趣是最好的老师。有兴趣的内容学习记忆效果好，反之则差。

（5）理解记忆。要用理解来帮助记忆。理解记忆效果优于死记硬背。

（6）多种手段。可以利用录音、备忘录、环境、字典、儿童读物（卡通漫画）、讨论和批注等手段来帮助记忆。

（7）熟读牢记。中国人说"熟能生巧"、"熟读唐诗三百首，不会作诗也会吟。""读书百遍，其意自见。"——这些经验都是符合心理认知与记忆加工理论与实践的。

（8）科学用脑。疲劳的时候赶紧休息。疲劳的时候记忆力下降，学习效果低下，这时要赶紧休息，恢复心智和记忆能力之后再进行学习。

（9）及时复习、经常回忆。孔子的"学而时习之"和艾宾浩斯的记忆理论都说明：及时和经常的复习会达到最佳的记忆效果。

第三节　表象与认知

表象是心理认知的一种加工方式和加工结果。人类和非人类动物都具有心理层级的认知，因此也都具有表象加工的能力。

一、记忆表象

记忆表象（memory image）是保存在人和动物头脑中的曾感知过的客观事物的形象。感知过的事物不在眼前而在头脑中重现出来的形象，称之为记忆表象。它是同形象记忆有关的回忆结果。例如，提到你过去的一位教师、同学或朋友，那么他的形象、他的音容笑貌就会出现在你的脑海里。我们把头脑中出现的过去感知过的事物的形象称为记忆表象。非人类动物也有记忆表象，例如，小狗都能认识家、老鼠走出迷宫都利用了记忆表象和表象记忆。

记忆表象具有下面的特征。

（一）形象性

记忆表象产生于感知，是在过去感知的基础上形成的并保持在头脑中的事物映象，所以它同知觉一样，也是以其形象为基本特征的。记忆表象属于客观事物的感性印象，是直观的、具体的。例如，我们回忆中学的某位教师时，这位教师的音容笑貌、言谈举止的形象就会在大脑中浮现，犹如在眼前一样。但是，记忆表象不如知觉表象那样鲜明、完整和稳定，它是较模糊、暗淡、片段、不稳定的。例如，有人给儿童看一张内容十分丰富的图画，半分钟以后把画拿开，然后要求儿童描述所看到的东西，结果大多数儿童或者说没有看到什么，或者描述得不清晰。但有些儿童描述得非常清晰，甚至可以说出图画上的一些细节。又如，有些小学生背诵课文时，有鲜明的书本表象，好像看着书本朗诵一样。这类现象称为遗觉象，是部分儿童特有的现象，一般到青年期就消失了。研究表明，我国儿童遗觉象出现频率约为22%—33%。

（二）概括性

记忆表象来自对事物的知觉，它常常是综合多次知觉的结果，是同对象的多次印象的概括相联系的。在我们生活中多次知觉的同一物体或同类物体，在表象中留下的只是这类事物的一般印象，而事物的个别特征消失了。例如，我们头脑中的树木、房屋、山峰等已不再是具体的某一棵树、某一间房、某一座山，而是一般概括的树木、房屋、山峰。但表象的概括只限于外部形象，其中混杂有事物的本质和非本质属性，还未达到思维的抽象概括水平，基本上属于感性认识阶段；思维的概括性则反映了事物的本质属性，属于理性认识阶段。然而，表象是对事物本质特征概括的基础，是形成概念的基础，因此，表象是感性认识过程向抽象思维过程过渡的中间环节。

（三）可操作性

表象在头脑中不是凝固不动的，是可以被心智操作的。表象在头脑中可以被分析、综合，可以放大、缩小，可以移植，也可以翻转。正因为表象具有可操作性，形象思维、创造思维、想象才成为可能。

表象的可操作性的典型例证是所谓"心理旋转"（mental rotation），即对物体的视觉心理表象作旋转变换。

在谢帕德和梅茨勒（Shepard & Metxler，1971）的一个经典实验中，要求被试观察成对的几何形状的图片（图5-6），并回答给出的图像是否为原刺激旋转后的结果。结果发现，回答问题的反应时是旋转度数的线性函数。图5-7中，横轴（自变量）是旋转的度数，纵轴（因变量）是反应时。当图形的旋转角度从0度到160度变化时，反应时呈线性增加的趋势。

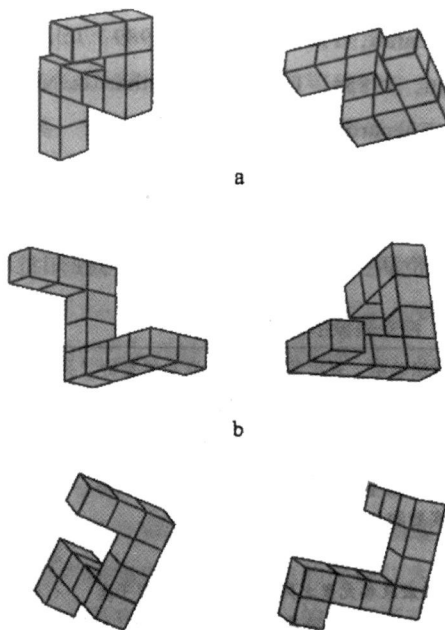

图 5-6　心理旋转实验

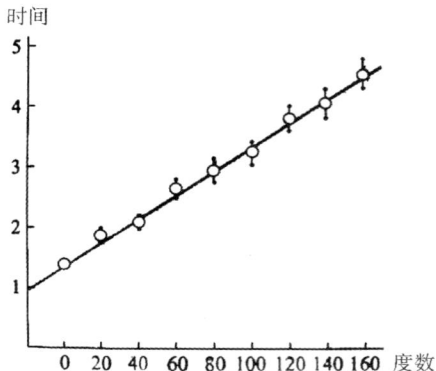

图 5-7　心理旋转实验

二、表象的作用

（一）表象是由感性认识向理性认识过渡的桥梁

由于记忆表象的存在，人的认识才有可能摆脱知觉，通过抽象、概括，为思维提供基础，使感知过渡到思维，使感性认识上升到理性认识。

（二）表象认识是学习的重要内容

认识可分为感性认识和理性认识。感性认识的主要形式是表象，理性认识的主要形式是概念、判断、推理。储存在大脑中的知识大多数是以表象的形式出现的。人的知识内容大多数是以表象的形式出现的，因此表象知识是学习的重要内容。

（三）记忆表象是想象的基础

想象是人脑对已有的表象进行加工改造而创造新形象的过程，没有表象就无法进行想象活动。

三、表象与认知

记忆表象由知觉加工而成。根据知觉加工的方式，记忆表象可以分为视觉表象、听觉表象、味觉表象、嗅觉表象、触觉表象以及联觉表象等方式。各种记忆表象与认知的关系分析如下。

（一）视觉表象与认知

前面所述心理旋转是视觉表象的一个典型例子。心理旋转实验说明，视觉表象作为一种认知形式，可以被我们的心智所操作。表象在头脑中可以被分析、综合，可以放大、缩小，可以移植，也可以翻转。这种认知加工方式在艺术设计，艺术创作中有非常重要而广泛的应用。例如，建筑学家在设计一幢楼房时，在构思阶段需要使用心理旋转的方法，从各个不同的角度去看这幢楼房。在设计阶段所使用的立面图、剖面图、节点图、大样图等，也都使用了视觉表象的方法，对这个建设进行全面的观察、思考和认知。现在的三维计算机辅助设计软件（3D CAD）用于创建三维设计模型，其常见用例是实体建模，目前广泛应用于建筑设计、工业设计、概念设计（包括自由曲面造型功能、集成参数化和直接建模等）、3D 设计（从基础零件建模到装配以及基于美学的曲面设计等）、CAM 设计（利用数控工具和模具设计解决方案实现从产品设计到制造的过渡）。

视觉表象在文学艺术创作中也有非凡的应用，先以绘画为例。北宋画家张择端的《清明上河图》为中国十大传世名画之一，属国宝级文物，现藏于北京故宫博物院（图 5-8）。图宽 24.8 厘米，长 528.7 厘米，绢本设色。"清明上河"是当时的民间风俗，犹如今天的节日集会，人们借以参加商贸活动。作品以长卷形式，采用散点透视构图法，生动记录了中国 12 世纪北宋都城东京（又称汴京，今河南开封）的城市面貌和当时社会各阶层人民的生活状况。全图大致分为汴京郊外春光、汴河场景、城内街市三部分，是北宋时期都城汴京当年繁荣的见证，也是北宋城市经济情况的写照。如果没有张择端的这幅画，我们难以知道一千多年前北宋的城市繁荣到何等程度。

再来看文学创作，以王维的诗和画为例。王维的诗和画是一体的，所谓"诗中有画""画中有诗"。如在《鸟鸣涧》一诗中，作者以其极为沉练、简洁的文字给人们细致生动地描绘出了一种静谧优美的山水画卷："人闲桂花落，夜静春山空。月出惊飞鸟，时鸣春涧中。"人们在读这首诗时，不需要绘画的帮助就能在脑海中显现出一幅优美的山水

图 5-8 北宋张择端《清明上河图》（局部）

图，这就是文学创作中视觉表象的运用。同样，"大漠孤烟直，长河落日圆"、"千里横黛色，数峰出云间"、"空山新雨后，天气晚来秋"、"明月松间照，清泉石上流"、"行到水穷处，坐看云起时"。王维的这些山水诗给我们渲染了一幅幅景色各异的山水画卷。读王维的诗，如同看到一幅幅山水画，让人从不同角度感受山水情韵，他用绘画的思想去凝视自然山水，发为咏叹，造境入诗，必然诗中有画的神韵。这是在诗歌创作中视觉表象的出神入化的应用。至于王维的画，有一种"禅"的意境，同样也是视觉表象的出色的应用。

（二）听觉表象与认知

听觉表象是通过听知觉加工而成的表象，听觉表象也是心理认知的一种加工方式和结果。从东西方音乐的对比可以听其所表现的完全不同的视觉表象与音乐认知。西方音乐以贝多芬的古典音乐《命运交响曲》为例，东方音乐以中国的古筝曲《渔舟唱晚》为例。

1. 贝多芬《命运交响曲》

《c 小调第五交响曲》，作品 67 号（Symphony No. 5 in C minor,

Op. 67），又名《命运交响曲》（Fate Symphony），是德国作曲家贝多芬最为著名的作品之一，完成于1807年至1808年初。此曲声望之高，演出次数之多，可称得上"交响曲之冠"。

贝多芬在《命运交响曲》第一乐章的开头，写下一句引人深思的警语："命运在敲门"，从而被引用为本交响曲具有吸引力的标题。作品的这一主题贯穿全曲，使人感受到一种无可言语的感动与震撼。乐曲体现出了作者一生与命运搏斗的思想，"我要扼住命运的咽喉，他不能使我完全屈服"，这是一首英雄意志战胜宿命论、光明战胜黑暗的壮丽凯歌。恩格斯曾盛赞这部作品为最杰出的音乐作品。

贝多芬开始构思并动笔写《命运交响曲》是在1804年，是在他耳聋后创作的，那时，他已写过"海利根遗书"，他的耳聋已完全失去治愈的希望。据说他就是感叹自己的命运——作为一个音乐家竟失去了听觉——才作出了震撼人心的《命运交响曲》，表达自己对命运压迫的不屈和抗争。在作曲时，他紧咬钢尺，钢尺另一端在钢琴挡板上，依靠传导的震动来"听"声音。

西方的交响乐是一种抽象思维的作品，其创作主要是依靠符号排列和逻辑推导，是一种左脑型的思维，这就能够解释为何贝多芬晚年失聪以后仍然能够创作他一生中最优秀的代表作《命运交响曲》。

2. 娄树华《渔舟唱晚》

有关这首乐曲的由来，众说纷纭尚无定论，一种认为是30年代中期古筝家娄树华根据明、清时期的古曲《归去来》加以改编而成的；另一说法是由山东古筝家金灼南早年将家乡的民间传统曲《双板》等乐曲改编而成的。

乐曲取材于唐代诗人王勃的《滕王阁序》。

《滕王阁序》用骈文写成，气贯长虹，雄视古今；回肠荡气，美不胜收。文中有"渔舟唱晚，响穷彭蠡之滨；雁阵惊寒，声断衡阳之浦"的名句，此即古筝《渔舟唱晚》取意来源。《渔舟唱晚》是《滕王阁序》的音乐表象，即听觉表象。王勃的诗写在深秋时节（时维九月，序属三秋），本曲表现的也是深秋季节的景象，并寄托人生悲凉、怀才不遇的情感。用古筝演奏，更添一种"高山流水，难觅知音"的情怀。全曲分为三段。

第一段，慢板。这是一段悠扬如歌、平稳流畅的抒情性乐段。配合左手的揉、吟等演奏技巧，音乐展示了优美的湖光山色——渐渐西沉的夕阳，缓缓移动的帆影，轻轻歌唱的渔民……给人以"唱晚"之意，抒发了作者内心的感受和对景色的赞赏。

第二段，音乐速度加快。这段旋律从前一段音乐发展而来，从全曲来看，"徵"音是旋律的中心音，进入第二段出现了清角音"4"，使旋律短暂离调，转入下属调，造成对比和变化。这段音乐形象地表现了渔夫荡桨归舟、乘风破浪前进的欢乐情绪。

第三段，快板。在旋律的进行中，运用了一连串的音型模进和变奏手法。形象地刻画了荡桨声、摇橹声和浪花飞溅声。随着音乐的发展，速度渐次加快，力度不断增强，加之突出运用了古筝特有的各种按滑叠用的催板奏法，展现出渔舟近岸、渔歌飞扬的热烈景象。在高潮突然切住后，尾声缓缓流出，其音调是第二段一个乐句的紧缩，最后结束在宫音上，出人意料又耐人寻味。

与西方音乐不同，中国音乐（特别是民歌和民乐）创作、演奏和欣赏都是运用右脑的表象思维，运用的是直觉和联想，讲究的是意境和内心体验。这些特征在《渔舟唱晚》中表现得淋漓尽致。——我们的听觉适合于中国音乐，正如我们的胃适合于中国饮食。

从以上分析我们看出，音乐是一种运用听觉表象的认知形式。古筝曲《渔舟唱晚》作为唐朝天才诗人王勃《滕王阁序》的音乐（听觉）表象，表达了王勃对自己一生坎坷经历（时运不齐，命途多舛）、怀才不遇、报国无门（屈贾谊于长沙，非无圣主；窜梁鸿于海曲，岂乏明时）的感叹，同时又抒发了自己对祖国壮丽山河（落霞与孤鹜齐飞，秋水共长天一色。渔舟唱晚，响穷彭蠡之滨；雁阵惊寒，声断衡阳之浦）的热爱。王勃用语言文字所表达的认知，在娄树华和金灼南用音乐所表达的古筝曲中得到体现。再从人类认知五层级理论我们知道，感觉、知觉、表象的心理认知形式比语言认知形式更为基础，因此也就更能唤起人们的情感共鸣。可以说，知道甚至会背诵王勃《滕王阁序》的中国人并不多，而能领会和欣赏《渔舟唱晚》的中国人何止千万！可以说，凡是有中国人的地方，就会有《梁祝》和《渔舟唱晚》。

（三）味觉表象与认知

五感之中，视觉和听觉是主要的信息加工渠道，其他的味觉、嗅觉和触觉是次要的信息加工渠道。《论语·述而》中有"三月不知肉味"的故事，原文如下：

子在齐闻《韶》，三月不知肉味，曰："不图为乐之至于斯也。"

对这句话有不同的解释。一种解释是说，孔子在齐国听到《韶》乐后，3个月吃肉感觉不到肉的香味。感叹道：没想到听《韶》乐能够达到如此的境界啊！

我们的理解是，听觉表象比味觉表象更为强烈，所以，对齐文化而言，孔子感到音乐认知比食物的认知更强烈，也更重要。

孔子对音乐和食物的这种感受成为一个典故。后来人们常常用这个典故来比喻对于某一事物的感受比另一事物的感受更强烈，因为做一件事而忘了其他事情。例如说："为了这项工作，他已经'三月不知肉味'，所有其他事情都顾不上了。"

味觉表象的另一个典型例子是：厨师和美食家的味觉表象要比其他人强烈，因为厨师和美食家要靠他们的味觉表象来加工和品尝食物，这是他们的谋生手段。在长期的工作实践中，他们积累了丰富的味觉表象经验。这就说明味觉表象是后天形成和经验主导的。

味觉表象的另一个例子是对食物的记忆。我们都会喜爱小时候吃过的食物，而对小时候没有吃过的食物往往会感到难以习惯，这都是因为对食物的记忆和认知所致。另外，我们会忽然想到某种食物的味道，并且好像那种味道此刻就在我们的食道里一样，因而产生马上就想吃到它的冲动，这也是味觉表象认知的体现，这种味觉表象似乎存在于比心理认知层级更基本的神经认知层级上。

胃是有记忆的。大多数中国人在欧美留学时间较长的话，就会非常想念中国的食品，如白菜豆腐汤、凉拌米粉、回锅肉、梅菜扣肉等这些小时候熟悉的美味，而对比萨饼、麦当劳、SUBWAY（赛百味）等，无论怎么吃也不喜欢，觉得烧胃。胃的记忆跟认床（神经记忆）、认音乐（听觉表象）一样，是一种认知记忆，心智的记忆，充分证明"心智是涉身的"这个认知科学的发现绝非虚言。

（四）嗅觉表象与认知

狗能找到家常常被当作狗能够思维的证据，其实，狗能找到家仅仅使用了表象和记忆这种低阶的认知方法，包括视觉表象和嗅觉表象，再辅以奖励和惩罚。奖励是找到家应有食物和安全，惩罚是当丧家之犬就会失去食物和安全。所以，狗狗能够认识家、找到家其实是不需要思维的。其他动物类似思维的行为也不必用思维来解释，而只需要表象认知、刺激反应、奖励惩罚这些心理认知这种低阶认知的形式便可以完全解释。

狗的这种特别敏锐的嗅觉表象和嗅觉认知能力使它在缉毒、反恐和追捕罪犯这些特殊的任务中有非常突出的表现和不可替代的作用。人工智能模仿狗的这种特别敏锐的嗅觉表象和嗅觉认知能力，制造出能够缉毒、排雷、进入核污染和化学污染地区执行任务的"机器狗"，在这些领域发挥人类远不能及的作用。

（五）触觉表象与认知

盲人摸象的故事告诉我们的哲理是如果只使用触觉表象的认知功能，得到的结论可能是片面的，甚至是错误的。

但是这个寓言故事却掩盖了这样一个真理：盲人往往具有常人所不具备的强大的触觉表象和认知能力，这样，在某些特殊的认知领域，盲人就有可能发挥重要的认知作用，其认知能力甚至超过常人。例如，在按摩这个特殊的行业，从业者很多都是盲人，因为他们具有超乎常人的触觉表象和认知能力，能够为客人提供更好的服务，他们也通过自己优质的服务受到客人的欢迎和尊重。

触觉机器人是难度最大的一种机器人。目前我们已有的机器人可以走路，看、说、听、写，并操纵机器人手中的物体。但是触觉却说起来容易做起来难。触觉机器人研究和设计的困难正是人类触觉认知的两个层次，一是触觉表象的形成；二是在触觉表象的基础上形成触觉认知。

触觉机器人的关键技术称为"追求聪明的肌肤"，技术上则是新材料的发明和制造。在工程术语中量化触觉不仅需要精确了解施加到触觉传感器的外力大小，而且还需要知道力的确切位置、角度以及它将如何与被操纵的对象相互作用。然后是关于机器人需要多少传感器的问题。开发包含数百甚至数千个触觉传感器的机器人皮肤是一项具有挑战性的任务。最近，麻省理工学院和哈佛大学的研究人员开发出一种可扩展的触觉手套，并将其与人工智能相结合。均匀分布在手上的传感器可用于识别单个物体，估计其重量，并探索在抓住它们时出现的触觉模式。这种触觉技术在湿手指或水下时就会失灵，正如用湿手操作手机触摸屏也会失效一样。下一步要攻克的技术难关是应用压电技术来制造敏感而不怕水的皮肤。

（六）联觉表象与认知

联觉（synesthesia）的英文含义是"综合的"，是一种综合的、多通道的感觉，又称为通感。联觉是由一种感觉引起另一种感觉变化的心理现象。例如，当你看到一个非常暴力血腥的情境，常常会引起你的不适甚至呕吐，这是由视觉引起的神经和心理层级的反应，是一种联觉表象认知功能作用的结果。这种联觉认知会使你迅速离开现场，避免受到连带伤害。

常见的联觉表象认知形式有：

（1）字符—颜色联觉：当你看到黑白色的文字，如"红""黄""蓝"，但却会感觉到相应的彩色，这种反应叫作"字符—颜色联觉"。

（2）视觉—味觉联觉：当你看到一幅图片或照片，如一幅北京烤鸭的照片，你会闻到烤鸭的气味，这种反应叫"视觉—味觉联觉"。

（3）视觉—听觉联觉：当你看到一幅画，会听到声音，这种反应叫"视觉—听觉联觉"。例如，北京音乐厅的一幅演出的广告，会让你听到交响音乐或民乐的声音。

（4）视觉—空间联觉：当你看到一幅画，有处于某个空间或看到某个空间的感觉，这种反应叫"视觉—空间联觉"。例如，如果我们看到一幅蓝天白云的照片，会产生辽阔天空的感觉。

（5）视觉—空间·五感联觉：当你看到一幅画，例如大海的照片，会同时出现以上四种联觉反应，比如说沙滩的触感、鸟的声音、海风的咸味……这种反应叫"视觉—空间·五感联觉"。

（6）视觉—空间·五感联觉共情：当你看到一幅画，在（5）的基础上还会引起个人的相关记忆，由联觉内容引起对制作人创作时的即时性心理活动和即时性人格的猜想，即共情，这种反应叫作"视觉—空间·五感联觉共情"。例如，当我们欣赏一幅画的时候，如傅抱石的《江山如此多娇》、张择端的《清明上河图》、王维的《江干雪霁图》都会产生这种联觉共情，这也是一幅能够感动人的好画的作者在创作时所要达到的效果。

（7）听觉—味觉联觉：当你听到一首曲子，会闻到味儿，这就是"听觉—味觉联觉"。

（8）听觉—颜色联觉：当你听到一首曲子，会看到色彩，例如前面介绍的"渔舟唱晚"就有这种效果，这叫作"听觉—颜色联觉"。

（9）听觉—听觉联觉：一种听觉表象唤起另一种听觉表象。当你听到一首曲子，会听到记忆中的声音，这种反应叫作"听觉—听觉联觉"。例如，"让我们荡起双桨"这首歌会唤起 20 世纪 50 年代的很多美好音乐。

（10）当你听到一首曲子，在（4）的基础上，你在那个空间感受得到空间内的几何物体的动作形态变化，这种反应叫作"听觉—空间联觉"。

五种知觉之间相互作用产生的联觉表象还有"听觉—空间·五感联觉"、"听觉—时空间·五感联觉"、"镜像触觉联觉"即"视觉—触觉联觉"、"听觉—触觉联觉"、"味觉—触觉联觉"、"触觉—视觉联觉"等。

四、Stroop 效应

当两种通道的知觉不一致时，联觉表象认知往往会引发"Stroop 效应"（斯特鲁普效应）。该效应指斯特鲁普（Stroop）1953 年所做的一个著名的心理学实验产生的效应，实验利用的刺激材料在颜色和意义上相矛盾，例如用蓝颜色写"红"这个字，要求被试说出字的颜色，而不是念字的读音，即回答"蓝"。结果发现，说字的颜色时会受到字义的干扰。

1991 年，麦克劳德（Mecleod）总结 Stroop 效应发生机制的五种理论或模型，认为人们对刺激的两个维度（字词和颜色）加工是平行的，而加工速度不同。读词总是快于颜色命名，所以字词首先得到加工。当字词的颜色和颜色信息一致的时候，就会促进对字词的颜色命名，反之对字词的颜色命名则产生干扰。自动加工理论认为，在 Stroop 任务中，读词是自动加工，颜色命名是控制加工，所以读词能对颜色命名产生促进或干扰，反之则不会。知觉编码理论强调 Stroop 的干扰仅发生在知觉编码阶段，加工阶段则不发生。但有证据说明 Stroop 的干扰不仅发生在知觉编码阶段，还发生在加工阶段。此后 Stroop 效应成为研究多通道认知加工的重要实验方法。

第四节 动物有思维吗

非人类动物是否具有思维？长期以来一直是一个有争议的问题，肯定者有之，否定者也有之。总之，肯定者以小狗认识家，黑猩猩能听懂人话为例；否定者则一一加以驳斥。动物是否有思维也是一个开放的问题。

美国心理学家斯腾伯格认为，研究非人类动物（以下语境明确时简称"动物"）的认知具有重要的意义。[①] 第一，人类以外的动物经常被推定为认知系统较为简单，这样就比较容易对它们的行为建立模型，这些模型可以引导人类的研究。第二，从实验伦理上考虑，人类不能接

---

① Sternberg, R. K., *Cognitive Psychology*, Sixth Edition.（中译本《认知心理学》，邵志芳译，中国轻工业出版社 2016 年版，第 387—388 页。）

受的实验程序，如注射药物或切除组织，动物可以接受（当然得经过伦理审查机构许可）。第三，动物能够做专职被试，例如饲养做被试的小鼠，人却不能。第四，要解释人类的语言和行为是如何进化而来的，需要用各种人类以外的动物进行研究。

目前，动物思维仍然是心理学和认知科学的一个活跃的研究领域。

一、从人类认知五层级看语言和思维

人类认知五层级理论的建立，标志着认知科学从交叉学科的解理过渡到科学结构的认识，认知科学从交叉学科成为单一学科，因为它有自己独立的研究目标——人类心智，也有自己独特的研究方法——基于个体经验的、实证的和实验的科学研究方法。

（一）关于人类心智

人类五个层级的心智是进化中获得的从初级到高级的五种心智能力：神经层级的心智、心理层级的心智、语言层级的心智、思维层级的心智和文化层级的心智。

认知是心智能力的应用，是主体对内部和外部信息进行加工的方式和结果，相应地也分为五个层级：神经层级的认知、心理层级的认知、语言层级的认知、思维层级的认知和文化层级的认知。

从以上五个层级的人类心智和认知可以看出，人类所以具有思维能力，完全是因为在进化中获得（更准确地说是发明）了一种特殊的语言——表意的符号语言，即能够表达概念的抽象语言。在此基础上，人类产生了思维，一种以抽象语言为基础的包括概念、判断和推理的认知形式。

人类是什么时候产生思维的呢？答案是在 600 万年至 200 万年前，与概念语言产生的同时，人类就产生了思维。人类的语言和思维共同建构了知识大厦，知识积淀为文化。因此，抽象的概念语言的发明使人猿终于进化为人，语言是人类认知的基础。

要理解人类的思维，需要理解人类的语言。要理解动物是否有思维，也要理解人类的语言，并且要理解人类语言与动物语言的根本差异和区别。

（二）关于个体的经验和体验

与近代以来特别是 20 世纪以来所有追求统一原理（universal prin-ceple）的科学研究方法不同，认知科学追求的是个体差异性（individual variation），因此，认知科学使用的方法是经验的和实验的研究方法。

个体差异是指基本情况相同时，不同个体对于同一刺激所引起的不同反应。例如，大多数病人对同一药物的反应是相近的，但也有少数人会出现与多数人在性质和数量上有显著差异的反应，如高敏性反应、低敏性反应、特异质反应等。又例如，东西方不同的族群、团体甚至个人对同一音乐作品、艺术作品、小说和诗歌的欣赏和评价也是完全不一样的。即便同是中国人，对中国古典文学名著《红楼梦》的看法也是完全不同的。正是这种个体差异性，才使得我们这个世界成为一个五光十色、丰富多彩的大千世界。否则，如果根据统一科学的原则，每个人都按照统一的科学原理、逻辑思维和哲学方法去认知世界，那会是多么的乏味！——幸好不是这样。可见，统一科学的原理是不能解释世界的。在这个意义上说，认知科学是与过去的科学背道而驰的。

其所以如此，认知科学为我们提供了最完美的答案。著名语言学家、哲学家、认知科学家和第二代认知科学的领袖莱考夫在他的名著《体验哲学——涉身心智及其对西方思想的挑战》一书中，开篇就宣布了认知科学的三大发现：①

心智在本质上是涉身的（The mind is inherently embodied）；

思维大多数是无意识的（Thought is mostly unconscious）；

抽象概念大部分是隐喻的（Abstract concepts are largely meta-phorical）。

其中，涉身心智（embodied mind）就决定了个体的心智和认知是存在差异和区别的，因为个体的身体是有差异的，世界上没有任何的个体

① Lakoff, G. and Mark Johnson. *Philosophy in the Flesh: the Embodied Mind and its Challenge to Western Thought*. Publisher: Basic Books, 1999, p. 3.

的身体是完全相同的，即便是同卵双胞胎，他们的身体也是有差异的，因此，他们的心智和认知也是不同的。这是古老的身心问题（body-mind problem）或心身问题（mind-body problem）在认知科学背景下的全新的意义。①

认知科学的转向是经验转向。因此，认知科学研究的方法是基于经验的实验方法和实证方法。认知科学的五个层级的问题如脑与神经认知的问题、心理认知的问题、语言认知的问题、思维认知的问题乃至文化认知的问题都要用科学实验的方法来进行研究，特别是高阶认知即语言认知、思维认知和文化认知的问题，也要用科学实验的方法来进行。这是认知科学与过去的科学特别是人文社会科学传统的思辨方法所不同的。例如，对过去作为历史学、哲学、文化学研究对象的阳明心学，我们用认知科学的实证方法进行研究，创新了阳明心学研究的新领域和新方法。② 阳明心学就是中国的认知科学，不仅是中国古代的认知科学，也是中国当代的认知科学。③

二、人和动物的语言

要回答动物是否有思维这个问题，首先要认清思维的基础语言的问题，认清人类语言与动物语言的区别。

按照语言的进化和语言分支图（参见第六章图 6-1），人类的语言是一种能够表达抽象概念的符号语言，而非人类动物的语言是一种非符号语言，即不能够表达概念的信号语言。

在一片森林覆盖的美丽的河谷中，小鹿在河边饮水，小鸟在树上歌唱，最调皮的小猴子在树枝间荡来荡去……忽然一切都安静下来，所有动物都停在原地。发生什么事情了？原来，山大王老虎来

---

① 蔡曙山：《认知科学与技术条件下心身问题新解》，《学术前沿》2020 年 5 月（上）。

② 蔡曙山、张学立、张正华等：《认知科学与阳明心学的实证研究》，贵州省哲学社会科学规划国学单列重大项目（20GZGX10）。

③ 蔡曙山：《阳明心学就是中国的认知科学》，《贵州社会科学》2021 年第 1 期。

巡查它的领地来了。

这是中央电视台《动物世界》节目中的一段情景。现在问：是谁发出了什么信号，传达了什么信息，使得森林河谷中欢闹的动物们一下子全都安静下来？

可以设想是一只猴子发出了一声尖锐的叫声（山中无老虎，猴子充霸王，设想其他动物发出信号不影响我们的推论），传达的信号是：虎大王来了，大家安静！

上面是动物的声音语言的例子，下面再看一个动物肢体语言的例子。蜜蜂的飞翔方式包括上下飞、左右飞、顺时针转圈飞、逆时针转圈飞，这些都是蜜蜂的语言，它传达了花蜜的方向、距离、数量等信息。德国科学家破解了蜜蜂的语言并设计出一种微型的机器蜂，能够把蜂群带出蜂窝并飞向指定的地方。

以上两个例子说明，动物的语言是一种信号语言，但却不是符号语言。动物的语言能够传达某种信息，但却不能表达概念。事实上，非人类动物的语言也不需要表达概念。能够表达生存所需要的信息，对它们来说就已经足够了。

——符号和信号，这就是人类语言与动物语言的根本区别。

三、动物有思维吗

根据人类认知五层级理论，语言决定思维，而思维的基础和起点是概念。因此，我们可以得到一个确定的结论：非人类动物没有思维。

这是由于，非人类动物的语言（肢体语言和声音语言）只是传达某种信息的信号，而不是表达抽象概念的符号。在前面"虎大王巡山"的例子中，猴子发出的那种凄厉的叫声只是一种危险来临的信号，信号所指的危险来源是它们所畏惧并奉为大王的"那只老虎"，而不是一般的老虎。事实上，动物的语言里不会产生作为类概念的"老虎"这个语词，它们也不需要这样的抽象概念和语词。

所有具有脑与神经系统的动物都有心智，但非人类动物只具有神经和心理层级的心智。非人类动物也有认知，但也只是神经和心理层级的认知。

动物类似于思维的行为只是一种心智行为，但却不是思维，不用也不必用思维来解释。例如，小狗能够听懂主人让它"过来"或"走开"、"进来"或"出去"、"趴下"或"站起"的话，但它只是作为一种声音信号来理解，这种理解和小孩对这些语言的理解是完全不同的。至于小狗能够认识家、找到家，这也不是思维的表现，而仅仅只是应用了刺激—反应（stimulus response）、奖励—惩罚这种心理认知能力便可以实现。动物的"学习"行为，例如：老鼠走迷宫、小狗"听懂"主人的话，同样也是心理认知能力的表现，而不是思维。

思考作业题

1. 给出传统哲学的认识论模型和人类认知五层级模型。比较这两个模型并说明两者的差异。

2. 根据哲学的认识论模型和人类认知五层级模型，说明心理认知、语言认知和思维认知的关系。说明心理学、语言学、逻辑学、哲学和认知科学的关系。

3. 什么是表象认知？为什么说在心理认知的三种形式感觉、知觉、表象之中，表象是最高层次的心理认知？

4. 表象认知与感知觉认知的联系和区别是什么？

5. 表象有什么性质和特征？试举例说明。

6. 说明表象在思维中的作用。

7. 影响表象认知的因素有哪些？请举例说明。

8. 什么是记忆？认知科学如何看待记忆？记忆加工的主要步骤是什么？

9. 记忆如何分类？请给出阿特金和谢夫林（R. C. Atkinson and Shiffrin）的三级记忆模型。

10. 记忆对人类认知有什么重要作用？请以自身的体会加以说明。

11. 记忆和遗忘是什么关系？请画出艾宾浩斯的遗忘曲线并加以

分析。

12. 子曰："学而时习之，不亦说乎。"（《论语·学而》）试以记忆和遗忘理论加以论述。

13. 提高记忆力和记忆效果有哪些主要方法？你是如何运用这些方法的？请以自己的体验加以说明。

14. 有没有"表象记忆"，请用事实或实验加以证明。

15. 表象和记忆在人类认知中有何重要作用？请按照视觉表象、听觉表象、味觉表象、嗅觉表象和触觉表象分别加以分析和说明。

16. 为什么说当两种通道的知觉不一致时，联觉表象认知往往会引发"Stroop 效应"（斯特鲁普效应）。请举例说明并加以分析。

17. 音乐创作是表象思维（形象思维）还是抽象思维？西方古典音乐（如贝多芬的《命运交响曲》）和中国民族音乐（如《春江花月夜》《渔舟唱晚》）的思维形式是相同的还是有差异？

18. 曹雪芹创作《红楼梦》使用的是形象思维还是概念思维（抽象思维）？

19. 平面几何的图形证明可以不需要概念吗？没有"直线"、"平面"、"三角形"、"圆"这些概念，可以单凭几何图形证明几何定理吗？动物会做平面几何的定理证明吗？

20. 研究非人类动物的认知有何重要意义？

21. 说明表象与概念的联系与区别。

22. 人类的表象可以被加工为概念，并进行思维，包括表象思维。非人类动物的表象也能够被加工为概念和进行表象思维吗？为什么？

23. 人类的心智和认知与动物的心智和认知有什么本质的不同？有表象认知的动物也具有表象思维吗？为什么？

24. 动物有思维吗？为什么？

推荐阅读

Atkinson，R. C. and R. M. Shiffrin，Human memory：A proposed system and its control peocess. In Spence, K. W. & J. T. Spence (eds.), *The psychology of learning and motivation*: *Advances in research and theory* (Vol. 2, pp. 89–195). New York: Academic Press, 1968.

Lakoff, G. and Mark Johnson. Philosophy in the Flesh: the Embodied Mind and its Challenge to Western Thought. Publisher: Basic Books, 1999.

Penfield, W. and P. Perot, The brain's record of auditory and visual experience. *Brain*, 1963, 86: 596–696.

Sternberg, R. K., *Cognitive Psychology*, Sixth Edition. 中译本《认知心理学》，邵志芳译，中国轻工业出版社 2016 年版。

蔡曙山：《认知科学框架下心理学、逻辑学的交叉融合与发展》，《中国社会科学》2009 年第 2 期。

蔡曙山：《认知科学与技术条件下心身问题新解》，《学术前沿》2020 年 5 月（上）。

蔡曙山：《阳明心学就是中国的认知科学》，《贵州社会科学》2021 年第 1 期。

孔子：《论语》，中华书局 2016 年版。

彭聃龄：《普通心理学》，北京师范大学出版社 2012 年版。

第三部分

语言认知

本部分摘录

语言是最重要和最基本的一种认知能力和行为能力。没有抽象的符号语言，猿不可能进化为人。

语言也经历了一个自然历史的进化过程。语言从低级到高级的进化过程依次为：肢体语言、声音语言、抽象的概念语言。肢体语言和声音语言是人和动物共有的语言，即信号语言；抽象的概念语言是人类特有的语言，即符号语言。

人类用语言来做事，包括表达思想、进行交际，以至用语言来建构整个人类社会。语言决定思维，语言和思维形成知识，并积淀为文化。除了语言我们一无所知，除了语言我们一无所能——人类的存在，不过就是语言的存在。我言，故我在。

人类认知是以语言为基础，以思维和文化为特征的。人类的心智和认知有三大特征，这就是语言、思维和文化。

语言加工、语义加工和语用加工是语言认知的三种主要方式。语形加工是语言符号的空间排列的加工方式，包括将初始符号排列成语词的词法加工，以及将语词排列成语句的句法加工。语形加工对应的语言理论称为语形学，包括词法学和句法学。语义加工是语言表达式获得意义的加工方式，它通过对语言符号指派一定的对象，从而建立语言符号的解释和意义。语义加工对应的语言理论是语义学。语用加工是通过将语言表达式放在语言使用者和语言环境中而建立语言表达式的完整意义的加工方式。语用加工对应的语言理论是语用学。只有在语用加工或语用学层面上，一个语言表达式才能获得它的完全的意义。

汉语是一种典型的语用语言。

第六章

语言：人类认知的基础

由于学科或认知角度的不同，对语言有各种定义。维基百科对语言和语言学的定义是：

> 语言可以指人类获得并使用复杂的交际系统的特殊能力，或可以指这样一个复杂交际系统的特例。在这种意义上对语言的科学研究称为语言学。今天人类说出的语言大约有 3000—6000 种，它们都是语言的最典型的范例。

根据以上定义可知，语言是一种符号系统和符号交际能力。对人类而言，语言是最重要和最基本的一种认知能力和行为能力。在人类进化的几千万年中，三件大事使人类最终从猿进化为人：直立行走、火的使用和语言的发明。语言的发明是三件大事中最后一件也是最重要的一件。200 万年前，非洲的南方古猿发明了抽象的声音符号语言，凭借这种抽象的符号语言，他们能够协调更大范围的群体行为，从而战胜其他更强大的猿类和食肉动物。没有抽象的符号语言，猿不可能进化为人。

有了抽象的符号语言，人类可以思维，并在语言和思维的基础上形成知识，知识积淀为文化。语言、思维和文化，是人类特有的认知形式，我们称为"人类认知"或"高阶认知"。非人类的动物不具有这三种形式的认知，而只具有神经和心理两个层级的认知，我们称为"低阶认知"。①

---

① 蔡曙山：《论人类认知的五个层级》，《学术界》2015 年第 12 期。

从本质上说，人类是使用语言符号的动物，称为"符号物种"（symbolic species）或"符号动物"（symbolic animals）。

我们采用符号学的方法来定义语言。因为人类语言是一种符号，而人类是一种符号动物，因此，符号学定义是最基本的一种定义。

第一节 符号的动物

一、符号语言的发明与人类的进化

直立行走、火的使用和语言的发明这三件大事改变了人类进化的方向，使猿最终进化为人——唯一会使用符号的动物。

人的直立行走是从猿到人进化过程的第一步，这次演变发生在约400万年前。有两个因素促成了这次进化，一是觅食的需要，二是节能的需要，这两个需要与人类早期的生活环境改变有关：森林消失和食物匮乏。直立行走使人类解放了前肢，可以获取更多的食物。研究发现，黑猩猩为了获取更多的食物或质量更好的食物，比平时直立行走的频率高出3倍，而在田里偷取木瓜时直立行走的频率也达35%。在节能方面，美国亚利桑那大学人类学家研究发现，人靠两足行走的步法比黑猩猩四肢行走的步法要节省75%的能量。这一发现有力地证明了人类直立行走方式的确立与能量消耗有关，因为这样所需要的食物更少。[1]这次进化的结果是，直立人出现了，他是人类的始祖。

直立人出现约150万年以后，即距今约100万多年前，人类学会了用火。这是人类进化史上的又一重大事件。考古发现，东非肯尼亚境内巴林戈湖附近地区距今142万年前出现了人类用火的遗迹。南非的斯瓦特克朗斯找到了距今70到20万年前人类使用火的可靠证据。近东在以色列跨越约旦河的布罗特雅可夫桥（Bnot Ya'akov Bridge）附近一个炉灶烧火遗址发现直立人在距今79万至69万年前已经能人工生火，并且

---

① 见英国《独立报》7月17日报道。转引自安娜：《人类为何要直立行走》，《新民晚报》2012年3月30日。

经常使用火。中国周口店遗址发现距今 150 万至 50 万年前人类用火的证据。此外，中国山西省内的西侯度、云南省的元谋人遗址也发现人类用火的遗迹。火的使用使人类行为方式大大改变，首先是活动时间的加长，而且不仅仅是局限于白昼；其次是抵御其他动物和昆虫侵害的能力增加；再次是可以食用经过烹饪的异体蛋白（其他动物的肉）和含有更多纤维及淀粉的植物。哈佛大学的理查德·拉汉姆（Richard Drangham）认为，食用烹饪过的植物性食物可能因此而扩大人类脑容量，因为这样可以使淀粉食物中的复合碳水化合物更容易地被身体所吸收，并且使人类得以摄取更多卡路里。另外，烹饪杀死了食物中的寄生虫和病菌，更有利于人类的大脑和身体的健康发育。火的使用导致人类大脑进化的一个飞跃时期的到来。科学家对古人类头骨化石的研究揭示了人类大脑的发展在距今 80 万到 20 万年前这段时间实现了令人震惊的增长，与 200 万年前的人类大脑相比，脑容量增加了三倍，负责计划和决策的大脑新皮层明显增加。人类为自己的发展准备好了一个明显优于其他动物的思维器官。

人类至此是否已经成为"宇宙之精华，万物之灵长"了呢?①　不，远远没有，还需要另一次重要的进化，这就是言语的使用和人类特有的符号语言的产生。

言语（speech）或口语（oral language）的历史比较久远，究竟起源于何时是一个难以弄清楚的事情，因为人类的言语与其从由之进化而来的动物的言语之间的区别很难划界，这至今仍然是一个困扰生物学家、人类学家和心理学家的问题。但可以推测距今约 400 万年前人类的祖先直立人出现以后，随着人类活动范围的扩大和交际发展的需要以及脑的进化和思维发展的需要，人类的言语出现了一个大的发展。维果斯基（Lev Semyonovich Vygotsky，1934，1986）认为，言语有两个基本的功能，一是用于交际的功能，动物的言语也具有这种功能；二是用于心

---

① 源于莎士比亚对人类赞美的诗句："Man is the measure of all things, the cream of universe"。

理过程，它以内心独白的方式来组织和促进认知。

如果以维果斯基的言语基本功能为标准，那么一种言语所具有的词汇量（vocabulary）大概可以作为人类语言与动物语言之间区别的一个重要标准。研究表明，人类思维和交际需要词汇的句法组合（syntactic combination of lexicals）和指代对象的名称（signifier as name），这两者都要基于一个较大的词汇表。这个词汇表应该有多大？以现代人类思维和交际的需要来看，如果以英语为工具，需要大约 10000 个单词（word），而以汉语为工具，只需要 6000 个汉字就够了。

我们可能无法考察距今 400 万年前直立人时期的言语词汇的数量，但我们可以考察有记录的最早的文字的数量。以汉语为例，最早的汉字系统甲骨文在目前已发现的约 15 万片甲骨中，含有约 4500 个文字图形，其中约三分之一文字已被识别，约 1500 个汉字，其中 27% 是形声字。

甲骨文是世界上最古老的三种文字之一。这三种文字分别是出现在中国商朝（约前 17 世纪—前 11 世纪）的甲骨文、公元前 3000 多年前出现在埃及的纸草文字、公元前 4000 多年出现在两河流域的楔形文字。而汉字是目前硕果仅存的尚在使用的象形文字，是活的文字，是历 5000 年不断的中华文化的载体。

在语言文字出现以前，生命的进化包括人类的进化，是靠遗传变异和基因的改变来实现的，是非常缓慢的自然进程。从距今 47 亿年至 45 亿年前地球的诞生到生命的出现自然演化用了约 4 亿年的时间，最初的生命不过是一些原生细胞和微生物。此后在几十亿年的漫长岁月里，地球上先后出现三叶虫、甲胄鱼、昆虫和两栖动物、蜻蜓和蜥蜴、肆虐的恐龙、始祖鸟、蝙蝠、兔子、老鼠等哺乳动物。终于，猴、猿等灵长类动物出现了。距今 300 万年前，直立人出现了，他们具有语言能力和用火加工食物。距今 160 万年前，智人出现了，他们脑容量已经接近现代人，他们的语言能力继续进化，能够制造精巧的石器，开始穴居或半穴居生活，以火取暖和以火驱逐野兽，用兽皮制衣蔽体等，他们发明了葬仪，年长的成员将生活经验传授后代，人类文明开始萌发。

可见在语言的出现和文字发明以前，人类进化的过程是十分缓慢的，动辄数万年、数百万年甚至数亿年，才会有重大的进展出现。但如表 6-1 所示，在语言出现特别是在文字发明以后，人类的发展可以用数代人的进程来计算。今后的发展，则可以用"日新月异"来形容。①

表 6-1 人类能力获得某些非常重大发展的历史（Spohrer，2002）

代（30 年）	一些关键的进步（人的种类、工具和技术、通信）
-m	细胞；身体和脑的发展
-100,000	旧石器时代；直立人；言语
-10,000	现代人；制造工具
-500	中石器时代；创造艺术
-400	新石器时代；农产品；写作；图书馆
-40	大学
-24	印刷术
-16	科学技术复兴；精确的钟表
-10	工业革命
-5	电话
-4	无线电
-3	电视
-2	计算机
-1	微生物学；互联网
0	达到物质构件层次（纳米科学）； 生物技术产品； 通过互联网实现全球联系； 用于导航的 GPS 传感器
$\frac{1}{2}$	从纳米尺度上统一科学和聚合技术； 纳米技术产品； 促进人类能力提高； 全球教育和信息基础设施
1	聚合技术产品，提高人类身体和心智能力（新产品和服务，大脑的联通，感知能力等）； 社会和商业的改组
n	超越人类细胞、身体和大脑的进化

① 蔡曙山：《综合再综合：从认知科学到聚合科技》，《学术界》2010 年第 6 期。Cai，S. The age of synthesis：From cognitive science to converging technologies and hereafter，Beijing：*Chinese Science Bulletin*（《科学通报》英文版），2011，56：465-475，doi：10.1007/s11434-010-4005-7。

人类甚至已经具备破解自身生命秘密和心智秘密的能力。①

这种发展对人类自身已经产生的影响，是显而易见的；至于今后的影响，则是难以预料的。而过去与今后的这些影响，都是与语言的作用分不开的。其一，因为有语言文字，才能形成抽象概念，人类才能进行抽象的思维，在这个过程中大脑得到了进化。现代人的脑容量已经不再增加，但大脑的复杂程度却在提高，这正是语言促进思维的结果。其二，因为有语言文字，人类的经验才得以积累并形成知识，积淀为文化，并通过学习和教育传授给下一代。人类的知识，绝大部分并不是从经验中形成的直接知识，而是通过学习获得的间接知识，而这种间接知识正是用语言文字来记录和表达的。动物也有学习的行为，但终其一生，它们只能形成某种经验，而不会形成知识，更无法传授给下一代，因为它们没有文字。所以，动物的每一代和每个个体都得重新学习，重新积累经验。其三，因为有语言文字，人类产生了自我意识，能够认识自身。"我"、"自我"、"自己"、"自身"、"本身"这些语词，是人类的语言所特有的。实验研究表明，灵长类动物中只有黑猩猩具有自我意识，但这种自我意识是初级的、经验的，是用行为表征的，而不是用概念表征的。其四，因为有语言文字，人类才能进行科学探索、艺术创作以及其他种种"以言行事"的活动。凭借这种"以言行事行为"或"语用行为"（illocutionary acts），人类创造了属于自己的文化，包括科学、艺术、宗教、文学、历史、哲学、货币、股票、法律、法庭、政党、议会、军队、国家。从此世界上出现了与"自然"相对立的"文化"。没有语言文字，所有这些都是不可能的。

现在我们可以来回答这个问题：人的本质是什么？

人是使用符号语言即抽象的概念语言的动物。只有人类特有的语言符号，才最终将人与动物区别开来。具体地说，人是能够使用

---

① 蔡曙山：《认知科学与技术条件下心身问题新解》，《学术前沿》2020 年 5 月（上）。

抽象概念进行思维，并在抽象概念的基础上进行判断和决策，以及推理和创造的动物。

二、符号物种：语言与脑的双重进化

迪肯的理论兴趣在于研究多层级的类似进化过程，包括这些过程在胚胎发育、神经信号处理、语言变化、社会过程中的作用，特别注重这些过程的相互影响。他长期以来一直致力于发展一种科学符号学（scientific semiotics），特别是生物符号学（biosemiotics），这将为语言学理论和认知神经科学作出贡献。

迪肯将人体进化生物学和神经科学结合起来，目的是研究人类认知的进化。他的工作已经从对细胞分子神经生物学（cellular-molecular neurobiology）的研究扩展到规定动物和人类交际的符号过程的研究，特别是对语言和语言起源的研究。他的神经生物学研究集中在确定人类从典型的灵长动物的大脑解剖学特征分离出来的性质，即产生这种区别的细胞分子机制，以及这些解剖学的差别与人类特殊的认知能力（特别是人类的语言能力）之间的相互关联。

迪肯（T. W. Deacon，1997）《符号物种：语言与脑的双重进化》一书，从符号学和神经科学的角度，对语言与思维的依存关系作了深入研究。在该书中，作者展示进化认知这个主题下具有广泛意义和深远影响的思想。迪肯深受19世纪后期美国百科全书式的哲学家、逻辑学家、数学家和科学家、符号学的奠基者皮尔士（C. S. Peirce）的影响，并一生致力于对皮尔士思想和符号学的研究。在该书中，他对符号学进行深入研究和透彻阐释。他以寄生物和宿主的隐喻，来描述语言与大脑的关系。他认为语言的结构适应其大脑宿主，从而实现语言与脑的双重进化。迪肯在本书中提出的一些重要思想和精辟结论有：

（1）语言的进化并不涉及一种语言的器官或本能，也不是更大和更复杂的大脑产生的简单结果。

（2）语言反映了人类新的思维模式，这就是符号思维。

（3）在两百多万年的人类进化过程中，符号思维触发了语言与脑双重进化的进程。"代代相传的思想最终引起身体的种种变化，从而形成人类独一无二的身体和大脑。"①

（4）世界上各种语言的语法是非常类似的。尽管这些语法非常复杂，却很容易为幼儿所习得，这并不是因为这些幼儿具有先天语法知识，而是因为语言对于人类的认知强制，特别是对于幼儿未发育的大脑，具有自身的进化结构适应（evolved structural adaptations）。

（5）第一次符号交际是作为一种我们的人类祖先不得不使用的唯一的方法进化出来的。为了捕食其他动物，关键因素是以合作群体的方式来觅食，为此他们需要使用符号交际的手段，还必须克服一些进化上的困难，包括大多数以配偶形式存在的长期的性交排他性。

（6）大脑为语言而重新组织起来，这样就带来很多间接的和意想不到的结果，包括对不规范的声音的控制；独特的内在呼唤如笑和哭泣；精神失常的脆弱情感，如精神分裂症和自闭症，以及将符号指派给物理世界的几乎所有方面的强迫症。

（7）理解符号交际使我们对意识的某些方面重新作出解释，包括理性意向、意义、信念和自我意识等，而这些意识形式作为现实世界的紧要性质，是由符号所创造的。这也说明建造机器的方法不仅仅是使用符号，而且还要理解符号。

（8）符号能力造就了这样一个新的物种，这就使得在生命史上第一次有可能获得进入他人思想和感情的通道，而这样我们又将面对社会行为的伦理问题。

三、符号人类学

世界上的语言多种多样，它们有没有一个统一的基础呢？符号学的一位创始人索绪尔（Ferdinand de Saussure，1857—1913）说："有可能

---

① Deacon，T. W. *The Symbolic Species*：*The Co-Evolution of Language and the Human Brain*. New York：W. W. Norton，1997，p. 349.

考虑这样一门科学，它研究作为社会生活成分的符号的职能。我们将把它称之为符号学（semiology），它来源于希腊语 *sēmeîon*，即 'sign' 之意。符号学研究符号的性质以及支配这些符号的规律。虽然它目前尚未存在，并且谁也不能确定地说它将会存在，但是它有权利存在，它所存在的空间已事先准备好了。语言学只是这种一般科学的一个分支。符号学将要发现的那些规律将会成为能够在语言学中应用的规律，这样，语言学也就能够在人类知识的领域明确地占有一席之地。"①

同一时期的美国哲学家、逻辑学家、符号学的另一位创始人皮尔士（Charles Sanders Peirce，1839—1914）则将对符号的研究称为"关于符号的形式学说"（formal doctrine of signs），并把这种学说称为"符号学"（semiotics）。皮尔士对记号的三种表现形式象征（icon）、标志（index）和符号（symbol）作了原则的区分。皮尔士的符号学的对象不仅包括人工记号、语言记号、符号记号，也包括某些外观，如可感知的性质以及索引、如相互作用。皮尔士奠定了符号学的句法学、语义学和语用学三分框架，后经莫里斯和卡尔纳普，这个三分框架成为指导符号学和语言学研究的最重要的理论框架。② 由此可见，皮尔士的理论对符号学的发展有重大影响。

皮尔士和索绪尔在大西洋的两边分别独立地创立了符号学。索绪尔创立的符号学比较侧重于语言学的研究。皮尔士则主要借助于 17 世纪英国哲学家洛克（John Locke）的思想，他的符号学理论更紧密地与哲学和逻辑学的研究结合在一起，特别是与认知学结合在一起。

虽然索绪尔和皮尔士被公认为符号学的共同创始人，但他们所代表的传统有很大的不同。两人的学说通常用"semiology"和"semiotics"来加以区分。③

---

① Saussure，1983，15-16. From D. Chandler，*Seniotics*：*The Basic*，Routledge，London，New York，2002，pp. 5-6.

② 蔡曙山：《符号学三分法及其对语言哲学和语言逻辑的影响》，《北京大学学报》2006 年第 5 期。

③ 蔡曙山：《人类心智探秘的哲学之路——试论从语言哲学到心智哲学的发展》，《晋阳学刊》2010 年第 3 期。

迪肯正是利用符号学的思想和方法，特别是他一生追随的皮尔士的思想和方法，从符号学与认知神经科学结合的角度，来研究语言与脑的关系，这样他就为脑与思维活动找到了一个更为广泛的基础。迪肯的工作，不仅对符号学的发展作出贡献，还创立了一个新的学科——符号人类学。

迪肯的思想和理论有几个值得注意的方面，这些方面也是本书的研究要加以借鉴的。

第一，在迪肯那里，符号是语言的基础，比语言更基本，这是符号学的思想。在符号（语言）—大脑（思维）的关系上，他认为人类的思维是"符号思维"，"符号思维触发了语言与脑双重进化的进程"，"大脑为语言而重新组织起来"，这样，可以认为迪肯的思想和理论在符号学和认知神经科学的层面上，支持了沃尔夫假说。

第二，怎样理解迪肯的重要命题：符号思维触发了语言与脑的双重进化的进程吗？人是使用符号来思维的，这与我们的论断"人是使用符号语言来思维的"有什么不同吗？我们认为，在人类语言这个层次上，符号与语言是统一的。因为我们前面已经论证，人类语言就是符号语言。所以，对人类而言，"符号思维"与"语言思维"两者没有本质的不同。人是凭借符号语言思维的动物。

第三，什么是符号思维？就人类而言，那就是以抽象概念（抽象符号）为基础的，包括概念、判断、推理诸形式的思维。以符号逻辑（symbolic logic）为核心的形式化的现代逻辑体系，包括一阶逻辑和高阶逻辑，是现代演绎逻辑的核心。根据皮尔士对推理的分类，与解释前提的推理（explicative inference）并列的是扩展前提的推理（ampliative inference），前者指演绎推理，后者包括归纳推理和溯因推理。在现代逻辑中，所有这些逻辑系统都是使用抽象符号和形式化方法来处理的。认知科学建立以后，一类原来不怎么受到重视但却在认知科学中受到青睐的类比推理和隐喻方法，在思维研究中也格外受到重视。在该书中，以上各个方面构成思维研究的主要内容。此外，该书还涉及以判断和推理为基础的问题求解和决策以及对科学思维、艺术思维、批判性思维、无意识思维等各种思维方法的研究。

第四，符号学最重要的成果之一是对语言符号研究的三分框架。对符号语言的理解分为句法学（符号的空间结构）、语义学（符号的指称和意义）和语用学（符号与其使用者的关系）三个层次。从句法学到语义学到语用学是逐渐扩展的，是自下而上的（bottom-up）加工方式；从语用学到语义学到句法学是向下包含的，是自上而下的（top-down）加工方式（参阅本章第三节"语言加工和符号学的三分框架"及图6-4）。迪肯认为，动物的语言缺少句法和语义，而人类的游戏、数学甚至其他文化习俗都显示了语言的这些特征。① 迪肯充分注意到大脑语言加工的这两种基本方式。他说："我们目的导向的行为常常来自于这样的强制，它以内隐的方式存在于我们的大脑之中，并支配着我们的推理。所以我们可以说符号思维是这样一种方法：凭借形式的原因来决定最终的结果。这种来源的抽象性导致一种自上而下的因果性，虽然它是在一种自下而上的生物机器上实现的。"② 该书不仅把符号学研究的三分框架应用到语言和思维的研究中，也充分重视句法学、语义学和语用学三者的关系以及自上而下和自下而上两种加工方式在符号、语言与脑的研究中的应用。

第二节　语言的产生和发展

一、语言的产生和人类能力的发展

在人类进化的过程中，最重要的事件是语言和文字的发明，这就是我们所说的改变人类进化方向的第三个重大事件。这个事件的重大意义和价值是：它最终完成了从猿到人的进化，它不仅改变了历史的进程，同时也改变了人类自身。罗科和班布里奇（Mihail C. Roco and William Sims Bainbridge）在《聚合四大科技　提高人类能力——纳米技术、生

---

① Deacon, T. W. *The Symbolic Species：The Co-Evolution of Language and the Human Brain*. New York：W. W. Norton, 1997, p. 33, p. 53.

② Deacon, T. W. *The Symbolic Species：The Co-Evolution of Language and the Human Brain*. New York：W. W. Norton, 1997, p. 33, p. 53.

物技术、信息技术和认知科学》一书中列出了简表（表6-1）。① 从表中我们看出，早在10万代（300万年）以前，人类就使用了口头语言（言语），但这种言语已经不是动物的声音语言，而是一种能够表达抽象概念的符号语言，它能够协调更大范围的群体活动，使南方古猿这个相对弱小的种群能够战胜其他更加强大的种群，最终进化为人。

二、语言进化的意义

语言的产生和进化具有划时代的意义。

其一，人类语言是一种发明。语言的产生不是人类被动等待的结果，而是人类积极进取的结果，是人的创造和发明。事实上，人类进化史上3大事件都是发明，3只聪明而叛逆的猴子先后发明了直立行走，火的使用和符号语言的使用。符号语言的发明使猿最终进化为人。

其二，符号语言的发明和使用，使得人的脑和心灵发生了本质的变化，并出现脑与语言的双重进化。如迪肯所说："语言的进化并不涉及一种语言的器官或本能，也不是更大和更复杂的大脑产生的简单结果。语言反映了人类新的思维模式，这就是符号思维。在两百多万年的人类进化过程中，符号思维触发了语言与脑双重进化的进程。代代相传的思想最终引起身体的种种变化，从而形成人类独一无二的身体和大脑。……大脑为语言而重新组织起来，这样就带来很多间接的和意想不到的结果。"②

其三，在抽象语言的基础上，人类产生抽象思维的认知活动，语言和思维认知形成知识，知识积淀为文化。

其四，人类用语言来做一切事情，包括表达思想、认识世界、沟通

---

① 米黑尔·罗科、威廉·班布里奇编（2003）：《聚合四大科技　提高人类能力——纳米技术、生物技术、信息技术和认知科学》，蔡曙山等译，清华大学出版社2010年版。

② Deacon, T. W. *The Symbolic Species*：*The Co-Evolution of Language and the Human Brain*. New York：W. W. Norton, 1997, p. 349.

人际和建构整个人类社会，① 人成为使用语言符号的动物。

从此，人类的进化主要的不是基因层级的进化，而是语言、思维和文化层级的进化。

三、语言的进化和语言分支图

并非人类才有语言，所有动物都有语言，只是人类语言与动物的语言有本质的不同，这个不同就是：人类语言是一种能够表达抽象概念的符号语言。其他动物的语言虽然也能够传达信息，也能够用于交际，但却不能表达抽象概念。语言也经历了一个自然历史的进化过程。语言从低级到高级的进化过程依次为：肢体语言、声音语言、抽象的概念语言。语言的进化过程和语言分支图如下（图6-1）。

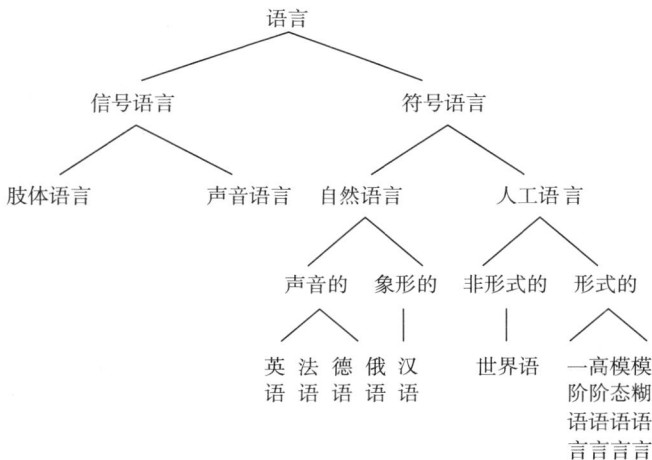

图6-1 语言的进化和语言分支图

这是源于底格里斯河和幼发拉底河流域的古老文字，这种文字是由约公元前3200年左右苏美尔人所发明，是世界上最早的文字之一（图6-2）。在其约3000年的历史中，楔形文字由最初的象形文字系统，

---

① Searle，John R. *The Construction of Social Reality*. Free Press，1997. *Mind*，*Language And Society*：*Philosophy In The Real World*. Basic Books，1999.

图 6-2 楔形文字

字形结构逐渐简化和抽象化，文字数目由青铜时代早期的约 1000 个，减至青铜时代后期约 400 个。已被发现的楔形文字多写于泥板上，少数写于石头、金属或蜡版上。书吏使用削尖的芦苇秆或木棒在软泥板上刻写，软泥板经过晒或烤后变得坚硬，不易变形。

甲骨文是中国的一种古代文字，是汉字的早期形式，有时候也被认为是汉字的书体之一，也是现存中国王朝时期最古老的一种成熟文字。

甲骨文（图 6-3），又称"契文"、"甲骨卜辞"、"殷墟文字"或"龟甲兽骨文"。甲骨文记录和反映了商朝的政治和经济情况，主要指中国商朝后期（前 14 世纪—前 11 世纪）王室用于占卜吉凶记事而在龟甲或兽骨上镌刻的文字，内容一般是占卜所问之事或者是所得结果。殷商灭亡周朝兴起之后，甲骨文还使用了一段时期，是研究商周时期社会历史的重要资料。甲骨文其形体结构已由独立体趋向合体，而且出现了大量的形声字，已经是一种相当成熟的文字，是中国已知最早的成体系的文字形式。它上承原始刻绘符号，下启青铜铭文，是汉字发展的关键形态，被称为"最早的汉字"。现代汉字即由甲骨文演变而来。

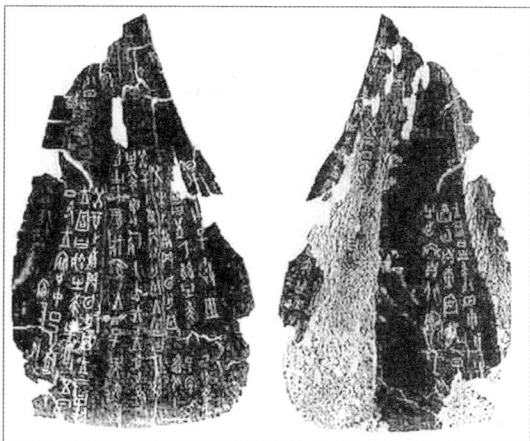

图6-3　商代祭祀狩猎涂朱牛骨刻辞

四、符号学的语言定义

人类语言是一个符号系统。一个语言系统由初始符号（initial symbols）和形成规则（form rules）两个部分构成。

先来看自然语言。自然语言是人类在自然进化过程中形成的语言。以文字来表达的自然语言是一种符号语言。

自然语言的初始符号也叫作字母表（alphabet）。英语的字母表是26个字母，区分大小写是52个字母，再加上标点符号，共256个符号。计算机发明以后，这个符号集被称为"用于信息交换的美国标准代码"（Amerecan Standard Code for Information Interchage，ASCII），是用于英文信息处理的编码。

自然语言中，从初始符号组成有意义的符号串即语词的规则称为词法（morphology）。例如，"about"这个符号串是有意义的，作为一个前置词，它有两个义项：（1）关于；（2）大约。然而，同是这5个字母，"aobut"和"abuot"都不是有意义的符号串，即不是语词。为什么？——查词典就知道了。在英文词典中，about是一个英文词语，而aobut和abuot都不是。可见，自然语言形成规则是后起的。

自然语言中，由语词构成有意义的符号串即语句的规则称为句法（syntax）。英语的句法由乔姆斯基句法学——生成转换语语法——给出。乔姆斯基生成转换语法是一套规则，包括生成规则和转换规则。生成规则通过句法结构、范畴词（非终端范畴和终端范畴）和语词，自上而下地逐步生成一个完整的语句。

例如："the boy play the ball"这个英语中最常用的主谓宾结构的语句，由下面的规则生成：①

(i) *Sentence* → NP VP

(ii) NP→ T N

(iii) VP→ Verb NP

(iv) T→ *the*

(v) N→ *man*，*ball*，etc.

(vi) Verb→ *hit*，*took*，etc.

为了让自己的语言理论尽量简单，乔姆斯基用另一类规则——转换规则来说明被动句、第三人称单数等语句的生成。例如，上面这个语句的被动式则由下面的规则从主动式转换而得：

NP1 VP NP2→ NP2 be VP ed NP1

式中，"→"意为"重写为"或"转换为"。关于乔姆斯基生成转换语法，详见本书第七章"句法加工和语句结构"。

作为一种自然语言，汉语也有自己的初始符号、形成规则、词法和句法。前面说过，一种语言由初始符号和形成规则两部分构成。汉语的初始符号和形成规则是什么呢？过去曾经认为，汉语的初始符号是汉字，汉字按照词法构成语词，语词按照句法构成语句。20世纪50年代以前受行为主义语言学影响，现代汉语语法基本上都是这样来阐述的。后来，受到结构主义语言学的影响，又把汉语的初始符号看作是偏旁和部首。追溯起来，最早使用汉字部首的是东汉的许慎，他在《说文解

---

① Chomsky，N.（1957）. *Syntactic Structures*. The Hague：Mouton. Second printing，1962. Mouton & Co. S-Gravenhage，p. 112.

字》中把汉字分为540个部首。后人把许慎的部首进行简化。明代《正字通》简化为214个部首，《康熙字典》沿用214个部首。《现代汉语词典》有189个部首，《新华字典》有189部首（旧版）。目前一般以201个部首为标准，新版《新华字典》改为201个部首。20世纪80年代，由于个人计算机的发展和汉字编码与信息加工的需要，王永明发明了五笔字型输入法，他把构成汉字的基本"组件"称为"字根"，其中包括"键名"、"成字字根"和基本笔画。王永明将这些"组件"分开为"笔画"、"键名"和"码元"三类。其中"笔画"21个，"键名"47个，"码元"133个。加起来是201个。我们看出，与拼音文字不同，汉字是一种"拼形文字"，即以"部首"或"字根"等汉字的基本构件为初始符号，并按照一定的拼形规则，在一个非线性的方块结构内拼写出全部汉字，这进一步证明汉字不是拼音文字，而是一种拼形文字。

以上是汉语的词法部分。汉语的句法部分可以参照乔姆斯基的句法来建立。汉语的词法和句法构成汉语的语形（chinese syntax）。1980年颁布的《信息交换用汉字编码字符集——基本集》选入汉字6763个，其中一级汉字3755个，是常用汉字，二级汉字3008个，是次常用汉字。据统计，一级汉字的使用频度达到99.7%。又据国家出版局统计，汉字中最常用字560个，常用字807个，次常用字1033个，三者合计2400个，占一般书刊用字的99%。中国小学生六年级累计识字量约3000个，其中会书写2500个。

自然语言的抽象性可以用两个指标来测量：（1）基本符号的数量；（2）基本语词的数量。以这两个标准来测量，汉语是世界上最抽象、最简明和最有效的语言。汉语是中国人认知的基础，它决定中国人的思维和文化。我们应该珍爱祖宗留给我们的这份独一无二的无比珍贵的遗产。

汉语的词法规则和句法规则，也是根据词典来判定。例如，"群"字，《说文解字》作"羣"，是上下型结构，解释是："輩也。从羊，君聲。"现代汉语中，"群"是左右型结构，《现代汉语词典》中有三个义项：（1）相聚成伙的，聚集在一起的：群岛。（2）众人：群众。（3）

量词：一群孩子。但同是上下型结构的"羴"却不是汉字；同是左右型结构，"翔"也不是汉字。为何？——根据词典。可见，自然语言中，规则是后起的，即规则不能事先规定初始符号怎样构成汉字，而是根据汉字的使用再制定规则。汉语的句法更为复杂，我们在下一章再行分析。

与自然语言不同，另一类重要的符号语言——人工语言，其规则是先行的，由规则来产生语词和语句。人工语言是为了某种目的人为地制造出来的语言。人工语言又分为非形式的人工语言和形式的人工语言，前者如世界语，后者如一阶语言、高阶语言、模态语言、模糊语言等。

关于人工语言中的一阶语言，我们将在本书第八章详细分析。

第三节 语言加工和符号学的三分框架

语言是人们的头脑能够对之控制的一个符号系统，通过这个符号系统，人们对头脑的外部信息和内部信息进行加工，以获得有用和正确的信息，从而作出对环境的正确认知和与环境相适应的正确的行为反应。

语言学将语言符号和语言加工过程作为研究对象，它是对语言加工和语言认知过程的模写。

20 世纪语言学的发展取得进展，最重大成果就是对语言加工和语言认知过程更加深入的理解，这些前所未有的关于语言认知的理解包括：人是使用抽象的表意符号语言的动物；语言认知的脑加工过程可以分为句法加工（syntactic processing）、语义加工（semantic processing）和语用加工（pragmatic processing）三个逐渐扩展的层次；语言认知的这三个层次可以被摹写为句法学（syntax）、语义学（semantics）和语用学（pragmatics）三种方式，它们成为当代语言学的三分框架和三种基本的研究方法。由于这些重大进展，语言学成为认知科学的来源学科之一。

语言符号的重要性和对之进行的深入研究，在 20 世纪形成了一个富有生命力并充分发展的学科——符号学。符号学（semiotics 或 semiology）是研究符号的句法结构、意义解释和交际方法的学科。

瑞士语言学家索绪尔和美国哲学家皮尔士几乎同时在大西洋两岸独立地创建了符号学。

一、符号学的定义

索绪尔说："我们有可能接受这样一门科学，它研究作为社会生活成分的记号的功能，它将形成社会心理学，从而也是普通心理学的分支。我们称此学科为'符号学'。这个词来源于希腊文 sēmeîon，是'记号'之意。"他又说："符号学研究记号的性质和支配它们的规则。由于它尚未存在，我们不能确定地说它一定会在，但它有理由在，我们已经预先为它准备好了地方。"他又说："语言学仅仅是这个普遍科学的一个分支。符号学将会发现的规律同样也是能够应用于语言学的规律，因此，语言学将会被指定到一个明确限定的地方，即人类知识的领域。"[①]

皮尔士将符号学定义为"关于记号的形式学说"。[②] 他是从 17 世纪英国哲学家洛克那里借用了符号学的术语，并以"semiotic"为其名称。他所关注的研究领域是"记号的形式学说"，它更接近于逻辑学。

此后，符号学一直有两个名称，一个是 semiology，它用指索绪尔传统的符号学，即欧洲的符号学；另一个是 semiotics，它用指皮尔士的传统的符号学，即美国的符号学。

由于美国符号学的强势和影响，其名称 semiotics 已经被广泛地用来作为符号学的名称，它包括语形学、语义学和语用学的全部符号学领域。

（一）欧洲的符号学

欧洲符号学与美国的符号学有完全不同的传统和研究方式。欧洲符号学试图将符号学作为整个人文艺术学科的共同平台。欧洲的符号学者认为，正如数学是整个自然科学的共同工具一样，人文艺术学科也应该

---

① Saussure，1983，15-16. From D. Chandler，*Seniotics*：*The Basic*，Routledge，London，New York，2002，pp. 5-6.

② Peirce，C. S. *Collected Papers of Charles Sanders Peirce*，Volumes 1-6，Cambridge，M A：Harvad University Press，1931-1935.

有一种共同的工具，这种工具当然不会是数学，因为数学不是艺术人文科学需要假设的；但也不是语言学或逻辑学，因为逻辑学也不是所有人文学科特别不是艺术学科需要假设的。人文艺术学科共同的工具是符号学，因为它们研究的对象都是某种记号（sign），而符号学正是关于记号的科学。因此，符号学的研究框架和研究方法被广泛运用于艺术学和人文科学的各个学科。例如，音乐符号学、绘画符号学、电影符号学、建筑符号学、媒体符号学就是从艺术学的各个分支来研究记号的性质和功能。语言学和逻辑学这两门传统人文科学的基础学科，也被放在符号学的框架中来进行研究，形成了语言符号学和逻辑符号学这两门新兴学科，它们反过来对语言学和逻辑学的发展产生了推动作用。由此可见欧洲普遍化的符号学对人文艺术学科的影响。

（二）美国的符号学

与欧洲的符号学不同的是，美国的符号学更接近逻辑学。这里首先要提到的是美国符号学的两个重要人物——他们本身就是逻辑学家和哲学家——莫里斯（C. W. Morris）和卡尔纳普（R. Carnap）对符号学三分法的阐述。

莫里斯是皮尔士传统符号学的代表性人物。在《指号理论的基础》（1938）一书中，首次给出语用学、语义学和语形学定义。他把语用学定义为对"记号与解释者的关系"的研究；把语义学定义为对"记号与它用以指称的对象之间的关系"的研究；把语形学定义为对"记号之间的形式关系"的研究。

卡尔纳普在《语义学导论》（1942）一书中，对语用学、语义学、语形学的三分法做了更清晰的表述。他说："如果我们要分析语言，那么，我们当然就要考虑语言的表达式。但我们无须同时涉及说话人和话语的所指，虽说只要一使用语言，这些因素都得涉及。关于我们所讨论的语言，我们总是可以抽取这些因素中的一个或两个来进行讨论。因此，我们要区分语言研究的三个领域。如果在一种研究中，明确地指称涉及说话人，或者，用更加一般的术语来说，涉及语言的使用者，那么我们便把这种研究归于语用学的领域（在这种场合下，是否涉及指称与所指的关系，对于这种分类没有影响）。如果我们抽去语言的使用者，而仅仅分析表达式及其所指，我们就处于语义学的领域。最后，如果我们再抽去所指，而仅仅分析表达式之间的关系，我们就处于逻辑语形学的领域。"①

二、符号学的三分框架

符号学的三分框架是：语形学（syntax）、语义学（semantics）和语用学（pragmatics）。

语形学包括词法和句法两个部分，它研究语言符号的空间排列关系。词法研究初始符号如何排列成有意义的符号串——语词；句法学研究语词如何排列为语句。语形学只对一个世界即符号世界进行操作。

语义学研究语言符号的指称和意义。语义学需要对两个世界——符号世界和现实世界——进行操作。语义学通过对语言符号和现实世界的对象之间建立映射关系来建立语言符号的意义。在自然语言中，语词指称的是现实世界中的个体、性质或关系；语句指称的是现实世界中的事件。如果一个语句指称的事件存在，该语句就是真的，否则就是假的。有的对象并不存在于现实世界之中，但却是语言符号指称和思维的对象，如金山、圆的方、孙悟空、玉皇大帝、林黛玉、贾宝玉等。莱布尼兹、克里普克等人建立了"可能世界语义学"，使语义学具有普遍的意义。关于语义学的更加丰富的细节，请参阅本书第八章"语义加工和意义理解"。

语用学研究语言符号和使用者的关系，研究语言符号的意义在语境中的变化。在语用学中，影响语言意义的要素有：说者（speaker）、听者（hearer）、时间（time）、地点（place）和语境（context），它们合称为五大语用要素。现代语言学认为，语用学的研究目标有三个：第一，一个说话者在一个特定的语境中，当他说出或断定一个语句时，它在该语句所"言说"的语境中是什么意思？第二，当一个说话者说出

---

① Carnap，R. *Introduction to Semantics*. Harvard University Press，1942.

或断定一个话语时，他通过这个话语还传达了什么附加的信息？在这个主题的分支领域有"隐含"和"预设"。第三，说话者使用语言除了交换信息之外，他还希望通过话语来做更多的事情。话语的这种特性被称为"言语行为"（speech acts）。①

符号学已经具有丰富的研究内容、覆盖众多的应用领域：

第一，记号和意义。研究的内容包括：记号；意义、意思和指称；语义学和记号学；记号的类型（记号、信号和索引）、符号；图标和图像；隐喻；信息。

第二，记号过程、编码和记号域。研究的内容包括：动物记号学、动物行为学、记号起源；交际和指号过程；功能；魔术；结构；系统；编码；教。

第三，语言及以语言为基础的编码。研究的内容包括：动词的交际；记号框架中的语言；语言记号的任意性和动机；辅助语言；写；普遍语言；记号语言；语言替代。

第四，从结构主义到文本记号学。研究记号学的学派和主要人物，内容包括：结构主义、后结构主义和神经结构主义；俄国的形式主义、布拉格学派、苏联的记号学；巴特的文本记号学；格雷马斯的结构主义和文本记号方案；科里斯蒂娃的语义分析。

第五，文本记号学。研究记号学的各个领域，主要内容包括：解释学和解释、修辞学和文体学、文学、诗歌和诗意、戏剧和表演、叙事、神话、思维方式、神学。

第六，非语言的交际。研究领域包括：手势、身体语言和人体动态学、面部信号、注视、触觉交际、空间关系学（空间信号学）、时间关系学（时间信号学）。

第七，美学和视觉交际。研究领域包括：美学、音乐、建筑、实体、图像、绘画、摄影、电影、漫画、广告。

---

① Soames, S. Overview, in Pragmatics and Contextual Semantics, from Frawley, William J. (ed. in Chef) (2003) *International Encyclopedia of Linguistics*, Second Edition, Oxford University Press, Vol. 3, pp. 379-380.

　　语形学、语义学和语用学将符号学的研究对象分为三个互相包含、逐步扩大和深入的研究领域。语形学、语义学和语用学三者的关系如图 6-4 所示。

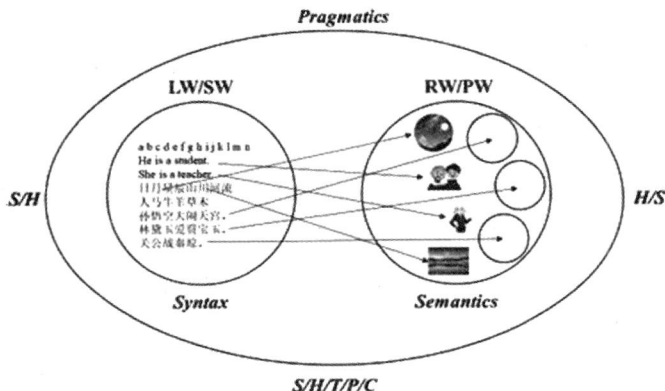

图 6-4　语形学、语义学、语用学关系图

　　说明：图 6-4 中英语和符号意义如下：

　　Syntax：语形学（句法学）；Semantics：语义学；Pragmatics：语用学；LW：语言世界；SW：符号世界；RW：现实世界；PW：可能世界。S：说者；H：听者；T：时间；P：地点；C：语境。

　　箭头表示指称关系。

　　符号学是基于"人是符号的动物"[①] 这样一个基本的判据，发展出一种以经验为基础的分析方法。由于这种方法是以经验为基础的，所以它适用于所有以经验为基础的艺术和人文学科。符号学的这个三分法对 20 世纪西方语言哲学和语言逻辑的发展具有根本性的影响。[②]

三、符号学三分法的影响

　　符号学的三分法对其后的学术研究影响深远。这是因为，人文艺术

　　① Ponzio，Augusto.(1990) *Man as a sign*：*Essays on the Philosophy of Language*，Berlin and New York：Mouton de Gruyter.

　　② 蔡曙山：《符号学三分法及其对语言哲学和语言逻辑的影响》，《北京大学学报》2006 年第 5 期。

学科的研究对象，一般地都可以看作是某种特殊的记号，所以，这些学科的研究也就可以纳入符号学的框架。但是，在符号学的构架下，以语形学、语义学和语用学的方法来研究某一门学科，又不完全等同于这门具体学科的研究，它带有"元理论"（meta theory）的特点，即把某一理论作为自己的研究对象。

（一）语言符号学和符号语言学

首先受到这种影响的自然是语言学。在现代语言学中，按照语形学、语义学和语用学的框架和方法来研究语言理论的学科被称为理论语言学（theoretical linguistics）。另外一门专门研究语言理论的学科叫作逻辑语言学（logical linguistics），它又分为结构理论（形态学）、意义理论和有效性理论三个部门。语言符号学（linguistic semiotics）则是将语言学作为符号学的一个分支来进行研究，它是具有元理论性质的语言学。

20 世纪 50 年代以来，在自然语言的研究方法上出现了形式化的趋向和革命性的杰出成果。在符号学的三个方向语形学、语义学和语用学的研究中，产生的代表人物和重要理论有乔姆斯基的形式句法学、蒙太格的形式语义学、奥斯汀和塞尔的言语行为理论、凯德蒙的形式语用学等。

（二）逻辑符号学和符号逻辑学

逻辑学的发展也受到这种三分法的影响。雷歇尔（N. Rescher）在《哲学逻辑》（1968）一书中，将逻辑语形学（logical syntax）、逻辑语义学（logical semantics）、逻辑语用学（logical pragmatics）和逻辑语言学（logical linguistics）合称为元逻辑（metalogic）。他在著名的逻辑分类图（A Map of Logic）中，将基本逻辑、元逻辑、数学逻辑、科学逻辑和哲学逻辑并列，作为现代逻辑的基本理论。此外，语言逻辑亦称逻辑符号学，也是按照语形学、语义学和语用学的构架来研究自然语言的逻辑理论的。

作为 20 世纪西方哲学主流的语言哲学，更是受到符号学三分法的明显影响，也是完全按照语形学、语义学和语用学的三分框架来进行研究的。施太格缪勒（Wolfgang Stegmüller）的《当代哲学主流》（1978/

1986)、马蒂尼奇（A. P. Martinich）的《语言哲学》（1985）都是按照语形学、语义学和语用学的框架来阐述语言哲学的。

（三）符号人类学

作为人类学家的特伦斯·威廉·迪肯在符号学和符号人类学方面都作出了杰出的贡献。他以符号学的方法从事人类学研究，创立和发展了科学符号学和生物符号学。他将人体进化生物学和神经科学结合，研究人类认知的进化。将细胞分子神经生物学（cellular-molecular neurobiology）的研究扩展到动物和人类交际的符号过程的研究，特别是对语言和语言起源的研究。他的这些杰出工作不仅是对符号学的贡献，更是创立和发展了符号人类学。迪肯的这些贡献，详见本章第一节第三部分"符号人类学"。

第四节　语言是人类认知的基础

法国哲学家笛卡尔有一句举世皆知的名言："我思，故我在。"（I think, therefore I am）这句话深刻地揭示了人类存在的本质：因为我思考，所以我存在。人一旦停止思考，作为人的存在也就终止了。

20 世纪中期以来，随着认知科学的发展，我们对语言的本质、人类认知和存在的本质有了更加深入，甚至完全不同的认识。人类认知是以语言为基础，以思维和文化为特征的。人类用语言来做事，包括表达思想、进行交际，以至用语言来建构整个人类社会。语言决定思维，语言和思维形成知识，并积淀为文化。除了语言我们一无所知，除了语言我们一无所能——人类的存在，不过就是语言的存在。所以笔者提出："我言，故我在。"（I speak, therefore I am.）[①]

一、语言是人类认知的基础

在本书心理认知的部分，我们指出，距今 600 万年至 200 万年前语

---

① 蔡曙山：《论语言在人类认知中的地位和作用》，《北京大学学报》2020 年第 1 期。

言的发明是人类进化中至关重要的一步。由于人类特殊的能够表达抽象概念的符号语言的出现，人类同时产生了抽象思维，人类使用语言和思维将经验建构为知识体系（见第四章图 4-1），知识积淀为文化。

将图 4-1 加以扩充，我们就得到人类认知五个层级的认知（见图 6-5）。

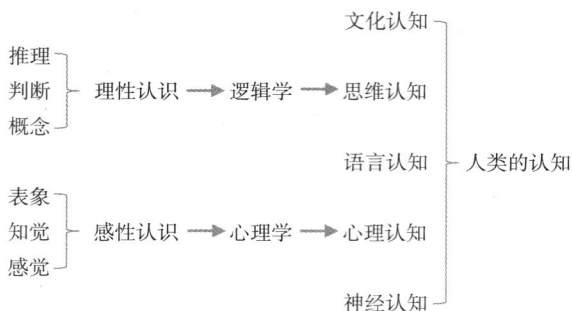

图 6-5　人类知识体系与人类认知体系对照图

从这里我们可以看到：

第一，语言的出现在人类进化中至关重要。语言是人类认知（高阶认知）的基础。

第二，人类以语言为基础，以思维和文化为特征的高阶认知能力是由神经和心理的初阶认知能力进化而来的。从图 6-5 可以看出，低阶认知向高阶认知的进化和发展最重要的阶段是语言认知能力的产生。人类表达抽象概念的符号语言的出现，使得动物的心理认知能够上升到高阶认知的层级。非人类动物由于没有进化出这种概念语言，它们也就不可能产生思维，更不可能形成知识。所以，非人类动物的认知只能停留在经验层次上，非人类动物的进化只能是基因层次的进化。自从语言出现后，人类的进化主要地并不是基因层次的进化，而是脑与语言的双重进化，①是语言与思维的共同进化，从而形成人类特有的文化的进化，文化基因（meme）是人类进化的主要标志和动力。

---

① Deacon, T. W. *The Symbolic Species：The Co-Evolution of Language and the Human Brain*. New York：W. W. Norton, 1997.

第三，语言成为人类认知的基础。语言的出现使人类的知识体系扩充为人类的认知体系，这种扩充包括理论体系的扩充和研究方法的创新。在认知科学时代，两千多年来人类知识的系统化可能被打破，人类知识体系将进行新的整合。

第四，在认知科学时代，我们要区分人类知识和人的认知能力。两千多年来人类知识可以被看作人类认知能力的部分和表现。例如，脑与神经认知产生了脑与神经科学；心理认知产生了心理学；语言认知产生的语言学；思维认知产生了逻辑学、计算机科学和其他思维科学；文化认知产生了历史学、文学、哲学、宗教学、人类学等人文学科，也产生了经济学、社会学、法学、教育学、管理学等社会科学。更广义地说，人类所创造的整个知识体系包括科学（人文科学、自然科学和社会科学）、哲学和宗教，都包括在文化认知之中。因为文化就是人化，是人所创造的一切精神财富的总和。关于文化认知的更详细的论述，读者可以参阅本书第五部分"文化认知"。这里特别要注意，人类以语言为基础的心智和认知能力自 200 万年前人类发明抽象的概念语言时就已经存在（在此之前，人类尚未完成从猿到人的进化，那时他们与其他动物一样，仅仅具有低阶认知即神经认知和心理认知），但人们并不知道认知科学，正如人们会说话却不知道语言学一样。由于语言的产生，思维也就同时产生了。大约在 3000 年前，人类开始用语言文字和思维认知建构知识体系，知识的积淀便形成了文化。到 20 世纪 50 年代，以乔姆斯基为代表的语言哲学家开始探索语言和人类心智的奥秘，到 70 年代中叶，认知科学在美国诞生，其目标就是探索人类心智的奥秘。[①] 结果发现，人类的进化可以用心智的进化来解释，[②] 人类在进化中获得的心智能力可以分为神经、心理、语言、思维和文化五个层级，相应地，以心智来定义的人类认知便可以分为五个层级：脑与神经认知、心理认知、语言认知、思维认知和文化认知。至此，我们发现，人类认知

[①] 参见蔡曙山主编，江铭虎副主编：《人类的心智与认知》，人民出版社 2016 年版。

[②] 蔡曙山：《生命进化与人工智能》，《上海师范大学学报》2020 年第 3 期。

的历史其实是一个从认知活动到知识体系再到认知科学的历史。人类 3000 年来建构的知识体系其实是人类认知（高阶认知）能力的成果。

人类心智认知能力与人类知识体系的关系用以下映射表（表 6-2）来表示。

表 6-2　人类心智认知能力与人类知识体系映射表

人类心智与 认知能力	人类知识体系
文化认知	人文学科（文学、历史学、哲学、宗教学） 自然科学［理学（数学、物理学、化学、天文学、地理学、生物学）、工学、农学、医学、信息科学、计算机科学与技术］ 社会科学（经济学、法学、社会学、管理、教育学）
思维认知	逻辑学、数学、思维科学
语言认知	语言学、符号学
心理认知	心理学、行为科学
脑与神经认知	脑科学、神经科学

从表 6-2 我们可以看出：

第一，人类心智与认知能力是第一性的，人类知识体系是第二性的。人类心智与认知能力是原因，人类知识是结果。

第二，人类五个层级的心智与认知能力分别产生了对应的学科。例如，脑与神经认知是一种认知活动，对它的研究形成了脑科学和神经科学。脑与神经的认知活动早在人类出现以前就存在，因为非人类的动物也有这个层级的认知。但脑科学和神经科学的建立不过是近百年的事。又例如，心理是大脑里发生的认知活动，对它的研究形成心理学。再例如，语言也是大脑里发生的认知活动，语言学则是对语言认知活动的摹写。非人类动物也有语言，如肢体语言与声音语言。人类语言与动物语言的本质区别是：动物语言只是一种信号（sign），它不能表达抽象概念；而人类语言是一种符号（symbol），它能够表达抽象概念。所以，语言学是符号学的一个分支。又再如，思维是大脑的认知活动，对它的摹写形成逻辑学、数学和思维科学。人类使用语言和思维建构全部知识体系，知识的积淀形成文化。文化是最高层级的认知，它向下包含所有其他的认知形式。文化就是人化，是人所创造的一切精神财富。① 所以，文化认知的内容最为丰富，人类所有的知识全部都是文化认知（向下包含思维认知与语言认知）的结果。文化认知还可以进一步划分为科学、哲学和宗教三个层次。文化是一种认知能力，这种人类特有的认知能力产生了人类特有的知识系统。关于文化认知，请参阅本书第五部分各章。

二、"我的语言限度就是我的世界限度"

20世纪西方哲学可以分为三大主流，这就是从世纪初兴起到30年代走向鼎盛的分析哲学，40年代作为过渡阶段的日常语言哲学，50年代以后逐渐走向繁荣的语言哲学，70年代中期开始出现的心智哲学，它们是当代西方哲学特别是英美哲学的主流。20世纪西方哲学的这两次重要转向，体现在一位哲学家的两本著作上，这位哲学家就是维特根斯坦，这两本书就是《逻辑哲学论》和《哲学研究》。

前期维特根斯坦在他的分析哲学代表作《逻辑哲学论》中说："我的语言的限度就是我的世界的限度。"② 维特根斯坦还说，未来哲学的任务就是分析：澄清那些在哲学上有疑问的命题，阐明这些命题的逻辑形式，按照逻辑语法的规则来说明这些命题从公认的形而上学命题的形式上看为何错误，以及在什么地方有错误。未来哲学将不再是一种理论，也不再提出学说或获取知识，它将只是一种逻辑分析活动。因此，应该设想，哲学就是一种语言批判。③

后期维特根斯坦的代表作《哲学研究》（1953），展开了对他自己前期思想和分析哲学的全面批判，它标志着分析哲学的终结和语言哲学的建立。为何说分析哲学至此终结？因为在后期维特根斯坦和以

---

① 蔡曙山：《自然与文化》，《学术界》2016年第4期。

② 维特根斯坦：《逻辑哲学论》，贺绍甲译，商务印书馆2011年版，第115页。

③ Hacker, P. M. S. Ludwig Wittgenstein, in Martinich, A. P. and D. Sosa（eds.）（2001）*A Companion to Analytic Philosophy*, Blackwell Publishing Ltd, p. 76.

后的大多数哲学家看来，分析哲学的根本原则已经破产了——将哲学问题归结为语言分析，分析哲学的这一根本原则和方法最终窒息了分析哲学。亨迪卡说："当分析哲学死在它自己手上时，维特根斯坦就是那只手。"①

语言哲学和分析哲学的差异，可以从前后期维特根斯坦之间的差异来把握。我们可以从以下几个方面来认识这种差别：第一，在语言基础上，语言哲学彻底抛弃理想语言的企图，回归于自然语言。第二，在使用的方法上，维特根斯坦指出，对日常语言的分析，不是数学逻辑能够解决的；哲学的任务，也不是通过数学或逻辑—数学的发现去解决的；用真假来表示命题的意义是"一幅很差劲的画图"。② 哈克说，从《逻辑哲学论》到《哲学研究》的转向，是研究方法的转变，是从真值方法向意义方法的转向。第三，在学科和研究的框架上，语言哲学不仅从语形和语义上，更多的是从语用因素上全面展开对自然语言的分析，并形成语形学、语义学和语用学的三大分支领域和分析框架。《哲学研究》是语用学的开端，维特根斯坦绘制了语用学的蓝图，"语言的意义在于它的应用"是语用学的宗旨和宣言。其后，牛津分析哲学家奥斯汀的《如何以言行事》一书开创了言语行为研究领域，奠定了语用学的第一块基石。

由此可见，20 世纪西方哲学的一切变革和变化，都发生在它的语言基础上。这种变革，即哲学的语言转向，不仅影响到哲学的基本范畴和概念，还影响到它的基本观点和方法。

三、语言决定论

再来看语言学的发展。我们以 20 世纪重要的语言理论"沃尔夫假

---

① 亨迪卡：《谁将扼杀分析哲学》，张力锋译，引自陈波主编：《分析哲学》，四川教育出版社 2001 年版，第 264 页。

② Wittgenstein, L. *Philosophical Investigation*，§124，translated by G. E. M. Anscombe, Basil Blackwell Ltd 1953.（中译文引自维特根斯坦：《哲学研究》，李步楼译，商务印书馆 2004 年版，第 75 页。）

说"为例。沃尔夫假说分为强式和弱式。强式即语言决定论（linguistic determinism），认为语言结构决定人的思维方式，并影响非语言的认知行为，不同语言的民族，其思维方式也不同。弱式即语言相对论（linguistic relativity），认为被决定的认知过程因语言不同而不同，但语言并不完全地决定思维，而是在一定程度上影响人的思维。

沃尔夫假说有以下几条重要的推论：

（1）语言结构影响人们对现实的认知结构（或者更为强式的表达是，人们以与他自己的语言结构相合的结构来认知现实）；

（2）语言以不同的方式切分现实，但不存在切分世界的自然方式；

（3）这种语言上的差异性是隐蔽或无意识的；

（4）语言结构对人类认知的限制亦是无意识的。因此，不同语言的观察者对同一现象的认知图像是不同的。

通过维特根斯坦的语言哲学和沃尔夫的语言假说我们看出，语言决定思维，这是 20 世纪以来研究语言和思维的哲学家和语言学家共同的结论。从人类认知五个层级理论，我们能够更加清楚地看到：语言是人类存在的根基，是人所以为人的最本质的规定；我言，故我在。语言认知决定思维认知，而思维认知影响语言认知。

四、语言在人类认知中的地位

人类认知从初级到高级可以分为五个层级：神经层级的认知、心理层级的认知、语言层级的认知、思维层级的认知、文化层级的认知，简称神经认知、心理认知、语言认知、思维认知和文化认知。前两个层级的认知即神经认知和心理认知是人和动物共有的，称为"低阶认知"（lower-order cognition），后三个层级的认知是人类所特有的，称为"高阶认知"（higher-order cognition）。五个层级的认知形成一个序列：神经认知—心理认知—语言认知—思维认知—文化认知。在这个序列中，低层级的认知是高层级认知的基础，高层级的认知向下包含并影响低层级的认知。关于人类认知五层级理论，详见本书"序言"。

从人类认知五层级理论，可以看出，人类认知的特征和相互关系体现在以下几个方面：

第一，人类认知涵盖了认知的所有五个层级，但非人类的动物只具有神经层级的认知和心理层级的认知。正是语言认知区分了人类认知与非人类动物的认知。从生物进化的角度看，直立行走、火的使用和语言的发明使人类进化为人，而这三大事件中，语言的发明才使人类与非人类动物最终分道扬镳。人类的进化过程同时也可以看作是心智的进化过程，语言的出现说明人类心智已经进化出使用抽象符号和符号语言的心智能力，这又反过来促进人类大脑的进化，脑与语言的双重进化使人类成为使用符号的、区别于其他动物的高级动物，而其他非人类动物由于没有进化出使用抽象符号的语言心智，它们的心智只能永远处于神经和心理这两个低阶层级。

第二，从人类认知五层级看，语言认知是高阶认知即人类认知的基础。由于使用抽象语言的心智和认知能力的产生，人类自然进化出使用抽象语言进行抽象思维的心智和认知能力，而人类的全部知识，都是用这种抽象语言和思维来建构的，知识的积淀便形成文化。这样我们可以看出，语言在人类认知中是何等重要！我们可以说，如果没有语言，人类就不可能有思维和文化。那么，人类的心智和认知就和其他动物一样，永远只能停留在神经和心理的水平上，即只能从经验开始，到经验结束，既不可能产生知识，也不可能形成文化。

第三，人类认知是以语言为基础，以思维和文化为特征的。人类的心智和认知有三大特征，这就是语言、思维和文化。使用抽象的符号语言，是人类心智和认知的第一大特征，它是人类心智和认知的基础，并由此与非人类动物区别开来。在符号语言基础上形成的抽象思维，是人类心智和认知的第二大特征，思维是人类存在的原因，这是很强的一个论断。在这种抽象语言和思维的基础上，人类建构了全部的知识体系。数、理、化、天、地、生、文、史、哲、政、经、法，无一不是用语言和思维来建构的。可以说，人类的任何一个知识体系，都是由一个特殊的语言系统加上逻辑推理系统构成的。没有语言和思维，人类的经验就不能形成知识，正如其他非人类的动物一样。例如，一只老鼠到了晚年，它也积累到很多关于捕食和躲避危险的经验，但这只聪明的老鼠无法将这些经验变成知识传授给自己的后代即那些小老鼠，它的子孙后代们必须从经验开始学习。因此，非人类动物的进化只能是基因层级的进化。而在基因层级的进化方面，人类并不比老鼠更有优势。[1]　人类心智和认知的第三大特征，是知识积淀为文化，这是人类所特有的心智和认知形式。媒因（meme）即文化基因，已经成为认知科学的一个重要研究对象，并形成一门独特的科学——媒因学（memetics）。认知科学家指出，在21世纪的"信息社会"，最有价值的资源将不再是铁或者石油，而是文化。人类，也只有人类，才能产生文化这一最高层级的认知。一条基于生物隐喻和信息科学方法论的新途径正在走进文化。该途径能够巨大地增强人类和我们的文化遗产的经济价值，提供认知科学一大批新的研究工具，其基本的概念就是媒因，与生物遗传学上的基因是类似的，它是文化的元素，是文化变化、选择和进化的基础。[2]　由此可见，自从发明了语言，人类的进化主要的已经不是基因层级的进化，而是语言、思维、知识和文化层级的进化。文化基因，这是人类与动物的最本质的区别，而文化的基础是语言和思维。

第四，20世纪一系列重大的理论问题，可以从人类的语言基础得到完全的说明。例如，维特根斯坦在他前后期的两本代表作《逻辑哲学论》和《哲学研究》中，对语言包括形式语言和自然语言进行了深入的研究，他说："我的语言限度就是我的世界限度"（The limits of my language mean the limits of my world），[3]　他又说："哲学就

①　1948—1958年，美军在太平洋埃内维塔克环礁（Emewetak Atoll）连续进行了43次核试验，其中最大的一次是广岛核爆的800倍。在这样的环境下，所有生命均已灭绝，但老鼠仍然存活。一对老鼠一年最多能够产下1500只老鼠。它们通过基因突变和大量繁殖，不仅能够在最恶劣的环境中生存，而且能够活得很好。老鼠可能在人类消失以后仍然存活很久。https://v.qq.com/x/page/m0545vw5a4h.html。
②　Mihail C. Roco and William Sims Bainbridge（eds.）（2002）*Converging Technologies for Improving Human Performance*：*Nanotechnology*，*Biotechnology*，*Information Technology and Cognitive Science*. Dordrecht/ Boston/ London，Kluwer Academic Publishers，2003，p. 318.
③　Ludwig Wittgenstein，*Tractatus-Logico Philosophicus*，1921/1961，p. 115.

是一种语言批判"。[①] 20世纪语言哲学这些重要的命题，其本质从人类认知五层级理论和语言、思维、文化的关系中得到了完全的说明。又例如，20世纪最重要的语言学理论"沃尔夫假说"（Whorf Hypothesis，Whorf，1956）是语言决定思维的观点。这个重要的理论假说提出以后，语言学家和哲学家一直争论不休，到底是语言决定思维，还是思维决定语言？在人类认知五层级理论下，沃尔夫假说终于尘埃落定：语言决定思维，而思维影响语言。再例如，非人类动物是否有思维？这个问题在心理学的各种教科书中仍然争论不休。[②] 在人类认知五层级理论下，这个重大的问题也有了确定的答案，并得到充分的说明。动物是否有思维这个问题，最终归结到动物是否有语言？动物的语言与人类语言有什么本质的区别？是否有表象思维？动物的表象思维与人类思维有什么不同？动物类似思维的行为如老鼠走迷宫、小狗认识家、熊瞎子抓鱼、狐狸和狮子会欺骗、黑猩猩有自我意识并且会简单推理……这些都是思维吗？——所有这些问题，我们都可以用认知科学作出回答。

思考作业题

1. 什么是语言？什么是符号？语言和符号是什么关系？语言学和符号学又是什么关系？

2. 什么是语言？什么是语言学？两者之间是什么关系？

3. 试给出语言的定义。比较认知科学的语言定义和语言学的语言定义的异同。

4. 为什么说人类语言是进化的产物？试述语言在人类进化中的作用。

---

① Hacker, P. M. S. Ludwig Wittgenstein, in Martinich, A. P. and D. Sosa（eds.）(2001) *A Companion to Analytic Philosophy*, Blackwell Publishing Ltd., p. 76.

② 戴维·迈尔斯：《心理学》（第7版），黄希庭等译，人民邮电出版社2006年版，第356—357页。

5. 为什么说人类的语言是发明？非人类动物也有语言吗？试述人类语言与非人类动物语言的本质区别。

6. 为什么说人类是符号的动物？

7. 为什么说语言是人类认知的基础？

8. 为什么说人类语言是一个符号系统？试加以分析。

9. 一个语言系统由初始符号（initial symbols）和形成规则（form rules）两个部分构成。试对汉语系统进行符号学的分析。

10. 试述中国语言文字的特征以及汉语言文字对中国人的思维和中国文化的决定作用和影响。

11. 试述符号学的三分框架。

12. 什么是语形加工？什么是语义加工？什么是语用加工？语形加工和语形学、语义加工和语义学、语用加工和语用学是什么关系？

13. 画出语形学、语义学和语用学的关系图，并加以分析说明。

14. 语用加工和语用学的五大要素是什么？为什么说语用学的意义解释才是完整的意义解释？

15. 简述沃尔夫的语言决定论。如何从人类认知五层级理论来理解语言决定论。

16. 笛卡尔曾经说过："我思，故我在。"试述这一名言的意义。

17. 本书作者提出："我言，故我在。"试述这一命题的认知意义。

18. 非人类动物有思维吗？请说明对这一问题的不同观点。请阐明自己的观点并加以论证。

推荐阅读

Cai, S. The age of synthesis: From cognitive science to converging technologies and hereafter, Beijing: *Chinese Science Bulletin*（《科学通报》英文版），2011，56：465-475，doi：10. 1007/s11434-010-4005-7.

Chomsky, N. *Syntactic Structures*. The Hague: Mouton. Second printing, 1962. Mouton & Co. S-Gravenhage, 1957.

Chomsky, N. *Aspects of the Theory of Syntax*, Cambridge: Cambridge University Press, 1965.

Carnap, R. *Introduction to Semantics*. Harvard University Press, 1942.

Christiansen, M. H. and S. Kirby, (2003). Language evolution: the hardest problem in science? In M. H. Christiansen and S. Kirby (Eds.), *Language Evolution*. Oxford: Oxford University Press.

Deacon, T. W. *The Symbolic Species: The Co-Evolution of Language and the Human Brain*. New York: W. W. Norton, 1997.

Hacker, P. M. S. Ludwig Wittgenstein, in Martinich, A. P. and D. Sosa (eds.) (2001) *A Companion to Analytic Philosophy*, Blackwell Publishing Ltd.

Knight, C. and C. Power (2011). Social conditions for the evolutionary emergence of language. In M. Tallerman and K. Gibson (Eds), *Handbook of Language Evolution*. Oxford: Oxford University Press.

Lakoff, G. and M. Johnson (1999). *Philosophy of the Flesh: The Embodied Mind and Its Challenge to Western Thought*. New York : Basic Books.

Myers, David G. *Psychology*, Seventh Edition. 黄希庭等译, 人民邮电出版社 2006 年版。

Peirce, C. S. *Collected Papers of Charles Sanders Peirce*, Volumes 1-6, Cambridge, M A: Harvad University Press, 1931-1935.

Ponzio, Augusto. (1990) *Man as a sign: Essays on the Philosophy of Language*, Berlin and New York: Mouton de Gruyter.

Rescher, N. (1968) *Topics in Philosophical Logic*. Dordrecht: D. Reidel Publishing Company.

Roco, Mihail C. and William Sims Bainbridge (eds.) (2002) *Converging Technologies for Improving Human Performance: Nanotechnology, Biotechnology, Information Technology and Cognitive Science*. Dordrecht/ Boston/ London, Kluwer Academic Publishers, 2003.

Saussure, (1983) 15-16. From D. Chandler, *Seniotics: The Basic*,

Routledge, London, New York, 2002.

Searle, John R. *The Construction of Social Reality*. Free Press, 1997.

Searle, John R. *Mind, Language And Society: Philosophy In The Real World*. Basic Books, 1999.

Searle, John R. *Mind: a brief introduction*. Oxford: New York : Oxford University Press, 2004.

Searle, John R. (2005). Consciousness. In Honderich T. *The Oxford companion to philosophy*. Oxford University Press.

Soames, S. Overview, in Pragmatics and Contextual Semantics, from Frawley, William J. (ed. in Chef) (2003) *International Encyclopedia of Linguistics*, Second Edition, Oxford University Press, Vol. 3, pp. 379 – 380.

Stam, J. H. (1976). *Inquiries into the origins of language*. New York: Harper and Row.

Tallerman, Maggie; Gibson, Kathleen. (2011). *The Oxford Handbook of Language Evolution*. Oxford: Oxford University Press.

Tomasello, M. (1996). The cultural roots of language. In Velichkovsky, B. M. and D. M. Rumbaugh (Eds), *Communicating Meaning. The evolution and development of language*. Mahwah, NJ: Erlbaum, pp. 275–307. Pika, S. and Mitani, J. C. 2006. Referential gesturing in wild chimpanzees (Pan troglodytes). *Current Biology*, 16. 191–192.

Ulbaek, I. (1998). The origin of language and cognition. In J. R. Hurford, M. Studdert–Kennedy and C. D. Knight (Eds), *Approaches to the evolution of language: social and cognitive bases*. Cambridge: Cambridge University Press.

Wittgenstein, L. *Tractatus – Logico Philosophicus*, 1921/1961 Dover Publications, 1998.

Wittgenstein, L. *Philosophical Investigation*, translated by G. E. M. Anscombe, Basil Blackwell Ltd 1953.

A. P. 马蒂尼奇：《语言哲学》，牟博等译，商务印书馆1998年版。

亨迪卡：《谁将扼杀分析哲学》，张力锋译，引自陈波主编：《分析哲学》，四川教育出版社2001年版。

W. 施太格缪勒：《当代哲学主流》（上卷），王炳文、燕宏远、张金言等译，商务印书馆1986年版。

W. 施太格缪勒：《当代哲学主流》（下卷），王炳文、王路、燕宏远、李理等译，北京商务印书馆2000年版。

米黑尔·罗科、威廉·班布里奇编（2003）：《聚合四大科技 提高人类能力——纳米技术、生物技术、信息技术和认知科学》，蔡曙山、王志栋、周允程等译，清华大学出版社2010年版。

维特根斯坦：《逻辑哲学论》，贺绍甲译，商务印书馆2011年版。

维特根斯坦：《哲学研究》，李步楼译，商务印书馆2004年版。

蔡曙山：《论哲学的语言转向及其意义》，《学术界》2001年第1期。

蔡曙山：《再论哲学的语言转向及其意义》，《学术界》2006年第4期。

蔡曙山：《符号学三分法及其对现代语言学、逻辑学和哲学的影响》，《北京大学学报》2006年第5期。

蔡曙山：《从语言到心智和认知：20世纪语言哲学和心智哲学的发展——以塞尔为例》，《河北学刊》2008年第1期。

蔡曙山：《人类心智探秘的哲学之路——试论从语言哲学到心智哲学的发展》，《晋阳学刊》2010年第3期。

蔡曙山：《综合再综合：从认知科学到聚合科技》，《学术界》2010年第6期。

蔡曙山：《探索语言与人类认知的奥秘》，《科学中国人》2015年第12期。

蔡曙山：《论人类认知的五个层级》，《学术界》2015年第12期。

蔡曙山：《论语言在人类认知中的地位和作用》，《北京大学学报》2020年第1期。

蔡曙山：《认知科学与技术条件下心身问题新解》，《学术前沿》2020 年 5 月（上）。

蔡曙山、邹崇理：《自然语言的形式理论研究》，人民出版社 2010 年版。

第七章

句法加工和语句结构

　　上一章我们指出，20 世纪西方语言学和语言哲学最重要的成果，是在符号学研究方法的指导下，根据符号学三分法的结构，并以 20 世纪初数学基础研究和数学逻辑中形成的强大的形式化方法，按照语形学、语义学和语用学的构架来研究自然语言，取得乔姆斯基的句法理论、蒙太格的形式语义学、奥斯汀和塞尔的言语行为理论这样一些具有代表性的理论成果。

　　20 世纪 70 年代以后，由于认知科学的兴起，认知科学的研究方法也被应用到其所属的语言学研究领域。语言学被看作是人的大脑的语言加工过程的模写，具体地说，句法学（syntax）是头脑里发生的句法加工过程（syntactic processing）的摹写，语义学（sematics）是语义加工过程（semantic processing）的摹写，语用学（pragmatics）则是语用加工过程（pragmatic processing）的摹写。一般地，在认知科学背景下，我们使用英文 syntax、sematics、pragmatics 三个术语时，含有一种语言理论和头脑里语言加工过程的双重含义，而在使用对应的传统句法学、语义学和语用学这三个术语的时候，却往往只注意到语言理论的含义，而忽略或无视头脑中语言加工的含义。事实上，头脑里发生的语言认知过程是第一性的，是科学认知的对象，而对之进行摹写的语言学，包括句法学、语义学和语用学，是第二性的，是学科研究的对象。这种区别，我们从一开始就要讲清楚。

　　本章和以下两章，我们分别从语言认知的三个层次句法加工、语义

加工和语用加工，来分析大脑语言加工的过程和方式，同时也分析这些
过程和方式所对应的句法学、语义学和语用学的发展。

第一节 自然语言的句法结构

本节可以有两个标题：乔姆斯基句法理论，或自然语言的句法结构，
两者是等价的，即乔姆斯基句法理论等于自然语言的句法结构。乔姆斯
基用形式语言的分析方法建立了自然语言（英语）的句法结构。所以，
我们说乔姆斯基的句法理论，就等同于自然语言的句法结构或句法理论。

一、词法学、句法学和语形学

关于"syntax"，维基百科的定义是：

在语言学中，句法（从古希腊的"协调"、"共同"、"命令"、"排
序"）是"对用特定语言构建句子的原则和过程的研究"。此外，术语
"syntax"还直接用指任何个人语言中管辖句子结构的规则和原则。现
代句法学研究还试图用这些规则来描述语言。这门学科的许多专业人士
试图找到适用于所有自然语言的一般规则。"syntax"这个术语还用指
支配数学系统的规则，例如逻辑学中使用的形式语言。

朗文词典的定义是：

The way words are arranged to form sentences or phrases, or the
rules of grammar which control this.（句法指语词被组成语句或短语
的方法，或是控制这一过程的语法规则。）

长期以来，中国语言学界都把"syntax"理解和翻译为"句法"，
这是一个极大的错误。事实上，英文"syntax"至少有两重含义：词法
（将基本符号加工成语词，或将语词加工成短语）；句法（将语词加工
成语句）。统一两者有一个更好的译法是语形加工或语形学，即把语言
符号加工为语言表达式（expressions），包括语词、短语和语句。

学界之所以把"syntax"理解和翻译为"句法"，主要原因是乔姆
斯基只研究句法而不研究词法，但这并不能成为错误理解和错误翻译的

理由。因此，辨析"syntax"的确切含义，是我们的首要任务。

（一）词法加工或词法学

词法加工是根据语言的形成规则，从语言的初始符号得到语词的加工过程。词法学则是描写语词加工过程的语言理论。

例如，"about"这个英语语词，是从英文基本符号（26个英文字母），经由形成规则（英文字典）而得到的有意义的字符串（单词）。

又例如，"中"这个中文语词，是从中文基本符号（五种基本笔画），经由形成规则（中文字典）而得到的有意义的字符串（独体字）。"中庸"一词，则是通过两个汉字，经由形成规则（中文词典）得到的新的中文语词。

汉语具有非常丰富的词法加工技艺和词法理论。早在东汉许慎开始编撰中国首部字典《说文解字》，历时22年始得完成。此书归纳出汉字部首540个，收字9353个，重文1163个，共10516字，开创了部首检字的先河，以象形、指事、会意、形声、转注和假借即"六书"进行字形分析，是中国第一部系统完备的汉语词法（图7-1）。

六书名称	别称	《说文》定义	构字规则	例字
象形		象形者，画成其物，随体诘诎，日月是也。	用线条描绘事物的形体	☉（日） ◗（月）
指事	象事 处事	指事者，视而可识，察而见意，上下是也。	用象征性符号表示事物意义	二（上） 二（下）
会意	象意	会意者，比类合谊，以见指伪，武信是也。	用已有的字组合为新的意义	林（林） 休（休）
形声	象声 谐声	形声者，以事为名，取譬相成，江河是也。	用表意的形符和表音的声符合成新字	江，河 忠，鲤
转注		转注者，建类一首，同意相拥，考老是也。	用同部首的意义相通字相互注解	老＝考 绩＝缉
假借		假借者，本无其字，依声托事，令长是也。	借用同音字来代表另一意义不同的字	自（鼻） 汝（你）

图7-1 汉字六书

《孙氏重刊说文宋本序》说，《说文》上溯唐虞，将篆文合以古籀，并仓颉爰历博学，又以壁经鼎彝古文为之左证——可见汉语词法历史久远。《宋本序》还说："唐虞三代，五经文字毁于暴秦而存于说文。说文不作，几于不知六义，六义不通，唐虞三代古文不可复识。五经不得其本解，说文未作已前，西汉诸儒得壁中古文书不能读，谓之'逸十六篇'。《礼记》七十子之徒所作，其释《孔悝鼎铭》'兴旧耆欲'及'对扬以辟之''勤大命'，或多不辞，此其证也。"①

我们可以把汉语系统的初始符号看作是横、竖、撇、捺（点）、折五种基本笔画。这五种基本笔画组成偏旁和部首，由偏旁部首生成汉字，由汉字生成语词，包括一字词（汉字本身）、二字词、三字词、四字词（包括丰富多彩的汉语成语）、多字词。6000 个基本汉字组成的二字词约有 1800 万至 3600 万个、三字词约 36 亿至 2159 亿个、四字词约 54 万亿个，故中国人只需认识 6000 个基本汉字便可保证阅读和学习之需，而英语或其他拼音文字即使记住 10 万至 100 万个单词，也未必能够达到 6000 个汉字的表达能力！由此看出，汉语系统具有最少的基本符号，即汉字五种基本笔画，却有最强的生成能力！②

英语没有词法，或者说英语词法极为简单，并不能由此认为其他语言亦无词法。事实上，除了汉语具有复杂的词法，俄语、德语等印欧语系的语言也都具有非常丰富的词法规则和变化。

---

① 《序》出自中华书局影印清同治十年陈昌治改刻清嘉庆十四年孙星衍复刻宋本《说文》之新印本，中华书局 1995 年版。

② 6000 个汉字也是单字词，这些汉字组成的二字词、三字词和四字词则按组合排列计算。6000 个汉字组成的二字词，考虑两个汉字的不同排列有的是不同的语词，如"风扇"和"扇风"、"电脑"和"脑电"等，但有的不是，如"地球"是语词，"球地"却不是。因此，二字词的数量在 6000 取 2 的组合数和排列数之间，即在 C（6000，2）= 17，997，000 和 A（6000，2）= 35，994，000 之间。三个汉字排列成不同语词的例子也有，如"不怕辣"、"怕不辣"、"辣不怕"、"怕辣不"、"辣怕不"都是汉语语词。因此，三字词的数量在 6000 取 3 的组合数和排列数之间，即在 C（6000，3）= 35，982，002，000 和 A（6000，3）= 215，892，012，000 之间。四字词我们只考虑 6000 取 4 的组合数，即 C（6000，4）= 53，946，016，498，500。仅从词法上看，汉语可以是世界上所有语言中生成能力最强的语言。

一个语言系统，基本符号（初始符号）按照词法规则组成语词，语词按照句法规则组成语句。因此，任何语言都有词法和句法，并且一个语言系统的词法比句法更基本、更重要。

（二）句法加工或句法学

句法加工是从语词根据句法规则得到语句的加工过程。句法学则是描写句法加工过程的语言理论。

例如，英语语句"The boy love(s)the girl"是由五个英文单词根据英文句法生成的主—谓—宾式的语句。

句法学（syntax）是研究语言符号的空间排列关系的学科。在自然语言的研究中，句法学特指对语句中语词的空间排列关系的研究。

自然语言加工的句法理论典型代表是乔姆斯基的句法结构理论。

乔姆斯基只研究句法而不研究词法，这是中国语言学界将"syntax"译为"句法学"的原因，但这种理解是片面的和错误的。

（三）语形学

头脑里有没有语形加工？这个问题非常重要。从认知科学的原理看，语言是头脑里发生的符号加工过程，语言学则是对这个加工过程的摹写。认知科学研究发现，头脑里确实具有词法加工和句法加工两种模式，词法加工是将语言的基本符号（或称初始符号）加工成语词，句法加工则是将语词加工成语句。词法学和句法学这样两种语言理论则是头脑里词法加工和句法加工过程的摹写。

语词和语句有一个统一的称谓叫作"表达式"（expressions），所以，我们可以将语言和表达式的加工合称为语形加工（syntactic processing），对应的语言学理论叫作语形学（syntax）。

语形学由词法学和句法学两个部分构成，语形学研究符号的空间排列关系，包括词法关系和句法关系。

这才是"syntax"这个英文术语的完整含义。

二、乔姆斯基的句法结构理论

乔姆斯基一生著述丰厚，很难按照某种单一的标准来对乔姆斯基的理论进行概括和划分。一般按照时间的先后大致把乔姆斯基理论的发展分为两个时期。第一阶段从 20 世纪 50 年代中期开始到 70 年代中期，这个时期是转换生成语法的形成时期，这个时期的重要的语言理论有 50 年代的句法结构理论（SS）、60 年代的标准理论（ST）、70 年代的扩展的标准理论（EST）和"修正扩展的标准理论"（REST）等。第二个时期是 70 年代以后，这个时期乔姆斯基的语言理论发生了根本的变化，他基本抛弃了第一个时期的以深层结构和表层结构为特征的理论模型，重新建立各种新的理论模型，包括管辖和约束理论（GB）、最简方案理论（MP）等。其中，GB 又包括短语结构的 X-阶标理论（X-barT）、θ-理论（θ-T）和功能范畴（FC）、移动和格理论（MCT）；MP 又包括原则和参数理论（P & P）等。

下面是乔姆斯基"语言学革命"的主要发展阶段。

（一）第一阶段：转换生成语法形成时期

1. 句法结构理论

句法结构理论（Syntactic Structure，SS）以 1957 年的《句法结构》一书为代表，它由以下三个部分构成：

（1）短语结构规则（phrase structure rules）。

短语结构规则也叫重写规则（rewriting rules）。它试图用有限的规则来生成无限的句子。重写规则通过形式化的方法和递归定义，生成一系列的短语结构。

（2）转换规则（transformational rules）。

由重写规则生成一系列的短语结构，可分为词汇前结构（pre-lexical structure）和词汇后结构（post-lexical structure）。前者由非终极符构成，称为深层结构（deep structure），后者由终极符构成，称为表层结构（surface structure）。

（3）形态音位规则（morphophonemic rules）。

按照乔姆斯基的理解，转换规则将深层结构的逻辑语法关系映射为表层结构的语言关系与语音关系。这样就可以解释语言的歧义和释义现象。前者是两个不同的深层结构转换为同一表层结构，后者是同一深层结构转换为两个不同的表层结构。

值得注意的是，在句法结构理论中，乔姆斯基主张把语义排除在语法之外。

2. 标准理论

标准理论（Standard Theory，ST）以 1965《语法理论要略》（*Aspects of the Theory of Syntax*）一书为代表，它被看作是生成语法的标准理论。标准理论包括深层结构和表层结构两个部分。深层结构是语义部分和语义规则，它表现的是句子的语义；表层结构是语音部分和语音规则，它表现的是句子的语音；深层结构通过转换规则转换为表层结构。其理论框架如图 7-2 所示。① 在这一阶段，乔姆斯基认为语义是由深层结构决定的。

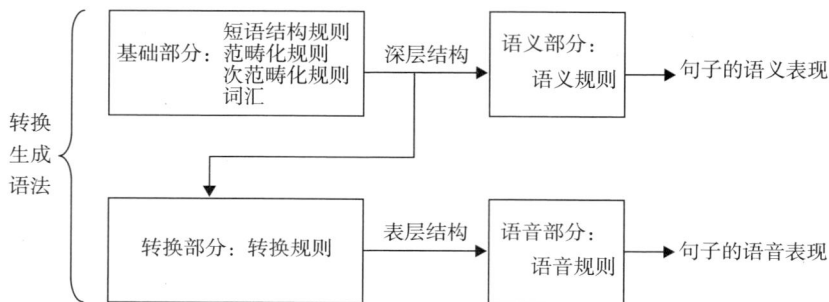

图 7-2　转换生成语法理论框架图

3. 从扩展的标准理论到修正扩展的标准理论

扩展的标准理论（Extended Standard Theory，EST）以 1972 年《生成语法的语义学研究》（*Studies on Semantics in Generative Grammar*）、1975 年《思考语言》（*Reflection on Language*）为代表。乔姆斯基认为，虽然语义主要是由深层结构决定，但表层结构对语义解释也起一定的作用。在 1977 年《关于形式和解释的论文集》（*Essays on Form and Interpretation*）一书中，乔姆斯基修正 EST，提出了新的理论模型，即"修正扩展的标准理论"（Revised Extended Standard Theory，REST）。这个

---

① 参见赵世开：《现代语言学》，知识出版社 1983 年版，第 60 页。

理论把语义解释放到了表层结构上，因而使其理论结构增加一个与语音表现并列的新的层级：逻辑形式表现。20 世纪 50 年代到 70 年代，乔姆斯基理论的主要成就是转换语法（Transformational Grammar，TG），包括短语结构理论、词汇理论和转换理论。这些理论构成他的唯理主义和心理主义语言学的基础。

在这个时期的著作，特别是在 1968/1972 年的《语言和心智》（*Language and Mind*）一书中，乔姆斯基还讨论了语言和心智的问题。这是语言哲学向心智哲学转变的标志，也是认知语言学向认知科学发展的标志。乔姆斯基也因此被认为是第一代认知科学的代表性人物。

（二）第二阶段：形式语法理论新的发展时期

1. 管辖和约束理论

管辖和约束理论（Government and Binding Theory，GBT）是 1981 年《管辖约束讲座》（*Lectures on Government and Binding*）一书提出的语法框架，乔姆斯基将其称为 GB 框架。乔姆斯基指出，这个框架是从他 1975 年《思考语言》、1977 年《关于形式和解释的论文集》和《论 Wh-移动》、1980 年《规则和表达》，特别是 1980 年《论约束》（*On Binding*）一文提出的 OB 框架发展而来。[1] 乔姆斯基的这个新的理论框架 GB 包括关于代词的非转换理论，包括 LF 表达式和 θ-理论、空范畴理论、OB 框架、GB 框架（其中包括管辖理论、θ-角色和格理论、约束理论）、代词脱落的参数、空范畴和移动规则等。

此后，很多语言学家纷纷著书立说，阐释深奥复杂的 GB 理论。例如，黑格曼（L. Haegman）1991/1994 年的《管辖和约束理论导论》以乔姆斯基 1981 年《管辖约束讲座》、1982 年《管辖和约束理论的一些概念和结论》、1986 年《知识和语言》、1986 年《语阻》等一系列著作为基础，重新阐述了 GB 理论。这本 700 页的著作包括一个"导言"和 12 章，详细介绍了 GB 理论建立的背景，涉及的语言理论包括词汇和语言结构、短语结构、格理论、首语重复关系和显性 NP 短语、非显性范

---

[1] Chomsky, N. (1981) *Lectures on Government and Binding*. Dordrech：Foris. p. 5.

畴：PRO 与控制、转换：NP-移动、WH-移动、空范畴、逻辑形式、语阻、功能头和头移动、相对最简方案等。在 GB 理论建立的过程中，一些语言学家以英语以外的语言来丰富 GB 的理论模型，如里奇（L. Rizzi，1982）；黄（C. T. James Huang，1982a-b）；波雷尔（H. Borer，1984）；洪（S. Hong，1985）；凯恩（R. S. Kayne，1984）；库普曼（H. Koopman，1984）；赫蒙（G. Hermon，1985）；奥恩（J. Aoun，1985，1986）[1]；何（Y. He，1996）等。乔姆斯基语言理论是一个开放的系统，它欢迎并通过很多人的共同努力，发展并完善了这些理论。

经过很多语言学家发展完备的 GB 理论，实际上是对乔姆斯基 20 世纪 80 年代以前语言理论的总结。威廉斯（E. Willians）说："我相信 GB 方法论是存在的。它的特性不在于那些区分不同理论版本的细节，而在于它对语法的模型理论的探求。"[2] GB 理论的完整的规则系统由下面的框架给出：[3]

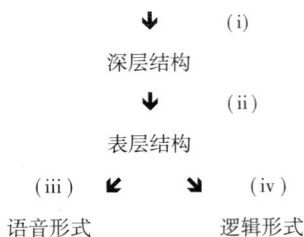

$$\downarrow \qquad (i)$$

深层结构

$$\downarrow \qquad (ii)$$

表层结构

$$(iii) \; \swarrow \qquad \searrow \; (iv)$$

语音形式　　　　　　逻辑形式

图 7-3　REST 理论框架图

图中罗马数字所代表的是语法的步骤和在该步骤所运用的规则。具体说，（i）中所使用的是词汇规则；（ii）、（iii）和（iv）中所使用的是转换规则（移动-α 规则）。此外，（iii）和（iv）中还分别使用了语

---

[1]　He，Y.（1996）*An Introduction to Government-Binding Theory in Chinese Syntax*. Lewiston，NewYork：The Edwin Mellen Press，p. 1.

[2]　Williams，E.（1984：401）From Yuanjian He. 1996. *An Introduction to Government-Binding Theory in Chinese Syntax*. Lewiston，NewYork：The Edwin Mellen Press，p. 1.

[3]　Chomsky，N.（1986）*Knowledge of Language：Its Nature*，Origin and Use，NewYork：Praeger Publishers，pp. 67-68.

音形式规则和逻辑形式规则。这些规则构成的语法系统如下:①

　　(i) 词汇 (词汇项和词汇规则)

　　(ii) 句法

　　　　(a) 范畴规则

　　　　(b) 转换规则 (移动-α 规则)

　　(iii) 语音形式规则

　　(iv) 逻辑形式规则

　　这个语法系统就是生成转换语法。在这个系统中，规则与语法的关系是:词汇规则限定每一个词汇项的抽象词素音位结构及其句法结构特征，包括其范畴特征及其上下文特征。范畴成分规则适合于某种 X-阶标理论。系统 (i) 和 (iia) 构成语法的基础，其中的规则被称为基本规则。运用这些基本规则，将词汇项插入到由 (iia) 生成的结构之中，便生成深层结构。深层结构通过移动-α 规则，映射到表层结构，并留下与前项相一致的语迹，这就是转换规则 (iib) 的内容。移动-α 规则同样也运用到语音形式和逻辑形式之中，而语音形式规则 (iii) 和逻辑形式规则 (iv) 分别将表层结构转换为语音表达式和逻辑表达式。

　　乔姆斯基认为，这个语法系统包括了以下原则:②

　　(i) 限制理论

　　(ii) 管辖理论

　　(iii) 论元理论

　　(iv) 约束理论

　　(v) 格理论

　　(vi) 控制理论

　　2. 原则和参数理论

　　1981 年，乔姆斯基在《管辖约束讲座》中首次提出"原则"和"参数"这两个术语，如"空范畴原则"(ECP)、"代词脱落参数"(The

---

① Chomsky, N. (1981) *Lectures on Government and Binding*. Dordrech: Foris, p. 5.

② Chomsky, N. (1981) *Lectures on Government and Binding*. Dordrech: Foris, p. 5.

pro-drop parameter）等。也是在这一年，乔姆斯基在"句法理论中的原则和参数"一文中正式提出了原则和参数理论（Principles and Parameters，P & P）。在 1995 的《最简方案》（*The Minimalist Program*）一书中，乔姆斯基给原则和参数理论下了这样一个定义："原则和参数（P & P）理论不是一个清晰表达的理论系统，而是一种在 40 年以前自现代生成语法诞生以来就占有主导地位、并已经发展成形的、对语言研究的经典问题起指导作用的特殊方法。"①　因此，P & P 是一种研究方法，它寻求描述那些在各种语言中保持不变的原则，也就是乔姆斯基所谓的先天原则；同时也精确刻画在各种语言中可能变化的参数。因此，P & P 也就成为尝试将普遍语法（Universal Grammar，UG）和特殊语法结构两者结合起来的一种新的方法。

例如，P & P 要讨论变元参数 "wh-疑问代词" 在各种语言中的位置。在英语中，它要从陈述句的正常位置提到疑问句的句首位置。而在汉语中，疑问代词的位置却保持不变。在这两种类型的语言中，wh-疑问代词出现的位置的变化，就是这两种语言的结构配置中的同一性限定（identical restrictions），这种限定反映了普遍语法的原则。

在解释的模型和假定原则的抽象性质方面，P & P 与生成短语结构语法（Generalized Phrase Structure Grammar，GPSG）和词汇功能语法（Lexical Functional Grammar，LFG）有很多共同之处。但在技术层面上，P & P 的方法常常与 GPSG 在假设的原则基础上有所不同，而与 GPSG 和 LFG 相比，P & P 所使用的规则和相关属性更少受到结构的限制。P & P 借用了大量的在关联语法（relational grammar）中所使用的分析方法，这些方法已经被吸收到 P&P 假设的共同基础之中。此外，在跨语言学的发展方面，以及在普遍语法的各种不同理论的发展方面，P & P 与关联语法、LFG 也有很多共通之处。

3. 最简方案

最简方案（Minimalist Program，MP）出现在 20 世纪 90 年代初期，

---

① Chomsky, N. （1995）*The Minimalist Program*, Cambridge, MA：MIT Press. p. 13.

乔姆斯基 1993 年《语言理论的一个最简方案》一文和 1995 年《最简方案》（*The Minimalist Program*）一书是 MP 诞生的标志。

　　MP 是在取得成功的 P & P 框架基础上发展起来的最新的生成语法理论。《最简方案》一书开头第一章就是最简方案理论。由于 P & P 是对 50 年代以来乔姆斯基语言理论的总结，所以，MP 自然也就是这同一时间内乔姆斯基语言理论的总结。在《最简方案》一书"导言"中，乔姆斯基说："本书以后的章节主要依据的是自 1986 年至 1994 年在 MIT 定期的讲座和研讨会的素材，它们是 30 多年以来工作的延续，而这项工作得到了不同学院和多学科的学生、教员和其他人的广泛参与。"①　关于提出最简方案的最初的动机，乔姆斯基说："这项工作受到两个相关问题的激发：（1）人类语言能力能够得到满足的一般条件是什么？（2）根据这些条件，并且不需要此外的特殊结构，人类语言在何种程度上能够被确定？第一个问题又分为两个方面：（A）因语言能力在心—脑认知体系内所处的位置而产生的影响语言能力的条件；（B）出于对简单性、经济性、对称性、非冗余性等具有某种独立可能性的概念性质的一般考虑而涉及的影响语言能力的条件。"②

　　最简方案使用了两种经济性条件。一种被称为方法论的经济性（methodlogical economy）原则，即"越少越好，越多越差"：一个初始条件优于两个初始条件；一种关系优于两种关系；两个层次优于三个层次，等等。我们可以把这条原则称为简单性原则，或节俭性原则。另一种被称为存在的经济性（substantive economy）原则，例如，"采用简短的步骤而避免复杂的步骤"、"步骤越少的推导越好"、"仅当必须，才用移动"、"语法描写不能出现闲置不用的表达式"等。这些原则还包括在生成语法中所涉及的其他一般原则，如乔姆斯基的 A-over-A 原则（1964）、罗森鲍姆（P. Rosenbaum，1970）的极小距离原则、乔姆斯基（1973）的优先性原则、里奇（L. Rizzi，1990）的最简性原则、奥恩

---

① Chomsky, N. (1995) *The Minimalist Program*, Cambridge, MA：MIT Press, p. 1.

② Chomsky, N. (1995) *The Minimalist Program*, Cambridge, MA：MIT Press, p. 1.

（J. Aoun）和李（A. Li，1993）的极小约束要求以及乔姆斯基 1986a 年的完全解释原则等。

下面介绍乔姆斯基语言理论中最有代表性的生成转换语法。

三、生成转换语法

生成转换语法包括生成语法和转换语法两个部分。

（一）生成语法（generative grammar）

生成语法是由短语结构规则、词汇规则等一套规则组成的系统，它规定在一个语言中，如何将语词组合成为句法正确的句子，同时能够识别和避免句法错误（syntactic error）的句子。

下面是英语中四种基本的句型。

1. 主谓宾结构

1957 年，乔姆斯基在其划时代的著作《句法结构》中，给出了主谓宾结构的一个简单例子,[①] 这是英语中最常用的句法结构。

（1）　（i）*Sentence* → NP VP

　　　（ii）NP → T N

　　　（iii）VP → Verb NP

　　　（iv）T →*the*, *a*

　　　（v）N →*man*, *ball*, etc.

　　　（vi）Verb →*hit*, *took*, etc.

我们将（1）中每一条形如 $X \to Y$ 的规则称为"重写规则"，即"重写 X 为 Y"，并称这些规则的集合为一个语法。

我们称下面的（2）为语句"the man hit the ball"从语法（1）所得出的一个推导。

（2）　*Sentence*

　　　NP VP　　　　　　　　　　　　　　　　　　（i）

---

① Chomsky, N. (1957) *Syntactic Structures*. The Hague：Mouton. p. 26. 原文重写的范畴之间用"+"连接，如"NP → T+N"。乔姆斯基 1965 年又改用"⌢"连接。为保持本书的一致性，根据乔姆斯基和其他学者后来的简化，均改用空格连接。

T N VP	（ⅱ）
T N Verb NP	（ⅲ）
the N Verb NP	（ⅳ）
the man Verb NP	（ⅴ）
the man hit NP	（ⅵ）
the man hit T N	（ⅱ）
the man hit the N	（ⅳ）
the man hit the ball	（ⅴ）

其中，最右边的一列给出得出该行符号串所依据的重写规则。例如，第二行的串"NP VP"是根据重写规则（ⅰ）得出的，如此等等。

这个推导可以用下面的树形图来表示：

（3）

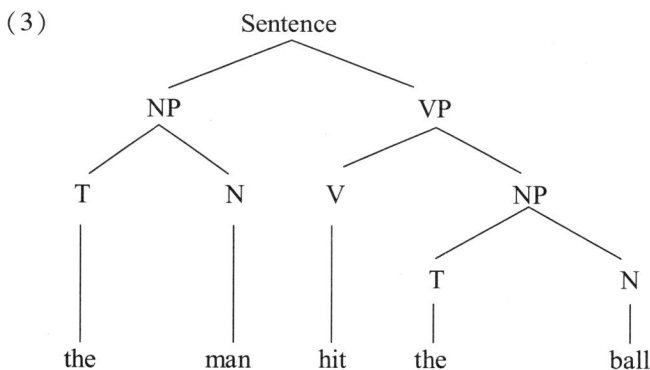

注意这是一棵倒置的树，树根向上，树梢向下。不要小看这个简单的结构，这样一个简单的结构却表明了乔姆斯基革命的开始。

乔姆斯基以前的经验主义语言学是从树梢开始来研究语言的，即从具体的语句开始，去分析它们的结构，找出它们的共同特征，最后总结出一个语言的语法。行为主义语言学则认为人们的语言知识来源于语言的实践。乔姆斯基革命把这个过程倒了过来，即把这棵树倒了过来。他认为，儿童不是一个语句一个语句地去习得第一语言知识的，而是相反。儿童具有一种先天的语言能力，语言习得的环境和条件只是激发他的这种能力，所以他才能够从一个结构生成无数多的语句。换句话说，乔姆斯基认为语言的这种结构和规则是先天地存在于儿童的头脑之中的。语言是一种心智现象。这是乔姆斯基唯理主义和心理主义语言学的最本质的特征。

乔姆斯基把按照这种结构和规则所生成的语句的集合称为一个语言，把结构和规则的集合称为该语言的语法。[①]

自 1957 年以后，乔姆斯基的句法结构理论一直在不断地被修改和完善，很多范畴名称（categorial names）已经形成统一的表示法，兹列出如下，以便我们在本书中使用：

S：语句（Sentence）

NP：名词短语（Noun Phrase）

M：情态词（Modal）

VP：动词短语（Verb Phrase）

D：限定词（Determiner）

N：名词（Noun）

V：动词（Verb）

PP：介词短语（Prepositional Phrase）

P：介词（Preposition）

ADVP：副词短语（Adverbial Phrase）

ADV：副词（Adverb）

AP：形容词短语（Adjectival Phrase）

A：形容词（Adjective）

2. 主谓结构

这是英语中的另一个重要句型，它的谓语由不及物动词充当，不带宾语，生成规则和树形图如下：

（1）　（i）*Sentence* → NP VP

　　　　（ii）NP → T N

　　　　（iii）VP → Verb

　　　　（iv）T →*the*，*a*

----

① Chomsky，N.（1957）*Syntactic Structures*. The Hague：Mouton. pp. 106-108.

（ⅴ）N →*boy*，*dog*，*bird*，etc.

（ⅵ）Verb →*cry*，*run*，*fly*，etc.

下面的（2）为语句"the boy cry"从语法（1）所得出的一个推导。

（2） *Sentence*

NP VP   （ⅰ）

T N VP   （ⅱ）

the N Verb   （ⅲ）

the boy Verb   （ⅳ）

the boy cry   （ⅴ）

这个推导可以用下面的树形图来表示：

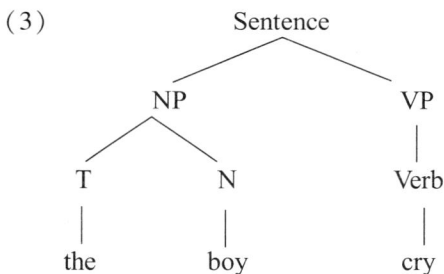

（3）

```
                    Sentence
                   /        \
                 NP          VP
                /  \          |
               T    N        Verb
               |    |         |
              the  boy       cry
```

使用上面的词库作语词替换（《英语 900 句》称为"换字练习"，即由老师说出一个句型，再说出一个语词，学生替换该句型中适当的语词），可以得到以下 3×3＝9 个句法结构完全相同的句子。

The boy（dog，bird）cry（run，fly）.

3. 主谓双宾结构

这个句型的生成规则和树形图如下：

（1） （ⅰ）*Sentence* → NP VP

（ⅱ）NP → T N

（ⅲ）VP → Verb NP_1 NP_2

（ⅳ）T →*the*，*a*

（ⅴ）N →*teacher*，*John*，*book*，etc.

（ⅵ）Verb →*give*，etc.

我们称下面的（2）为语句"the teacher give John a book"从语法
（1）所得出的一个推导。

（2）　*Sentence*

NP VP	（i）
T N VP	（ii）
T N Verb NP1	（iii）
T N Verb NP_1 NP_2	（iv）
the N Verb NP_1 NP_2	（v）
the teacher Verb NP_1 NP_2	（vi）
the man give NP_1 NP_2	（vii）
the man give John NP_2	（viii）
the man give John T N	（ix）
the man give John a N	（x）
the man give John a book	（xi）

这个推导可以用下面的树形图来表示：

（3）

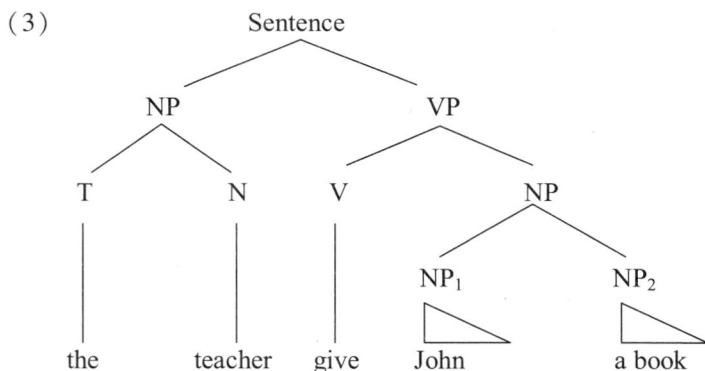

说明：图中小直角三角形表示此处省略其中的子结构。

4. 主系表结构

这是英语中的重要句型，它的谓语由联系动词和表语构成，生成规
则和树形图如下：

（1）　（i）*Sentence* → NP VP

　　　（ii）NP → T N

（iii）VP → Verb P

（iv）T →*the*, *a*

（v）N →*student*, etc.

（vi）Verb →*be*, *seem*, etc.

下面的（2）为语句"the student seem fine"从语法（1）所得出的一个推导。

（2）*Sentence*

　　NP VP　　　　　　　　　　　　　　　　（i）

　　T N VP　　　　　　　　　　　　　　　　（ii）

　　the N Verb P　　　　　　　　　　　　　（iii）

　　the boy Verb P　　　　　　　　　　　　（iv）

　　the boy seem P　　　　　　　　　　　　（v）

　　the boy seem fine　　　　　　　　　　　（vi）

这个推导可以用下面的树形图来表示：

（3）

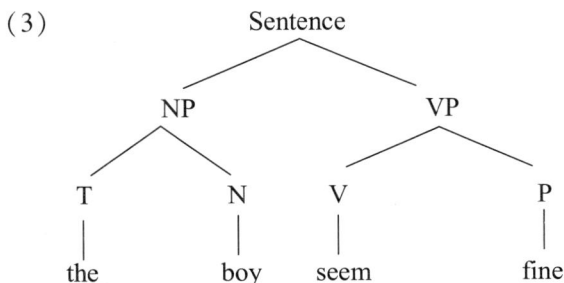

（二）**转换语法**（transformational grammar）

英语中的被动语句、否定语句、各种时态、动词单数第三人称变化、名词复数变化等，则由另一类规则来说明，这些规则的集合被称为**转换语法**（transformational grammar）。

乔姆斯基（1957）给出的转换规则有 15 条之多，其中第 12 条是被动语句结构转换的规则。先来比较下面的语句：

（1a）Mary solved the problem.（玛丽解决了那个问题。）

（1b）［S Mary ［Aux Tense］［VP solved ［NP the problem］］］

（2a）The problem was solved.（by Mary）

（2b）［S［NP the problem］［Aux Tense］［VP was solved ］（by Mary）］

在主动语句（1）中，主语和动词的宾语都处于它们各自应该出现的位置上；在被动语句（2）中，动词的宾语出现在主语的位置上，而主语却处于句末的 by-短语中。

被动语句的转换规则如下：

主动结构：NP-Aux-V-NP

结构变换：X1-X2-X3-X4 →

X4-X2+be+en-X3-by+X1

转换规则的设置，是为了让生成规则更加简明。有了转换规则，生成规则只需要少数几条，就可以保证生成所有（无穷多）的英语语句，其他的句型（被动语句、单数第三人称的谓语动词曲折变化等）则用转换规则来说明。

以上分析说明，乔姆斯基既把语言看作一种认知能力，又把语言看作脑与认知的加工过程，这体现在以下几个方面：第一，乔姆斯基区分了语言知识和语言能力，并提出第一语言是一种先天语言能力（Innate Language Faculty，ILF）的大胆假设，这个假设被后来的很多重要实验所证实。第二，乔姆斯基认为包括生成转换语法在内的、适用于一切语言的"普遍语法"（Universal Grammar，UG）是一种内在的装置，即人脑的语言加工机制，并且由此去寻找脑与语言的关系，由此开创了语言研究和认知科学的新时代，成为毫无疑义的认知科学的第一代领袖。第三，乔姆斯基把句法结构理论看作是头脑中语言加工方式和加工过程的摹写，这个加工过程是自上而下的（Top-down Processing），因此，乔姆斯基语言学是一种唯理语义语言学。第四，乔姆斯基的语言理论不是从后天行为来解释语言能力，而是从人的心理和认知方面来解释这种能力。这就使他与当时占主流的行为主义语言学划清了界限，开创了认知语言学的新时代。因此，乔姆斯基语言学也被称为心理主义和认知主义的语言学。

关于乔姆斯基句法结构理论和其他理论的更多细节，请参阅蔡曙山、邹崇理的《自然语言形式理论》;① 关于乔姆斯基革命的意义，请参阅蔡曙山《没有乔姆斯基，世界将会怎样》。②

第二节 传统逻辑的句法结构

逻辑是一种认知方式，它以推理的形式从已有的知识推出新的知识。逻辑是头脑里的东西，是头脑里发生的认知过程和认知方式。

逻辑学则是对头脑里逻辑认知过程和方式的摹写。逻辑学是一种理论体系，它存在于书本上而非存在于人的头脑里。

一、逻辑简史和学科分类

逻辑学是一门古老的学问。人类一开始思考，头脑里的逻辑就存在着，逻辑思维指的是符合客观规律进行的思维活动，逻辑学指的是一门关于逻辑的学说。逻辑学的起源是两千多年前的事情。

经过两千年的发展，逻辑学已经成长为枝叶繁茂的参天大树。以时间为参照可以分为古代逻辑、近代逻辑和现代逻辑。

古代逻辑包括中国古代的《墨经》逻辑、古希腊的亚里士多德逻辑、古印度的因明逻辑。三种逻辑之中，亚里士多德逻辑以其规范性和完备性堪称古代逻辑的代表，西方文献将其称为"传统逻辑"（traditional logic）。

近代逻辑指近代以来作为西方实验科学基础的演绎逻辑和归纳逻辑，前者以法国唯理论者笛卡尔的数学和逻辑为代表，后者以英国经验论者培根的归纳法为代表。

现代逻辑可以分为经典逻辑（二值、演绎，可再分为一阶逻辑和高阶逻辑）、经典逻辑的扩充（正规的模态逻辑和非正规的模态逻辑）、经典逻辑的变异（直觉主义逻辑、自由逻辑、相关逻辑、非单调逻辑、

① 蔡曙山、邹崇理：《自然语言形式理论研究》，人民出版社 2010 年版。
② 蔡曙山：《没有乔姆斯基，世界将会怎样》，《社会科学论坛》2006 年第 6 期。

概率逻辑等）以及在此基础上产生的哲学逻辑、语言逻辑、人工智能逻辑、认知逻辑等。①

本节我们考察传统逻辑的句法结构，下一节我们考察现代逻辑的句法结构。

二、传统逻辑的句法

传统逻辑指亚里士多德逻辑（Aristotle logic），基本的内容只有两个：假言推理和三段论。

（一）假言推理

假言推理是反映因果关系的推理，因果关系是人们认知世界的最重要的关系，因此，假言推理是人们最早掌握、应用最多，也是最基本的一个逻辑理论。

假言推理可以分为充分条件、必要条件和充分必要条件（简称"充要条件"）三种基本形式的推理。但由于充分条件和必要条件之间可以逻辑等价地转换，所以，这三种条件的假言推理，我们只要分析充分条件假言推理就可以了。

充分条件假言推理的规则（句法结构）如下：

如果 p，则 q。

p，

所以，q。

注意这个推理的结构是普遍有效的，是与内容和解释无关的。我们来看下面 3 个例子。

（1）如果下雨，地面就会湿。

现在天在下雨，

所以，现在地面会湿。

（2）如果周末天晴，我们就去春游。

---

① 关于现代逻辑的内容和学科分支，请参阅蔡曙山、邹崇理著的《自然语言的形式理论》第二章第三节"现代逻辑学"以及此书第 73 页"现代逻辑分支图"。

周末天晴，

所以，我们要去春游。

（3）如果狗叫，就会发生地震。

狗叫了，

所以，会发生地震。

例（1）称为客观因果性的假言推理，其假言前提的前件 p 和后件 q 之间是客观因果关系，下雨是地湿的原因。在客观因果关系中，只要原因出现，结果就一定会出现。例（2）称为主观因果性假言推理，其假言前提的前件 p 和后件 q 之间的关系是主观因果关系。周末天晴和我们去春游这两个事件之间本来没有任何关系，是说话人在它们之间建立了因果关系。在主观因果关系中，前件表示的事件出现，是否意味着后件表示的事件也一定会出现呢？不一定。要看说话人是否守信用。如果说话人守信用，在周末天晴的情况下，我们就应该去春游。如果说话人不守信用呢？在周末天晴的情况下，他也不一定和我们一起去春游。那么他就是言而无信，说了假话。例（3）称为虚拟因果关系的假言推理，其假言前提的前件"狗叫"与后件"发生地震"之间，根本不存在任何因果联系。这个推理的前提"如果狗叫，就会发生地震"完全是虚假的，是一个虚拟的前提。

现在，考虑用这三个充分条件假言推理来做一个心理逻辑实验，实验方法是简单的行为实验，实验任务让被试用"Yes"或"No"回答：以上推理（1）（2）和（3）是否为正确的推理？结果会是如何呢？

客观因果性假言推理，东西方被试表现无差异；主观因果性假言推理，东西方被试有微小差异；虚拟因果性假言推理，东西方被试有巨大差异！美国大学生有 96% 认为推理（3）是正确的，中国（香港）的大学生只有 6% 认为推理（3）是正确的。差异何其大也！原因在哪里呢？

对这个实验结果的解释可以是多方面的，有心理（学）的解释，有语言（学）的解释，也有逻辑（学）的解释。

事实上，我们只需要句法加工或句法学上的解释就可以了：逻辑推理仅仅是一种句法关系，是与语义解释无关的。符合（乔姆斯基）句法结构规则的语句都是结构正确的语句。"人吃饭"和"饭吃人"都是主谓宾结构的语句，是否有意义是语义问题。句法加工独立于语义加工，语句结构是否正确不依赖于语义解释。同理，逻辑句法也是独立于逻辑语义的，判定一个逻辑推理是否正确，只要看它是否遵守逻辑规则就行了，不必也无须考虑前提和结论的真假。需要同时考虑前提和结论的真假以及推理是否符合规则，那是证明，而不是推理。

因此，以上推理（1）（2）和（3）都是正确的（有效的）推理。实验中对它们的认知偏差又是如何产生的呢？请参阅本书第十二章"推理与认知"。

（二）三段论

三段论是一种词项逻辑，它表达由三个词项（terms）组成的三个判断之间的推理关系。

三段论的三个词项反映了人们认知世界（现实世界和可能世界）中三个类之间的关系，这三个词项组成的三个判断则反映了人们认知世界中三个事件之间的关系。人们通过三段论来认知世界中三个事件所反映的三类对象之间的关系。三段论从语言上说是一种词项逻辑，从认识论和认知科学上说，三段论是关于"类"的逻辑。

三段论是人类认知活动中最早使用，也是使用最多的、最重要的逻辑推理。

以下是三段论第一格的两个式，它们被称为三段论的公理。

1. 第一格 AAA 式

它的推理规则（句法结构）如下：

MAP，

SAM，

所以，SAP。

这个三段论中所包含的三个类是 S（小项）、M（中项）和 P（大项）；它们构成的三个判断是 MAP（大前提）、SAM（小前提）和 SAP（结论）。其中，A 是形如"_A_"具有两个空位的语句结构，表示全称肯定判断。

第一格 AAA 式的句法结构图如下:

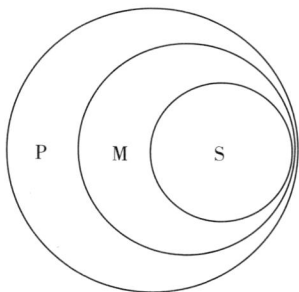

图 7-4 三段论第一格 AAA 式

这个格分别称为"审判格",法律上的审判和定罪一定是应用第一格的 AAA 式。其中,大前提是法条,小前提是事实。前提确定之后,定罪就是确定无疑的。反之,如果大前提使用的法条不准,小前提确定的事实不清,就可能发生冤假错案。

例 1. 所有杀人犯都要被处以极刑,

马加爵是杀人犯,

所以,马加爵要被处以极刑。

这是一个正确的审判,也是一个正确的推理。再看下面的例子:

例 2. 所有阔叶乔木冬天都要落叶,

白杨树是阔叶乔木,

所以,白杨树冬天要落叶。

这也是一个正确的推理,并且它的前提都是真的,因此,它也是一个正确的论证,从而,它的结论必然是真的。

再看下面的例子。

例 3. 所有圆都是方,

所有三角形都是圆,

所以,所有三角形都是方。

这个推理正确吗?在一个心理逻辑实验中,结果显示东西方被试差异巨大。西方被试(美国大学生)绝大多数人认为这是一个正确(有效)的推理,而东方被试(香港大学生)只有极少数人认为这个推理正确。

这是一个完全正确（有效）的推理，因为它是形式正确即句法结构正确的第一格的三段论。但它并不是一个正确的逻辑证明，因为推理的前提不正确，尽管推理形式（句法结构）正确，它却从错误的前提推出了错误的结论。

这个例子再一次说明，句法关系独立于语义解释，句法的正确不一定是语义上为真。逻辑推理仅仅是一种句法关系，它不要求推理的前提为真，因此也不能保证推理的结论为真。逻辑推理是可以使用假设的，这个假设或前提不一定是真的。前提假、结论也假的推理仍然可以是一个形式正确（句法结构正确）的推理。事实上，数学经常使用这种虚拟前提的推理。例如："如果3大于5，则4大于6"就是一个完全正确的推理，尽管它的前提和结论都是假的。因此，逻辑推理是独立于语义解释的。

2. 第一格 EAE 式

第一格 EAE 式的句法结构图如下：

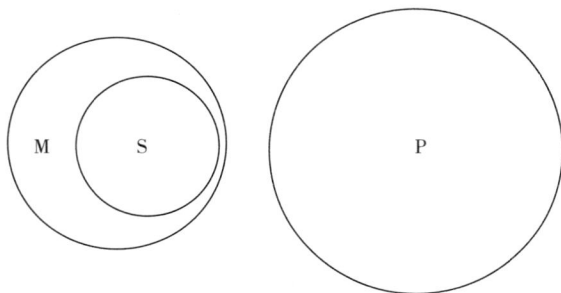

图 7-5　三段论第一格 EAE 式

它的推理规则（句法结构）如下：

MEP，

SAM，

所以，SEP。

这个格被称为"区别格"，通过这个格，可以把两类对象 S 和 P 区别开来，根据是 S 所属的 M 是与 P 相区别的。

例 4. 所有哺乳动物都不是卵生的，

鲸是哺乳动物，

所以，鲸不是卵生的。

三段论共有 $4×4×4×4 = 256$ 个可能的式，也就是可能的句法结构，但只有 24 个式（句法结构）是正确的三段论。这 24 个正确的三段论也都是独立于语义解释的，当然经过解释后，它们都是句法上正确，语义恒真的。

关于三段论更多的知识，详见本书第十二章"推理与认知"。

第三节　一阶逻辑的句法结构

任何逻辑系统都是建立在一个语言系统之上的。上节学习的传统逻辑是建立在自然语言基础之上的。本节我们介绍一个新的逻辑理论——一阶逻辑，它是建立在人工语言中的形式语言的基础之上的。

我们先来看一阶逻辑的语言基础——一阶语言。

一、一阶语言

一阶逻辑的语言基础是一阶语言，一阶语言是一种形式语言。一个形式语言又由两个部分构成：初始符号和形成规则。初始符号是形式语言的字母表，形成规则保证从初始符号构成有意义的符号串。下面我们给出一阶语言的初始符号和形成规则。

（一）初始符号

甲、逻辑符号类：

x，y，z；v_1，v_2，v_3，… 　　个体变元

¬，→ 　　命题联结词

∀，∃ 　　量词

≡ 　　等词

乙、非逻辑符号类：

c，d，c_1，c_2，c_3，… 　　个体常元

f_1，f_2，f_3，… 　　函数变元

P，Q，R；P_1，P_2，P_3，… 　　谓词变元

丙、技术性符号

(,) , , 左右括号和逗号

（二）形成规则

形成规则保证从初始符号生成有意义的符号串。首先生成的是项。设 L 是一个一阶语言，项的定义如下：

（i）L 的个体变元和个体常元都是 L 的项；

（ii）对任意 $n \geq 1$，如果 n 个符号串 t_1，…，t_n 都是 L 的项，则 f_n（t_1，…，t_n）也是 L 的项；

（iii）仅有按照以上形成的符号串才是 L 的项。

现在我们可以生成合式公式（well Formed Formula，WFF）。设 L 是一个一阶语言，合式公式的定义如下：

（i）对任意 $n \geq 1$，如果 P^n 是 L 的 n 元谓词，t_1，…，t_n 是 n 个 L 的项，则 P^n（t_1，…，t_n）是 L 的合式公式；

（ii）如果 α 是 L 的合式公式，则 $\neg\alpha$ 也是 L 的合式公式；

（iii）若 α_1 和 α_2 是 L 的合式公式，则 $\alpha_1 \rightarrow \alpha_2$ 也是 L 的合式公式；

（iv）若 α 是 L 的合式公式，则 $\forall x\ \alpha$ 也是 L 的合式公式；

（v）仅有按照以上形成的符号串才是 L 的合式公式。

L 的合式公式简称"公式"，也称为语句，用 A，B，C 或加下标表示。

为了便于书写，用定义引入一些联结词和公式。

（1）$(A \vee B) =_{df} (\neg A \rightarrow B)$

（2）$(A \wedge B) =_{df} \neg(A \rightarrow \neg B)$

（3）$(A \leftrightarrow B) =_{df} ((A \rightarrow B) \wedge (B \rightarrow A))$

（4）$\exists x A =_{df} \neg \forall x\ \neg A$

以上就是一阶语言的语形（或称句法）部分。在此基础上，我们可以建立一个形式的逻辑推理系统，这就是一阶逻辑。

二、一阶逻辑

一个形式化的逻辑系统（简称"形式系统"）也由两个部分构成：形式公理和推理规则。下面我们介绍一阶逻辑的形式公理系统，记这个系统为 F。

下面给出一阶逻辑 F 的形式公理和推理规则。

1. 形式公理

($\mathcal{A}$ 1) $B \rightarrow (A \rightarrow B)$

($\mathcal{A}$ 2) $(A \rightarrow (B \rightarrow C)) \rightarrow ((A \rightarrow B) \rightarrow (A \rightarrow C))$

($\mathcal{A}$ 3) $(\neg A \rightarrow B) \rightarrow ((\neg A \rightarrow \neg B) \rightarrow A)$

($\mathcal{A}$ 4) $\forall x A \rightarrow A(y/x)$ （y 对 x 在 A 中代入自由）

($\mathcal{A}$ 5) $A \rightarrow \forall x A$ （x 不是 A 中自由变元）

($\mathcal{A}$ 6) $t \equiv t$

($\mathcal{A}$ 7) $(t_1 \equiv s_1 \rightarrow \cdots \rightarrow t_n \equiv s_n) \rightarrow f(t_1, \cdots, t_n) \equiv f(s_1, \cdots, s_n)$

($\mathcal{A}$ 8) $(t_1 \equiv s_1 \rightarrow \cdots \rightarrow t_n \equiv s_n) \rightarrow P(t_1, \cdots, t_n) \equiv P(s_1, \cdots, s_n)$

公理的意义如下：

公理$\mathcal{A}$ 1 称为"肯定后件律"，它反映思维中这样的规律：如果一个命题是真的，则以它作后件的任何充分条件假言命题都是真的。

公理$\mathcal{A}$ 2 称为"蕴涵词传递律"，它反映思维中这样的规律：如果三个命题依次有蕴涵关系，而第一个命题蕴涵第二个命题，则第一个命题蕴涵第三个命题，它表明，蕴涵词满足传递关系。

公理$\mathcal{A}$ 3 称为"归谬律"，它反映思维中这样的规律：如果从一命题推出一对矛盾命题，则该命题是假的。数学证明的三种基本方法直接证明、反证法和数学归纳法，其中反证法根据的就是归谬律。

$\mathcal{A}$ 4 称为代入公理。

$\mathcal{A}$ 5 称为概括公理。

$\mathcal{A}$ 6 称为恒等公理。

$\mathcal{A}$ 7 和$\mathcal{A}$ 8 称为等式公理。

注意，以上公理中的简单命题都是用合式公式而不是命题变元来表述的，这样的公理被称为"公理模式"。

2. 推理规则

分离规则 MP：从 $A \rightarrow B$ 和 A 推出 B。

概括规则 RD：从 $\vdash A$ 推出 $\vdash \forall x A$。

下面是形式定理（简称"定理"）的证明。

定理 1 $\vdash \forall x(A \to B) \to (\forall xA \to \forall xB)$

证：

（1） $\forall x(A \to B)$		假设
（2） $\forall xA$		假设
（3） $\vdash \forall x(A \to B) \to (A \to B)$		$\mathcal{A}\,4$
（4） $\vdash \forall xA \to A$		$\mathcal{A}\,4$
（5） $A \to B$		（3），（1），MP
（6） A		（4），（2），MP
（7） B		（5），（6），MP
（8） $\vdash B \to \forall xB$		$\mathcal{A}\,5$
（9） $\forall xB$		（8），（7），MP

这样就证明了：

$\forall x(A \to B)，\ \forall xA \vdash \forall xB$

两次应用演绎定理，即得：

（10） $\vdash \forall x(A \to B) \to (\forall xA \to \forall xB)$ □

定理 2 $\vdash \forall x(A \to B) \to (A \to \forall xB)$

证：

（1） $\forall x(A \to B)$		假设
（2） $\vdash \forall x(A \to B) \to (\forall xA \to \forall xB)$		定理 1
（3） $\forall xA \to \forall xB$		（2），（1），MP
（4） $\vdash A \to \forall xA$		$\mathcal{A}\,5$
（5） $A \to \forall xB$		（4），（3），DR1

这样就证明了：

$\forall x(A \to B) \vdash A \to \forall xB$

应用演绎定理，即得：

（6） $\vdash \forall x(A \to B) \to (A \to \forall xB)$ □

在形式系统中，形式公理是一些初始的命题（语句），推理规则是一套重写规则，它们保证从形式公理重写出形式定理，这些定理与公理保持同样的性质——恒真（普遍有效）。真和普遍有效是语义性质，形式系统的公理和定理经解释后可以具有这些性质，但推理的有效性，即从公理重写出定理，却不必依赖于语义解释，定理不过是从公理依据规则变形而得。

由此可见，逻辑系统就是一套句法系统，逻辑推理就是句法加工，逻辑学（推理部分）就是句法学。

第四节　艺术符号系统和句法加工

句法加工和句法学的理论具有广泛的应用范围和应用价值，这是因为人是符号动物，人所创造的一切都可以看作一个符号系统，如音乐、绘画、建筑、小说、诗歌、戏剧等。

我们以汉字书法为例，说明艺术符号系统的句法结构和句法加工。

一、书法的句法结构和句法加工

（一）初始符号

1. 笔画（5 种）

h_1，h_2，h_3，…　　　横

s_1，s_2，s_3，…　　　竖

p_1，p_2，p_3，…　　　撇

n_1，n_2，n_3，…　　　捺（点）

z_1，z_2，z_3，…　　　折

颜体笔画笔锋图解

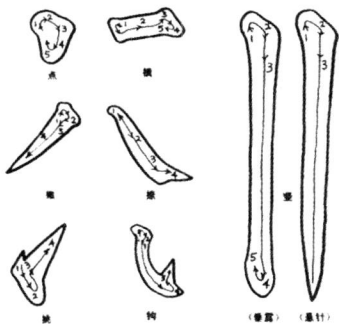

书法口诀

点中周旋运笔锋，欲右先左横无平；
欲下先上竖无直，悬针垂露两分明。
撇匆过弯如劲咮，一波三折撩缩威；
钩挑顿处都迅出，心手相应百日功。

图 7-6　颜体笔画图解

这一组符号，经解释后分别代表汉字的五种基本笔画，即横、竖、撇、捺（点）和折。每一种笔画，以下标区分该笔画不同的写法。例如，横的写法有长横、短横、点横、上钩横、下钩横、逆入回收横等；竖的写法有长竖、短竖，短竖分为点竖、回应竖，长竖分为垂露竖、悬针竖、带钩竖、折锋竖等；点的写法有左点、右点、左右点、撇

点、捺点、竖三点、四底点、心字点等；捺的写法有短捺、点捺、斜捺、平捺、圆捺、反捺等；折钩的写法有横折、竖折、斜折、撇折、横钩、横折钩、竖钩、竖弯钩等。

汉字书法的学习，笔画的练习是第一步。以上五种基本笔画，连同它们的不同写法，在各体书法字帖中都是首先要练习的。各体书法对汉字基本笔画的写法也是不同的。

2. 偏旁部首（189 部）

b_1，b_2，b_3，$\cdots$，b_{189}　　　部首（按《现代汉语词典》）

笔画和偏旁部首是汉字的两大构件，两类基本符号。偏旁部首的练习是汉字书法学习的第二步。在各体书法的练习中，偏旁部首的练习也是基本的和非常重要的。

3. 字型（四种）

f_1，f_2，f_3，f_4　　　分别为左右型，上下型，内外型，杂合型

汉字的 4 种字型是第三类基本要素，汉字字型是一种空间结构。一个语言符号系统的语形加工由语法加工和句法加工两个部分构成，是对基本符号的空间排列。词法加工将基本符号排列成语词，句法加工是将语词排列成语句。显而易见，汉字字型是汉语词法的基本要素，它规定偏旁部首按照特定的空间结构排列成汉字。

（二）形成规则

笔画、部首和字型是汉语系统的基本符号，在此基础上，我们用形成规则将这些基本符号排列成语词（汉字）。我们先来看汉语的词法。

1. 词法

汉语的词法即成字规则，它规定如何用基本笔画组成独体字，以及如何用偏旁部首组成合体字。

（1）独体字的成字规则。

汉字的书写使用基本笔画，按照以下顺序进行：

（i）从上到下；

（ii）从左到右；

（iii）从内到外。

只有按照以上规则书写的才是汉字独体字。

以上是汉字的规范书写方式，在小学生识字阶段，要求严格按照以上方式书写，否则就是"倒笔画"。但是，在汉字书法中，为了笔画的连贯和篇章结构的需要，一些汉字的书写就是按照"倒笔画"的方式来进行的。这种情况可以用"规则的转换"来说明，形成规则乙"间架和结构"和丙"句法和篇章"。

（2）合体字的成字规则

（i）偏旁部首是汉字字符。

（ii）若 α 和 β 是基本笔画或偏旁部首，则 α 和 β 按照基本字型构成的是汉字字符。

（iii）仅有按照以上规则构成的是汉字字符。

汉字书法还需要下面的一些规则。

2. 间架和结构

汉字的部首和字型在汉字书法中体现为间架和结构。

汉字的字型结构规则是递归的，即规则可以应用于自身。因此，189 个部首经过 4 种基本的字型结构可以生成非常复杂的汉字结构。在书法作品中，汉字的间架和结构是需要认知、掌握和熟练运用的的。

3. 句法和篇章

汉字书法的最高原则（规则）是句法和章法。

句法要考虑语句书写的整体性，章法是更高的篇章谋划和整体布局。例如，如果要书写一首格律诗，其中每一个句子都需要整体谋划。但书法是不用标点符号的，书法作品又忌讳将诗句整齐排列。那么，一幅书法作品，尤其是难以识认的篆书作品和草书作品，如何让读者既能识读每一个字和每一个语句，又能获得书法作品整体的美感，这就需要有一个整体的谋篇布局。所以，句法和章法是汉字书法的最高原则。

在书法作品中，谋篇布局需要考虑的有字句的空间位置、变形处理和技法运用等因素。——这些都是汉字书法的句法问题。

汉字书法的谋篇布局是自顶向下的（top down），即首先要考虑作品的篇章谋划，间架结构，再考虑部首和笔画。而汉字的书写是从底向上的（bottom up），即书写从笔画开始，再到部首，再到汉字，最后完成作品的整体布局。语言符号的这两种不同的加工方式在汉字书法中完美地统一在一起，而这正是汉字书法作为一门艺术的境界和魅力所在。

二、汉字各体书法的句法结构和加工

汉字的书写是按照规范进行的，这个规范就是在 5000 年的汉字演化过程中形成的各种书体，主要的汉字书体包括甲骨文、金文、大篆、小篆、隶书、楷书、行书和草书。历史上著名的汉字书法作品和书法家见表 7-1：

表 7-1　汉字的形成发展书写工具书法作品一览表

字体	形成年代	盛行年代	书写工具	文字载体	书法作品	书法家
甲骨文	商代	商代	金属刀具	龟甲和牛骨	殷墟甲骨文	无名氏
金文	商代	商周两代	金属刀具	青铜器	大盂鼎 大方鼎	无名氏
大篆	西周	周至前秦	金属刀具	石器、石鼓	史籀篇	周宣王 太史
小篆	秦代	秦至今	金属刀具	刻石	泰山刻石 琅琊刻石	李斯
			毛笔	纸	三坟记	唐　李阳冰
					千字文残卷	宋　徐铉
					千字文	元　赵孟頫
					千字文	明　李东阳
					篆书毛诗	清　王澍
					四篋文	邓石如
					西泠印社记	吴昌硕
隶书	秦代	秦汉至今	金属刀具	碑	曹全碑 乙瑛碑	东汉　王敞 无考

续表

字体	形成年代	盛行年代	书写工具	文字载体	书法作品	书法家
楷书	汉代	盛行于唐代及以后	毛笔	纸	多宝塔碑 颜勤礼碑	唐 颜真卿
			毛笔	纸	九成宫 醴泉铭	唐 欧阳询
			毛笔	纸	玄秘塔碑	唐 柳公权
		元代	毛笔	纸	心经 三门记	元 赵孟頫
行书	汉代	东晋	毛笔	纸	兰亭集序 鸭头丸帖 伯远帖	晋 王羲之 晋 王献之 晋 王珣
草书	汉代	元代	毛笔	纸	冠军帖 古诗四帖 自叙帖	汉 张芝 唐 张旭 唐 怀素

汉字在3500多年的发展过程中，历代书法家为汉字的发展作出了杰出贡献，他们的书法作品成为汉字各种书体的书写规范，汉字和汉语成为中华民族认知的共同工具，成为中华文化的牢固基石。与此同时，一字多体，一体多家、充满个性而又不失其规范的汉字书写使汉字书法成为一门艺术，这在世界各民族语言中绝无仅有！我们要珍爱祖宗留下的这笔无价的文化遗产，并将其发扬光大，这是教育工作者神圣的职责，教育工作者因此需要具备与此相当的认知能力和文化素养。

东周以后，两千多年来毛笔是汉字书写的标准工具，汉字书法就是用毛笔书写汉字。学习汉字，汉字书写是必须的途径，汉字书法是不二法门。由于计算机"换笔"和电子文档的使用，而今的汉字书写面临空前危机。因此，小学识字教育必须把汉字书法作为必修课程。使用毛笔这种传统的汉字书写工具，书写传统的汉字，应该成为小学识字教学的重要环节。

图 7-7　中国书法艺术

上左：唐 怀素《自叙帖》　　上中：唐 颜真卿《颜勤礼碑》　　上右：晋 王羲之《兰亭集序》
下："十區九颜——台北街景"

思考作业题

1. 什么是词法加工和词法学？什么是句法加工和句法学？为什么说"syntax"不能译为"句法学"？

2. 什么是语形加工和语形学？头脑里有没有语形加工？为什么？

3. 汉语具有非常丰富的词法加工技艺和词法理论，试举例说明。

4. 试比较汉语词法和英语词法。为什么说汉语词法对汉字的学习和汉语的学习至关重要？

5. 试说明汉语词法理论在汉语识字教学中的应用。

6. 试述乔姆斯基的句法结构理论和生成语法。

7. 试给出英语主谓结构、主谓宾结构、主谓双宾结构和主系表结构的句法结构和树形图。

8. 根据乔姆斯基的"普遍语法"理论，你认为汉语有自己特殊的、不同于英语的句法结构理论吗？为什么？

9. 试论述乔姆斯基语言学革命的内容和意义。

10. 为什么说句法加工是独立于语义解释的？请举例说明。

11. 为什么说逻辑推理是一种句法加工？请举例说明。

12. 为什么说充分条件、必要条件和充要条件三种假言推理只需要研究充分条件假言推理就可以了？请给出充分条件和必要条件互换的公式，并举例说明。

13. 充分条件假言推理的前提和结论必须为真吗？为什么？请举例说明前提和结论为假的充分条件假言推理也可以是正确有效的推理。

14. 一个正确的三段论，其前提和结论必须为真吗？为什么？请举例说明前提和结论为假的三段论也可以是正确有效的推理。

15. 一个形式语言由哪两个部分构成？试以一阶语言为例加以说明。

16. 形式语言的语言定义也适用于自然语言吗？为什么？试以汉语为例加以说明。

17. 什么是汉语的初始符号和形成规则？汉语的初始符号是笔画还是偏旁部首，为什么？

18. 自然语言与形式语言有什么异同？试从两种语言的初始符号和形成规则加以分析。

19. 为什么说人是符号动物？为什么说人所创造的一切都可以看作符号系统？试举例说明。

20. 试给出汉字书法的句法结构，包括初始符号和形成规则。

21. 试建立颜体书法的句法结构，包括初始符号和形成规则。

22. 试建立草书书法的句法结构，包括初始符号和形成规则。

23. 试建立国画系统的句法结构，包括初始符号和形成规则。

24. 试建立中国古代建筑系统的句法结构，包括初始符号和形成规则。

25. 试建立中国民族音乐的句法结构，包括初始符号和形成规则。

26. 试建立交通信号系统的句法结构，包括初始符号和形成规则。

推荐阅读

Chomsky, N. (1957). *Syntactic Structures*. The Hague: Mouton. Second printing, 1962. Mouton & Co. S-Gravenhage.

Chomsky, N. (1968) *Language and Mind*, New York: Harcourt, Brace & World.

Chomsky, N. (1981) *Lectures on Government and Binding*. Dordrech: Foris.

Chomsky, N. (1986) *Knowledge of Language: Its Nature, Origin and Use*, NewYork: Praeger Publishers.

Chomsky, N. (1995) *The Minimalist Program*, Cambridge, MA: MIT Press.

He, Y. (1996) *An Introduction to Government - Binding Theory in Chinese Syntax*. Lewiston, NewYork: The Edwin Mellen Press.

Williams, E. (1984: 401) From Yuanjian He. 1996. *An Introduction to Government-Binding Theory in Chinese Syntax*. Lewiston, NewYork: The Edwin Mellen Press.

蔡曙山:《符号学三分法及其对现代语言学、逻辑学和哲学的影响》,《北京大学学报》2006 年第 5 期。

蔡曙山:《论人类认知的五个层级》,《学术界》2015 年第 12 期。

蔡曙山、邹崇理:《自然语言的形式理论研究》,人民出版社 2010 年版。

蔡曙山:《没有乔姆斯基,世界将会怎样》,《社会科学论坛》2006 年第 6 期。

赵世开:《现代语言学》,知识出版社 1983 年版。

第八章

语义加工和意义理解

上一章研究句法加工和语句结构时我们指出，句法加工是独立于语义加工的，也就是说，一个语言表达式（语词和语句）的语形结构是不需要语义解释的。但是，人们制定和使用一个语言时，希望这个语言符号系统经过解释是具有特定意义的。

语义加工（semantic processing）是人们头脑里存在的语言加工过程，它通过对语言符号指派一定的对象，即建立映射关系（mapping），从而使语言符号获得特定的解释（interpretation）和意义（meaning）。

语义学（semantics）是研究符号的指称和意义的语言理论。语义学是对头脑中语义加工过程的摹写。语义加工和语义学对两个世界进行操作：（1）语言世界（language world，LW）或符号世界（symbolic world，SW）；（2）现实世界（real world，RW）或可能世界（possible world，PW）。图示如下（图8-1）。

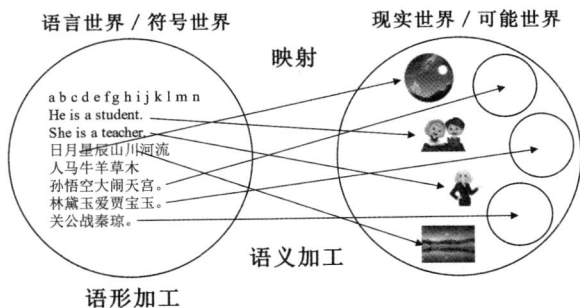

图8-1　语义模型图

语义学是涉及语言学、逻辑学、心理学、计算机科学、自然语言处理、认知科学等诸多领域的一种共同的理论和方法。

第一节 指称和意义

语义学的基本概念是指称和意义，这又涉及语言世界和符号世界、现实世界和可能世界等概念。

一、语言世界和符号世界

人类创造了语言，他就生活在一个语言的世界之中，连同他生活的现实世界，于是他有了两个世界：语言世界和现实世界。

语言世界是由语言符号构成的集合。人们将语言世界中的语言符号进行排列，就形成了语词（word）和语句（setence），它们统称为语言表达式（expression）。关于语言世界的基本符号（也称初始符号）如何排列成符合句法结构要求的符号串，以及这些符号串之间的句法关系是什么（逻辑关系），我们在上一章"句法加工和语句结构"中已经做了详尽分析。

这些符号表达式虽然是独立于意义和解释的，但我们在建立这个语言系统和语言表达式时，是希望这些语言表达式是有意义的，即能够指称现实世界中的事物。例如："人"这个汉字的甲骨文像一个垂手而立、彬彬有礼的人（ㄱ）；"山"这个汉字的甲骨文像一座山（凶）；"木"则像一棵树（米）等等。这就是语言符号的"能指"（signifier）和"所指"（signified），前者是指语言符号本身，后者是指语言符号指称的对象。

人类创造语言是为了认知他所处的这个世界，通过"能指"和"所指"，就在语言世界和现实世界之间建立了指称关系的意义。

二、现实世界和可能世界

但是，有些语言符号在现实世界中并没有所指称的对象，例如：

"鬼神"、"灵魂"、"齐天大圣"、"玉皇大帝",甚至"孙悟空""林黛玉""贾宝玉""金山""圆的方"等。

一段时间,人们称这些语词为"虚假概念",即有内涵而没有外延的概念。这就使得语言学、符号学和逻辑学的理论不能保持自身的一致性。直到美国逻辑学家克里普克(S. A. Kripke)建立可能世界语义学。

"可能世界"来源于德国唯理论哲学家莱布尼兹的"单子论"。莱布尼兹认为,上帝同时创造了无穷多个世界,而现实世界是一切可能世界中最好的那个世界。1965年,美国逻辑学家克里普克建立了可能世界语义学,基本概念是克里普克框架和模型。关于可能世界语义学,我们将在本章第三节详细说明。

可能世界语言学的建立是现代语义学理论发展的关键一步。这样,我们就将现实世界扩展到可能世界。如图8-1所示,我们有无穷多个可能世界,现实世界只是众多可能世界中的一个。现在,我们可以无例外地、一致地建立语言符号的指称和意义。

三、指称和意义

指称(assign)是一种映射关系,通过指称和映射,在符号世界(包括语言世界)和可能世界(包括现实世界)之间建立关系。

在第七章我们学习了通过词法将语言的基本符号加工为语词,通过句法将语词加工为语句这样两种基本的语形加工方法。现在,我们通过语义学的方法,来建立语词和语句这两种语言表达式的意义。

语词的意义是它所指称现实世界或可能世界的某个对象(object)。例如:"中国"、"北京"、"清华大学"、"清华大学附中"、"杜甫"、"李白"这些语词指称到现实世界的中国、北京、清华大学、清华大学附中、杜甫、李白这些事物或人物之上,从而建立它们的意义。"花果山"、"水帘洞"、"孙悟空"、"白骨精"、"大观园"、"潇湘馆"、"林黛玉"、"贾宝玉"这些语词指称到吴承恩的《西游记》和曹雪芹的《红楼梦》等虚拟世界的事物和人物身上等。我们看到,由于可能世界的引入,语词的指称和意义保持了一致性,不会再出现"有内涵而无外延"的概念和语词。

另外要注意，语词的意义是一种约定，这种约定是在自然演化中形成的。语词的意义没有真假问题，只有是否适当的问题。例如，会意是汉字六书即汉字造字法之一，如"双木为林"、"三木为森"、"人依木而息为休"等，非常有效，也非常传神，但也有例外。例如，据郭沫若先生考证，"射"、"矮"二字完全弄反了，因为"寸身为矮"，"委矢为射"（汉字原来是自右向左书写的），"射"应该是矮，"矮"应该是射。——如此岂不荒唐！没关系，因为语言的意义是约定俗成的。在汉语的产生和发展过程中，人们已经这样接受了两个语言符号的意义，如果现在再加以改正，那才是荒唐！

语句的意义是它所指称现实世界或可能世界的某个事件（event）。如果一个语句指称的事件存在，这个语句就是真的，否则就是假的。由于语句指称的事件千差万别，逻辑上将语句的意义抽象为"真"和"假"。例如："北京是中国的首都"、"清华中学在贵阳市花溪区"、"孙悟空三打白骨精"、"林黛玉爱贾宝玉"这些语句都是真的，因为这些语句指称的事件要么存在于现实世界之中，要么存在于可能世界之中。而"林黛玉恨贾宝玉"这个语句是假的，因为无论是现实世界和可能世界之中，这个事件都不存在。

简单语句的语义建立以后，复合语句的语义可以用真值函数方法建立。关于简单语句和复合语句的更多细节，请看下一节"真值函数语义学"。

第二节　真值函数语义学

在语言学和逻辑学的发展史上，先后产生了三种语义学，这就是真值语义学、模型论语义学和形式语义学。本节我们先来看真值函数语义学。

一、传统逻辑的真值语义

根据上节的语义定义，语句或判断都是有真假的，语句的真和假统称为真值（truth-value），真（true）是真值，假（false）也是真值。

最早建立语句的真值语义的是古希腊逻辑学的创始人亚里士多德。亚里士多德逻辑最重要的成就是三段论。

三段论是一种词项逻辑（term logic），即以词项为变元，以命题结构 A、E、I、O 为常元的逻辑系统。三段论含有而且只含有三个不同的词项（名词），这 3 个词项组成三个不同的命题，其中两个命题是前提，一个命题是结论。含有结论的谓项的命题是大前提，含有结论主项的命题是小前提。

因此，以词项为变元，以命题结构 A、E、I、O 为常元的词项逻辑是三段论的基础，包括直接推理和逻辑方阵的推理。

关于直接推理，请参阅本书第十一章"判断与认知"。下面，我们来看逻辑方阵的推理。

如果我们将主谓项相同的 A、E、I、O 四种命题放在一个方块的四角，我们就得到如下的一个逻辑方阵（logic square）（图 8-2）：

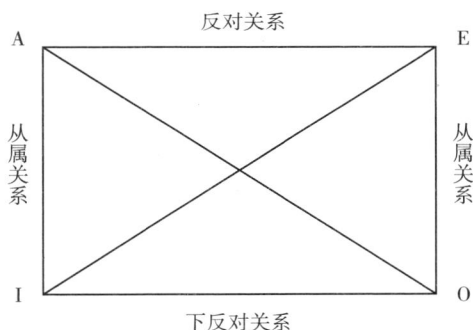

图 8-2　直言命题的逻辑方阵

在亚里士多德逻辑中，命题或语句的逻辑意义是真和假。4 种直言命题的真假是由其主谓项之间在现实世界或可能世界中的关系来确定的。例如："所有阔叶乔木冬天都要落叶"是真的，因为其主项"阔叶乔木"与谓项"落叶"之间是下属关系；"所有动物都是胎生的"是假的，因为其主项"所有动物"和谓项"胎生的"之间是上属关系；"有的学生是青年"是真的，因为"学生"和"青年"之间是交叉关系；"有的生物是长生不死的"是假的，因为"生物"和"长生不死的"

之间是全异关系。这种真假关系的确定与我们在上一节中所说的语句的意义是一致的：如果一个语句指称的事件存在，这个语句就是真的，否则就是假的。

根据逻辑方阵，我们可以从 A、E、I、O 4 个命题中其中一个的真假推出其他三个命题的真假。关于逻辑方阵的性质和逻辑方阵的推理，请参见本书第十一章"判断与认知"以及第十二章"推理与认知"。

以上看出，命题或语句的逻辑意义是真和假，这是一种抽象，这种抽象是人类思维的基础和特征。在逻辑思维中，我们不再考虑思维的内容，而只是考虑思维的形式。

以直言命题的逻辑理论为基础，亚里士多德建立了著名的三段论系统。关于三段论的更多的知识，请参见本书第十二章第二节"解释前提的推理"。

二、现代逻辑的真值函数语义

现代逻辑将古典的真值语义进一步抽象为真值函数语义。所谓真值函数，就是自变元和函数均为真值即均取真假为值的函数。

下面是 5 个最常用的真值函数：否定、合取、析取、蕴涵和等值。

（1）一元函数¬p。

表 8-1　一元函数¬p 的真值表

p	¬p
1	0
0	1

一元函数的自变元只有一个 p，函数是¬p，自变元和函数均取真或假为值。我们用"1"和"0"分别代表两个真值"真"和"假"。"¬"是一元函数联结词，简称"一元联结词"，它在自然语言中的意义是"否定"或"并非"。一元函数的真值表见表 8-1。由此我们容易得出中等值于¬¬p，任意命题经过两次否定后与原命题等价，此即"双

重否定原则"。读者可用其值表自行检验。

（2）二元函数 $p \wedge q$、$p \vee q$、$p \rightarrow q$ 和 $p \leftrightarrow q$。

表 8-2　二元函数 $p \wedge q$、$p \vee q$、$p \rightarrow q$ 和 $p \leftrightarrow q$ 的真值表

p	q	$p \wedge q$	$p \vee q$	$p \rightarrow q$	$p \leftrightarrow q$
1	1	1	1	1	1
1	0	0	1	0	0
0	1	0	1	1	0
0	0	0	0	1	1

二元函数有两个自变元 p 和 q，常用的二元函数有 4 个，即 $p \wedge q$、$p \vee q$、$p \rightarrow q$ 和 $p \leftrightarrow q$，这 4 个二元联结词"∧"、"∨"、"→"和"↔"在自然语言中的意义分别是"并且"、"或者"、"若，则"和"当且仅当"，4 个真值函数分别被称为合取、析取、蕴涵和等值（表 8-2）。

这 4 个二元函数是否穷尽了所有的二元真值函数了呢？没有。含有 n 个命题变元的真值函数称为 n 元真值函数，其命题变元的真值组合有 2^n 种不同情况，其真值表有 2^n 行，其真值函数有 2^{2^n} 个。因此，二元真值函数一共有 $2^{2^2} = 16$ 个，如表 8-3 所示。

表 8-3　2 个命题变元组成的 16 个真值函数

p	q	f_0	f_1	f_2	f_3	f_4	f_5	f_6	f_7	f_8	f_9	f_{10}	f_{11}	f_{12}	f_{13}	f_{14}	f_{15}
1	1	0	0	0	0	0	0	0	0	1	1	1	1	1	1	1	1
1	0	0	0	0	0	1	1	1	1	0	0	0	0	1	1	1	1
0	1	0	0	1	1	0	0	1	1	0	0	1	1	0	0	1	1
0	0	0	1	0	1	0	1	0	1	0	1	0	1	0	1	0	1

前面讨论的四个二元真值函数当然包含在这 16 个可能的真值函数之中，它们是：

$$f_8(p, q) = p \wedge q$$

$$f_9(p, q) = p \leftrightarrow q$$

$$f_{11}(p,q) = p \rightarrow q$$

$$f_{14}(p,q) = p \vee q$$

其他函数的含义在自然语言中是不明显的，或者说，自然语言中并未进化出以上 4 个联结词之外的二元联结词，这在全世界所有民族的语言中都一样。——这个结果是令人震惊的！

如何解释这一奇特的语言现象呢？首先，我们可以使用 $\{\neg, \wedge, \vee\}$ 这个联结词的集合来定义以上所有 16 个二元函数，我们把可以表达所有真值函数的联结词的集合称为联结词的完全集。因此，$\{\neg, \wedge, \vee\}$ 是联结词的完全集，进而，我们可以证明 $\{\neg, \wedge\}$ $\{\neg, \vee\}$ 和 $\{\neg, \rightarrow\}$ 也是联结词的完全集。最后，我们可以得出结论说，自然语言中发展进化出 $\neg$、$\wedge$、$\vee$、$\rightarrow$ 和 $\leftrightarrow$ 这 5 个联结词是充分够用的，因为它们能够表达所有二元真值函数。自然语言的进化竟然遵循着最简和经济的原则，这才是令人震惊的！

在语义理论发展的进程中，真值函数语义学是非常重要的一步。使用真值函数，我们可以将逻辑推理变成可以运算的系统，这就是命题逻辑，它是整个现代逻辑的基础。在命题逻辑的基础上，增加量词的句法和语义，我们就得到一阶逻辑，它是整个数学理论的基础。

第三节　模型论语义学

真值函数语义学是否可以解决所有的语义问题呢？——答案是否定的。当一个命题或公式中含有量词时，真值函数语义学就无能为力了。

例如，"所有人都是有死的"这个亚里士多德逻辑中常用的全称肯定命题，其真值是无法用真值表来判定的。从直觉上说，我们并不能考察所有的人是否都有死，即使从古到今所有的人都死了，我们也不能确定未来的人们是否都会死。从逻辑上说，一个全称命题，如果其主项表示的类涉及有穷多个或无穷多个对象，那么，这个全称命题就应该等价于有穷多个或无穷多个简单命题。假定一个全称命题 $\forall x F(x)$ 的定义域为 $D = \{x_1, x_2, \cdots, x_n\}$，则

$$\forall x F(x) = F(x_1) \wedge F(x_2) \wedge \cdots \wedge F(x_n)$$

例如，"这个学校所有学生都会讲英语"这个全称语句，假定这个学校有 3000 个学生，那么，这个全称语句的真就相当于 3000 个单称真命题的合取。又例如，"所有人都有死"这个亚里士多德命题，它的真则对应于无穷多个单称命题的真。显然，这样的全称语句或命题的真假，是不能用真值表来加以判定的。①

如何解决全称命题的真假判定问题呢？——看来得另辟蹊径。这个方法就是起源于莱布尼兹，完成于克里普克的模型论语义学。

一、可能世界语义学与模型论的发展

可能世界的概念来源于近代德国唯理论哲学家莱布尼兹的"单子论"。莱布尼兹认为，世界不是无限可分的，其最终的单元是单子。单子既无广延，也没有"部分"，是真正"单纯"的实体。单子服从"力"的作用，它与灵魂相类似，具有自由意志。上帝在创造单子时，已经预先设定其本性，使其在后来的发展过程中与其他单子相一致，这就是所谓"前定的和谐"。因此，每一个单子凭其意志能够反映整个宇宙。由此可以推知，上帝同时创造了无穷多个世界，而现实世界是一切可能世界中最好的那个世界。莱布尼兹称他的这种世界观为"乐观主义的"世界观。

塔尔斯基（A. Tarski）是现代模型论的真正奠基人。早在 20 世纪 20 年代，司冠伦（A. T. Skolem）等人在数理逻辑的研究中已经得到有关模型论性质的某些重要结果，但公认 1931 年塔尔斯基发表的《形式语言中的真理概念》是模型论的奠基之作。此后，罗滨逊（J. A. Robinson）等人也对模型论做过较大贡献。20 世纪 50 年代，模型论成为数学逻辑的一个分支学科。简单说，在一个形式语言中，由一组命题组成的集合 T 称为一个形式理论。如果有一个数学结构 M，当用 M 中的概念解释 T

①　一个全称命题的假，只要其中某一个体作为主项的命题为假就行了，但这时同样需要搜索有穷或无穷个体的论域空间。——作者注

中命题的诸符号后，能使 T 的每一命题在 M 中都成立，则称 M 是 T 的一个模型。

模型论按其所涉及的逻辑系统可分为一阶模型论、高阶模型论、模态模型论、广义量词模型论、多值模型论等。一阶模型论是发展最为成熟、应用最为广泛的模型论。

二、可能世界语义学和克里普克模型

可能世界语义学最初是由美国逻辑学家克里普克在 1965 年提出来的，其基本概念是克里普克框架和模型。

一个克里普克框架是一个二元组 〈W，R〉，其中，W 称为可能世界的集合，R 称为可能世界间的可达关系。

在这个框架下，可以对某个论域 D 中的对象进行解释。为此需要引进一个赋值函数 V。这里我们称四元组 〈W，R，D，V〉为一个克里普克模型。

克里普克语义学最初是用来解释模态命题的，后来被发展为一般语义学方法。

克里普克语义学也称为关系语义学。

根据可能世界语义学，我们可以定义一个语言的结构、赋值、解释、满足关系、模型、语义后承、有效、可满足、逻辑值等语义概念。

结构（structure）：结构是一个二元组 $U = \langle D, \eta \rangle$，其中，$D$ 是非空集合，称为结构的个体域。η 是定义在非逻辑符号集上的一个映射，它将一阶语言中的个体符号、谓词符号映射到 D 上。

解释（interpretation）：一阶语言的一个解释是一个有序对 $I = \langle U, V \rangle$，其中，U 是一个结构，V 是一个到 U 中的赋值。

模型（model）：如果一个语句或语句集合在某一确定的解释之下是真的，我们说该解释是该语句或语句集合的一个模型。

令 I 是任意解释，φ 是任意公式。如果 I 是 φ 的模型，我们说 I 满足 φ，或者 φ 在 I 中为真，记为 $I \vDash \varphi$。

满足关系（satisfaction relation）定义如下：

$I \vDash P(t)$ 当且仅当 t 指称 I 中的一个个体，该个体是 I 中 P 的外延中的一个元素；

$I \vDash P(t_1, t_2)$ 当且仅当 $\langle t_1, t_2 \rangle$ 指称 I 中的一个二元组，该二元组是 I 中 P 的外延中的一个元素；

$I \vDash P(t_1, \cdots, t_n)$ 当且仅当 $\langle t_1, \cdots, t_n \rangle$ 指称 I 中的一个 n-元组，该 n-元组是 I 中 P 的外延中的一个元素；

$I \vDash \forall x P(x)$ 当且仅当 I 中的所有个体都是 I 中 P 的外延中的元素；

$I \vDash \exists x P(x)$ 当且仅当至少存在 I 中的一个个体，它是 I 中 P 的外延中的元素；

$I \vDash \neg\alpha$ 当且仅当并非 $I \vDash \alpha$；

$I \vDash \alpha \wedge \beta$ 当且仅当 $I \vDash \alpha$ 并且 $I \vDash \beta$；

$I \vDash \alpha \vee \beta$ 当且仅当 $I \vDash \alpha$ 或者 $I \vDash \beta$；

$I \vDash \alpha \rightarrow \beta$ 当且仅当若 $I \vDash \alpha$，则 $I \vDash \beta$；

$I \vDash \alpha \equiv \beta$ 当且仅当 $I \vDash \alpha$ 当且仅当 $I \vDash \beta$。

在这样的模型和解释之下，我们可以证明一阶逻辑的公理都是有效的（恒真的），即以下公理都是恒真的。

（$\mathcal{A}$ 1）$A \rightarrow (A \rightarrow B)$

（$\mathcal{A}$ 2）$(A \rightarrow (B \rightarrow C)) \rightarrow ((A \rightarrow B) \rightarrow (A \rightarrow C))$

（$\mathcal{A}$ 3）$(\neg A \rightarrow B) \rightarrow ((\neg A \rightarrow \neg B) \rightarrow A)$

（$\mathcal{A}$ 4）$\forall x A \rightarrow A(y/x)$　　（y 对 x 在 A 中代入自由）

（$\mathcal{A}$ 5）$A \rightarrow \forall x A$　　（x 不是 A 中的自由变元）

并且，我们还可以证明一阶逻辑的推理规则都是保真的。这样我们就证明了，一阶逻辑的所有定理都是恒真的。这是一阶逻辑的一致性定理。

三、系统的一致性和完全性

一致性和完全性是一个逻辑系统最重要的元逻辑性质。一致性即无矛盾性，这是一个逻辑系统和数学系统最基本的要求。一个不满足一致性要求的逻辑或数学系统，说明此系统内可能包含着矛盾，这样的系统从逻辑和数学的意义上说是不值得信任的，也是没有用的。可以说，一致性对逻辑和数学系统是最基本的，违背一致性则是致命的。

一致性的提出源于 10 世纪初罗素悖论的发现。1901 年，英国哲学家、数学家和逻辑学家罗素在集合论中发现了一个自相矛盾的命题，后来命名为罗素悖论（Russell's Paradox）。

定义一个集合 $A=\{x\mid x\notin x\}$，如果我们问，A 属于 A 会怎样？这样我们有：

$$A\in A\to A\notin A$$
$$A\notin A\to A\in A$$

由此得到：

$$A\in A\leftrightarrow A\notin A$$

即

$$A\in A\leftrightarrow\neg(A\in A)$$

这就是悖论，即一个命题与它自身的否定等价。这是致命的，它引发了第三次数学危机。

1900 年，德国数学家希尔伯特（D. Hilbert，1862—1943）在巴黎召开的国际数学家大会上发表了著名的演讲，提出数学家在刚刚到来的 20 世纪需要面对的 23 个主要问题。其中问题 2 是算术公理的相容性问题，也称数学系统的一致性问题，它是数学基础问题，后来被称为"希尔伯特方案"。希尔伯特方案的主要思想是，把所要探讨的数学理论完全形式化，如果能够导出 A 和¬A 两个符号序列，经过解释后它们表示互相矛盾的两个命题，则这个理论是不一致的；否则，这个理论就是一致的。

一致性又称为无矛盾性，它表明对系统中的任意公式集 $\varGamma$ 和公式 A，不能同时从 $\varGamma$ 推演出 A 和¬A。也就是说，从 $\varGamma$ 用一阶语言的形式化方法推不出矛盾。试图证明数学系统的无矛盾性成为形式化方法产生的最初动因。经过建立一阶形式语言，构造一阶逻辑的形式系统，建立系统的形式推演关系（语法关系）和可满足关系（语义关系），我们终于可以实现最初的目的——证明系统的无矛盾性。由于我们已经证明，一阶语言对于表达形式数学是充分的，如果我们能够证明一阶逻辑系统是无矛盾的，则数学基础的无矛盾性也就能够得到证明，第三次数学危机便可以消解。这个重要的结果，离开模型和解释以及形式化方法是不可能实现的。

一致性定理

我们有三种一致性：语义一致性也称可靠性、古典一致性和语法一致性。相应地，我们有三个一致性定理。

可靠性定理（语义一致性定理）对 F 的任意公式集 Γ 及公式 A，

(i) 如果 $\Gamma \vdash A$，则 $\Gamma \vDash A$；

(ii) 特别地，如果 $\vdash A$，则 $\vDash A$。

证：先证 (i)。设 $\Gamma \vdash A$，则有一个从 Γ 到 A 的推演 $A_1, \cdots, A_n$。证明用归纳法，施归纳于推演序列的长度 n。

奠基：$n=1$，显然。

归纳：设 $k \leqslant n$ 时定理成立，即对任意 $i<k$，已有 $\Gamma \vDash A_i$，需证 $\Gamma \vDash A_k$。由推演定义，有 4 种情形：

情形 1：$A_k \cup \Gamma$，此时显然有 $\Gamma \vDash A_k$。

情形 2：A_k 是公理，由于 A_k 是有效式，从而 $\Gamma \vDash A_k$。

情形 3：A_k 是由 A_i 与 $A_j = (A_i \to A_k)$ $(i, j<k)$ 经使用分离规则 MP 而得。由归纳假设有 $\Gamma \vDash A_i$ 和 $\Gamma \vDash A_i \to A_k$，由此显然有 $\vDash A_k$。

情形 4：A_k 是由 A_i 经使用概括规则 RG 而得。由归纳假设有 $\Gamma \vDash A_i$，由已证定理有 $\Gamma \vDash \forall x\, A_i$。

再证 (ii)，只需取 $\Gamma = \varnothing$。

这样我们就证明了本定理。

证毕

古典一致性定理　F 是古典一致的，即不存在 F 的公式 A，使得 A 和 $\neg A$ 都是 F 的定理。

证：根据定理 1，定理可证。证明从略。

证毕

语法一致性定理　F 是语法一致的，即至少有一个 F 的公式 A，它不是 F 的定理。

证：根据可靠性定理，定理可证。证明从略。

证毕

完全性定理

对一个形式系统而言，可靠性、一致性和完全性是不同层次的要求。可靠性和一致性是对一个形式系统的最低要求，也就是说，一个不具有可靠性和一致性的形式系统是无意义的，或者说是无用的。完全性则是较高的要求。一个形式系统未必是具有完全性的，一个不具有完全性的形式系统未必是无用的。而一个同时具有可靠性和完全性的系统是理想的形式系统，因为在这样的系统中，系统的定理集和真公式集是完全重合的。这样的系统当然也就具有我们需要的很多优良的品质。一阶逻辑就是这样一个系统，它既满足一致性，又满足完全性。

现在我们证明一阶逻辑的一个最重要的定理：完全性定理。

完全性定理　对 F 的任意公式集 $\varGamma$ 及公式 A，

(i)　如果 $\varGamma \vDash A$，则 $\varGamma \vdash A$；

(ii)　如果 $\vDash A$，则 $\vdash A$。

完全性定理的证明比较复杂，我们先要做一些准备工作，首先定义 Henkin 极大一致集（Henkin's maximal consistent sets），然后证明一系列引理，最后才是定理的证明。这里我们略去中间过程，直接给出最后的结果。①

证：（i）如果 $\varGamma \vDash A$，则 $\varGamma \cup \{\neg A\}$ 不可满足。由引理八，$\varGamma \cup \{\neg A\}$ 不一致，又由引理二，得到 $\varGamma \vdash A$。

（ii）由（i）取 $\varGamma$ 为 $\varnothing$。

证毕

---

①　关于一阶逻辑、模型论语义学、一阶逻辑的一致性和完全性，更多的细节请参阅蔡曙山著的《现代逻辑与形式化方法》。

第四节　形式语义学

形式语义学是用形式化的方法来建立指称和意义的语义学理论。形式语义学是现代语义学的重要理论。

一、弗雷格的形式语义理论

现代语义学的开端可以追溯到德国著名哲学家弗雷格（G. Frege），他奠定了一阶逻辑的基础。在语义学方面，弗雷格建立了语言表达式的范畴与它所指称的现实世界中的实体类型之间的相关性。这些实体类型是：

1. 个体词项：即个体的名称；

2. 谓词：即表示性质和关系的词项；

3. 联结词：如："并非"、"并且"、"或者"、"若，则"，它们将基本的语句组合成复合句；

4. 量词：它对变元进行约束，如"所有人"、"有的人"等。

例如：

（1）a. John sings.

b. The Prime Minister introduced the bill.

上面的语句在一阶逻辑中被翻译为：

（2）a. sings（John）

b. introduced_the_bill（The Prime Minister）

弗雷格认为，对每一个逻辑类型，该类型的一个表达式所确定类型的实体作为其指称（denotation）。个体词项指称（denote）现实世界中的实体；一元谓词指称从个体到真值的函数。一个陈述语句的指称是某种真值，即真或假。一元或二元逻辑联结词的指称也是某种真值，它是一个真值函数，即定义域和值域都是真值（真或假）的函数。量词的指称是领域中个体的数量。

因此，下面的语句：

（3） a. Some students in the class has finished his paper.

b. Every students in the class has finished his paper.

在一阶逻辑中被翻译为：

（4） a. $\exists x(\text{students\_in\_the\_class}(x) \wedge \text{has\_finished\_his\_paper}(x))$

b. $\forall x(\text{students\_in\_the\_class}(x) \rightarrow \text{has\_finished\_his\_paper}(x))$

从现代语言学的观点看，这样的翻译是不能令人满意的，因为该语句中有一些重要的意义没有被反映出来。其一，复杂谓词中的范畴关系是不清楚的。例如，在 students_in_the_class 这个谓词中，名词 students、介词 in、限定词 the 和名词 class 之间的关系并未被分析，这个谓词是如何生成的并未被描写。其二，一些范畴的指称并不清楚。例如，在 has_finished_his_ paper 这个谓词中，his 的指称是不清楚的。其三，对于"同义"这种普遍的语言现象，一阶逻辑也显得无能为力。

二、蒙太格的类型语法和内涵逻辑

1974 年，在《日常英语的合适量化处理》一文中，蒙太格（R. Montague）建立了一种新的、更丰富和更有表现力的内涵语义学类型系统，一种全新的类型语法和内涵逻辑。

蒙太格的类型语法只有两个初始符号 e 和 t，它们分别表示实体（entity）和真值（truth-value）。这两个初始符号是彼此不同的，它们既不是有序对，也不是有序三元组。我们用 Cat 来表示英语的范畴集。

Cat 是符合下列条件的最小集合 X：

i. e 和 t 属于 X；

ii. 如果 A 和 B 属于 X，则 A/B 和 $A/\!/B$ 也属于 X。

由此我们得到以下范畴：

t/e　表示不及物动词短语范畴，简记为 IV；

$t/(t/e)$　表示词项范畴，简记为 T；

$(t/e)/(t/(t/e))$　表示及物动词短语范畴，简记为 IV/T；

$(t/e)/(t/e)$　表示修饰 IV 的副词范畴，简记为 IAV，即 IV/IV；

$t/\!/e$　表示普通名词短语范畴，简记为 CN；

t/t　表示修饰语句的副词范畴；

下面是一些简记的范畴（读者不难将它们展开）：

IAV/T　表示介词的短语范畴；

IV/t　表示带语句的动词短语范畴；

IV$/\!/$IV　表示带动词的动词短语范畴。

以 B_A 表示范畴 A 的基本表达式（basic expression）的集合，下面是这些基本表达式的例子：

$B_{IV} = \{run, walk,\ talk,\ rise,\ change\}$

$B_T = \{John, Mary,\ Bill,\ ninety,\ he_0,\ he_1,\ he_2,\ \cdots\}$

$B_{TV} = \{find, lose,\ eat,\ love,\ date,\ be,\ seek,\ conceive\}$

$B_{IAV} = \{rapidly, slowly,\ voluntarily,\ allegedly\}$

$B_{CN} = \{man, woman,\ park,\ fish,\ pen,\ unicorn,\ price,\ temperature\}$

$B_{t/t} = \{necissarily\}$

$B_{IAV/T} = \{in, about\}$

$B_{IV/t} = \{believe\ that, assert\ that\}$

$B_{IV/\!/IV} = \{try\ to, wish\ to\}$

$B_A = \Lambda$（表示空集），当 A 是以上范畴之外的任何范畴。例如，基本的实体表达式的集合 B_e 和基本的陈述句的集合 B_t 都是空集。

显然，上述短语的基本表达式的集合是 $\cup_{A \in Cat} B_A$，即每一个基本的短语表达式都是 $\cup_{A \in Cat} B_A$ 中的一个元素。

用 P_A 表示范畴 A 的短语集合。蒙太格建立了 5 组 17 条语形规则。根据这些规则，我们就可以从范畴的基本表达式逐步生成复合的表达式、短语和语句；也可以根据这些规则来判定一个表达式或语句是否为"合式的表达式"或"有意义的语句"。

三、形式语义学

20 世纪 70 年代，美国数学逻辑学家蒙太格提出了一种新的语义理论。在《作为形式语言的英语》（1974）中，他提出按照描写形式语言的方法描写英语是完全可能的。他还制定出算法，把一部分英语语句成功地翻译成一阶谓词公式。在《普遍语法》（1970）中，他认为，"在我看来，自然语言和逻辑学家的人工的形式的语言之间并没有本质的区别。我认为确实有可能将这两种语言的语形学和语义学在单一的自然和精确的数学理论之内综合起来。"蒙太格语义学的基本内容包括真值条件语义学、模型论语义学和可能世界语义学。而蒙太格最重要的贡献是内涵语义学和形式语义学。蒙太格的语义理论发展了逻辑语义学的思想，丰富了内涵语义学的概念，并建立形式语义学的理论体系。[①]

下面是类型语言中的类型和相应种类的表达式。每一种类型和表达式附有它在自然语言中的例子：

表8-4　语言类型和表达式

类型	表达式种类	例子
e	个体表达式	John，Smith，Tom
$\langle e, t\rangle$	一个空位的一阶谓词	walk，runs，loves，Mary，red
t	语句	John walks，John loves Mary
$\langle t, t\rangle$	语句修饰成分	not
$\langle e, e\rangle$	从个体到个体的函数	the father of
$\langle\langle e, t\rangle, \langle e, t\rangle\rangle$	谓词修饰成分	quickly，beautifully
$\langle e, \langle e, t\rangle\rangle$	两个空位的一阶关系	loves，lies between A and B
$\langle e, \langle e, \langle e, t\rangle\rangle\rangle$	三个空位的一阶关系	lies between A and B
$\langle\langle e, t\rangle, t\rangle$	一个空位的二阶谓词	is a color
$\langle\langle e, t\rangle, \langle\langle e, t\rangle, t\rangle\rangle$	两个空位的二阶关系	is a brighter color than

使用类型论，可以对自然语言的内涵语义进行分析。下面是一个英语语句的句法语义推演树：

（1）John loves Mary.

---

① Montague，Richard（1974）*Formal philosophy*：*Selected papers*. Edited by Richmond H. Thomason. New Haven，Conn.：Yale University Press，p. 222.

（2） John　　　　　　loves　　　　　　　　　　　Mary

np：John　　　（np \ s）/np：love　　　np：Mary

np \ s：love（Mary）

s：love（Mary）（John）

关于蒙太格的类型语法和内涵逻辑，可进一步阅读蔡曙山、邹崇理著的《自然语言形式理论》第五章"形式语义学"。[①]

第五节　对不能言说的应该保持沉默

百年来西方最重要的哲学家当数维特根斯坦，西方哲学最大的变革则当数 20 世纪初以来发生的语言转向。维特根斯坦的两本书《逻辑哲学论》和《哲学研究》不仅代表着 20 世纪西方哲学的两大流派——分析哲学和语言哲学，也代表着 20 世纪西方哲学的两次语言转向——从自然语言转向形式语言，又从形式语言回归自然语言。更了不起的是，维特根斯坦前后时期的这两本书分别标志着语义学的革命和语用学的革命。这两场变革不仅对哲学本身，而且对西方思想文化的所有领域都产生过并仍在产生着重大的影响。

本节我们来看维特根斯坦的第一次革命：从自然语言转向形式语言，并对哲学问题进行语言分析和批判。

一、哲学就是语言分析

维特根斯坦前期的代表作《逻辑哲学论》，代表近代西方哲学的第一次语言转向，即将哲学的语言基础和对象从自然语言转向形式语言。该书是分析哲学的巅峰之作，其宗旨即是：哲学就是语言分析。

自从唯理主义者莱布尼兹提出建立表意的符号语言和思维演算以来，德国数学家康托在 19 世纪末建立了集合论。德国数学家、逻辑学家弗雷格在《算术的基本规律》（1893）一书中提出集合论的概括规

---

① 蔡曙山、邹崇理：《自然语言形式理论研究》，人民出版社 2010 年版。

则："每一个性质 p 决定一个集合 $\{x:p(x)\}$"。稍后不久，罗素（1902）根据这一原则构造出一个集合 $S=\{x:x\notin x\}$，当取 $x=S$ 时，就可以得到 $S\in S\leftrightarrow S\notin S$，即一个命题等价于它自身的否定，这就是著名的"罗素悖论"。罗素悖论存在于逻辑而非数学这个层次之中，它揭示的危机是非常深刻的——数学的基础是集合论，而作为数学基础的集合论内部却包含着矛盾！这个后来以他自己名字命名的著名悖论引发了关于数学基础的危机，即"第三次数学危机"。为消除罗素悖论的同时又要保留已经充分发展的素扑集合论的内容，策梅罗和弗伦克尔在1935年建立了集合论形式公理系统 ZF。此后，许多数学家和数理逻辑学家致力于对数学基础理论的研究，先后建立了公理集合论、模型论、递归论和证明论。至此，公认的数学逻辑（mathematical logic）的基本学科分支已被完备建立。

数理逻辑的诞生标志着哲学的语言转向的开始，这是为什么呢？一方面，从历史的情形看，哲学的每一次变革都得益于新的逻辑方法的发现和建立，历史上伟大的哲学家几乎无一例外都是逻辑学家。如果把哲学思想比作矿藏，作为哲学方法的逻辑学就是挖掘这些矿藏的工具。近代哲学发生的第一次变革，始于培根的经验归纳法和笛卡尔的逻辑演绎法的建立，归纳法和演绎法产生了近代西方哲学的经验论和唯理论之争。康德的《纯粹理性批判》对二者进行了综合，体现在他的"先天综合判断"的理论之中。此后，哲学的发展陷于停顿，人们说"康德以后无哲学"。在这种情况下，只有找到更先进的工具，才能挖出埋藏更深的宝藏。数理逻辑就是这样一种新方法。另一方面，从语言的本质看，数理逻辑的语言是一种人工语言，它是历史形成的任何一种自然语言都无法比拟的，它为哲学的发展提供了新的工具，使哲学分析成为可能。这样，哲学的对象从纯粹主体转向主体与客体的中间环节——语言，这是哲学语言转向。这次转向对哲学产生了根本的影响，也影响到现代西方思想文化的一切领域。

近代西方哲学的语言转向发端于弗雷格。数理逻辑的创始人弗雷格和罗素首先揭起新哲学的大旗——他们同时也是以后半个多世纪席卷英美思想文化领域并占主导地位的分析哲学的创始人。分析哲学的另一个创始人和完成者则是维特根斯坦，代表作是《逻辑哲学论》。

《逻辑哲学论》这部天才的著作系用语录体写成。所谓语录体，就是只下论断，不做论证，如同西方的《圣经》和东方的《论语》一样。维特根斯坦的《逻辑哲学论》就是 20 世纪西方哲学的经典。

维特根斯坦试图用 7 个命题来终结哲学，如同上帝用 7 天创造了世界。这 7 个命题是《逻辑哲学论》这本书的一级标题：①

1. 世界是如此这般的一切事物。（The world is all that is the case.）

2. 如此这般的事物，即事实，就是诸事态的存在。（What is the case—a fact—is the existence of states of affairs.）

3. 事实的逻辑图像是一种思想。（A logical picture of facts is a thought.）

4. 思想是有意义的命题。（A thought is a proposition with a sense.）

5. 命题是基本命题的真值函数。（A proposition is a truth-function of elementary proposition.）

6. 真值函数的一般形式是 $[\bar{p}, \bar{\xi}, N(\bar{\xi})]$。这也是命题的一般形式。（The general form of a truth-function is $[\bar{p}, \bar{\xi}, N(\bar{\xi})]$. This is the general form of a proposition.）②

7. 对于不可言说的东西，我们必须保持沉默。（What we cannot speak about we must pass over in silence.）

我们看到，在早期维特根斯坦这里，所有哲学问题都变成逻辑和语言分析的问题，分析的方法是这样的：

存在的事物（现象，偶然性）　　　　　　　　　　命题 1

→事实（思考，逻辑分析的结果）　　　　　　　　命题 2

→逻辑图像（思想，逻辑分析的结果）　　　　　　命题 3

---

① 根据 Ludwig Wittgenstein, *Tractatus Logico-Philosophicus*, C. K. Ogden Dover Publications, 1998 年英译本译出，附英文。

② 命题 6 中符号的表示：$\bar{p}$ 代表所有的原子命题；$\bar{\xi}$ 代表任意的命题集合；$N(\bar{\xi})$ 代表所有命题集合 $\bar{\xi}$ 的否定。——作者注

→有意义的命题（命题，逻辑分析和语言形式）　　　　命题 4

→真值函数（公理，命题逻辑的出发点）　　　　　　命题 5

→命题的一般形式（合式公式，① 语言分析的结果）　　命题 6

→对不可言说者应该保持沉默（合式公式之外的语句

无意义，语言分析的最终结果）　　　　　　　　　　命题 7

　　简单来说，维特根斯坦把对世界的认识分析为对命题的研究：他把世界分析为原子事实，与原子事实相对应的是原子命题（基本命题），复合命题是基本命题的真值函项，思想是有意义的命题，它是事实或世界的逻辑图像，因此，对不可言说的就应当沉默。从这里可以看出，维特根斯坦对语言作为哲学的基础和对语言的分析是多么重视。维特根斯坦的这些警句式的论断成为分析哲学的思想基础，并对分析哲学的重要派别逻辑实证主义构成最直接的影响。

二、对不能言说的应该保持沉默

　　这是两千多年来所有哲学命题中最强悍的命题。这个强悍的结论是从命题 1 到命题 6 一步步严密地推导出来的。

　　首先要注意本书的结构是维特根斯坦独创的非常奇特的结构。全书共有 7 个一级标题，以 1、2、3、4、5、6 和 7 标示。每一组标题下依次以 n.1、n.2，……作为二级标题，其下又以 n.1.1、n.2.1，……作为三级标题，余类推。7 个一级标题，唯独 7 之下没有下级标题和分析，而只有那一个非常强悍的命题"对于不可言说的东西，我们必须保持沉默"。说明分析到此结束，这是最终裁决！现在我们来看命题 6 到命题 7 的推导，② 并略作分析。

　　6. 真值函数的一般形式是 $\left[\bar{p},\ \bar{\xi},\ N(\bar{\xi})\right]$。这也是命题的一

－－－－－－－－－－

　　① 合式公式（Well Formed Formula，WFF）指一个语言系统中，从初始符号按照形成规则所得出的有意义的符号串，即符合规则的公式。

　　② Ludwig Wittgenstein，1922，*Tractatus Logico－Philosophicus*，English Translation by C. K. Ogden，London：Routledge & Kegan Paul，New York：The Humanities Press，1961，pp. 119–150.

般形式。

6.1　逻辑命题是重言式。（The propotition of logic are tautologies.）

6.2　数学是一种逻辑方法。（Mathematics is a logical method.）

数学命题是等式，因此都是伪命题。（The propositions of mathematics are equations, and therefore pseudo-propotitions.）

6.3　逻辑的探究就是对所有符合规律的东西的探究。逻辑之外的一切都是偶然的。（The exploration of logic means the exploration of *everything that is subject to law*. And outside lofic everythin is accidental.）

6.4　所有命题都是等值的。（All propositions are of equal value.）

6.5　若答案不能用语言表达，则问题也不能用语言表达。（When the answer cannot be put into words, nerther can the question be put into words.）

神秘之物是不存在的。（The *riddle* does not exist.）

如果一个问题可以提出，它也就可能得到解答。（If a question can be framed at all, it is also *possible* to answer it.）

7. 对于不可言说的东西，我们必须保持沉默。

依照该书的结构，同级的命题中，前面的命题推出后面的命题，因此，强悍的结论命题 7 是由命题 6 直接推出的。而命题 6 则又推导出其下的各个二级命题。命题 6 给出了真值函数的一般形式，重言式是真值函数中的一种，不论其自变元取值如何，其值恒为真的函数。例如，同一律"p→p"、不矛盾律"¬（p ∧¬p）"和排中律"p∨¬p"都是重言式，演绎规则 MP"（（p→q）∧p）→q"也是重言式。重言式是逻辑上恒真的公式，所以，维特根斯坦说："逻辑命题是重言式"（§6.1）。重言式对一个逻辑系统有特殊的意义。在一个逻辑系统中，往往选择重言式作为推理的出发点，它们就是公理，然后由保真的规则，就可以推出重言式作为定理。这种公理化的方法，在西方文化中根深蒂固，古希腊亚里士多德的三段论系统和欧几里得的几何系统为之作出了典范。

接下来的推论是"数学是一种逻辑方法"，数学命题是恒等式，是重言式，是永远正确的绝对真理。但为何又说它是"伪命题"呢？这是因为重言式（tautology）就是一种"同语反复"，例如，加法交换律和乘法交换律、乘法对加法的分配律都是同语反复，因而就是永恒真理。再如，三段论的第一格 AAA 式，"苏格拉底是有死的"已经包含在大前提"所有人都是有死的"之中，结论并无新意。事实上，三段论的公理和定理都是重言式，它们既是永恒真理，又是同语反复。或者说，数学和逻辑的命题因为是同语反复，因而是永恒真理。维特根斯坦称这样的命题为"伪命题"（§6.2），因为它等于什么也没说。

接下来的推论是："逻辑的探究就是对所有符合规律性的东西的探究。逻辑之外的一切都是偶然的。"（§6.3）这个论断是很有分量的。如前所述，同一律、不矛盾律、排中律和演绎规则等都是重言式，因而都是逻辑规律。所以，"逻辑之外的一切都是偶然的。"这也是一个非常强悍的结论！回到命题 1，维特根斯坦从存在的事物开始，即从现象和偶然性开始，才找到了逻辑规律和必然性。逻辑规律和必然性是同等程度的范畴，逻辑规律就是必然性，反之亦然，必然性就是逻辑规律。

接下来的论断是"所有命题都是同等价值的。"（§6.4）这里的"命题"指的是"逻辑命题"即重言式。如果两个重言式含有相同的命题变元，则这两个重言式一定是彼此等价的，这在逻辑上可以得到证明。例如：传统逻辑的三大规律同一律、不矛盾律和排中律都是重言式，而且是相同的真值函数，它们之间是彼此等价的。证明如下：

（1） $p \to p$ 同一律

（2） $p \lor \neg p$ （1），定义

（3） $\neg\neg(p \lor \neg p)$ （2），双重否定

（4） $\neg(p \land \neg p)$ （3），德摩根律，置换

式中，（1）是同一律；（2）是排中律；（3）是不矛盾律。这样我们就证明了，所有变元相同的重言式都是同一真值函数，因而在逻辑上是彼此等价的。

现在我们来到最终判决之前的一个论断："若答案不能用语言表

达，则问题也不能用语言表达。神秘之物是不存在的。如果一个问题可以提出，它也就可能得到解答。"（§6.5）这个论断也是非常之强悍，它至少包含这样三层意思：第一，没有不可知的"神秘之物"；第二，问题存在，当且仅当答案存在；第三，问题可以言说，当且仅当答案可以言说。

这样我们就来到上帝的最终审判，这也是全书唯一的一个没有子命题的一级命题："对于不可言说者应该保持沉默。"

注意这不是要你必须说重言式，而是说你必须说有意义的命题即合式公式。对于你所不能用这样的语言来表达的东西，你就应该保持沉默！

最后这个论断有几个要点是不容易读出来的。其一，你不能言说的东西，一定是你不知道的东西，因为命题 6.5 已经论证，凡是我们知道的东西，一定是语言能够表达的东西，是能够言说的东西。所以，凡你不能用语言表达的东西，不能言说的东西，一定是你所不知道的东西。顺便提醒一点：后期维特根斯坦的语用理论正是由此发展而来，即人用语言来做一切事情，除了语言，我们一无所知，我们一无所能。① 其二，我们所知道的东西，不仅是能够言说的，而且是能够进行分析的。这里也有两层含义，一是语言表达，这就是哲学；二是语言分析，这就是分析哲学。这样，天才的哲学家维特根斯坦就带领我们进入了一个崭新的时代：分析哲学的时代。

三、维特根斯坦的分析是一种语义分析

维特根斯坦是否完成了他的语言分析呢？没有，前期维特根斯坦所做的只是语义分析，更高水平的语用分析要等到 20 多年后，直到他的另一天才著作《哲学研究》的出版。

我们说，维特根斯坦前后时期的两本著作《逻辑哲学论》和《哲学研究》分别代表了语言哲学发展的两个阶段——分析哲学和语言哲

---

① 蔡曙山：《论语言在人类认知中的地位和作用》，《北京大学学报》2020 年第 1 期。

学；同时也代表了语言分析的两种方法——语义分析和语用分析。

关于后期维特根斯坦的《哲学研究》和语用分析，我们留待下一章讲述。现在我们来看前期维特根斯坦的《逻辑哲学论》中所体现的语义分析。

《逻辑哲学论》中所体现的语义分析，我们在本节已经做了认真的阐释。这里我们补充讲解命题 6.5 中所包含而不易被注意的一个词：框架，德文原文如下：

Wenn sich eine Frage überhaupt stellen läßt, so kann, kann sie auch beantwortet warden.

英译文如下：

If a question can be framed at all, it is also possible to answer it.①

中译文如下：

如果一个问题可以提出，它也就可能得到解答。②

句中 be framed at all 这个短语中的关键词是"framed"，它是"frame"的过去分词。"frame"作名词是"框架"之意，作动词是"装框"，转义为"规划"、"设计"等。所以，这句话直译应该是：

如果一个问题能够被完全框架化，那么回答这个问题也是可能的。

很显然，"被完全框架化"这个意思在中译文里没有被表达出来。

什么是"被框架化"？我们知道，框架是模型论语义学的基本概念，它由美国逻辑学家克里普克于 1950 年创立。一个克里普克框架是一个二元组〈W，R〉，其中，W 称为可能世界的集合，R 称为可能世界间的可达关系。在这个框架下，我们可以定义一个语言的结构、赋值、解释、满足关系、模型、语义后承、有效性、可满足、逻辑等值等语义概念（参见本章第三节"模型论语义学"）。

---

① Wittgenstein, L. (1922) *Tractatus Logico-Philosophicus*, Create Space Independent Publishing Platform, 2011.

② 维特根斯坦：《逻辑哲学论》，贺绍甲译，商务印书馆 1996 年版，第 104 页。

虽然模型论语义学到 1950 年才被创立，但在 30 年前，天才哲学家和逻辑学家维特根斯坦已经具备了模型论语义学的基本思想，他将哲学问题归结为语言问题，并对哲学的语言基础进行了严格的分析。"被框架化"就是要求按照模型语义学的方法来言说，来理解和分析话语。所以说，维特根斯坦在《逻辑哲学论》一书中对哲学的语言基础的分析是一种严格的语义分析。

思考作业题

1. 什么是语义加工和语义学？

2. 头脑里有没有语义加工？试举例说明。

3. 什么是指派、映射、解释和意义？说明这些范畴之间的关系。

4. 什么是语言世界？什么是符号世界？两者之间是什么关系？

5. 什么是现实世界？什么是可能世界？两者之间是什么关系？

6. 如何建立语词的解释和意义？请举例说明。

7. 如何建立语句的解释和意义？请举例说明。

8. 什么是真值？为什么说语句的逻辑意义是真和假？

9. 命题的真值与内容之间是什么关系？为什么？

10. 直言命题 A、E、I、O 的真值是如何确定的？请举例说明。

11. 试以逻辑方阵说明直言命题 A、E、I、O 之间的真假关系，请加以证明。

12. 什么是真值函数？什么是真值表？

13. 请画出 $\neg$、$\wedge$、$\vee$、$\rightarrow$ 和 $\leftrightarrow$ 的真值函数表。

14. 什么是联结词的完全集？请证明 $\{\neg, \wedge, \vee\}$、$\{\neg, \wedge\}$、$\{\neg, \vee\}$ 和 $\{\neg, \rightarrow\}$ 是联结词的完全集。

15. 下面定义两个特殊的联结词"$\downarrow$"和"$\mid$"。

p	q	p↓q	p∣q
1	1	0	0
1	0	0	1

续表

p	q	p↓q	p∣q
0	1	0	1
0	0	1	1

它们是表 8-3 中的真值函数 f_1 和 f_7，分别称为"析舍"（析取的否定）和"合舍"（合取的否定）。试证明 {↓} 和 {∣} 是联结词的完全集。

16. 什么是重言式（恒真式）？什么是矛盾式？什么是拟真式？什么是逻辑等值式？

17. 试用真值表判定充分条件假言命题和它的逆否命题是等值式。

18. 在什么情况下，真值表和真值函数不能解释一个命题的真值，而必须依靠模型论方法？试举例说明。

19. 试定义框架、结构、解释、模型和可满足关系、不可满足关系和普遍有效关系。

20. 一个城市的地图是这个城市的一个模型。试以你所在城市的地图说明在这个模型的解释之下，关于这个城市交通的可满足命题、不可满足命题和普遍有效命题。

21. 在什么情况下，弗雷格的形式语义学不能分析自然语言语句的意义，而必须依赖类型语法和内涵逻辑的分析方法？

22. 试述蒙太格的类型语法和内涵逻辑。

23. 什么是蒙太格的形式语义学？试用形式语义学方法分析自然语言（英语和汉语）的语义。

24. 维特根斯坦的哪两本书建立了 20 世纪西方哲学的哪两个流派？

25. 为什么说哲学就是语言分析？

26. 维特根斯坦说：对不能言说的应该保持沉默。试分析维特根斯坦对这一论断的推导。

27. 为什么说维特根斯坦在《逻辑哲学论》一书中对哲学的语言基础的分析是一种语义的分析？

推荐阅读

Montague, Richard （1974） Formal philosophy: Selected papers. Edited by Richmond H. Thomason. New Haven, Conn.: Yale University Press.

Wittgenstein, Ludwig （1922） Tractatus Logico – Philosophicus, English Translation by C. K. Ogden, London: Routledge & Kegan Paul, New York: The Humanities Press, 1961.

蔡曙山、邹崇理：《自然语言形式理论研究》，人民出版社 2010 年版。

蔡曙山：《言语行为和语用逻辑》，中国社会科学出版社 1998 年版。

蔡曙山：《符号学三分法及其对现代语言学、逻辑学和哲学的影响》，《北京大学学报》2006 年第 5 期。

蔡曙山：《论语言在人类认知中的地位和作用》，《北京大学学报》2020 年第 1 期。

涂纪亮：《分析哲学及其在美国的发展》，中国社会科学出版社 1987 年版。

涂纪亮：《现代西方语言哲学比较研究》，中国社会科学出版社 1996 年版。

罗素：《逻辑与知识》，苑莉均译，张家龙校，商务印书馆 1996 年版。

维特根斯坦：《逻辑哲学论》，贺绍甲译，商务印书馆 1996 年版。

第九章

语用加工和语言交际

　　语形加工（包括词法加工和句法加工）、语义加工和语用加工，是一个加工范围逐步扩大、加工内容逐步增加、加工方式逐步上升的过程。

　　语用加工（pragmatic processing）是通过将语言表达式放在语言使用者和语言环境中而建立语言表达式的完整意义的加工方式，它对三个世界进行操作：语言符号的世界、语言符号所指称的现实世界和可能的世界以及语言符号的使用者所在的语境世界。语用加工所涉及的要素称为语用要素，包括说者（speaker）、听者（hearer）、时间（time）、地点（place）和语境，也称上下文（context），分别以 S、H、T、P、C 表示。语用加工对应的语言理论是语用学（semantics）。

　　由上分析看出，从语形加工到语义加工再到语用加工是一个自下而上的加工过程，语形加工包含于语义加工，语义加工又包含于语用加工。相应地，语形学包含于语义学，语义学包含于语用学。同时，从语用加工到语义加工再到语形加工是一个自上而下的加工过程，语用加工包含语义加工，语义加工包含语形加工。相应地，语用学包含了语义学，语义学包含了语形学。

　　由此我们也可以看出，只有在语用加工或语用学层面上，一个语言表达式才能获得它的完全的意义。

第一节 语言的意义在于应用

维特根斯坦前期的《逻辑哲学论》和后期的《哲学研究》分别代表了语言哲学的两个发展阶段——分析哲学和语言哲学，同时也代表了语言分析的两种方法——语义分析和语用分析。

后期维特根斯坦的《哲学研究》提出"语言的意义在于应用"这个重要的命题，奠定了语用学的基础，创立了语用分析的新方法。

一、回归自然语言

在 20 世纪西方哲学发展史上，维特根斯坦开创了两个而不是一个领域，这两个领域是分析哲学和语言哲学。语言哲学的兴起以分析哲学的终结为前提，所以也可以说，维特根斯坦做了两件事：建立分析哲学并亲手埋葬了它。①

维特根斯坦后期的代表作《哲学研究》展开了对他自己前期思想和分析哲学的全面批判，它标志着分析哲学的终结和语言哲学的建立。为何说分析哲学至此终结？问题在于如何理解哲学的语言基础。因为在前期维特根斯坦看来，哲学的语言必须是可以分析的语言，而分析的方法则是形式化的方法。所以，维特根斯坦将真值函数的一般形式 $[\bar{p},\bar{\xi},N(\bar{\xi})]$ 当作有意义的命题的一般形式。② 如果不能做这样的分析的命题，都是无意义的命题。最后，他得出那个著名的论断："对于不可言说的东西，我们必须保持沉默。"③ 但在后期维特根斯坦看来，分析哲学的这个根本原则已经破产了，因为正是这一根本原则和方

① 蔡曙山：《再论哲学的语言转向及其意义》，《学术界》2006 年第 4 期。
② Ludwig Wittgenstein, 1922, *Tractatus Logico-Philosophicus*, English Translation by C. K. Ogden, London: Routledge & Kegan Paul, New York: The Humanities Press, 1961, p. 119.
③ Ludwig Wittgenstein, 1922, *Tractatus Logico-Philosophicus*, English Translation by C. K. Ogden, London: Routledge & Kegan Paul, New York: The Humanities Press, 1961, p. 150.

法最终窒息了分析哲学。亨迪卡说："当分析哲学死在它自己手上时，维特根斯坦就是那只手。"①

20 世纪西方哲学的语言基础有两次大的改变，第一次是发生在 20 世纪初的向人工语言或称理想语言的转变；第二次是发生在 20 世纪 30 年代回归于自然语言的转变。虽然这两次语言基础的改变都是所谓哲学语言转向的组成部分，但两者的意义和作用大不相同。第一次语言转向的结果是分析哲学的诞生和逐渐走向衰亡；第二次语言转向的结果是语言哲学的诞生，它成为 20 世纪下半叶以来西方哲学的主流。令人惊异的是，20 世纪西方哲学的这两次重要转向，竟然体现在一位哲学家一生中仅有的两本著作上，这位哲学家就是维特根斯坦，这两本书就是《逻辑哲学论》和《哲学研究》。

维特根斯坦在 20 世纪 30 年代早期开始动手拆除《逻辑哲学论》所构筑的理论大厦。在这个过程中，一种新的方法，一种完全不同的关于语言、关于语言的意义、关于语言和现实之间关系的构想逐渐形成。这时，维特根斯坦已经清楚地认识到，在《逻辑哲学论》中他所忽略的东西，即心理哲学，是非常重要的；而那个来自弗雷格并被他当作反心理主义证据而接受下来的东西，看来是毫无理由的。由于语言意义的概念是与理解、思维、意向、意指等概念密切相关，因此，对这些关键概念就需要作哲学的阐释。这种新的方法也导向关于哲学自身的新构想。这些构想当然与《逻辑哲学论》相关，但却有根本的不同。这些转变又使他重新考虑对形而上学的批判。

维特根斯坦的《哲学研究》第一卷完成于 1945—1946 年，这是一本划时代的著作，代表他一生的最高成就。在本书中，他的思想到达了另一个前所未有的高度。不论在精神还是风格上，《哲学研究》与《逻辑哲学论》均形成鲜明的对照。《逻辑哲学论》追求的是将他的卓越的洞察力用来描述独立于语言的事物的本质，《哲学研究》却致力于处理

---

① 亨迪卡：《谁将扼杀分析哲学》，张力锋译，引自陈波主编：《分析哲学》，四川教育出版社 2001 年版，第 264 页。

非常重要的语言事实，以解开人类理解的节扣；《逻辑哲学论》体现的是水晶般纯净的关于思想、语言和世界的逻辑形式，《哲学研究》却充满了对丰富多彩的自然语言及其令人困惑、富有欺骗性形式的十分睿智的理解；《逻辑哲学论》建立的是概念的结构体系，它试图通过深刻的语言分析，揭示事物不可言说的本质；《哲学研究》建立的却是概念的解释体系，它的目标是通过对我们熟悉的语言事实耐心细致的描述来消解哲学问题。哈克说："《逻辑哲学论》是西方哲学传统的顶峰。《哲学研究》在思想史上则是真正史无前例的。"①

《哲学研究》是 20 世纪西方哲学的一次意义深远的转向（transition）。这次转向的第一种意义是语言基础的转变，即从本质直观（wesens-schau）——对事物的性质和本质的洞察力——向澄清概念——为了解开思想之结，用我们所使用的语言的语法去澄清概念的关联——的转变。这次转向的第二种意义是方法的转变，在《哲学研究》中发展出来的方法，为后来的很多哲学家所接受，使他们成为"熟练的哲学家"（skillful philosophers）。维特根斯坦称这种转变是从"真值方法"（the method of truth）向意义方法（the method of meaning）的转变。

《哲学研究》从引用奥古斯丁《忏悔录》中关于语言应用的一段话开始的，这段话之后就是维特根斯坦的那段著名的精辟总结："在我看来，上面这些话给我们提供了关于人类语言的本质的一幅特殊的图画。那就是：语言中的单词是对对象的命名——语句就是这些名称的组合。——在语言的这一图画中，我们找到了下面这种观念的根源：每个词都有一个意义。"②　紧接着，维特根斯坦举了一个某人到商店买五个红苹果的例子。他说："这里根本谈不上有意义这么一回

————————

①　Hacker, P. M. S. Ludwig Wittgenstein, in Martinich, A. P. and D. Sosa（eds.）（2001）*A Companion to Analytic Philosophy*, Blackwell Publishing Ltd, p. 81.

②　Wittgenstein, L. *Philosophical Investigation*, §1, translated by G. E. M. Anscombe, Basil Blackwell Ltd 1953.［除特别注明外，中译文均引自维特根斯坦：《哲学研究》，李步楼译，商务印书馆 2004 年版，第 3 页。以下凡引此书，只注英文本节数（用"§"号标示），附注中译本页码。］

事，有的只是'五'这个词究竟是如何被使用的。"① 接下来是那个引出"语言游戏论"的著名例子：建筑工 A 和他的助手 B 之间用种种方式（包括说出完整的语句或单一的语词，辅以手势和眼神等）进行的语言交流。这之后，维特根斯坦给出语言游戏论的三种含义。他说：

> 我们也可以把（2）中使用词的整个过程看作是儿童学习他们的母语的种种游戏中的一种。我将把这些游戏称之为"语言游戏"，并且有时将把原始语言说成是语言游戏。

> 给石料命名和跟着某人重复词的过程也可以叫作语言游戏。想一想在转圈圈游戏中词的大部分用处。

> 我也将把由语言和行动（指与语言交织在一起的那些行动）所组成的整体叫作"语言游戏"。②

在总共 230 页的《哲学研究》中，维特根斯坦仅用了前 5 页，就完成了从逻辑图像论向语言游戏论的过渡。人们常常用"逻辑图像论"和"语言游戏论"来表示前后期维特根斯坦的区别，但这仅仅是一种表面的区别。实质上，《哲学研究》提出的"语言游戏论"是一种标志，代表的是一种新的哲学流派，更是一种新的世界观和方法论。《哲学研究》是 20 世纪一个新的哲学流派——语言哲学——创立的标志；《哲学研究》是语言哲学的经典，而后世的语言哲学家——语形学的乔姆斯基、语义学的蒙太格、语用学的奥斯汀和塞尔等——不过是沿着维特根斯坦开辟的道路前进。《哲学研究》以后，语言哲学逐渐成为西方哲学的主流。

二、语言哲学与分析哲学之分野

后期维特根斯坦最重要的特征表现在他对前期自己的否定。在《哲学研究》一书"前言"中，维特根斯坦说："自从我于 16 年前重新

---

① §1，第 4 页。
② §7，第 7 页。

开始研究哲学以来，我不得不认识到在我写的第一本著作中有严重错误。"① 据说维特根斯坦曾在石里克的那本《逻辑哲学论》的扉页上写上这样一句话："本书每一句话都是一种病态的表现。"② 维特根斯坦前后期工作的区分，还表现在维特根斯坦后期对他前期所否定的东西重新加以肯定。如他对弗雷格和罗素曾经的批判，不承认哲学可以作为一种认知学科，不承认逻辑中的心理主义，不承认数学哲学中的逻辑主义等——这些做法在《哲学研究》中被重新加以考虑。由于前后期维特根斯坦分别代表了分析哲学和语言哲学的经典成就，所以，维特根斯坦前后期的区别，也就是分析哲学和语言哲学的区别。

哈克认为，语言哲学是前无古人的。它既不是基于古典经验主义或索绪尔模型的唯心主义心理主义的语言理论形式，也不是行为主义的语言理论形式；它既不是现实主义真值条件的语义学，也不是反现实主义的语义学。在哲学思想的批判方面，它既批判二元论，又批判心理主义；既批判逻辑行为主义，又批判物理主义。在形而上学的批判方面，它既不依赖休谟的基础，也不依赖实证主义者的基础，它与康德的先验的形而上学批判也没有共同之处。③

体现在《哲学研究》中的语言哲学思想有解构和建构两个方面。在解构的方面，它消解了对命题的性质和概念分析的构想，这是自笛卡尔以来到《逻辑哲学论》的逻辑经验主义的特征；它还破除了将语言看作是意义规则的计算的观念和将语句的意义看作是其语词成分的意义的组合的观念；它还挑战了含义确定性的理想，以及认为所有的表达式要么是可以通过分析定义来说明的，要么是不可定义但可以用事例来说明的想法，以及将语言与现实联系起来，并将语言的基础置于假定的简单经验对象之上的做法。

① 维特根斯坦：《哲学研究》，"前言"第2页。
② Maslow, A. (1961) *A Study in Wittgenstein's Tractatus*, Berkeley and Los Angeles：University of California Press，p. X. （转引自冼景炬：《维特根斯坦与西方哲学的终结》，见陈波编：《分析哲学》，四川教育出版社2001年版，第431页。）
③ Hacker, P. M. S. (2001)，pp. 81-82.

在理论的建构方面,《哲学研究》在批判的基础上建立了以语言游戏论为核心的理论体系。例如,意义和指称理论,家族相似和本质论,理解、规则和约定,关于私人语言等等。维特根斯坦认为,指称问题是将语言的意义与语言的使用相分离而产生出来的,指称只是意义的一种解释,而不是意义本身。词和物之间的关系并不是心理联系,意义也不是在理解的过程中产生的。语词的意义就是它在语言中的应用,用法相同的语句就是意义相同的语句;"要把语句看作一种工具,把它的意思看作它的使用。"① 对其理论中两个最基本的概念语言和语言游戏,维特根斯坦拒绝为其下定义,也拒绝讨论其本质,因为在他看来,语言的一般形式、语言游戏的共同特征这些东西都是不存在的。"我没有提出某种对于所有我们称之为语言的东西为共同的东西,我说的是,这些现象中没有一种共同的东西能够使我把同一个词用于全体,——但这些现象以许多不同的方式彼此关联。而正是由于这种或这些关系,我们才把它们全称之为'语言'。"② "请不要说:'一定有某种共同的东西,否则它们就不会都被叫作"游戏"'——请你仔细看看是不是有什么全体共同的东西。——因为,如果你观察它们,你将看不到什么全体所共同的东西,而只是看到相似之处,看到亲缘关系,甚至一整套相似之处的亲缘关系。再说一遍,不要去想,而是要去看!③ "我想不出比'家族相似性'更好的表达式来刻画这种相似关系……——所以我要说:'游戏'形成一个家族。"④

语言哲学和分析哲学的差异,可以从前后期维特根斯坦之间的差异来把握。或者说,前后期维特根斯坦哲学的分野,就是语言哲学与分析哲学的分野。我们可以从以下几个方面来认识这种差别:

第一,在语言基础上,语言哲学彻底抛弃理想语言的企图,回归于自然语言。维特根斯坦说:"在哲学中,我们经常把词的使用同具有固定规则的游戏或演算相比较,但是,我们不能说一个使用语言的人必须

---

① §421,第190页。
② §65,第46页。
③ §66,第47页。
④ §67,第48页。

玩这样一种游戏。——然而，如果你说，我们的语言表达只是近似于这样一种演算，那你就恰恰已经站到误解这一深渊的边缘上了。因为那样一来，就好像我们在逻辑中所谈论的是一种理想语言。似乎我们的逻辑是一种适用于真空的逻辑。——然而逻辑当然还是在自然科学处理自然现象这个意义上处理语言——或思想的，——我们最多只能说我们构造理想的语言。但在这里'理想'这个词很容易引起误解，因为这听起来就好像这些语言比我们日常语言更好，更完美；就好像为了最终向人们指明一个正当的语句看来是什么样子而非需要逻辑学家不可一样。"①

语言哲学回归自然语言并不是简单地"回到"自然语言，而是在经过分析哲学对自然语言的否定和排斥，再经过《哲学研究》对《逻辑哲学论》和逻辑实证主义的批判和清算以后，重新回到自然语言，这是一次辩证的回归。从以自然语言为基础的传统哲学，到以理想语言为基础的分析哲学，再到以日常语言为基础的语言哲学，是一个否定之否定的辩证运动，是在对自然语言的更加深刻的理解基础上的回归。特别应该指出的是，语言哲学的语言基础，既不同于分析哲学，也不同于传统哲学。作为它的哲学基础的语言有两个特征：其一是重视语言的使用，这已经充分体现在《哲学研究》的语言游戏论之中。其二是重视日常语言和言语（speech），而不是规范的和标准的语言，这是语言哲学区别于过去的其他任何哲学理论的重要特征。耐人寻味的是，《哲学研究》这部也许是20世纪最伟大的哲学著作，却是用通俗的日常语言写成的一部散文。"在西方哲学史上几乎找不到一本书是用这样简单生动的语言写成的。"② 这一特征还为后来的语言哲学家所发展。被誉为"与'柏拉图主义者'维特根斯坦对立的'亚里士多德式的对手'J. L. 奥斯汀"③ 的言语行为理论，正是在这个方向上所得到的最重要

① §81，第57页。
② W. 施太格缪勒著：《当代哲学主流》（上），王炳文、王路、燕宏远、李理等译，商务印书馆1986年版，第553页。
③ W. 施太格缪勒著：《当代哲学主流》（上），王炳文、王路、燕宏远、李理等译，商务印书馆1986年版，"第三版序言"。

的成果。

第二，在使用的方法上。维特根斯坦指出，对日常语言的分析，不是数学逻辑能够解决的；哲学的任务，也不是通过数学或逻辑—数学的发现去解决的；用真假来表示命题的意义是"一幅很差劲的画图"①。哈克说，从《逻辑哲学论》到《哲学研究》的转向，是研究方法的转变，是从真值方法向意义方法的转向。他还说，《哲学研究》所发展的方法，使得有可能出现"熟练的哲学家"（skillful philosophers）。② 维特根斯坦以后，在现代语言学和现代逻辑学的交叉发展中，形成了语言逻辑这门新兴的学科，语言哲学的意义分析方法得到了前所未有的发展。奥斯汀在 20 世纪 50 年代初的工作是意义理论和方法发展的一个重要里程碑，他所发现的一类既非真又非假却又并非无意义的命题，即"通过说事来做事"（doing something in saying something）的命题，③ 不仅使过去所有的意义理论显得苍白，也使过去 2500 年以任何一种方式研究语言的人蒙羞。④ 由此建立的言语行为理论（1955），使各种语用要素——说者、听者、时间、地点、上下文——首次进入语言分析的视野，也使语言的使用者即人这个最重要的语言要素首次进入逻辑和哲学的视野。奥斯汀的学生和后继者塞尔建立了系统的言语行为理论（1969），并与他人合作建立了语用逻辑的分析理论和分析方法（1985）。从上面的分析我们看到，自 20 世纪 30 年代以来，以理想语言为基础、以数学逻辑为方法的分析哲学走向衰落，而以日常语言为基础的语言哲学逐渐兴起，并于 50 年代逐步走向繁荣。在这个过程中，人们不是简单地抛弃经典逻辑的分析方法，而是对它加以扩充和变革。在这里，语言学、逻辑学和哲学的发展是同步的。从哲学史上看，逻辑学正是在回答哲学的新问题和新挑战的过程中得到发展的。

---

① §124，第 75 页；§125，第 75 页；§136，第 79 页。
② Hacker, P. M. S. (2001), p. 81.
③ Austin, J. L. *How to Do Things with Words*. Mass：Harvard University Press，2003.
④ W. 施太格缪勒著：《当代哲学主流》（下），王炳文、王路、燕宏远、李理等译，商务印书馆 1992 年版，第 66 页。

最后，在学科和研究的框架上。分析哲学主要在逻辑句法和真假二值的意义框架内对哲学的范畴和命题进行分析，语言哲学不仅从语形和语义上，更多的是那些"没有真假，但却不是无意义的"命题，即从语用因素上全面展开对自然语言的分析，并形成了语形学、语义学和语用学的三大分支领域和分析框架。

三、语言转向的意义

（一）语言转向具有双重含义

过去被人们经常谈及的"语言转向"实际上有双重含义。第一种含义是指哲学研究对象之转变，即从近代哲学以主体为研究对象的认识论转向主体与客体中间环节的语言。这种含义的语言转向已经被人们谈得很多，例如，达米特在《分析哲学的起源》一书中谈论的就是这种含义的转向。达米特说："分析哲学正是诞生于'语言转向'出现之时。"①　因此，弗雷格被看作这次语言转向的一个标志。但是，这次转向是以抛弃自然语言为代价的，或者说，是将哲学的语言基础从传统哲学的自然语言转向分析哲学的理想语言。弗雷格认为："自然语言在逻辑和哲学探究中更多的是障碍而不是向导。"他又说："逻辑学家的主要任务就在于从语言中解放出来"；"哲学家工作的主要部分在于与语言的战斗"。②　本书作者在《论哲学的语言转向及其意义》一文中所谈及的，也是这种含义的语言转向。

但是，另一种含义的语言转向——语言哲学的建立和将哲学的语言基础重新转向自然语言——是意义更加重大的一次转向。对这种含义的语言转向，我们注意得似乎不够。一方面，有的人混淆语言哲学与分析哲学之分别，他们要么将语言哲学看作是分析哲学的延续，甚至看作是分析哲学的一个部分，要么将分析哲学看作是语言哲学的先导，甚至看

---

①　达米特著：《语言的转向》，转引自陈波主编：《分析哲学》，江怡译，四川教育出版社2001年版，第133页。

②　达米特著：《语言的转向》，转引自陈波主编：《分析哲学》，江怡译，四川教育出版社2001年版，第134页。

作语言哲学的来源。另一方面，更多的人似乎只看到分析哲学和语言哲学都关注语言，但却看不到两者无论是在语言基础上，还是在研究方法上，还是在形而上学的观点和理论体系上，都是完全不同，甚至截然相反的两种哲学派别。笔者是主张将分析哲学与语言哲学截然分开的，两者不仅在语言基础、研究方法、哲学观点和理论体系上有根本的不同，在时间上也有截然的分界（1945 年前后，或前后期维特根斯坦）。虽然很多哲学家都是从分析哲学进入语言哲学的，但他们几乎毫无例外地批判、清算和亲手埋葬了分析哲学。唯有如此，我们才能清楚地看到由语言哲学引起的另一种含义的语言转向的意义。

（二）语言转向与哲学的变革

20 世纪西方哲学的发展，分析哲学的兴起和衰亡无论如何都是最重大的事件，而这又是与数学逻辑相关的。哈克说，分析哲学"全部兴趣都在于——并作为精致的哲学方法——使用形式逻辑演算。而在某种意义上，则试图以形式语言或不完全的形式语言来取代有明显缺陷的自然语言来为哲学的目的服务。"① 分析运动引起哲学的变革，在语言基础和分析方法两个方面。分析哲学的衰亡，也是在这两个方面遭遇了不可克服的困难。此后，语言哲学的兴起和对西方哲学所产生的影响，同样是在语言基础和分析方法两个方面。维特根斯坦说："哲学是以语言为手段对我们的理智的蛊惑所做的斗争。"② 他又说："哲学不应以任何方式干涉语言的实际使用；它最终只能是对语言的实际使用进行描述。"③ 维特根斯坦认为，哲学的任务就是揭露种种胡说。这里的"胡说"就是指无意义的话语。维特根斯坦不同意哲学的语言是二阶语言，他说："有人可能会想：如果哲学谈到'哲学'一词的使用，那么一定得有一种二阶哲学。但并非如此；就像正字法理论那样，它要处理种种

---

① Hacker, P. M. S. (2001), p. 91.

② §109，中译文引自汤潮、范光棣译：《哲学研究》，三联书店 1992 年版。转引自王晓升：《走出语言的迷宫》，社会科学文献出版社 1999 年版，第 32 页。

③ §124，第 75 页。

词包括'正字法理论'一词，但并不因此就成了二阶的。"① 哲学所使用的语言，不过也是日常语言。他说："当我谈论语言（词、语句等）时，我必须说日常的语言。"② 因此，哲学的"本质就表达在语法之中"③ 。但是，用这种日常语言来表达复杂精细的哲学思想是不是太粗糙了呢？维特根斯坦说："我们越是仔细地去考察实际的语言，它和我们的要求之间的冲突就越尖锐。（因为逻辑的晶体般的纯粹性当然不是研究出来的；它是一种要求。）这种种冲突渐渐变得不可容忍；我们的要求现在已有变成空洞之物的危险。——我们是在没有摩擦力的光滑的冰面上，从而在某种意义上说这条件是理想的，但是，正因为如此，我们也就不能行走了。我们需要行走：所以我们需要摩擦力。回到粗糙的地面上来吧！"在语言哲学中，他和后继的其他哲学家完全抛弃了理想的形式语言和纯粹严格的数学逻辑，他说："我们看到，被我们称之为'语句'、'语言'的东西并没有我所想象的那种形式上的统一性，而是一个由多少相互关联的结构所组成的家族。——但是，这样一来，逻辑成了什么呢？它的严格性似乎而垮台了。……——只有反转一下我们的整个考察问题的方式，才能使那种关于晶体般纯粹性的成见得以消除。"④

综上所述，我们可以说，在哲学的基础和方法上，分析哲学试图改造自然的语言和逻辑，语言哲学重新尊重自然的语言和逻辑；分析哲学要背离自然，语言逻辑却要回归自然。在哲学的目标和任务上，分析哲学试图把哲学变为科学，语言哲学将哲学还原为哲学。——这就是两者的根本区别。

（三）从语言到心智与认知

语言转向，特别是我们所强调的第二种含义的语言转向，即语言哲学所引起的语言转向的一个重大影响，是它在西方哲学中引起的从语言

---

① §121，第74页。
② §120，第73页。
③ §371，第174页。
④ §108，第70页。

到心智和认知的转变。哈克说，认为战前的分析哲学，包括穆尔、罗素、前期维特根斯坦和剑桥学派的分析哲学，强调"完全的分析"，试图将哲学变为科学，是一种关于"人类知识"的哲学；战后的分析哲学，包括后期维特根斯坦、安斯康姆、富特、马尔科姆以及受他影响的牛津学派哲学家奥斯汀、赖尔、斯特劳森（Peter Frederick Strawson）等人的哲学，强调语言研究，是一种关于"人类理解"的哲学。

20 世纪中叶以后，西方特别是英美的语言学、语言哲学、逻辑学都出现了向认知的转变，这种转变体现在对心智的研究之中。乔姆斯基的句法结构理论，被看作是认知语言学的最初形式。乔姆斯基语言学的两个假设和前提——唯理主义和心理主义——使他关注语言和心智关系的研究。① 他说："过去半个世纪的语言学研究是内容丰富而极有价值的，它的发展前景是令人激动的，这不仅表现在语言学狭窄的领域内，也表现在新的发展方向上，甚至包括人类长期以来要将语言学与脑科学统一起来的希望—— 一种令人渴望的前景现在或许已经出现在地平线上。"② 由于乔姆斯基在语言学、语言哲学和认知科学方面的贡献，他被誉为认知科学的第一代领袖。塞尔是一位与维特根斯坦、奥斯汀一脉相承的语言哲学家，他在言语行为理论（1969）、意向性理论（1983）、意识理论（1997，2002）和心智理论（2004）方面的工作，他的人工智能模型 CRA（1980），以及他的哲学理论的社会影响，使他荣获 2004年美国总统奖章。在当年的 6 名获奖者和 1 名获奖单位中，塞尔是唯一的一位哲学家。获奖评语说："由于他的努力，我们更深刻地理解了人类心智。他的著作业已形成现代思想、辩护推理和对象性的蓝图，并规定了关于人工智能性质的争论。"③ 美国政府和媒体的相关报道称塞尔为"心智哲学的领军专家"（leading expert）。一位评论家写道：塞尔是

---

① Chomsky, N. (1968) *Language and Mind*, New York：Harcourt, Brace & World；New York：Harcourt Brace Jovanovich 1972；Cambridge, UK；New York：Cambridge University Press，2006.

② Chomsky, N. (2001) Preface in Ungerer, F. et al. (1996) *An Introduction to Cognitive Linguistics*. London；New York：Longman.

③ http://www.neh.gov/news/archive/20041117.html.

一位近来美国少有的哲学家，他的著作在大学哲学系以外被广泛阅读。他的工作不仅将分析哲学提升到罕有的高度，而且他已经为自己确立了作为常识现实主义大众代言人的位置，对后现代哲学，他则是一只牛虻。

70 年代中期随着认知科学的建立而产生的心智哲学，是 20 世纪中期以来回归自然语言的西方哲学合乎逻辑的发展。以前后时期维特根斯坦为代表的分析哲学、语言哲学，与心智哲学一起，成为 20 世纪西方哲学的三大主流学科。

第二节　奥斯汀的言语行为理论

后期维特根斯坦哲学的中心是语言游戏论（heory of language game）。根据这一理论，语言的学习和使用都被看作类似于游戏的一种活动。维特根斯坦说："语言是一种工具。"① "对某一大类的情况来说，……一个语词的意义，就是它在语言中的使用。"② 他又说："语句有多少种呢？譬如说，肯定句、问句、命令句？——有数不尽的种类：我们所谓的'符号'、'语词'、'语句'，有数不尽不同种类的使用。而这种多样性并不是一次固定了的；新类型的语言，或者如我们所说的新语言游戏就会产生出来，而其他的会废弃和遗忘。"③ 在他看来，语言游戏不仅包括描述事实和陈述思想，还包括提问、评价、请求、允许、命令、任命、指责等语言活动。

维特根斯坦的这些思想，绘制了语用学的蓝图，而为语用学奠定第一块基石的，则是奥斯汀，这块重要的基石就是言语行为理论。

一、奥斯汀的革命

在 20 世纪语言学的发展史上，奥斯汀也是一位划时代的重要人物。

---

① L. Wittegenstein, *Philosophical Investigations*, §569.

② L. Wittegenstein, *Philosophical Investigations*, §43.

③ L. Wittegenstein, *Philosophical Investigations*, §23.

奥斯汀最重大的贡献是建立了言语行为理论（Speech Act Theory，简称 SAT），这一理论完全改变了人们对语言的性质和功能的看法，开辟了语言学研究新的天地。半个世纪以来，奥斯汀言语行为理论的影响超越了语言学，在哲学、逻辑学、心理学、社会学、计算机科学、脑神经科学乃至整个认知科学的发展史上，都产生了重要的影响。可以说，奥斯汀的言语行为理论已经成为 20 世纪一场重大的思想革命的标志。

20 世纪 50 年代初，牛津学派分析哲学家奥斯汀相继在牛津大学和哈佛大学主持一系列讲座。1952 — 1954 年间，奥斯汀每年都在牛津大学以"语词和行为"（words and deeds）为题举办讲座，每一次讲座他都要加上一些部分重写的解释，这些材料就构成他 1955 年在哈佛大学举办"威廉·詹姆斯讲座"（William James Lectures）的基础。在一个解释中，奥斯汀说他的理论可以上溯到 1939 年。奥斯汀说，"形成于 1939 年。我在《他人之心》（*Other Minds*）的一篇文章中，就使用了这些讲座的基本素材，……只是在数次地将它们公之于众以后，这座冰山的一角才浮现出来。"①

1960 年奥斯汀去世以后，他在哈佛大学的 12 次演讲以及他为这些演讲所写的笔记被厄姆森（J. O. Urmson）和斯比莎（M. Sbisa）整理成书，于 1962 年以《如何以言行事》为书名出版。当年，时代书评副刊（Time Literary Supplement）曾评价说："（本书）非常值得一读。本书的价值在于，它是英格兰在我们时代所诞生的最精辟的和最具原创性的思想家所做出的一项杰出的工作。牛津哲学家们泛泛而谈的神话——奥斯汀是其中的佼佼者——不过是探究日常语言使用的细节，在奥斯汀的这本新书中，应该是全然地被揭示出来了。"②

奥斯汀的言语行为理论受到维特根斯坦后期思想的影响，重视对日

---

① Austin, J. L.（1962）*How to Do Things with Words*. Second Edition. Edited by J. O. Urmson and Marina Sbisà. Cambridge, Mass：Harvard University Press. Twentieth printing，2003.

② Austin, J. L.（1962）*How to Do Things with Words*. Second Edition. Edited by J. O. Urmson and Marina Sbisà. Cambridge, Mass：Harvard University Press. Twentieth printing，2003.

常语言的语词和语句的意义的分析，特别重视对语言的使用条件即语境因素的分析。但是，奥斯汀的理论与维特根斯坦相比更加具体，也更加精细。维特根斯坦设计了语言游戏论的蓝图，奥斯汀则绘制出具体的图画。

奥斯汀提出的"通过说事来做事"（doing something in saying something）的重要思想，后来被塞尔等人丰富地发展，形成言语行为理论，这一理论奠定了语用学的理论基础，开辟了语言哲学发展的一个新的时代。

在言语行为理论建立之前，语用学要研究什么东西并不是很清楚的。从莫里斯和卡尔纳普的定义，我们只知道语用学与符号的使用者有关，而不清楚这种相关性的具体指向，不清楚语用学的具体对象。言语行为理论建立之后，我们知道，"语言的意义在于它的应用"这句维特根斯坦的名言，已经被具体化为对各种话语要素的考察，这就是说话人、听话人、时间、地点和上下文。这五大话语要素被称为语用要素。

半个世纪后，德国著名哲学家施太格缪勒在其三大卷的巨著《当代哲学主流》中这样评价奥斯汀和他建立的言语行为理论："说起来这真是荒唐。而且对于过去 2500 年间所有那些以任何一种方式研究语言的人来说这也是一件令他们感到羞耻的荒唐事，即他们竟然没有远在奥斯汀之前就作出这样一种其本质可以用一句很简短的话来表示的发现：我们借助于语言表达可以完成各种各样的行为。"① 施氏还将奥斯汀的发现与"哲学的语言转向"联系起来，他评价道："特别值得注意的是，到有一位哲学家发现存在着像言语行为这样的东西时，甚至可能已经是现代哲学中'语言转向'几十年以后的事了。叔本华曾说过，我们觉得很难把最常见的事物和最切近的事物当成问题，这是因为它们都是很显然的，所以就逃脱了我们的注意。对于他的这种说法恐怕不可能有比言语行为这种现象更好的证明了。"②

---

① W. 施太格缪勒著：《当代哲学主流》（下卷），王炳文、王路、燕宏远、李理等译，商务印书馆 2000 年版，第 66 页。

② W. 施太格缪勒著：《当代哲学主流》（下卷），王炳文、王路、燕宏远、李理等译，商务印书馆 2000 年版，第 66 页。

20世纪句法学、语义学和语用学的发展在理论的关系上是逐步扩充的，而在理论发展的时间上则是前后相继的，体现了历史与逻辑的一致性。

二、奥斯汀的言语行为理论

在《如何以言行事》这本划时代的著作中，奥斯汀从分析一类特殊的语句开始，这类语句虽然没有真假，却又不是"无意义"的（注意，此前的意义理论和语义学都认为，语句的意义就是语句的真和假），奥斯汀称这类意义特殊的语句为"行为式语句"（performative sentence）或"行为式话语"（performative utterance），或简称为"行为式"（performatives）。

在奥斯汀和后期维特根斯坦以前，分析哲学家包括前期维特根斯坦认为，语言是用来描述事物的，即是用来"说事"（saying something）的，语句的意义就是真和假。后期维特根斯坦在《哲学研究》一书中，完全否定了他前期的看法，也否定了分析哲学的这个最重要的前提。后期维特根斯坦认为，语词有各种各样的意义，语词的意义在于它的应用。他说："要把语句看作一种工具，把它的意思看作它的使用。"① "我想不出用比'家族相似性'更好的表达式来刻画这种相似关系……——所以我要说：'游戏'形成一个家族。"②

维特根斯坦提出语言游戏论——在语言的使用中理解和掌握语言——的方案，奥斯汀则为这个方案奠定了第一块基石。

奥斯汀的主要贡献在两个方面：第一，他认识到有一类特殊的话语，这类话语不是用来说事的，而是用来做事（doing something）的。发现这类用来做事的话语，即通过说事来做事（doing something in saying something）的话语，是奥斯汀使2500年来以任何一种方式研究语言的人蒙羞的伟大贡献；第二，他创立了言语行为的基本理论，这方

---

① §421，第190页。
② §67，第48页。

面的贡献又可以用"二三五"来进行概括。"二"是指奥斯汀早期对言语行为的分类法，即"行为式"（performatives）和"表述式"（constatives）的二分法。"三"是理论发展成熟时奥斯汀对言语行为的分类法，即将言语行为分为语谓行为（locutionary acts）、语用行为（illocutionary acts）和语效行为（perlocutionary acts）三种。"五"是指奥斯汀对语用行为（illocutionary acts）①　的分类，即分为判定式（verdictives）、执行式（exercitives）、承诺式（commissives）、表态式（behabitives）和阐述式（expositives）五种。奥斯汀的这些工作后来被人们统称为"言语行为理论"（speech act theory）。②

第三节　塞尔的言语行为理论

世界著名心智和语言哲学家塞尔是奥斯汀的学生。20 世纪 50 年代初，塞尔在牛津大学求学时，师从于奥斯汀、斯特劳森等大名鼎鼎的牛津分析哲学家。塞尔从他的老师奥斯汀那里学习和继承了正在创立之中的言语行为理论，在很多方面还发展了奥斯汀的理论，所以，他也被看作是言语行为理论的创始人之一。另外，他还将这一理论传播到美国，促进了日常语言学派（ordinary language school）在美国的发展。

塞尔对奥斯汀理论的发展主要在以下几个方面：第一，将奥斯汀的

---

①　Locutionary acts，illocutionary acts 和 perlocutionary acts 这三个概念是奥斯汀言语行为理论的核心术语。对这三个核心术语，国内学者有不同的译法。我国著名语言学家许国璋先生将它们分别译为"以言表意行为"、"以言行事行为"和"以言取效行为"。在这三种言语行为之中，以言行事行为又是最基本的一种，奥斯汀后来将其他两种都归为这一种。每一种以言行事行为都包含一种特殊的力量，奥斯汀称为 illocutionary force，许先生译为"以言行事力量"。笔者认为许先生的译法信、达、雅皆备，唯一的缺憾是用字较多，如果每个术语均能以 4 个汉字译出，就非常完美了。在写作《言语行为和语用逻辑》一书的过程中，笔者尝试将这三个术语译为"语谓行为"、"语用行为"和"语效行为"，相应地，将 illocutionary force 译为"语用力量"，将 illocutionary logic 译为"语用逻辑"。与国内学者的其他译法相比，这一组译法更能够明确地揭示言语行为理论和语用学的关系。详见周礼全先生为《言语行为和语用逻辑》所作的序。

②　有关奥斯汀言语行为理论的详细论述，请参阅蔡曙山：《言语行为和语用逻辑》，中国社会科学出版社 1998 年版。

言语行为理论普遍化，即认为"做事"是语言的普遍功能，"说事"只是"做事"的特例，或者说，"说事"就是"做事"。第二，将奥斯汀的言语行为理论系统化，在这方面，他又做了两件事：一是将三类言语行为都归为语用行为；二是对奥斯汀的言语行为分类提出批评，建立自己的分类标准，并对言语行为重新分类。第三，在对言语行为理论分析的基础上，建立语用逻辑（illocutionary logic），使言语行为理论从语言分析的层次发展到逻辑分析的层次。语用逻辑是逻辑学和语言哲学的交叉领域，是一个新的逻辑学分支学科，语用逻辑的发展深化了语用学的研究。第四，塞尔从言语行为（1969）的研究过渡到意向性（1983）的研究，是他从语言哲学过渡到心智哲学的标志，也是半个世纪以来西方哲学发展的方向。从语言到心智和认知，是 20 世纪中叶以来英美哲学发展的主流。塞尔因为自己出色的工作成为美国艺术与科学院院士，并成为 2004 年美国国家人文科学总统奖章获得者。

关于塞尔在建立和发展言语行为理论方面的贡献请参阅蔡曙山《自然语言形式理论研究》（人民出版社 2010 年版）第七章。此外，塞尔在语用逻辑（illocutionary logic）、意向性（intentionality）、中文房间模型（Chinese Room Argument，CRA）、心智和意识（mind and conciousness）等方面都作出了杰出工作和重大贡献。关于塞尔在言语行为理论和上述各个方面的重要工作，请参阅本章最后推荐阅读的有关著作和论文。

第四节　形式语用学

20 世纪语用学的发展从 30 年代索绪尔和皮尔斯的创意开始，经过 40 年代后期维特根斯坦的设计，50 年代奥斯汀的奠基，60 年代塞尔的完善，到 80 年代塞尔和范德维克共同建立了语用逻辑。在 21 世纪到来时，终于来到形式化的发展阶段。

一个学科的发展进入形式化的阶段，是这个学科发展成熟的标志。下面我们来看语用学的形式化发展即形式语用学的发展。

一、形式语用学的发展

2001年，尼瑞特·凯德蒙（Nirit Kadmon）的《形式语用学：语义学、语用学、预设和焦点》一书出版，这是第一本以形式语用学为题的学术著作。但本书不仅包括作者本人的研究，它也包括了其他人的研究，如斯塔尔内克（Robert Stalnaker）、卡滕恩（Lauri Karttunen）和海姆（Irene Heim）关于预设的研究，哈利迪（M. A. K. Halliday）、费希尔（Susan D. Fischer）、鲍尔斯（John S. Bowers）、杰肯朵夫（Ray S. Jackendoff）、德雷斯克（Fred Dretske）、皮埃尔亨伯特（Janet Pierrhumbert）、鲁斯（Mats Rooth）、高尔（Petr Sgall）、帕蒂（Barbara Partee）等人关于焦点的研究等等。

形式语用学（Formal Pragmatics）就是形式化的语用学，它以形式化的方法来研究语用学的问题，即研究语言符号与使用者的关系问题，正如形式语义学以形式化的方法来研究语义学的问题、形式句法学以形式化的方法来研究句法学的问题一样。

凯德蒙的《形式语用学：语义学、语用学、预设和焦点》一书对形式语用学的研究并不全面，该书忽略了形式语用学的一些重要研究领域，如言语行为和语用逻辑。

笔者认为，塞尔对言语行为理论的研究、塞尔和范德维克（Daniel Vanderveken）关于语用逻辑的研究，是形式语用学的重要研究内容，也是较早开始形式化研究的领域。张韧弦在《形式语用学导论》（2008）一书中，对国内外形式语用学研究做了详细的分析、讨论和评价。其中，言语行为理论和语用逻辑是一个重要的内容。① 吕公礼的《形式语用学浅论》（2003）所开列的国内形式语用学研究成果包括蔡曙山的《言语行为和语用逻辑》（1998）、吕公礼的《语用形式化与话语信息量研究》（2000）、蒋严的《语用推理的逻辑属性——形式语用

---

① 张韧弦：《语力逻辑理论与言语行为》，参见《形式语用学导论》，复旦大学出版社2008年版，第117—172页。

学初探》等。①　可见国内外学者都把语言行为的形式化研究当作形式语用学的重要内容。

塞尔在《言语行为》（1969）中，用公式 F(P) 来表示一个言语行为，其中，F 表示语用力量，P 表示命题内容。语用力量和命题内容成为独立的算子，可以对它们进行分析和运算。在《行为与表达式》（1979）中，塞尔还用形式化的公式来表示 5 种语用行为，并借用转换语法 TG 的结构来刻画它。该书还对间接言语行为（indirect speech acts）、隐喻（metaphor）做了某种程度的形式化的描述与处理。在《语用逻辑基础》（1985）中，塞尔和范德维克建立了第一个真正意义的形式语用学系统——语用逻辑系统。在这个系统中，他们给出言语行为表达式的形式化表述，建立了言语行为演算的基本概念、提出语用力量的结构和语用行为的成功条件、确立各种语用力量成分的逻辑形式，在此基础上建立了命题语用逻辑的公理，给出了语言逻辑的一般定律和语用力量的定律。由于言语行为理论是语用学的基础和核心理论，因此，塞尔以及他和范德维克的这些工作应该看作是形式语用学的奠基工作。

与塞尔同时或稍后，还有一些语言学家和语言哲学家的著作和理论涉及形式语用学。例如，托马森（Richmond H. Thomason）在《形式哲学：理查德·蒙太格论文选集》中认为，由蒙太格和他的学生与同事所发展的语用学是一种形式学科（formal discipline）。②　该书所收集的蒙太格关于语用学的文章有两篇。一篇是最初发表于 1968 年的《语用学》，另一篇是最初发表于 1970 年的《语用学与内涵逻辑》。但这两篇有关语用学的论文都与奥斯汀和塞尔对语用学的研究大相异趣。

语言学家和语言哲学家研究语用学的方法大体有两种。一种是 20 世纪 40 年代以后由维特根斯坦的语言游戏论（1945—1949）和奥斯汀的言语行为理论（1954）所开创、发展成熟于塞尔（1969，1979）以及塞尔

---

① 吕公礼：《形式语用学浅论》，《外国语》2003 年第 4 期。

② Thomason, R. H. (1974) *Formal philosophy*: *Selected papers of Richard Montague*. New Haven, Conn.: Yale University Press, p. 63.

和范德维克（1985）的方法，我们称为"语用学原创研究方法"。另一种是 20 世纪 50 年代以后形成的，由句法学、语义学延伸而来的方法，我们可以称为"语义学延伸研究方法"，蒙太格的语用学属于后一种。

这两种方法的不同之处有两点：第一，语用学原创研究方法以语用学的研究框架来包容语义学和句法学的研究内容，它采用的是语用学——语义学——句法学的研究模型，即"自上而下的"（Top-down）模型。这种方法认为，对语言的理解只有语用学的研究才是全面的，语用学的理解自上而下地包含了语义学和句法学的理解。与此不同的是，语义学的延伸研究方法则把语义学看作是句法学的扩展，语用学则是语义学的扩展。显而易见，它采用的是句法学—语义学—语用学的扩展模型，即"自下而上的"（Bottom-up）模型。这种方法认为，对语言的理解是自下而上的，句法层次的理解是最基本的，然后才扩展到语义层次的理解，最后是语用层次的理解。每一个层次的理解均有其独立存在的意义，无须借助上一层次的理解。例如，乔姆斯基就曾经认为对语言的理解只需要句法学就够了，无须语义学的帮助。或者说，在句法学的框架内就可以研究语义学的内容。类似地，蒙太格的语义学也强调语境（context）、索引（index）等语用学的要素在语言理解中的重要作用，但他是在语义学的框架内来分析这些要素和作用的。第二，蒙太格所采用的语用学研究的语义学框架仍然是一种真假框架。例如，他的内涵逻辑就是在真假框架中构造的。虽然他研究的内涵概念是一个语用学的概念，但他使用的方法却依然还是句法学和语义学的方法。与此形成鲜明对照的是，维特根斯坦在创建语言游戏论之初就坚决地摒弃真假框架。他说："现在看起来这个定义—— 一个命题是某种可以为真或为假的东西——似乎规定了什么是一个命题，那就是：适合于'真'这个概念的或'真'这个概念与之适合的东西就是一个命题。因此，我们似乎有了可以用来规定什么是一个命题和什么不是一个命题的真和假的信念。……可是，这是一幅很差劲的图画。"[①]　他又说："事实上，我们

_____

① 维特根斯坦：《哲学研究》，李步楼译，商务印书馆 2004 年版，第 79 页。

用语句做大量各种各样的事情。请想一想，光是惊呼就有完全不同的功能。"① 在语言游戏论中，维特根斯坦用"功用"而不是"真假"来表示语词和语句的意义。奥斯汀在他的理论中，对那种既没有真假，又不是没有意义的话语，采用一个他所独创的术语来表示它，这就是"行为式"（performatives），也称为"行为式话语"（performative utterance）或"行为式语句"（performative sentence）。奥斯汀说，这类话语满足这些条件："甲、它们完全不描述、不报道、也不陈述任何事情；并且也不是'或真或假'的。乙、说出这些话语是，或者部分地是做一种行为，而当我们说某件事时，通常是不会被描述为是在说某事，或者不会被描述为仅仅是在说某事。"② 可见，维特根斯坦和奥斯汀从一开始就采取与过去完全不同的新框架来研究语用学问题，而不是在句法学或语义学的旧框架内发展语用学。

当然，蒙太格对语义学和语用学的研究是完全形式化的，但我们必须认识到，在语用学和形式语用学的研究中，有两条不同的路线：一条是维特根斯坦、奥斯汀所代表的自上而下的路线，即语用学——语义学——句法学的路线；另一条是乔姆斯基、蒙太格所代表的自下而上的路线，即句法学——语义学——语用学的路线。

目前，在人工智能的自然语言理解中，多采用自下而上的语言加工模型，即先做自然语言的句法处理，再做语义处理，最后做语用处理，这样达到对自然语言的全面理解。与此相反，语用加工却使用一种自上而下的加工方法。形式语用学通过形式化方法和自上而下的模型来研究语用学问题，为人工智能的自然语言理解、认知神经科学的语言加工等领域提供可能的模型和方法。有关自下而上加工和自上而下加工的模型，请参阅蔡曙山《自然语言形式理论研究》（2010）第七章的相关内容。

---

① 维特根斯坦：《哲学研究》，李步楼译，商务印书馆 2004 年版，第 19—20 页。
② Austin，J. L.（1962）*How to Do Things with Words*. Cambridge，Mass.：Harvard University Press，Twentieth printing，2003，p. 5.

二、语用逻辑的形式系统

自 20 世纪 90 年代开始，我（指笔者）师从语言逻辑大师周礼全先生做博士生，博士论文选题为言语行为理论和语用逻辑。入学不久，周先生就交给我一本由李先焜先生刚从美国带回来的塞尔的新著 *The Foundation of Illocutionary Logic*，①　周先生说："看这本书，写你的博士论文。"

什么是"illocutionary logic"？它与已有的逻辑或逻辑学有什么不同？这是我首先要回答的问题。这个问题在当时的中国无人知晓，就是担任中国逻辑学会连续三届会长的周礼全先生和副会长李先焜先生也是闻所未闻。

于是我开始读书。从这本 1985 年出版的新著开始，我通读了塞尔的几乎所有著作，并追溯阅读到奥斯汀的划时代的著作 *How to Do Things with Words*。②　（奥斯汀和塞尔的著作清单，请见本章最后的"推荐阅读"。）

结果发现我进入了一个巨大的宝库！首先，我发现奥斯汀创建的言语行为理论是一个"新世界观的萌芽"，是一项"使 2000 多年来以任何一种方式研究语言的人都感到羞愧"的伟大工作。其次，我发现 illocutionary logic 是与当时所有逻辑都不同的一种新的逻辑！塞尔和范德维克的这本书所给出的言语行为的基本表达式"F(P)"，其中的"F"既不是谓词，也不是模态词，而是英语中最重要的一种语词——行为动词，它表示言语行为中用言语来做事的某种力量！我把这个发现告诉周先生，周先生惊喜不已，嘱咐我要认真的研究。

1992 年 7 月，我的博士学位论文以"语力逻辑"为题通过论文答辩，答辩委员会主席是语言大师许国璋先生，答辩委员会成员为语言学

---

① Searle, J. R. and Vanderveken, D. *Foundations of Illocutionary Logic*, Cambridge University Press, 1985.

② Austin, J. L. (1962). How to Do Things with Words. Second Edition. Edited by J. O. Urmson and Marina Sbisà. Cambridge, Mass：Harvard University Press.

和逻辑学界大家，可谓集一时之盛也。1998 年，以博士论文为基础的我的第一部专著《言语行为和语用逻辑》出版，该书包括"言语行为理论"、"语用逻辑基础"、"命题的语用逻辑"、"量化的语用逻辑"、"模态的语用逻辑"、"计算机科学与语用逻辑"等 7 章。在该书"绪论"里我从语词研究和逻辑学的发展来评价逻辑史上的各种逻辑理论，现将这篇"绪论"的要点摘录如下：

> 逻辑学的发展有一个明显的特征：它的发展阶段总是和特定的语词研究相关联。这是因为，逻辑学是研究语句的，而语句是由语词构成的。因此，逻辑的特殊性在于它所研究的语词及由之构成的语句的特殊性。这样，从逻辑的观点看，对语词的研究就具有特别重要的意义。
>
> 从语词研究的角度来看逻辑学的发展，各类逻辑系统的特征显得十分清楚。
>
> 三段论是最古老的逻辑系统之一，它是关于命题词的逻辑理论。这里的命题词是指表示 A，E，I，O 这 4 个命题形式的语词。三段论是以 A，E，I，O 这 4 个命题词为常元的演绎系统。在这些命题词中，虽然涉及作主词或谓词的名词和形容词，但名词和形容词都被未加分析地当作词项变元来处理。A，E，I，O 这 4 个命题词中还隐含着量词，但三段论中并没有独立的量词。另外，三段论也不特别研究联结词，尽管它使用了联结词。
>
> 中世纪发展的命题逻辑是关于联结词的逻辑。命题逻辑研究命题联结词的特征以及它们之间的推理关系。命题逻辑还要研究命题联结词的解释。对命题联结词采取经典的语形推理和语义解释的是经典命题逻辑。经典的语形推理的特征是其中成立排中律和反证律，命题联结词可互相定义，等等。经典解释的特征是外延性解释或称真值解释，这种解释是二值的和语境无关的。现代逻辑建立以后，对命题逻辑作了进一步的研究。对命题联结词采取非经典的语形推理和语义解释，就得到非经典的命题逻辑。多值逻辑对命题联结词作多值的解释，并且其中不成立排中律而成立排 n 律。直觉主

义逻辑对命题联结词作语境相关的解释，并且其中不成立反证律，联结词之间不能互相定义。相干逻辑和内涵逻辑也是对命题联结词作不同的语形和语义处理而产生的。由此可见，命题逻辑的发展是与对命题联结词的研究联系在一起的。

中世纪发展的另一理论是指称理论。指称理论是关于名词和形容词的逻辑理论，这一理论在近代又演变为摹状词理论，而摹状词理论构成现代逻辑中意义理论的基础。

弗雷格建立谓词逻辑的革命性意义在于，他在逻辑学的发展中引入了一类重要的语词，并对之进行研究，这类语词就是量词。将量词作用于个体变元得到一阶谓词逻辑，它是逻辑和数学分析的基本工具，它对于反映一阶语言内的逻辑和数学的真命题是充分的。将量词作用于谓词，就得到高阶谓词逻辑。将量词作用于命题、下标，就得到命题量化逻辑和下标量化逻辑。对论域中不同的个体使用不同的量词，或引入与"所有"、"存在"不同的其他量词，如"大多数"、"少数"、"许多"等等，就得到多种类量化逻辑和复量化逻辑。这些都是非标准的量化逻辑，它们在符合直观的日常语言的推理中有更广泛的作用。我们看到，谓词逻辑的发展是与对量词的研究紧密相连的。

模态逻辑、时态逻辑、概率逻辑和模糊逻辑对各种副词进行研究。模态逻辑研究各种模态副词，其中，正规的模态逻辑研究"必然"和"可能"这两个模态词。此外，模态逻辑还研究各种非正规的模态词，如"应当"和"允许"（道义模态）、"知道"和"相信"（认识模态），等等。它们被称为非正规的模态逻辑。时态逻辑研究各种时态副词，如"过去"和"将来"。概率逻辑和模糊逻辑研究各种程度副词，如"可能性"和"隶属度"。可见，模态逻辑、时态逻辑、概率逻辑和模糊逻辑的发展又是与对副词的研究相关的。

问句逻辑、祈使句逻辑和虚拟句逻辑分别研究疑问语气词、祈使语气词和虚拟语气词的语法作用和语义解释。……我们说，问句逻辑、祈使句逻辑和虚拟句逻辑是研究各种语气词的逻辑。

在自然语言中，动词是最重要的一类语词，但逻辑学对它的研究却开展得很晚。符号逻辑建立起来以后，才有可能对各种动词的逻辑特征、句法作用和语义解释进行研究。罗素研究了存在动词和关系动词，由此发展出存在逻辑和关系逻辑。对行为动词的研究要更晚一些。本世纪 50 年代中期以后，以奥斯汀为代表的一批分析哲学家才开始从语言学和哲学的角度对行为动词进行研究，此产生著名的言语行为理论。

······

奥斯汀的理论后来为美国分析哲学家塞尔所发展。塞尔对奥斯汀理论的发展主要在以下两个方面：

语言分析方面：确定言语行为的分类标准，并对言语行为进行分类；给出简单的语用行为语句的形式结构 F(P)，并由此构成各种复合的语用行为语句；分析了语用力量 F 在各种复合语句中的作用，并详尽分析了各种语用力量要素对语用力量的影响。

逻辑分析方面：试图建立言语行为的逻辑分析工具和逻辑分析系统——语用逻辑。1985 年，塞尔和范德维克建立了一个语用逻辑系统，并给出了该系统的公理和若干定理。

塞尔的工作开创了言语行为理论研究的两个不同的方向：语言学的研究和逻辑学的研究。塞尔的工作还标志着，对言语行为的研究已经从语言学的研究发展为逻辑学的研究。

······

语用行为和语用行为语句：在语用逻辑中，要反映"以力量 F 作出内容为 P 的行为"，是通过一个简单的语用行为语句 F(P) 来实现的。简单的语用行为语句 F(P) 由语用力量算子 F 和命题内容 P 构成，用简单的语用行为语句和联结词，再构成各种复合的语用行为语句。如 $F(\neg P)$，$\neg F(P)$，$P \rightarrow F(P)$，$F(P) \wedge F(Q)$，$F(P) \vee F(Q)$ 等等，这样就可以反映各种复杂的语用行为。语用逻辑通过对语用行为语句的研究，来反映语用力量和各种语用行为的逻辑特征。

……

量词和模态词：表示个体数量关系的语词称为量词，表示语句实现方式的语词称为模态词，在量化的语用逻辑和模态的语用逻辑系统中，我们需要量词和模态词，从而可以表示这样的语句：$\forall F \neg F(P) \rightarrow \neg \exists x_\sigma \Box A \rightarrow \Box \exists x A$ 等等。

……

（1）命题的语用逻辑：命题语用逻辑是由语用力量算子、命题内容变元和语用行为变元构成的命题逻辑系统，其中有三类不同的定理：关于语用行为的定理，关于条件的语用行为的定理以及关于语用力量的定理。通过研究我们看到：命题语用逻辑中不成立反证律，语用力量算子 F 不能叠加；我们还看到：命题语用逻辑是与经典命题逻辑、直觉主义命题逻辑、模态命题逻辑都不相同的逻辑系统。

（2）量化的语用逻辑：对命题内容和语用力量进行量化，就得到量化的语用逻辑系统。量化语用逻辑是由语用力量算子、命题内容变元、语用行为变元和量词构成的量化逻辑系统，其中除了成立命题语用逻辑的全部定理，还成立包含量词的定理。我们看到：语用逻辑的量词可以同时作用于语用力量算子和命题内容算子，它是一种高阶量化系统；我们还看到，在语用量化逻辑中，全称量词和存在量词不能互相定义。因此，语用量化逻辑是与其他量化系统如一阶逻辑和通常的高阶逻辑都不同的量化系统。

（3）模态的语用逻辑：在量化的语用逻辑系统中引入模态词，就得到模态的语用逻辑系统。模态语用逻辑是由语用力量算子、命题内容变元、语用行为变元、量词和模态词构成的模态量化逻辑系统，其中除了成立量化语用逻辑的全部定理，还成立包含模态词的定理。我们看到：模态语用逻辑是一种高阶模态逻辑，它的模态部分是S4和S5，并服从模态逻辑规律；它的量化部分是量化语用逻辑，并服从高阶逻辑的规律，所以它又是一种有特殊规律的高阶模态逻辑。

以上三个重要的形式化系统，即命题的语用逻辑、量化的语用逻辑和模态的语用逻辑，分别发表论文于《中国社会科学》①、《哲学研究》② 和《清华大学学报》③，有兴趣的读者可以阅读，以了解语用逻辑形式系统的特征和更多的细节。

第五节　语用交际模型及其应用

周礼全先生将逻辑学定义为"正确思维与成功交际的工具"，④ 这是再精当不过的定义。

传统上，我们都把逻辑学看作是正确思维的规范。逻辑学大师金岳霖先生在他主编，周礼全、王宪钧、汪奠基、吴允曾、方华、晏成书、诸葛殷同等诸先生参编，堪称为中国一切逻辑学教科书母本的《形式逻辑》一书中，一开篇第一句话就开宗明义地给出逻辑学的定义：形式逻辑是一门以思维形式及其规律为主要研究对象，同时也涉及一些简单的逻辑方法的科学（着重号为原文所有——作者注）。⑤

言语行为理论和语用学建立以后，人们对语言和逻辑的认识彻底改变了。人们认识到，语言不仅是用来"说事"的（saying somethings），更重要是用来"做事"的（doing somethings），是"通过说事来做事"的（doing somethings in saying somethings）。人们对逻辑学的认识也随之而改变，因为思维和逻辑的基础是语言。中国逻辑学家中，周礼全先生首先将语言研究和逻辑研究相结合，开创了语言逻辑研究特别是语用学研究的新领域。周礼全先生 1994 年的著作干脆将"逻辑：正确思维和有效交际的理论"这个逻辑学的新定义直接印在了封面上。周礼全先生是金岳霖先生的得意门生，真可谓"青出于蓝而胜于蓝"啊！

---

① 蔡曙山：《命题的语用逻辑》，《中国社会科学》1997 年第 5 期。
② 蔡曙山：《量化的语用逻辑》，《哲学研究》1999 年第 2 期。
③ 蔡曙山：《模态的语用逻辑》，《清华大学学报》2002 年第 3 期。
④ 周礼全：《逻辑：正确思维和有效交际的理论》，人民出版社 1994 年版。
⑤ 参见金岳霖主编：《形式逻辑》，人民出版社 2006 年版。

一、语用交际模型

语言和逻辑如何用于交际呢？主要的根据就是语用加工理论和语用学。前者属于认知科学中神经认知的范畴，后者则属于认知科学中语言认知和语言学的范畴。下面我们给出语言交际模型。

说者（speaker）、听者（hearer）、时间（time）、地点（place）和语境也称上下文（context），合称为五大语用要素，分别以 S、H、T、P、C 表示。一个语言交际的模型可以表示如下（图 9-1）：

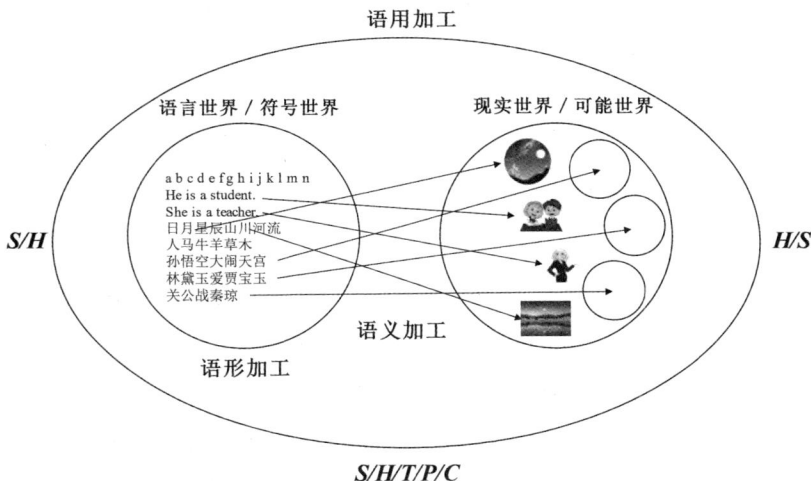

图 9-1 语用加工和语言交际模型

例如，两个人的语言交流（交际）活动，先说话的一方是说者 S，对方即为听者 H。当对方回答时，双方的角色即发生转换，原来的听者 H 变成说者 S；同时，原来的说者 S 变成听者 H。一个语言交际过程，包含了句法加工、语义加工和语用加工三个层次的加工过程。说话是自上而下的加工，即从语用加工到语义加工，再经过句法加工把话说出来。听话则是自下而上的加工过程，即先听到说话人说出语句，再理解语义，最后结合语境或上下文，全面理解话语的意思。语言交际时，说话人 S 和听话人 H 的身份、说话的时间 T、地点 P 和语境 C 等语用因素都对语言的意义产生影响。

二、语用交际模型的应用

案例：影视作品分析（《红楼梦》影视剧分析）

问题：艺术作品所传达的作者的心智能否被读者所理解？读者又是如何去理解作者的心智的？例如，观众能够从《红楼梦》影视作品了解曹雪芹的心智吗？

分析：从曹雪芹的小说《红楼梦》到影视剧《红楼梦》至少经过了 4 次转换，即：①小说《红楼梦》→②电视剧本《红楼梦》→③分镜头剧本《红楼梦》→④电视剧《红楼梦》。接下来我们可以来分析，在这 4 个语言交际过程中，谁是说者？谁是听者？话语说出的时间、地点和语境又是什么？

在小说《红楼梦》的语言交际中，说者 S 是原作者曹雪芹，听者 H 是《红楼梦》的古今读者。《红楼梦》被说出的时间是清康熙年间，曹雪芹写书的地点据说是北京香山公园曹雪芹故居，[①] 大观园就在后海恭王府，[②] 《红楼梦》故事的背景（语境）是曹雪芹"自写家事"。[③] ——这些由《红楼梦》读者考证出来的史实，还原了曹雪芹当时的心智，包括他的出身、家世、人生遭际、爱情经历、写作动机、诗书会友、晚景凄凉、书未成而身已亡以及身后这部天下第一的悲剧小说、中国文化的代表作自身的命运、版本流传与变迁等。读者对《红楼梦》的研究，甚至形成了一门学问——红学，为后人还原曹雪芹之心（Cao's minds）提供了十分可靠和可信的依据。可以说，《红楼梦》创作时的说者之心（Speaker's minds）在这部小说本身和它的历史语境中已经被揭示得非常清楚。尽管如此，关于《红楼梦》及作者曹雪芹的很多未解之谜，还有待史料的进一步挖掘和后人的进一步解读。

---

① 《专家谈曹雪芹：晚年住北京西山，生活极为困苦》，《北京晚报》2015 年 11 月 3 日。

② 吴柳：《京华何处大观园》，《文汇报》1962 年 4 月 29 日。

③ 参见胡适：《红楼梦考证》，北京出版社 2016 年版。

再看电视剧本《红楼梦》，它的说者是某位看了《红楼梦》小说受到感动并且希望把它改编成剧本搬上银屏的人，现在他从听者 H 变换身份为说者 S。电视剧本的听者 H 可以肯定是某位导演，他看了电视剧本之后（他是否读过或认真读过《红楼梦》存疑）受到感动，决定将它改编为分镜头剧本并投入拍摄。这时语言交际的说者 S 和听者 H 已经完全发生转换，其他三个语用要素时间、地点和语境也已经完全改变。时间已经是《红楼梦》成书三百年后的今天，地点和语境也发生了完全的改变。此后的分镜头剧本，说者 S 转换成影视剧导演，听者 H 转换成演员，语言交际的时间、地点和语境再次发生改变。电视剧《红楼梦》拍摄完成放映时，说者 S 转换为演员，听者 H 转换为此剧的观众。试问，《红楼梦》电视剧的观众能够从观看这部电视剧还原出原作者曹雪芹之心吗？

结论：只有小说本身（此处暂不论版本）才能还原出作者曹雪芹之心。其余经过多次转换的语言交际形式对曹雪芹之心的了解依顺序降低。

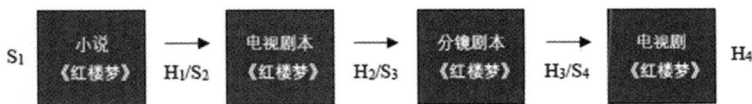

图 9-2　《红楼梦》语用交际转换模型

注意在这个模型中，小说读者 H_1 和电视剧本作者 S_2 是同一人，但作为语言交际的角色却发生了转换。同理，电视剧本读者 H_2 和分镜头剧本作者 S_3、分镜头剧本读者 H_3 和电视剧导演 S_4 也是同一人而语言交际角色发生的转换。在这个模型中，只有小说作者 S_1 和电视剧观众 H_4 的语言交际角色是固定的。很显然，H_1、H_2、H_3 和 H_4 都是与《红楼梦》语言交际相关的听者，但他们对《红楼梦》原作者曹雪芹之心的理解却大相径庭，其理解的可能性是依次递减的。

人类是使用语言符号的动物，因此，语用交际模型对人类的语言符号交际活动具有普遍的应用价值。例如，我们可以用语用交际模型分析日常会话、音乐欣赏、绘画欣赏、诗歌阅读、小说阅读等语言交际行为。

思考作业题

1. 什么是语用加工和语用学？

2. 头脑里有没有语用加工？试举例说明。

3. 试分析前后期维特根斯坦思想的差异性。为什么说维特根斯坦创立了分析哲学又亲自埋葬了它？

4. 试以《逻辑哲学论》和《哲学研究》两本书分析 20 世纪西方哲学的两次语言转向。

5. 试述奥斯汀创立言语行为理论的意义和"二三五"的理论贡献。

6. 试述塞尔对言语行为理论的发展和对言语行为的分类。

7. 试述塞尔和范德维克建立的语用逻辑系统和初步形式化的工作。

8. 试分析语用逻辑中表示语用行为的基本公式 F(P)，并分析语用逻辑与模态逻辑的联系与区别。

9. 试分析凯德蒙的《形式语用学》的主要工作和贡献（参考蔡曙山《自然语言形式理论》第八章）。

10. 语用逻辑的形式化研究有何意义，试以蔡曙山《命题的语用逻辑》、《量化的语用逻辑》和《模态的语用逻辑》加以分析。

11. 画出语用交际模型，并对 5 大语用要素进行解释。

12. 试用语用交际模型分析日常会话、音乐欣赏、绘画欣赏、诗歌阅读、小说阅读等语言交际行为。

推荐阅读

Austin, J. L. (1962) *How to Do Things with Words*. Second Edition. Edited by J. O. Urmson and Marina Sbisà. Cambridge, Mass: Harvard University Press. Twentieth printing, 2003.

Chomsky, N. (1968) *Language and Mind*, New York : Harcourt, Brace & World; New York : Harcourt Brace Jovanovich 1972; Cambridge, UK; New York : Cambridge University Press, 2006.

Chomsky, N. (2001) Preface in Ungerer, F. et al. (1996) *An Introduction to Cognitive Linguistics*. London; New York : Longman.

Hacker, P. M. S. Ludwig Wittgenstein, in Martinich, A. P. and D. Sosa (eds.) (2001) *A Companion to Analytic Philosophy*, Blackwell Publishing Ltd.

Kasher, Asa (ed.) (1998) *Pragmatics: Critical Concepts*, Vol. IV. London and New York : Routledge.

Levinson, Stephen C. (1983) *Pragmatics*. New York : Cambridge University Press.

Maslow, A. (1961) *A Study in Wittgenstein's Tractatus*, Berkeley and Los Angeles : University of California Press.

Thomason, R. H. (1974) *Formal philosophy: Selected papers of Richard Montague*. New Haven, Conn. : Yale University Press.

Wittgenstein, L. (1922), *Tractatus Logico - Philosophicus*, English Translation by C. K. Ogden, London : Routledge & Kegan Paul, New York : The Humanities Press, 1961.

Wittgenstein, L. *Philosophical Investigation*, translated by G. E. M. Anscombe, Basil Blackwell Ltd 1953.

Searle, J. R. Austin on Locutionary and Illocutionary Acts, in *Philosophical Review*, vol. 77, no. 4, 1968.

Searle, J. R. (1969) *Speech Acts: An Essay in the Philosophy of Language*. London : Cambridge University Press.

John R. Searle (1975) "Indirect Speech Acts", in P. Cole and J. L. Morgan (eds.), *Syntax and Semantics*, Vol. 3, *Speech Acts*, New York : Acacemic Press.

Searle, J. R. (1979) A Taxonomy of Illocutionary Acts. In *Expression and Meaning*, New York：Cambridge University Press.

　　Searle，J. R. (1979) *Expression and Meaning*. New York：Cambridge University Press.

　　Searle，John R. (1983) *Intentionality：An Essay in the Philosophy of Mind*，London：Cambridge University Press.

　　Searle，John R. (1995) *The Construction of Social Reality*. New York：The Free Press.

　　Searle，John R. (2004) *Mind：A Brief Introduction*. New York：Oxford University Press.

　　蔡曙山：《言语行为和语用逻辑》，中国社会科学出版社 1998 年版。

　　蔡曙山：《符号学三分法及其对现代语言学、逻辑学和哲学的影响》，《北京大学学报》2006 年第 5 期。

　　蔡曙山：《语言、逻辑和认知》，清华大学出版社 2007 年版。

　　蔡曙山、邹崇理：《自然语言形式理论研究》，人民出版社 2010 年版。

　　蔡曙山：《论语言在人类认知中的地位和作用》，《北京大学学报》2020 年第 1 期。

　　达米特：《语言的转向》，江怡译，转引自陈波主编：《分析哲学》，四川教育出版社 2001 年版。

　　亨迪卡：《谁将扼杀分析哲学》，张力锋译，引自陈波主编：《分析哲学》，四川教育出版社 2001 年版。

　　罗素著，苑莉均译，张家龙校：《逻辑与知识》，商务印书馆 1996 年版。

　　施太格缪勒：《当代哲学主流》（上），王炳文、王路、燕宏远、李理译，联邦德国斯图加特出版社 1986 年版（增订第七版），商务印书馆 1986 年版。

　　施太格缪勒：《当代哲学主流》（下），王炳文、王路、燕宏远、李理译，联邦德国斯图加特出版社 1986 年版（增订第七版），商务印书馆 1992 年版。

涂纪亮:《分析哲学其及在美国的发展》,中国社会科学出版社 1987 年版。

涂纪亮:《现代西方语言哲学比较研究》,中国社会科学出版社 1996 年版。

王晓升:《走出语言的迷宫》,社会科学文献出版社 1999 年版。

维特根斯坦:《逻辑哲学论》,贺绍甲译,商务印书馆 1996 年版。

维特根斯坦:《哲学研究》,李步楼译,商务印书馆 2004 年版。

维特根斯坦:《哲学研究》,汤潮、范光棣译,三联书店 1992 年版。

冯景炬:《维特根斯坦与西方哲学的终结》,引自陈波编:《分析哲学》,四川教育出版社 2001 年版。

吕公礼:《形式语用学浅论》,《外国语》2003 年第 4 期。

张韧弦:《语力逻辑理论与言语行为》,《形式语用学导论》,复旦大学出版社 2008 年版。

第四部分

思维认知

本部分摘录

逻辑学讲的三种思维形式概念、判断和推理属于思维认知的范畴，都是思维认知的形式，是头脑里发生的认知过程。而这三种思维形式中，推理处于思维认知的中心，是思维认知的核心能力。

我们首先将推理分为不扩充前提的推理（或称"解释前提的推理"）和扩充前提的推理，前者为演绎推理，后者包括归纳推理、类比推理和溯因推理。

大脑的因果关系信息加工分为两种基本的方式，从因及果和由果溯因。从因及果的推理方式被逻辑学家建立为演绎推理的有效模型，即皮尔士称为"解释前提"的推理。皮尔士的另一类"扩展前提"的推理包括由果溯因的溯因推理和从有限样本的属性推出整体属性的归纳推理，以及皮尔士未纳入其推理体系而在当今认知科学中受到青睐的类比推理。

溯因推理是一种典型的心理逻辑。在溯因推理中，经验、直觉、信念、情绪、知识、记忆等心理因素都会对溯因过程及假设的提出产生影响。溯因推理属于心理逻辑，它在科学发现等人类认知活动中有重要的意义。

每一个数学定理的证明都是溯因和演绎的综合应用。定理的求证是一个溯因过程，而定理的证明则是一个演绎过程。

意识与无意识犹如两个舵，它们轮流掌控着人类心智，指导着人类的行为方式。在认知科学的今天，我们认识到，无意识远比我们原来想象的要强大得多。

第十章

概念与认知

根据人类认知五层级理论，高阶认知即人类的认知由语言认知、思维认知和文化认知三个层级构成。前面经过第三部分语言与认知的学习，现在我们来到第四部分思维认知。

思维在传统上是哲学和逻辑学的领域。近代哲学研究思维主体和客体的关系，产生了唯理论和经验论两种不同的哲学认识论的派别和意义的争论，这个影响一直延续至今。法国著名唯理主义哲学家笛卡尔（René Descartes，1596—1650）曾提出哲学史上一个重要的命题——我思，故我在。这句话深刻地揭示了人类存在的本质：因为我思考，所以我存在。人一旦停止思考，作为人的存在也就终止了。

哲学的基础是逻辑思维，而逻辑思维和逻辑学的基础是概念。逻辑学的发展有一个明显的特征：它的发展阶段总是和特定的语词研究相关联。这是因为，逻辑学是研究语句和推理的，而语句是由语词构成的。因此，逻辑的特殊性在于它所研究的语词及由之构成的语句的特殊性。这样，从逻辑的观点看，对语词的研究就具有特别重要的意义。[①]

令人惊讶的是，哲学上最深刻的命题往往和逻辑问题交织在一起，哲学史上划时代的伟大哲学家都是逻辑学家。逻辑学家变革了旧的思维方式和研究方法，开创新的思维方式和研究方法，哲学又能前进一程。[②]

[①] 蔡曙山：《言语行为和语用逻辑》"绪论"，中国社会科学出版社1998年版。

[②] 蔡曙山：《归纳法演绎法和近代欧洲哲学中的经验论唯理论》，《贵州大学七七级七八级毕业论文选集（文科本科生）》，贵州大学内部印刷，1983年。

第一节　思维的起点

概念是思维的起点，可以从以下几个方面来认识。

一、从人类进化的进程看

从人类进化的进程看，直立行走、火的使用和语言的发明这三大事件使人类最终进化为人。这三大事件中，语言的发明又具有特别重要的意义，这一事件才使得人类的祖先南方古猿从竞争中胜出，最终完成了从猿到人的进化（参见本书第一章"认知的神经科学基础"）。

人类的进化历程，也伴随着语言的进化。语言进化从低级到高级的形式依次为肢体语言、声音语言和符号语言（参见本书第六章图 6-1 "语言的进化和语言分支图"）。

不仅人类有语言，非人类动物也有语言，两者的本质区别又是什么呢？首先，三种语言形态的肢体语言、声音语言和符号语言是分为层级的，肢体语言处于最低层级。如果仅有肢体语言的动物，一定是低级动物，如原生动物、海绵动物、腔肠动物、扁形动物这些门类的低级动物就只有肢体语言；再高级一些的动物如昆虫已经进化出声音语言；但所有非人类动物就只有这两种形态的语言。其次，人类进化第三阶段即语言进化阶段所进化出来的语言是一类与肢体语言和声音语言都不同的高级语言——符号语言。

非人类动物的语言是一种符号语言，它能够传达某一种信息，如觅食、求偶、危险、安全等信息，但却不能表达概念。人类语言本质的特征是什么？——就是能够表达抽象概念。这是人类语言与非人类动物的语言最本质的区别。有了抽象的概念，才可能形成抽象的思维。在概念语言和抽象思维的基础上，人类的经验才能形成知识，知识才能积淀为文化。所以，概念是人类认知的基础，是思维的起点。

二、从人类心智五层级看

人类心智处于心智进化的最顶层，人类心智进化依次经历了神经、心理、语言、思维和文化这样五个从低级到高级的发展进程，高级的心智向下包含了低级的心智。因此，人类心智继承了心智进化的全部成果，具备所有五个层级的心智能力。

人类认知能力是人类心智能力的实现，因此，人类认知也分为五个层级，即神经层级的认知、心理层级的认知、语言层级的认知、思维层级的认知和文化层级的认知。①

从人类心智和认知五个层级看，思维层级的心智和认知是以语言层级的心智和认知为基础的。没有语言层级的心智和认知能力，就不可能有思维层级的心智和认知能力。

非人类动物也有心智和认知，但非人类动物的心智和认知仅处于神经和心理两个层级。非人类动物的语言仅处于肢体语言和声音语言的层级，由于没有进化出能够表达抽象概念的符号语言，所以，非人类动物也就不可能有抽象思维和思维层级的认知。非人类动物类似思维的行为，如老鼠走迷宫、小狗认识家、熊瞎子能抓鱼等，其实只是使用了刺激反应、奖励惩罚和记忆等心理认知能力，所以，非人类动物这些类似思维的行为并不是思维。人类，只有人类，才可能在抽象的概念语言的基础上产生抽象的思维。所以，概念是思维的起点。

三、从三种思维形式的关系看

概念、判断、推理是人类思维的三种形式。概念构成判断，判断组成推理。这三种思维形式都有各自对应的语言形式，列表如下：

表 10-1 思维形式与语言形式对照表

思维形式	概念	判断	推理
语言形式	语词	语句	句群

先来看概念。概念是反映对象本质属性的思维形式，如："人"这

---

① 参见蔡曙山：《论人类认知的五个层级》，《学术界》2015 年第 12 期。

个概念反映了人这类对象的本质属性，那就是有语言（抽象的概念语言）、能思维。在汉语中，"人"这个语词是一个象形符号，在甲骨文中记为"↗"，像一个双手下垂，彬彬有礼的人。在英语中，人的语言符号（语词）是"person"、"man"、"people"等；在俄语中，人的语词是"человек"。这些语言符号指称了现实世界中的同一类对象：使用抽象的符号语言进行思维的动物，所以，它们表达的都是同一个概念。

再来看判断。判断是对对象有所断定的思维形式。例如，"人是能思维的"这个判断是由"人"、"是"和"能思维的"这样三个概念构成的，它们分别充当该判断的主项、联项和谓项。这个判断断定了"人"这个对象具有"能思维"的属性。这是简单判断也叫直言判断或性质判断。简单判断通过逻辑联结词可以构成复合判断。例如，"人是有语言的，并且人是能思维的"这个判断由"人是有语言的"和"人是能思维的"这两个简单判断通过联结词"并且"联结而成，是一个联言判断，它断定了"人"这个对象同时具有"有语言"和"能思维"两种属性。其中，联结词"并且"也是一个概念。可见，概念是判断的基础，没有概念，不可能形成判断。

再看推理。推理是由一个或几个已知判断推出新判断的思维形式。例如，"如果天下雨，地面就会湿；现在天在下雨，所以，现在地面会湿。"这是一个充分条件的假言推理，由"如果天下雨，地面就会湿"、"现在天在下雨"和"现在地面会湿"三个判断构成，前两个是前提（已知判断），后一个是结论（推出的新判断）。又例如，"所有阔叶乔木冬天都会落叶；白杨树是阔叶乔木；所以，白杨树冬天会落叶。"这是一个三段论，它也由三个判断构成，前两个是前提，后一个是结论。充分条件假言推理和三段论是传统逻辑中最重要的两种推理，它们都是演绎推理。一个演绎推理，如果推理的前提为真，推理形式正确，则结论一定为真。这是人类理性所保证的。推理是人类思维认知最重要的形式，而推理是由判断构成的，判断又是由概念构成的。由此可见，概念是人类认知的基础，是思维的起点。

四、从概念的形成看

概念是如何形成的？为什么人类的感性认知形式（感觉、知觉、表象）能够加工为理性认知形式（概念、判断、推理），而非人类的动物却不能？

我们先来看人类认知是如何从心理认知上升到语言认知和思维认知的？其中一个重要的环节是，表象是如何被加工成为概念的？

"感觉（sensation）是人们从外部世界同时也从身体内部获取信息的第一步，是人们的感官对多种不同能量的觉察，并转换成神经冲动，如视觉中眼睛将光刺激转换成神经冲动。这些神经冲动经过传入神经（或称感觉神经）传往大脑。当它们到达大脑皮层上的高级神经中枢以后，再进行高一级的加工成为知觉（perception）。"[1]

根据这个定义必须回答下面的问题：

问题一：单一感觉是否能够形成知觉？

感觉是通过感官加工直接得到的认识，是感性认识中最初级的形式。人有五种感觉器官眼耳鼻舌身，从而有五种单一的感觉，即视觉、听觉、嗅觉、味觉和触觉。知觉是高一级的感性认识形式，它具有多通道性、整体性等特征。所谓多通道性是指知觉常常是通过多种感觉器官来对信息进行加工，以获得对认知对象的整体性的认识。中国人熟悉的"盲人摸象"的故事，是单一通道的认知加工，所获得的是感觉，不是知觉，因而发生认知偏差。但正常人会同时运用视觉和触觉来进行加工，就会避免发生偏差，从而获得对大象的正确的认知。

那么，单一的感觉是否能够自然而然地被加工成知觉呢？例如，广岛第一颗原子弹爆炸，当人们看到强烈闪光时，即使是正常人，能否将它知觉为原子弹爆炸？广岛核爆 60 周年时，记者采访了当地的幸存者，没有一个人把它知觉为核弹爆炸，因为当时的人们并没有这样的经验。大多数人认为是一场海啸，因为当地经历过海啸。又例如，当听见天空

---

[1]　张厚粲主编：《大学心理学》，北京师范大学出版社 2015 年版，第 95 页。

传来的轰隆声，我们是把它知觉为打雷，还是知觉为飞机飞过？在我年轻时上山下乡的贵州省独山县的某个乡村，一天下午大家在干活时，天空传来轰隆声，当地农民的反应是，打雷了，要下雨了。因为他们没有见过飞机，所以也就不可能将这轰隆声知觉为飞机的飞行。实际上这是一架来进行"飞播造林"的飞机。以上例子说明，单一的感觉并不能自然而然地被加工成知觉。感觉被加工成知觉，需要经验的参与。

问题二：低级动物具有感觉，是否同时也具有知觉？

例如，"飞蛾扑火"。飞蛾等昆虫在夜间飞行活动时是依靠月光来判定方向的。飞蛾只要保持同月亮的固定角度，就可以使自己朝一定的方向飞行。飞蛾看到火光，错误地认为是"月光"。因此，它也用这个假"月光"来辨别方向。如果是火，它就会被烧死。所以，飞蛾不能将光源知觉为火光，也不能将火光知觉为危险。一些低级的动物，其心智的进化只出现感觉的认知能力，并未获得更高一级的知觉能力。这些动物是不可能将感觉加工为知觉的。

感觉和知觉合称感知，它们的共同特征是不能脱离感官而存在。

表象是感性认识的高级形式，表象可以脱离感官而存在，表象具有抽象性，它已经为过渡到概念的认知形式作好了准备。例如，老鼠走迷宫、小狗认识回家的路、熊瞎子知道在小瀑布那里可以抓到鱼等，这些动物的行为都利用了表象的认知能力。

感知觉是否也能够天然地被加工为表象呢？答案是否定的，这与动物的心智能力有关。前面提到的一些低等动物，它们具有神经认知能力，也具有感知觉能力，却没有表象认知的能力，因为它们的心智并未进化出表象的认知能力。一般而言，有脑的动物就具备了完整的心理认知能力，包括感觉、知觉和表象的认知能力。

问题三：人类的抽象概念是如何形成的？

人类具有所有五个层级的认知，所以，人类的认知在自然的情况下，是能够从低级形式顺利地加工为高级的形式。我们不仅能够完成感觉、知觉、表象各种形式的认知，还能够把表象这种具有初步抽象性、整体性的认知形式加工为概念，从而如前所述地再加工为判断和推理，完成从感性认知到理性认知的飞跃。

人类是如何做到这一点的呢？我们是如何将表象加工为概念的呢？在这方面，最典型的例子莫过于汉语和汉字。先说汉语的发明。据章太炎先生考证，汉字的起源，有象声、表意两种基本方式。他说：

> 语言者，不冯虚起。呼马而马，呼牛而牛，此必非恣意妄称也。诸言语皆有根，先征之有形之物，则可睹矣。何以言雀？谓其音即足也。何以言鹊？谓其音错错也。何以言雅？谓其音亚亚也。何以言雁？谓其音岸岸也。何以言驾鹅？谓其音加我也。何以言鹘鸼？谓其音磔格鉤辀也。此皆以音为表者也。何以言马？马者，武也。何以言牛？牛者，事也。何以言羊？羊者，祥也。何以言狗？狗者，叩也。何以言人？人者，仁也。何以言鬼？鬼者，归也。何以言神，神者，引出万物者也。何以言祇？祇者，提出万物者也。此皆以德为表者也。要之，以音为表，为鸟为众；以德为表，则万物大抵皆是。乃至天之言颠，地之言底，山之言宣，水之言准，火之言毁，土之言吐，金之言禁，风之言氾，有形者大抵皆尔。[1]

我们看到，人类发明和使用概念，首先需要有语言。有了抽象的符号语言，人类才能够加工出抽象的概念。汉字不仅是一种象形文字，也是象声文字。中国人用表音和表意两种方法，创造出汉字即汉语的语词和概念。

问题四：动物有思维吗？

非人类的动物是否有思维？这个问题可以归结为：是否存在表象思维？非人类动物是否有表象思维？

关于动物是否有思维这个问题，请参阅本章第四节"概念的加工"。

第二节 概念的内涵和外延

一、概念的内涵和外延

我们有千千万万个不同的概念，逻辑学和思维科学只从思维形式上

---

[1] 章太炎：《国故论衡》，商务印书馆 2012 年版，第 48 页。

来研究概念。概念这种思维形式最重要的规定是内涵和外延。任何概念都有内涵和外延。

（一）概念的内涵

概念的内涵是概念所反映的对象的本质属性。所谓本质属性，就是一类对象具有而他类对象所不具有的属性，或者说，本质属性就是一类对象区别于他类对象的那个或那些属性。例如，"人"这个概念的本质属性有两个，一个是"有语言"，另一个是"能思维"。"屈原"这个概念的本质属性是"出生于公元前340年，死于公元前278年""担任过楚国的三闾大夫""伟大的爱国诗人"。

注意我们说内涵是概念所反映的是"对象"而不是"事物"的本质属性，为什么说呢？因为有些概念所指称的并不是客观存在的事物，但却是我们认知的对象，如，"神仙""鬼怪""孙悟空""牛魔王""贾宝玉""林黛玉"等，它们指称的并不是客观世界存在的事物，但却是我们认知的对象。所以，这些概念也都是有内涵的。

另外，我们对事物或对象的本质属性的认知不是一成不变的，而是随着人类认知的发展而变化的。例如，人的本质属性最初被认为是直立行走的、没有羽毛的哺乳动物，后来又认为是能制造工具的动物，随着认知的发展，我们知道这些都不是人的本质属性。根据认知科学的原理——心智进化论和人类认知五层级理论——我们知道：人的本质属性只有两个：有语言、能思维。由于对概念所反映的对象的本质属性的认知是发展变化的，因此，概念的内涵也是发展变化的。

（二）概念的外延

概念的外延是具有概念所反映的本质属性的对象。例如："人"的外延是一个个具体的人，包括中国人、美国人、俄国人、日本人等。"学生"这个概念的外延是所有那些在学校里学习的人，包括小学生、中学生、大学生、研究生等。传统逻辑中曾经定义过一类"虚假概念"，即有内涵而无外延的概念，如"园的方""真而假""神仙""鬼怪""孙悟空""牛魔王"等。其实这些概念不仅有内涵，也都是有外延的，它们指称的对象虽然不存在于客观世界中，却一定存在于某个可能世界之中。例如，"孙悟空"和"牛魔王"这两个概念所指称的对象就存在于吴承恩的《西游记》这个世界之中。因此，所有概念都是既有内涵，又有外延的。

二、内涵和外延之间的关系

内涵和外延之间是反变关系，即增加一个概念的内涵就会减少它的外延；减少一个概念的内涵就会增加它的外延；反之，增加一个概念的外延就会减少它的内涵；减少一个概念的外延就会增加它的内涵。

根据概念内涵和外延之间的关系，我们可以使用限制和概括两种方法对概念进行加工，以期正确地使用概念。

三、概念的种类

从概念的内容上说，我们有数学概念、物理概念、化学概念；文学概念、历史概念、哲学概念等，但它们都是各门具体科学的概念。逻辑不研究这些概念。逻辑学只从形式上来研究概念，而不涉及概念的内容。

根据概念的内涵和外延，我们可以对概念进行分类。

（一）单独概念与普遍概念

单独概念是反映单一对象的概念。例如：北京、上海、李白、杜甫；普遍概念是反映一类对象的概念。所以，普遍概念也叫类概念。例如：花、草、树、人、马、牛、学校、工厂等。

注意，有的概念虽然指称多个对象，但仍然是单一概念。例如，北京有很多人叫"王京"，上海有很多人叫"沪生"，但当我们说某个"王京"或"沪生"时，它们仍然是单独概念，因为"王京"虽然指称多个对象，但这些对象并不构成一个类。

（二）集合概念与非集合概念

集合概念就是反映集合体的概念。所谓集合体，就是这样一个整体，其个体不具有整体的属性。例如，《鲁迅全集》是一个集合概念，它反映鲁迅全集这个集合体，该集合体中的个体是鲁迅先生的一本本的著作或文集，如《狂人日记》《呐喊》等，但这些著作或文集都不具有《鲁迅全集》的属性。又例如，"森林"也是一个集合概念，它反映的是一棵棵树组成的整体，但每一棵树都不具有森林的属性。注意，集合概念中的"集合"并不是数学中的集合，而是一个如前定义的集合体。

非集合概念就是不反映集合体的概念。非集合概念也就是类概念。例如，"人"就是一个非集合概念，类概念，它反映的是一个类，类中的个体都具有类的属性，每一个人都具有人的属性。但"人类"却是一个集合概念，这个集合体中的个体不具有集合的属性，一个人并不具有"人类"的属性。

（三）正概念与负概念

正概念是反映对象具有某种属性的概念。负概念是反映对象不具有某种属性的概念。例如："人"是一个正概念，它所反映的这类对象具有"有语言"和"能思维"的属性。"非人"则是一个负概念，它所反映的那类对象不具有"人"这类对象所具有的属性。"婚生的"是一个正概念，它反映的对象具有"婚姻关系生育的"这一属性。"非婚生的"则是一个负概念，它反映的对象不具有"婚姻关系生育的"这一属性。

分类是人类认知的一种重要的方法。通过对概念进行分类，在思维认知上实现对不同种类的概念的正确加工和使用。

第三节　概念间的关系

我们每个人每天说很多的语句，这些语句包含很多的语词。无数多的人说无数多的语句，这些语句又包含无数多的语词。这么多数量的语词之间到底有什么关系呢？

逻辑学研究这些话语和语词，仍然是从概念入手。因为这些话语所包含的语词，从逻辑上说就是概念。有无数多的语词就有无数多的概念。虽然我们有无穷多的概念，这些概念之间的关系却只需要从任意两个概念之间的关系来考察就行了。

　　两千多年前，古希腊哲学家和逻辑学家亚里士多德发现，任意两个概念的外延之间有且只有以下五种关系。设任意两个概念为 a 和 b，它们之间可能的关系如图 10-1：

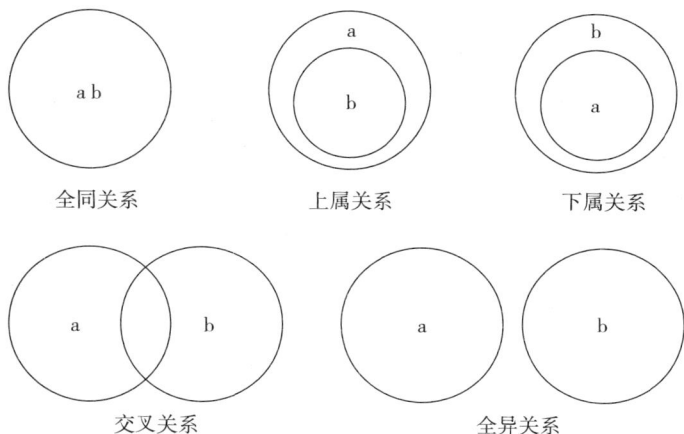

图 10-1　两个概念 a 和 b 之间的外延关系图

　　对两个概念外延之间的五种关系我们略做说明如下：

　　第一，全同关系。

　　如果所有 a 都是 b，同时，所有 b 都是 a，这时，a 和 b 之间是全同关系，或者说，a 全同于 b。例如，"人"和"有语言、能思维的动物"、"北京"和"中华人民共和国首都"、"鲁迅"和"周树人"之间是全同关系。

　　第二，上属关系。

　　如果所有 b 都是 a，同时，有的 a 不是 b，这时，a 和 b 之间是上属关系，或者说，a 上属于 b。例如，"人"和"中国人"、"树"和"柏树"、"大学"和"清华大学"之间是上属关系。

　　上属关系是"属"和"种"之间的关系。上属关系中，外延较大的那个概念是属概念，外延较小的那个概念是种概念。在以上定义中，a 是属概念，b 是种概念。

　　第三，下属关系。

　　如果所有 a 都是 b，同时，有的 b 不是 a，这时，a 和 b 之间是下属关系或者说 a 下属于 b。下属关系与上属关系之间是逆关系，即如果 a 上属于 b，则 b 一定下属于 a。例如，"中国人"和"人"、"柏树"和"树"、"清华大学"和"大学"之间是上属关系。在这个定义中，a 是种概念，b 是属概念。

第四，交叉关系。

如果有的 a 是 b，同时，有的 a 不是 b；同时，有的 b 是 a，同时，有的 b 不是 a，这时，a 和 b 之间是交叉关系，或者说，a 交叉于 b。交叉关系是对称关系，即如果 a 交叉于 b，则 b 一定也交叉于 a。例如，"学生"和"团员"、"青年"和"工人"之间是交叉关系。

第五，全异关系。

如果所有 a 都不是 b，同时，所有 b 都不是 a，这时，a 和 b 之间是全异关系，或者说，a 全异于 b。全异关系是对称关系，即如果 a 全异于 b，则 b 也一定全异于 a。例如，"动物"和"植物"、"成年"和"未成年"之间是全异关系。

以上就是两个概念外延之间的 5 种关系。任意两个概念外延之间有且仅有这 5 种关系中的一种。尽管我们有许许多多的概念，我们却只需了解任意两个概念之间的关系，所有概念间的关系就都可以明了。例如，"学生"、"大学生"和"青年"这 3 个概念之间是什么关系？我们不难用下面的关系图表示出来（图 10-2）：

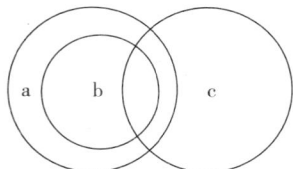

a：学生；b：大学生；c：青年

图 10-2 三个概念 a、b 和 c 之间的外延关系图

概念间的关系非常重要，它是我们下一步进行判断思维和推理思维的基础。例如，一个直言判断（性质判断）的真假就是根据主谓项之间的关系来确定的；直接推理中逻辑方阵的推理的有效性也是根据主谓项之间的关系来确定的；三段论的名词周延性理论、三段论的推理规则等也都与概念间的关系密切相关。

<h2 style="text-align:center">第四节　概念的加工</h2>

在认知科学中，我们把概念、判断和推理都看作是思维加工的方式，即人们在认知活动中头脑里发生的信息加工过程。而逻辑学中所描述的概念、判断和推理等所谓"思维形式"不过是对头脑里发生的思维加工方式的摹写。

现在我们先来看概念的加工。概念加工的基本方式有定义和划分、限制和概括，另外我们还要讲一讲汉语的语词加工即汉语词法，最后我们讲作为思维终点的概念。

一、定义与划分

概念加工的基本要求是：概念要明确。一个概念有两个重要的规定性：内涵和外延。因此，明确概念也有两种基本的方法：定义与划分。

（一）定义

定义是明确概念内涵的逻辑方法。例如："人是有语言、能思维的动物"，这就是一个定义，这个定义明确了"人"这个概念的内涵是"有语言、能思维的动物"。

一个定义由三个部分组成：

① 被定义项 DS：内涵需要被揭示的概念。在上面的例子中，"人"是被定义项，它是内涵需要在定义中被揭示出来。

② 定义项 DP：用来揭示被定义项内涵的概念。在上面的例子中，"有语言、能思维的动物"是定义项，它用来揭示"人"这个概念的内涵。

③ 定义联项：将被定义项和定义项联结起来的概念。在上面的例子中，"是"是定义联项，它将"人"这个被定义项和"有语言、能思维"这个定义项联结起来，组成一个完整的定义。

我们在词典中查到的对一个语词的解释，就是这个语词作为一个概念的定义。

1. 定义的方法

定义有三种基本的方法，这就是真实定义、发生定义和语词定义。

（1）真实定义。真实定义是揭示事物本质属性的定义。真实定义的基本方法是属加种差的定义方法。属加种差定义的步骤如下：

① 找出被定义项最邻近的属概念。

② 找出种差。

③ 按照"DS 就是 DP"的形式加以表述。

例如，"哺乳动物是一种身体有毛发、大部分胎生、并借由乳腺哺育后代、恒温的脊椎动物。"在这个定义中，"脊椎动物"是被定义项"哺乳动物"最邻近的属概念；"身体有毛发、大部分胎生、并借由乳腺哺育后代、恒温"是种差；"是"是联项，并按照"DS 就是 DP"的形式加以表述。

注意"最邻近的属概念"这个要求，即定义项中的那个核心概念必须是被定义项的最邻近的属概念，如果不是这样，如果使用的是比最邻近的属概念更大的概念，则定义就需要区别更多的种差。如上面对"哺乳动物"的定义，如果不是以"脊椎动物"为最邻近的属概念，而是以"动物"来定义，那么，我们就需要区分哺乳动物与更多的非哺乳动物的种，则定义会变得更加复杂和困难。

（2）发生定义。发生定义就是用事物发生过程的情形作为种差的定义。

有的概念所反映的对象的种差很难确定，这时我们就可以用这个事物对象发生过程的情形来作为种差。例如，"圆"这个概念，要与之相区别的其他的种是"三角形"、"正方形"等。圆和这些图形的种差是什么呢？很难确定。这时，我们可以用对"圆"这个对象产生过程的描述来作种差，从而给出"圆"的定义："圆是平面上一动点围绕一定点作等距运动形成的封闭图形。"这就是"圆"的发生定义。

（3）语词定义。语词定义就是规定或说明语词意义的定义。

有一些语词是人为的创造出来的，就需要人为地规定或说明它的意义。例如，"三好学生""四有新人"这些都是人为地创造出来的语词，它们的意义是规定的，不能随意加以解释。"三好学生"是指"思想好、学习好、身体好的学生"。"四有新人"是指"有理想、有道德、有文化、有纪律的人"，英语也有语词定义，而且更多。例如，UN（The United Nations，联合国）、WTO（World Trade Organization，世界贸易组织）、WHO（World Health Organization，世界卫生组织）、NATO（the North Atlantic Treaty Organization，北大西洋公约组织）等等。

2. 定义的规则

一个正确的定义，应该遵循以下规则：

① 定义项的外延与被定义项的外延必须是全同的。

② 定义项不得直接或间接地包括被定义项。

③ 定义项中不能包括含混的概念，不能使用隐喻。

④ 定义项，除非必要，不应使用负概念。

关于定义规则的更多论述，读者可以参阅金岳霖主编的《形式逻辑》第二章"概念"。①

（二）划分

划分是明确概念外延的逻辑方法。或者说，划分是把一个概念的外延分为几个小类的逻辑方法。小类是大类的种，大类是小类的属，所以，划分也是把一个属分为几个种的逻辑方法。

例如："人可以分为儿童、少年、青年、中年人、老年人等。"这

---

① 金岳霖主编：《形式逻辑》，人民出版社 1979 年第 1 版，2006 年第 2 版。该书初稿完成于 1963 年，金岳霖担任主编，方华、向刘俊、吴允曾、周礼全、赵民、晏成书、诸葛殷同、麻保安（按姓氏笔画为序）参加编写工作。1965 年周礼全对初稿作了一次总的修改。该书的编写出版经历"文化大革命"的磨难，1979 年 2 月全书完成，编写组写出"前言"，同年 10 月，该书终于得以出版。该书简明清晰，体系严密，不愧为大师之作，实为一切形式逻辑教科书之母本，亦为大学逻辑学教科书之不二选择。至 2019 年 10 月，该书已经第 48 次印刷，古今中外实属罕见！主编金岳霖先生为我国哲学、逻辑学泰斗，编写组成员，不仅空前，亦为绝后。其中，周礼全教授为笔者博士生导师，方华教授为笔者硕士生导师。虽物换星移，时过境迁，但金岳霖先生、周礼全先生的思想理论仍在为我国逻辑学的教学和科研指引方向。记此以为永久之纪念。

就是一个划分，它将"人"这个概念按照年龄分为几个小类，明确了概念的外延。

1. 一个划分包含三个要素

① 划分的母项：被划分的概念。在上面的例子中，"人"是划分的母项。

② 划分的子项：划分得到的小类或种。在上面的例子中，"儿童"、"少年"、"青年"、"中年人"和"老年人"是划分得到的几个子项。

③ 划分的标准：划分所依据的某种属性。在上面的例子中，年龄是划分的标准。

注意划分不同于分解（整体分为部分）。例如，"人分为头、腹部、四肢等部分。"这是一个分解，却不是一个划分。划分所得到的子项具有母项的性质，分解得到的部分却不具有整体的性质。

2. 划分的规则

划分按照下面的规则进行：

① 每次划分必须按照同一标准进行。

② 子项之和必须穷尽母项。

③ 各子项的外延应当互不相容（全异关系）。

3. 划分的方法

划分常用的方法有一次划分和连续划分，还有一种具有特殊功能的划分方法——二分法。

（1）一次划分和连续划分。

一次划分就是一次按照同一标准进行的划分。例如，三角形按照内角的大小划分为钝角三角形、锐角三角形和直角三角形，按照边的关系划分为等边三角形和不等边三角形，这样的划分都是一次划分。

连续划分就是在一次划分的基础上，对得到的子项再进行划分。例如，平面图形可以按照边的数量分为三边形、四边形和多边形，然后对三边形和四边形再进行划分。

（2）二分法。

二分法是一种特别的划分方法，它每次把母项划为两个子项，一个子项具有某种属性，而另一个子项正好没有该属性。例如，我们把动物分为人类动物和非人类动物，前者具有人类的属性，后者不具有人类的属性。这就是二分法。二分法天然地遵守划分的规则，因此人们在思维中常常使用它。

二、概念的限制和概括

（一）概念的限制

概念的限制是通过增加概念内涵来减少概念外延的逻辑方法。例如，"人"这个概念，可以增加它的内涵，对其进行限制，得到"年轻人"这个概念。

（二）概念的概括

概念的概括是通过减少概念内涵来增加它的外延的逻辑方法。例如，"大学生"这个概念，可以减少它的内涵，对其进行概括，得到"学生"这个概念。

概念的限制和概括是两种常用的概念加工方法，通过概念的限制和概括，使我们对概念的使用更加准确。

三、作为思维终点的概念

概念不仅是思维的起点，也是思维的终点。

思维作为人类的认知活动，会产生一系列新的认知成果，从而产生新的概念。作为思维终点的概念，就是指作为某种认知成果而产生的新概念。

（一）牛顿经典力学的创立和三个重要的物理学新概念

牛顿（Isaac Newton，1643—1727）在创立经典力学的过程中，由于建立运动三大定律，产生了三个新的概念：惯性、加速度、作用力和反作用力。

第一，惯性。惯性指的是物体保持静止状态或匀速直线运动状态的性质。

惯性是由牛顿第一运动定律的建立而产生的新概念。牛顿第一运动定律说：一切物体在没有受到力的作用时（合外力为零时），总保持匀速直线运动状态或静止状态，除非作用在它上面的力迫使它改变这种运动状态。

由于物体保持运动状态不变的特性叫作惯性，所以牛顿第一运动定律也叫惯性定律。

第二，加速度。加速度是运动物体在单位时间内增加的速度。

加速度是由牛顿第二运动定律的建立而产生的新概念。牛顿第二运动定律说：物体加速度的大小跟作用力成正比，跟物体的质量成反比，加速度的方向跟作用力的方向相同。用公式表示为：$F = ma$。这是一个多么优美的公式！自然界中 3 个最重要的物理量力、质量和加速度之间，竟然满足如此简单的关系！人们不禁会问：创造万物的上帝难道是一位数学家吗？牛顿第二运动定律也叫加速度定律。

第三，作用力和反作用力。作用力和反作用力是指作用在同一条直线上，方向相反，大小相等的两个力。

作用力和反作用力是由牛顿第三运动定律的建立而产生的新概念。牛顿第三运动定律说：两个物体之间的作用力和反作用力，总是同时在同一条直线上，大小相等，方向相反，即 $F_1 = -F_2$。

牛顿第三运动定律也叫作用力和反作用力定律。

（二）爱因斯坦相对论的创立和物理学的新概念

相对论是 20 世纪物理学史上最重大的成就之一，它包括狭义相对论和广义相对论两个部分，狭义相对论颠覆了从牛顿以来形成的时空概念，揭示了时间与空间的统一性和相对性，建立了新的时空观。广义相对论把相对原理推广到非惯性参照系和弯曲空间，从而建立了新的引力理论。

由于狭义相对论的建立，产生了现代物理学的一系列新概念。

第一，相对性原理：物理定律在所有惯性系中都具有相同的数学形式。

第二，光速不变原理：真空中的光速是与惯性系无关的常数。

第三，质能关系：$E = MC^2$。狭义相对论最重要的结论是使质量守恒失去了独立性，它说明物质的质量和能量可以互相转化。如果物质的质量是 M，光速是 C，它所含有的能量是 E，那么 $E=MC^2$。这同样是一个简明而优雅的公式。这个公式只说明质量是 M 的物体所蕴藏的全部能量，并不等于说它都可以释放出来。而在核反应中消失的质量就是按这个公式转化成能量释放出来的。按这个公式，1 克质量相当于 $9×10^{13}$ 焦耳的能量。这个质能转化和守恒原理就是利用了原子能的理论基础。

第四，钟慢和尺缩：钟慢和尺缩是狭义相对论的几个结论之一，它是指物体高速运动的时候，运动物体上的时钟变慢了，沿运动方向的长度变短了。时钟慢走和尺子缩短现象就是时间和空间随物质运动而变化的结果。

在狭义相对论中，空间和时间随物质运动而变化，质量随运动而变化，质量和能量会相互转化。狭义相对论发展了牛顿力学，使牛顿力学退化为当运动速度远低于光速时相对论的一个特例。狭义相对论大大推动了科学进程，成为现代物理学的基本理论之一。

以上例子说明，在人类认知过程中产生的新概念，都是前行的思维尤其是理性思维、逻辑推导和理论建构的结果。因此，概念不仅是思维的起点，也是思维的终点。

四、动物有思维吗

在本书第二部分"心理认知"第五章"表象和记忆"第四节，我们曾经留下一个经典的问题：动物有思维吗？我们说它是一个经典的问题，因为这个问题不仅时代久远，而且至今仍未形成一致意见，仍未得到完全解决。

大部分心理学家对此问题持肯定的答案。如美国著名心理学家迈尔斯（David G. Myers）的《心理学》一书第 10 章用了大量篇幅来讨论动物的语言和思维。书中说："动物，尤其是类人猿，表现出惊人的思维能力。"该书用黑猩猩、海豚、鹦鹉、牧羊犬的一些例子试图说明，动物有语言，会使用工具，能认识他人，有自我意识等。①　其实，书中

---

①　Myers, David（2006）*Psychology*, 8th edition, Worth Publishers, pp. 423–428.

所使用的例子，并不能说明动物能够思维。至于动物的语言，正如我们在本书第七章所分析的，只是一种肢体语言或声音语言，与人类的能够表达抽象概念的符号语言不可同日而语。

非人类动物的进化没有产生出抽象的概念语言，因而不可能产生抽象思维。动物的心智过程中（如老鼠走迷宫）并没有出现概念，只使用了感知觉（刺激反应）和表象（记忆），因此，动物的心智不包括思维。非人类动物的某些类似于思维的心智行为，并不需要用人类思维来进行解释，因为动物的这些心智行为其实只是基于刺激反应和记忆的心理行为罢了。

非人类动物是否有思维，这个问题可以归结为是否存在表象思维，人类具有表象思维，非人类动物也具有表象思维吗？

所谓表象思维，是指用感性认识的表象方式来进行的思维。例如，画家用眼睛产生的图形表象来进行思维；音乐家用耳朵产生的声音表象来进行思维；香水设计师用嗅觉产生的气味表象来进行思维；品酒师用舌头产生的味觉表象来进行思维；盲人用手产生的触觉表象来进行思维等。可见，人类不仅具有抽象思维，也具有表象思维。

那么，狗认识家，熊瞎子知道在小溪的瀑布上能够抓到鱼，这是否说明动物也具有表象思维呢？

人类具有抽象思维，同时也具有表象思维，这是因为人类同时具有神经、心理、语言、思维和文化五个层级的心智和认知。非人类动物则不同，它们只具有神经和心理两个层级的心智和认知。非人类动物不具有抽象的概念语言，因此，它们不可能产生抽象思维。非人类动物类似思维的行为，例如老鼠走迷宫、小狗认识家、熊瞎子抓鱼等行为，仅仅依靠刺激反应和记忆，即仅仅是一种心理层级的认知行为，不必用思维来解释。非人类动物具有表象的认知形式，但并不具有抽象思维的能力。例如，推理是思维的核心能力，非人类动物显然并不具备这种能力。

动物能够学习，但也只是依靠刺激反应和记忆，不是思维。因此，非人类动物虽然具有心智和认知，但并不具有、也不使用思维。

第五节 概念隐喻

隐喻的认知方法和意义是认知科学的三大发现之一（参见本书第二章第三节"心智与意识"）。美国语言学家和认知科学家莱考夫说："抽象概念大都是隐喻的。"[1] 人类为何能够产生和使用如此之多的抽象概念？答案就是隐喻。

一、隐喻和抽象概念的形成

隐喻是抽象概念产生的重要方法。

隐喻是用已知的事物来认识未知事物的一种思维方式。隐喻使用的逻辑方法是类比推理，其形式是：

A 是 B。

例如："少年是人生的春天"。这不是定义，而是隐喻。按照定义，少年是年龄在 10 至 16 岁的人。春天则是一个季节的名称，是万物生机勃勃、充满生命力的时机，是一年中最好的季节。少年不可能是春天。但隐喻的"是"不是真正的"是"，乃是本质上的"是"。这样，隐喻就通过借助一个人们熟悉的事物来类比不熟悉的事物，或者借助一个具体的对象来类比一个抽象的对象，从而建立更多的抽象概念。

概念隐喻理论思想首先是莱考夫和约翰逊在《我们赖以生存的隐喻》一书中提出来的，[2] 其理论的核心内容有：隐喻是一种认知手段；隐喻的本质是概念性的；隐喻是跨概念域的系统映射；映射遵循恒定原则；概念隐喻的使用是潜意识的，等等。

概念隐喻理论认为隐喻是从一个具体的概念域向一个抽象的概念域的系统映射；隐喻是思维问题，不是语言问题；隐喻运用思维方式实现

① Lakoff, George and Mark Johnson（1999）*Philosophy in the Flesh：the Embodied Mind & its Challenge to Western Thought*. Basic Books.

② Lakoff, George and Mark Johnson（2003）*Metaphors We Live By*. University of Chicago Press.

认知的目的。

人体是我们最熟悉的对象，用人体部位的隐喻来建立新的概念是最常用的一种方法。下面是利用人体部位来建立的新概念。

1. arm（手臂）

the arm of a chair 椅子扶手

an arm of the sea 海湾

the arm of a crane 起重机吊臂

2. ear（耳朵）

the ear of a cup 杯环

the ear of a jug 壶把

the right ear of a newspaper 报头右上角广告栏（汉语叫作"报眼"）

3. face（脸面）

the face of the earth 地球表面

the face of coal 采煤工作面

cutting face 刀具切削面

the face of a building 建筑物正面

4. finger（手指）

the finger of a glove 手套的手指部分

a finger of land extending into the sea 向海中延伸的狭长地带

the guide finger 指针

a spring finger 弹簧夹

5. foot（脚）

the foot of a page 页脚

chimney foot 烟囱底座

the foot of a hill 山脚

the foot of the social ladder 社会底层

6. head（头）

the head of a walking stick 拐杖柄头

the head of a procession　行列的排头

the head of the Yangtse River　长江源头

the head on a glass of beer　一杯啤酒的泡沫层

7. leg（腿）

legs of the trousers　裤脚

legs of a table　桌腿

the two legs of a triangle　三角形的两个边

folding leg　折叠架

8. neck（脖子）

the neck of a bottle　瓶颈

a neck of land　狭窄地带

the neck of a shirt　衬衫领口

bulb neck　灯泡颈部

9. shoulder（肩）

mountain shoulder　山肩

the shoulders of a road　路肩

embankment shoulder　堤肩

　　时间和空间紧密相连，但时间是抽象的，空间是具体的，它能够为我们的经验所感知。于是，我们就有了很多由"上下""左右""前后""头尾""大小""多少"等空间概念所产生的时间概念。另外，重要性等抽象概念也常常用空间概念来隐喻。下面是一些例子。

10. 上下

上周、下周；

11. 左右

左派、右派；

12. 前后

一天前、一天后；

13. 头尾

首脑、追尾；

14. 大小

大人物、小人物；

15. 多少

一年多、一周多；长一岁、小一岁。

二、隐喻的逻辑基础

隐喻使用的逻辑方法是类比推理。

类比推理根据两个或两类对象有部分属性相同，从而推出它们的其他属性也相同。类比推理简称"类推"。

例如，如光的传播和声音的传播有不少属性相同：直线传播，有反射、折射和干扰等现象；由此推出：既然声音有波动性质，光也有波动性质。

又例如，2021年国考逻辑试题考了类比推理。兹举二例。

例 1 西红柿对于（ ）相当于马达对于（ ）。

A. 番茄酱　压缩机　　　　　　B. 番茄　发动机；

C. 柿子　马车　　　　　　　　D. 蔬菜　汽车

解：本题使用了概念间的关系进行类比。西红柿与番茄是不同语词表达的同一概念，两者是全同关系；马达与发动机也是全同关系。故选 B。

例 2 线性振动：非线性振动：振动

A. 花瓣：花蕊：牵牛花　　　　B. 食肉动物：食草动物：动物

C. 投资者：经营者：市场主体　　D. 主要矛盾：次要矛盾：矛盾

解：题干三个概念之间的关系是：线性振动和非线性振动是全异关系，两者下属于振动，并完全划分振动（二分法）。选 D，三个概念间的关系与题干完全一致。选 B，食肉动物与食草动物是反对关系，两者并未完全划分动物。其他选择均与题干无关。故选 D。

以上两个例子均以概念间的关系为知识点，要求选出与题干相似的另一组概念。这里需要使用类比法或类比推理。

现在我们回到"少年是人生的春天"这个隐喻，它是如何使用类比推理的呢？我们可以作以下的对比：

春天：蓬勃生长，充满生机，一年之中最美好的时光。

少年：茁壮成长，充满希望，一生之中最美好的时光。

少年虽然"不是"春天，但却"胜似"春天。这里的"是"就是本质的相似。人类正是使用隐喻的认知方法，创造出无数的抽象概念。

关于类比推理和隐喻的更多的性质和要求，读者可以参阅本书第十一章第五节的"判断隐喻"以及第十二章第三节中的"类比推理"。

三、汉字隐喻

在语言文字和思维这两个层级上，中国人都擅长于隐喻。在语言文字这个层级上，中国人使用世界上唯一仅存的象形文字——汉字，这是一种基于隐喻的文字。在思维这个层级上，中国人自古就擅长于隐喻的逻辑基础——类比推理。语言和思维两个层级认知中的隐喻，使得中华文化也充满了隐喻的色彩。这里我们分析语言文字层级的隐喻，而将思维和文化层级的隐喻分别留到以后的章节再加以分析。

1. 早期文字甲骨文的隐喻

甲骨文是中国文字的起源，我们以甲骨文为例说明汉字的隐喻。

表 10-2　甲骨文隐喻示例对照表

例字	繁体	甲骨文	《说文》释义
日	日	⊙	实也。太阳之精不亏，从口一，象形。
月	月	☽	阙也。太阴之精，象形。
山	山	⛰	宣也。宣气散生万物，有石而高，象形。
水	水	〵	准也。北方之行，象众水并流，中有微阳之气也。
人	人	𠤎	天地之性最贵者也。此籀文，象臂胫之形。
中	中	Ψ	艸木初生也。象丨出行有技茎也。

续表

例字	繁体	甲骨文	《说文》释义
艸	艸		百草也。从二屮。
木	木		冒也。冒地而生，东方之行，从屮，下象其根。
果	果		木实也。从木，象果形在木之上。
采	采		捋取也。从木从爪。
东	東		动也。从木，从日在木中。
上	上		高也。此古文上，指事也。
下	下		底也。指事。
宀	宀		交覆深屋也。象形。
安	安		静也。从女在宀下。
休	休		息止也。从人，依木。
儒	儒		柔也。术士之称，从文，需声。
桃	桃		果也。从木，兆声。

2. 六书造字法的隐喻

起于殷商时期的甲骨文已经是非常成熟的文字系统，体现了规范成熟的汉字造字方法。东汉学者许慎将这种规范成熟的造字方法归纳为"六书"，即六种造字方法。许慎认为"六书"在周朝就已经存在，它不仅是造字法，也是学习语言文字的基本教学方法。许慎在《说文解字》中说："周礼八岁入小学，保氏教国子，先以六书。一曰指事。指事者，视而可识，察而见意，'上'、'下'是也。二曰象形。象形者，画成其物，随体诘诎，'日'、'月'是也。三曰形声。形声者，以事为名，取譬相成，'江'、'河'是也。四曰会意。会意者，比类合谊，以见指伪，'武'、'信'是也。五曰转注。转注者，建类一首，同意相受，'考'、'老'是也。六曰假借：假借者，本无其字，依声托事，

'令'、'长'是也。"许慎的解说，是历史上首次对六书定义的正式记载。

（1）象形。

汉字中的独体均用象形造字法，就是直接画出抽象概念所指称事物的图像。例如：按《说文》的解释，"日""月"二字分别指太阳和太阴，前者为实，后者为虚。所以，"日"的形状直接就画一个圆形的太阳，表示实而不亏。"月"却画了一个亏而不实的月亮，因为月亮是常阙（缺）而少圆的。这是典型的隐喻方法——以具体形状隐喻抽象概念。此外还有："龜"字像一只龟的侧面形状；"馬"字就是一匹有马鬣、有四腿的马；"魚"是一尾有鱼头、鱼身、鱼尾的游鱼。"中"象一枝刚刚破土出芽的小草；"艸"（草的本字）象两束草，其实代表众多的草；"門"字就是左右两扇门的形状。象形字来自于图画文字，但具有了符号的抽象性。它是一种原始的造字方法，但它的局限性很大，因为有些事物和对象是画不出来的。

（2）指事。

这也是独体造字法的一种。指事与象形的主要区别是，指事字含有绘画等较抽象的东西。例如："上"、"下"二字指在代表视平线一横的上方或下方，指高低和上下。"采"字是一只手在木上做捋取的动作；"東"从日在木中，表示太阳出来的方向，但简化字"东"已失去此指事之义。"刃"字是在"刀"锋处加上一点，以作标示；"凶"字则是在陷阱处加上交叉符号，以作指示。

（3）形声。

属于"合体造字法"，即由形声二部来组成新的汉字。随着思维和认识的发展，需要更多的文字来表达抽象概念，古人发明形声的造字方法来满足这种要求。据统计在《说文》所收 9300 个汉字中 89% 是形声字。而现代汉字中形声字占全部汉字的 90% 以上。形声字由"形"和"声"两部分组成：形旁（又称"义符"）和声旁（又称"音符"）。《说文》就是以部首编排的。如"人"部收字 262 个，其中"儒"字释义为：柔也。术士之称，从文，需声。木部收字 424 个，其中"橘"

字释义为：果。出江南，从木，夗声；"桃"字释义为：果也。从木，兆声。"李"字释义为：果也。从木，子声。

（4）会意。

属于"合体造字法"。会意字由两个或多个独体字组成，以所组成的字形或字义，合并起来，表达此字的意思。例如，"安"字《说文》释义为：静也。从女在宀下。表示一个女子在屋下，这个家便安静、安全了。"休"字释义为：息止也。从人，依木。表示一个人依木而息。"酒"字既是一个形声字，也是一个会意字，以"水"和酒器"酉"组成。《说文》释义为：就也，所以就人性之善恶。从水，从酉，酉亦声。"解"《说文》释义为：判也。从刀判牛角。以刀解牛也。

六书中另外两种方法转注和假借是用字法，兹不再分析。

3. 汉字造词的隐喻

概念的语言形式是语词。单个的汉字是语词，叫做单字词。按照国标，6000 个常用汉字再组成二字词、三字词、四字词和多字词，这样组成的汉语语词有数百亿个之多！我们说，以汉字为基础的汉语系统是初始符号最为简单，生成能力最为强大的语言系统。

前面对汉字的隐喻已经做了认真分析。下面分析汉字组成语词所使用的隐喻。

由于单个汉字都具有某种隐喻性（象形、指事、形声、会意等），那么，由这些汉字组成的汉语语词也具有某种隐喻性。下面仅以汉语二字词和四字词为例。

（1）二字词。

学习（學習）："學"，觉悟也，从教；"習"，数飞也，温故也。学习将这两个字的字义加在一起，故有两层意思：学取新知识，温习旧知识（温故而知新）。"子曰：学而时习之，不亦乐乎。""学习"这个汉语语词，要对应于两个英语语词：learn and review。严格说，英语中并没有对应于"学习"的单词。

教师（教師）："教"，上所施，下所效也；"師"，二千五百人为师，言受教者众也。故孔子三千弟子，七十二贤人，所以为师者。"教师"对应的英语语词是"teacher"，《韦氏辞典》释义为："one that teaches；especially one whose occupation is to instruct."（以教为业的人。）《牛津辞典》释义为："a person whose job is teaching，especially in a school."（从事教育工作的人，特别在学校里从事教育工作的人。）显然，"teacher"这个英语单词也不能完全表达"教师"这个汉语语词的意思，汉语语词的内涵要丰富得多。

教育（教育）："育"，养子使作善也。教育不仅要教，而且要育，不仅要传授知识，而且要培育人才。对应的英语是"education"，《牛津辞典》释义为："a process of teaching，training and learning，especially in schools or coleges，to improve knowlegge and develop skills."（一种在中学或学院进行的教学和训练活动，以扩展知识和发展技艺。）显然这个英语单词缺少汉语语词中所具有的"育人"之义。究其所以，"教育"包含"教"和"育"两层含义，并接受了这两个汉字的所有隐喻而形成新的隐喻，这是英语等拼音文字无法实现的。

（2）四字词（含汉语成语）。

汉语语词中的四字词是非常特殊的一类语词，其中最主要的是大多数由四个汉字组成的汉语成语。

汉语成语中的隐喻更为精彩，几乎每一个汉语成语都包含一个故事或典故，[①] 下面举一些例子：

①源于神话故事的成语。

夸父追日、女娲补天、后羿射日、精卫填海、嫦娥奔月、哪吒闹海

②源于寓言故事的成语。

拔苗助长、守株待兔、自相矛盾、掩耳盗铃、滥竽充数、亡羊补牢、狐假虎威、画蛇添足、井底之蛙、鹬蚌相争、刻舟求剑、惊弓之鸟、杯弓蛇影、抱薪救火

③源于历史故事的成语。

四面楚歌、纸上谈兵、背水一战、负荆请罪、卧薪尝胆、洛阳纸

① 《新华成语词典》，商务印书馆2015年4月第2版，2016年第45次印刷。

贵、完璧归赵、退避三舍、三顾茅庐、闻鸡起舞、程门立雪、凿壁偷光、班门弄斧、兵不厌诈

④源于文学典故的成语。

第一，源于《诗经》的成语就有数百个，是中国古代文学作品中贡献于语言、思维与文化认知最多的一部作品，也是贡献于汉语成语最多的一部作品，可见《诗经》对中华文化影响之巨。

君子好逑、窈窕淑女、求之不得、寤寐思服、优哉游哉、辗转反侧、之子于归、宜其室家、桃之夭夭、灼灼其华、执子之手、与子偕老、燕尔新婚、及尔偕老、巧笑倩兮、美目盼兮、杨柳依依、雨雪霏霏、手如柔荑、肤如凝脂、风雨如晦、鸡鸣不已、人言可畏、风雨凄凄、信誓旦旦、不思其反、一日三秋、永以为好、青青子衿、悠悠我心、邂逅相遇、不稼不穑、逝将去女、适彼乐土、莫我肯顾、爰得我所、涕泗滂沱、衣冠楚楚、七月流火、九月授衣、春日迟迟、未雨绸缪、万寿无疆、寿比南山、琴瑟好合、兄弟阋墙、在水一方、今夕何夕。

第二，源自唐诗宋词的成语。

寸草春晖：出自孟郊《游子吟》

满园春色：出自叶绍翁《游园不值》

人去楼空：出自崔颢《黄鹤楼》

秉烛夜游：出自李白《春夜宴从弟桃花园序》

摧眉折腰：出自李白《梦游天姥吟留别》

刻骨铭心：出自李白《上安州李长史书》

穷困潦倒：出自杜甫《登高》

暴殄天物：出自杜甫《又观打鱼》

英姿飒爽：出自杜甫《丹青引赠曹将军》

飞扬跋扈：出自杜甫《赠李白》

指挥若定：出自杜甫《咏怀古迹》五首之五

炙手可热：出自杜甫《丽人行》

平分秋色：出自李朴《中秋》

豆蔻年华：出自杜牧《赠别》

万紫千红：出自朱熹《春日》

这些成语故事或典故以"A 是 B"的形式形成隐喻。汉语成语在语言、思维和文化三个层级上启发中国人的心智和认知，产生隐喻的认知效果。

汉语成语同样也是无法翻译为对应的英语，或者说，英语和其他民族语言中，并没有对应于汉语成语的语言表达形式，也就不可能产生相应的思维和文化认知。

例如："四面楚歌"在英汉词典中被译为"be besieged on all sides."（被四面包围），真是索然无味！成语故事载于《史记·项羽本纪》："项王军屯垓下，兵少食尽，汉军及诸侯兵围之数重，夜闻汉军四面皆楚歌，项王乃大惊曰：'汉皆已得楚乎？是何楚人之多也！'"刘邦项羽决战垓下，刘邦用心理战，令士兵于夜晚高唱项羽家乡楚国的歌曲，致使楚王军心涣散，最后自刎乌江。这样一个生动的故事，在英文中全没了踪影。

又如："卧薪尝胆"英译文为"undergo self-imposed hardships so as to strengthen one's resolve to do sth."（忍受自己强加的困难，以加强自己做某事的决心）。这种翻译也是莫名其妙，意译倒还不如直译。成语故事载于《史记·越王勾践世家》："越王勾践返国，乃苦身焦思，置胆于坐，坐卧即仰胆，饮食亦尝胆也。曰：'女忘会稽之耻邪？'身自耕作，夫人自织，食不加肉，衣不重彩，折节下贤人，厚遇宾客，振贫吊死，与百姓同其劳。"这是越王勾践卧薪尝胆、枕戈雪耻的故事。这些在英译文中也不可能表现出来。

离开这些故事和典故，汉语成语隐喻认知的功能也不可能实现。

总结本节，我们可以得到几点结论：其一，概念隐喻的认知功能是凭借语言来实现的。汉字是汉语的基础，汉字本身的隐喻性使汉语具有了强大的隐喻认知能力。其二，语言决定思维。操什么样的语言就以什么样的方式思维。沃尔夫"语言决定论"的原理在这里又一次得到证明。其三，汉字决定了中国人的语言、思维和文化。反过来，文化影响思维和语言。因此，没有汉语的文化背景，不可能理解汉语成语的认知意义。

思考作业题

1. 什么是概念？为什么说概念是思维的起点？

2. 试述概念的产生。为什么说人类发明了抽象的符号语言才可能产生概念？非人类动物的语言能够形成概念吗？为什么？

3. 隐喻是抽象概念产生的重要方法，我们常常用身体部位的隐喻来建立新概念。试举例说明。

4. 隐喻是抽象概念产生的重要方法，我们常常用空间来隐喻时间和重要性，从而建立新概念。试举例说明。

5. 非人类动物有思维吗？为什么？

6. 是否存在表象思维？为什么？

7. 人类具有表象思维，非人类动物也具有表象思维吗？为什么？

8. 什么是概念的内涵和外延？概念的内涵和外延之间是什么关系？请举例说明。

9. 什么是概念的限制和概括，请举例说明。

10. 明确概念的内涵和外延的方法是什么？

11. 什么是定义？一个定义由哪三个部分构成？

12. 定义的三种基本方法是什么？请举例说明。

13. 定义要根据什么规则进行？违反这些规则会犯什么逻辑错误？请举例说明。

14. 什么是划分？一个划分由哪几个部分构成？

15. 划分的基本方法是什么？请举例说明。

16. 划分要根据什么规则进行？违反这些规则会犯什么逻辑错误？请举例说明。

17. 为什么说概念也是思维的终点？牛顿经典力学和爱因斯坦相对论的建立各产生了哪些新的概念？试加以分析。

18. 试用其他科学理论的发展说明概念也是思维的终点。

19. 非人类动物具有思维能力吗？为什么？

20. 老鼠走迷宫、鹦鹉会学舌，非人类动物的这些心智行为有思维吗？为什么？

21. 隐喻是产生新概念的方法，请举例说明。

22. 隐喻是从一个具体的概念域转向一个抽象的概念域而产生新概念的方法，请举例说明。

23. 用人体部位的隐喻来建立新的概念是最常用的一种方法，请举例说明利用人体部位来建立的新概念。

24. 作为汉语基础的汉字是一种象形文字，它具有最典型的隐喻性，请按汉字六书举例说明。

25. 请列举以隐喻方法产生的汉语二字词并加以分析。

26. 请列举以隐喻方法产生的汉语三字词并加以分析。

27. 请列举以隐喻方法产生的汉语成语并加以分析。

推荐阅读

Baum, Robert (1995) *Logic* [4th Edition], Oxford University Press.

Myers, David (2006) *Psychology*, 8th edition, Worth Publishers.

Lakoff, George and Mark Johnson (1999) *Philosophy in the Flesh: the Embodied Mind & its Challenge to Western Thought*. Basic Books.

Lakoff, George and Mark Johnson (2003) *Metaphors We Live By*. University of Chicago Press.

蔡曙山：《归纳法演绎法和近代欧洲哲学中的经验论唯理论》，《贵州大学七七级七八级毕业论文选集（文科本科生)》，贵州大学内部印刷，1983 年。

蔡曙山：《言语行为和语用逻辑》，中国社会科学出版社 1998 年版。

蔡曙山：《论人类认知的五个层级》，《学术界》2015 年第 12 期。

金岳霖主编：《形式逻辑》，人民出版社 2006 年版。

《新华成语词典》，商务印书馆 2015 年版。

张厚粲主编：《大学心理学》，北京师范大学出版社 2015 年版。

章太炎：《国故论衡》，商务印书馆 2012 年版。

第十一章

判断与认知

上一章我们指出，概念是思维的起点。有了概念，我们只是有了思维的一个起点，有了一个认识的对象，但概念并没有作出任何的断定，概念既没有肯定什么，也没有否定什么，所以并不能形成思想。

概念按照一定的形式组成判断，才能对认知对象进行断定，即肯定或否定。这种更加高级的思维形式就是判断。

本章我们要学习的判断，是思维的基本单元。

第一节　思维的基本单元

一、什么是判断

判断是对对象有所断定的思维形式。肯定是断定，否定也是断定。所以，判断是对对象有所肯定或有所否定的思维形式。在这个意义上说，判断是思维的基本单元。

思维（thinking）的结果就是思想（thought）。

例1　人是有语言、能思维的动物。

这个判断断定了"人"这类对象具有"有语言、能思维"的属性。也可以说，这个判断将"有语言、能思维"这两个属性断定于"人"这类对象。

例2　鸵鸟不是会飞的。

这个判断断定了"驼鸟"这类对象不具有"会飞的"这一属性。或者说，这个判断将"会飞的"这个属性断定于"驼鸟"这类对象之外。

判断作为一种思维形式，也有它的具体内容。例如："人是有语言、能思维的动物"与"阔叶乔木冬天都会落叶"，这两个判断的内容完全不同，因为这两个判断的主谓项都是不同的，所以它们断定的内容是完全不同的。但是，这两个判断却有完全相同的形式。我们用"S"来代表判断的主项（Subject），用"P"来代表判断的谓项（Predicate），这两个判断的形式都是"所有 S 都是 P"，它被称为"全称肯定判断"。例 2 的判断形式则不同，它是"全称否定判断"，其判断形式为"所有 S 都不是 P"。

二、判断与命题

判断（judgement）、命题（propersition）和语句（sentence）关系密切，但又有明显的区别，我们应该将它们认真区分。

首先，判断和命题是思维形式，它们是逻辑学的研究对象；语句是语言形式，它是语言学的研究对象，在一定程度上也是逻辑学的研究对象。判断和命题的语言形式都是语句，语句的逻辑形式是判断或命题。

判断对认知对象有所断定，即有所肯定或有所否定。命题则不然。命题对认知对象未必有所断定。例如：

（1）明天是晴天。

（2）明天是晴天吗？

（3）明天是晴天多好啊！

其中，（1）这个直接陈述句是判断，也是命题。（2）这个疑问句不是判断，却是一个命题。（3）这个感叹句也不是判断，但也是一个命题。

判断是思维的基本单元，但不能说命题是思维的基本单元。因为判断对事物或对象有所断定，而命题却未必有所断定。因为并未有所断定，即并未有所肯定或有所否定，所以，它们都不是判断。

三、判断的真假

判断是对事物（对象）的性质有所断定的思维形式。断定就是有所肯定或有所否定。因此，判断总是有真有假的。

一个判断所断定的主谓项的关系与客观事物的关系相符合时，该判断是真的，否则是假的。例如："所有阔叶乔木冬天都会落叶"这个判断是真的，因为它断定的情况是与客观事物的情况相符合的。"有的阔叶乔木冬天不落叶"这个判断是假的，因为它断定的情况与客观事物情况不相符合。

四、判断的分类

判断分类如下：

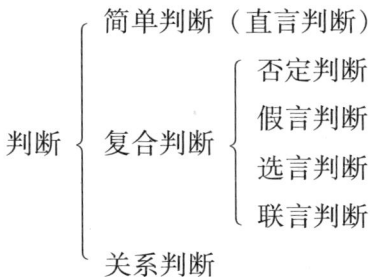

$$
判断
\begin{cases}
简单判断（直言判断） \\
复合判断
\begin{cases}
否定判断 \\
假言判断 \\
选言判断 \\
联言判断
\end{cases} \\
关系判断
\end{cases}
$$

简单判断（simple judgement）也叫性质判断或直言判断（categorical judgement），就是由一个主项和一个谓项组成的判断。主项和谓项分别用其英文首字母 S 和 P 来表示。

简单判断仅是相对于复合判断（complex judgement）的一个称呼，一般情况下，我们将这种不包含其他判断的判断称为性质判断或直言判断。

第二节　直言判断与逻辑方阵

一、直言判断

直言判断是一种主谓结构的判断形式，它将性质（谓项）直接断定于主项，也称为性质判断。例如：

所有的树都是绿的。

所有的鸟都不是胎生的。

有的花是红的。

有的学生不是青年。

直言判断由 4 个不同的词项（terms）构成，这 4 个不同的词项是：

主项（Subject），也称主词，用 S 表示；

谓项（Predicate），也称谓词，用 P 表示；

量项（Quantifier），也称量词，自然语言以"所有的"和"有的"表示，前者称为全称量词，后者称为特称量词。

联项（conjunction），自然语言以"是"和"不是"表示，前者称为肯定的联项，后者称为否定的联项。

直言判断有质与量两个方面的规定。判断的质是肯定或否定，判断的量是全称或特称。按照质和量的组合，直言判断可以有以下四种基本的形式：

全称肯定判断：所有 S 都是 P，记为 SAP。

全称否定判断：所有 S 都不是 P，记为 SEP。

特称肯定判断：有 S 是 P，记为 SIP。

特称否定判断：有 S 不是 P，记为 SOP。

注意，A、E、I 和 O 是有两个空位的判断结构，即它们是逻辑常元，而 S 和 P 则是逻辑变元。

二、逻辑方阵

主谓项相同的直言判断称为"同素材的直言判断"。同素材的直言判断之间的关系如下图 11-1 所示，它被称为"逻辑方阵"（logical square）。

同素材的 4 种直言判断 A、E、I、O 之间的对当关系可概括为：

反对关系：一真另一必假，一假另一真假不定。或：从真推假。

下反对关系：一假另一必真，一真另一真假不定。或：从假推真。

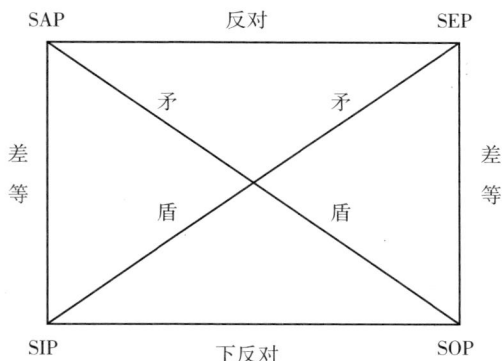

图 11-1 逻辑方阵

差等关系：全称真特称必真，全称假特称真假不定；
全称假特称真假不定；
特称假全称必假，特称真全称真假不定。

矛盾关系：一真另一必假，一假另一必真。

关于逻辑方阵以及同素材的直言判断之间关系的更多的论述，可参阅金岳霖主编的《形式逻辑》第三章第四节。①

三、直言判断中主谓项的周延性

定义：直言判断中主项或谓项是周延的，如果该判断断定了主项或谓项的全部外延，否则是不周延的。

根据定义，全称判断的主项都周延，特称判断的主项都不周延；否定判断的谓项都周延，肯定判断的谓项都不周延。列表如下：

表 11-1 直言判断主谓项周延情况表

直言判断	主项	谓项
SAP	周延	不周延
SEP	周延	周延
SIP	不周延	不周延
SOP	不周延	周延

---

① 参见金岳霖主编：《形式逻辑》，人民出版社 2006 年版。

词项的周延性是直言判断的一个重要的性质。亚里士多德的词项逻辑（直接推理和三段论）的重要依据就是直言判断的主谓项的周延性理论。

第三节　复合判断

复合判断（compound judgement）是相对于简单判断而言的。所谓复合判断，就是由一个或几个简单判断经由联结词联结而成的判断。

复合判断的联结词分为一元联结词和二元联结词，它们分别是一元联结词否定、二元联结词蕴含、析取和合取。由这些联结词联结而得到的复合判断分别称为否定判断、假言判断、选言判断和联言判断。

一、否定判断（负判断）

负判断就是否定一个判断所得到的判断。例如："并非所有的鸟都会飞"，这是一个负判断，它是通过否定"所有的鸟都会飞"而得到的判断。

负判断的形式是：非 p。

"并非"是一个一元联结词，它只能联结一个命题变元。"并非"的逻辑意义用下面的二维表（真值表）来定义。

p	非 p
真	假
假	真

这样的联结词称为真值联结词，用真值联结词联结一个命题变元而得到的复合命题称为一元真值函数。所谓真值函数，就是自变元和函数都取真或假为值的函数。对命题联结词进行定义的这个二维表称为真值表。很显然，这个真值表可以用函数方式表达如下：

$$\text{非 } p = \begin{cases} \text{真，如果 } p = \text{假} \\ \text{假，否则} \end{cases}$$

我们前面说过，一个简单判断的真假是根据它断定的情况与客观事物的情况是否符合来确定，复合判断的真假却无须考察客观事物情况，而只需根据其所包含的简单判断的真假便可确定。这就是真值函数的意义。

注意区分负判断和否定判断，前者是一个复合判断，后者却是一个简单判断。例如："并非所有的鸟都会飞"是一个负判断，是一个复合判断；而"有的鸟不会飞"却是一个否定判断，是一个简单判断。

由负判断的真值表我们可以得出双重否定原则。

双重否定原则：一个判断经过两次否定，其逻辑值与自身相等，即 p=非非 p。真值表如下：

p	非 p	非非 p
真	假	真
假	真	假

二、假言判断

假言判断也称条件判断，它是断定一个事件 p 的存在是另一个事件 q 存在的条件的判断。

两个事件 p 和 q 之间的条件关系有三种：充分条件、必要条件和充分必要条件。相应地，假言判断也分为充分条件假言判断、必要条件假言判断和充分必要条件假言判断。

（一）充分条件假言判断

我们先定义充分条件，再定义充分条件假言判断。

充分条件：两个事件 p 和 q 之间如果满足有 p 必有 q，无 p 未必无 q（有之必然，无之未必然），则称事件 p 是事件 q 的充分条件。

充分条件假言判断是其前件为后件的充分条件的假言判断。

充分条件假言判断的形式是：如果 p，则 q。其中，p 称为该充分条件假言判断的前件，q 称为后件。

充分条件假言判断是一个二元真值函数，它有两个自变元 p 和 q，它们分别是该充分条件假言判断的前件和后件。真值表如下：

p	q	如果p，则q
真	真	真
真	假	假
假	真	真
假	假	真

充分条件假言判断是人们在日常生活中对两个具有充分条件的事件进行认知的判断，因而是广泛使用的一种复合判断。例如：

（1）如果下雨，地面就会湿。

（2）如果患肺炎，就会发烧。

（二）必要条件假言判断

我们先定义必要条件，再定义必要条件假言判断。

必要条件：两个事件 p 和 q 之间如果满足有 p 未必有 q，无 p 必无 q（有之未必然，无之必不然），则称事件 p 是事件 q 的必要条件。

必要条件假言判断是其前件为后件的必要条件的假言判断。

必要条件假言判断的形式是：只有 p，才 q。其中，p 称为该必要条件假言判断的前件，q 称为后件。

必要条件假言判断是一个二元真值函数，它有两个自变元 p 和 q，它们分别是该必要条件假言判断的前件和后件。真值表如下：

p	q	只有p，才q
真	真	真
真	假	真
假	真	假
假	假	真

必要条件假言判断是人们在日常生活中对两个具有必要条件的事件

进行认知的判断，也是广泛使用的一种复合判断。例如：

（3）只有努力学习，才能取得好成绩。

（4）只有遵守规则，才能参加比赛。

（5）只有爱人，才是仁者。

等等。

很显然，充分条件和必要条件之间，是可以等值互换的。规则如下：

①如果 A 是 B 的充分条件，则 B 是 A 的必要条件；

②如果 A 是 B 的充分条件，则非 A 是非 B 的必要条件；

③如果 A 是 B 的必要条件，则 B 是 A 的充分条件；

④如果 A 是 B 的必要条件，则非 A 是非 B 的充分条件。

例如，前面的 2 个充分条件假言判断，前后件交换位置后，得到下面的三个必要条件假言判断：

（1'）只有地面湿，天才下雨。

（2'）只有发烧（体温升高），才会患肺炎。

又如，前面的 3 个必要条件假言判断，前后件交换位置后，得到下面的 3 个充分条件假言判断：

（3'）如果一个人取得好成绩，这个人一定努力学习。

（4'）如果参加比赛，就要遵守规则。

（5'）仁者爱人。

以上转换规则可以用两句话加以概括：

Ⅰ　一个条件判断（充分条件或必要条件），如果前后件交换位置，条件就要变，充分变必要，必要变充分。

Ⅱ　一个条件判断（充分条件或必要条件），如果前后件加以否定，条件也要变，充分变必要，必要变充分。

由Ⅰ和Ⅱ，我们可以推出条件判断的逆否律。

逆否律：一个条件判断（充分条件或必要条件），如果前后件交换位置并同时加以否定，所得到的判断与原判断等价。

例如，如果两直线平行，则内错角相等。这个判断等价于：如果内错角不等，则两直线不平行。

（三）充分必要条件假言判断

充分必要条件简称充要条件。我们先定义充要条件，再定义充要条件假言判断。

充要条件：两个事件 p 和 q 之间如果满足有 p 必有 q，无 p 必无 q（有之必然，无之必不然），则称事件 p 是事件 q 的充要条件。

充要条件假言判断是其前件为后件的充要条件的假言判断。

充要条件假言判断的形式是：p 当且仅当 q。其中，p 称为该充要条件假言判断的前件，q 称为后件。

充要条件假言判断是一个二元真值函数，它有两个自变元 p 和 q，它们分别是该充要条件假言判断的前件和后件。真值表如下：

p	q	p 当且仅当 q
真	真	真
真	假	假
假	真	假
假	假	真

充分必要条件假言判断是人们在日常生活中对两个具有充分必要条件的事件进行认知的判断，也是广泛使用的一种复合判断。例如：

（6）一个数是偶数，当且仅当它能被 2 整除。

（7）人不犯我，我不犯人；人若犯我，我必犯人。（人犯我，当且仅当我犯人；或：我犯人，当且仅当人犯我。）

三、选言判断

选言判断就是断定在两个事件中至少有一个事件存在的判断。例如：他学习成绩不好或者是基础差，或者是不努力，或者是方法不对。

选言判断包含的几个判断称为该选言判断的选言肢。如果各个选言肢所断定的事件可以同时存在，这样的选言肢称为相容的选言肢。如果各个选言肢所断定的事件不能同时存在，这样的选言肢称为不相容的选言肢。

我们只研究包含两个选言肢的选言判断。包含三个以上选言肢的选言判断可以随之推广。

（一）相容的选言判断

包含相容选言肢的判断是相容的选言判断。

相容的选言判断的形式是：p 或者 q。

相容的选言判断也是一个二元真值函数，它的两个选言肢至少有一个为真，也可以同时为真。真值表如下：

p	q	p 或者 q
真	真	真
真	假	真
假	真	真
假	假	假

相容的选言判断是人们在日常生活中对两个具有相容关系的事件进行认知的判断，是广泛使用的一种复合判断。例如：

（1）一份统计材料的错误或者是由于数据错误，或者是由于计算错误。

（2）今天的晚餐或者吃米饭，或者吃面条。

（二）不相容的选言判断

包含不相容选言肢的判断是不相容的选言判断。

不相容的选言判断的形式是：要么 p，要么 q。

不相容的选言判断也是一个二元真值函数，它的两个选言肢至少有一个为真，而且只有一个为真。真值表如下：

p	q	要么 p，要么 q
真	真	假
真	假	真
假	真	真
假	假	假

不相容的选言判断是人们在日常生活中对两个具有不相容关系的事件进行认知的判断，是广泛使用的一种复合判断。例如：

　　（1）不是西风压倒东风，就是东风压倒西风。

　　（2）今天的晚餐要么吃桌餐，要么吃自助餐。

四、联言判断

联言判断就是断定几个事件同时存在的判断。例如：他既是学生，又是青年，还是运动员。

联言判断包含的几个判断称为该联言判断的联言肢。我们只研究包含两个联言肢的联言判断。包含三个以上联言肢的联言判断可以随之推广。

联言判断的形式是：p 并且 q。

联言判断也是一个二元真值函数，它的两个联言肢同时为真。联言判断的真值表如下：

p	q	p 并且 q
真	真	真
真	假	假
假	真	假
假	假	假

联言判断是人们在日常生活中对两个同时存在的事件进行认知的判断，是广泛使用的一种复合判断。例如：

　　（1）那个姑娘既聪明又漂亮。

　　（2）农民伯伯种棉花，工人叔叔织布，妈妈给小菊缝棉衣。

第四节　判断的加工

人们在思考的过程中，需要在头脑里对判断进行种种的加工。我们来看几种主要的加工方式。

一、判断的递归构造

递归（recursion）是指应用于自身的函数或算法。

递归是逻辑和数学中常用的一种方法。例如，著名的罗素悖论（Russell's paradox）就利用了递归算法。首先定义一个集合 $A=\{x \mid x \notin x\}$，然后再将这个集合的性质应用于它自身，从而有

$$A \in A \rightarrow A \notin A$$

$$A \notin A \rightarrow A \in A$$

由此得到：

$$A \in A \leftrightarrow A \notin A$$

$$\leftrightarrow \neg(A \in A)$$

这就是悖论，即一个命题与它自身的否定等价。

前面所说的复合判断，如果将判断的构造规则应用于自身，我们可以得到下面的结构更加复杂的复合判断。

例：利用$\{\neg, \vee, \wedge, \rightarrow\}$各函数的规则（递归算法），从$\neg p$可以得到：

$\neg\neg p$ 将¬应用于 p

$\neg(p \vee q)$ 将∨应用于 p

$\neg(\neg p \vee \neg q)$ 将∨应用于 p，再将¬应用于 p 和 q

$\neg(p \rightarrow \neg q)$ 将→应用于 p，再将¬应用于 q

二、复合判断的等值互换

在大脑的思维过程中，对于同一判断，可以用不同的语言形式将它表达出来。例如，联言判断可以用选言判断的负判断来表达，选言判断也可以用联言判断的负判断来表达；假言判断与选言判断可以等值互换，也可以和联言判断等值互换等等。

1. 选言判断与联言判断等值互换"德摩根律"

$$p \wedge q = \neg(\neg p \vee \neg q)$$

$$p \vee q = \neg(\neg p \wedge \neg q)$$

2. 假言判断与选言判断的等值互换

$$p \rightarrow q = \neg p \lor q$$

$$p \lor q = \neg p \rightarrow q$$

3. 假言判断与联言判断的等值互换

$$p \rightarrow q = \neg(p \land \neg q)$$

$$p \land q = \neg(p \rightarrow \neg q)$$

但是，这样按照真值函数来做的等值互换并不能说明日常思维中的逻辑关系，因为日常思维中的复合判断并不完全是真值函数，即不仅仅是真假关系。日常思维中判断的意义，除了真假，还有内容上的关联。

例如，以真值函数看，"如果雪是黑的，那么你明年考上大学"和"如果雪是黑的，那么你明年考不上大学"这两个假言判断都是真的。这是很难理解的。这就是所谓"蕴涵怪论"，原因是我们把日常思维中的假言判断当成了真值蕴涵，但两者是有很大差异的。在日常思维中，我们是不会说这种内容上无关的条件语句的。

又如，根据德摩根律（De Mogen Law），我们有：

$$p \land q = \neg(\neg p \lor \neg q)$$

以真值函数看，两者是完全等价的。但是，当我们说"小张是学生，并且是团员"时，你是很难将它与"并非小张不是学生或者不是团员"这个判断等同看待的。前者是一个表示联言判断的复合语句，后者是一个表示选言判断的复合语句的否定。后者多用了三次否定，在脑加工中要困难得多，在日常思维中很难理解，在思维认知上更容易发生偏差。

三、判断加工的文化心理问题

逻辑是大脑里发生的认知加工过程，主要由左脑负责。逻辑学则是对这一过程的摹写。类似地，心理也是大脑里发生的认知加工过程，主要由右脑负责。心理学则是对这一过程的摹写。

正常人的左右脑是由胼胝体连通的，因此，在认知加工过程中，左脑负责的逻辑加工会受到右脑负责的心理加工的影响。在有的加工任务中，这种影响还非常强烈。

文化心理是指在一定文化社会背景下形成的心理特征，如西方的文化心理、东方的文化心理、中国人的文化心理等。这种文化心理对判断和推理都会产生影响。我们先来看文化心理对判断加工的影响。

例如，以真值函数看，$p \to q$ 和 $\neg p \vee q$ 是彼此等价的，但在日常思维中，两者是完全不同的。$p \to q$ 是一个假言判断（条件判断），$\neg p \vee q$ 却是一个选言判断。

在东方文化影响下，我们喜欢用命令句（条件句）来说话。妈妈总是用条件句对孩子说话："如果考试不得前三名，过年就不带你去外婆家。"教师也喜欢对学生说："如果再调皮捣蛋，就通知家长把你带回家去。"这两句话的形式都是"$p \to q$"，显得非常强势。如果改用"$\neg p \vee q$"的方式说话，效果可能要好很多。妈妈对孩子说："争取考前三名哈，要不过年就不带你去外婆家啊。"孩子知道他有选择权。教师对学生也改用选择语句说话："要遵守纪律（别调皮捣蛋）啊，要不就让家长把你带回家。"也是让学生知道他有选择权。

影视剧上看到美国警察在抓捕嫌犯时总是会说："保持沉默，否则你说的每一句话都会成为呈堂证供。"——为什么要说这句话呢？这就是告知嫌犯有选择权：保持沉默，否则说话就会成为证据。同样的意思用命令句说："如果你说话，你的每一句话都会成为呈堂证供。"这时，听话人就失去了选择权。如果警察没有说"保持沉默"这句话，或者改用命令句来说话，就是没有告知对方的选择权，在这种情况下，警察有可能反而会陷入麻烦。

第五节　判断隐喻

隐喻有三种基本的表现形式：概念隐喻、语句隐喻、篇章隐喻。

概念隐喻我们在上一章第五节中已经做了认真分析。本节我们来分析语句隐喻和篇章隐喻。

首先我们要分析语句的隐喻，由于语句的逻辑形式是判断，所以我们要分析语句隐喻的判断形式即判断隐喻。其次，我们要特别地研究汉语语句（判断）的隐喻。语句组成篇章。最后，在语句隐喻的基础上我们再来分析篇章隐喻。

一、判断隐喻的形式

在上一章，我们指出隐喻使用的逻辑方法是类比推理，其形式是：

A 是 B。

例如："儿童是祖国的花朵"。这个语句采用了"A 是 B"的形式，但它不是定义，而是隐喻。

在概念一章，我们讲到"属加种差"的定义，其形式也是"A 是 B"。其中，A 是被定义项，B 是定义项，"是"是定义联项。

试比较下面的定义和隐喻。

定义：儿童是较幼小的未成年人（年龄比"少年"小）。例如：儿童读物；维护妇女的合法权益。[①]

隐喻：儿童是祖国的花朵。

在"儿童"一词的定义中，被定义项"儿童"与定义项"未成年人"是种属关系，"较幼小的"是种差。定义项和被定义项的关系符合现实世界中这两个概念所指称的对象（外延）之间的关系。因此，这是一个真实定义。

在隐喻中，主词（本体）"儿童"和谓词（喻体）"花朵"却是全异关系，在现实世界中，所有儿童都不是花朵，同时，所有花朵都不是儿童。所以，从逻辑上说，"儿童是祖国的花朵"这个判断所断定的情况是不存在的，因此，"儿童是祖国的花朵"这个判断是假的。可见，"儿童是祖国的花朵"并不是一个实然判断。作为使用汉语的中国人，这个语句的含义是大家都能够理解的，那就是：儿童像春天开放的花朵，他们是祖国的未来。

那么，隐喻成立或隐喻为真的条件是什么呢？我们为什么不说

---

① 《现代汉语词典》（第 7 版），商务印书馆 2016 年版，第 344 页。

"像"而要说"是"呢？

这就要求助于类比推理。类比推理的公式是：

A 事物有属性a，b，c，d

B 事物有属性a，b，c

所以，B 事物也有属性d。

借助类比推理，我们获得"儿童是祖国的花朵"这个隐喻的正确解释。推理如下：

花朵都是幼小的、美好的、正在成长的、充满希望的、未来会结出硕果的；

儿童也是幼小的、美好的、正在成长的、充满希望的；

所以，儿童的未来是无可限量的。

这样，我们就得出了"儿童是祖国的花朵"，即"儿童是祖国的未来"的结论。关于类比推理，可参阅本书第十二章"推理与认知"。

二、汉语判断的隐喻

在前一章我们分析，以汉字为基础的汉语是具有强大隐喻认知能力的语言。现在我们来看，在更高一级的思维形式判断上，汉语的隐喻功能也是非常强大的。

第一，把具有丰富隐喻的汉语语词直接带到语句中，形成隐喻。

（1）学而时习之，不亦乐乎。（《论语·学而》，包含了"学""习"二字的隐喻）

（2）无材可去补苍天，枉入红尘若许年。（《红楼梦》第一回，包含"女娲补天"的隐喻）

（3）嫦娥一号完成绕月飞行。（新闻报道，包含"嫦娥奔月"的故事和隐喻）

（4）你这是"画蛇添足"啊！（日常用语，包含"画蛇添足"的故事和隐喻）

由于汉语语词的隐喻性，把具有丰富隐喻的汉字和汉语语词直接带到语句中，形成语句和判断的隐喻，听起来无比生动。汉语是母语的中国人一听就能理解。

第二，农谚中的隐喻。

（1）清明前后，种瓜种豆。种瓜得瓜，种豆得豆。

（2）立夏不下，犁耙高挂。

（3）早霞不出门，晚霞行千里。

（4）九九歌：一九二九不出手；三九四九冰上走；五九六九，沿河看柳；七九河开，八九燕来；九九加一九，耕牛遍地走。

心智是涉身的，隐喻也是涉身的，因而是有民族性和语言特征的。这样的隐喻对中国人而言就如呼吸和血脉一样的认同，没有这样的语言和文化基础就难以理解了。

日常生活和文学作品中这样的语句和判断的隐喻比比皆是。

语句形成篇章，我们再来看篇章隐喻。

三、篇章隐喻

《红楼梦》可以说是汉语隐喻的典范，是中国人擅长的类比思维的典范，作者曹雪芹则堪称世界级的、无与伦比、无法超越的隐喻大师。

1. 书名的隐喻

曹雪芹著此书初名《石头记》，后改名《红楼梦》，此外还有《情僧录》、《风月宝鉴》、《金陵十二钗》等书名。

书名《石头记》缘于女娲补天的神话，讲的是一块石头的故事，这块石头来历不凡。

> 原来女娲氏炼石补天之时，于大荒山无稽崖炼成高经十二丈、方经二十四丈顽石三万六千五百零一块。娲皇氏只用了三万六千五百块，只单单剩了一块未用，便弃在此山青埂峰下。谁知此石自经煅炼之后，灵性已通，因见众石俱得补天，独自己无材不堪入选，遂自怨自叹，日夜悲号惭愧。

> 一日，有一僧一道从大荒山下经过，经石头请求，便袖了这石，同那道人飘然而去，竟不知投奔何方何舍。

> 后来，不知过了几世几劫，因有个空空道人访道求仙，从这大

荒山无稽崖青埂峰下经过，忽见一大块石上字迹分明，编述历历。空空道人乃从头一看，原来就是无材补天，幻形入世，蒙茫茫大士、渺渺真人携入红尘，历尽离合悲欢、炎凉世态的一段故事。后面又有一首偈云：

无材可去补苍天，枉入红尘若许年。此系身前身后事，倩谁记去作奇传？

原来这块顽石就是后来衔玉而生的贾宝玉口中所衔之物。石头记的故事便是这石头所经历的一段荒唐辛酸之事。

满纸荒唐言，一把辛酸泪！都云作者痴，谁解其中味？

这段故事经过脂砚斋甲戌抄阅再评，乃以《石头记》为名。①

——这便是《石头记》的第一个隐喻。"石头"就是"宝玉"，"宝玉"就是"贾宝玉"；"石头的故事"就是"贾宝玉的故事"；"贾宝玉的故事"就是"红楼梦的故事"，就是"你方唱罢我登场"的故事，就是"落了片白茫茫大地真干净"的故事。

本书另一个更为通用的名字是《红楼梦》，这个名字来自于第五回："游幻境指迷十二钗，饮仙醪曲演红楼梦"。本回是全书纲领，故事情节和人物命运都在此章明确交代。

空空道人听如此说，思忖半晌，将这《石头记》再检阅一遍。因见上面大旨不过谈情，亦只是实录其事，绝无伤时诲淫之病，方从头至尾抄写回来，问世传奇。从此，空空道人因空见色，由色生情，传情入色，自色悟空，遂改名情僧，改《石头记》为《情僧录》。东鲁孔梅溪题曰《风月宝鉴》。后因曹雪芹于悼红轩中披阅十载，增删五次，纂成目录，分出章回，又题曰《金陵十二钗》，并题一绝。

——即此便是《石头记》的缘起。

2. "金玉良缘"和"木石前盟"的隐喻

林黛玉还泪之说在《红楼梦》第一回中就做了交代。"只因西方灵

---

① 参见曹雪芹：《红楼梦》，人民文学出版社 2013 年版。

河岸边、三生石畔，有绛珠草一株，时有赤霞宫神瑛侍者日以甘露灌溉，这绛珠草始得久延岁月，后因此草受天地精华，又加雨露滋润，脱去草胎木质，修成个女儿身，只因未酬报灌溉之德，故其五内便郁结着一段缠绵不断之意。恰神瑛侍者凡心偶炽，意欲下凡。那绛珠仙子道："他是甘露之惠，我并无此水可还，他既下世为人，我也去下世为人，但把我一生的眼泪还他，也偿还的过他了。"绛珠仙子"还泪说"还见于第五回"飞鸟各投林"中"欠命的命已还；欠泪的泪已尽。冤冤相报实非轻，分离聚合皆前定。"因此，黛玉和宝玉，是不可能成就姻缘的，只是欠情还泪而已。这就是"木石前盟"的隐喻：黛玉是绛珠仙草，宝玉是神瑛侍者。注意是"是"而不是"像"。这是典型的隐喻句型"A是B"。由于使用了隐喻，使这故事具有无比的感染力。

"金玉良缘"的交代见于第八回"比通灵金莺微露意　探宝钗黛玉半含酸"。原来宝玉的玉上有"莫失莫忘""仙寿恒昌"两句话八个字，宝钗的金锁上也是两面錾上两句话八个字"不离不弃""芳龄永继"。

> 宝玉看了，也念了两遍，又念自己的两遍，因笑问："姐姐，这八个字倒和我的是一对儿。"莺儿笑道："是个癞头和尚送的，他说必须錾在金器上。"

第二十八回"薛宝钗羞笼红麝串"写道：

> 宝钗因往日母亲对王夫人曾提过金锁是个和尚给的，等日后有玉的方可结为婚姻等语，所以总远着宝玉；昨日见元春所赐的东西独他与宝玉一样，心里越发没意思起来。幸亏宝玉被一个黛玉缠绵住了，心心念念只惦记着黛玉，并不理论这事。

这些都是隐喻的写法。"金玉良缘"暗示宝钗和宝玉将会结成夫妻。高鹗后四十回续书虽然语言不堪，但钗玉婚姻遵照了曹雪芹原来的构思，这是毫无疑义的。中国人擅长于类比和隐喻方法的运用，曹雪芹更是精通此道的隐喻大师。所以《红楼梦》感人至深，读后令人难忘。

3. 贾史王薛的隐喻

读过《红楼梦》的人都不会忘记"护身符"这个情节。这"护官符""上面写的是本省最有权势极富贵的大乡绅名姓，各省皆然。倘若不知，一时触犯了这样的人家，不但官爵，只怕连性命也难保呢。——所以叫做'护官符'。"门子递给贾雨村的"护官符"上面写着四句话：

贾不假，白玉为堂金做马。

阿房宫，三百里，住不下金陵一个史。

东海缺少白玉床，龙王来请金陵王。

丰年好大雪，珍珠如土金如铁。

曹雪芹祖上任江宁织造，祖籍南京。曹雪芹借唐代著名诗人刘禹锡《乌衣巷》一诗中"旧时王谢"与"贾史王薛"的谐音双关联系，隐喻了源自南京的豪门贵族的历史命运。南京四大家族贾史王薛每一家的富贵显赫，都用"A 是 B"的隐喻句式来写，而不是"A 像 B"的明喻。为何隐喻更有感染力？读者可进一步阅读莱考夫《我们赖以生存的隐喻》①　以及本书第十章"概念与认知"第五节"概念隐喻"。

4.《好了歌》的隐喻

《红楼梦》中的"好了歌"体现了作者的"色空观"：可知世上万般，好便是了，了便是好。若不了，便不好；若要好，须是了。

世人都晓神仙好，惟有功名忘不了！

古今将相在何方？荒冢一堆草没了。

世人都晓神仙好，只有金银忘不了！

终朝只恨聚无多，及到多时眼闭了。

世人都晓神仙好，只有娇妻忘不了！

君生日日说恩情，君死又随人去了。

世人都晓神仙好，只有儿孙忘不了！

痴心父母古来多，孝顺儿孙谁见了？

这首《好了歌》，立意不凡。首先是"色空观"，"色"是大千世界，佛家看来不过是一个"空"，一场"空"。所以，色即是空。如果你能彻底了悟，"空"便又化为世间万物，所以，空即是色。其次，这

---

① Lakoff, Geoge and Mark Johnson, *Metaphors We Live By*, University of Chicago Press，2003.

首《好了歌》又使"色空观"与全书引导人"空空道人"关联起来。在《红楼梦》中，一僧一道这两个人物也是不凡。《石头记》（《红楼梦》）的"风流孽债"由他们交代，亦由他们了结。"色空观"看似佛家思想，却是道家真髓——所以是一僧一道。

"好了歌"其实是为了引出甄士隐（真事隐）的注解。

士隐本是有夙慧的，一闻此言，心中早已彻悟，因笑道："且住！待我将你这《好了歌》注解出来何如？"道人笑道："你就请解。"士隐乃说道：

陋室空堂，当年笏满床。衰草枯杨，曾为歌舞场。蛛丝儿结满雕梁，绿纱今又在蓬窗上。说甚么脂正浓、粉正香，如何两鬓又成霜？昨日黄土陇头埋白骨，今宵红灯帐底卧鸳鸯。金满箱，银满箱，转眼乞丐人皆谤。正叹他人命不长，哪知自己归来丧！训有方，保不定日后作强梁。择膏粱，谁承望流落在烟花巷！因嫌纱帽小，致使锁枷杠，昨怜破袄寒，今嫌紫蟒长。乱哄哄你方唱罢我登场，反认他乡是故乡。甚荒唐，到头来都是为他人作嫁衣裳。

这首"陋室空堂"，实为隐喻大师曹雪芹的人生感悟，借甄士隐之口说了出来。全篇均以"A 是 B"的隐喻句式写出。据胡适考证，《红楼梦》为作者自写家世。曹家世袭江宁织造，四次接驾，富可敌国，"白玉为堂金作马"（第四回），真如"烈火烹油、鲜花着锦之盛"（第十三回），后因家道败落，"举家食粥酒常赊"，在北京西山下，凄风苦雨，"披阅十载"写作《红楼梦》时，那种对人生的感悟，一般人是很难体会得到的。幸好，有《红楼梦》在，我们现在多少可以还原一些作者当时的心智与认知。

"色空观"在《红楼梦》中是贯穿全书的。如："陋室空堂，当年笏满床"（第一回）、"身后有余忘缩手，眼前无路想回头"（第二回）、"假作真时真亦假，无为有处有还无"（第五回）、"纵有千年铁门槛，终须一个土馒头"（第六十三回）、最后全书结尾是"落了片白茫茫大地真干净"（第五回、第一百二十回）。这些都是隐喻手法，正是作者心智和认知的生动体现。这样的分析在过去的红楼梦研究中可惜未见。

5.《红楼梦十二支曲》的隐喻

第五回"游幻境指迷十二钗，饮仙醪曲演红楼梦"是全书的纲领和蓝图。《石头记》由此易名《红楼梦》。

"红楼"一词，最早见于唐五代尹鹗《何满子》。[①] 全诗如下：

> 云雨常陪胜会，笙歌惯逐闲游。
>
> 锦里风光应占，玉鞭金勒骅骝。
>
> 戴月潜穿深曲，和香醉脱轻裘。
>
> 方喜正同鸳帐，又言将往皇州。
>
> 每忆良宵公子伴，梦魂长挂红楼。
>
> 欲表伤离情味，丁香结在心头。

红楼是古代有才艺的女子居住的地方，红楼女子多为未出阁的少女，以才艺吸引青年公子前来相会。区别于青楼女子，红楼女子卖艺不卖身。尹鹗的《何满子》记述了当年红楼盛况。最后四句"每忆良宵公子伴，梦魂长挂红楼。欲表伤离情味，丁香结在心头"，写尽多少公子红楼结伴、春宵魂销、离情别趣、心结丁香的记忆。这不禁让人想起雪芹居士于开篇第一回第一段交代《红楼梦》写作动机的那段刻骨铭心的话语：

> 此开卷第一回也。作者自云曾历过一番梦幻之后，故将真事隐去，而借"通灵"说此《石头记》一书也，故曰"甄士隐"云云。但书中所记何事何人？自己又云：今风尘碌碌，一事无成，忽念及当日所有之女子，一一细考较去，觉其行止见识皆出我之上，我堂堂须眉，诚不若彼裙钗。我实愧则有余，悔又无益，大无可如何之日也！当此日，欲将已往所赖天恩祖德锦衣纨袴之时，饫甘餍肥之日，背父兄教育之恩，负师友规训之德，以致今日一技无成，半生潦倒之罪，编述一集，以告天下。知我之负罪固多，然闺阁中

---

① 尹鹗（约896年前后在世）字不详，成都人。约唐昭宗乾宁中前后在世。事前蜀后主王衍，为翰林校书。累官至参卿。花间集称尹参卿，性滑稽，工诗词，与李珣友善，作风与柳永相近，今存17首。词存《花间集》、《尊前集》中。今有王国维辑《尹参卿词》一卷。

历历有人，万不可因我之不肖自护己短，一并使其泯灭也。所以蓬牖茅椽，绳床瓦灶，并不足妨我襟怀。况那晨风夕月，阶柳庭花，更觉得润人笔墨。我虽不学无文，又何妨用假语村言敷衍出来，亦可使闺阁昭传，复可破一时之闷，醒同人之目，不亦宜乎？

——原来《石头记》的写作是因为"闺阁中历历有人""不能使其泯灭"的那几个"奇异女子"，"从此，空空道人因空见色，由色生情，传情入色，自色悟空，遂改名情僧，改《石头记》为《情僧录》。后因曹雪芹于悼红轩中披阅十载，增删五次，纂成目录，分出章回"，此即《石头记》的缘起。其中，引领全书的一僧一道（"情僧"和"空空道人"），于悼红轩中披阅十载的曹雪芹，其实本是同一人！《石头记》（《红楼梦》）便是曹雪芹对"情—色—空"的体悟。①

曹雪芹用他一生的心血，写作了这部中国人引为骄傲、得以立于世界文学之巅的《红楼梦》。第五回的"红楼梦十二支曲"则为全书灵魂，交代了全书人物命运。值得注意的是，红楼梦十二支曲连同引子和收尾都是用隐喻的手法和句式写成。

我们来看红楼梦十二支曲的认知意义。仅以"引子"和"收尾"为例。

红楼梦引子

开辟鸿蒙，谁为情种？都只为风月情浓，奈何天，伤怀日，寂寥时，试遣愚衷。因此上演出这悲金悼玉的红楼梦。

评注一："奈何天"出自明汤显祖《牡丹亭》"良辰美景奈何天"句。原名写杜丽娘怀春时节无可奈何的心情。本章演奏红楼梦十二支曲前，警幻仙子带领宝玉游太虚幻境时，见壁上悬挂一副对联，道是："幽微灵秀地，无可奈何天。"宝玉自是感叹。然后饮"千红一窟"酩茶，喝"万艳同杯"美酒。"千红一窟"隐喻"千红一哭"；"万艳同杯"隐喻"万艳同悲"。无不寄托作者对当年"千红万艳"众姐妹命运之同情。——这是同音隐喻。汉语中有丰富的同音字，为同音隐喻提供

——————————
① 关于体验哲学，见本书第三章第三节"涉身心智与心智哲学"。

了可能。汉字在造字之初，同声假借实际上就是同音隐喻，用隐喻的方法来产生新的概念。直到 21 世纪初，西方语言学家、认知科学家才认识到隐喻是产生新概念的基本方法，即"抽象概念是隐喻的"，并将此当作认知科学的三大发现。[①] 殊不知，中国人早在两千年前的许慎时代，就已经完全掌握和熟练运用隐喻产生的抽象概念（造字）的基本方法了。而在距今两个半世纪乾隆时代的曹雪芹已经把汉语隐喻运用到炉火纯青、出神入化的程度！

评注二："悲金悼玉"，隐喻薛宝钗和林黛玉。在《金陵十二钗正册》中，宝黛合一诗而咏："可叹停机德，堪怜咏絮才！玉带林中挂，金簪雪里埋。"《红楼梦》中，除宝钗有金锁之外，史湘云也有金麒麟（第三十一回）。所以，"悲金悼玉"也是泛指对大观园众姊妹的悲悼。

  收尾 飞鸟各投林

  为官的家业凋零，富贵的金银散尽。有恩的死里逃生，无情的分明报应。欠命的命已还，欠泪的泪已尽。冤冤相报实非轻，分离聚合皆前定。欲知命短问前生，老来富贵也真侥幸。看破的遁入空门，痴迷的枉送了性命。好一似食尽鸟投林，落了片白茫茫大地真干净。

评注：这支曲是对《红楼梦》的总结，是全书故事和人物命运的交代，全部用隐喻方法和句式写作。十二支曲起始有引子，最后有收尾。中间十二支曲每曲写金陵十二钗一人。这收尾既是十二支曲的收尾，也是全书故事和人物命运的总结。这支收尾曲每句话写一个人，是在十二支曲的基础上的凝练和概括，真是叹为观止！如此的语言功夫，也只有语言大师和隐喻大师曹雪芹能够做到。第一句"为官的家业凋零"影射（隐喻）湘云；第二句"富贵的金银散尽"影射宝钗；第三句"有恩的死里逃生"影射巧姐；第四句"无情的分明报应"影射妙玉；第五句"欠命的命已还"影射迎春；第六句"欠泪的泪已尽"影

① Lakoff, George and Mark Johnson, *Philosophy in the Flesh*: *the Embodied Mind and its Challenge to Western Thought*, Basic Books, 1999.

射黛玉；第七句"冤冤相报实非轻"影射可卿；第八句"分离聚合皆前定"影射探春；第九句"欲知命短问前生"影射元春；第十句"老来富贵也真侥幸"影射李纨；第十一句"看破的遁入空门"影射惜春；第十二句"痴迷的枉送了性命"影射凤姐；最后一句"好一似食尽鸟投林，落了片白茫茫大地真干净"最为精彩，它又回到一个"空"字。此句暗示《红楼梦》的主人公宝玉，也就是作者自己，在茫茫大雪后的荒郊拜谢父亲后，出家为佛。隐喻人生如梦，万事皆空。

隐喻大师曹雪芹在《红楼梦》中使用的隐喻比比皆是，可以说是随手拈来，出神入化。例如：《红楼梦十二支曲》每曲隐喻金陵十二钗中一人，"原应叹息"隐喻元春、迎春、探春、惜春，黛玉葬花"花落人亡两不知"隐喻黛玉的悲惨身世和凄凉结局，宝玉出家"千里搭长棚，没有不散的筵席""落了片白茫茫大地真干净"，隐喻空即是色，色即是空等。真是美不胜收，妙不可言。

思考作业题

1. 什么是判断？什么是命题？什么是语句？判断和命题、判断和语句之间是什么关系？

2. 为什么判断是思维的基本单元？

3. 简单判断的真假如何确定？复合判断的真假如何确定？请举例说明。

4. 什么是直言判断、性质判断和简单判断，它们之间是什么关系？

5. 直言判断的 4 种基本形式是什么，请写出它们的自然语言表达式和符号表达式。

6. 什么是直言判断的变元？什么是直言判断的常元？试用两个空位的判断结构来表达 4 个直言判断的形式结构。

7. 为什么直言判断只有 4 种基本形式？为什么单称判断（单称肯定判断和单称否定判断）不是独立的直言判断形式？

8. 画出表示同素材直言判断真假关系的逻辑方阵，请简要说明这 4

个直言判断之间的真假关系，并举例说明。

9. 同素材的 4 个直言判断 A、E、I、O，已知其中 1 个的真假便可以推出其他 3 个的真假。请举例说明。

10. 什么是名词的周延性？试说明 4 个直言判断主谓项的周延性。

11. 什么是复合判断？为什么说复合判断是简单判断和联结词的真值函数？

12. 什么是真值函数和真值表？请画出 5 个复合判断（否定、析取、合取、蕴涵、等值）的真值表。

13. 什么是充分条件？什么是必要条件？什么是充要条件？请举例说明。

14. 什么是充分条件假言判断？什么是必要条件假言判断？什么是充要条件判断？请举例说明。

15. 充分条件假言判断和必要条件假言判断可以互相转换。请给出转换的规则，并举例说明。

16. 为什么说日常思维中的复合判断并不是真值函数？请举例说明。

17. 什么是判断的递归构造？请举例说明。

18. 请写出选言判断与联言判断、假言判断与选言判断、假言判断与联言判断之间的等值互换和公式。

19. 头脑里有没有判断的加工？试举例说明。

20. 判断加工时会受到哪些文化心理因素的影响？请举例说明。

21. 隐喻有哪三种主要的表现形式，请各举一例加以说明。

22. 隐喻和实质定义的逻辑形式都是 A 是 B，请指出二者的区别并举例说明。

23. 汉语语词（汉字）具有丰富的隐喻性，把具有丰富隐喻的汉语语词直接带到语句中形成隐喻是汉语语句（判断）隐喻的基本方法，请举例说明。

24. 中国农谚中有丰富的隐喻，试举例说明并加以分析。

25. 在语句隐喻的基础上形成篇章隐喻。试以中国文学作品为例说明汉语篇章隐喻。

推荐阅读

Baum，Robert（1995）*Logic*［4th Edition］，Oxford University Press.

Lakoff，George and Mark Johnson，*Philosophy in the Flesh：the Embodied Mind and its Challenge to Western Thought*，Basic Books，1999.

Lakoff，Geoge and Mark Johnson，*Metaphors We Live By*，University of Chicago Press，2003.

金岳霖主编：《形式逻辑》，人民出版社 2006 年版。

曹雪芹：《红楼梦》，人民文学出版社 2013 年版。

尹鹗：《花间集》、《尊前集》中，载王国维辑:《尹参卿词》一卷。

《现代汉语词典》（第 7 版），商务印书馆 2016 年版。

第十二章

推理与认知

概念、判断、推理都是思维形式。概念是思维的起点，判断是思维的基本单元。那么，推理在思维中又扮演什么角色呢？

从概念到判断再到推理，是一个不断扩充，不断提高，不断深化的思维发展过程。

西方逻辑创始人亚里士多德，在其逻辑学的代表作《工具论》中，前两章《范畴篇》和《解释篇》简短讨论了语词（概念）和语句（命题），接着马上就进入《前分析篇》和《后分析篇》，用大量篇幅翔尽讨论了亚氏逻辑的核心部分——三段论。

三段论是关于三个类即三类事物之间关系的推理。从语言上说，则是指称这三个类的语词所构成的三个命题（陈述）之间关系的推理，其中两个是推理的前提，一个是推理的结论。

为此，亚里士多德在《范畴篇》中认真讨论了语词和它所指的对象之间的关系。这样，对三类对象（事物）之间关系的认识，就转化为对语言表达式（语句、命题或陈述）之间关系的认识。所以说，从对事物的认识上说，三段论是一种类逻辑，即对三类对象（事物）关系的认识；这是哲学认识论的问题。从语言上说，三段论是一种词项逻辑（term logic），即对命题之间逻辑关系的分析，这是纯逻辑的问题。所以说，从亚里士多德开始，逻辑学成为一种纯形式的东西。另一方面，我们看到，在亚里士多德那里，逻辑学主要关注的是推理，对语词（概念）和语句（命题）的分析是为了进行有效的推理。

亚里士多德逻辑（Aristotelian logic），或传统逻辑（traditional

logic）或形式逻辑（formal logic）只有两个东西：三段论和假言推理。因为三段论的公理、推理规则和定理的证明都必须使用假言推理，因此，假言推理比三段论更基本。假言推理是一种命题逻辑，即以命题为变元，命题联结词为常元的逻辑；三段论是一种词项逻辑，即以名词为变元，以命题词 A、E、I、O 为常元的逻辑。[①]

第一节　思维的核心能力

前面两章我们论证了概念是思维的起点，判断是思维的单元，现在我们来说明什么是推理以及为何推理是思维这种认知形式的核心。

一、什么是推理

推理是从一个或一些已知判断推出新判断的思维形式。推理也是思维认知的一种形式。

思维作为一种认知方式，其目的是从已有的知识推出新的知识。

推理由判断组成，其中一个或一些判断是前提，另一个判断是结论。前已说明，判断指称的对象是事件，判断的真假由它所指称的事件是否存在来确定，如果一个判断指称的事件存在，这个判断就是真的；如果一个判断指称的事件不存在，这个判断就是假的。这样，推理虽然以判断或命题的形式进行，但它反映的是客观世界或可能世界的事物情况，从而达到对这些事物情况的认知。

关于推理，还有一个特征必须明确，这就是，推理的前提是假设，假设不必是真的。例如：

　　　　如果 3 大于 5，

　　　　则 4 大于 6。

这个推理的前提和结论都是假的，但推理却是有效的。这是数学中

---

① 蔡曙山：《一个与卢卡西维茨不同的亚里士多德三段论形式系统》，《哲学研究》1988 年第 4 期；《词项逻辑与亚里士多德三段论》，《哲学研究》1989 年第 10 期。

最常用的推理，即从假设来进行推理。数学中三大证明方法之一的反证法是这样进行的：设待证的命题为 A，先设 A 不成立，即有非 A，然后设法推出一对矛盾命题 B 与非 B。由归谬律得到非 A 是假的，从而 A 是真的。反证法中，如果待证命题 A 是真的（这是肯定的），那么假设非 A 就是假的，但整个推理却是有效的。由此看出，推理的有效性并不要求前提一定为真，只要求推理符合逻辑规则（形式正确）就可以了。

如果既要求推理符合规则，又要求推理的前提为真，这样的思维过程叫作证明。很多人甚至逻辑学教科书常常混淆推理和论证，所以我们提醒大家要特别注意。关于推理和论证的联系和区别，我们在本章第四节"推理的加工和心理逻辑"还要深入论述。

逻辑学讲的三种思维形式概念、判断和推理都属于思维认知的范畴，都是思维认知的形式。而这三种思维形式中，推理处于思维认知的中心，是思维认知的核心。

推理是思维的核心。首先，推理是三种思维形式中最高级别的思维形式，推理向下包含了判断和概念。换句话说，概念和判断是推理的基础，是为推理所做的准备。亚里士多德在《工具论》中，便是将概念和判断作为三段论推理的预备知识来阐述的。其次，三种思维形式中，概念对对象并没有进行断定，所以，概念是没有真假的。但当两个名词用"是"来联结形成判断时，就有真和假了。所以判断比概念更高级，它对事物对象所有断定，即有所肯定或有所否定，因而它便有真和假了。亚里士多德说："正如灵魂中的有些思想既不真也不假，而另一些思想则必然非真即假，……所以，名词和动词本身如果没做什么添加，就会和未经结合或分离的思想一样，不分真假；如'人'和'白'作为孤立的语词，它们既不真也不假。像'山羊—牡鹿'这样的记号，它所表示的东西并没有真假，除非添加上'是'或'不是'。"[1]　第三，人类认知就是大脑对外部和内部信息进行加工，以获得行动甚至生存的必要的信息。这个最根本的任务，只有推理能够完成。第四，人类

---

[1]　亚里士多德：《工具论》，刘叶涛等译，上海人民出版社 2018 年版，第 34 页。

新知识的获得和认知的发展，也只能靠推理来实现。例如，科学理论的建立，就是靠逻辑思维，主要是靠推理来实现的。人文和社会科学的发展，也离不开理性思维和推理的应用。

因此，推理是思维的核心。

二、推理与句群

推理是一种思维形式，而在语言形式上，它是用一组语句即句群来实现的。下面是一些例子。

例 1 直接推理

> 所有哺乳动物都是胎生的，
>
> 所以，有的哺乳动物是胎生的。

这是一个直接推理。这个推理由一个前提"所有哺乳动物都是胎生的"和一个结论"有的哺乳动物是胎生的"组成。前提是一个全称肯定判断，结论是一个同素材的特称肯定判断。推理根据逻辑方阵来进行，这个推理是有效的。

例 2 假言推理

> 如果下雨，地面就会湿。
>
> 现在下雨了，
>
> 所以，现在地面会湿。

这是一个充分条件假言推理，它由一个作为前提的充分条件假言判断"如果下雨，地面就会湿"和另一个也是作为前提的直言判断"现在下雨了"以及一个作为结论的直言判断"现在地面会湿"构成。这个推理是充分条件假言推理的肯定前件式，推理是有效的。

例 3 三段论

> 所有民族都是有自己的语言的，
>
> 汉族是一个民族，
>
> 所以，汉族是有自己的语言的。

这是一个三段论，它由两个作为前提的直言判断"所有民族都有自己的语言"和"汉族是一个民族"以及一个作为结论的直言判断构成。这是一个第一格 AAA 式的三段论，推理是有效的。

三、推理的有效性

前面我们多次提到了推理的有效性。对于推理这种思维形式，有效性是一个十分重要的规定。具备有效性的推理，才能保证我们从前提可以正确地得出结论。

推理的有效性是推理的前提和结论之间的相关性。一个推理是有效的，当且仅当根据推理规则，它的结论是可以从前提得到的。否则，推理就是无效的。可见，推理的有效性是由推理规则来保证的。

前面所举的 3 个例子中，例 1 的有效性是由直接推理中逻辑方阵推理的规则来保证的，这条规则就是：具有从属关系的两个直言判断，如果全称判断为真，则同素材的特称判断一定真。例 2 的有效性是由充分条件假言推理的规则来保证的，这个规则就是：一个充分条件假言前提，如果我们肯定它的前件，就要肯定它的后件。这个规则被称为"演绎规则"（Modus Ponens，MP），它是非常强大的，是任何逻辑推理系统都必须遵循的。

值得特别注意的是，有效性只要求推理符合规则，并不要求前提或结论为真。前提或结论为假的推理可以是有效的推理，例如：

  如果狗叫，就会发生地震。

  现在狗叫了，

  所以，现在会发生地震。

这是一个充分条件的假言推理，它的假言前提"如果狗叫，就会发生地震"是假的，结论"现在会发生地震"也是假的，但推理却是有效的，因为它符合充分条件假言推理的规则 MP。

又例如：

  如果所有圆都是正方形，

  如果所有三角形都是圆，

  那么，所有三角形都是正方形。

这是一个第一格 AAA 式的三段论，它的两个前提"所有圆都是正方形"和"所有三角形都是圆"都是假的,结论"所有三角形都是正方形"也是假的,但推理却是有效的,因为它符合三段论第一格 AAA 式的推理规则。

如何理解这种推理?其实很简单。推理的有效性是指前提与结论之间的关系,它并不要求前提一定是真的,前提是假设,当然可以是假的,结论也可以是假的。但只要前提与结论之间的推导是符合规则的,推理便是有效的。

反之,前提和结论为真的推理也可能是无效的。例如:

> 所有的玫瑰都是花,
>
> 有些花会很快凋谢,
>
> 因此,有些玫瑰也会很快凋谢。

这是一个第四格 AII 式的三段论。这个推理是否正确?大部分人马上回答这个推理是正确的。因为它的前提和结论都是正确的,又具有第四格 AII 式的形式结构,大部分人特别是没有经过逻辑训练的人仅凭直觉来判定它是正确的推理。认真分析会发现,这个三段论的中项"花"是不周延的,这是一个错误的推理。

对推理有效性的理解受心理和文化因素的影响。关于这方面的分析,见本章第四节"推理的加工和心理逻辑"。

四、推理的分类

首先根据推理的方向和结论与前提之间的联系,我们将推理分为 4 大类别:演绎推理、归纳推理、类比推理、溯因推理。这 4 种推理的推理方向(进程)、结论与前提之间的关系见表 12-1。

我们首先将推理分为不扩充前提的推理(或称"解释前提的推理")和扩充前提的推理,前者为演绎推理,后者包括归纳推理、类比推理和溯因推理。① 演绎推理进一步再分为非模态推理和模态推理。非

---

① 见皮尔士对推理的划分。皮尔士将演绎推理称为"解释前提的推理",但在他的划分中,扩充前提的推理不包括类比推理。参见本章第四节。

表 12-1　4 种推理的推理方向、结论与前提之间关系对照表

	演绎推理	归纳推理	类比推理	溯因推理
推理进程	一般到个别	个别到一般	个别到个别	结果到原因
结论是否扩充前提	不扩充	扩充	扩充	扩充
结论与前提之间的联系	必然	或然	或然	或然

模态推理又再分为性质判断的推理和复合判断的推理。性质判断的推理又再分为直接推理和三段论。复合判断的推理又再分为假言推理、选言推理、联言推理和负判断的推理等。① 推理的分类见图 12-1。

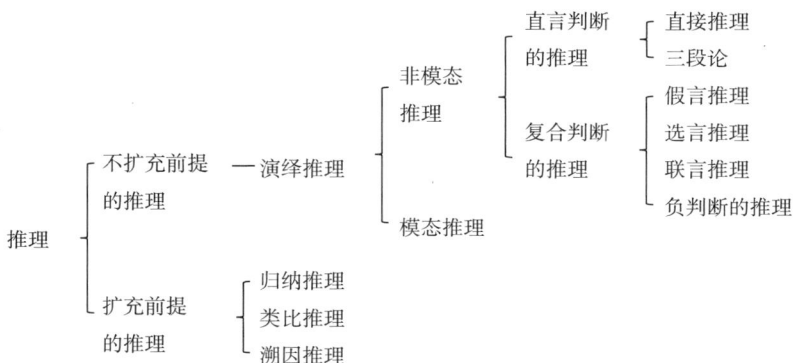

图 12-1　推理分类图

第二节　解释前提的推理

根据上节推理的分类我们看出，演绎推理是推理进程从一般到个别的推理，它的前提是关于对象整体和一般性质的判断，结论是关于该类的个别对象的性质的判断。它的结论并未超出前提断定的范围，而只是对前提进行解释或举例说明，因而它的结论是从前提必然得

① 参见金岳霖主编：《形式逻辑》，人民出版社 2006 年版。

出的。

演绎推理下面分为非模态的演绎推理和模态的演绎推理。模态推理是包含模态词的推理。非模态推理是不包含模态词的推理。

非模态的演绎推理进一步分为直言判断的推理和复合判断的推理。

直言判断的推理就是前提和结论都是直言判断的推理。

复合判断的推理就是前提或结论是复合判断的推理。

直言判断的推理再进一步分为直接推理和三段论。

直接推理是由一个直言判断得出另一个直言判断的推理，它包括换质法、换位法、换质位法的推理以及根据逻辑方阵进行的推理。

换质法、换位法和换质位法的推理，读者可以参阅金岳霖主编的《形式逻辑》一书第四章第三节"性质判断的推理（一）直接推理"。此处不再介绍。

逻辑方阵的推理就是根据直言判断的逻辑方阵进行的推理。在上一章我们介绍了同素材的 4 个直言判断 A、E、I、O 之间的逻辑关系如下：

反对关系：一真另一必假，一假另一真假不定。或：从真推假。

下反对关系：一假另一必真，一真另一真假不定。或：从假推真。

从属关系：全称真特称必真，全称假特称真假不定。

特称假全称必假，特称真全称真假不定。

矛盾关系：一真另一必假，一假另一必真。

由此看出，同素材的 4 个直言判断 A、E、I、O 之间，已知其中一个的真假便可推出其他三个的真假（除"真假不定"不能推出之外）。例如：

从"哺乳动物都是恒温的"真，可以推出

"哺乳动物都不是恒温的"假（反对关系）；

"有的哺乳动物是恒温的"真（从属关系）；

"有的哺乳动物不是恒温的"假（矛盾关系）。

从"有的学生是团员"真，可以推出

"所有学生都不是团员"假（矛盾关系）。

从属关系和下反对关系不能推出。

逻辑方阵的其他直接推理读者自行练习。

复合判断的推理包括假言推理、选言推理、联言推理和负判断的推理。

我们曾经说，亚里士多德逻辑（传统逻辑、形式逻辑），极而言之，主要是假言推理和三段论，它们是人类思维认知中最早使用的推理，也是日常思维中应用最为广泛的推理。

这两重最重要的推理之中，假言推理是三段论所必须使用的。所以，我们先来看假言推理。

一、假言推理

假言推理是前提中至少有一个假言判断的推理。

假言推理分为充分条件假言推理、必要条件假言推理、充要条件假言推理和假言连锁推理。

（一）充分条件假言推理

充分条件假言推理是以假言前提为充分条件假言判断的假言推理。

充分条件假言推理的规则是：

（1）肯定前件就要肯定后件。

（2）否定后件就要否定前件。

推理形式如下：

（1）肯定前件式（Modus Ponens，MP）

如果 p，那么 q。

p，

所以 q。

例如：

如果下雨，地面就会湿。

现在下雨，

　　　　所以，现在地面会湿。

　　这是最重要的一种推理形式，它被称为演绎规则（Modus Ponens，MP）。MP 是每一种逻辑理论都必须假设的，它是一切逻辑理论的基础。

　　（2）否定后件式（Modus Tollens）

　　　　如果 p，那么 q。

　　　　非 q，

　　　　所以，非 p。

　　例如：

　　　　如果下雨，地面就会湿。

　　　　地面没湿，

　　　　所以，天没有下雨。

　　这也是一种重要的推理形式，它被称为逆否规则（Modus Ponens，MP）。

　　（二）必要条件假言推理

　　必要条件假言推理是以假言前提为必要条件假言判断的假言推理。

　　必要条件假言推理的规则是：

　　（1）否定前件就要否定后件。

　　（2）肯定后件就要肯定前件。

　　推理形式如下：

　　（1）否定前件式

　　　　只有 p，才 q。

　　　　非 p，

　　　　所以，非 q。

　　例如：

　　　　只有努力学习，才能取得好成绩。

　　　　他学习不努力，

　　　　所以，他未能取得好成绩。

　　（2）肯定后件式

　　　　只有 p，才 q。

q，

所以，p。

例如：

只有努力学习，才能取得好成绩。

他取得了好成绩，

所以，他学习努力。

根据我们在上一章第三节"复合判断"中关于充分条件假言判断和必要条件假言判断的关系，必要条件假言推理容易转换为充分条件假言推理来进行。例如，"只有努力学习，才能取得好成绩"，可以转换为"如果要取得好成绩，就要努力学习"或"如果不努力学习，就不能取得好成绩"，然后按照充分条件假言推理规则进行推理。请读者自行完成转换和推理，并比较推理的结果。

关于必要条件假言推理和充分条件假言推理的转换，请进一步阅读本章第四节"推理的加工和心理逻辑"。

（三）**充要条件假言推理**

充要条件假言推理是以假言前提为充分必要条件假言判断的假言推理。

充要条件假言前提的前后件之间是等值的，因此，肯定其中一个就要肯定另一个；否定其中一个就要否定另一个。

推理形式略。

（四）**假言连锁推理**

假言连锁推理是前提中有两个或两个以上假言前提的假言推理。

（1）充分条件假言连锁推理肯定前件式

如果 p，那么 q，

如果 q，那么 r，

p，

所以，r。

例如：

如果患肺炎，就会发烧，

如果发烧，体温就会升高，

他患了肺炎，

所以，他的体温会升高。

（2）充分条件假言连锁推理否定后件式

如果 p，那么 q，

如果 q，那么 r，

非 r，

所以，非 p。

例如：

如果患肺炎，就会发烧，

如果发烧，体温就会升高，

他的体温正常，

所以，他没有患肺炎。

由于必要条件假言推理可以转换为充分条件假言推理来进行，我们不再介绍必要条件的假言连锁推理。

趣味阅读

1. 假言连锁推理与"蝴蝶"效应

蝴蝶效应（the butterfly effect）是指在一个动力系统中，初始条件的微小的变化可能带动整个系统的长期的巨大的连锁反应。这是一种混沌现象。蝴蝶在热带轻轻扇动一下翅膀，遥远的国家就可能造成一场飓风。

蝴蝶效应是气象学家洛伦兹 1963 年提出来的。其大意为：一只南美洲亚马逊河流域热带雨林中的蝴蝶，偶尔扇动几下翅膀，可能在两周后的美国得克萨斯引起一场龙卷风。其原因在于：蝴蝶翅膀的运动，导致其身边的空气系统发生变化，并引起微弱气流的产生，而微弱气流的产生又会引起它四周空气或其他系统产生相应的变化，由此引起连锁反应，最终导致其他系统的极大变化。此效应说明，事物发展的结果，对初始条件具有极为敏感的依赖性，初始条件的极小偏差，将会引起结果的极大差异。

假言连锁推理和"蝴蝶"效应（中国版）。

看水浒，一个残疾人，还是没自己铺面的那种最低级小贩，靠卖烧饼，能有自己的房子，能养活不工作的漂亮老婆。

网友还疯传一张潘金莲开窗图，图上以强悍的逻辑写着："甘婷婷演的潘金莲撑开窗户，撑窗户的棍子掉下去了，于是西门庆看到她，于是他们相遇了。如果潘金莲同学当时没有开窗，那么她就不会遇到西门庆。如果没有遇到西门庆，那么她就不会被迫出轨，那样武松哥哥就不会怒发冲冠，这样他就不会奔上梁山。武松不会奔上梁山之后，哪怕水泊梁山107将依旧轰轰烈烈，但是宋江和方腊的战役，方腊也不会被武松单臂擒住。只要武松治不了方腊，枭雄方腊就能取得大宋的江山。只要方腊取得了大宋的江山，就不会有靖康之耻，不会有偏安一隅，不会有金兵入关。金兵不入关，就不会有后来的大清朝。没有大清朝，当然也不会有后来的闭关锁国，不会有鸦片战争，不会有慈禧太后，自然也不会有八国联军侵略中国啊。没有这些杀千刀的战争和不平等条约，中国说不定凭借五千年的文化首先就发展资本主义了。资本主义发展到今天，说不定中国早就超过了美国、小日本，已经是最发达的最强悍的国家了。所以，谁打个电话给甘婷婷演的潘金莲，告诉她：你有事没事开神马窗啊！"

请分析这段议论中的"强悍的逻辑"（假言连锁推理）。参考答案见本章最后"思考作业题"。

2. 历史因果决定论

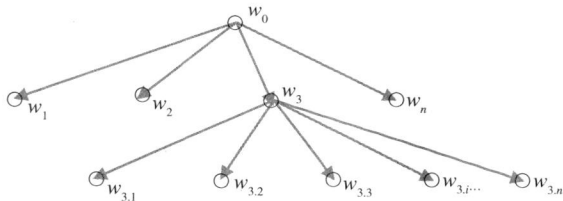

图12-2　历史因果决定论示意图

上图是所谓"历史因果决定论"示意图。历史（如宇宙史）从某一个原点（如宇宙大爆炸的"奇点"）出发，中经若干的演变，在其发展的某一阶段形成 $w_{m\cdot n}$ 这样一个世界（如地球的形成和人类的产生）。试用假言连锁推理对以上演化过程加以分析。

3. 多米诺骨牌效应

多米诺骨牌（domino）是一种用木制、骨制或塑料制成的长方体骨牌。玩时将骨牌按一定间距排列成行，轻轻碰倒第一枚骨牌，其余的骨牌就会产生连锁反应，依次倒下。

骨牌的尺寸、重量标准依据多米诺运动规则制成，适用于专业比赛，与蝴蝶效应相似。

二、三段论

（一）三段论的定义

三段论是由三个直言判断构成的推理形式。其中，两个判断构成推理的前提，另一个判断是推理的结论。三段论的三个判断中有且只有三个不同的名词。它们分别称为大词、小词和中词。

例1：

凡人皆有死，

苏格拉底是人，

所以，苏格拉底有死。

结论中的谓词称为大词，用 P 表示；结论中的主词称为小词，用 S 表示；在两个前提中都出现而在结论中不出现的名词称为中词，用 M 表示。

推理形式：

所有 M 都是 P，

所有 S 都是 M，

所以，所有 S 都是 P。

用 A 表示判断结构"所有…都是……"，以上推理形式简化为：

MAP，

SAM,

所以，SAP。

例 2：

哺乳动物都不是用鳃呼吸的，

鲸是哺乳动物，

所以，鲸不是用鳃呼吸的。

推理形式：

所有 M 都不是 P，

所有 S 都是 M，

所以，所有 S 都不是 P。

用 E 表示判断结构"所有……都不是……"，以上推理形式是：

MEP，

SAM，

所以，SEP。

（二）三段论的公理

三段论是关于 S、M、P 三个类之间关系的推理，三段论的公理是，凡整体被断定者，其部分亦被断定。断定包括肯定和否定。因此，凡整体被肯定者，其部分亦被肯定，凡整体被否定者，其部分亦被否定。

三段论的公理一：第一格 AAA 式（Barbara）

MAP，

SAM，

所以，SAP。

第一格的 AAA 式，反映了三段论公理的第一种情况：凡整体被肯定者，其部分亦被肯定。因大小前提和结论都是 A 判断，西方逻辑学家给它起了一个好听的名字 Barbara（芭芭拉，这是西方女孩常用的名字，其中三个元音正是 AAA）。第一格的 AAA 式中，3 个名词 S、M、P 所反映的 3 个类之间的关系如图 12-3 所示。它的有效性是不言而喻的，所以，它被亚里士多德选为公理。这个格在认知上具有特殊的意义，它被称为"审判格"。法官审案子给犯人定罪，使用的就是这个推理模式。

例1：

　　所有杀人犯都要被处以极刑，

　　这个人是杀人犯，

　　所以，这个人要被处以极刑。

三段论的公理二：第一格 EAE 式（Cellarent）

　　MEP，

　　SAM，

　　所以，SEP。

第一格的 EAE 式，反映了三段论公理的第二种情况：凡整体被否定者，其部分亦被否定。西方逻辑学家同样给她起了一个名字 Cellarent（其中含有 3 个元音正是 EAE）。第一格的 EAE 式中，3 个名词 S、M、P 所反映的 3 个类之间的关系如图 12-4 所示。它的有效性也是不言而喻的，所以，它也被亚里士多德选为公理。这个格在认知上也具有特殊的意义，它被称为"区别格"，我们在区别两类对象时，常常使用这个推理模式。

三段论的公理图示如下：

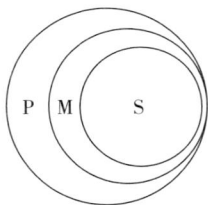

图 12-3　第一格 AAA 式（Barbara）

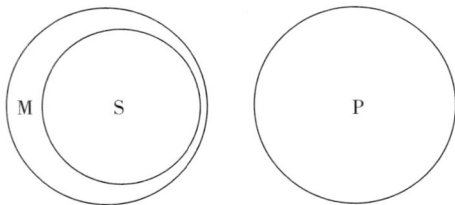

图 12-4　第一格 EAE 式（Cellarent）

在亚里士多德看来，三段论是一个公理系统。这个公理系统的两个公理就是第一格的 AAA 和 EAE 两个式。亚里士多德认为，所有三段论的有效式都能够从这两个公理得到证明。但是，亚里士多德本人并未建立起这样一个公理系统。

20 世纪 50 年代，波兰数学家、逻辑学家卢卡西维兹首次用现代逻辑的方法对亚氏三段论进行形式化的研究，并建立了亚氏三段论的形式系统。[①] 卢卡西维兹的研究是开创性的，但他的工作是不成功的。主要之点是，他所建立的形式系统并非原来意义的亚氏三段论系统。

1987 年，笔者在中国人民大学硕士研究生学习期间，根据亚里士多德的思想，仅使用 Barbara、Celarent 和 E 命题换位律以及命题逻辑的四条定理，将三段论建立为一个公理系统，进而又把它建立为一个形式系统，完成了亚里士多德三段论公理化和形式化的工作。这项成果发表于次年的《哲学研究》上，读者可以参阅。[②]

三段论是词项逻辑，是关于类的推理系统。在人类进化的早期，就会使用关于类的思维，因为这有利于区分敌友，这对于人类的生存十分重要。亚里士多德三段论是人类最早使用并且今天仍然在广泛使用的逻辑系统。

（三）三段论的规则

中世纪的逻辑学家并没有建立起三段论的公理系统，而是发展出一套规则，用以规范三段论的推理。三段论的规则一共有以下 7 条。

（1）三段论的三个判断中有且只有三个不同的名词。

（2）中词在前提中至少周延一次。

（3）前提中不周延的名词，结论中也不得周延。

（4）两个否定前提不能得出结论。

（5）前提中有一否定，结论必为否定。

（6）两个特称前提不能得出结论。

---

① 卢卡西维兹：《亚里士多德的三段论》，李真、李先焜译，商务印书馆 1981 年版，第 163 页。

② 蔡曙山：《一个与卢卡西维兹不同的亚里士多德三段论形式系统》，《哲学研究》1988 年第 4 期。

（7）前提中有一特称，结论必为特称。

关于这些规则的证明与使用，读者可以参阅金岳霖的《形式逻辑》。

（四）三段论的格和式

1. 三段论的格（figures of syllogisms）

三段论的格是由中词在三段论的前提中所处的不同位置而形成的三段论的模式。

三段论一共有 4 个不同的格。

第一格	第二格	第三格	第四格
M—P	P—M	M—P	P—M
S—M	S—M	M—S	M—S
S—P	S—P	S—P	S—P

在中词之间画一条连线，我们得到三段论的 4 个格示意图如下：

2. 三段论的式（mood of syllogisms）

三段论的式是由前提、结论、质和量的不同组合而形成的模式。例如，三段论两个公理分别是第一格 AAA 式和 EAE 式。

很显然，在每一个格下，一个三段论共有 $4×4×4=64$ 式，再乘以 4 个格，共有 $64×4=256$ 式。列出如下（部分）：

表 12-2　三段论所有可能的式（256 个）　　　　单位：

前提	结论			
MAP，SAM-1	SAP	SEP	SIP	SOP
PAM，SAM-2	SAP	SEP	SIP	SOP
MAP，MAS-3	SAP	SEP	SIP	SOP
PAM，MAS-4	SAP	SEP	SIP	SOP
MAP，SEM-1	SAP	SEP	SIP	SOP
PAM，SEM-2	SAP	SEP	SIP	SOP

前提	结论			
MAP，MES-3	SAP	SEP	SIP	SOP
PAM，MES-4	SAP	SEP	SIP	SOP
……，……-1	……	……	……	……

（五）三段论的有效式

256 个可能的式中，并非所有的式都是有效的。例如 AAE、EEE、III、OOO 都是违反三段论规则的，因而是错误的式。三段论的有效式只有以下 24 个：

第一格：AAA（AAI）、AII、EAE（EAO）、EIO

第二格：AEE（AEO）、AOO、EAE（EAO）、EIO

第三格：AAI、AII、EAO、EIO、IAI、OAO

第四格：AAI、AEE（AEO）、EAO、EIO、IAI

括号中的式称为弱式，即本来应该得出全称结论，却只得出特称结论。

关于三段论的更多的讨论，请见本章第四节"推理的加工和心理逻辑"。

第三节　扩充前提的推理

上节学习的演绎推理是不扩充前提的推理，即解释前提的推理，其结论没有超出前提断定的范围。演绎推理之外的其他三种推理：归纳推理、类比推理和溯因推理是扩充前提的推理，这三种推理的结论都超出了前提所断定的范围，以不同的方式扩充了前提。本节我们学习归纳推理和类比推理，将溯因推理留待下节学习。

一、归纳推理

归纳推理是从个别到一般的推理，它的结论超出了前提的范围，前提与结论之间的关系是或然的。

归纳推理分为完全归纳推理、不完全归纳推理（简单枚举归纳推理）、科学归纳推理、概率推理等。

（一）完全归纳推理

由某类中每一事物都具有某属性，推出该类全部事物都具有该属性。

推理形式：

S_1 是 P，

S_2 是 P，

……

S_n 是 P，（S_1，…，S_n 是 S 类的全部对象）

所以，所有 S 是 P

完全归纳推理的要求是"列举无遗漏"。如果 S 类中有 n 个对象，这 n 个对象都要全部列举，并且都满足"S_i 是 P"（$1 < i \leqslant n$）的要求。例如，一个人数为 50 人的班级，考查他们某门功课的成绩，如果每个同学的成绩都在合格以上，我们就可以说"这个班级某门功课的成绩都合格。"

但是，当一个类的对象很大或者无穷大时，完全归纳推理就无法使用了，这时我们只有使用简单枚举归纳推理。所以，简单枚举归纳推理才是归纳推理的一般形式。

（二）简单枚举归纳推理

由某类中许多事物都具有某属性，推出该类全部事物都具有该属性。

推理形式：

S_1 是 P，

S_2 是 P，

……

S_n 是 P，（S_1，…，S_n 是 S 类的部分对象）

……

　　　　　　所以，所有 S 是 P

　　简单枚举归纳推理的要求是"列举无例外"，但并不要求"列举无遗漏"。当 S 类中具有有穷多或无穷多个对象，而我们又无法列举全部对象时，就可以使用简单枚举归纳推理。这时我们只需列举 S 类中的 n 个对象，这 n 个对象都满足"S_i 是 P"（$1<i\leqslant n$）的要求，并且没有例外就可以了。例如，我们要调查某一高校学生的英语口语水平，虽然这个学校的学生人数是有限的，但实际上我们难以无遗漏地一一进行调查，这时我们就可以用简单枚举归纳法，选取一些班级的一些同学进行调查。如果调查结果所有被调查者都会说英语，我们就可以说，这个学校的学生都能够说英语。

　　简单枚举归纳推理的结论是或然的，因为这时我们并没有考察所有的对象，尽管"列举无例外"，但并未"列举无遗漏"，所以结论仍然是不可靠的，而且，一个反例就可以推翻它的结论。例如，"天鹅都是白的"这个结论就是根据简单枚举归纳推理得出的，因为在很长的时间里，欧洲人所看到的天鹅都是白的，并没有发现反例。后来在澳洲发现了黑天鹅，"天鹅都是白的"这个结论就被推翻了。

（三）科学归纳推理

　　科学归纳推理是简单枚举归纳推理和演绎推理相结合的归纳推理。

　　例如，"休谟问题"的一个典型例子是："太阳明天早上是否照样升起？"很显然，单凭经验我们是不可能知道明天早上太阳是否还会升起的，因为从经验出发来思考这个问题使用的是简单枚举归纳推理。每天晚上我们睡去，第二天早上太阳都会升起，由此我们就相信：太阳明天照样升起。休谟认为，这样的认识是靠不住的。事实上，相信"太阳明天照样升起"依据的是这样一个演绎推理：

　　　　　　如果地球自转不停，太阳就会东升西落，昼夜周而复始，

　　　　　　今天到明天地球一定自转不停，

　　　　　　所以，太阳明天照样升起。

　　这是一个充分条件的假言推理，只要前提真，结论就一定是可靠的。我们由此相信，太阳明天照样升起。

请读者注意，完全归纳推理、简单枚举归纳推理、科学归纳推理三种归纳推理之中，真正意义的归纳推理只有一种，就是简单枚举归纳推理。其他两种归纳推理并不是真正的归纳推理。更多的分析见本节稍后的"休谟问题"。

（四）探求因果关系的逻辑方法

探求因果关系的逻辑方法，亦称"穆勒五法"，是英国经济学家、心理学家、逻辑学家和哲学家约翰·斯图亚特·穆勒（John Stuart Mill，1806—1873）在用归纳法研究自然界的因果关系时，所创造的五种逻辑方法。他在《逻辑学体系》（1843）一书中区分了五种实验推论方法，即契合法、差异法、契合差异共用法、共变法和剩余法。这是分析因果联系的最简单模式，在实验科学中被广泛应用于因果关系的探求，至今仍然是物理学、心理学等实验科学常用的实验方法。

1. 契合法（求同法）

契合法的要求是：考察被研究现象出现的不同场合，如果先行情况中只有一个情况是共同的，那么，这个共同的情况就有可能是被研究现象的原因。因为这种方法是异中求同，所以又叫求同法。契合法的实验模式如下：

场合	先行情况	被研究现象
1	A，B，C	a
2	A，D，E	a
3	A，F，G	a
……	……	……

所以，A 情况是 a 现象的原因。

例如：农业生产要做良种实验，就可以使用求同法。实验的方法是：在几个不同的地块中，只有一块地使用了良种，其他地块使用一般的种子。如果秋收时使用良种的地块亩产明显高于其他地块，我们就可以得出结论：使用良种是高产的原因。

契合法的结论是不可靠的，为了提高其可靠性，应注意以下两个方面：①结论的可靠性和考察的场合数量有关，考察的场合越多，结论的可靠性越高。②结论的可靠性也和各个场合中不同情况有关，不同情况的差异越大，结论的可靠性也越高。

2. 差异法（求异法）

差异法的要求是：考察某种现象出现的场合和不出现的场合，如果这两个场合除有的情况不同外，其他情况都相同，那么这个不同情况就是这个现象的原因。因这种方法是同中求异，所以又称之为求异法。差异法的实验模式表示如下：

场合	先行情况	被研究现象
1	A，B，C	a，b，c
2	—，B，C	—，b，c
……	……	……

所以，A 情况是 a 现象的原因。

例如：还是农业良种的实验，差异法的实验方法安排两块完全相同的场地，其中一块地使用良种，而另一块地使用一般的种子。如果收成时使用良种的地块亩产比不使用良种的地块高，我们就可以得出结论：使用良种是高产的原因。

差异法的结论也是不可靠的，但由于有了差异和对照，其可靠性高于契合法。使用差异法要注意从以下方面提高其可靠性：两个比较的场合，前提情况只能有一个情况不同，其他的情况要严格相同，如果有前提情况中还隐藏着其他差异情况，就可能发生错误。

3. 契合差异并用法

契合差异并用法又叫做求同求异并用法。它的要求是：契合差异并用法要设一个正面场合组和反面场合组。如果被研究现象出现的正面场合组中只有一个共同的情况，而这个被考察现象不出现的反面场合组中都不出现这个情况，那么，这个共同情况就是被考察现象的原因。契合差异并用法的实验模式如下：

场合	先行情况	被研究现象
1	A，B，C	a，b，c

2	A, D, E	a, d, e
3	A, F, G	a, f, g
……	……	……
1'	—, H, I	—, h, i
2'	—, J, K	—, j, k
3'	—, L, M	—, l, m
……	……	……

所以，A 情况是 a 现象的原因。

例如：疫苗实验最常用的就是这种方法。设置一个实验组（正面场合组）和一个对照组（反面场合组），实验组注射疫苗，对照组注射安慰剂。如果实验结果正面组产生治疗效果，反面组没有产生治疗效果，我们就可以断定该疫苗对治疗该疾病是有效的。契合差异并用法得出的结论仍然是或然的，但它比契合法和差异法更可靠。提高契合差异并用法的有效性的措施有：①正反两组的场合越多，结论的可靠程度就越高。②要防止在正反两组的场合中还隐藏其他的相同或差异的情况。如上面所举的例子中，对照组之所以要注射安慰剂，是防止正面组注射反面组不注射引起被试的心理差异。

4. 共变法

共变法的要求是：观察前行事件和被研究现象之间变化的数量关系。如果某一情况发生数量上的变化时，被研究现象也随之发生相应变化，那么，此前行情况就是被研究现象的原因。共变法的实验模式如下：

场合	先行情况	被研究现象
1	A_1, B, C	a_1, b, c
2	A_2, B, C	a_2, b, c
3	A_3, B, C	a_3, b, c

所以，A 情况是 a 现象的原因。

例如：物理学上的热膨胀定律就是用共变法来设计的。在一定压力下，对一个物体加热，当温度不断升高时，它的体积就不断增大。由此我们可以得出结论：物体受热是它的体积膨胀的原因。

共变法考察了自变量和因变量之间的数量关系，因而结论是比较可靠的。尽管如此，其结论仍然是或然的。提高共变法的可靠性要注意两个方面：①使用共变法时，先行情况中只能有一个因素发生变化，被研究现象中也只能有一个现象随之发生变化。如果还有其他因素在发生变化，就有可能得出错误的结论。在前面所举的例子中，如果温度升高的同时，压力也在增大，此时物体的体积可能不会增大，甚至有可能会减小。这样我们就得不出正确的结论。②先行情况和被研究现象之间的共变关系，只能在一定的限度之内发生，超过这个限度，它们的共变关系就会消失，甚至会发生另一种相反的共变关系。

5. 剩余法

剩余法的要求是：观察有因果关联的某一复合现象与另一复合现象的关系，将前一现象与后一现象中已经确定的因果关系排除掉，那么，前一现象中剩余的部分与后一现象中剩余的部分有因果关系。剩余法的实验模式如下：

ABC 是复杂现象 abc 的复杂原因，

已知 A 是 a 的原因，B 是 b 的原因，

所以 C 是 c 的原因。

例如：1846 年海王星的发现就是应用剩余法的一个例子。当时科学家根据万有引力定律，已经算出已知的各个天体对天王星的影响，从而算出天王星的运行轨道。但是，使用望远镜观察，天王星的实际运行轨道与计算出的结果不同。由此推断，这个偏离值应该是某个尚未发现的天体的引力作用的结果。于是，科学家计算出这个尚未发现的天体的位置，并在这个位置上发现了这个新的天体——海王星。

应用剩余法得到的结论也是或然的。提高剩余法可靠性应注意以下两点：①确定并排除复杂现象和复杂原因中已知的因果关系不得有误差，否则结论就不可靠。②复合现象剩余部分的原因，可能还有复杂情况，要小心地进行分析。

（五）归纳推理的心理学问题（休谟问题）

休谟问题，是 18 世纪英国哲学家大卫·休谟（David Hume，1711—1776）提出的著名的哲学问题，包括因果问题和归纳问题。

1. 因果问题

休谟认为大多数人都相信只要一件事物伴随着另一件事物而来，两件事物之间必然存在着一种关联，使得后者伴随前者出现。休谟在《人性论》以及后来的《人类理解论》一书中反驳了这种信念。他指出虽然我们能观察到一件事物随着另一件事物而来，但我们并不能观察到任何两件事物之间的关联，我们只能够相信那些依据我们观察所得到的知识。休谟认为，我们对于因果的概念只不过是我们期待一件事物伴随另一件事物而来的想法罢了。"我们无从得知因果之间的关系，只能得知某些事物总是会连结在一起，而这些事物在过去的经验里又是从不曾分开过的。我们并不能看透连接这些事物背后的理性为何，我们只能观察到这些事物的本身，并且发现这些事物总是透过一种经常的连结而被我们在想象中归类。"① 因此我们不能说一件事物造就了另一件事物，我们所知道的只是一件事物跟另一件事物可能有所关联。休谟在这里提出了"恒常连结"（constant conjunction）这个词，恒常连结代表当我们看到某事件总是引起另一事件时，我们所看到的其实是一件事总是与另一件事的"恒常连结"。因此，我们并没有理由相信一件事物的确造成另一件事物，两件事物在未来也不一定会一直"互相连结"，"我们之所以相信因果关系，并非因为因果关系是自然的本质，而是因为我们所养成的心理习惯和人性所造成的。"因此，休谟得出一个重要的结论："习惯是人生的伟大指南。"②

2. 归纳问题

休谟说："习惯是人生伟大的指南。只有这条原则可以使我们的经验有益于我们，并且使我们期待将来有类似过去的一串事情发生。"③ 他又

---

① 参见休谟：《人性论》，关文运译，商务印书馆 1982 年版。
② 休谟：《人类理解研究》，关文运译，商务印书馆 1982 年版，第 48 页。
③ 休谟：《人类理解研究》，关文运译，商务印书馆 1982 年版，第 43 页。

说："原因与结果的发现，是不能通过理性的，而只能通过经验。"①

在《人类理解研究》一书中，休谟主张所有人类的思考活动都可以分为两种：追求"观念的相关"（relation of ideas）与"事实的真相"（matters of fact）。前者牵涉到的是抽象的逻辑概念与数学，并且以直觉和逻辑演绎为主；后者则是以研究现实世界的情况为主。而为了避免被任何我们所不知道的实际真相或在我们过去经验中不曾察觉的事实影响，我们必须使用归纳思考。归纳思考的原则在于假设我们过去的行动可以作为未来行动的可靠指导。休谟指出，以过去的行动来指导未来的行动，这种想法是靠不住的！尽管每天晚上我们睡去，第二天早上都会天亮，但我们无法由此推出明天早上还会天亮。因此他提出一个著名的问题：太阳明天还会升起吗？

休谟的问题影响了他以后的几乎所有西方哲学家。

3. 罗素的评价

罗素认为："归纳法的范围与效力问题，是一个极难的问题；而在我们知识中又是很重要的。试取一个问题，如：'明天太阳将出来吗？'我们第一层本能的感觉是：我们有许多理由可以说：它明天还将出来，因为在很多过去的清晨，太阳都曾经出来。我们不知道这一层理由是否是充足的，但我愿意设想它是充足的。""以后引起的问题是：什么推论之原理，为我们所凭借，从过去的日出而推到将来的日出呢？"②

罗素认为归纳论证具有"不是逻辑学家所可能想到的"而又"在逻辑上可能的"并且是"属于现实世界的某种超出逻辑范围的特点"。他说："从拉普拉斯那时以来，为了证明归纳推理的概然真理来自数学的概率论，人们曾经做过各种不同的尝试。现在大家认为这些尝试都不成功，并且认为如果要使归纳论证正确有效，就必须借助于不是属于逻辑学家所可能想到的在逻辑上可能的各个不同的世界，而是属于现实世

① 休谟：《人类理解研究》，关文运译，商务印书馆 1982 年版，第 34 页。
② 罗素：《哲学中之科学方法》，商务印书馆 1980 年版，第 46 页。

界的某种超出逻辑范围的特点。"① 当然，这种试图用概率论的方法来解释归纳论证的合理性的尝试，后来被证明是不成功的，也是不可能成功的。

因此，罗素认为归纳问题在逻辑中是无解的，甚至在认识论上也是无解的。他说："为归纳法本身找出根据是不可能的，因为我们可以证明归纳法导致虚妄和导致真理是同样常见的。"②

4. 康德的醒悟

康德曾经说是休谟将他从独断的迷雾中解放了出来，康德哲学的出发点也主要是试图解决休谟提出的"归纳问题"。而所谓"习惯是人生的伟大指南"就是休谟对他提出的"归纳问题"的解决方法。

康德在《未来形而上学导论》中评价休谟及其此书的作用时指出："自从洛克《人类理智论》和莱布尼茨《人类理智新论》出版以来，甚至尽可能追溯到自从有形而上学以来，对于这一科学的命运来说，它所遭受的没有什么能比休谟所给予的打击更为致命。"③ 康德认为"休谟说得很有道理：我们对因果关系的可能性，就是说，对一个物的存在之间的关系的可能性，绝不是通过理性来理解的"并且进一步称赞说："休谟特别讨论因果大原理，而且很确切看到它的真实性，甚至一般有效的原因的概念之客观有效性，并不是根据什么洞见。就是说，并不是根据什么先验的知识而是它的权威就不能归之于它的必然性，而只是由于它在经验过程中的一般实用和它因之而取得某种主观必然性，而休谟称之为习惯。从我们理性之不能在任何超越经验的方式上利用这原理，他推论出，理性之超过经验的种种冒充，都是等于零。"④

康德指出："我坦率地承认，就是休谟的提示在多年以前首先打破了我教条主义的迷梦，并且在我对思辨哲学的研究上给我指出来一个完

① 罗素：《哲学中之科学方法》，商务印书馆 1980 年版，第 487 页。
② 罗素：《人类的知识》，商务印书馆 1989 年版，第 517—518 页。
③ 康德：《未来形而上学导论》，商务印书馆 1982 年版，第 5—6 页。
④ 康德：《未来形而上学导论》，商务印书馆 1982 年版，第 79—80 页。

全不同的方向。"①

5. 方法论根源

"归纳问题"和"因果问题"是休谟问题的两个方面，但归纳问题是根本，因果问题是从归纳问题派生而来的。因果关系在常识上是为人们所承认的，但深究起来却不是常识所能解决的。

例如，对于"太阳明天是否照样升起"这个问题，看似简单，但解决起来绝非易事。正如我们在"科学归纳推理"一节所分析的，解决这个问题需要演绎推理的帮助。我们每个人都相信太阳明天照样升起，但这个信念的可靠性是来自地球的自转和绕日旋转，而不是来自我们的日常经验。现在假设我们是一个如休谟一样的彻底的经验论者，即承认经验是知识的唯一来源，那么，我们还能相信太阳明天照样升起吗？对于一个彻底的经验论者，如休谟，他是没有地球绕日运行这样的知识的，因为它是不可经验的。这样，从过去的经验（每天晚上睡觉，第二天都会天亮，从无例外）我们是不可能得出未来事件（明天还会天亮）的可靠知识的，因为简单枚举归纳推理是不可靠的，一个反例便可推翻由无数正例所建立起来的归纳结论。所以罗素断言："我们怎样发现我们自己早已相信多得不可胜数的概括性命题的，……因为我们可以证明归纳法导致虚妄和导致真理是同样常见的。"② 站在经验论的立场，你还能相信"太阳明天会照样升起"吗？

休谟以后，许多哲学家、心理学家、数学家尝试着从心理学、实用主义、实践等角度去论证归纳问题的合理性。但迄今为止，休谟问题仍然是一个难解之谜。

二、类比推理

1. 类比推理

类比推理是根据两个或两类对象有部分属性相同，从而推出它们的

① 康德：《未来形而上学导论》，商务印书馆1982年版，第9—10页。
② 罗素：《人类的知识》，商务印书馆1989年版，第517—518页。

其他属性也相同的推理。类比推理简称"类推"。

类比推理是从个别（前提）到个别（结论）的推理。类比推理的结论超出前提的范围，因而其前提和结论之间的联系是或然的。

类比推理的公式是：

A 事物有属性 a，b，c，d

B 事物有属性 a，b，c

所以，B 事物也有属性 d。

例如，声音的传播和光的传播有不少属性相同：直线传播，有反射、折射和干扰等现象；由此推出：既然声有波动性质，光也有波动性质。

类比推理虽然是或然性的推理，但因其结论超出了前提的范围，或者说结论扩展了前提，因而它在科学发现中有非常重要的应用。例如，根据光波和声波的相同属性进行类比推理，物理学家曾经推测宇宙中弥漫着一种物质叫做"以太"，它是光传播的介质。1887 年，美国科学家迈克尔逊和莫雷在克利夫兰进行了一个著名的实验，后来称为迈克尔逊-莫雷实验（Michelson-Morley Experiment），实验推翻了 19 世纪以来流行的以太假说，为后来物理学上的光的波粒二象性研究以及爱因斯坦的相对论研究奠定了基础。此外，类比推理在大爆炸宇宙论（The Big Bang Theory）的提出和验证过程中，也是基本的逻辑推理方法。

中国古代的墨家逻辑，是一种以类比推理为核心的逻辑理论，即所谓"以类取，以类予"。在过去两千多年来西方以亚里士多德到弗雷格、罗素的演绎逻辑一统天下的背景下，很多人包括很多中国人看不起甚至鄙视以类比推理为特征的中国逻辑，甚至说"逻辑就是演绎逻辑"、"逻辑就是一阶逻辑"，因此断言"中国没有逻辑"。

认知科学建立以后，以经验为基础的逻辑和推理重新受到重视。认知科学三大发现表明思维和逻辑是与身体和心智（body and mind）密切相关的，没有全人类共同的思维和逻辑，逻辑和思维都是有民族差异性和个体差异性的。在科学发现中，不能扩展前提的演绎推理并没有贡献，虽然它可以用来验证假说。在科学发现中起作用的是三种扩展前提的推理：溯因推理、类比推理和归纳推理。并且，任何逻辑都是心理逻辑。[①]

概念隐喻是认知科学的三大发现之一，隐喻的逻辑基础正是类比推理。关于隐喻，请参阅本书第十章第五节"概念隐喻"和第十一章第五节"判断隐喻"。

在以上认知科学发展的背景下，类比推理成为公务员考试中的新宠。

2. 公务员考试中的类比推理

类比推理作为逻辑推理中的一种题型，是 2006 年之后才引入国家公务员考试的，但因其考查形式新颖、对推理能力要求较高，加之与之相关的隐喻在认知科学中受到重视，所以近年来，类比推理逐渐成为公务员考试的"新宠"，备受青睐。

类比推理到目前为止出现过三种主要的题型：

题型一：给出两个词语，然后选出一组答案。

例如：（2007 年国考）

阳光：紫外线

A. 电脑：辐射　　　　　　　B. 海水：氯化钠

C. 混合物：单质　　　　　　D. 微波炉：微波

根据阳光与紫外线、海水与氯化钠的关系都是整体与组成部分的关系，故选出答案为 B。

题型二：给出三个词，然后选出一组答案。

例如：（2008 年陕西）

考试：学生：成绩

A. 往来：网民：电子邮件　　B. 汽车：司机：驾驶执照

C. 工作：职员：工资待遇　　D. 饭菜：厨师：色鲜味美

这道题给出了 3 个词语的组合，关系就更错综复杂了，不仅需要考虑第一个词和第二个词的关系，还需要考虑第二个词和第三个词的关

---

① 蔡曙山：《科学发现的心理逻辑模型》，《科学通报》2013 年第 58 卷第 34 期。2013，58：3530-3543，doi：10. 1360/ 972012-515。

系，甚至有时还需要考虑第一个词和第三个词的关系。此题中我们通过分析可以知道"学生通过考试获得成绩"，因此类比可得"职工通过工作获得工资待遇"，进而得出正确答案 C。

题型三：将所要类比的四个词语都给出，但是中间挖空两个让考生来填。常见的形式是"××对于（　　）相当于（　　）对于××"。因为两组词之间的关系无法确定，这就增加了解题难度。

例如：（2009 年国考）

杂志对于（　　）相当于（　　）对于农民

A. 报纸　果农   B. 传媒　农业

C. 书刊　农村   D. 编辑　菠菜

因为我们难以从题目中断定两词之间的关系，只能逐项代入，然后再类比两词之间的关系。通过代入我们发现"杂志对于编辑相当于菠菜对于农民"，两者间都是"产品和生产者"之间的关系，因此答案是 D。

第四节　推理的加工和心理逻辑

20 世纪 50 年代认知科学启航，70 年代中叶认知科学在美国正式确立。自那以后，传统科学的很多基本原理和原则受到了严重挑战，其中当然包括经典逻辑的理论和方法。

所谓经典逻辑，指的是弗雷格和罗素所创立的一阶逻辑及其以后发展的高阶逻辑。经典逻辑有两个基本的前提和假设：二值（真值函数）和演绎。

弗雷格在建立经典逻辑之初，处心积虑地将心理因素排斥于逻辑学之外，他认为，如果逻辑学之中掺杂了心理因素，逻辑和数学就会失去客观性，从而推动逻辑和数学自身的价值。

认知科学建立起来之后，经典逻辑和逻辑主义的这种思想理论受到质疑和严重的挑战。事实上，无论是在人们的日常思维中，还是在严格的科学思维中，逻辑的因素和心理的因素都是交织在一起的，是相互影响的，从而形成推理加工中的心理逻辑方法和模型，也形成了心理逻辑的研究领域和心理逻辑的新兴学科。

我们以科学发现中最常用的溯因推理和传统逻辑（亚里士多德逻辑）中常用的两种推理——假言推理和三段论为例，说明推理加工中的心理逻辑过程和逻辑学今天所受到的挑战。

一、溯因推理

（一）什么是溯因推理

大脑的因果关系信息加工分为两种基本的方式，从因及果和由果溯因。从因及果的推理方式被逻辑学家建立为演绎推理的有效模型，即皮尔士（C. S. Peirce）称为"解释前提"的推理。皮尔士的另一类"扩展前提"的推理包括由果溯因的溯因推理和从有限样本的属性推出整体属性的归纳推理，以及皮尔士未纳入其推理体系而在当今认知科学中受到青睐的类比推理。

皮尔士对推理的分类如下：

$$推理\begin{cases} 解释前提的推理（分析方法或演绎推理） \\ 扩展前提的或综合的推理\begin{cases} 溯因推理 \\ 归纳推理 \end{cases} \end{cases}$$

溯因推理的形式

　　B，

　　如果 A，则 B；

　　所以，A 是 B 的原因。

例如，

　　地面湿了，

　　如果下雨，地面就会湿；

　　因此，下雨可能是地湿的原因。

（二）溯因推理的科学价值和认知意义

溯因推理是一种典型的心理逻辑。在溯因推理中，经验、直觉、信念、情绪、知识、记忆等心理因素都会对溯因过程及假设的提出产生影响。

溯因推理属于心理逻辑，它在科学发现等人类认知活动中有重要的意义。下面是蔡曙山在《科学发现的心理逻辑模型》一文中所举的一些例子。先来看一个数学上的例子。

例1　数学定理的求证。

每一个数学定理的证明都是溯因和演绎的综合应用。定理的求证是一个溯因过程，而定理的证明则是一个演绎过程。下面是《几何原本》中命题 1.1 的证明。

命题 1.1　已知一条线段可以作一个等边三角形。

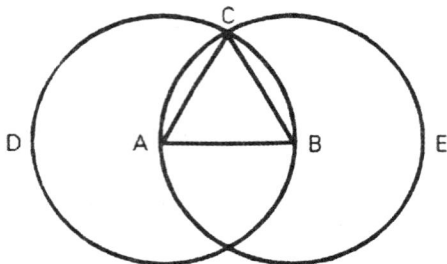

欧几里得本人证明的主要是这样：设 AB 为已知线段（作图）。要以 AB 为边长，作一等边三角形，关键是要找到一点 C，使得 AC = BC。现在分别以 A 和 B 为圆心，以 AB 为半径作圆，设两圆交于 C 点，则 C 点即为所求。证明如下：AC = AB（定义 1.15，同圆半径相等），且 BC = BA（同理），故 AC = BC（公理 1.1，等于同量的量彼此相等）。

分析：定理的求证过程是一个溯因过程。设待证的定理为 q。要证明 q，必须找到系统内的命题 p_1, p_2, $\cdots p_n$，其中每一 p_i 是系统内的定义、公理或已证的命题，并且使得 p_1, p_2, $\cdots p_n \to q$。其中，p_1, p_2, $\cdots p_n$ 为 q 成立的条件或理由。换句话说，p_1, p_2, $\cdots p_n$ 的存在是 q 存在的原因或理由。因此，从待证定理 q 寻找能使其成立的命题 p_1, p_2, $\cdots p_n$ 的过程是溯因，也称为逆推（retroduction）。一旦找到理由，从 p_1, p_2, $\cdots p_n$ 推出 q 的过程则是演绎。由此可见，溯因与演绎（求证过程和证明过程）是思维中方向相反的两个不同的过程。[1]

---

[1]　蔡曙山：《科学发现的心理逻辑模型》，《科学通报》2013 年第 58 卷第 34 期，第 3531—3532 页。

再来看一个科学发现的例子。

例 2　大陆漂移学说和板块结构理论的建立。

科学家早就注意到地球上各大洲隔海相望的边缘十分相像这样一个"令人惊异"的事实。由此他们想，几大洲在远古时代是否曾经连接在一起呢？1620 年，英国人 F. 培根提出了西半球曾经与欧洲和非洲连接的可能性。1668 年法国 R. P. F. 普拉赛认为在大洪水以前，美洲与地球的其他部分不是分开的。到 19 世纪末，奥地利地质学家修斯注意到南半球各大陆上的岩层非常一致，因而将它们拟合成一个单一大陆。1912 年，A. 魏格纳正式提出了大陆漂移学说，并在 1915 年发表的《海陆的起源》一书中做了论证。1967 年，美国普林斯顿大学的 J. 摩根、英国剑桥大学的 D. P. 麦肯齐、法国的 X. 勒皮顺等人，把海底扩张学说的基本原理扩大到整个岩石圈，并总结提高为对岩石圈的运动和演化的总体规律的认识，这种学说被命名为板块结构理论。大陆漂移学说和板块结构理论，成功地解释了前述"令人惊异"的事实，成为一种具有重大创新价值的海洋科学和地质科学理论。

应用溯因推理提出假说（大陆漂移学说）的过程是这样的：如果各大洲来源于古原生大陆同一板块，则各大洲相邻部分就具有相同的几何形状，并且具有相同的地质构造、气候遗迹及动植物化石；现已证实各大洲相邻部分具有相同的几何形状，地质构造、气候遗迹及动植物化石；因此，各大洲来源于同一古大陆。[1]

二、假言推理和沃森实验

充分条件假言推理有 4 种可能的形式（模型），它们是：

（1）肯定前件式（MP）：如果 p，则 q；p，所以，q。

（2）否定前件式（DA）：如果 p，则 q；并非 p，所以，并非 q。

（3）肯定后件式（AC）：如果 p，则 q；q，所以，p。

---

[1]　蔡曙山：《科学发现的心理逻辑模型》，《科学通报》2013 年第 58 卷第 34 期，第 3537 页。

（4）否定后件式（MT）：如果 p，则 q；并非 q，所以，并非 p。

在经典逻辑中，可以证明，只有肯定前件式和否定后件式是正确的，因为它们是重言式。肯定前件式在演绎推理中具有特殊的地位和作用，被称为演绎规则，即 Modus Ponens，简称 MP，它是命题逻辑、谓词逻辑（一阶逻辑和高阶逻辑）和其他所有演绎系统都需要遵循的规则。在经典逻辑中，否定后件式是与肯定前件式等价的推理形式，被称为逆否规则，即 Modus Tollens，简称 MT，它在经典逻辑和其他所有演绎系统中是可证的定理。在经典逻辑中，否定前件式 DA（Denying Antecedent）和肯定后件式 AC（Affirming Consequent）则是不正确的推理形式，因为它们不是重言式。

心理学家并不想无条件地接受逻辑学家所作的这种规定。他们想知道，人们在具体的思维中是怎样应用和接受这些推理形式的。为此，1966 年英国心理学家沃森（P. C. Wason）设计了一个巧妙的验证充分条件假言推理四种模型可接受性的实验。这个实验以让被试有选择地翻动 4 张纸牌的形式来进行，背后隐藏的却是人们的逻辑推理可能要受心理因素的影响这样重大的心理逻辑假设。这个经典的实验后来以他的名字命名，即沃森选择任务实验（简称"沃森实验"）（Wason selection task）。①②

沃森实验有两种基本的形式，一种是抽象的选择任务实验，另一种是具体的选择任务实验。抽象的选择任务实验设计如下：有一副纸牌，正面是大写英文字母，背面是阿拉伯数字。在被试面前呈现一组 4 张纸牌，例如：A，B，4 和 7；K，E，9 和 6 等。试验任务要求被试通过翻开纸牌来验证或推翻这个规则："如果一张纸牌的正面是元音字母，那么它的背面就是偶数。"最终的大样本统计结果如图 12-5 所示。

沃森实验选择的被试都是没有学习过逻辑学的人。实验结果表明：

① Wason, P C. Reasoning. In Foss B M. *New horizons in psychology*. Harmondsworth: Penguin, 1966, 135-151.

② Wason, P. C., Shapiro, D. Natural and contrived experience in a reasoning problem. *Quarterly Journal of Experimental Psychology*. 1971, 23: 63-71.

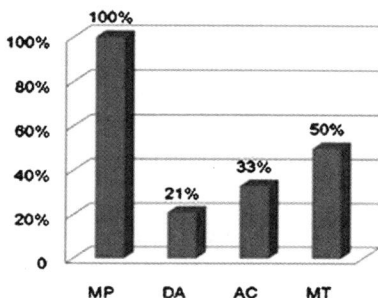

图 12-5　沃森选择任务实验统计结果

几乎 100% 的人懂得使用 MP，但被试并没有系统地学习过逻辑学。心理学家解释说，这是由于 MP 是肯定式的推理，人们容易接受这种推理；另一个原因是 A 这张牌在规则中出现，产生了心理启动效应。但这两条理由并不足以说明为何 MP 有高达 100% 的支持率。笔者指出，这表明 MP 是人们头脑里固有的东西，我将它称为"先天逻辑能力"（Innate Logic Faculty，ILF）。[①]　但只有 50% 的人懂得使用 MT，尽管它在逻辑上是与 MP 等价的，却只有一半的人支持它。这又表明 MT 是需要经过学习才能掌握的东西，它是后天获得的逻辑能力（Acquired Logic Faculty，ALF）。心理学家解释说，由于 MT 与 MP 相比要多做两次否定，需要使用更多的工作记忆，耗费更多的认知资源。它有更大的认知难度，也更容易出错。另外，人们容易接受肯定式的推理，不易接受否定式的推理。凡此种种，使得 MT 与 MP 相比有更少的支持率。值得注意的是肯定后件式假言推理 AC，尽管它在逻辑上是不能接受的，但却有三分之一的人选择使用它。一种在逻辑上不可接受的模型，为什么还有约 33% 的支持率呢？心理学家的解释是，第一，对肯定的论证方式和否定的论证方式，人们更倾向于使用肯定的论证方式，AC 正是肯定的论证方式。第二，在日常语言中，人们常常用"如果，则"的

---

① Cai, S. Logics in a New Frame of Cognitive Science：On Cognitive Logic, its Objects, Methods and Systems, *Logic*, *Methodology and Philosophy of Science*：*Proceeding of the 13th International Congress*, *Vol.* 1. London：King's College Publications, 2009, 427 - 442.

语句来表达充要条件的命题，像"如果你给我干活，我就给你钱"，它表达的是这样一个充要条件：你给我干活，我就给你钱；我给你钱，你就给我干活。虽然沃森实验中使用的是充分条件，但人们的推理还是受到了日常经验的影响。第三，如果下雨地面就会湿；地面湿了，我们能够断定是下雨了吗？当然不能，但下雨却是一种可能的选择，它是地湿的一个可能的原因。最后这种情况就是溯因推理（Abduction）。①

沃森实验的意义非常深刻。首先，人们头脑里的逻辑并不等于"逻辑学"。人们头脑里的逻辑，或者说人们在思维与认知活动中所使用的逻辑是与经验相关的。那种与经验无关的、普遍的、无个体差异的逻辑是不存在的，或者说，它只存在于逻辑学家的理想模型之中。其次，理想的逻辑模型在实际应用时，往往会发生一定程度的心理偏差（psychological biases），这说明在人们的实际思维和认知过程中，逻辑过程与心理过程是相互交织在一起的，逻辑推理是会受到心理因素影响的。其三，虽然心理因素对逻辑推理会发生影响，但正确的逻辑推理模型（包括先天的 MP 和习得的 MT）会对思维和认知过程进行约束与修正，使之运行在一个科学合理的范围之内。

三、三段论和里普斯的心理行为实验

三段论是传统逻辑中另一个特别重要、也是具有特殊认知意义的推理形式。通过三段论由三个词项组成的三个判断之间的推理关系，我们认识了三类事物对象之间的逻辑关系，达到认同（第一格 AAA 式）和区别（第一格 EAE 式）两类事物对象的目的。

三段论所有可能的式共有 256 个，其中正确的式只有 24 个。如何知道一个三段论推理是否有效，逻辑学家建立了两种主要的方法。一种是三段论的创始人亚里士多德所倡导的公理化方法，即将三段论看作是一个公理系统，确定少数几条公理（亚里士多德认定是第一格

① 蔡曙山：《认知科学框架下心理学、逻辑学的交叉融合与发展》，《中国社会科学》2009 年第 2 期。

AAA 和 EAE 两个式），建立几条规则，然后从公理推导出系统内的全部定理即有效式。另一种方法是中世纪逻辑学家建立的等而下之的"规则"，这些规则一共有 7 条，由这些规则来判定一个三段论是否有效。

这两种主要的方法实行了两千多年，没有人提出异议。直到 20 世纪 60 年代以后，心理学家开始尝试用心理行为实验的方法来检验人们在做逻辑推理时，是否会受到心理因素的影响，以及如何受到影响。前面我们介绍了英国心理学家沃森于 1966 年所做的选择任务实验，现在我们介绍美国心理学家里普斯、布卢姆、约翰逊·莱尔德等人于 20 世纪 70 年代以后所做的三段论心理行为实验。

1978 年约翰逊·莱尔德（Johnson-Laird）和斯蒂德曼（Mark Steedman）通过他们的研究发现，被试在进行三段论推理时，其反应状态说明三段论的格对其操作的准确性及其所得出的结论的性质有强烈的影响。他们所使用的方法是，向被试呈现以自然语言表述的三段论前提，然后让被试自己推导出他们认为是正确的结论。例如，向被试呈现"有的双亲是科学家"和"所有科学家都是驾驶员"，希望被试得出"有的双亲是驾驶员"的结论，而不是得出"有的驾驶员是双亲"的结论，尽管这两个结论是彼此等效的。这样就可以说三段论的前提 $\begin{matrix} A—B \\ B—C \end{matrix}$ 会造成得出结论 A—C 的心理偏好。类似地，前提 $\begin{matrix} B—A \\ C—B \end{matrix}$ 会造成得出结论 C—A 的心理偏好。

由于三段论结论的主谓项需要换位，他们不规定大项、小项和中项，而用大写英文字母 A、B 和 C 来分别代表三个词项，这样就可以穷尽自然语言表述三段论的各种情况。当然，三段论的可能的式也就从 256 个扩大一倍，成为 512 个。下面是他们研究两个前提所构成的格可能得出结论的心理偏好。结果如下：[1]

---

[1]　Johnson-Laird, Philip N. and Steedman, Mark. The Psychology of Syllogisms, *Cognitive Psychology* 10, 64-99 (1978).

第Ⅰ象限：AB-BC 格

71%有效结论形如 A—C，即（14+13+15+10）/73＝71%。

存在明显的心理偏好。

第Ⅱ象限：BA-CB 格

70%有效结论形如 C—A，即（12+16+10+12）/71＝70%。

存在明显的心理偏好。

第Ⅲ象限：AB-CB 格

53%有效结论形如 C—A，即（11+12+6+12）/77＝53%。

存在微小的心理偏好。

第Ⅳ象限：BA-BC 格

50%有效结论形如 A—C。

50%有效结论形如 C—A。

没有心理偏好。

美国西北大学教授里普斯（Lance J. Rips）对所有 256 个式逐一进行 "yes" 反应测试，并与使用逻辑模型计算的有效性百分比相对比，结果发现，三段论推理时发生的心理偏差与格、式和难度相关；观察反应的正确率与逻辑预测的正确率相当吻合。实验结果如表 12-2 所示，粗体数字为实测数，白体数字为模型预测数。①

表 12-2　里普斯三段论推理实验结果

前提	结论			
	SAP	SEP	SIP	SOP
MAP，SAM-1	**90.0** [a,b,c] 89.1	**5.0** 5.0	**65.0** [b] 43.7	**0.0** 15.0
PAM，SAM-2	**40.0** 5.0	**0.0** 5.0	**0.0** 15.0	**0.0** 15.0
MAP，MAS-3	**25.0** 5.0	**5.0** 5.0	**45.0** [b] 43.7	**15.0** 15.0

① Lance J. Rips（1994），*The Psychology of Proof*，Deductive Reasoning in Human Thinking.

前提	结论			
	SAP	**SEP**	**SIP**	**SOP**
PAM，MAS-4	**30.0** 5.0	**0.0** 5.0	**75.0**[b] 43.7	**5.0** 15.0
MAP，SEM-1	**0.0** 5.0	**15.0** 5.0	**0.0** 15.0	**25.0** 15.0
PAM，SEM-2	**0.0** 5.0	**90.0**[a,b,c] 84.4	**0.0** 15.0	**50.0**[a,b] 38.9
MAP，MES-3	**0.0** 5.0	**40.0** 5.0	**0.0** 15.0	**10.0** 15.0
PAM，MES-4	**5.0** 5.0	**65.0**[a,b] 81.3	**0.0** 15.0	**50.0** 15.0
MAP，SIM-1	**5.0** 5.0	**0.0** 5.0	**80.0**[a,b] 72.5	**25.0** 15.0
PAM，SIM-2	**0.0** 5.0	**0.0** 5.0	**15.0** 15.0	**20.0**[b] 23.6
MAP，MIS-3	**5.0** 5.0	**0.0** 5.0	**75.0**[a,b] 72.5	**25.0** 15.0
PAM，MIS-4	**0.0** 5.0	**0.0** 81.3	**40.0** 15.0	**30.0** 15.0
MAP，SOM-1	**0.0** 5.0	**5.0** 5.0	**30.0**[b] 43.7	**10.0** 15.0
PAM，SOM-2	**0.0** 5.0	**0.0** 5.0	**5.0** 15.0	**35.0**[a,b] 32.2
MAP，MOS-3	**5.0** 5.0	**0.0** 5.0	**35.0**[b] 43.7	**10.0** 15.0
PAM，MOS-4	**0.0** 5.0	**5.0** 5.0	**20.0** 15.0	**5.0** 15.0
MEP，SAM-1	**5.0** 5.0	**85.0**[a,b,c] 88.6	**0.0** 15.0	**60.0**[a,b] 40.2
PEM，SAM-2	**0.0** 5.0	**90.0**[a,b,c] 84.4	**0.0** 15.0	**60.0**[a,b] 45.2
MEP，MAS-3	**0.0** 5.0	**35.0** 5.0	**5.0** 15.0	**50.0**[a,b] 40.2
PEM，MAS-4	**0.0** 5.0	**15.0** 5.0	**0.0** 15.0	**35.0**[a,b] 40.2

续表

前提	结论			
	SAP	SEP	SIP	SOP
MEP，SEM−1	0.0 5.0	25.0 5.0	15.0 15.0	10.0 15.0
PEM，SEM−2	5.0 5.0	15.0 5.0	0.0 15.0	5.0 15.0
MEP，MES−3	5.0 5.0	15.0 5.0	5.0 15.0	10.0 15.0
PEM，MES−4	0.0 5.0	30.0 5.0	0.0 15.0	10.0 15.0
MEP，SIM−1	0.0 5.0	5.0 5.0	10.0 15.0	60.0[a,b] 65.3
PEM，SIM−2	0.0 5.0	5.0 5.0	5.0 15.0	60.0[a,b] 65.3
MEP，MIS−3	0.0 5.0	10.0 5.0	10.0 15.0	60.0[a,b] 65.3
PEM，MIS−4	0.0 5.0	5.0 5.0	10.0 15.0	65.0[a,b] 65.3
MEP，SOM−1	0.0 5.0	0.0 5.0	5.0 15.0	30.0 40.2
PEM，SOM−2	5.0 5.0	5.0 5.0	20.0 15.0	20.0 40.2
MEP，MOS−3	0.0 5.0	5.0 5.0	5.0 15.0	35.0 40.2
PEM，MOS−4	0.0 5.0	5.0 5.0	0.0 15.0	35.0 40.2
MIP，SAM−1	0.0 5.0	5.0 5.0	40.0 15.0	20.0 15.0
PIM，SAM−2	0.0 5.0	5.0 5.0	25.0 15.0	20.0 15.0
MIP，MAS−3	5.0 5.0	5.0 5.0	80.0[a,b,c] 76.4	40.0[b,c] 47.3
PIM，MAS−4	5.0 5.0	0.0 5.0	70.0[a,b] 72.5	25.0 15.0
MIP，SEM−1	0.0 5.0	15.0 5.0	5.0 15.0	10.0 15.0

续表

前提	结论			
	SAP	SEP	SIP	SOP
PIM，SEM-2	**0.0** 5.0	**5.0** 5.0	**15.0** 15.0	**25.0** 15.0
MIP，MES-3	**0.0** 5.0	**5.0** 5.0	**5.0** 15.0	**5.0** 15.0
PIM，MES-4	**0.0** 5.0	**0.0** 5.0	**10.0** 15.0	**20.0** 15.0
MIP，SIM-1	**0.0** 5.0	**0.0** 5.0	**30.0** 15.0	**35.0**[b] 15.0
PIM，SIM-2	**0.0** 5.0	**0.0** 5.0	**20.0** 15.0	**25.0** 15.0
MIP，MIS-3	**5.0** 5.0	**0.0** 5.0	**25.0** 15.0	**20.0** 15.0
PIM，MIS-4	**0.0** 5.0	**0.0** 5.0	**30.0** 15.0	**30.0** 15.0
MIP，SOM-1	**0.0** 5.0	**5.0** 5.0	**20.0** 15.0	**10.0** 15.0
PIM，SOM-2	**0.0** 5.0	**0.0** 5.0	**20.0** 15.0	**25.0** 15.0
MIP，MOS-3	**0.0** 5.0	**0.0** 5.0	**15.0** 15.0	**10.0** 15.0
PIM，MOS-4	**5.0** 5.0	**0.0** 5.0	**15.0** 15.0	**20.0** 15.0
MOP，SAM-1	**0.0** 5.0	**5.0** 5.0	**20.0** 15.0	**30.0** 15.0
POM，SAM-2	**0.0** 5.0	**5.0** 5.0	**25.0** 15.0	**35.0** 15.0
MOP，MAS-3	**0.0** 5.0	**0.0** 5.0	**35.0**[b,c] 47.3	**80.0**[a,b,c] 76.0
POM，MAS-4	**5.0** 5.0	**0.0** 5.0	**30.0**[b] 43.7	**25.0** 15.0
MOP，SEM-1	**0.0** 5.0	**10.0** 5.0	**5.0** 15.0	**10.0** 15.0
POM，SEM-2	**0.0** 5.0	**5.0** 5.0	**5.0** 15.0	**10.0** 15.0
MOP，MES-3	**5.0** 5.0	**0.0** 5.0	**10.0** 15.0	**15.0** 15.0

续表

前提	结论			
	SAP	SEP	SIP	SOP
POM，MES-4	0.0 5.0	5.0 5.0	25.0 15.0	10.0 15.0
MOP，SIM-1	0.0 5.0	0.0 5.0	15.0 15.0	30.0 15.0
POM，SIM-2	0.0 5.0	0.0 5.0	25.0 15.0	15.0 15.0
MOP，MIS-3	0.0 5.0	0.0 5.0	20.0 15.0	15.0 15.0
POM，MIS-4	0.0 5.0	0.0 5.0	25.0 15.0	15.0 15.0
MOP，SOM-1	0.0 5.0	0.0 5.0	20.0 15.0	25.0 15.0
POM，SOM-2	0.0 5.0	0.0 5.0	15.0 15.0	20.0 15.0
MOP，MOS-3	0.0 5.0	0.0 5.0	20.0 15.0	30.0 15.0
POM，MOS-4	0.0 5.0	0.0 5.0	15.0 15.0	15.0 15.0

注：表中上标数字含义为：

　a. 在经典谓词逻辑中有效。

　b. 受前提含义影响而有效，但不受结论含义影响。

　c. 受前提和结论含义影响而有效。

　　一些心理学家还研究了三段论推理的气氛效应（Atmosphere Effect，Woodworth & Sells，1935；Chapman，L. J. & Chapman，J. P.，1959；Begg & Denny，1969）。这些研究表明，前提的质和量会影响人们对结论的预测。例如，在伍德沃斯和塞尔斯的研究中，他们发现：①两前提皆为肯定，被试倾向于接受肯定结论；②两前提皆为否定，被试倾向于接受否定结论；③前提—肯定—否定，被试倾向于接受否定结论；④两前提皆为全称，被试倾向于接受全称结论；⑤两前提皆为特称，被试倾向于接受特称结论；⑥前提—全称—特称，被试倾向于接受特称结论。这个研究结果大部分与逻辑学的规则是一致的，如①、③、④和⑥，它们都是正确的三段论推理；也有一部分是不符合逻辑学的规则的，如②

和⑤，它们不是正确的三段论推理，推理的错误受到心理因素的影响。这些研究表明，在实际的三段论推理中，不论是正确的推理还是错误的推理，人们逻辑思维确实都受到心理因素的影响。

由以上研究我们可以得出一些结论：

（1）逻辑学的三段论研究是从顶到底的（Top down），表现为先给出三段论的形式和规则，而把日常语言表述的三段论看作是形式和规则的图解或说明。心理学的三段论研究却是从底到顶的（Bottom up），表现为将日常语言表述的三段论看作思维和推理的根本，而三段论的形式和规则是从具体的三段论中抽象和总结出来的。心理学的三段论研究重视思维和推理的内容而不仅仅是形式。

（2）三段论的逻辑模型是纯逻辑的或纯形式的，是与内容无关的，也是排除心理因素的。三段论的心理模型却要考虑这些因素，包括格所造成的心理偏好和前提的质和量造成的气氛效应等。

（3）没有掌握逻辑学知识与技能的人如何进行推理和学习？我们认为，他的先天逻辑能力和心理因素共同发挥作用。在人的推理和认知活动中，逻辑能力和心理因素是同时起作用的。如果掌握逻辑学知识和技能，则学习和认知活动的效果都会得到提高和加强。

思考作业题

1. 什么是推理？为什么说推理是思维的核心？

2. 什么是推理的有效性？试证明充分条件假言推理的肯定前件式和否定后件式是有效的推理形式，而否定前件式和肯定后件式是无效的推理形式。

3. 一个有效的推理形式其前提和结论都必须是真的吗？请举例说明。

4. 一个前提和结论都为真的推理一定是有效的吗？请举例说明。

5. 演绎推理、归纳推理、类比推理和溯因推理4种推理的推理方向、结论与前提之间关系如何，请列表说明。

6. 传统逻辑（亚里士多德逻辑）的核心是推理，推理的核心是假言推理和三段论。是这样吗？请对此观点加以反驳或辩护。

7. 充分条件假言推理的 4 个模型（肯定前件式、否定前件式、肯定后件式、否定后件式）的有效性如何？请加以证明。

8. 为什么说完全归纳推理、简单枚举归纳推理和科学归纳推理中，只有简单枚举归纳推理是真正意义的归纳推理，其他两种都不是？

9. 试述休谟问题。为什么说休谟问题影响了他之后的几乎所有西方哲学家？请举例说明。

10. 休谟问题的两个方面因果关系问题和归纳问题，谁是主要的方面？为什么？

11. 为什么说休谟问题是一个不可能从逻辑上得到解决的疑难问题？休谟问题的认识论意义和认知意义是什么？

12. 试以认知科学的理论方法重新分析和认识休谟问题。

13. 什么是类比推理？类比推理与隐喻之间是什么关系？

14. 为什么说类比推理是隐喻的逻辑基础？

15. 什么是溯因推理？试说明溯因推理在科学发现中的作用。

16. 为什么说无论是在人们的日常思维中，还是在严格的科学思维中，逻辑的因素和心理的因素都是交织在一起的？试举例说明。

17. 什么是心理逻辑？它有哪些基本的形式？

18. 为什么说"所有逻辑都是心理逻辑"（蔡曙山，2013）？试举例说明。

19. 试述沃森选择任务实验。试对实验假设、实验设计和实验结果进行分析。

20. 沃森选择任务实验的实验假设是否已经被证实？请分析充分条件假言推理的心理效应以及产生这些心理偏差的原因。

21. 沃森选择任务实验对被试的选择排除了那些系统地学习过逻辑学知识的大学生，为什么要这样选择被试？

22. 充分条件假言推理的肯定前件式（MP）是先天逻辑能力的表现（Cai，2009；蔡曙山，2009，2013），为什么？请用沃森实验的结果和其他实验数据加以证明。

23. 试述里普斯、约翰逊·莱尔德等人于 20 世纪 70 年代以后所做的三段论心理行为实验，试对实验结果加以分析。

24. 里普斯的三段论心理行为实验的结果说明人们在做三段论推理时同样受到心理因素的影响，从而发生心理偏差，影响正确的逻辑思维。请对实验结果加以分析。

25. 里普斯的三段论心理行为实验的结果是否说明逻辑学家所建立的推理规则是错误的？为什么？

推荐阅读

Cai, S. Logics in a New Frame of Cognitive Science：On Cognitive Logic, its Objects, Methods and Systems, *Logic, Methodology and Philosophy of Science*：*Proceeding of the* 13th *International Congress*, Vol. 1. London：King's College Publications.

Johnson-Laird, Philip N. and Steedman, Mark. The Psychology of Syllogisms, *Cognitive Psychology* 10, 64-99（1978）.

Rips, Lance J.（1994）, *The Psychology of Proof*, *Deductive Reasoning in Human Thinking*.

Wason, P. C. Reasoning. In Foss B. M. *New horizons in psychology*. Harmondsworth：Penguin, 1966.

Wason, P. C., Shapiro, D. Natural and contrived experience in a reasoning problem. *Quarterly Journal of Experimental Psychology* 1971.

蔡曙山：《一个与卢卡西维兹不同的亚里士多德三段论形式系统》，《哲学研究》1988 年第 4 期。

蔡曙山：《词项逻辑与亚里士多德三段论》，《哲学研究》1989 年第 10 期。

蔡曙山：《认知科学框架下心理学、逻辑学的交叉融合与发展》，《中国社会科学》2009 年第 2 期。

蔡曙山：《科学发现的心理逻辑模型》，《科学通报》2013 年第 58 卷第 34 期。

休谟：《人类理解研究》，关文运译，商务印书馆 1982 年版。

休谟：《人性论》，关文运译，商务印书馆 1982 年版。

康德：《未来形而上学导论》，商务印书馆 1982 年版。

罗素：《哲学中之科学方法》，商务印书馆 1980 年版。

罗素：《人类的知识》，商务印书馆 1989 年版。

卢卡西维兹著：《亚里士多德的三段论》，李真、李先焜译，商务印书馆 1981 年版。

亚里士多德：《工具论》，上海人民出版社 2018 年版。

第十三章

决策与认知

决策不是一种独立的思维形式，它只是推理和判断这两种思维形式的应用。决策属于思维层级的认知。它在人们的认知活动中有着非常重要的应用，例如，在日常生活中、在社会生活中，在经济和政治活动中，甚至在当前炙手可热的风险投资和人工智能领域中，决策都扮演着非常重要的角色。自20世纪中叶以来，决策认知研究取得了很多重大的研究成果。

第一节 认知科学的新宠

一、什么是决策

决策是指在几种备选的方案中进行选择的过程。[①] 例如购买住房，购买汽车，购买服装，购买食品，选择上什么大学，选择做什么投资，选择旅游路线，决定今天下午在哪里吃饭等等。

备选方案英文原文 alternatives 是从形容词 alternative 加名词词尾而成。形容词 alternative 意为"提供选择的""二者择一的"。变名词后的 alternatives 意为"可供选择的事物""替代选择"。后来在决策理论中被用来指可供选择的方案，译为"备选方案"。[②]

---

① 彭聃龄：《普通心理学》，北京师范大学出版社 2012 年版，第 319 页。
② 蔡曙山：《政策分析原理》，《中国行政管理》1991 年第 10 期。

现在我们给出决策的定义。

决策（decision-making）就是做决定，是行为者在一定条件下，运用判断和推理等思维认知的能力，从解决问题的备选方案中进行选择的过程。

从定义可以看出：第一，备选方案的存在是决策的必要条件，没有选择就不会有决策；第二，决策是判断、推理等思维认知能力的运用。因此，决策属于思维认知，是认知科学的研究对象。

二、决策的分类

可以按照不同的标准对决策分类。

（一）按决策范围分为战略决策、战术决策和业务决策

战略决策：指直接关系到组织的生存和发展，涉及组织全局的长远性的、方向性的决策，风险大。一般需要长时间才可看出决策结果，所需解决的问题复杂，环境变动较大，并不过分依赖数学模式和技术，定性定量并重，对决策者的洞察力和判断力要求高。

战术决策：又称管理决策。是组织内部范围贯彻执行的决策，属于战略决策过程的具体决策。不直接决定组织命运，但会影响组织目标的实现和工作销量的高低。

业务决策：又称执行性决策。是日常工作中为了提高生产效率，工作效率所做的决策。涉及范围小，只对局部产生影响。

（二）按决策性质分为程序化决策和非程序化决策

程序化决策：经常重复发生，能按原已规定的程序、处理方法和标准进行的决策。

非程序化决策：管理中首次出现的或偶然出现的非重复性的决策。无先例可循，随机性和偶然性大。

（三）按决策主体分为个人决策和群体决策

个人决策：最后选定决策方案是由最高领导最终作出决定的一种决策形式。

群体决策：两个或两个以上的决策群体所作出的决策。群体决策耗时、复杂，但可集思广益，弥补个人决策之不足。

（四）按决策问题的可控程度分为确定型决策、不确定型决策和风险型决策

确定型决策：决策所需的各种情报资料已完全掌握的条件下作出的决策。

不确定型决策：情报信息无法加以具体测定，而客观形式又必须要求作出决定的决策。

风险决策：决策方案未来的状态不能预先肯定，可能有几种状态，每种的自然状态发生的概率可以作出客观估计，但不管哪种方案都有风险的决策。

（五）按决策领域可分为公共决策、经济决策和政治决策

公共决策：公共决策是指公共组织在管理社会公共事务过程中所作出的决定，它是公共管理的首要环节，贯穿于整个公共管理过程的始终。公共决策是公共管理过程中极为重要的一环，是公共管理的起点，公共管理始终是围绕公共决策的制定、修改、实施进行的。一个具体的决策目标实现了，相应的管理过程就终结了。

经济决策：经济决策是指政府、企业以及个人在确定行动政策或方案以及选择实施这些政策或方案的有效方法时所进行的一系列活动。经济决策可以分为宏观经济决策与微观经济决策。宏观经济决策包括：确定经济体系的运行模式和经济体制；确定经济增长速度与建设规模；确定短期、中期和长期发展方针与策略；确定消费政策；确定人口数量及发展趋势；确定社会经济的总量平衡与失衡的协调战略；确定经济结构发展战略；确定科学技术发展方向等。微观经济决策包括企业根据市场确定产量，进行人、财、物的合理分配；消费者根据自己的有限收入决定对各种商品的需求量。

政治决策：指政府或政党等政治管理主体对政治生活的重大问题指定和选择行动方案的过程，是对政治生活的方向、目标、原则、方法和步骤进行抉择的过程。政治决策具有鲜明的阶级性、权威性和规范性。政治决策中专家智囊的智能成果、先进的思维方式、各科学领域的先进

成果以及科技手段的运用越来越起到重要作用，而政治的民主化与科学化是决策正确的重要保证。

三、认知科学的新宠

1966 年，英国著名心理学家沃森（P. C. Wason）完成了他影响深远的选择任务实验。实验证明，人们在做逻辑推理时，受到心理因素的强烈影响，产生心理—逻辑效应，从而产生推理和判断偏差。[①]这个著名的实验影响到英美的一批心理学家，如约翰逊－莱尔德（P. N. Johnson-Laird）[②]、里普斯（L. J. Rips）[③]、布雷恩（Martin D. S. Braine）和奥布赖恩（David P. O'Brien）[④]、卡尼曼（D. Kahneman）和特沃斯基（A. Tversky）等。自 20 世纪 60 年代起，美国心理学家卡尼曼和他的合作伙伴特沃斯基开始研究心理因素在推理和决策中的作用。70 年代到 80 年代期间，特沃斯基和卡尼曼陆续在《科学》和《美国心理学家》等重要期刊发表他们的研究论文。[⑤][⑥] 1982 年，卡尼曼和特沃斯基合作出版了《不确定状况下的判断：启发式和偏差》；[⑦] 2002年，卡尼曼因风险决策理论——前景理论而获得当年诺贝尔经济学奖；2011 年，卡尼曼出版了他的关于双系统加工理论的著作《思维：快与慢》。以上这些工作，成为 20 世纪 70 年代中期认知科学在美国建立后

[①] Wason selection task, devised in 1966 by Peter Cathcart Wason, one of the most famous tasks in the psychology of reasoning. From Wikipedia, the free encyclopedia.

[②] Johnson-Laird P. N. *psychology of reasoning*, with P. C. Wason, 1972; *Thinking*, 1977; *Language and Perception*, with George Miller, 1977; The Psychology of Syllogisms, 1978; *Mental Models*, 1983; *Human and Machine Thinking*, 1993.

[③] Rips, L. J. *The psychology of proof*: *Deduction in human thinking*, Cambridge, Mass.: MIT Press, 1994.

[④] Braine, Martin D. S. and David P. O'Brien. *Mental Logic*, Psychology Press, 1998.

[⑤] Tversky A, Kahneman D. Judgment under uncertainty: Heuristics and biases. *Science*, 1974, 185: 1124-1131.

[⑥] Kahneman D, Tversky A. Choices, values, and frames. *American Psychologist*, vol. 39 (4), Apr 1984, 341-350.

[⑦] D. Kahneman, P. Slovic, A. Tversky, (1982) *Judgement under Uncertainty*: *Heuristics and Biases*, Cambridge University Press.

发展的重要推动力量。受心理因素影响的推理和决策成为认知科学特别关注的研究领域。

决策成为认知科学的新宠，至少有以下几种原因和解释。第一，心智的进化。物种、基因和心智三种进化论揭示了物种从低级到高级的进化（达尔文，1859）、基因从简单到复杂的进化（沃森和克里克，1953；人类基因组计划，1985/1990）、心智从初级到高级的进化（蔡曙山，2015）。三种进化论的共同之处是：承认自然选择在物种、基因和心智进化中的根本作用，进化的机制是自然选择，优胜劣汰。不同之处是，只有心智进化论最终解释了个体差异性。① 第二，选择是人类在自然进化中获得的最重要的心智能力。在 35 亿年漫长的心智进化过程中，人类获得从初级到高级的五种层级的心智能力：脑与神经层级的心智、心理层级的心智、语言层级的心智、思维层级的心智和文化层级的心智。对于每一个层级的心智，选择都是最根本的心智能力，这种心智能力的理论化成为人类决策的知识体系。第三，以人类心智为研究目标的认知科学必然关注以心智—行为选择为研究对象的决策理论和行为。起源于 20 世纪 60 年代的认知决策研究，逐渐来到认知科学舞台中心，站在认知科学的聚光灯下，成为认知科学的新宠。

第二节 理性的决策和非理性的决策

20 世纪西方决策科学的发展，可以说经历了一个理性消退、经验兴起的过程。

一、理性的决策

（一）巴纳德的组织决策理论
决策肯定是需要理性的思考。所以，理性决策的理论是最容易想到的，也是最早提出的。

---

① 蔡曙山：《生命进化与人工智能》，《上海师范大学学报》2020 年第 3 期。

理性决策人假设由美国系统组织理论创始人、现代管理理论之父、现代管理理论中社会系统学派创始人巴纳德（Chester I. Barnard，1886—1961）提出。巴纳德的组织决策理论主要包括：

1. 组织中的两种决策类型：个人决策与组织决策

个人决策是指出于个人动机而参加组织的决定，是出自于个人人格的决策。组织决策则指从组织目标上考虑的有关组织活动的决定，是一种出于组织意图的非人格的决策，即根据组织管理职位的要求，按照组织目标和规范等对组织问题作出决策，基本上没有决策者个人动机色彩，是为了实现组织目标而制定的理性决策。

2. 组织决策有两个客观因素：目标与环境

目标要具有客观性，即组织目标独立于个人动机。环境则是对实现目标起制约作用或推动作用的种种客观条件。巴纳德认为：决策的作用就是通过反复注意目标和环境，使两者越来越具体，最后确定实现目标的具体行动。因此，认清目标和环境是决策工作紧密相关的两个方面，决策即是使目标和环境明朗化，在具体行动上达到一致。

3. 管理者决策的三个要求

一是上级要求他根据本部门、本单位的情况，将上级指示具体化，作出适合本部门、本单位的决策；

二是下级人员遇到困难（如权限纠纷、多头命令矛盾指示含糊不清或出现意外事件等）时，请求他作出裁决；

三是管理者独立地、创造性地发现问题和解决问题。

可见，巴纳德的组织决策是根据理性思维作出的。

（二）西蒙的有限理性决策理论

美国著名心理学家、经济学家、计算机科学家和认知科学家、1978年诺贝尔经济学奖得主赫伯特·西蒙（Herbert Alexander Simon，1916—2001）以巴纳德的思想为基础，建立了一个更加系统、更加全面和成熟的现代组织理论体系，即西蒙的决策理论，它不仅适用于经济组织，而且适用于一切正式组织机构的决策，特别适用于行政组织，因为政府工作的大部分与决策有关。

西蒙的著名论断是："管理即制定决策。"西蒙认为，完全理性是不存在的。他以"有限理性"和"满意原则"取代"完全理性"和"最优化原则"，进而解释人类的行为。

20世纪50年代之后，西蒙认识到，人们建立在"经济人"假说之上的完全理性决策理论只是一种理想模式，不可能指导实际中的决策。西蒙提出了满意标准和有限理性标准（Bounded Rationality Model），用"社会人"取代"经济人"，大大拓展了决策理论的研究领域，产生了新的理论——有限理性决策理论。有限理性模型又称西蒙模型或西蒙最满意模型（Simmon's Bounded Rationality Model）。这是一个比较现实的模型，它认为人的理性是处于完全理性和完全非理性之间的一种有限理性。有限理性决策模型包含以下一些要素：

① 手段—目标链的内涵有一定矛盾，简单的手段—目标链分析会导致不准确的结论。

② 决策者追求理性，但又不是最大限度地追求理性，他只要求有限理性。

③ 决策者在决策中追求"满意"标准，而非最优标准。

根据以上几点，决策者承认自己感觉到的世界只是纷繁复杂的真实世界的极端简化，他们满意的标准不是最大值，所以不必去确定所有可能的备选方案，由于感到真实世界是无法把握的，他们往往满足于用简单的方法，凭经验、习惯和惯例去办事。因此，导致的决策结果也各有不同。

可见，西蒙的决策模型也是根据理性思维作出的，只是这种理性是有限的理性。

（三）兰德公司

"兰德"（Rand）的名称是英文"研究与发展（research and development）"两词的缩写。兰德公司是美国最重要的以军事为主的综合性战略研究机构。它先以研究军事尖端科学技术和重大军事战略而著称，继而又扩展到内外政策各方面，逐渐发展成为一个研究政治、军事、经济科技、社会等各方面的综合性思想库，被誉为现代智囊的"大脑集中营"、"超级军事学院"以及世界智囊团的开创者和代言人。它可以说是当今美国乃至世界最负盛名的决策咨询机构。

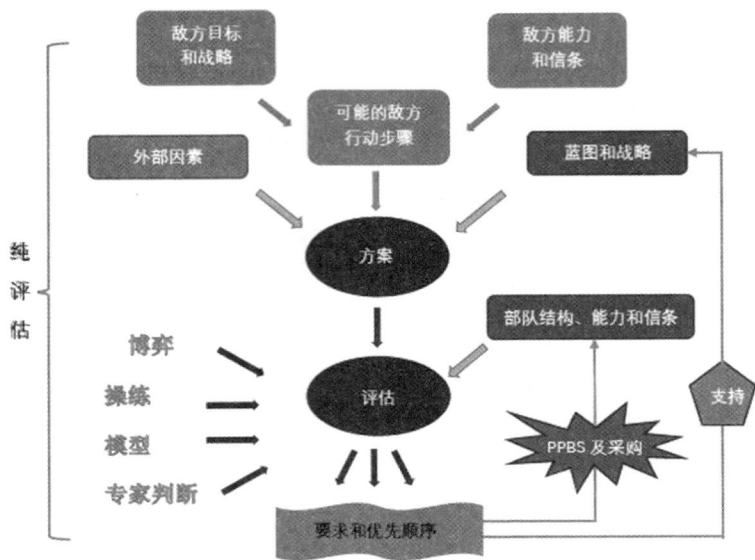

图 13-1　兰德决策模型

注：PPBS：计划、方案制定及预算系统（Planning-Programming-Budgeting System）

兰德公司正式成立于 1948 年 11 月。总部设在美国加利福尼亚州的圣莫尼卡，在华盛顿设有办事处，负责与政府联系。第二次世界大战期间，美国一批科学家和工程师参加军事工作，把数学分析和运筹学运用于作战方面，取得成绩。战后，为了继续这项工作，当时陆军航空队司令亨利·阿诺德上将提出一项关于《战后和下次大战时美国研究与发展计划》的备忘录，要求利用这批人员，成立一个"独立的、介于官民之间进而客观分析的研究机构"，"以避免未来的国家灾祸，并赢得下次大战的胜利"。1945 年底，美国陆军航空队与道格拉斯飞机公司签订一项 1000 万美元的"研究与发展计划"的合同，这就是有名的"兰德计划"。不久，美国陆军航空队独立成为空军。1948 年 5 月，阿诺德在福特基金会捐赠 100 万美元的赞助下，"兰德计划"脱离道格拉斯飞机公司，正式成立为独立的兰德公司。兰德决策模型见图 3-1。

二、博弈论

（一）博弈论简介

博弈论（game theory）属应用数学的一个分支，目前在生物学、经济学、国际关系、计算机科学、政治学、军事战略和其他很多学科都有广泛的应用。博弈论主要研究公式化了的激励结构间的相互作用。是研究具有斗争或竞争性质现象的数学理论和方法。也是运筹学的一个重要学科。博弈论考虑游戏中的个体的预测行为和实际行为，并研究他们的优化策略。生物学家使用博弈理论来理解和预测进化论的某些结果。

博弈的三要素：①局中人（player）；②策略（stratege）；③支付（pay-off）。

（二）理性人悖论与决策的满意原则

传统经济学的理性人假设认为，人具有完全的理性，并以此来实现利润的最大化。这个假设包含以下前提条件：①可供选择的备选方案是固定的；②各种选择结果的概率是已知的（对主观概率而言）；③目标是使一个给定的效用函数的期望值最大化。

理性人假设的条件虽然非常严格，但与实际的情形不符，在运用上常常会出现进退两难的结果。来看两个例子。

例1 囚徒悖论（prisoner's dilemma）。

"囚徒困境"是1950年由就职于兰德公司的梅里尔·弗勒德（Merrill Flood）和梅尔文·德雷希尔（Melvin Dresher）提出，后来由数学家、兰德公司顾问艾伯特·塔克（Albert Tucker）以"囚徒"方式阐述，此后被称为"囚徒悖论"。

某一天，警察抓到了两个小偷，想从他们的住处搜出被盗的财物。但是他们矢口否认。为此，警察想了个办法——将他们分别关在不同的房间进行审讯。警察说："由于你们偷盗罪的证据确凿，如果你们都坦白交代，可以判你们8年；如果你单独坦白杀人的罪行，判你无罪，但你的同伴会判9年；如果你拒不坦白，而被同伴检举，那么你就被判9年，他将无罪。"如果两个人都抗拒，由于警察无证据，那么他们最多判 1 年。由此得到一个收益矩阵（表 13-1）：

表 13-1　囚徒实验策略和收益矩阵

嫌犯 1	嫌犯 2		
		坦白	不坦白
	坦白	-8, -8	0, -9
	不坦白	-9, 0	-1, -1

表中，囚徒 1 和囚徒 2 都有两个选择策略——"坦白"和"不坦白"。因为这两个囚徒被隔离开，其中任何一人在选择策略时都不会知道另一个人选择了什么。矩阵中的第一个数字代表选择该决策时嫌犯 1 的收益，第二个数字是选择该决策时嫌犯 2 的收益。在这个博弈中，两个博弈方都有两个可选策略，因此有四种可能的结果。拿嫌犯 1 来说，他有坦白和不坦白两种选择，此时嫌犯 2 也可以选择坦白和不坦白。数字代表两人在各种决策组合下所获得的刑期（收益，被因为负值）。从左上到右下的情况分别是：嫌犯 1 和嫌犯 2 都坦白，两人各获刑 8 年。嫌犯 1 坦白嫌犯 2 不坦白，前者无罪，后者获刑 9 年。嫌犯 1 不坦白嫌犯 2 坦白，前者获刑 9 年，后者无罪。根据参与者理性的原则，两嫌犯只根据自身利益最大原则行事，不会考虑另一方会被判 9 年。嫌犯 1 不坦白收益为-9，坦白收益为-8，但他还是会选择坦白，因为他的理性判断对方会坦白。因此在本博弈中，无论嫌犯 2 采取什么策略，坦白给嫌犯 1 带来的收益是最大的。同理，嫌犯 2 也会这么想。但是从这个收益矩阵中，我们可以看到，最佳的结果不是双方都选择坦白，而是双方都选择不坦白，这样双方都获刑 1 年。然而因为两个嫌犯不能共谋，只能各自追求自身利益最大化而不顾及另一方，双方又不敢相信或者指望对方有合作精神，因此只能实现不理想的结果。由于这种结果在博弈中必然发生，很难摆脱，这个博弈便成为"囚徒困境"。

囚徒实验说明，人们在做决策时，主要是使用理性思维和逻辑推理，虽然他们也会猜测对方的心理和决策，但这种猜测仍然依据的是逻辑推理。

例 2　阿莱悖论（Allais Paradox）。

1952 年，法国经济学家、诺贝尔经济学奖获得者莫里斯·阿莱斯作了一个著名实验，设计对 100 人进行测试的赌局。

赌局 A：100% 的机会得到 100 万元。

赌局 B：10% 的机会得到 500 万元，89% 的机会得到 100 万元，1% 的机会什么也得不到。

实验结果：绝大多数人选择 A 而不是 B。赌局 A 的期望值（100 万元）虽然小于赌局 B 的期望值（139 万元），但是 A 的效用值大于 B 的效用值。

然后阿莱斯使用新赌局对这些人继续进行测试，

赌局 C：11% 的机会得到 100 万元，89% 的机会什么也得不到。

赌局 D：10% 的机会得到 500 万元，90% 的机会什么也得不到。

实验结果：绝大多数人选择 D 而非 C。即赌局 C 的期望值（11 万元）小于赌局 D 的期望值（50 万元），而且 C 的效用值也小于 D 的效用值（表 13-2）。

表 13-2　阿莱斯实验期望效用值

选择 1				选择 2			
赌局 A		赌局 B		赌局 C		赌局 D	
赢得	几率	赢得	几率	赢得	几率	赢得	几率
100 万	100%	100 万	89%	0	89%	0	90%
		0	1%	100 万	11%		
		500 万	10%			500 万	10%

出现阿莱悖论的原因是确定性效应（certainty effect），即人们在决策时，对结果确定的现象过度重视。

阿莱实验说明人们在做决策时，除了使用理性思维和逻辑推理，也会受到心理因素的重要影响。阿莱实验对卡尼曼（D. Kahneman）和特沃斯基（A. Tversky）后来的研究产生了重要影响。

（三）企业对员工的激励与约束的博弈

博弈论认为，任何一种有效的制度安排必须满足激励相容（incentive compatible）或自选择（self-selection）条件。因此，决策者必须在考虑其他局中人反应的基础上选择自己最理想的行动方案。

管理者对被管理者实施激励和约束时，必须考虑被管理者的需求及可能采用的反应对策，必须在充分满足被管理者效用最大化的前提下去实现组织效用的最大化。

（四）绩效考核博弈

博弈双方为考核的主管和被考核的员工，博弈对象为员工的工作绩效，博弈收益为考核结果。

双方博弈的结果如下：

表 13-3 绩效考核主管—员工博弈策略

员工 ＼ 主管	合作	不合作
合作	考核结果客观公正	考核结果有利员工
不合作	考核结果有利于主管	考核结果失去客观公正性

三、期望效用理论

期望效用函数理论（expected utility theory），也称冯·纽曼—摩根斯坦效用函数（Von Neumann-Morgenstern utility）。

期望效用函数理论是 20 世纪 50 年代冯·纽曼和摩根斯坦（Von Neumann and Morgenstern）在公理化假设的基础上，运用逻辑和数学工具，建立了不确定条件下对理性人（rational actor）选择进行分析的框架。不过，该理论是将个体和群体合而为一的。后来，阿罗和德布鲁（Arrow and Debreu）将其吸收进瓦尔拉斯均衡的框架中，成为处理不确定性决策问题的分析范式，进而构筑起现代微观经济学并由此展开的包括宏观、金融、计量等在内的宏伟而又优美的理论大厦。

如果某个随机变量 X 以概率 P_i 取值 x_i，$i=1,2,\cdots,n$，而某人在确定地得到 x_i 时的效用为 $u(x_i)$，那么，该随机变量给他的效用便是：

$$U(X) = E[u(X)] = P_1 u(x_1) + P_2 u(x_2) + \cdots + P_n u(x_n)$$

其中，$E[u(X)]$ 表示关于随机变量 X 的期望效用。因此 $U(X)$ 称为期望效用函数，又叫做冯·诺依曼—摩根斯坦效用函数（VNM 函数）。

考虑两人的博弈（二人零和博弈），二者出同样多的赌资（100元），赢者变成 200 元，输者为 0。不考虑其他因素条件下，输赢概率均为 0.5，期望效用 $E(u) = 0.5 \times 200 + 0.5 \times 0 = 100$。双方的效用为 $0.5 \times u_1 + 0.5 \times u_2 = 0.5(u_1 + u_2)$，$u_1$，$u_2$ 为两种状态下的边际效用，比赌博前的 u_1 少了 $\Delta u_1 = 0.5(u_1 - u_2)$。如果一个人拥有 200 元，再拿出 100 元进行赌博，其损失效用为 $\Delta u_2 = 0.5(u_2 - u_3)$。比较 Δu_1 和 Δu_2 如下：

$$\Delta u_1 = 0.5(u_1 - u_2) = 0.5\left(\int_{200}^{100} u(x)\,dx - \int_{300}^{200} u(x)\,dx\right)$$

对 $\int_{300}^{200} u(x)\,dx$ 作变量替换 $t = x - 100$，得

$$\int_{300}^{200} u(x)\,dx = \int_{200}^{100} u(t+100)\,dt = \int_{200}^{100} u(x+100)\,dx$$

$$\Delta u_1 = 0.5\int_{200}^{100}[u(x) - u(x+100)]\,dx = 0.5\int_{200}^{100} -u'(\mu_1)100\,dx = -0.5$$

$u'(\mu_1)100^2$，$\mu \in (100, 300)$

$$\Delta u_2 = 0.5\int_{300}^{200} u(x)\,dx - \int_{400}^{300} u(x)\,dx = 0.5\int_{200}^{100} u(x+100)\,dx -$$

$\int_{200}^{100} u(x+200)\,dx = 0.5\int_{200}^{100} u[(x+100) - u(x+200)]\,dx = -0.5$

$u'(\mu_2)100^2$，$\mu \in (200, 400)$ 且 $100 < \mu_1 < \mu_2 < 400$

$$\Delta u_2 - \Delta u_1 = [u'(\mu_1) - u'(\mu_2)]100^2 = \frac{1}{2}u''(\mu)100^2，100^2 < \mu < 400$$

当 u 为凹函数时 $u''(\mu) > 0$，当 u 为凸函数时 $u''(\mu) < 0$，当 u 为直线时 $u''(\mu) = 0$。所以，当 $\Delta u_2 - \Delta u_1 > 0$ 时，u 为凸函数；当 $\Delta u_2 - \Delta u_1 < 0$

时，u 为凹函数；当 $\Delta u_2 - \Delta u_1 = 0$ 时，u 为直线。

由此可见，当 $\Delta u_2 - \Delta u_1 < 0$ 时，即一个富人拿出一部分钱去赌博时所损失的效用要低于一个穷人拿出同样数量的钱去赌博时所损失的效用。也就是说富人更经得起赌博带来的效用损失，因为 u 是凹函数。[①]

——这是严格的数学分析，纯粹的理性决策！但我们很难想象，当大爷大妈在证券交易市场一边削土豆一边炒股的时候，他们会使用如此复杂的数学模型来决定买哪一只股票吗？那么，老百姓或者一位不懂如此高深的数学的普通人又是如何决策的呢？

——这个问题从 20 世纪 60 年代以来困扰着两位美国心理学家，他们决定来揭开这个奥秘。

第三节　卡尼曼和特沃斯基的前景理论

从 20 世纪 60 年代开始，美国普林斯顿大学以色列籍心理学教授、著名心理学家丹尼尔·卡尼曼和他的亲密无间、形同兄弟的合作伙伴、同样是以色列籍的行为学家、美国科学院院士特沃斯基开始了他们对决策问题的研究。最初的设想来源于他们在希伯来大学草地上的漫步，或者在某个小咖啡馆的闲谈。

一、早期的心理行为实验和理论探索

由于受到阿莱实验的影响，卡尼曼和特沃斯基最初小心翼翼地讨论这样一些简单的决策模型和心理行为实验。

实验 1　以抛硬币做选择，正面赢，背面输，你愿意参加下面的赌局吗？

　　A 赢 50 美元

　　B 输 50 美元

实验结果：几乎没有人愿意参加这个赌局。这是怎么啦？赢和输的

---

① https://wiki.mbalib.com/wiki/期望效用理论。

概率是一半对一半，应该有一半的人愿意参加这个赌博才对啊！看来人们的决策并不受概率计算的支配——概率论受到了怀疑。

现在增加庄家输的赔率，下面的赌局你愿意参加吗？

实验 2　以抛硬币做选择，正面赢，背面输，你愿意参加下面的赌局吗？

A 赢 100 美元

B 输 50 美元

A 赢 150 美元

B 输 50 美元

A 赢 200 美元

B 输 50 美元

实验结果：当赔率增加时，人们跃跃欲试；赔率增加，愿意参加赌局的人也随之增加。令人奇异的是，只有当赔率增加到 4 倍时，愿意参加赌局的人数才达到一半。至此，概率论这种理性决策的模型被彻底推翻。

下面，接着来做一种选择任务实验。请看实验 3 和实验 4。

实验 3　请做下面的选择（二选一）：

A 肯定会得到 900 美元，或者

B 有 90% 的可能会得到 1000 美元。

实验 4　你会选择哪一个（二选一）？

A 必定会损失 900 美元，或者

B 有 90% 的可能会损失 1000 美元

这两个选择任务中，赢和输的概率仍然是一样的。但在实验 3 中，人们更多地愿意选择 A，即采取保守的稳赢的策略，而不愿意选择 B，即有 10% 赢得更多，但却有更大输的风险的策略。实验 4 的情况正好相反。当人们面临输的时候，往往采取冒险的策略，即选择 B 而不是 A。

这是没有基本财富时的选择。那么，假设人们拥有基本财富时，决策的方案是否会有改变呢？请看下面的实验。

实验5 不管你有多少钱，有人又给你 1000 美元，请从下面两个选项作出选择：

A 有 50% 的概率赢得 1000 美元，或者

B 肯定会得到 500 美元

实验6 不管你有多少钱，有人又给你 2000 美元，请从下面两个选项作出选择：

A 有 50% 的概率失去 1000 美元，或者

B 肯定会失去 500 美元

实验结果：在实验 5 中，人们更多地选择 B；而在实验 6 中，人们更多地选择 A。这说明，不论你有多少财富，趋利避害的心理影响在决策中不会改变：人们在面临赢的机会时会采取保守策略，在面临输的机会时会采取冒险策略。

卡尼曼和特沃斯基设计的这种简单而又精彩的实验还有很多。在一个实验中，心理学家召集一群人让他们想象一种情况，如果一种可怕的疾病暴发，可能有 600 人会因此死亡。现在有两种治疗方案可供选择，A 方案的结果是 200 人肯定可以得救。B 方案的结果是 1/3 的机会 600 全都可以得救，2/3 的机会连 1 个人也救不了。大部分接受实验者都选方案 A，也就是偏向于肯定的方案。而从人员的死亡这方面来描述结果就会不同。如果被告知采取方案 A 会有 400 人丧生，而采取方案 B 则有 1/3 的概率没人会死，2/3 的概率 600 人会死，这样被试就会选择方案 B。在出现的是负面情况时，大部分人倾向的不是肯定的方案，而是否定的方案。20 年来，卡尼曼和特沃斯基详细阐述了这种实验中人们的非理性的行为，并总结出理论来解释这一现象。他们建立的理论是：不确定的损失比获得更重要，人们虽然喜欢赢，但却害怕输，后者付出的心理价值更大。第一印象对今后的判断很重要，具体而生动的例子比抽象的理论更有分量。

一直以来，经济学家们都假设人们的信仰及决定都合乎逻辑，而他们将理论建构在一个理性决策的基础上：在这个社会里每个人都是理性的，寻求每个机会来提高他们的利益并使自己快乐。但卡尼曼和特

沃斯基发现，在大多数情况下人们的行为是不合逻辑的，他们的选择与判断不能与经济学的理想模型相吻合，他们背离理性的某些行为，传统的经济学并不能解释这种现象，但心理学家可以作出解释。比如前面有关生和死的实验，一种相同的选择机会如果以不同的方式表现出来的话，就会引起人们作出不同的决定。经济学家们以前并不习惯从心理学的角度寻求指导，现在也开始注意心理因素对决策的影响了。特沃斯基 1974 年发表在权威的《科学》杂志上的文章，[①]　和 1979 年发表在《经济学季刊》杂志上的文章引起经济学家的注意。[②]卡尼曼和特沃斯基的工作为行为经济学提供了坚实的理论基础，并得到经济学家广泛的认同。

二、前景理论

2002 年的诺贝尔经济学奖发给了美国心理学家卡尼曼，他带给人们一个新的理论——"前景理论"（prospect theory）。瑞典皇家科学院称，卡尼曼因为"将来自心理研究领域的综合洞察力应用在经济学当中，尤其是在不确定情况下的人为判断和决策方面作出了突出贡献"，因此摘得 2002 年度诺贝尔经济学奖的桂冠。

前景理论由卡尼曼和特沃斯基共同创建，是通过修正最大主观期望效用理论发展而来的。但 2002 年诺贝尔经济学奖却由卡尼曼独得。其时，卡尼曼的亲密合作者特沃斯基当时已经去世，而诺奖不授予已经去世的人，对这一理论作出共同贡献的人却无缘获奖。时年 68 岁的卡尼曼悲伤地说："我觉得这个奖是我俩一起得的，我们像兄弟一样共同工作已有一个世纪了。"[③]

前景理论是描述性范式的一个决策模型，它假设风险决策过程分为

———————

①　Tversky A, Kahneman D. Judgment under uncertainty: Heuristics and biases. *Science*, 1974, 185: 1124-1131.

②　Kahneman, D., & Tversky, A. (1979). Prospect theory: an analysis of decision under risk. *Econometrica*, 47, 263-291.

③　参见 https:// baike.sogou.com/v38373764.htm? fromTitle＝特沃斯基。

编辑和评价两个过程。

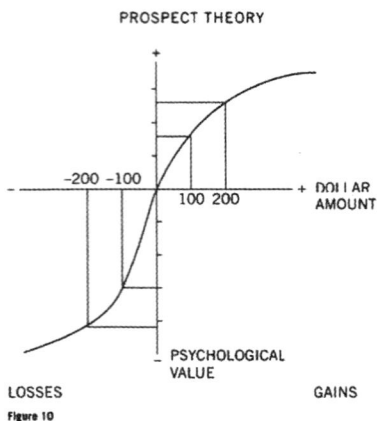

图 13-2　前景理论：盈亏的心理价值

在编辑阶段，个体凭借"框架"（frame）、参照点（reference point）等采集和处理信息，在评价阶段依赖价值函数（value function）和主观概率的权重函数（weighting function）对信息予以判断。价值函数是经验型的，它有三个特征：

① 大多数人在面临盈利时是风险规避的；

② 大多数人在面临损失时是风险偏爱的；

③ 人们对损失比对获得更敏感。

图 13-2 说明前景理论的盈亏心理价值。横轴表示盈亏的美元价值（dollar amount），左边负值为亏损（losses），右边正值为盈利（gains），单位是美元。纵轴表示盈亏时的心理价值（psychological value），上边正值为快乐，下边负值为痛苦。

此图说明，人们在盈利和亏损时，所产生的心理感受是很不一样的。例如，当你获得 100 元时，如果感受到的快乐是 1.6 个单位的话，那么，当你损失 100 元时，你感受到的痛苦却要几乎大 2 倍，你将感受到负 3 个单位的痛苦！这就说明，为何你和朋友打赌赢了 100元去吃了一餐饭，此事你很快就会忘记，而当你丢了 100 元却久久不能忘怀。

更为奇特的是，亏损引起的心理痛苦是一个凹函数，它下降很陡；盈利引起的快乐是一个凸函数，它上升缓慢。当你的损失从 50 元逐渐负增长到 100 元和 200 元时，你所感受到的心理痛苦相应地从负 1.5 个单位增长到负 3 和负 4.2 个单位。但当你的盈利从 50 元增加到 100 元和 200 元时，你所感受到的快乐相应地从 0.6 个单位仅增加到 1.6 和 2.6 个单位。

因此，人们在面临获得时往往是小心翼翼，不愿冒风险；而在面对损失时会很不甘心，容易冒险。人们对损失和获得的敏感程度是不同的，损失时的痛苦感要大大超过获得时的快乐感。

其实，类似的心理感受我们从日常生活中也能够体会到。例如，人们常说的"见好就收"、"适可而止"就反映了一种赢时的保守策略；而"输红了眼"、"孤注一掷"则反映了输时的冒险策略。

前景理论从根本上推翻了在经济决策领域中长期占主导地位的理性主义的假说，重视心理、经验、直觉等非理性因素在经济决策特别是风险决策中的作用，从而获得诺贝尔经济学奖。前景理论的建立，标志着一个时代（理性主义时代）的结束和另一个新时代（非理性主义时代，或者经验主义时代）的开始。

第四节　卡尼曼的双系统加工理论

2002 年获诺奖后，虽然亲密合作伙伴已经故去，但卡尼曼对决策的脑与心理加工机制的探索没有停止。

一、双系统加工理论

2011 年，卡尼曼出版了他的著作《思维：快与慢》，他用两个代理人的隐喻即系统 1 和系统 2，来描述人的思维活动。系统 1 是心理的、直觉的、自动的和无意识的，它是快的思维系统；系统 2 是逻辑的、分析的、受控的和意识的，它是慢的思维系统。卡尼曼认为，系统 1 在判断和决策中的作用比我们所知道的要大，它是判断和决策的幕后主使

（secret author）。①

该书对这两个系统的工作方式和相互影响做了细致入微、有理有据、引人入胜的分析。卡尼曼的研究是一项具有划时代意义和取得振奋人心重大成果的、有重要应用价值的决策理论，同时也属于心理逻辑研究，即心理因素对逻辑决策产生影响的研究。② 卡尼曼的双系统加工理论如表 13-4 所示。

表 13-4　双系统加工方式对照表

	加工方式	能量消耗	快与慢	对与错
系统 1（system 1）	直觉的心理的	节省能量的	快的	易错
系统 2（system 2）	分析的逻辑的	消耗能量的	慢的	准确

卡尼曼认为在决策中，系统 1 起主导作用，但这并不否认系统 2 的作用。系统 2 通过计算来分析和解决问题，它比较慢，但更准确，不容易出现错误。哪怕是一个简单的运算，其结果都比专家靠直觉作出的预测更准确。

二、为何不是左右脑

卡尼曼的双系统加工理论，不禁让我们想到左右脑的分工：左脑进化于其原初的功能——进攻和捕食；右脑亦是进化于其原初功能——防守和防止被掠食。在人类漫长的进化过程中，根据相同功能由同一侧大脑管理的进化原则，左右脑出现了明确的分工（参见本书第一章"认知的神经科学基础"）。现将左右脑的原初功能、主要认知功能、基本功能总结对照如下（表 13-5）：

---

① Kahneman, D. (2011). *Thinking, Fast and Slow*, Farrar, Straus and Giroux；Reprint edition. 另参阅中译本卡尼曼：《思考：快与慢》，胡晓姣等译，中信出版社 2012 年版。

② 蔡曙山：《认知科学框架下心理学、逻辑学的交叉融合与发展》，《中国社会科学》2009 年第 2 期。

表 13-5　左右脑主要功能对照表

	原初功能	主要功能	基本功能	能量消耗	快慢	对错
左脑	捕食 进攻	环境认知	心理、直觉 音乐、艺术 想象、创造	节省	快	易错
右脑	防被掠食 防守	目标认知	逻辑、数学 语言、文字 分析、推理	消耗	慢	准确

　　对比表 13-4 和表 13-5 容易看出，两者何其相似！所谓系统 1 其实就是右脑功能，所谓系统 2 就是左脑功能。

　　那么，卡尼曼为何不直接说左右脑加工，而要发明出所谓系统 1 和系统 2 的新范畴、新系统、新方法？认真分析，主要有以下原因：

　　第一，知识背景的原因。卡尼曼是心理学家，特沃斯基则是行为学家，他们的实验都是用简单的行为心理学方法，甚至是思想实验的方法来做的，他们不可能用自己不熟悉的脑与神经科学的方法来做实验，将某种认知功能定位到特定的脑区，甚至定位到神经元。

　　第二，拒斥还原论。将复杂的人类认知功能用特定脑区甚至神经元来解释，这种认识方法叫作还原论或还原主义（reductionism），认为复杂的系统、事物、现象可以将其化解为各部分之组合来加以理解和描述。这种方法最初由美国哲学家蒯因在《经验主义的两个教条》中提出，①　它在自然科学中有很大影响，例如认为化学是以物理学为基础，生物学是以化学为基础，等等。但在社会科学中，围绕还原论的观点有很大争议，例如心理学是否能够归结于生物学，社会学是否能归结于心理学，政治学能否归结于社会学，等等。为了避免受到还原论的指责，最理智的做法当然就是拒斥还原论。

　　顺便说一下，20 世纪爱因斯坦发明和倡导的理想实验的方法、心理学家沃森在著名的选择任务实验中使用的简单的行为实验的方法，依

---

　　①　蒯因：《经验主义的两个教条》，载洪谦：《逻辑经验主义》（下册），商务印书馆 1984 年版。

然是科学研究中最常用、最有效的实验方法，实验结果同样能够得出和创建伟大的科学创新理论，如同爱因斯坦和沃森所做的那样。反之，即使使用最先进、最复杂、最精密的实验仪器和设备，如果缺少有价值的思想理论和实验假设，实验结果也是没有任何思想意义和理论价值的。

第三，创新理论往往需要自己的理论架构。科学家、哲学家提出自己的创新思想时，往往会重新建构自己的理论体系和框架，而不会沿用别人的体系和范畴，这样的例子在科学史和哲学史上比比皆是。例如，狭义相对论是爱因斯坦在吸收了 20 世纪物理学若干重大发现，如迈克尔逊—莫雷实验对以太的否定，以及对牛顿经典力学绝对时空观的批判等基础上，在"光速不变"和"坐标表平权"两条基本假设下建立起来的崭新的理论体系。在这个理论体系中，"钟慢"、"尺缩"和著名的质能公式 $E = mc^2$ 都是在理论体系内得到的新的范畴和关系。又例如，马克思主义哲学（辩证唯物主义和历史唯物主义）是在吸收德国古典哲学的成就，特别是费尔巴哈的唯物主义和黑格尔的辩证法的基础上建立起来的。但在这个新的哲学体系中，不仅有自己的特殊的理论体系和范畴，还建立了特质第一性、精神第二性的本体论；普遍联系、质量互变、否定之否定的辩证法；世界可知性和实践第一性的认知论；将辩证唯物论应用于社会历史领域的唯物史观。同样，卡尼曼的双系统加工理论虽然对过去的理论有所继承，但它是一个完全崭新的理论体系。

三、心智进化论的回答

进化论是一切科学问题的最终解释。对双系统加工理论的解释同样是这样。为何存在左右脑的分工协同？为何会有双系统不同的加工方式？为何系统 1 是快的、节省能量的同时又是易错的；而系统 2 却是慢的、消耗能量的和准确的？——对这些问题，我们只能寻求进化论的最终解释。先来看几个例子。

例 1　视觉偏差，你无法控制使你不用你的右脑。

下面是一些著名的视错觉图（图 13-3）。

认真观察我们会发现，所有错觉都是在背景认知的情况下产生的，

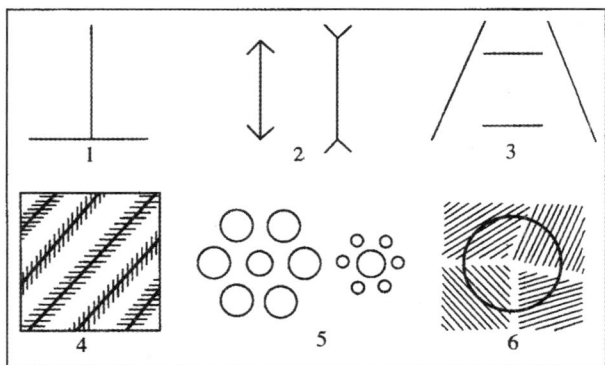

图 13-3　视错觉图

说明：图 13-3 中，1—3 中的两条线段是一样长的，但任何人都不可能把它们"看"得一样
　　　长，为什么呢？
　　　4 中从左下向右上的直线都是平行线，但"看起来"它们无论如何都不平行，这又是为
　　　什么？
　　　5 中左右两部分中间的圆是一样大的，如果你愿意用直尺和圆规去量一下的话。但无论
　　　如何你都无法把它们"看"得一样大。在大圆包围中的那个小圆看起来要小一些，而
　　　在小圆包围中的小圆看起来要大一些，不是吗？
　　　6 中的那个圆是正圆，但"看起来"它却是歪的，为什么？

如果没有相关的背景，这些视错觉就会消失。可以用下面的实验来加以
验证。以 6 为例，把圆画在一块玻璃上，把 4 块斜线的背景画在另一块
玻璃上，这时看第一块玻璃上的圆是一个正圆，并没有错觉产生。现在
把两块玻璃叠放在一起，错觉产生了。这种错觉是如此之强烈，以至于
你无法用自己的理智或理性认知来排除它。

　　那么问题来了。既然错觉是对事物的一种错误的认知，为何在进化
中我们要保留而不是淘汰掉这种认知能力呢？

　　答案简单而又惊人：保留这种认知错觉的个体有进化的优势，因而
它就被保留了。这是因为，错觉这种认知能力是与环境认知密切相关
的，如果失去这种环境认知能力，这样的个体在进化中就会被淘汰掉，
因此，进化的选择使人类保留了这种错觉认知的能力。

　　例 2　脱口而出的错误答案。

　　下面是一个相对简单的问题，请你随意回答。

　　　球拍和球共花 1.10 元，

球拍比球贵 1 元,

问球多少钱?

大多数人会马上回答:1 元和 10 分。其实正确的答案应该是:1.05 元和 5 分。求解如下:设球值 x 元,依题意有

$$x+1+x=1.1$$

解之,$x=0.05$。因此,球拍 1.05 元,球 5 分。

所以发生错误,是因为大多数人按照直觉作出回答,而不会去做简单的计算。但是哪怕是一个简单的计算,也比直觉得出的结论可靠得多。为什么人们宁愿使用错误的直觉,也不去使用正确的计算呢?

例 3　逻辑推理

下面是一个三段论,请你想想推理是否正确。

所有的玫瑰都是花,

有些花会很快凋谢,

因此,有些玫瑰也会很快凋谢。

大部分人马上回答这个推理是正确的。事实上,学过简单逻辑学(亚里士多德逻辑,或称传统逻辑)的人都知道,这是一个错误的推理。略作分析就会知道,在前提中出现而在结论中不现出的那个词项(中项)"花"在两个前提中都不周延,即只断定了它的部分外延,从而使得小项"玫瑰"和大项"凋谢"之间失去了联系,因此不能得出结论。从三段论的规则说,它犯了"中项不周延"的错误,推理是不正确的。

这两个例子说明,人们在做判断和推理时,往往也是使用心理、经验和直觉这些非理性的方法来进行,即利用系统 1 进行处理。如果进一步问为什么是这样呢,这个问题仍然只有进化论才能提供最终解释。

在本书第一章我们说过,人类心智由意识和无意识两个舵来掌控,心智进化产生的无意识能力是为了让心智在任何情况下,例如在睡眠、催眠、昏迷的情况下,都有一种力量来掌控我们的心智。因此,意识是一种心智能力,无意识也是一种心智能力,而且是基本的、缺省的心智

能力，可以说，它是比意识更强大的心智能力。

意识形式从初级到高级有感觉、知觉、表象、概念、判断、推理等，无意识是不能进入意识层面的心智形式，如原始的冲动、梦境、催眠、口误、大多数的运动和行为等，在认知科学时代我们知道，甚至连第一语言的加工、思维等认知形式也被证明是无意识的。

直觉是感觉之外的一种知觉形式。感觉包括视觉、听觉、嗅觉、味觉和触觉，统称为"五感"，直觉则是这之外的感觉，也称为"第六感觉"。知觉是多种感觉通道获得的整体认知形式，直觉也具有整体性的特征，但它是在感觉之外的一种独特的知觉形式，是不经过感觉通道加工的。直觉和无意识的区别是：无意识是完全在意识之外的，是不能被意识到的心智形式和心智能力，而直觉一经产生，它是可以被意识到的，并能够被意识所加工。例如，第一语言的加工通常要借助于直觉，一个中国人可以从汉语直觉地感受到唐诗宋词和《红楼梦》的美妙，我们仅从语言就可以体会到《红楼梦》后四十回的"天昏地暗"，绝非曹雪芹所作，我们的文化背景使我们能够产生这样的语言和思维的直觉。

人类心智进化中产生的这些无意识和直觉的认知能力，都具有节省能量、快和易错的特征。在人类的认知活动中，这样的心智能力是必不可少的，它是大脑的缺省功能。进化产生的这种心智能力是有优势的，第一，它保证人类的心智不会失去控制；第二，它保证人类心智总会以最快的方式对环境条件作出反应；第三，它保证大脑以最低的能量消耗完成认知任务，而保留更多能量以随时完成其他的认知加工任务。所以，在人的认知活动中，人们不一定会用逻辑推理和理性思维去做判断和决策，而宁愿用快的和易错的经验和直觉。那么，如何保证系统1在认知活动中产生错误后能够得到及时的纠正呢？这又要依靠具有分析和推理能力的系统2。因此，在人们的认知活动中，逻辑思维的训练是重要的，也是必要的。

思考作业题

1. 什么是决策？什么原因使决策成为认知科学的新宠？

2. 试述决策的分类。什么是理性的决策和非理性的决策？

3. 理性决策有哪些基本的理论？非理性决策又有哪些基本的理论？在理性决策向非理性决策演变的过程中，认知科学的发展起了什么作用？

4. 试分析兰德决策模型。试以一案例说明兰德模型在决策中的应用。

5. 20 世纪 50 年代的阿莱实验、西蒙的有限理性决策理论、60 年代的沃森选择任务实验对卡尼曼和特沃斯基前景理论的建立产生了什么影响，试分析这些理论发展的线索和依据。

6. 卡尼曼和特沃斯基前景理论建立的历史和学术背景是什么？试分析前景理论的实验假设、实验材料、被试、实验结果，并对前景理论（图 13-2）做盈亏的心理价值分析。

7. 试述卡尼曼的双系统加工理论。系统 1 和系统 2 的加工方式是什么？两种加工方式有什么联系和区别？

8. 为什么说系统 1 是主导的，系统 2 是从属的？卡尼曼是如何得出这一结论的？

9. 当系统 1 在判断和决策中产生错误或偏差时，系统 2 是否会加以纠正？在什么情况下系统 2 会对系统 1 的错误加以纠正？如何纠正？

10. 试比较双系统加工理论与左右脑分工理论的联系和区别。为什么卡尼曼不使用双脑加工理论而要建立双系统加工理论来描述人脑的认知加工？

11. 试以视错觉为例，从心智进化的观点分析错觉作为一种特殊的认知方式的进化优势。

12. 视错觉都与背景认知有关。试分析图 13-3（视错觉图）中 1 的视觉对象和背景，并分析此图产生视错觉的原因。

13. 人们在判断和决策中为什么不可避免地要作用直觉、灵感、顿悟等非理性的认知方式？

14. 人们在判断和决策中为什么不直接使用更加准确的系统 2，而要使用易错的系统 1？你能够有意识地使用系统 2 而排斥系统 1 的错误影响吗？为什么？

15. 试比较直觉和无意识这两种心智能力和认知方式。试说明二者的联系与区别。

推荐阅读

Braine，Martin D. S. and David P. O'Brien（1998）*Mental Logic*，Psychology Press.

Johnson－Laird，P. N.（1983）*Mental Models*，Harvard University Press.

Johnson－Laird，P. N. and George Miller（1987）*Language and Perception*，Belknap Press.

Johnson－Laird，P. N.（1993）*Human and Machine Thinking*，Lawrence Erlbaum Associates.

Johnson－Laird，P. N.（2009）*How we reason*，Oxford University Press.

Kahneman，D.，& Tversky，A.（1979）. Prospect theory：an analysis of decision under risk. *Econometrica*，47，263－291.

Kahneman，D.，P. Slovic，and A. Tversky，（1982）*Judgement under Uncertainty：Heuristics and Biases*，Cambridge University Press.

Kahneman D.，Tversky A. Choices，values，and frames. *American Psychologist*，vol. 39（4），Apr 1984，341－350.

Rips，L. J.（1994）*The psychology of proof：Deduction in human thinking*，Cambridge，Mass.：MIT Press.

Tversky A，Kahneman D. Judgment under uncertainty：Heuristics and biases. *Science*，1974，185：1124－1131.

Wason，P. C.（1966）Wason selection task，from Wikipedia，the free encyclopedia.

Wason, P. C. and P. N. Johnson-Laird (1970) *Thinking and resoning*, Penguin.

Wason, P. C., & Johnson-Laird, P. N. (1972) *Psychology of Reasoning. Structure and Content*. Cambridge, MA：Harvard University Press.

卡尼曼：《思考：快与慢》，中信出版社 2012 年版。

蔡曙山：《政策分析原理》，《中国行政管理》1991 年第 10 期。

蔡曙山：《认知科学框架下心理学、逻辑学的交叉融合与发展》，《中国社会科学》2009 年第 2 期。

蔡曙山：《生命进化与人工智能》，《上海师范大学学报》2020 年第 3 期。

洪谦：《逻辑经验主义》（下册），商务印书馆 1984 年版。

彭聃龄：《普通心理学》，北京师范大学出版社 2012 年版。

第十四章

无意识思维

无意识思维是著名的认知科学三大发现之一。[①] 莱考夫和约翰逊在《体验哲学——涉身心智及其对西方思想的挑战》一书中，开宗明义指出认知科学的三大发现是：心智在本质上是涉身的；思维大多数是无意识的；抽象概念大部分是隐喻的。

之所以说它们是认知科学的三大发现，因为这三个论断代表了认知科学最富革命性的思想。

第一，心智是涉身的。这个论断是关于脑与神经认知的，它发生在脑与神经系统这个最低也是最根本的层级上，指出了脑与神经认知的本质特征，并且涉及科学和哲学最根本的问题——心身关系问题。读者可以参阅蔡曙山《认知科学与技术条件下心身问题新解》。[②]

第二，概念是隐喻的。这个论断是关于语言认知的。人类语言与非人类动物语言的本质区别是，人类语言是能够表达抽象概念的符号语言。一个人怎么能够掌握那么多的抽象概念呢？认知科学家的回答是：隐喻。关于语言在人类认知中的地位和作用，读者可以参阅蔡曙山《论语言在人类认知中的地位和作用》。[③]

第三，思维是无意识的。这个论断是关于思维认知的，这是一个颠

---

① Lakoff, G. and Mark Johnson. *Philosophy in the Flesh：the Embodied Mind and its Challenge to Western Thought*. Publisher：Basic Books，1999，p. 3.

② 蔡曙山：《认知科学与技术条件下心身问题新解》，《学术前沿》2020 年第 5 期。

③ 蔡曙山：《论语言在人类认知中的地位和作用》，《北京大学学报》2020 年第 1 期。

覆性的论断。两千多年来我们一直认为，概念、判断、推理等思维形式，是理性认识的范畴，它们一定是在有意识和有理性的状态下作出的。认知科学的研究颠覆了两千多年以来的认识和结论。认知科学的研究告诉我们，不仅概念、判断、推理等思维加工是无意识的，甚至连思维的基础语言的加工特别是第一语言的加工也是无意识的！

第一节　意识和无意识

意识、无意识、潜意识、下意识和前意识是我们要明确的几个基本概念和范畴。

意识（conscious（形），consciousness（名））和无意识（unconscious（形），unconsciousness（名））是两个对立的范畴。很显然，后者是由前者加上否定的前缀而成，后者是对前者的否定。

潜意识（subconscious（形），subconsciousness（名）），从构词学看，它是意识之下的东西，是指人类心理活动中不能认知或没有认知到的部分，是人们"已经发生但并未达到意识状态的心理活动过程"。弗洛伊德又将潜意识分为前意识（preconscious）和无意识两个部分。潜意识又译为下意识。前意识是弗洛伊德心理学早期使用的一个概念，指的是无意识转换为意识的一个预备阶段，但这个假设是不成立的。后来的心理学和认知科学证据证明，意识和无意识之间的转换是瞬时的、平滑的，是不需要前意识这个中间环节的。

一、意识

意识就是现时正被人感知到的心理现象，它涉及我们心理现象的广大范围，包含着我们感知到的一切消息、观念、情感、希望和需要等。它还包括我们从睡眠中醒来时对梦境内容的意识。更广泛地说，人类理性思维的形式如概念、判断和推理，也是意识的形式。人类的这些心理的感知和思维形式，是通过语言来实现的。

二、无意识

无意识是指那些在正常情况下根本不能变为意识的东西，比如内心深处被压抑而无从意识到的欲望，正如所谓的冰山理论：人的意识组成就像一座冰山，露出水面的只是一小部分（意识），但隐藏在水下的绝大部分却对其余部分产生影响（无意识）。弗洛伊德认为无意识具有能动作用，它主动地对人的性格和行为施加压力和影响。弗洛伊德在探究人的精神领域时运用了决定论的原则，认为事出必有因。看来微不足道的事情，如做梦、口误和笔误，都是由大脑中潜在原因决定的，只不过是以一种伪装的形式表现出来。由此，弗洛伊德提出关于无意识精神状态的假设，将意识划分为三个层次：意识、前意识和无意识（图14-1）。他又将前意识和无意识两个部分统称为潜意识（subconscious）。潜意识又译为下意识。

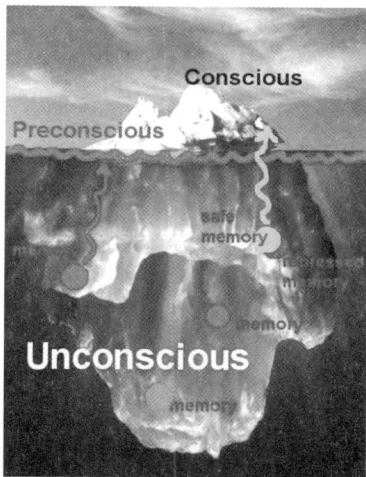

图 14-1　弗洛伊德无意识冰山图

意识是个人在任何时刻能够觉察到的感觉和体验。潜意识是对意识构成潜在影响的记忆和情绪等内容，是不能简单注意就能觉察到的，可能在梦、口误中泄露其部分。也可以通过精神分析学等用技术发现。

弗洛伊德是近代系统研究无意识的第一人。下面我们来看弗洛伊德的无意识理论。

第二节　弗洛伊德的无意识理论

弗洛伊德认为：存在于无意识中的性本能（libido）是人的心理的基本动力，是支配个人命运、决定社会发展的力量；并把人格区分为自我、本我和超我三个部分。主要著作有《梦的解析》（1900）、《日常生

活的精神病理学》（1904）、《精神分析引论》（1910）、《图腾与禁忌》
（1913）、《精神分析引论新编》（1933）。

梦是弗洛伊德研究无意识的典型材
料。在 1900 年出版的《梦的解析》一书
中，弗洛伊德引入本我概念，建立了无意
识理论，是用于解析梦的经典著作，应用
到心理学，解读人们的无意识在梦中的表
象。该书创立了弗洛伊德"梦的解析"理
论，被作者描述为"理解潜意识心理过
程"的捷径。

《梦的解析》第一次告诉人们：梦是
一个人与自己内心的真实对话，是自己向
自己学习的过程，是另外一次与自己息息
相关的人生。

图 14-2　弗洛伊德《梦的解析》

在隐秘的梦境所看见、所感觉到的一
切，呼吸、眼泪、痛苦以及欢乐，并不是都没有意义的。弗洛伊德在
《梦的解析》中还认为人在清醒的意识下，还有一个潜在的心理活动在
进行着，这种观点就是著名的无意识理论。

弗洛伊德在《梦的解析》中从心理学角度对梦进行了系统研究，
这些研究使梦与疾病的关系渐渐清晰起来。奥地利心理学家弗雷德·阿
德勒（Alfred Adler，1870—1937）认为，梦是在潜意识中进行的自我
调整和激励，以及对未来目标的设定。美国心理学家艾瑞克·弗洛姆
（Erich Fromm，1900—1980）认为，梦的功能是探讨做梦者的人际关
系，并帮其找到解决这些问题的答案。

20 世纪 50 年代兴起的实验心理学对梦作出比较科学的认识。实验
心理学研究发现，梦的发生与人在睡眠状态下快速动眼和非快速动眼的
周期性相关。一般来说，梦发生在快速眼动睡眠（rapid eye movement，
REM）阶段，梦的内容也有规律。在第一、第二次眼球快动时，梦大
多重演白天的经历，第三、第四次快速动眼时，梦多半是过去的情景和

体验；第五次快速动眼持续时间最长，过去与最近的事互相交织。人们在睡眠中感觉身体不适或疾病，大多发生在第一、第二次快速动眼时做的梦，而慢性病的感觉可能在第三、第四次快速动眼时做的梦里。

过去认为真正的做梦只有在人类身上被直接证实发生过，不过现在发现，动物也会有快速眼动睡眠，然而他们的主体经验却难以确定。平均拥有最长快速眼动睡眠时期的动物是穿山甲。哺乳类可能是大自然中唯一或者至少是最频繁的做梦者，因为和他们的睡眠模式有关。

弗洛伊德认为，梦不是偶然形成的联想，而是压抑的欲望（无意识的情欲伪装的满足），它可能是对治疗有重要意义的情绪的来源，包含导致某种心理的原因。所以，梦是通往无意识的桥梁。

催眠是弗洛伊德研究无意识的另一个重要领域，并且他将催眠术应用于精神疾病的治疗。催眠是指催眠师向被试者提供暗示，以唤醒他的某些特殊经历和特定行为。许多心理学家认为，催眠与其他一般状态是相似的，包括放松、全神贯注和联想。在催眠状态下，一个人可能经历"在感知、思维、记忆和行为上的一些改变"，包括暂时的麻痹、幻觉和忘记，从而对催眠术医师的暗示作出反应。

弗洛伊德在 19 世纪 90 年代开始进行催眠实践，但后来他发现有些人根本用不着催眠诱导，于是就逐渐放弃催眠，构建了他精神分析中的"自由联想"技术。

《精神分析引论》是弗洛伊德精神分析学说最重要的著作之一。在这部著作中，他以"心理冲突"和"泛性论"观点对日常生活中人们的过失行为、梦及神经病三项专题进行了深入的分析和系统的阐述。弗洛伊德认为，人们日常生活中的过失现象是有意义的。它是心灵中两种相反的倾向相互牵制而趋向调和的心理行动。同样，梦也不是一种神谕或毫无意义的生理现象，而有其背后的"隐意"；梦是遭到压抑的潜意识欲望的变相满足。释梦的工作便是激发梦者的"自由联想"、由梦的"显意"推知其"隐意"的过程。相反，梦的隐意转变为显意的过程叫作"梦的工作"，它有四个成就："压缩"作用、"移置"作用、将思想转变为视像、"润饰"作用以及"回溯"作用，即回溯到童年时期的景物和欲望，成为这些景物和欲望的象征。最后，弗洛伊德分析了神经病。他认为神经病症候也是两种相反的心理倾向相冲突的结果：其中一方是被压抑的性本能的潜意识欲望，另一方是压抑它的自我本能的理性规范。一旦这种受压抑的性本能欲望被导入意识层面，神经病症候即可消除。该书立足于备受争议的精神分析的两大理论前提：一是"心理过程自身是潜意识的，而整个心理生活只有某些个别的活动和部分才是意识的"；二是可被描述的性的本能冲动——包括广义和狭义的——都是神经性疾病和心理疾病的重要起因。

今天，梦和无意识也成为认知科学的重要研究对象。通过分析弗洛伊德对梦的研究，人们惊讶地发现：梦的状态充满着心理和思维活动，是一种重要的认知方式。事实上，梦作为无意识的认知，是人的心智能力表现。意识与无意识犹如两个舵，它们轮流掌控着人类心智，指导着人类的行为方式。在认知科学的今天，我们认识到，无意识远比我们原来想象的要强大得多。

第三节　无意识的心智

一、心智的两个舵

弗洛伊德研究无意识的两个重要领域一个是梦，另一个是催眠，催眠成为心理医生治疗心理疾病的重要方法。过去人们认为，无意识只在梦和催眠这两种情形下出现。

20世纪下半叶以来，一些著名心理学家、语言学家和认知科学家研究发现，无意识在语言加工、思维和推理、判断和决策以及几乎人类的一切认知活动中都有存在。这些著名的研究工作包括沃森选择任务实验（Wason selection task，1966）、乔姆斯基的先天语言能力（Innate Language Faculty，ILF，1960s）、卡尼曼和特沃斯基的前景理论（D. Kahneman，P. Slovic，A. Tversky，1982）、莱考夫和约翰逊的认知科学三大发现（Lakoff，G. and Mark Johnson，1999）等。这些工作我们在本书前面有关章节已经做了详细介绍和讨论。2007 年，蔡曙山提出先天逻辑能力的观点。他认为，在沃森选择任务实验中，充分条件假言推理肯定前件式亦称演绎规则（Modus Ponens，MP）之所以获得 100%的支持，因为这是一种先天逻辑能力（Innate Logic Faculty，ILF），是人的头脑里预装的，是不需要学习的，是一种先天的认知能力。① 他认为，甚至非人类动物也具有这种先天的逻辑反应能力 MP，如动物的神经系统的反射能力和心理系统的刺激—反应能力（S-R ability）就是这种先天的心智能力。

无意识远比我们想象的要强大得多。事实上，人类认知的五个层级即脑与神经层级的认知、心理层级的认知、语言层级的认知、思维层级的认知和文化层级的认知都伴随着无意识活动。意识和无意识犹如心智的两个舵，它们轮流掌控着人类的心智，从而控制着人类的行为。

那么，人类心智为什么需要无意识这个舵呢？一切都交给意识，让人类能够严格按照理性来办事岂不更好吗？

这是人类心智进化的选择，意识和无意识两个舵管控心智比一个舵好！这样的心智系统具有进化的优势。

前已说明，人的意识系统是需要休息的，例如睡眠。在睡眠时，我们的意识处于休息状态，但无意识仍在值班，这样就能够保证我们的心智不会失去控制。如果心智仅由意识来控制，结果是可怕的！如果是这样，那么我们的意识系统必须不停地工作，不能休息。一个人被剥夺睡眠是非常可怕的，苏联的剥夺睡眠实验表明，如果超过 5 天不睡觉，人就会出现神志不清、歇斯底里等可怕的后果——意志完全崩溃了！

无意识是心智进化的结果，无意识和意识对于心智不仅同样重要，而且它是缺省值。心智一旦失去意识的控制，无意识立刻就会接管心智的控制权。

卡尼曼和特沃斯基的双系统加工理论正是基于人类心智双系统——无意识系统 1 和意识系统 2——工作的。显然，双系统加工具有心智进

---

① Cai, S. (2007) Logics in a new frame of cognitive science：on cognitive logic, its objects, methods and systems, *Logic*, *Methodology and Philosophy of Science*：*Proceeding of the 13ᵗʰ International Congress*, Vol. 1. London：King's College Publications, 2009, pp. 427-442.

化和认知行为的优势。而且，心智进化将系统 1 设为更基本的、缺省的、节省能量的工作模式是有优势的，这样，人类的心智和认知系统可以将宝贵的能量保留到最需要的时候再使用。所以，在通常情况下，我们总是任由系统 1 去做判断的决策，但当系统 2 发现错误时，它就会进行纠正和制止。

当然这种由系统 1 主导的双系统工作模式，也会有负面情况发生。当无意识接管一个人的心智和行为时，由于缺少理性的思维和分析决策，可能会出现一些意想不到的甚至是悲惨的结果。

案例 1：美国某城市一减肥训练中心（注：美国人喜欢减肥，特别是年轻妇女喜欢减肥，所以在每个城市才会有很多减肥训练中心），约有 30 名妇女参加本期减肥训练，S 女士是参加本期训练的一名职业女性，40 岁，身体健康。参加训练一个月以后，所有的人体重都降下来了，唯独 S 女士例外。教练觉得十分不解，于是询问 S 女士的家人，了解到原来这是一位梦游症患者。征得家人同意后，在 S 女士的住处安装了监控录像。结果发现，S 女士在减肥训练期间，由于感觉饥饿，每天晚上会起床到冰箱中取出食物并进食，然后再回去继续睡觉。但她本人对此一无所知。下一步，家人按照教练的建议，在 S 女士入睡后，给厨房加锁，把钥匙放在该女士平常放钥匙的地方。结果发现，S 女士梦游中不仅会找到钥匙打开厨房，接着在冰箱中取出食物进食，而且吃完后会把厨房锁上，把钥匙放回原处，一切行为跟白天清醒时没有区别。区别是她仍然不知道自己的梦游所为。

分析：梦游是一种真实的行为，但这种行为并不被行为者（梦游症患者）觉知，因为梦游是无意识控制的行为，并未进入意识，所以，不会被行为者觉知。

案例 2：南方某县一位退休医师 Q，女性，85 岁。身体一直非常健康，行为完全自主，无任何精神病史。Q 医师平时生活习惯是上午在家休闲，下午 3 点左右午睡后会外出散步或购物。从来不需要保姆和家人陪伴照顾。某日午睡后告诉家人出去做头发，和往常一样，她并没有让家人随行。不料这次直到天黑，Q 医师仍未回家。家人慌忙四处寻找，找遍全城均无音讯。家人不得已向公安局报案，公安局派出人员搜索，仍无踪迹。两天以后，离县城 40 里地的村民报案，发现在水田里有一具女尸，脸朝下栽倒在水中，人已经死亡，经鉴定排除他杀。经家人确认，正是他们的母亲 Q 医师。儿子号啕大哭，说母亲一辈子积德行善，为什么会遭这样惨死？事主的朋友打电话询问，一生积德行善的 Q 医师怎么会惨死在一个自己从未去过的地方？

分析：这是一个典型的突发性意识丧失症案例。这位老太太虽然平时身体健康，但因高龄，或者由于休息不好或受到刺激，可能会引起突发性意识丧失。当一个人丧失意识时，有两种可能的结果，一是昏迷，这是因为无意识没有及时接管他的心智和行为，这时他的心智和行为完全失去控制，所以会昏倒在地。对于一个老人而言，这不是最糟的情况，因为如果有人发现就会及时查明身份，联系家属，这时病人有救。另一种情况由无意识接管他的心智和行为，这时病人犹如进入梦游，他会走出很远，走到一个他从未到过的地方，这时结果会很糟糕。此案例是第二种情况。

系统 1 主导的双系统工作模式具有心智进化的优势，所以才得以保留并遗传下去。尽管会出现某些负面的情况，但这不该由进化来负责，进化只做一件事：有利于种群的生存和发展。系统 1 主导的双系统协调的心智工作模式，是最有利于种群生存和发展的模式。本章后面我们还会继续讨论这个问题。

二、强大的无意识

弗洛伊德的无意识理论认为，无意识是被意识压制的、不能在意识中得到表现的一种本能的冲动，意识执行"警察"的职能，它随时监控无意识的冲动，从而保证人的行为符合社会道德和法律的规范。在意识和无意识之间，他还设置了一个"前意识"（proconscious）的范畴，无意识的冲动想要进入意识范围，需要在类似于"边境"的前意识处等待意识的批准。

——今天我们所了解的意识和无意识之间的关系完全不是这样。

第一，强大的无意识普遍存在于人的一切认知活动之中。

无意识不仅如弗洛伊德所宣称的那样存在于梦和催眠之中，它实际上普遍存在于人的一切认知活动之中，包括神经和身体行为、心理行为、语言行为、思维和逻辑推理以及文化认知活动。

第二，人的心智由意识和无意识轮流控制。

意识和无意识犹如心智的两个舵，它们轮流掌控着人类的心智和行为。其中，系统 1 是主导的、快的、节省能量的，同时也是易错的；系统 2 是从属的、慢的、消耗能量的，同时也是准确的。

第三，意识和无意识之间平滑地、自如地、即时地转换。

意识和无意识之间平滑、自如地转换，也是即时地转换，不需要等待，弗洛伊德假设的"前意识"是不存在的。意识行为的多次重复就会产生无意识，例如，运动的无意识行为、驾驶汽车的无意识行为等，就是通过反复训练产生的。

无意识远比我们想象的要强大得多！

三、无意识的思维

本章开篇我们给出并论述了认知科学三大发现：心智是涉身的；思维是无意识的；抽象概念是隐喻的。

这三大发现，"心智是涉身的"说的是脑与神经、心理、语言、思维和文化五个层级的心智和认知都是与身体相关的。所以，宣告认知科学三大发现的第二代认知科学领袖莱考夫的那本著作取名为《体验哲学——涉身心智及其对西方思想的挑战》，①　其中，"Philosophy in the Flesh"，这个核心概念大有讲究。国内学者有的译为"肉身哲学"，甚至"肉的哲学"，这真是令人啼笑皆非了。"flesh"这个英文单词的词义是"肉""肉体"等，但作为不一致定语修饰"philosophy"时，直译为

---

① 　Lakoff, G. and Mark Johnson. *Philosophy in the Flesh*：*the Embodied Mind and its Challenge to Western Thought*. Publisher：Basic Books.

"肉身哲学"就荒唐了。顺便说一下，将"Philosophy of Mind"译为"心灵哲学"也是同样荒唐的。正确的译名是"心智哲学"，因为 mind 并不是一种实体，也不具有实体性，更与"心"和"心灵"毫无关系。另外，"心灵哲学"古已有之，"心智哲学"则是 20 世纪 70 年代中期认知科学建立起来以后，作为来源学科的哲学与认知科学交叉产生的新学科。将"philosophy of mind"译为"心灵哲学"，除了学理不通，还会引起混乱和误导，实不可取。所以，一个正确的译名，一定要搞懂理论的来龙去脉，切不可想当然。

"Philosophy in the Flesh"的含义应该从两个关联的方面去理解，一是它的副标题的关键词"the Embodied Mind"；二是认知科学三大发现之一的"心智在本质上是涉身的"（the mind is inherently embodied）。此外还要特别注意，"the flesh"和"the mind"都使用了"the"这个定冠词。注意到这些方面，"Philosophy in the Flesh"这个概念就能够正确理解了。首先，"Philosophy in the Flesh"这个哲学讲的是"涉身心智"的哲学，这里涉及两个更为基本的范畴："身体"和"心智"，两者的关系形成"身心问题"或"心身问题"，它们都是科学和哲学的最根本的问题，① 也是心智哲学的基本问题。② 其次，两个定冠词的使用表明，"心智"和"身体"都是特指的。个体才是认知科学的主体，它强调的是个人的体验，这种体验是心身的体验，是通过与身体相关的心智来实现的。再次，正是在"涉身心智"这一本质特征上，认知科学与过去追求"普遍原理"（universal princeple）的所有科学划清了界限——认知科学不是追求普遍原则的科学，而是追求个体差异性的科学。正是在这个意义上，不同种群（东方人和西方人）、不同群体和民族（中华民族与其他民族、少数民族和汉族）、不同性别（男人和女人）、不同年龄（婴幼儿、青少年、中年人和老年人）、亲属（父母子

① 蔡曙山：《认知科学与技术条件下心身问题新解》，《学术前沿》2020 年 5 月（上）。

② Searle, John R., *Mind: A brief Introduction*, Oxford University Press; 1 edition, pp. 107-132.

女、兄弟姐妹）甚至同卵双胞胎之间的认知差异性才能得到完全的解释，因为所有个体最本质的差异是心智的差异而不是也不可能是其他的差异。最后，据此我们提出区别于达尔文的物种进化论和生命科学的基因进化论的第三种进化论——心智进化论，它最终回答了一切生命个体的认知差异性来源——五个层级的心智特征。①

三大发现中，"思维是无意识的"这个论断也是非常深刻的。这个论断已经在思维的三种形式概念、判断和推理以及决策的加工上获得了支持的证据。下面我们以梦、催眠（自由联想）两种无意识思维加以证明。

（一）梦与无意识思维

科学家们对某一个问题日思夜想，却不得其解，最后在梦中得到答案，这样的事例在科学史上比比皆是。

德国化学家凯库勒（Friedrich A. Kekule，1829—1896）为了解开苯的分子结构式，冥思苦想，不得其解。一天他在睡梦中看见一条蛇衔住自己的尾巴，并旋转不停。这时凯库勒从梦中惊醒，并在床头绘制出苯分子中碳原子呈环状排列的结构式。凯库勒说："我们应当会做梦！……那么我们就可以发现真理……但不要在清醒的理智检验之前，就宣布我们的梦。"

19 世纪美国著名的发明家赫威在设计缝纫机时，也是多次未能成功。一天夜里他梦见国王向他发布命令：如果在 24 小时之内造不出缝纫机，就用长矛处死他。他梦见长矛慢慢升起又慢慢降下，突然他惊奇地发现在长矛的矛尖上都有眼睛一般的小洞。他在激动中醒来，意识到缝纫机的针眼应当靠近针尖，而不是在针的中部或尾部。回到实验室，他开始了新实验，结果成功了。

1869 年，俄国化学家门捷列夫元素周期的发现也是梦的杰作。当时许多化学家致力于发现新的元素，并寻求元素之间相互关系的规律。那些问题同样也萦绕在门捷列夫的脑际。他做了大量的理论分析和实

---

① 蔡曙山：《生命进化与人工智能》，《上海师范大学学报》2020 年第 3 期。

验，最后却是在梦中"看见"了元素整齐排列的结果。这位化学家醒后将梦中所见写在纸上，通过论证后，仅对其中一处做了订正，元素周期表就这样诞生了。

古今中外，许多哲学家和艺术家也曾有过梦中思维的经历。例如，源自《庄子·齐物论》的"庄周梦蝶"在中国是人皆尽知的故事："昔者庄周梦为蝴蝶，栩栩然蝴蝶也，自喻适志与！不知周也。俄然觉，则蘧蘧然周也。不知周之梦为蝴蝶与，蝴蝶之梦为周与？周与蝴蝶，则必有分矣。此之谓物化。"庄周梦蝶的故事深刻说明，梦与现实，实际上是难以区分的。"唐宋八大家"之一的欧阳修就曾声称："余生平所做之文章多在三上，乃马上、枕上、厕上也"。所谓"枕上"，即指就寝、进入梦乡之际。英国诗人科里兹的经历更为有趣。一次，这位诗人因思绪欠佳打起瞌睡来。梦幻之中，诗句竟如泉水一般涌现出来，科里兹惊醒后伏案疾书，一口气写下了 80 行诗句。谁知，这时有不速之客造访，梦中萌发的诗意随之消失殆尽。其后无论他怎样努力，这下半篇诗也未能完成，终成一件憾事……①

以上说明，梦在无意识状态中是存在思维认知的，而梦醒时分是无意识思维最强烈的时刻，我们称这个时刻为"临界时刻"（critical instant）。人们常常在这个时刻获得灵感。在今天的认知科学看来，无论是梦中的行为，还是现实的行为，同样都是真实的行为。梦中思维与清醒时思维的区别仅仅在于，梦中的思维是无意识的心智和行为，现实中的思维则主要是意识控制的行为。下面我们会看到，即使是在清醒的时候，我们的心智和行为也是由意识和无意识轮流掌控的。

（二）催眠与无意识思维

催眠是指催眠师向被试提供暗示，以唤醒受催眠者的某些特殊经历和特定行为。许多心理学家认为，催眠与其他一般状态是相似的，包括放松、全神贯注和自由联想。在催眠状态下，一个人可能经历"感知、

---

① 余占海：《梦与创造性思维》，《山东医科大学学报》（社会科学版）1993 年第 2 期。

思维、记忆和行为上的一些改变"，包括暂时的麻痹、幻觉和忘记，但能够对催眠师的暗示作出反应。①

《心理学大词典》认为：催眠是以催眠术诱起的使人的意识处于恍惚状态的意识范围变窄的心理行为方法。国内有些学者认为：催眠是以人为诱导（如放松、单调刺激、集中注意力、想象等），引起的一种特殊的类似睡眠又非睡眠的意识恍惚的心理状态。其特点是被催眠者自主判断、自主意愿行动减弱或丧失，感觉、知觉发生歪曲或丧失。另外一些学者认为：催眠是一种人际互动，在此人际互动中，一个人（被试）对另一个人（催眠师）发出的暗示作出反应，从而产生一些想象中的体验，涉及知觉、记忆的改变和活动的随意控制。②

催眠实质上是一种人为的，介于觉醒与睡眠之间的心理状态，催眠者的暗示诱导使被催眠者的意识处于积极而活跃的状态，使潜意识中的大量信息被重新组合、提取并与催眠者的意识发生连通产生的反应。③

因此，催眠就是在无意识状态下对被催眠者的心理行为操作。催眠实际上是通过弱化意识而强化无意识，以达到调动无意识以发挥心理治疗作用。

催眠下的意识和无意识有以下特点：

第一，清醒时的意识状态具有自觉性、能动性及有目的性等特征，但在催眠状态中，尤其是在深度催眠状态中，这些特征几乎荡然无存。

第二，催眠状态中的意识也不是处于无意识状态。在催眠状态中，虽然被试主动地发起和终止的自觉能动性的活动消失，但经催眠师的暗示，仍可产生一些具有自觉能动性性质的活动，纵然已失去了意识的批判与监察。

在催眠状态下，被试也是有心理防御机制的。严重违背被试自己意

① D. A. 本斯利著，李小平译：《心理学批判性思维》，中国轻工业出版社 2005 年版，第 74 页。

② 李维、张诗忠：《心理健康百科全书》，上海教育出版社 2004 年版。

③ 凤肖玉：《催眠在心理训练中的效应与理论探讨》，《北京体育大学学报》1995 年第 8 期。

愿的事情，催眠状态下他也不会做，所以被试在催眠情况下也不会说出自己的密码。因此，在催眠状态下，意识和无意识、心理和思维过程都是同时发生的。

第四节　无意识的认知

人类心智具有脑与神经、心理、语言、思维和文化五个层级的认知形式。这五个层级的认知都有无意识的参与。下面我们从这五个层级初步探讨无意识的认知。

一、脑与神经层级的无意识认知

脑神经学家保罗·麦克莱恩（Paul MacLean）将大脑分为低脑、中脑和新脑。低脑又名爬虫类脑；中脑又名哺乳类脑；新脑又名新哺乳类脑。按此，我们的脑可以分为三层：

第一层低脑，由延髓、脑桥和中脑组成，它们负责我们生存的最根本需要，意识对它们的运作不能有直接的介入，工作方式基本上就是无意识的。延髓负责呼吸和血压，对心脏跳动也有影响。它也负责吞咽和呕吐的反射。脑桥负责新皮质（第三层）与小脑（第二层）的联系。皮质做决定，小脑控制我们身体动作的能力。中脑与我们视觉与听觉能力的基本模式有关。

第二层中脑，由丘脑、下丘脑、边缘系统和小脑组成，主要使我们能够有意识地感觉。因此我们可以爱和关怀其他的人，也可以有恨和妒忌等情绪出现。这层的工作，大部分仍是由无意识控制，但是，部分工作的结果可以用意识接触到。丘脑是中续站，负责集中所有感官接收的来自外界的信息（除了嗅觉）并传往适当的部分（包括第三层），供分析、思考、策划及做决定。下丘脑是一个控制中心，不断地调节身体各部分以维持最佳生存状态，包括进食、性欲、内分泌状、水分的储留和自身神经系统的运作等。下丘脑与整个脑的所有其他部分保持联系，所以有人称为"脑中之脑"。边缘系统主管我们的情绪感觉，并且与下丘脑联手协调情绪引起的作用，例如荷尔蒙的分泌。边缘系统不只是我们情绪状况的控制中心，更是我们学习能力的节制中心，其中海马体是负责记忆的主要部分，对学习十分重要。杏仁核是负责处理有关情绪的中心。小脑负责执行和协调身体的各种动作，这需要很多的协调和控制工作。

第三层，新脑是皮质和新皮质。我们的认知功能、思维、推理、策划和幻想，所有的意识工作，都在这层发生。语言和语法都是这一层的工作，没有了这一层我们不会死去，因为基本的生存由第一层和第二层的一部分维持，但是我们将失去人之最宝贵的能力。我们将不能辨认我们所在乎的人的面貌，也不会明白他们说话的意图；我们更不能和他们沟通。这部分的前额叶是整个理性思考的协调中心，即意识的中心。

通过以上我们可以看出，大脑的认知能力有两个基本的状态：意识和无意识。在脑的第一层和第二层，脑的工作方式基本上是无意识的。只有在第三层，大脑才以意识的方式工作。认知科学的伟大发现之一，即使是思维、推理和决策，起主导作用的仍然是无意识。因此，尽管大脑的基本工作方式是意识和无意识，但意识的能力十分有限，相比之下，无意识的力量要强大得多。世界潜能大师、美国著名演说家和企业家博恩·崔西（Brain Tracy）认为，无意识是意识力量的 3 万倍以上。英国头脑基金会总裁、世界著名心理学家、教育学家、思维导图（Mind Mapping）的发明者托尼·博赞（Tony Buzan）说，人脑好像一个沉睡的巨人，我们只用了不到 1% 的脑力。一个正常的大脑记忆容量有大约 6 亿本书的知识总量，相当于一部大型电脑储存量的 120 万倍！如果人类发挥出其一小半潜能，就可以轻易学会 40 种语言，记忆整套百科全书，获 12 个博士学位。

根据研究，即使世界上记忆力最好的人，其大脑的使用也没有达到其功能的 1%。人的大脑真是个无尽的宝藏，可惜的是每个人终其一生，都未能充分有效地发挥它的潜能——无意识中激发出来的力量。

二、心理行为层级的无意识认知

心理层级的无意识认知功能，我们在本章第一节和第二节已经做了详细论述。下面我们来了解一下行为层级的无意识表现。

人的行为，主要是由脑与神经系统以及心理反应来控制。有时人的行为，特别是那些已经自动化了的行为，不受意识的控制，而是由无意识来控制。例如，在骑自行车时，一个人可以毫无困难地思考其他问题，或与别人交谈，没有意识到自己是如何控制平衡的。在日常生活中，一些小动作，比如挠头皮、整理头发和领带等，也都是无意识的动作。

对刺激的反应大多数也是无意识的。人在活动时，有时并没有觉察到对他们的行为产生影响的事件，而实际上，这些事件对他们的行为产生了或大或小的影响。例如，在心理学双耳分听实验中，尽管被试根本不记得呈现在非追随耳的单词是什么，却明显倾向于将歧义词解释为与该单词有联系的词义。心理学的视觉实验表明，当不可能被感知的短于50毫秒的视觉信号呈现时，被试的无意识系统仍然能够抓住它。正确区分环境中发生的事件的顺序是一个基本的时间过程，可以使我们更好地了解动态世界并与之互动。但是，如果连续事件之间的间隔小于20—40毫秒，我们将无法自觉地感知它们的相对顺序。但是，实验证据表明，相隔不到20毫秒的事件的顺序可能仍会在潜意识中得到处理，这些表明时间顺序可以通过无意识进行加工。

下面是一些有趣的例子。

例1　开车或走路时，你更容易留意到哪边的景物，左边还是右边？

正确答案：左边。

分析：根据左右脑分工，左脑是逻辑脑、意识脑；右脑是直觉脑、无意识脑；另外，左右脑对身体进行交叉管理，左脑控制右侧身体，右脑控制左侧身体。如此一来，我们在开车或走路时，左眼更多地注意到左侧的景物就不足为奇了，因为我们开车或走路时，通常不会去注意两旁的景物，但我们的无意识会捕捉到旁边的物体和事件，而无意识是右脑的功能，所以我们会更多地知觉到左边的景物。

例2　汽车驾驶舱在哪边更加合理，左边还是右边？

正确答案：左边。

分析：左脑的基本功能是捕食和进攻，同时它又是意识脑；右脑的基本功能是防捕食和防守，同时它又是无意识脑。由于驾驶汽车主要是一种防守行为，我们要对来自前方的危险进行防御。又由于左右脑对身体进行交叉管理，因此，我们应该用左眼进行观察。如此一来，靠右行驶的左舵车的驾驶员，会具有更好的防守观察和知觉危险的能力，因此，左舵的设计更加合理。反之，如果是右舵车，靠左行驶，驾驶员就不得不用右眼来观察前方的危险，这样他知觉危险的能力就会差很多，发生危险的概率也就随之增加。事实上，现在更多的汽车驾驶舱采用左舵设计，即使原来的英制右舵设计的国家也更多地改为左舵设计。据统计，现在90%以上的国家都采用靠右行驶的左舵设计。

例3　驾车通过隧道时，我们更愿意走哪一边，左边还是右边？

正确答案：左边。

分析：自己驾车通过隧道时，会不由自主地选择双车道的左侧车道行驶。认真观察其他的车辆，无论原来他在双车道的哪一侧行驶，临近隧道时大多数都会选择左侧车道进入隧道。这是为什么？

认真分析你会知道，这也是左右脑分工所致。车在隧道中行驶时，主要危险来自非常狭窄的隧道空间中两侧的石壁。由于右脑功能是防御，如果驾驶员靠左侧行驶，就会由他的左眼即右脑监控来自左前方的危险，这会具有更大的优势。反之，如果驾驶员靠右侧行驶，他不得不用他的右眼即左脑来监控右前方的危险，这显然是没有优势的。当然，这一切都是在无意识状态下进行的，包括我自己，临近隧道时不论我行驶在道路的哪一侧，我都会选择从左侧进入隧道。

以上例子说明，心理层级的无意识行为，其实是由左右脑分工决定的。根据人类认知五层级理论，心理层级的认知是由神经层级的认知决定的。所以，心理层级的无意识行为，说到底是脑与神经层级的无意识认知的表现。

三、语言层级的无意识认知

认知心理学和认知语言学的研究显示，一方面，大脑对信息的无意识加工体现为一种自动加工；另一方面，研究还显示，无意识的作用范围和强度比弗洛伊德所认识的还要强大得多。在语言和思维加工过程中，大量存在着无意识加工和自动加工的情况。无意识加工已如前所述，而自动加工则是指自动发生的、不受较高层自上而下因素影响的心智过程。①　当你开始做某件事并经过多次重复以后，你可以成功地做好这件事而无须为它付出任何思想，如弹钢琴和织毛线，你知道如何动作而无需思考，这就是自动加工。②　基弗（M. Kiefer）将这种在无意识下发生的自动加工称为"无意识的'自动'加工"。但他认为，无意识的自动加工也会受到自上而下的因素如注意、意向和工作定势的影响。③

下面我们来看语言的无意识（自动）加工。

（一）语误（verbal slips）

表 14-1　口误的主要类型④

类型	例　子
转移	That's so she'll be ready in case she decide to hits it（decides to hit it）.
互换	Fancy getting your nodel renosed（getting your nose remodeled）.
提前	Bake my bike（take my bike）.
拖后	He pulled a pantrum（tantrum）.
增加	I didn't explain this clarefully enough（carefully enough）.
减少	I'll just get up and mutter intelligibly（unintelligibly）.
替代	At low speeds it's too light（heavy）.
混合	That child is looking to be spaddled（spanked / paddled）.

虽然涉及广泛的语义内容，但其基本类型只是少数几种（Fromkin, 1971；Garrett, 1975；Shattuck-Hufinagel, 1979）。常见语误或口误（slips

---

① Kiefer, M. Top-down modulation of unconscious "automatic" processes: A gating framework, *Advances in Cognitive Psychology*, 2007, volume 3, pp. 289-306.

② From *Psychology Glossary*, http://www.alleydog.com/glossary/definition.php? term = Automatic%20Processing#ixzz25JaJa8Dw.

③ Same as·①.

④ Carroll, David W. Psycholgy of Language, 5th ed. Australia；Belmont, CA：Thomson/Wadsworth, 2008, p. 195.

of the tongue）的类型有转移、互换、提前、拖后、增加、减少、替代、混合等。表 14-1 是英语口误的一些例子，括号中是说话者实际想要表达的意思。这些口误都说明：语言是自动加工的，我们略加分析。

转移是一个语片从正确的位置上消失，并出现在其他位置上。互换是双重的转移，即两个语言单位互换了位置。提前是前面的语片受到后面语片的影响。拖后则相反，是后面的语片受到前面语片的影响。增加是在某一个语片中添加了不必要的语言材料。相反，减少是在某一个语片中省去了必要的语言材料。替代是一个语片被另一个闯入的语片所替代。混合是在话语中当一个以上的语词被考虑时，会把它们融合或混合成一个语项。

例如，在上面"提前"的口误中，处于语句前方的语词受到后方语词的影响，以至"take"的辅音/t/被"bike"中的辅音/b/所替代。当说话人说出该语句时，头脑里的语句加工已经完成，即所谓"脑比口快"，说出的语句才可能发生前面的语片受后面语片的影响。而在"拖后"的口误中，同样说明大脑先完成语句的加工，但说出后面的语词"tantrum"时，处于语句后方的这个语词却受到了前方的动词"pulled"的影响，其中正确的发音/t/被替换为前方动词的辅音/p/，由此产生口误。混合的口误同样说明"脑比口快"，头脑的语句加工在前，说出语句在后。同时还说明，大脑在加工该语句时对处于句末充当谓语的两个语词"spnked"和"paddled"的选择并未完成，而说出该语句时也未"过脑子"，所以才把两个语词混合为一个语项。这充分说明，以上语言加工的过程是自动的，无意识的。

还有一些口误出于习惯和自动反应，是无意识的典型表现。来看下面的例子。

I don't want to run the risk of ruining what is a lovely recession (reception) 我不想冒险去毁掉一次愉快的经济衰退（招待会）。①

_____

① Newsweek, 1992. From Carroll, David W. Psycholgy of Language, 5th ed. Australia; Belmont, CA: Thomson/Wadsworth, 2008, p.196.

这是在 1992 年美国总统大选中，乔治·布什在一次演说中所说的一句话。他的本意是"我不想冒险去破坏一次愉快的招待会"，但由于把"reception"说成"recession"，整句话的意思变成"我不想冒险去破坏一次愉快的经济衰退"。发生这样的口误，当时的《美国新闻周刊》认为总统正在被经济衰退及其对竞选的影响所困扰。从语言加工和认知过程来看，由于当时布什为经济衰退所困扰，当他的大脑加工"I don't want to run the risk of ruining what is a lovely reception"这个语句时，他的无意识发生作用，将"reception"说成"recession"，造成口误。这种口误出于习惯和自动反应，是无意识的表现。

日常生活中，口误也是经常发生的，例如：

例 1　学生在食堂打饭，他对师傅说："师傅，来碗'子弹菜花'汤！"

这是"紫菜蛋花汤"之误，属于前面所说的"互换"的错误。

例 2　一人问朋友借计算器，朋友问：你算什么东西？结果朋友被这人揍了一顿，说：你不借也别骂人啊！

这是汉语歧义句引起的口误。"你算什么东西？"在汉语中有双重含义，一是"你计算什么东西？"二是一句骂人的话。显然说话者用的是第一种语义，但却没有想到这句话还有第二种含义，这说明第一语言是自动加工的。

（二）第一语言自动加工

语言层级的无意识认知是近半个世纪以来才被发现的。20 世纪 60年代，第一代认知科学领袖、著名语言学家和语言哲学家乔姆斯基首先提出"先天语言能力"（Innate Language Faculty, ILF）这个理论，他认为第一语言的能力是先天遗传的，这个天才的预言被后来的许多实验证据所证实。1980 年，美国加州大学圣迭戈分校的认知科学家库塔斯（M. Kutas）和希利亚德（S. A. Hillyard）在研究英语语句加工时发现，当语义加工异常时，被试的事件相关电位（Event Related Potentials, ERP）系统信号会出现一个 N400 成分，它是在刺激呈现后 400 毫秒出现的一个负向偏离的峰值，周期在 250—500 毫秒之间，它在电极位置上有一个沿中心分布的极大值。而且随着语义失匹配的增大，N400 的振幅也增强。库塔斯和希利亚德 1980 年的原始试验和结果如图 14-3 所示。实验材料和任务是要求被试阅读以下三个句法结构相同的英语语句：

（1a）The pizza was too hot to eat.

（1b）The pizza was too hot to drink.

（1c）The pizza was too hot to cry.

这三个语句的句法结构相同，但语义不同。事件相关电位 ERP 如图 14-3 所示：（1a）有正确的语义，其相关脑电位也正常；（1b）和（1c）均有语义错误，其相关脑电位出现明显的违背语义预期的 N400 电位。（1b）是相对异常，（1c）是完全异常。图 14-3 说明，语义错误越严重，异常电位也越强。①

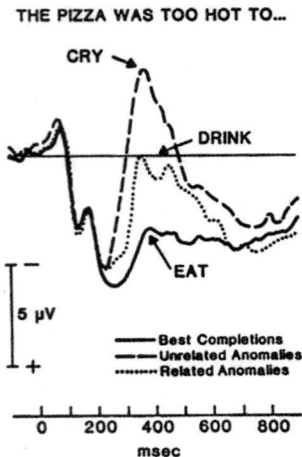

图 14-3　第一语言加工的脑电图

关于 N400 的意义有很多的看法和争论。从语言加工的角度看，N400 说明当大脑在进行句法加工时（英语单词自左向右的空间排列），对未出现的语词有一种语义的期待。当出现的语词不符合这种期待时，N400 即会产生，随着不一致的程度增大，N400 也会增强。这说明第一语言的语义加工是自动的。

四、思维层级的无意识认知

思维是无意识的，这是认知科学三大发现之一。关于无意识思维，我们在本章第二节已经做了详细论述。这里我们说明无意识思维与其他无意识形式的关联。

---

① Kutas, M. and Hillyard, S. A. Reading senseless sentences: brain potentials reflect semantic incongruity. *Science*, 1980, 207: 203-205; Brain potentials during reading reflect word expectancy and semantic association. *Nature*, 1984, 307: 161~163. 另参见赵仑：《ERPs 实验教程》（修订版），东南大学出版社 2010 年版，第 82 页。

　　根据人类认知五层级理论，思维作为五个层级的心智和认知方式，与其他各层级的心智和认知方式都有关联。由于初级的心智和认知方式决定高级的心智和认知方式，同时，高级的心智和认知方式影响初级的心智和认知方式，所以，脑与神经层级的心智和认知、心理层级的心智和认知、语言层级的心智和认知对思维认知都有决定作用，并且，这几个层级的心智和认知的无意识方式也会决定思维认知，使它具有无意识的性质。同时，文化层级的心智和认知对思维认知有影响作用，这个层级的心智和认知的无意识方式也会对思维认知产生影响。

五、文化层级的无意识认知

（一）文化无意识是最高层级的无意识

　　根据人类认知五层级理论，文化层级的认知是最高层级的认知，它向下依次包含了思维认知、语言认知、心理认知和脑与神经认知。由此自然得出，文化层级的无意识是最高层级的无意识，它向下依次包含其他各个层级的无意识，即思维无意识、语言无意识、心理无意识和脑与神经无意识。同时，脑与神经无意识、心理无意识、语言无意识、思维无意识依次支撑并决定了文化无意识。例如，中华文化的本质是农耕文化，春耕、夏锄、秋收、冬藏是农业社会的运行规律，二十四节气是从事农业生产必须遵循的时令。"一年之计在于春。""春雨贵如油，夏雨遍地流。""立夏不下，犁耙高挂。""小满不满，芒种不管""端午耙田不坐水，夏至栽秧米粒稀。"而家庭是从事农业生产的基本单元。中国农业社会从新石器时代开始，至今已有一万年的历史。在这样漫长的历史演进中形成的农业意识就是中国文化的无意识。每到春节，几十亿中国人的大迁徙就是这种文化无意识的表现。无论在海角天涯，只要是中国人，就会返程归家，合家团圆。虽然天寒地冻，但却风雨无阻！——这是文化和思维的无意识。春节到家家户户贴福字，贴春联；吃年饭，守年夜；开财门，放鞭炮；舞龙狮，逛庙会；祭祖宗，拜父母；穿新衣，过新年——这是语言和心理的无意识。即使是海外华人，所有这些春节的仪式一点也不会少——这是脑与神经系统的无意识——春节的文化无意识已经深入到每一个中国人的血脉之中。

（二）文化无意识是一种集体无意识

关于文化无意识学者多有论及，[①] 核心观点是：文化无意识是一种集体无意识。

文化无意识是瑞士心理学家、分析心理学创始人荣格（Carl Gustav Jung，1875—1961）的分析心理学用语，在《论分析心理学与诗的关系》（1922）一文中提出。文化无意识指由遗传保留的无数同类型经验在心理最深层积淀的人类普遍性精神。荣格认为人的无意识有个体的和非个体（或超个体）两个层面。前者只到达婴儿最早记忆的程度，是由冲动、愿望、模糊的知觉以及经验组成的无意识；后者则包括婴儿实际开始以前的全部时间，即包括祖先生命的残留，它的内容能在一切人的心中找到，带有普遍性，故称"集体无意识"。[②]

集体无意识的内容是原始的，包括本能和原型。它只是一种可能，以一种不明确的记忆形式积淀在人的大脑组织结构之中，在一定条件下能被唤醒、激活。荣格认为"集体无意识"中积淀着的原始意象是艺术创作的源泉。一个象征性的作品，其根源只能在"集体无意识"领域中找到，它使人们看到或听到人类原始意识的原始意象或遥远回声，并形成顿悟，产生美感。

例如，鲁迅在《祝福》里写祥林嫂的悲惨命运，就是放在春节的背景上来写的，写一位勤劳善良、饱受屈辱的妇女祥林嫂在中国人最美好的节日——春节惨死在街头的故事。小说中交代故事背景使用平淡无奇却又能唤起所有中国人集体无意识和美感的一句话是："鲁镇永远是过新年。"人们似乎可以期待祥林嫂在这个背景下的一个美好的故事。然而，鲁迅却将这个美好的东西毁灭给人看——这就是悲剧。在讲完祥林嫂的悲惨故事后，作者把祥林嫂之死放在"过年"的背景下进行渲

---

① 李述一：《文化无意识——一种新的精神领域的研究报告》，《哲学研究》1988 年第 2 期。

② 荣格：《荣格文集》第五卷《原型与集体无意识》，国际文化出版公司 2018 年版。

染，从而对封建礼教进行鞭挞。

> 我给那些因为在近旁而极响的爆竹声惊醒，看见豆一般大的黄色的灯火光，接着又听得毕毕剥剥的鞭炮，是四叔家正在"祝福"了；知道已是五更将近时候。我在蒙眬中，又隐约听到远处的爆竹声连绵不断，似乎合成一天音响的浓云，夹着团团飞舞的雪花，拥抱了全市镇。我在这繁响的拥抱中，也懒散而且舒适，从白天以至初夜的疑虑，全给祝福的空气一扫而空了，只觉得天地圣众歆享了牲醴和香烟，都醉醺醺地在空中蹒跚，预备给鲁镇的人们以无限的幸福。

（三）认知科学的经验转向与中国人的世纪

认知科学的本质特征是经验转向。①　因此，笛卡尔哲学意义上的人根本就不存在；康德哲学意义上的人根本就不存在；现象主义意义上的人根本就不存在；功利主义哲学意义上的人、乔姆斯基语言学意义上的人、后结构主义哲学意义上的人、计算主义哲学意义上的人以及分析哲学意义上的人统统都不存在。②

中国文化的本质是农耕文化，农耕文化的本质又是经验文化。农业生产主要是遵循农时，依靠经验的一种生产方式，这样就形成中国人以农业生产为核心的文化特征，如中国文化所特有的农历、二十四节气；四大节日春节、清明节、端午节、中秋节也是因农时而设；中国人对家庭的尊重那是由于农业生产的基本单元是家庭；中国人对长辈的尊重那是由于长辈是农业生产的主导者，具有农业生产的宝贵经验；中国人的家族祠堂和祭祀祖宗以及引以为荣的"三世同堂"、"四世同堂"和"五世同堂"那是因为中国人希望这种以家庭和家族为单元的生产方式能够代代相传，也希望得到社会的尊重。这种以农耕文化为特征的经验文化是世界上独一无二的。

作为文化的基础，甚至中国的语言——汉语和汉字也是经验的。读

---

① 蔡曙山：《经验在认知中的作用》，《科学中国人》2003年第12期。

② Lakoff, G. and Mark Johnson. *Philosophy in the Flesh*：*the Embodied Mind and its Challenge to Western Thought*. Publisher：Basic Books、1999, pp. 5-7.

者请参阅蔡曙山《论语言在人类认知中的地位和作用》① 以及本章语言分析的相关内容。

（四）弘扬中华文化，树立文化自信

中华文化是指汉民族和其他所有民族共同创造的文化。

中华文化源远流长，至今已有 5000 年的历史，经历了有巢氏、燧人氏、伏羲氏、神农氏（炎帝）、黄帝（轩辕氏）、尧、舜、禹等时代，到中国第一个国家夏朝建立，周朝建立了分封制，到春秋战国时期，形成了以"诸子百家"为基础，"百花齐放"、"百家争鸣"的中华文化第一个鼎盛时期。秦始皇统一了中国、统一了文字，进一步奠定了中华文化的基础。汉以后，罢黜百家，独尊儒术，形成至今两千多年的以孔子为代表的儒家文化为正统和核心的中华文化。与此同时，儒家文化和以老子为代表的道家文化互为表里，成为中华文化的核心。两千年来，中华文化的这个格局没有改变。汉以后，佛教传入中国，至南北朝时传播于全国，出现了很多学派。隋唐时期进入鼎盛阶段，形成了很多具有中国民族特点的宗派。完全中国化的代表是禅宗六祖慧能。民间常用"三教九流"来统称中华文化的共同体。三教指儒、佛、道三教；九流指先秦至汉初的九大学术流派，儒家者流、阴阳家者流、道家者流、法家者流、农家者流、名家者流、墨家者流、纵横家者流、杂家者流。

在过去的时代，特别是在近代西方工业革命以来，唯理主义盛行，分析和演绎成为人类思维最基本和最重要的方法。在这种情况下，鄙薄中国传统文化，推崇西方工业文明，成为一种潮流和时尚。在思想理论界，则表现为崇尚西方的思想和学术，对中国自己的思想和学术甚至语言文字，要么采取全盘否定的态度，要么采取虚无主义的态度，甚至连鲁迅和胡适这些新文化运动的先锋也往往失去对他们所崇尚的西方文化（鲁迅对西洋文化并未接触，他熟悉的只是东洋文化即日本文化）的理性的思维和批判能力。

但是，唯理主义只能够建立普遍原则，唯理主义并不能解释个体差

---

① 蔡曙山：《论语言在人类认知中的地位和作用》，《北京大学学报》2020 年第 1 期。

异性。个体差异性的解决，从理论上说，只能依靠对人类心智的研究，这就是认知科学！——风水轮流转。认知科学来了，中国人的世纪到了！

西方学者纷纷转向中国古代的先贤和经典，例如老子和孔子的思想和理论，他们称为"寻找东方的智慧"。

一些西方经济学家指出，自由经济思想其实来源于老子的《道德经》；三位自组织理论大师普利高津（Ilya Prigogine，1917—2003）、哈肯（Hermann Haken，1927—　）、托姆（René Thom，1923—2002）都谦虚地承认，他们的理论与老子是相通的；二进制理论发明人莱布尼茨承认，二进制就来源于中国道家的阴阳；与爱因斯坦齐名的大物理学家玻尔，谦虚地说"我只是个（道家的）得道者"；互补理论、自足理论、质朴理论、混沌理论、场理论等理论创立者们也都认识到，他们那一套东西，老子 2500 年前就有了，有些方面讲的比他们还要深刻。

甚至 20 世纪解释宇宙起源的科学理论——大爆炸宇宙论，西方学者也将它溯源到老子的思想。"有物混成，先天地生，寂兮寥兮，独立而不改，周行而不殆，可以为天下母。"（《道德经》第二十五章）这不就是大爆炸之前被压缩于奇点（Singularity）的宇宙吗？老子还进一步描述宇宙创生的过程："道生一，一生二，二生三，三生万物。"笔者曾经用数字化（digitalization）的方法来解释《易经》中阴阳二进制的思想，[①]　用同样的方法，我们可以解释老子的宇宙演化论思想，并将两者加以比较，表示如下（表 14-2）：[②]

表 14-2　易经二进制与老子宇宙演化论对照表

二进制表达式	道德经解释	易传解释	现代数学解释
2^0	道生一	无极生太极	$2^0 = 1$
2^1	一生二	太极生两仪	$2^1 = 2$
2^2	二生三	两仪生四象	$2^2 = 4$
2^3	三生万物	四象生八卦	$2^3 = 8$

①　蔡曙山：《言语行为和语用逻辑》，中国社会科学出版社 1998 年版，第 390—391 页。

②　蔡曙山：《自然与文化》，《学术界》2016 年第 4 期。

表 14-2 中，数字单位是"比特"（bit），即二进制数的一位。在《道德经》的解释中，"道"是 0，其他数字均表示二进制表达式的指数。我们知道，自然数序列只需基始（0 或 1）和后继运算（'）便可生成。这里，取基始为 0，即"道"或"空"。然后我们有 0'=1，1'=2，2'=3。这就是"道生一，一生二，二生三"的数学含义。那么，"三生万物"又如何解释呢？如果以一、二、三分别表示以 2（阴阳）为底数的幂运算的指数，运算结果表示指数个数的十进制数所能表达的不同信息数量。在孔子修编的《易传》的解释中，"无极"是 0，"太极"是 1，"两仪"是 2，"四象"是 4，"八卦"是 8。《易传》中的这 4 句话解释了以 2 为底的指数运算，每句话的前两个字表示指数，后两个字表示运算结果。有意思的是，《易经》中只列举指数为 0（无极）、1（太极）、2（两仪）和 4（四象）的运算方式和结果。根据这 4 句话，就能推知其他指数的运算结果。在计算机科学中，8 个比特是一个"拜特"（byte），也称为一个"字节"。8 个二进制数可以表达 $2^8=256$ 种不同的信息，这样我们就可以将所有的数字和英文字符进行编码，这就是 ASCII 码。用两个字节就能将汉字和更多的信息进行编码。这就是老子"道生一，一生二，二生三，三生万物"的含义，只需要用 3 个二进制数（阳阳）的乘方即 2^3，就可以得到 8（八卦），再用阴阳作底数，用八卦做乘方数，既得 $2^8=256$，用这 256 个不同的二进制数作为编码，即可表达宇宙中全部的信息！两千多年来，《易经》被古今中外学者反复解读，因为道德经和易经的思想不仅是一种宇宙论，同时也是一种知识论。

最后我们来清算狂妄无知的"西方辩证法大师"黑格尔。首先，被他当作靶子的孔子并不是中国古代哲学家的代表，众所周知，孔夫子过去和现在都是世界级的思想家和教育家，但却不是哲学家，孔子的思想确实不包含完整的哲学理论体系。但比孔子稍早活了一百岁的老子过去是、现在是、将来仍然是世界级的哲学家。西方的所有哲学家在老子面前不过是一抔黄土！黑格尔的"有无变"、"正反合"的辩证法与老子的辩证法相比不过就是"变戏法"。计划 30 卷，1000 多万字的黑格尔全集，在我看来远不如 5000 字的《道德经》深刻！可怜又可叹的是，作为西方哲学家的黑格尔，在把孔子当作东方哲学家来批判的时候，竟然不知道在他之前的 2400 年前在中国就已经出现了比他深刻不知多少的哲学家和真正的辩证法大师——老子。如果知道，我想他的那些书都是不必写的。其次，所谓"思辨的哲学"，这恐怕正是以黑格尔为代表的西方的黑格尔们 200 年来引以为豪的东西。黑格尔在评价孔子的时候嘲讽地说："孔子只是一个实际的世间智者，在他那里思辨的哲学是一点都没有的……"① 殊不知在认知科学建立起来的今天，西方著名语言哲学家和心智哲学家莱考夫宣告：唯理主义哲学意义上的人统统都不存在！因此，试图以黑格尔式的"思辨哲学"来解释世界，不仅行不通，而且非常可笑！至于想用"思辨哲学"这样一把尺子来衡量东西方哲学，今天看来又是多么的无知和狂妄！事实上，在人类文化的一切领域包括科学、哲学和宗教，试图用普遍原理（universal princeple）来解释全人类的思想和行为是完全行不通的。只有建立在人类心智理论基础上的认知科学和建立在涉身心智基础上的心智哲学（philosophy of mind）或体验哲学（philosophy of flesh）才能提供个体差异性的解释。在这方面，距今 500 年在黑格尔之前 300 年的另一位中国哲学家王阳明也足以让西方的黑格尔们羞愧。王阳明的心学实际上就是中国的认知科学，不仅是中国古代的认知科学，也是中国当代的认知科学。② 王阳明的"心外无物"早于贝克莱的"存在就是被感知"大约 200 年，他的"格物致知"早于英国三大经验论者洛克、贝克莱和休谟的知识论约早 150 至 200 年。至于他的"知行合一"的实践观，在同时期的英、法、德国哲学家中无人论及，需要再等待 300 多年后马克思在彻底清算德国古典哲学（当然包括黑格尔哲学）时才明确提出"实践"这个全新的范畴，并在《关于费尔巴哈的提纲》（1845）这部天才的著作中响亮地提出"以往的哲学家只是解释世界，而问题在于改造世界"这个

① 黑格尔：《哲学史讲演录》，商务印书馆 2020 年版。
② 蔡曙山：《阳明心学就是中国的认知科学》，《贵州社会科学》2021 年第 1 期。

无产阶级的战斗口号。马克思用这两句话划清了与过去的一切哲学的界限，并将它作为自己的墓志铭："全世界的哲学家都在想方设法解释这个世界，但是问题在于改变世界。"这句话也成为全世界无产阶级的奋斗目标。阳明心学的这种"思辨"，不知西方的黑格尔们会作何感想？当然阳明心学的这种思辨完全不同于他同时代或更晚时候直到 20 世纪中期以前所有西方哲学的思维，他是以经验、直觉和启发式为特征的"心智"的思辨，这种思辨，又要再等 450 年后直到 20 世纪 70 年代认知科学和心智哲学建立以后，西方的学者才能知晓。再次，黑格尔说他替中国人可惜，因为《易经》虽有哲学思维的萌芽，但可惜中国人并没有在此基础上进行演绎。这又一次显示他的无知和可悲。《易经》是群经之首，而《道德经》和《论语》都是解释《易经》的。《易经》用一句话总结就是：一阴一阳之谓道。再解释一下就是：无极生太极，太极生两仪，两仪生四象，四象生八卦（《易传》）。《道德经》用一句话总结就是：道可道，非常道。再解释一下就是：道生一，一生二，二生三，三生万物。至于孔子与《易经》的关系，那可以说孔子就是《易经》的直接作者。《易经》三位作者分别是伏羲氏、周文王和孔子。孔子整理了三书六经，即《论语》《大学》《中庸》以及《诗经》《尚书》《春秋左传》《礼记》《易经》和《乐经》。孔子对《易经》的专心研究，史称"韦编三绝"。他为《易经》写了《易传》即《十翼》，使得《易经》提升到经的位置，被并入到四书五经的行列中。孔孟以后，四书五经成为儒家哲学经典，中国经典文化的核心是经学，经学的核心是易经。以西方黑格尔们的浅薄，是不可能真正地了解《易经》的，更不可能了解《易经》的演变以及如何经过孔子的解释和推荐，使其列入儒家经典，为两千多年来中国学者反复研读，成为观天察地、审时度势、博古通今、安身立命、修身、齐家、治国、平天下的利器。

在认知科学建立和发展的今天，以经验为特征的中华文化与认知科学的经验转向完全契合，经验、直觉和启发式的思维成为认知科学和中华文化的共同特征。近代以来那种重演绎和分析，轻归纳、类比、溯因与综合的思维模式受到了批判和挑战，包括来自西方学者的批判和挑战。①　那种言必称希腊、唯西方的马首是瞻，认为我们处处不如人的文化虚无主义，那种认为东方文化不如西方文化的文化偏见和文化霸权主义，统统都应该被唾弃！认知科学来了，中国人的世纪到了！让我们挺起中国人的脊梁，建立中华文化的主体意识和文化自信，去迎接属于中国的 21 世纪。

思考作业题

1. 认知科学的三大发现是什么？试说明其意义。

2. 什么是意识、无意识、潜意识、前意识和下意识？它们之间的关系是什么？

3. 试述弗洛伊德的无意识理论。

4. 试述梦和催眠在弗洛伊德无意识理论中的作用和意义。

5. 意识和无意识犹如心智的两个舵，它们轮流掌控我们的心智和行为，试举例说明。

6. 意识和无意识之间的转换是平滑的、即时的，不需要假设前意识的存在，请举例说明。

7. 由于前意识的不存在，潜意识和下意识也就不存在。我们只需要用意识和无意识就能够解释人类的心智、认知和行为。请试加论证。

8. 梦中的无意识有思维吗？请加以论证并举例说明。

9. 梦中的无意识何时最强？为什么？

10. 梦和催眠中的无意识行为是真实行为吗？请以案例加以说明和分析。

11. 请从人类认知五层级来说明无意识思维。

12. 请说明脑与神经层级的无意识对思维认知的决定作用。

13. 请说明心理层级的无意识对思维认知的决定作用。

---

① Lakoff, G. and Mark Johnson. *Philosophy in the Flesh*: *the Embodied Mind and its Challenge to Western Thought*. Publisher: Basic Books, 1999.

14. 请说明语言层级的无意识对思维认知的决定作用。

15. 请说明文化层级的无意识对思维认知的影响。

16. 什么是脑与神经层级的无意识认知？

17. 什么是心理层级的无意识认知？

18. 什么是语言层级的无意识认知？

19. 什么是思维层级的无意识认知？

20. 什么是文化层级的无意识认知？

21. 什么是集体无意识？什么是文化无意识？为什么说文化无意识是一种集体无意识？

22. 为什么说文化无意识是最高层级的无意识？

23. 为什么说认知科学来了，中国人的世纪到了？

24. 为什么要建立中华文化的自信？如何建立中华文化的自信？

25. 黑格尔如何批评中国古代哲学？试对黑格尔的批评进行反批评。

推荐阅读

Cai, S. (2007) Logics in a new frame of cognitive science: on cognitive logic, its objects, methods and systems, *Logic*, *Methodology and Philosophy of Science*: *Proceeding of the* 13th *International Congress*, Vol. 1. London: King's College Publications, 2009.

Carroll, David W. *Psycholgy of Language*, 5th ed. Australia; Belmont, CA: Thomson/ Wadsworth, 2008.

Kiefer, M. Top-down modulation of unconscious "automatic" processes: A gating framework, *Advances in Cognitive Psychology*, 2007, volume 3.

Kutas, M. and Hillyard, S. A. Reading senseless sentences: brain potentials reflect semantic incongruity. *Science*, 1980, 207: 203-205; Brain potentials during reading reflect word expectancy and semantic association.

Nature，1984.

Lakoff，G. and Mark Johnson. *Philosophy in the Flesh*：*the Embodied Mind and its Challenge to Western Thought*. Publisher：Basic Books，1999.

Newsweek，1992. From Carroll，David W. *Psycholgy of Language*，5ᵗʰ ed. Australia；Belmont，CA：Thomson/Wadsworth，2008.

Searle，John R.，，*Mind*：*A brief Introduction*，Oxford University Press；1 edition，2004.

D. A. 本斯利著，李小平译：《心理学批判性思维》，中国轻工业出版社 2005 年版。

黑格尔：《哲学史讲演录》，商务印书馆 2020 年版。

卢卡西维兹著，李真、李先焜译：《亚里士多德的三段论》，商务印书馆 1981 年版。

涅尔著，张家龙、洪汉鼎译：《逻辑学的发展》，商务印书馆 1985 年版。

荣格：《荣格文集》第五卷《原型与集体无意识》，国际文化出版公司 2018 年版。

亚里士多德：《工具论》，上海人民出版社 2015 年版。

蔡曙山：《言语行为和语用逻辑》，中国社会科学出版社 1998 年版。

蔡曙山、邹崇理：《自然语言形式理论研究》，人民出版社 2010 年版。

蔡曙山、江铭虎主编：《人类的心智与认知》，人民出版社 2016 年版。

蔡曙山、王志栋、周允程等译：《聚合四大科技　提高人类能力》，清华大学出版社 2010 年版。

蔡曙山：《论数字化》，《中国社会科学》2001 年第 4 期。

蔡曙山：《经验在认知中的作用》，《科学中国人》2003 年第 12 期。

蔡曙山：《论虚拟化》，《浙江社会科学》2006 年第 5 期。

蔡曙山：《认知科学：世界的和中国的》，《学术界》2007 年第 4 期。

蔡曙山：《论形式化》，《哲学研究》2007 年第 7 期。

蔡曙山：《科学发现的心理逻辑模型》，《科学通报》2013 年第 34 期。

蔡曙山：《论人类认知的五个层级》，《学术界》2015 年第 12 期。

蔡曙山：《自然与文化》，《学术界》2016 年第 4 期。

蔡曙山：《论语言在人类认知中的地位和作用》，《北京大学学报》2020 年第 1 期。

蔡曙山：《生命进化与人工智能》，《上海师范大学学报》2020 年第 3 期。

蔡曙山：《认知科学与技术条件下心身问题新解》，《学术前沿》2020 年 5 月（上）。

蔡曙山：《论语言在人类认知中的地位和作用》，《北京大学学报》2020 年第 1 期。

蔡曙山：《阳明心学就是中国的认知科学》，《贵州社会科学》2021 年第 1 期。

凤肖玉：《催眠在心理训练中的效应与理论探讨》，《北京体育大学学报》1995 年第 8 期。

李述一：《文化无意识——一种新的精神领域的研究报告》，《哲学研究》1988 年第 2 期。

李维、张诗忠：《心理健康百科全书》，上海教育出版社 2004 年版。

肖凯、钟乐江：教师的自省：《课堂教学中 8 个无意识而致命的错误》，吉林大学出版社 2011 年版。

余占海：《梦与创造性思维》，《山东医科大学学报》1993 年第 2 期。

杨国枢主编：《中国人的心理》，江苏教育出版社 2006 年版。

赵仑：《ERPs 实验教程》（修订版），东南大学出版社 2010 年版。

第五部分

文化认知

本部分摘录

世界上只有两类事物，一曰自然；二曰文化。自然是一切天然存在的、未经过人类加工改造的东西；文化就是人化，它是人所创造的一切东西。

4 种基本的逻辑推理中，类比、归纳、溯因是科学发现的主要方法，演绎对科学发现没有贡献，但可用于科学理论的验证。

哲学是一种世界观和方法论，这是传统哲学的观点。哲学是人类认知的一种形式，这是认知科学和心智哲学的观点。哲学是文化认知的一种方式，属于文化层级的认知。

人类的认知从身边的事物开始。人类早期的哲学关注世界是由什么构成的，从而形成本体论哲学。近代哲学的眼光从客体转向主体，更关注人的认识能力，从而形成认知论哲学。当代哲学关注的是主客体联系的中间环节，从而形成分析哲学、语言哲学和心智哲学。

阳明心学，作为哲学，具有"心外无理"、"心外无物"的本体论，有"格物致知"的认识论和"知行合一"的实践观，阳明心学是一个完整的哲学思想体系；作为认知科学，阳明心学体现了所有五个层级的人类心智和认知，包括脑与神经层级的心智和认知、心理层级的心智和认知、语言层级的心智和认知、思维层级的心智和认知、文化层级的心智和认知。阳明心学就是中国古代的认知科学。

认知科学的终极问题是：人是什么？从何而来？向何处去？

先进文化引领人类前进方向。

第十五章

自然、文化与文明

　　根据人类认知五层级理论，人类的心智和认知包括所有五个层级，即脑与神经层级、心理层级、语言层级、思维层级和文化层级的心智和认知。这是人类在自然进化中获得的心智和认知方式。语言、思维和文化是人类特有的认知方式。抽象的符号语言产生思维，语言和思维形成知识，知识积淀为文化。所以，文化是一种认知方式，文化是人类特有的、最高层级的心智和认知方式。

　　本章讨论自然与文化的关系、文化和文明的关系以及自然与文化和文明的关系，提出三种重要的自然文化观，即科学的自然文化观、哲学的自然文化观和宗教的自然文化观。我们将重点分析和阐释老子的宇宙生成论和自然文化观，指出老子的"道法自然"的思想理论是自然文化观的终极真理。本章最后提出作者认同的自然文化观的四个重要命题并进行了讨论：人类与文化是来源于自然并依存于自然的；文化和文明的发展是对自然的消费；以科学技术为核心的现代文明对文化的背离和对自然的破坏；道法自然人类才会有未来。

第一节　自然与文化

　　世界上只有两类事物，一曰自然；二曰文化。①

---

①　蔡曙山：《自然与文化》，《学术界》2016年第4期。

自然是一切天然存在的、未经过人类加工改造的东西，如山川河流、风云雷电；火山爆发、江河泛滥；草长莺飞、鳞潜羽翔；冬去春来、寒来暑往。文化就是人化，它是人所创造的一切东西，如语言文字、篆刻书法；服装饮食、音乐绘画；电灯电话、飞机飞船；战争宣言、和平庆典；宪法制度、国家机关；杂交水稻、试管婴儿等。

自然与文化是如此的对立，却又十分和谐地统一于我们的宇宙之中。人一来到这个世界，就时刻浸润在自然和文化之中。甫一出生，孩子就感受到母亲的体温、呼吸和心跳，这是自然；妈妈给孩子说一句话，听一段音乐，看一张图片，这是文化。到他上学的时候，仍然是自然和文化在影响着他。老师让孩子仰望星空，到河里游泳，进深山探险，这是让他感受自然；老师教学生语文、数学、物理、化学，是在向学生传授文化。等到他长大成人，他的工作成就要么贡献于自然，要么贡献于文化。这样，在他临死的时候，他就可以说：我的一生，都献给了人类最壮丽的事业——为人类文化的传承而斗争；同时，他的身体却不得不重新回归于自然。

自然与文化，谁更重要？当然自然更重要，因为文化和文明连同它的创造者都不过是自然进化的产物。自然不可能再造，文化和文明却可以重建。自然与文化，不得已而弃之，当然是弃文化而保自然。即使人类毁灭，自然会重新塑造一切。而一旦自然被毁灭，人类将连同自然一起毁灭，宇宙将坠入永久的黑暗之中。

两千多年前，中国古代思想家和哲学家老子就提出："人法地，地法天，天法道，道法自然。"[1] 这是何等澄明的自然文化观。仅凭这一点，老子过去是现在仍然是世界第一的思想家和哲学家。迄今没有任何一位东西方哲学家的自然文化观能够超越老子。事实上，老子的自然文化哲学是不可能超越的，因为它是自然文化观上的终极真理。

与老子思想相反的事实却正在发生。当今世界，自然的因素正在迅

---

① 老子：《道德经》第二十五章，见《老子道德经注校释》，王弼注，楼宇烈校，中华书局 2016 年版，第 61 页。以下凡引此书，只注《道德经》若干章。

速被消解和弱化：冰山融化、河流干涸、气候反常、空气污染；文化的因素正却在迅猛地增长：核爆核泄、网络为家、数字虚拟、汉字简化——这当然并不都是值得高兴的事情，常常相反——人类的存在已经威胁到自然的存在，或者说，人类文明的发展已经威胁到他自身存在的根基。

一、自然与文化的对立和统一

自然观是指对自然界的总的看法，其意义随着人类认识的发展而变化。

现代科学对自然有一套完整的定义，最广泛的意义包括自然世界，物理世界或物质世界。自然（nature）一词用来指物理世界的现象，也指一般的生命。自然的范围小到亚原子粒子，大到宇宙。[①]　在通常的意义上，自然指我们人类所生存的这个星球——地球——上所有以原初的方式，即以未受人类影响和改变的方式存在着的一切事物。

文化（culture）是一个较晚出现的概念，它来源于拉丁语"cultura"，其意为"培养"（cultivation）。尽管罗马政治家、雄辩家西塞罗（Marcus Tullius Cicero）在他的经典论述《修心》（Culturaanimi）中使用这个概念，但"文化"这个术语在欧洲首次出现是在 18—19 世纪，它意味着培养或改进的过程，如同在农业或园艺中所做的那样。到了 19 世纪，文化这个术语被发展起来，首先用来指个体通过教育得到的改善和提高，其次也用来指民族的愿望或理想的实现。19 世纪中叶时，一些科学家用"文化"这个术语来指普遍的人类能力。德国社会学家格奥尔格·齐美尔说，文化是指"通过在历史进程中业已被对象化的那些外在形式的事物对个人的培养"[②]　。在 20 世纪，"文化"成为人类学的核心概念，包括所有那些不能够被归为基因遗传的人类现象。在美国的人类学中，"文化"这一术语含有以下两个

① 参见维基百科。

② Levine，Donald（ed.）*Simmel：On individuality and social forms*，Chicago University Press，1971，p. 6.

特别的意义:①

一是进化获得的人类能力,包括用符号来对经验进行分类和表达的能力以及具有想象力和创造性的行为能力。

二是人们生存的不同方式,据此人们对他们的经验进行不同的分类和表达,并创造性地扮演角色。

第二次世界大战以后,文化成为众多学科领域共同关心和研究的对象,也有不同的理解。现今对文化的定义有100多种。著名人类学家霍贝尔(A. Hoebel)认为,文化是一个习得行为模式的综合系统,它具有任何特定社会成员的特征。文化指的是特殊人群总的生活方式。它包括一个群体思考、说明、作出和制作的一切事物,也包括这个群体的习惯、语言、物质产品以及态度和情感的共享系统。文化被一代又一代地学习和传承。② 人们还区分物质文化(material culture)和非物质文化(intangible culture),前者是由社会所创造的物质产品,后者是指语言、风俗习惯等无形的东西,它们都是文化的主体。③

最简明的定义,根据笔者的理解,文化就是"人化",是人所创造的一切东西。因此,文化是与自然紧密相连而又互相对立的一类事物。

第一,自然与文化是密切相关的。两者联系的密切程度表现在我们很难离开其中的一个来定义另一个。没有离开自然的文化,因为文化的主体人是自然所创生的。人在自然进化过程中发明了抽象的符号语言,产生了思维,语言和思维形成知识,知识积淀为文化;也没有离开文化的自然,自从人类出现以后,再也没有不受人类影响的、自在自为的自然。在我们这个星球上,从最高的山峰珠穆朗玛峰到最深的海底马里亚纳海沟,到处都布满人类的足迹,到处都受到人类的影响。尽管如此,人类和他所创造的文化,仍然是自然的一部分。在人的身上,自然与文

① L. Robert Kohls, *Survival Kit for Overseas Living*, Systran Publications. Also see "What is culture?" Body language cards. com. Retrieved 2013-03-29.

② Hoebel, Adamson. *Anthropology: Study of Man*.

③ Macionis, Gerber, John, Linda (2010). *Sociology 7ᵗʰ Canadian Ed*. Toronto, Ontario: Pearson Canada Inc. p. 53. Also see http://en.wikipedia.org/wiki/Culture.

化是如此和谐地统一在一起。他的所思、所言、所行主要是文化的过程；他的生理和心理活动，以及基因遗传决定的行为如生育和死亡，则主要的是自然过程。

第二，自然与文化是相互对立的。这种对立表现在，自从人类出现后，这个世界的事物便被分为两类：自然的和文化的。任何事物要么属于自然，要么属于文化。一个事物若不属于自然，则必属于文化，反之亦然。在人类出现以前，所有事物及过程均是自然的，但这种情形现在再也不存在了。在人的身上，自然与文化的对立同样明显地存在着。以人类的恋爱、婚姻和生育为例，如果恋爱双方是异性，我们认为这种恋爱是自然的，而同性恋则被认为是不自然的；同样，异性婚姻是自然的，同性婚姻则是不自然的，大多数国家尤其是宗教国家，仍然不接受不自然的同性婚姻。采用男女自愿性交的方式受孕是自然的，而体外受精、试管婴儿则是不自然的。婴儿从母亲的产道中产出是自然的，剖腹产则是不自然的。

二、三种形式的自然文化观

自然文化观，指人们对自然、人类、文化和文明之间关系的认识。在这四者之中，自然是最根本的。从它们各自的发生学看是这样，从进化史上看也是这样。与自然关系最密切的是人类，他是自然与文化的中介。没有人类，也就没有文化，自然与文化的关系和自然文化观也就无从谈起。文明与自然的关系最远，当代科学技术文明甚至是与自然相对立和冲突的因素。

什么是对人类生存和发展有益的自然文化观？什么是对人类生存和发展有害的自然文化观？——全在于如何看待和处理自然、人类、文化与文明这四者的关系。这是一个认知科学的问题。

（一）人类认知的五个层级和文化认知的三种形式

脑与神经系统产生心智（mind）的过程是认知（cognition）。不仅人类有心智和认知，动物也有心智和认知。人类认知最显著的特点是以符号语言为载体，以思维和文化为特色。人类通过语言和思维来对信息进行加工，并作出行为决策，以采取适应环境、适于自身生存与发展的行为。人类心智和认知的这些特征区别于其他动物基于本能和刺激反应的心智与认知特征，具有进化的优势，并使人类最终脱离动物界而成为"万物之灵长"。

人类心智是从动物心智进化而来的，人类心智从低级到高级的形式依次是：神经、心理、语言、思维和文化。相应地，人类认知包括神经认知、心理认知、语言认知、思维认知和文化认知五个层级。其中，神经认知和心理认知是人类和动物共有的，称为低阶认知，语言认知、思维认知和文化认知是人类所特有的，称为高阶认知。①　就人类认知而言，低阶认知主要反映的是人类的生理和心理活动，而高阶认知则主要反映的是人类的精神活动。

文化认知是人类的高级精神活动，是最高层级的认知。依据精神活动的方式，可以将其划分为三种主要的形式，即科学、哲学和宗教。

1. 科学认知

科学是对自然现象、社会现象和人自身包括精神现象进行研究的理论体系。科学理论有两个特性：一是可实证的，其方法包括科学实验和逻辑证明；二是可证伪的。科学方法的这两个特征决定了它作为认知方法的局限性。首先实证方法的应用范围是有限的，并不是所有的认知判断都是可以证实的。例如，"物质是无限可分的"这样一个命题并不是可以证实的。就人类目前的认识能力，我们现在只能在一定的尺度（如基本粒子）内去证实它。一般而言，一个涉及"无限"或"无穷"论域的命题是无法证实的。一个例外是数学归纳法，它能对可数无穷域内的问题进行逻辑的证明。可见逻辑实证比物理证明的力量更强。其次任何一种科学理论都是一种假设（可以将它表示为一个命题 p）。如果这个假设可以解释一些科学现象，包括自然现象、社会现象和精神现象（将这些现象表示为 q_1, q_2, …, q_n），即有 $p \rightarrow q_1$, q_2, …, q_n，这个

①　蔡曙山：《论人类认知的五个层级》，《学术界》2015 年第 12 期。另见蔡曙山：《人类认知和五个层级和高阶认知》，《科学中国人》2016 年第 2 期。

假设作为科学理论就成立了。而一旦我们观测到某个相反的现象$\neg q_i$（$1 \leqslant i \leqslant n$），根据逆否律（Modus Tolence，MT）可得$\neg p$，假设p便被推翻。因此，科学理论一定是可证伪的，否则就不是科学理论。由此可知，科学的认知能力和应用范围是有限的。科学只是人类认知方法的一种，科学不能包打天下，不能解决人类认知的一切问题。在科学无能为力的地方，我们需要其他的认知方法。

2. 哲学认知

哲学是不需要实证，也不可能实证的一种认知方法。哲学凭借人类理性和逻辑思维（概念、判断、推理）来把握对世界的认知，形成某种世界观和方法论。科学认知与哲学认知的关系可以从两方面看。一方面，哲学作为"科学之科学"，它能为科学认知提供世界观和方法论的指导。[①] 在人类认识史上，很多科学理论都来源于当时或之前的哲学思想。例如，几乎一切的现代科学形式都可以在亚里士多德的哲学思想中找到根源。又如，莱布尼兹从中国古代阴阳学说中发现二进制数学。再如，老子的道德经至今仍然在为我们认识自然、社会和人类精神提供哲学指导。而且，道家哲学对自然与人和文化关系的理解，比迄今为止任何科学认知都要高明得多（下文详细分析）。另一方面，在人们的认知活动中，科学解决不了的问题，只有交给哲学去把握。这样的例子也有很多。爱因斯坦晚年在建立统一场论的过程中，常常与哲学家和逻辑学家一起讨论问题。[②] 前述"物质是无限可分的"这个命题，是一个科学上无法把握和无法证实的命题，但在哲学上它却是一个可以把握的命题。[③] 事实上，它是辩证唯物主义的基本命题——科学家们只有自

---

① 2020年9月，中国科学院哲学研究所正式揭牌成立。中国科学院哲学研究所是中国科学院面向国家战略需求而建立的新型科研机构，其目标是通过创建科学家与哲学家的联盟，来促进科技创新、哲学发展和文明进步。

② 自1940年哥德尔受聘于普林斯顿大学，哥德尔与比自己大很多的爱因斯坦成了忘年之交、终生挚友。他们每天一起到高等研究院上班，下午吃过午饭后再花30分钟一起散步回家，路上两人一起讨论政治、哲学、物理和数学。

③ 毛泽东曾与美国物理学家诺奖得主格拉肖讨论基本粒子是否无限可分的问题。毛泽东提出物质无限可分的思想。1977年格拉肖提议将构成物质的基本单位命名为"毛粒子"。

觉或不自觉地以此为指导，才能进行基本粒子的研究。科学认知与哲学认知的关系是：科学认知将哲学认知中的一些问题变成可以实证的问题并进行科学研究。不存在没有世界观和方法论指导的科学问题，即不存在没有哲学认知的科学认知。同时，哲学认知将科学认知中那些无法实证而又有意义的命题变成哲学问题，并从理性和逻辑思维上加以把握，使之成为可对科学研究提供指导的世界观与方法论。同样，也不存在没有科学认知根源空洞的哲学，而只有具体科学的哲学，如数学哲学、逻辑哲学、物理学哲学、心理学哲学等。即使是形而上学，它所依据的"时间"、"空间"、"思维"、"存在"等抽象概念，也是有其科学基础的。因此，也不存在脱离科学认知的哲学认知。20 世纪 20 至 30 年代，逻辑实证主义试图凭借数学逻辑方法将哲学变为科学，维特根斯坦曾经认定，一切有意义的哲学思想都是形如 $[\bar{p}, \bar{\xi}, N(\bar{\xi})]$ 的命题（§6），[1]否则是无意义的命题。世界何以存在的问题，怀疑论的问题，人生意义的问题，形而上学的问题，都是无意义的命题（§6.44—§6.54）。它们是神秘的东西，是不可言说的东西（§6.522）。对于不可言说的东西应该保持沉默（§7）。但是，后期维特根斯坦完全否认他的逻辑图像论，而代之以一种全新的世界观——语言游戏论。他回归自然语言，并将语言的意义与人们对语言的使用和人们的心理行为联系在一起。哲学只做自己的工作，它不再插足于或试图取代科学。"哲学是一场反对借语言来迷惑我们的理智的战斗。""我们所做的就是要把词从形而上学的使用带到日常的使用上来。"[2] 因此，哲学的任务在于语言分析。哲学不需要证实也不可能证实，这是哲学与科学的重要分野。

3. 宗教认知

宗教既是一种信仰，也是人类特有的一种认知方式，而且是与科学和哲学不同的一种特殊的认知方式。本章所涉及的宗教，是作为认知方

---

[1] 维特根斯坦：《逻辑哲学论》，贺绍甲译，商务印书馆 2009 年版，第 86 页。以下凡引此书，只注维特根斯坦原著分节号。

[2] Wittgenstein, L. *Philosophical Investigation*, third edition, PI, 109; PI, 111, Blackwell Publishing Ltd. 2001, p.40c, 41c.

式的宗教，而不是作为信仰的宗教。科学是一种以经验和实验为基础的认知方式，哲学是一种以理性思维为特征的认知方式，宗教则是一种以直觉和信仰为特征的认知方式。自我意识、抽象思维和宗教信仰常常被作为人与动物区别的三个主要标志。一些宗教认知的有效方法至今无法从科学上得到解释。例如，直觉和顿悟、意念和超自然力、灵魂和转世等等。

我们常常听到有人（主要是科学家）批评宗教是"不科学的"，这种批评是毫无道理的。宗教本来就不是科学的，为什么要求它是科学的呢？是否宗教也可以批评科学是"不宗教"的呢？——这样的批评虽然是无意义的，但却是有根源的。由于现代科学的发展成为现当代文明的主流，很多人（主要是自然科学家，还有利用科学的其他人）试图将人类认知的所有方式都纳入科学的轨道，似乎科学的才是正确的，其实这是一种错误的认识。从哲学（认识论）上看，科学的不一定是正确的。科学只是在一定条件下是正确的，如牛顿经典力学只在宏观运动系中是正确的，而在接近光速的运动系中它就是不正确的了。在历史上被证伪的科学理论不计其数。从生态和伦理上看，科学的不一定是对人类有益的，如工业文明、转基因食物和合成生命。这些重大的问题我们稍后还要详细讨论。

（二）三种形式的自然文化观

人类特有的文化认知有科学、哲学、宗教三种主要的方式。相应地，对自然和文化的理解也有三种方式：科学的自然文化观、哲学的自然文化观和宗教的自然文化观。

1. 科学的自然文化观

根据上文对文化的广义理解——文化就是"人化"——科学也是文化的一部分，因为科学也是"人化"的东西。

从科学发展史看，科学就是人类对自然的认识、探索、改造和征服。

古代的科学技术仅仅是认识和适应自然，探索自然的奥秘。人类活动没有也不可能影响自然。从远古到古代社会，人类与自然是和睦相处的。

近代科学技术不满足于认知和探索自然，而是要利用和改造自然。人类攫取自然最初的野心反映在苏联园艺学家米丘林（I. V. Michurin）的一句名言中："我们不能等待大自然的恩赐，我们的任务是要向大自然索取。"[①] 近代以来，人类向自然大举进犯，不知厌足地向自然索取，把自然当作可以无限攫取的对象。古代中国人发明的罗盘只是用来看风水，近代西方人却用它来航海，开启对海洋的利用。古代中国人发明的火药只是用来驱邪敬神，近代西方人却用它来制造枪炮，开始对自然的征服，也开始对其他文化和文明的征服。

对自然的利用、改造和征服，在当代科学中表现得更加突出。人类拦河筑坝，迫使江河改道，为的是攫取水力和电力。人类炸平山峦，填平山谷，为的是修筑道路，建设城市。人类改变基因，改造物种，为的是得到新的食物和器官。狂妄的科学家甚至试图充当上帝，从实验室中制造生命。[②]

曾几何时，"科学"已经成为"正确"的同义语。例如，"这种说法是科学的"就等于说"这种说法是正确的"。为此我们制定出一整套对人们的思想、语言和行为进行评判的标准，如"科学认识"、"科学创造"、"科学管理"、"科学行为"等。一种想法、说法或做法一旦被认为是"不科学的"，就等于被宣布为"违反自然规律的"、"错误的"、"不可行的"，甚至是"应该禁止的"或"应该废除的"。

2. 哲学的自然文化观

其实，科学的未必就是正确的，不科学的未必就是错误的，因为还

---

① The following phrase of Michurin's was widely popularized in the Soviet Union："*Мы не можем ждать милостей от природы. Взять их у нее—наша задача*"（"*We cannot wait for favors from Nature. To take them from it—that is our task.*"）http://en.wikipedia.org/ wiki/Ivan _Vladimirovich_Michurin.

② 2010 年 5 月 21 日的美国《科学》杂志网络版发表了美国合成生物学家、科学狂人文特（J. Craig Venter）及其同事的惊人成果：在一个被掏空内核的细菌中，植入由人工合成的基因组，之后，新的基因组取得了这个单细胞生物的控制权，从而形成了新的生命。

有一个高于科学标准的哲学标准。

例如，前面说到"物质无限可分"这个命题，哲学家与科学家对它的断定就是不一样的。大家非常熟悉的关于"毛粒子"的故事非常生动地说明哲学家与科学家具有不同的自然观。①

1979 年诺贝尔物理学奖得主、美国物理学家谢尔登·格拉肖（Sheldon Lee Glashow，1932— ）多次访问中国，曾受到毛泽东接见，双方就基本粒子还能不能继续分割的问题进行讨论，当时格拉肖的立场倾向于不能，毛泽东则认为，对立统一的哲学下物质是无限可分的，质子、中子、电子和更小的物质也应该是可分的，一分为二，对立统一，直到无限。后来更小的物质确实被发现，中方科学界称为层子，美方科学界称为夸克。毛泽东逝世后不久，在 1977 年的第七届夏威夷粒子物理学年会上，格拉肖提议将构成物质的所有这些假设的组成部分命名为"毛粒子"（Maons），以悼念毛泽东并致敬其哲学想法。②

哲学的自然文化观的重要问题可以概括为对天、地、人、事的认识以及它们与自然的关系的认识。地球和大气层空间是人类活动的基本场所，也就是中国文化中所谓的"天"和"地"，而人就活动在这天地之间。事指的是成为认识对象的人的活动或客观存在的事物或事件。自然通常指的就是这个基本空间中那些原本未受人类活动影响的存在。但今天人类活动已经深深嵌入自然，天地之间已经没有任何独立存在而不受人类影响的空间，包括南北极冰封的土地和了无生机的深海，人类活动的影响无所不在。人类的活动还改变了大气和天空。所以，我们称今天的自然是"被嵌入的自然"。

中国古代思想家和哲学家老子对天、地、人与自然的关系有异常卓越的见解，这种见解在今天看来仍然远远高出当代科学家的认识。关于老子的自然文化观，我们将在下一节详加讨论。

---

① 王凡、东平：《林克：毛泽东的秘书兼英文"老师"》，《传奇·传记文学选刊》2007 年第 12 期。

② Walter, Claire (1982). Winners, the blue ribbon encyclopedia of awards. Facts on-File Inc. p. 438. ISBN 9780871963864.

3. 宗教的自然文化观

不同宗教的自然文化观不尽相同，但共同点却是主要的，那就是：它体现了宗教对自然和生命的领悟与关爱。宗教的自然文化观就是要维持人与他们所处的自然环境之间的平衡，保持人与自然的和谐关系。

宗教的自然观相信自然世界是神的化身，是一种神圣的或精神的力量。对自然的这种态度常常被看作宗教运动，即自然宗教（Nature religion）。它不是指任何特殊的宗教运动本身，而是用来指各种不同宗教团体所共有的那些规定和信念，包括在世界各地不同文化中被实践的本土宗教。这些宗教的实践者将环境看作是具有精神和其他神圣的实体。例如，《圣经》说：

> 耶和华啊，你所创造的何其多！
>
> 都是你用智慧造成的；
>
> 大地充满了你的创造物。
>
> 那里有海，又大又广；
>
> 其中有无数的动物，大小生物都有。

宗教的自然文化观是环境保护主义的思想来源。这些思想包括：①神对众生的爱，在神的面前，万物享有平等的生的权利；②人与自然和睦相处，亚当和夏娃扮演管理者的角色，如同他们在伊甸园中所做的一样；③基督徒所讲述的诺亚方舟的故事，显示出保留生物多样性的需要。美国早期环保运动领袖约翰·缪尔（John Muir）说："当我们试图选取任何事物时，我们发现它与宇宙间的所有事物都有关联。"[1] 全世界有几十亿人信仰各种宗教。[2] 宗教的自然观成为人与自然和谐相处、保护自然环境的重要精神力量。

宗教是文化最早的和最重要的形式。基督教文化对西方的影响是根

---

[1] Muir, John (1911). *My First Summer in the Sierra*. From Ethan Goffman (2005) God, Humanity, and Nature：Comparative Religious Views of the Environment.

[2] 据估计，全世界共有21亿基督徒；13亿穆斯林；9亿印度教徒；3.7亿佛教徒。甚至在当代欧洲和北美的异教信仰，如巫术崇拜、新德鲁伊教和女权运动中，自然宗教的信仰也非常普遍。

深蒂固的。罗素说："在柏拉图、圣奥古斯丁、托马斯·阿奎那、笛卡尔、斯宾诺莎和康德的身上都有着一种宗教与真理的密切交织，一种道德的追求与对于不具时间性的事物之逻辑的崇拜的密切交织。"①

在西方文化中，宗教与理性这种交织从古希腊一直延续到近现代，并体现在西方科学精神之中。13 世纪的英国哲学家和修道士罗吉尔·培根（Roger Bacon，1214—1294）说："上帝通过两个途径来表达他的思想，一个是在《圣经》中，另一个是在自然界中。"② 培根认为，所有的知识最终都可以在《圣经》中找到，科学没有独立的价值，它的价值是服务于宗教。人们之所以要研究科学，是因为科学可以帮助人们理解《圣经》，科学有益于神学。神学家如果想理解《圣经》，就必须了解现世的事情，而科学可以帮助其理解。在这样的文化背景下，产生了很多身为宗教信徒的伟大科学家，如哥白尼、布鲁诺、开普勒等。17—18 世纪杰出的物理学家、数学家、天文学家、自然哲学家牛顿（Isaac Nweton，1643—1727）同时也是一名虔诚的基督徒。牛顿在科学上的贡献尽人皆知。2005 年，英国皇家学会进行了一场"谁是科学史上最有影响力的人"的民意调查，牛顿被认为比爱因斯坦更具影响力。18 世纪英国诗人波普（Alexander Pope，1688—1744）为牛顿写下两行墓志铭，他用《圣经》《创世记》的口吻写道：③

　　自然和自然律隐没在黑暗中。

　　神说"要有牛顿"，万物俱成光明。

牛顿的运动定律需要第一推动力，对此他求助于上帝。他说："重力解释行星的运行，但不能解释谁使行星运行。上帝治理万物，知道一切可做或能做的事。"著名科学哲学家理查德·韦斯特福尔（Richard Westfall）称牛顿为"原型自然神论者"（proto-deist），所谓"自然神论"，是相信神创造这世界之后，就让自然规律去统治这个世界，自己

① 罗素：《西方哲学史》上卷，何兆武、李约瑟译，商务印书馆 1997 年版，第 65 页。
② 戈兰：《科学与反科学》，中国国际广播出版社 1988 年版，第 18 页。
③ 罗素：《西方哲学史》下卷，马元德译，商务印书馆 1997 年版，第 58 页。

不再插手，世界在自然规律的支配下运转。牛顿认为需要从两个途径来
认识上帝，一是对自然的研究；二是对圣经的学习。作为一名科学家，
看到认为他对自然的研究只是认识上帝的一种途径。牛顿临终前说：
"我的工作和神的伟大创造相比，我只是一个在海边拾取小石和贝壳的
小孩子。真理浩瀚如海洋，远非我们所能尽窥。"安葬在英国伦敦威斯
敏斯特大教堂的牛顿的墓碑上铭刻着："艾萨克·牛顿爵士于此长眠。
以自己发明的数学方法以及高度智慧，揭示行星的运动、彗星的轨道和
海洋的潮汐；探究了任何人也没有预想的光的分解和色的本性；解释了
自然和古代的事情。他以哲学证明了全能神的伟大，他一生过着朴素的
生活。这位值得称夸的人物，岂不是全人类的光荣？"

第二节　文化与文明

文化是人所创造的一切（everything created by man is culture），文明
则是文化发展到一定阶段才出现的。文化与文明密切相关，它们都是人
类活动的产物。但两者有严格区别，主要在以下几个方面：

一、历史和词源学

文化起源早，它与人类早期的农耕活动有关。因此，来源于拉丁语
cultura 的"文化"（culture）一词含有"栽培"、"培养"之意。文明的
起源则是城邦建立以后的事。"文明"（civilization）一词直译是"城邦
化"，它是指人类生活方式的改善，而这种改善是通过改变自然以符合
人类的需要来实现的。因此，文化是指人类在农耕时代即石器时代、新
石器时代和金石并用时代形成的人类活动、原始部落人类遗迹或与此相
关的概念范畴。文明则是指人类形成城市国家（城邦）以后即青铜器
时代以后人类的活动或与此相关的概念范畴。

二、内涵外延

文明是将社会组织起来形成界限清楚的群体，通过集体劳动去改进

生活条件，如争取食物、制作服饰、发展通信等。古代文明的形式有青铜器、铁器、火药、指南针、造纸术、印刷术等；近现代文明的形式有蒸汽机、火车、轮船、飞机、大学、图书馆、一党制和多党制、宪法和议会等；当代文明的形式有原子能、人造卫星、运载火箭、航天飞机、电脑、网络、手机、转基因大豆、克隆羊、试管婴儿、合成生命等。文明是人类生存和发展的外在形式和手段。文明的发展表现出一种越来越强的背离文化、背离自然的趋势。

文明是排他的。一个文明的团体或组织常常认为自己是文明的，而将其他人看作是野蛮的。不同文明的冲突常常导致战争和种族灭绝，结果是人类的大量毁灭。因此，文明作为人类生存的一种手段，也是人类征服自然和征服其他文明的手段。然而，文明本身并不是人类生存的目标。

与此相反，文化指人的内在，他的头脑和身心都经过精心培育。一个人可以贫穷和衣着褴褛，可能被人认为是"不文明的"，但他或她仍然可以是一个极有文化教养的人。我们可以把文化当成是人类"更高层次"的内在素养，"文化人"不仅仅是一个"生理人"。一个"文化人"生存与活动在生理的、心理的和精神的三个层次上。文明就是在社会意义上和政治意义上具有更好的生活方式以及更好地利用我们周遭的自然，但这样的生活人并不能被看作一个有文化的个体。只有当一个人表现出更深层次的理智和意识时，我们才能称他是一个"有文化教养"的人。

如此看来，现代人当然是文明人，但并不一定是文化人，虽然现代社会中艺术、音乐和文学等文化表现随处可见。但只有那种能够使人类脱离动物水平而上升到人类水平、并因此上升到神圣水平的品质，才可以被称作文化。在历史的进程中，人类总的来说是变得越来越"文明"，这也是人类与自己的"动物性"作斗争的进程和结果。

三、精神与物质

文化和文明都是人类的创造物，但文化偏重人类所创造的精神财富，如宗教、哲学、文学、艺术、音乐、舞蹈等。文明更侧重人类所创造的物质财富和社会制度，如电灯、电话、电脑、网络、法律、国家等。

文化与文明的区别可以列表对照如下（表 15-1、表 15-2）①

表 15-1　文化与文明的区别表　　（社会学家的眼光）

文　化	文　明
文化包括宗教、艺术、哲学、文学、音乐、舞蹈等等。它给大多数人带来满足和愉悦。它是生命终极意义的表达。	文明包括所有那些使人类能够获得其他物质的东西。打字机、汽车都是这样的东西。文明充斥着技术或人对自然的权威，以及控制人的行为的社会技术。
文化是使我们成为人的东西。	文明是我们作为现代人所拥有的东西。
文化没有测量的标准，因为它就是人自身的目标。	文明有精确的测量标准。文明的通用标准是效用，因为文明是一种手段。
我们不能说文化在进步。我们不能断言艺术、文学、思想是今天的想法，也不能断言今天的文化优于过去的文化。	文明总是在进步。文明的各种成分如机器、运输工具、通信手段等总是在不断地进步。
文化是内在的和终极的。它与内部思想、情感、理想、价值等相关。它就像是一个人的灵魂。	文明是外在的东西，是工具。它是表达和宣示人类强大的手段，它像是一个人的身体。

表 15-2　文化与文明的区别表　　（人类学家的眼光）

文　化	文　明
所有社会皆有文化	只有少数社会有文明
文化出现得更早	文明出现得较晚
文化是文明发展的前提条件	文明代表文化发展的一个阶段
文化是高度有机的	文明是现实文化的一部分②
文化是传统的总和	文明是伟大的和渺小的传统的总和

---

① http://dilipchandra12.hubpages.com/hub/Difference-between-Culture-and-Civilization.

② Alfred Louis Kroeber said Culture is super organic, he has given three forms of culture namely Social Culture (Status and Role), Value Culture (Philosophy, Morals) and Reality Culture (Science and Technology, etc.). According to Kroeber civilization is a part of reality culture. Robert Redfield said culture is a totality of traditions and civilization is a totality of great and little traditions.

我们看出，文明的发展有一种背离文化和自然的趋势。古代文明是与文化直接关联的，也是与自然亲近的。近代文明开始与文化相背离，并将自然作为异己的对象加以改造和利用。以科学技术为主导的当代文明则完全与文化相背离，并开始对自然进行大规模的破坏，甚至试图改造和改变自然。人类似乎已经忘记自身是来源于自然并依存于自然的。自然一旦遭到破坏，人类将何以存在？又何来发展？人类有存在和发展的权利，这是人类自身设定的一个前提。从人类进化史、文化和文明发展史看，这个前提却有另外一个前提，那就是自然存在的权利。

人类发展到今天，是到了深刻认识并正确把握自然、人类、文化和文明之间关系的时候了！

第三节　老子的自然文化观

谈到中华文化，一些中外学者常常将它等同于或主要地看作是儒家文化。其实不然。首先，道家思想也是中华文化的重要组成部分；其次，甚至儒家思想也渗透着道家思想。儒、道两家思想是中华文化的核心，一表一里，儒为表，道为里。

道家的思想，围绕着一个中心，那就是"自然"。自然首先是道家思想的最高范畴；其次是万物生长和发展的规律，也是人类活动必须尊崇的规律；再次是作为人类生存环境和发展条件的自然界。

最早认识到自然的范畴和意义的，是伟大的中国哲学家和思想家老子，其思想和学说的核心是"道"。

《道德经》中包含一部完备的自然演化史。如果说老子预见了大爆炸宇宙（Big Bang Cosmology）也不为过。"有物混成，先天地生，寂兮寥兮，独立而不改，周行而不殆，可以为天地母。"（二十五章）这不就是大爆炸之前被压缩于奇点（Singularity）的宇宙吗？这个创生之前而又包容万物的宇宙，老子名之曰"道"，它是至大无边的，一旦演化开来，它又是无远弗届的，但它终究会返回"道"。"故道大，天大，地大，王亦大。域中有四大，而王处一焉。"（二十五章）人来源于自然，与天地并立而为三才，"道—天—地—人"既是宇宙创生的过程，也是宇宙中至高无上的"四极"，合称"四大"，而由"道"统领之。在第四十二章，老子进一步描述宇宙创生的过程："道生一，一生二，二生三，三生万物。"笔者曾经用数字化（digitalization）的方法来解释《易经》中阴阳二进制的思想，[①]　用同样的方法，我们可以解释老子的宇宙演化论思想，并将两者加以比较。关于老子的宇宙论、二进制思想及其现代逻辑的解释，读者可以参阅本书第十四章第四节之五"文化层级的无意识认知"。

老子自然观的核心概念是"道法自然"——它宣示自然拥有的至高无上的权利。老子的"天—地—人"的系统服从于道，而"道—天—地—人"的系统则服从于自然。老子说"人法地，地法天，天法道，道法自然。"（二十五章）这样，老子就建立了他的"自然—道—天—地—人"的自然体系。现在看来，他的这个体系正是宇宙演化的体系。

在这种自然观和知识论之下，老子全方位地展开他的哲学思想体系。关于老子的哲学思想，请参阅本书第十六章第三节"哲学认知"。

第四节　自然遗产与文化遗产

1972 年，由联合国教科文组织倡导并缔结了《保护世界文化和自然遗产公约》。联合国教科文组织世界遗产委员会组织申报、评估并发布《世界遗产名录》，主要保护的就是自然遗产和文化遗产，形成世界文化遗产、世界自然遗产和世界文化和自然遗产三类主要的保护名录。

一、世界文化遗产

1959 年，埃及政府打算修建阿斯旺大坝，可能会淹没尼罗河谷里

---

① 蔡曙山：《言语行为和语用逻辑》，中国社会科学出版社 1998 年版，第 390—391 页。

的珍贵古迹，比如阿布辛贝神殿。1960 年联合国教科文组织发起了
"努比亚行动计划"，阿布辛贝神殿和菲莱神殿等古迹被仔细地分解，
然后运到高地，再一块块地重新组装起来。之后，联合国教科文组织会
同国际古迹遗址理事会起草了保护人类文化遗产的协定。

1972 年倡导并缔结了《保护世界文化和自然遗产公约》。缔约国内
的文化和自然遗产，由缔约国申报，经世界遗产中心组织权威专家考
察、评估。世界遗产委员会主席团会议初步审议，最后经公约缔约国大
会投票通过并列入《世界遗产名录》，称为世界文化遗产。

联合国教科文组织世界遗产委员会是政府间组织，由 21 个成员国
组成，每年召开一次会议，主要决定哪些遗产可以录入《世界遗产名
录》，并对已列入名录的世界遗产的保护工作进行监督指导。委员会选
举 7 名成员构成世界遗产委员会主席团，主席团每年举行两次会议，筹
备委员会的工作。

条件凡提名列入《世界遗产名录》的文化遗产项目，必须符合下
列一项或几项标准方可获得批准：

① 代表一种独特的艺术成就，一种创造性的天才杰作。

② 能在一定时期内或世界某一文化区域内，对建筑艺术、纪念物
艺术、城镇规划或景观设计方面的发展产生过重大影响。

③ 能为一种已消逝的文明或文化传统提供一种独特的至少是特殊
的见证。

④ 可作为一种建筑或建筑群或景观的杰出范例，展示出人类历史
上一个（或几个）重要阶段。

⑤ 可作为传统的人类居住地或使用地的杰出范例，代表一种（或
几种）文化，尤其在不可逆转之变化的影响下变得易于损坏。

⑥ 与具有特殊普遍意义的事件或现行传统或思想或信仰或文学艺
术作品有直接或实质的联系。

世界遗产分为世界文化遗产、世界文化与自然双重遗产、世界自然
遗产 3 类。国际文化纪念物与历史场所委员会等非政府组织作为联合国
教科文组织的协力组织，参与世界遗产的甄选、管理与保护工作。

自中华人民共和国在 1985 年 12 月 12 日加入《保护世界文化与自然遗产公约》的缔约国行列以来，截至 2019 年 7 月，中国已有 55 项世界文化和自然遗产列入《世界遗产名录》，其中世界文化遗产 37 项、世界文化与自然双重遗产 4 项、世界自然遗产 14 项。

中国世界文化遗产名录见本书附录三。

二、世界自然遗产

世界自然遗产是联合国教科文组织为了保护自然遗产而设立的，根据《保护世界文化与自然遗产公约》规定申报成功的将列入《世界遗产名录》。

凡提名列入《世界遗产名录》的自然遗产项目，必须符合下列一项或几项标准方可获得批准：

① 构成代表地球演化史中重要阶段的突出例证；

② 构成代表进行中的生态和生物的进化过程和陆地、水生、海岸、海洋生态系统和动植物社区发展的突出例证；

③ 独特、稀有或绝妙的自然现象、地貌或具有罕见自然美的地带；

④ 尚存的珍稀或濒危动植物种的栖息地。

截止到 2019 年 7 月，联合国教科文组织审核并批准列入《世界遗产名录》的中国世界自然遗产 14 项。

中国世界自然遗产名录见本书附录三。

三、世界文化与自然双重遗产

世界文化与自然双重遗产（World Heritage-Mixed Property），又名复合遗产或混合遗产，是同时具备自然遗产与文化遗产两种条件者。早期复合遗产的登录名单当中，有先被登录为自然遗产或文化遗产，之后也被评价为另一种遗产，因而成为复合遗产。

依据世界遗产公约之主旨，复合遗产是指兼具自然与文化之美的代表，截至 2020 年 1 月共 39 项。泰山是中国也是世界上第一个自然文化双遗产。截至 2019 年 7 月，中国世界遗产已达 55 项，其中世界文化与自然双重遗产 4 项。4 项世界文化与自然双重遗产分别为：黄山、泰山、峨眉山—乐山大佛、武夷山。

中国世界文化与自然双重遗产名录见本书附录三。

思考作业题

1. 为什么说文化是一种认知方式，文化是人类特有的、最高层级的心智和认知方式？

2. "世界上只有两类事物，一曰自然，二曰文化。"试对此命题加以论证并举例说明。

3. 请说明自然与文化的对立和统一。

4. 请说明五个层级的人类认知和三个层次的自然文化观。

5. 什么是科学的认知和科学的自然文化观？

6. 什么是哲学的认知和哲学的自然文化观？

7. 什么是宗教的认知和宗教的自然文化观？

8. 什么是文化？什么是文明？两者的关系是什么（社会学家的眼光）？

9. 什么是文化？什么是文明？两者的关系是什么（人类学家的眼光）？

10. 为什么说文明的发展有一种背离文化和自然的趋势？如何正确把握自然、人类、文化和文明之间的关系？

11. 为什么说儒、道两家思想是中华文化的核心，儒为表，道为里？

12. 老子自然观的核心概念是什么？为什么？

13. 老子的自然文化观如何影响他的哲学思想？

14. 试阐述老子的哲学思想。

15. 为什么说老子过去是现在是将来仍然是世界级的思想家和哲学家？

16. 为什么说道是自然法则？请加以论证。

17. 为什么说道是万物的规范？请加以论证。

18. 为什么说道是王者之道？请加以论证。

19. 为什么说道是治国之道？请加以论证。

20. 为什么说道是德性休养？请加以论证。

21. 为什么说道是一种认知方法？请加以论证。

22. 什么是世界文化遗产？它的申报条件是什么？

23. 请您列出中国的世界文化遗产名录。您到过哪些地方？请就一两处中国的世界文化遗产谈谈您的感受。

24. 什么是世界自然遗产？它的申报条件是什么？

25. 请您列出中国的世界自然遗产名录。您到过哪些地方？请就一两处中国的世界自然遗产谈谈您的感受。

26. 什么是世界文化和自然双重遗产？它的申报条件是什么？

27. 请您列出中国的世界文化和自然双重遗产名录。您到过哪些地方？请就一两处中国的世界文化和自然双重遗产谈谈您的感受。

28. 为什么说人类与文化来源于自然并依存于自然？请加以论证。

29. 为什么说文化和文明的发展是对自然的消费？请加以论证。

30. 为什么说要警惕以科学技术为核心的现代文明与文化的背离和对自然的破坏？请加以论证。

31. 为什么说道法自然人类才会有未来？请加以论证。

推荐阅读

Levine, Donald (ed.) *Simmel：On individuality and social forms*, Chicago University Press, 1971.

L. Robert Kohls, *Survival Kit for Overseas Living*, Systran Publications. Alsosee "What is culture?" Body language cards. com. Retrieved 2013 - 03-29.

Hoebel, Adamson. *Anthropology：Study of Man*. McGraw-Hill Book Co., 1st Printing, 1972.

Lakoff, G. and M. Johnson (1999) *Philosophy in the Flesh: The Embodied Mind and Its Challenge to Western Thought*, Basic Books, pp. 5-7.

Macionis, Gerber, John, Linda (2010). *Sociology 7th Canadian Ed.* Toronto, Ontario: Pearson Canada Inc. p. 53. Alsosee http://en.wikipedia. org/wiki/Culture.

Michurin, I. V. "*Мы не можем ждать милостей от природы. Взять их у нее-наша задача*" ("*We cannot wait for favors from Nature. To take them from it-that is our task.*") http://en.wikipedia.org/ wiki/Ivan_ Vladimirovich_Michurin.

Muir, John (1911). *My First Summer in the Sierra.* From Ethan Goffman (2005) God, Humanity, and Nature: Comparative Religious Views of the Environment.

Walter, Claire (1982). *Winners, the blue ribbon encyclopedia of awards.* Facts on File Inc.

Wittgenstein, L. *Philosophical Investigation*, third edition, Blackwell Publishing Ltd. 2001.

Science DOI: 10. 1126/science. 1151721, Published Online January 24, 2008.

Zuckerman, H. *Scientific Elite: Nobel Laureates in the United States*, 1995.

罗素著, 何兆武、李约瑟译:《西方哲学史》上卷, 商务印书馆 1997 年版。

罗素著, 马元德译:《西方哲学史》下卷, 商务印书馆 1997 年版。

艾萨克·牛顿, 维基百科, 自由的百科全书。

维特根斯坦著, 贺绍甲译:《逻辑哲学论》, 商务印书馆 2009 年版。

蔡曙山:《论人类认知的五个层级》,《学术界》2015 年第 12 期。

蔡曙山:《人类认知和五个层级和高阶认知》,《科学中国人》2016 年 2 月号。

蔡曙山：《心智科学的若干重要领域探析》，《自然新方法通讯》2002 年第 6 期。

蔡曙山：《言语行为和语用逻辑》，中国社会科学出版社 1998 年版。

戈兰：《科学与反科学》，中国国际广播出版社 1988 年版。

老子：《道德经》，王弼注，楼宇烈校，中华书局 2016 年版。

王凡、东平、林克：《毛泽东的秘书兼英文"老师"》，《传奇·传记文学选刊》2007 年第 12 期。

http://en.wikipedia.org/wiki/Nature.

http://dilipchandra12. hubpages. com/hub/Difference – between – Culture–and–Civilization.

http://www.hinduism.co.za/culture.html.

http://club.china.com/data/thread/12171906/2776/87/41/0_1.html.

http://v. ifeng. com/documentary/discovery/201112/4cdff813 – c299 – 4c48–a6f3–34e5b1ffe134.shtml.

第十六章

科学、哲学与宗教

文化是最高层级的人类认知形式。文化层级的认知又可以进一步划分为科学、哲学和宗教三个层次的认知。①

科学、哲学和宗教是人类最古老、最基本的知识体系，这些知识体系的背后，则是人类的心智和认知能力。

在认知科学的时代，我们要重新认识人类知识体系，这个知识体系不过就是人类心智的构造。根据人类心智和认知五层级理论，在脑与神经层级的心智以及心理层级的心智的基础上，人类进化出特殊的能够表达抽象概念的符号语言，同时也就产生了思维层级的心智和认知，人类运用抽象的概念语言和抽象思维，建构了全部的知识体系。数理化天地生、文史哲政经法，无一不是语言和思维所建构。知识的积累形成文化，文化的心智和认知又反过来对人类知识产生影响。所以，人类知识体系的基础是人类的心智和认知能力，所有人类知识包括所有学科都必须用人类心智和认知重新定义。

知识和能力，成为认知科学时代两个最重要的范畴。区别人类知识和人类能力的第一人是认知科学第一代领袖、世界著名语言学家和语言哲学家乔姆斯基，他区分了语言知识和语言能力，提出先天语言能力（Innate Language Faculty，ILF）和普遍语法（Universal Grammar，UG）的科学假设，创立了以生成语法和转换语法为基础的句法结构理论，建

---

① 蔡曙山：《自然与文化》，《学术界》2016年第4期。

立了心理主义和唯理主义的语言学，在人类认知的基础领域——语言认知领域引发革命，最终导致认知科学的建立。乔姆斯基以后，语言学不再被看作仅仅是一个知识体系，而是语言能力的表现，而语言能力是人类最重要的认知能力。同样，人类其他的知识体系不过是人类心智和认知能力的外在化和体系化的表现，甚至认知科学早期的 6 学科结构、其后的"6+1"学科结构，不过就是人类心智和认知五个层级的学科映射。

本章我们用认知科学的理论和方法，重新审视人类知识体系和人类文化最重要的三大系统——科学、哲学和宗教并分析它们作为文化认知形式的心智和认知的特征。

第一节　科学认知

一、人类知识体系

人类知识体系是人类凭借心智和认知能力建构的。人类凭借语言和思维能力对自然界、人类社会和人的精神活动进行认知，并逐步建构起自然科学、社会科学、人文艺术、哲学和宗教的知识体系。在这个过程中，科学认知和科学研究是第一性的，学科建构和知识体系是第二性的。

人类早期的知识是没有学科分类的，而只是一种对世界的认知活动，即以发现问题、研究问题和解决问题为目的的关于自然、社会和人类精神的认知活动。例如，中国古代大教育家孔子所传授的知识，是没有学科划分的，举凡天文地理、道德伦理、国家社稷、家庭人伦、君臣父子、修身齐家治国平天下，都是孔子研习和传授的知识。同时稍晚的古希腊教育家苏格拉底所传授的知识同样也是没有学科分类的。

最早的学科分类产生于古希腊时期，即所谓"三科四艺"（three subjects and four arts），这是最早的人类知识体系。

表 16-1　"三科四艺"学科分类表

三科	语言、逻辑、修辞
四艺	算术、天文、几何、音乐

从认知科学我们知道，语言的发明是人类进化中最重要的事件，经过直立行走、火的使用和语言的发明，猿最终进化为人。根据人类认知五层级理论，语言认知是全部人类认知的基础，在抽象的概念语言之上产生抽象的思维，语言和思维共同构建人类知识体系。"三科"充分体现了认知第一性、认知决定学科发展的规律。语言在人类认知中处于基础地位，排位第一；逻辑属于思维认知的范畴，排位第二；修辞属于语用加工的范畴，排在第三。这样的排序说明是意识到语言认知和思维认知的关系，虽然那个时候并没有认知科学，但人类认知以语言为基础，以思维为特征，这两种认知能力的关系和重要性，古人已经认识到了。

注意，"三科"之中，排列第一的是语言（language）而非语言学（linguistics），排列第二的是逻辑（logic）而非逻辑学（logical subject），前者是属于认知能力，是大脑里的认知加工方式，后者是学科，是对某种认知能力进行规范化以后形成的学科体系和学科知识。英文 logic 有两种含义：逻辑和逻辑学，但两者是完全不同的，逻辑是头脑里的东西，是大脑里信息的加工方式，是左脑的功能；逻辑学却是一种理论体系，是书本上的东西，也是一个学科，是人为的东西，是人（逻辑学家）对头脑里的逻辑的摹写。类似地，英文 psychology 也有两种含义：心理和心理学，前者是一种认知方式，是右脑的功能，后者是一种理论，或一个学科。

"四艺"（four arts）是四种技艺，就是四种基本的认知方法和技能。算术、天文、几何、音乐在古代就被当作基本的认知方法，而不仅仅是学科。在中国古代，教育也是不分科的。中国古代大教育家孔子所施行的就是不分科的综合教育。

在欧美（从古希腊到中世纪）的教育传统中，三科四艺一直被当作形成完善人格的基本途径，是基本的和重要的认知方法。公元 9 世纪末，欧洲开始出现第一批大学，如法国的巴黎大学（前身为巴黎圣母院的索邦神学院）、意大利的博洛尼亚大学（被誉为"大学之母"，开设语法学、逻辑学、修辞学和法学课程）、英国的牛津大学和剑桥大学等。到 12 世纪，西方著名大学已经有 18 所之多。"三科四艺"演变为学科理解，被列为基本课程。由此看出，学科分类是大学教育的产物。

随着大学的发展，学科分类越来越细，现在已经形成"学科门类十几个，一级学科几十个，二级学科几百个，三级学科几千个"的学科格局。

对我国的学科分类，可以作如下的结构分析（图 16-1）。①

II 工程技术（**Engineering**）	IV 社会科学（**Social Sciences**）
工学、农学、医学	经济学、法学、教育学、管理学
I 理学（**Science**）	III 艺术人文（**Arts & Humanities**）
数学、物理、化学、 天文、地理、生物	文学、历史、哲学、 艺术学、（语言学）

图 16-1　四部十二门学科结构图（蔡曙山，2004）

对这个学科结构图，我们有几点重要说明：

第一，本分类以罗马数字 I、II、III 和 IV 分别表示理学、工程技术、艺术人文和社会科学四个部类，这是最大的学科群体，称为"学科部类"。四个部类的结构使我们看清了人类知识的顶层结构，也使我们对学科的认识从线性的认知进入到笛卡尔空间的认识。

第二，在我国目前的学科分类中，语言学仍然是文学门类下面的一级学科，这大大贬低了语言学在人类知识体系中无与伦比的重要地位。语言的发明是人类进化中至关重要的三件大事中的最后一件大事（直立行走、火的使用和语言的发明），人类发明的抽象符号语言使猿最终进化为人。对语言的研究形成语言学，语言学在人类知识体系中的地位自不待言。我们呼吁国家学科设置和管理有关部门，及早把语言学设置为学科门类。由于目前语言学仍然是文学门类下的一级学科，

---

① 蔡曙山：《让中国的人文艺术和社会科学走向世界》，《云梦学刊》2004 年第 4 期。

而它本来应该处于学科门类的地位，所以我们加了括号来说明它目前的这种尴尬地位。

第三，四个部类的两两结合，产生了下面的神奇组合：

I+II	自然科学和工程技术
III+IV	人文艺术与社会科学
I+III	自由技艺（文理学科）

第 I 部类加第 II 部类，形成自然科学和工程技术这个部类组合，也就是我们通常所说的"自然科学"。在这两个部类中，第 I 部类即理学是基础，第 II 部类工程技术是应用学科。换句话说，理学是整个自然科学的基础，而工程技术是自然科学的应用领域。哈佛大学终身教授、世界著名数学家丘成桐教授不承认某大公司数学工作者为数学家，称他们只是"数学工程师"，其实这不是偏见或训斥，他说的是客观事实。关于科学与技术的关系，将在本节稍后"科学理论"和"技术行为"两部分进一步展开论述。

第 III 部类加第 IV 部类，形成人文艺术和社会科学这个部类组合，我们通常简称为"人文社会科学"或"文科"。其中，第 III 部类人文艺术学科是与人自身相关的知识系统，如语言学、文学、历史学、哲学和艺术学，它们是人文社会科学的基础，第 IV 部类社会科学是应用学科，它以科学实证的方法来研究社会现象及其规律。

特别值得注意的是第 I 部类和第 III 部类的组合，即自然科学基础的理学和社会科学基础的人文艺术学科的组合，这是一个"神圣联盟"，这个组合有一个十分响亮而传神的名字——liberal arts。这个名字如何翻译并不简单。国内普遍译为"文理学科"，这样失去了它的本来含义。按照字面意义，liberal arts 可直译为"自由技艺"。乔治·F. 威尔说："'自由技艺'这个词暗含某种在功利考虑之上的高度。但文理学科教育是十分有用的。"[1] 这个"自由技艺"实际上是从古希腊的"三

① George F. Will: The term 'liberal arts' connotes a certain elevation above utilitarian concerns. Yet liberal education is intensely useful.

科四艺"发展而来的，但又有所扩展。为何叫作"自由技艺"？因为它构成了人类知识的基础，包括自然科学的基础理学（science）和人文社会科学的基础人文艺术学科（humanities）。人生的终极目标是奔向自由。如何获得自由？当然是学习知识。学习什么知识？那就是"自由技艺"！它是我们获得自由的必备的知识！哈佛大学每年开学都要讨论一个问题——什么是现代大学的基础，答案也是它——自由技艺！

以图 16-1 的学科结构图来分析我国大学的学科结构也是很有意思的。以首都北京四大名校为例。北京大学的学科结构是I+III两个部类，即以"自由技艺"为基础，也就是以文理学科为基础的，这样的学科结构是合理的，是完全符合现代大学的学科结构要求的。北京师范大学的学科结构基本上也是I+III，师范类大学的学科结构大都如此。但与北京大学相比较，北京大学是以科研型人才为培养目标，而北京师范大学是以培养中学教师为目标，其学科更具基础性和应用型，研究型方面的要求则不高。清华大学自 20 世纪 50 年代以后成为一所纯工科的大学，其学科结构只包含第II部类中的一个学科门类——工学。按照欧美等西方大学的标准，只具有一个学科门类的高等学校是不能叫作大学的，只能叫作学院。新时期以后，清华大学加大力度恢复和重建文理学科，重新奠定现代大学之基。清华大学已经建成人文社科学院、经济管理学院、公共管理学院、法学院、美术学院等文科学院，并且重建了理学院。笔者参与了清华大学的文科复建，是首任清华大学文科建设处处长，深感荣幸！中国人民大学原本是一所纯文科大学，包含III+IV两个部类，目前，它也在新建理学院。由此看来，图 16-1 的学科结构以及自由技艺的学科基础，对于指导现代大学的学科建设，确实具有十分重要的意义。

二、科学理论

科学与技术是不同层次的东西。科学是一个理论体系，它以科学假说为核心，以证实和证伪两种基本方法来获得自己的理论地位。[1]　工

---

① 蔡曙山：《论技术行为、科学理性与人文精神》，《中国社会科学》2002 年第 2 期。

程技术则是科学理论的应用与实现。

下面我们以数学为例，说明科学理论的认知特征和意义。

（一）数学和数学家

古希腊数学家毕达哥拉斯认为，数是世界的本原。

数学（mathematics 或 maths，来自希腊语"máthēma"；经常被缩写为"math"）是研究数量、结构、变化、空间以及信息等概念的一门学科，从认知方式看属于形式科学的一种。

数学犹如科学和技术的通约数，它是四部十二门知识体系中第Ⅰ/Ⅱ部类（科学和技术）共同的工具。

我们来看看什么样的人可以称为"数学家"，以此我们可以了解什么是数学。下面是世界最著名的 20 位数学家。[①]

（1）毕达哥拉斯（Pythagoras，前 580—前 500），古希腊数学家、哲学家，他所开创的学派被称为"毕达哥拉斯学派"。毕达哥拉斯学派用数来解释一切（"万物皆数"）。他们认为"1"是数的第一原则，万物之母，也是智慧；"2"是对立和否定的原则，是意见；"3"是万物的形体和形式；"4"是正义，是宇宙创造者的象征；"5"是奇数和偶数，雄性与雌性的结合，也是婚姻；"6"是神的生命，是灵魂；"7"是机会；"8"是和谐，也是爱情和友谊；"9"是理性和强大；"10"包容了一切数目，是完满和美好。毕达哥拉斯认为上帝创造了自然数，其他一切都是人的创造。因此，所有的数都应该并且能够用自然数来表达，这就是有理数。毕达哥拉斯及其学派主要的数学贡献包括：毕达哥拉斯的黄金分割（a:b=<a+b>:a）；毕达哥拉斯定理（晚于中国的勾股定理）等。由毕达哥拉斯定理，他的学生希帕索斯从边长为 1 的正方形推出其对角线长度为 $\sqrt{2}$，这是第一个被发现的无理数，因为它无法用自然数和分数来表达。无理数的发现引发了第一次数学危机，危机的解决（数系的扩大）推动了数学的发展。

[①]　见 http://www.360doc.com/content/19/0512/14/4010355_835187070.shtml，本文有所增删，增加数学始祖毕达哥拉斯，以及 20 世纪三位最伟大的数学家和逻辑学家弗雷格、罗素和哥德尔，并按时间顺序重新编排。

（2）欧几里得（英文：Euclid；希腊文：Ευκλειδης，前330—前275），古希腊数学家。他活跃于托勒密一世（公元前364—公元前283年）时期的亚历山大里亚，被称为"几何之父"，他最著名的著作《几何原本》是欧洲数学的基础，提出五大公设，建立欧几里得几何，被广泛地认为是历史上最成功的教科书。

（3）阿基米德（前287—前212），伟大的古希腊哲学家、百科全书式的科学家、数学家、物理学家、力学家，静态力学和流体静力学的奠基人，并且享有"力学之父"的美称，阿基米德和高斯、牛顿并列为世界三大数学家。

（4）笛卡尔（Rene Descartes，1596—1650），17世纪著名的法国哲学家，曾经提出"我思，故我在"的哲学观点，有着"现代哲学之父"的称号。笛卡尔对数学的贡献也是功不可没，最著名的是平面直角坐标系即"笛卡尔坐标系"。"变量"的概念也是由笛卡尔首先提出，由此造就了一系列的函数论、方程论、微积分等重大数学学科的产生和发展。

（5）艾萨克·牛顿（Isaac Newton，1643—1727），英国皇家学会会长，英国著名的物理学家，百科全书式的"全才"，著有《自然哲学的数学原理》、《光学》。他在1687年发表的论文《自然定律》里，对万有引力和三大运动定律进行了描述。这些描述奠定了此后3个世纪里物理世界的科学观点，并成为了现代工程学的基础。

（6）戈特弗里德·威廉·莱布尼茨（Gottfried Wilhelm Leibniz，1646—1716），德国哲学家、数学家，历史上少见的通才，被誉为17世纪的亚里士多德。莱布尼茨在数学史和哲学史上都占有重要地位。在数学上，他和牛顿先后独立发现了微积分，而且他所使用的微积分的数学符号被更广泛地使用，莱布尼茨所发明的符号被普遍认为更综合，适用范围更加广泛。莱布尼茨还对二进制的发展作出了贡献。

（7）莱昂哈德·欧拉（Leonhard Euler，1707—1783），瑞士数学家、自然科学家。欧拉是18世纪数学界最杰出的人物之一，他不但为数学界作出贡献，更把整个数学推至物理的领域。他的《无穷小分析引论》、《微分学原理》、《积分学原理》等都成为数学界中的经典著作。

（8）约瑟夫·拉格朗日（Joseph-Louis Lagrange，1736—1813），法国著名数学家、物理学家。他在数学上最突出的贡献是使数学分析与几何和力学脱离开来，使数学的独立性更为清楚，从此数学不再仅仅是其他学科的工具。同时，他的关于月球运动（三体问题）、行星运动、轨道计算、两个不动中心问题、流体力学等方面的成果，在使天文学力学化、力学分析化上，也起到了历史性的作用，促进了力学和天体力学的进一步发展，成为这些领域的开创性或奠基性研究。

（9）拉普拉斯（Pierre-Simon Laplace，1749—1827），法国分析学家、概率论学家和物理学家。1812年出版《概率分析理论》一书，总结了当时整个概率论的研究，导入"拉普拉斯变换"等。拉普拉斯注意力主要集中在天体力学的研究上面。1796年他的著作《宇宙体系论》问世，书中提出了对后来有重大影响的关于行星起源的星云假说。他长期从事大行星运动理论和月球运动理论方面的研究，他的这些成果集中在1799年至1825年出版的5卷16册巨著《天体力学》里，是经典天体力学的代表作。他发表的天文学、数学和物理学的论文有270多篇，专著合计有4000多页。

（10）卡尔·弗里德里希·高斯（Johann Carl Friedrich Gauss，1777—1855），犹太人，德国著名数学家、物理学家、天文学家、大地测量学家，近代数学奠基者之一。高斯被认为是历史上最重要的数学家之一，并享有"数学王子"之称。高斯和阿基米德、牛顿、欧拉并列为世界四大数学家。一生成就极为丰硕，以他名字"高斯"命名的成果达110个，属数学家之最。

（11）尼尔斯·亨利克·阿贝尔（Niels Henrik Abel，1802—1829），挪威数学家，他最著名的一个结论是首次完整给出了高于四次的代数方程没有一般形式的代数解的证明。这个问题是他那时最著名的未解决问题之一，悬疑达250多年。这位数学天才在他短暂的一生中为数学的发展作出了巨大的贡献，这种精神和阿贝尔的数学贡献同样珍贵。

（12）波恩哈德·黎曼，德国著名的数学家，他在数学分析和微分几何方面作出过重要贡献，他开创了黎曼几何，并且给后来爱因斯坦的广义相对论提供了数学基础。

（13）格奥尔格·康托（G. F. L. P. Cantor，1845—1918），德国数学家，集合论的创始人。康托爱好广泛，极有个性，终身信奉宗教。早期在数学方面的兴趣是数论，1870年开始研究三角级数并由此导致19世纪末20世纪初最伟大的数学成就——集合论和超穷数理论的建立。此外，他还努力探讨在新理论创立过程中所涉及的数理哲学问题。

（14）弗里德里希·路德维希·戈特洛布·弗雷格（Friedrich Ludwig Gottlob Frege，1848—1925），德国数学家、逻辑学家和哲学家。数理逻辑和分析哲学的奠基人，代表作有《概念演算——一种按算术语言构成的思维符号语言》《算术的基础——对数概念的逻辑数学研究》《算术的基本规律》等。

（15）亨利·庞加莱（Jules Henri Poincaré，1854—1912），法国数学家、天体力学家、数学物理学家、科学哲学家。庞加莱的研究涉及数论、代数学、几何学、拓扑学、天体力学、数学物理、多复变函数论、科学哲学等许多领域。他被公认是19世纪后四分之一世纪和20世纪初的领袖数学家，是对于数学和它的应用具有全面知识的最后一个人。

（16）大卫·希尔伯特（David Hilbert，1862—1943），德国著名数学家。他于1900年在巴黎第二届国际数学家大会上提出了新世纪数学家应当努力解决的23个数学问题，被认为是20世纪数学的制高点，对这些问题的研究有力推动了20世纪数学的发展，在世界上产生了深远的影响。希尔伯特被称为"数学界的无冕之王"，是天才中的天才。

（17）伯特兰·阿瑟·威廉·罗素（Bertrand Arthur William Russell，1872—1970），英国哲学家、数学家、逻辑学家、历史学家、文学家，分析哲学的主要创始人，世界和平运动的倡导者和组织者。1903年在集合论中发现悖论，后来被称为"罗素悖论"。罗素悖论的发现导致第三次数学危机——数学基础的危机。对这次危机的解决导致数学逻辑的诞生，而数学逻辑成为其后计算机的理论基础。罗素1950年获得诺贝尔文学奖，主要作品有《西方哲学史》、《哲学问题》、《心的分析》、

《物的分析》等。

（18）拉马努金（Srinivasa Ramanujan，1887—1920），印度数学家。15 岁时，朋友借给他英国数学家卡尔（G. Carr）写的《纯粹数学与应用数学概要》一书，从 15 岁到 20 岁他用了整整五年的时间，将这本书上的所有的公式都用三种不同的证明方法证明。哈代慧眼识金，立刻向拉马努金发出了去剑桥大学学习的邀请，1914 年，拉马努金来到剑桥大学，在经过了系统的学习后，他的价值渐渐被大家发现。不幸的是由于英国寒冷的冬天使他得了肺结核，不得不离开英国回到印度，1920 年他长眠于印度。在他从事数学研究仅有短短的 6 年时间，他提出的定理和推导出的公式不胜枚举，留下了一份令人着魔的、深奥的公式和命题，足足有 3900 多个。这些公式后来神秘地出现在数学的分支——数学物理、代数几何中。一直到 1997 年，才总算是完成了其中的一部分并整理成 5 大卷出版。拉马努金的传奇人生和伟大成就让我们对科学充满了敬畏之心。

（19）库尔特·哥德尔（Kurt Godel，1906—1978），数学家、逻辑学家和哲学家。主要贡献在逻辑学和数学基础方面，其中最杰出的贡献是 1930 年的完全性定理和 1931 年的不完全性定理。前者是他 1930 年在维也纳大学完成的博士论文，该论文证明了"狭谓词演算的有效公式皆可证"；后者是他为解决第三次数学危机所做的工作，在一个至少包含初等数论的形式系统中，他证明了该系统中包含一个真而不可证的命题（第一不完全性定理），并且在该系统内不能证明系统的一致性（第二不完全性定理）。1931 年的这个结果，即论文《〈数学原理〉及有关系统中的形式不可判定命题》，是 20 世纪在逻辑学和数学基础方面最重要的文献之一，该定理被称为"哥德尔定理"。哥德尔的工作开创了数学逻辑的多个分支学科：模型论、证明论、递归论和公理集合论，它们后来成为数学的四大分支学科。

（20）艾伦·麦席森·图灵（Alan Mathison Turing，1912—1954），英国数学家、逻辑学家，被称为计算机科学之父、人工智能之父。图灵提出了一种用于判定机器是否具有智能的试验方法，即图灵试验，至今，每年都有试验的比赛。此外，图灵提出的著名的图灵机模型为现代计算机的逻辑工作方式奠定了基础。

以上我们可以看出，什么是数学？什么人可以被称为数学家？所谓数学家，并不是仅仅从事数学工作甚至数学研究的人，而是那些在数学理论上有所创造，或在数学方法上有所创新的人。以下我们还会经常回到这些数学家的思想和理论之中。

（二）数学逻辑

20 世纪的数学是从罗素悖论开始的。

1. 罗素悖论和第三次数学危机

19 世纪末的数学面临两个重要挑战：一是数的实在性；二是数的直观性。

数的实在性指的是：数是客观存在的吗？我们有一个人、一匹马、一棵树、一个苹果等，但我们有"1"吗？如果没有 1，又何来 2，3，4，……？如果数都不存在，我们又如何相信数学？弗雷格在他的《数学基础》一书中指出过：数并不具有实在性。

数的直观性是指：我们为什么要相信并使用十进制？二十进制行吗？十二进制行吗？八进制呢？二进制呢？直觉主义的回答是来源于直观。在人类早期分配食物时是掰着手指数数，所以是十进制，因为它直观，好用。但直观就是正确的吗？

好在 29 岁的康托于 1874 年在《数学杂志》上发表了他的关于集合论的第一篇论文，提出了"集合"、"无穷集合"、"基数"、"势"、"序数"等数学概念，随后建立了集合论。逻辑主义者发现用集合论可以很好地回答当时数学面临的这两个重要挑战，因为用集合可以定义数，集合是"思维中可以把握的彼此不同的对象组成的一集（a set）"，而根据伟大的数学家和哲学家笛卡尔"我思，故我在"的论断，"思维中可以把握"——这是不能再怀疑的了。根据这种解释，整个数学大厦就被奠定在集合论的基础之上。

正在这时，罗素悖论犹如晴天霹雳，把刚刚奠基的数学大厦震得摇摇欲坠。1903 年，罗素发现在作为数学基础的集合论中包含着一个自我矛盾的命题——悖论。这个后来以发现者的姓氏命名的悖论——罗素悖论使用素扑集合论的最基本的概念构成，思路简单而清晰，体现了逻辑的简明和优美。

首先我们定义一个集合 $A=\{x \mid x \notin x\}$，如果我们问，A 属于 A 吗？这时我们有：

$$A \in A \rightarrow A \notin A$$

$$A \notin A \rightarrow A \in A$$

由此可得：

$$A \in A \leftrightarrow A \notin A$$

$$\leftrightarrow \neg(A \in A)$$

——这就是悖论：一个命题与它自身的否定等价。

罗素悖论引起的震撼是巨大的。同时代的著名数学家弗雷格立即通知出版社停止出版他的数学著作。他告诉出版社说，我的这些著作都没有意义了，因为罗素在集合论中发现了悖论——数学基础发生了问题，数学出现了危机！由罗素悖论引发的数学基础的危机被称为"第三次数学危机"。当时，包括弗雷格在内的一流数学家和逻辑学家都放下手里的工作，来应对这次危机。一些人想出各种办法来消除罗素悖论，包括罗素本人，如"语言层次论"，试图将语言分为不同层次，并禁止集合的元素指向集合自身。但这些努力都是徒劳无功的，因为悖论来源于语句的自指和否定，而语言的自指又来源于思维的自指：后起的思维可以对前行的思维进行思维；语言中的否定更是必不可少的，因为没有否定的联结词集不是联结词的完全集，即不含否定的语言不是完全的语言。①

另一些数学家希尔伯特、弗雷格和罗素等人则尝试用一种全新的方法来解决这次危机。他们试图建立一种形式语言，并在此基础上建立一个形式系统，在此系统中将能够推出全部数学。现在如果我们可以证明这个系统的一致性（无矛盾性），则罗素悖论引发的第三次数学危机便

---

① 蔡曙山：《现代逻辑与形式化方法》，课程讲义，未出版。

可以解除。这就犹如草原上有狼，虽然我们不可能打尽所有的狼再来牧羊，但我们可以围起一个围栏，只要这个围栏中没有狼，那么羊就是安全的。这里的草原就是数学，狼就是矛盾，而数学家是牧羊人。按照这个思路，弗雷格和罗素创建了形式语言和形式系统，最终结果是哥德尔1930年的完全性定理和1931年的不完全性定理。下面我们来看这两项重要的成果。

2. 一阶逻辑

我们知道，语言认知是思维认知的基础。一个逻辑系统，其基础也是语言。我们首先给出一阶语言，然后给出这个语言之上的一阶逻辑系统。

一个语言系统由初始符号和形成规则两个部分构成，初始符号是语言的字母表，它是语言的基本材料；形成规则是语法，它保证从初始符号能够生成有意义的符号串。下面给出一阶语言 L 的初始符号和形成规则。

甲：初始符号

1. 个体变元：v_1，v_2，…；x_1，x_2，…；y_1，y_2，…

2. 个体常元：c_1，c_2，c_3，…

3. 量词：$\forall$

4. 联结词：$\neg$，$\rightarrow$

5. 等词：$\equiv$

6. 函数符：f_1^1，f_2^1，f_3^1，…

7. 谓词符：P_1^n，P_2^n，P_3^n，…

8. 括号：(,)。

乙：形成规则

一阶语言 L 的初始符号可以按任意顺序组成一个序列，我们称这样的任意序列为 L 的符号串，简称为"串"。L 的串用小写希腊字母 μ，λ，ξ 或添下标表示。对一阶逻辑来说，并非所有的 L 串都是有意义的。因此，我们需要定义 L 中有意义的串即公式。

第一，项、公式和引入公式。

定义 1（项）L 的一个串 μ 是项，当且仅当 μ 按以下规则形成：

1. L 的变元符号或常元符号是 L 的项；

2. 如果 t_1，$\cdots$，$t_n(n \geqslant 1)$ 是 L 的项，f 是 L 的 n 元函数符，则 $f(t_1, \cdots, t_n)$ 也是 L 的项；

3. 仅有经过有限次使用上面两条规则得到的串 μ 才是 L 的项。

L 的项用 r，s，t 或添下标表示。

定义 2（公式）L 的一个串 μ 是公式，当且仅当 μ 按以下规则形成：

1. 如果 t_1，$\cdots$，$t_n(n \geqslant 1)$ 是 n 个 L 的项，P 是 L 的 n 元谓词符，则 $P(t_1, \cdots, t_n)$ 是 L 的公式；

2. 如果 α 是 L 的公式，则 $\neg\alpha$ 也是 L 的公式；

3. 如果 α，β 是 L 的公式，则 $\alpha \rightarrow \beta$ 也是 L 的公式；

4. 如果 α 是 L 的公式，x 是个体变元，则 $\forall x\, \alpha$ 也是 L 的公式；

5. 仅有经过有限次使用上面规则得到的串 μ 才是 L 的公式。

L 的公式用 A，B，C 或添下标表示。

定义 3（引入公式）为了便于书写，用定义引入一些联结词和公式。

（1）$(A \vee B) =_{df} (\neg A \rightarrow B)$

（2）$(A \wedge B) =_{df} \neg(A \rightarrow \neg B)$

（3）$(A \leftrightarrow B) =_{df} ((A \rightarrow B) \wedge (B \rightarrow A))$

（4）$\exists x A =_{df} \neg \forall x\, \neg A$

式中，"$=_{df}$" 读作"定义为"，表示公式中左边的符号串是右边符号串的缩写。在一阶逻辑中，我们原本不需要左边的这几个公式，引进它们仅仅是为了书写方便。

在一阶语言的基础上，我们可以构建一个形式推理系统，这个系统通常称为一阶逻辑。

一阶逻辑是关于一阶量词的推理系统。所谓一阶量词，就是只能作用于变元的量词。相对而言，高阶量词是可以作用于变元和谓词的量词。高阶逻辑是关于高阶量词的推理系统。关于量词和高阶逻辑，有兴趣的读者可以参阅蔡曙山：《现代逻辑与形式化方法》。

一阶逻辑的句法也由两部分构成：形式公理（简称"公理"）和推理规则。

下面给出一阶逻辑 $\mathbb{F}$ 的公理和推理规则。

公理

（$\mathcal{A}$1） $B \rightarrow (A \rightarrow B)$

（$\mathcal{A}$2） $(A \rightarrow (B \rightarrow C)) \rightarrow ((A \rightarrow B) \rightarrow (A \rightarrow C))$

（$\mathcal{A}$3） $(\neg A \rightarrow B) \rightarrow ((\neg A \rightarrow \neg B) \rightarrow A)$

（$\mathcal{A}$4） $\forall x A \rightarrow A(y/x)$ （y 对 x 在 A 中代入自由）

（$\mathcal{A}$5） $A \rightarrow \forall x A$ （x 不是 A 中自由变元）

（$\mathcal{A}$6） $t \equiv t$

（$\mathcal{A}$7） $(t_1 \equiv s_1 \rightarrow \cdots \rightarrow t_n \equiv s_n) \rightarrow f(t_1, \cdots, t_n) \equiv f(s_1, \cdots, s_n)$

（$\mathcal{A}$8） $(t_1 \equiv s_1 \rightarrow \cdots \rightarrow t_n \equiv s_n) \rightarrow P(t_1, \cdots, t_n) \equiv P(s_1, \cdots, s_n)$

公理的意义如下：

$\mathcal{A}$1—$\mathcal{A}$3 是命题逻辑 $\mathbb{P}$ 的公理，简称为"命题公理"。

$\mathcal{A}$4 称为代入公理。

$\mathcal{A}$5 称为概括公理。

$\mathcal{A}$6 称为恒等公理。

$\mathcal{A}$7 和 $\mathcal{A}$8 称为等式公理。

一阶逻辑的公理也都是"公理模式"。

公理是逻辑推理系统的出发点，是具有某种特殊性质的公式。在命题逻辑中，公理是经过解释后恒真的公式，即重言式，可以用真值表进行判定。在一阶逻辑中，由于公式含有量词，涉及论域中有穷多个或无穷多个对象，它不可以用真值表来判定，却可以用语义模型来解释。公理是经过解释后普遍有效的公式。

推理规则

分离规则 MP：从 $A \rightarrow B$ 和 A 推出 B。

概括规则 RD：从 $\vdash A$ 推出 $\vdash \forall x A$。

在一阶逻辑系统 $\mathbb{F}$ 中，我们需要重新定义 $\mathbb{F}$ 中的推演，并证明 F 中的演绎定理。定义和证明与 $\mathbb{P}$ 中是类似的。

以上只是一阶逻辑的语形（句法）部分，在此基础上我们还需要建立一阶逻辑的语义。一阶逻辑的语义使用模型论语义学的方法来建立，这样我们就有了关于一阶公式的解释和意义，如：结构和解释、满足关系和模型、语义后承、有效（普遍有效）、可满足、逻辑等值等。关于一阶逻辑的语义，此处不展开论述。有兴趣的读者可以参阅蔡曙山的《现代逻辑与形式化方法》。

在一阶逻辑的语形和语义的基础上，我们可以证明它的语形和语义之间的关系，这又体现为一致性（无矛盾性）和完全性。一致性是前述为了解决第三次数学危机（数学基础的危机）和拯救数学而必须达成的目标。

一阶逻辑的一致性包括语言一致性（可靠性）、古典一致性和语法一致性，我们顺序证明。

定理 1 $\mathbb{F}$ 的公理都是有效的。

证：公理 1—公理 3 是有效的，证明同命题逻辑处。

对公理 4，取任意解释 I，若 $I \vDash \forall x A$，则 $I \vDash A$。因此，对任意解释 I，$I \vDash \forall x A \rightarrow A$。由于解释 I 是任意的，所以，$\forall x A \rightarrow A$ 有效。

对公理 5，取任意解释 I，若 $I \vDash A$，则 $I \vDash \forall x A$。因此，对任意解释 I，$I \vDash A \rightarrow \forall x A$。由于解释 I 是任意的，所以，$A \rightarrow \forall x A$ 有效。

证毕

定理 2 分离规则 MP 对任意模型保持有效性。

证：用反证法。设不然，则分离规则 MP 对某一模型 $\mathscr{M}$ 不保持有效性，即有 F 的公式 $A \rightarrow B$ 和 A，它们都在 $\mathscr{M}$ 上有效，而 B 在 $\mathscr{M}$ 上并非有效。取任意 $a \cup \text{As}(\mathscr{M})$，由 $A \rightarrow B$ 和 B 在 $\mathscr{M}$ 上有效，有 $V_a \vDash A \rightarrow B$ 并且 $V_a \vDash A$，又由定义 5.5.7 的赋值条件，有 $V_a \vDash B$，而由 B 在 $\mathscr{M}$ 上并非有效，则存在 $a \cup \text{As}(\mathscr{M})$，使得 $V_a \nvDash B$，矛盾。所设为假，定理得证。

证毕

定理 3 概括规则 RG 对任意模型保持有效性。

证：用反证法。设不然，则概括规则 RG 对某一模型 $\mathscr{M}$ 不保持有效性，即有 F 的公式 A，对任意 $a\cup As(\mathscr{M})$，有 $V_a\vDash A$，而 $V_a\nvDash\forall x_\sigma A$。由定义 5.5.7 的赋值条件，存在 $b\cup As(\mathscr{M})$，使得 $V_b\nvDash A$，矛盾。所设为假，定理得证。

证毕

定理 4（可靠性定理） 对 F 的任意公式集 Γ 及公式 A，

(iii) 如果 $\Gamma\vdash A$，则 $\Gamma\vDash A$；

(iv) 特别地，如果 $\vdash A$，则 $\vDash A$。

证：先证（i）。设 $\Gamma\vdash A$，则有一个从 Γ 到 A 的推演 A_1，…，A_n。证明用归纳法，施归纳于推演序列的长度 n。

奠基：$n=1$，显然。

归纳：设 $k\leqslant n$ 时定理成立，即对任意 $i<k$ 已时有 $\Gamma\vDash A_i$，需证 $++\Gamma\vDash A_k$。由推演定义，有 4 种情形：

情形 1：$A_k\in\Gamma$，此时显然有 $\Gamma\vDash A_k$。

情形 2：A_k 是公理，由于 A_k 是有效式，从而 $\Gamma\vDash A_k$。

情形 3：A_k 是由 A_i 与 $A_j=(A_i\to A_k)(i,j<k)$ 经使用分离规则 MP 而得。由归纳假设有 $\Gamma\vDash A_i$ 和 $\Gamma\vDash A_i\to A_k$，由此显然有 $\vDash A_k$。

情形 4：A_k 是由 A_i 经使用概括规则 RG 而得。由归纳假设有 $\Gamma\vDash A_i$，由定理 6.2.3 有 $\Gamma\vDash\forall x A_i$。

再证（ii），只需取 $\Gamma=\varnothing$。

这样我们就证明了本定理。

证毕

定理 5（古典一致性定理） F 是古典一致的，即不存在 F 的公式 A，使得 A 和 $\neg A$ 都是 F 的定理。

证：根据定理 5.4.1，不存在 F 的公式 A，使得 $\vDash A$，且 $\vDash\neg A$，即对 F 的任意公式 A，或者 $\nvDash A$，或者 $\nvDash\neg A$，二者必居其一。根据 F 的可靠性定理，如果 A 不是 PF 有效的，则 A 不是 PF 的定理。因此，A 和 $\neg A$ 不能都是 F 的定理。

证毕

定理 6（语法一致性定理） F 是语法一致的，即至少有一个 F 的公式 A，它不是 F 的定理。

证：根据 F 的古典一致性定理，F 的公式 A 和 $\neg A$ 不能都是 F 的定理。因此，至少存在一 F 的公式，它不是 F 的定理。

证毕

由于在一阶逻辑中可以构造算术系统和全部数学，现在我们又证明了一阶逻辑的一致性（哥德尔，1930），因此，我们可以宣布，数学基础并无矛盾存在，第三次数学危机解除，天下恢复太平。

弗雷格和罗素倡导和推行，并由哥德尔最终完成的这项形式化运动，除了证明一阶逻辑系统的一致性，消除第三次数学危机，从而拯救数学之外，它还带来一个额外的收获：证明了系统的完全性。

下面是这个重要的定理：一阶逻辑的完全性定理。

定理 7（完全性定理） 对 $\mathscr{L}$ 的任意公式集 Γ 及公式 A，

（i）如果 $\Gamma \vDash A$，则 $\Gamma \vdash A$；特别地，

（ii）如果 $\vDash A$，则 $\vdash A$。

此定理的证明比较复杂，需要先行证明八个引理，然后才能证明本定理。限于篇幅，此处只给出定理的最后证明，八个引理的证明，有兴趣的读者可以参阅蔡曙山的《现代逻辑与形式化方法》。

证：（i）如果 $\Gamma \vDash A$，则 $\Gamma \cup \{\neg A\}$ 不可满足。由引理八，$\Gamma \cup \{\neg A\}$ 不一致，又由引理二，得到 $\Gamma \vdash A$。

（ii）由（i）取 Γ 为 $\varnothing$。

证毕

一致性定理和完全性定理是一阶逻辑两个最重要的元定理。一致性定理是说，在此系统内，凡可证的公式（定理）都是有效的，即在任何模型解释下都是真的。完全性定理是可靠性定理的逆定理，完全性定理是说，凡有效的公式都是系统内可证的公式（定理）。可靠性是任何一个无矛盾的逻辑系统都应该满足的，但并非所有的逻辑系统都能满足完全性。如果一个逻辑系统同时满足可靠性和完全性，就说明在这个逻辑系统中，定理集和真公式集正好是同一的，这样的系统是理想的。一

阶逻辑正是这种理想的逻辑系统，它既满足一致性，又满足完全性。

到这里哥德尔已经十分伟大，但哥德尔的伟大不仅如此，他的伟大在于，仅仅是在上述定理被证明的第二年即 1931 年，他证明了一个更加深刻和意义重大的定理——不完全性定理，这个定理后来以他的姓氏命名。

哥德尔定理

1930 年，年轻的奥地利数学家哥德尔在维也纳科学院宣读了他的重要论文。1931 年，该论文发表在奥地利的一份科学杂志上。[①] 这篇论文是以德文写成的，题目是"论《数学原理》及其相关系统中 I 的形式不可判定命题"（*Über formal unentscheidbare Sätze der Principia Mathematica und verwandter Systeme I*）。在这篇著名的论文中，哥德尔提出和证明了不完全性定理。论文中提到的数学原理系指罗素和怀特海在 1910—1913 年出版的划时代的著作《数学原理》（以下简称 PM）。

在这篇论文中，哥德尔证明了两个定理，即第一不完全性定理和第二不完全性定理。

第一不完全性定理（哥德尔—罗塞）   任何一致的形式系统 S，如果一定范围的初等算术在其中能够被表达的话，则它对于初等算术的陈述是不完全的，即存在 S 中的陈述 φ，使得既没有 $S \vdash \varphi$，又没有 $S \vdash \neg\varphi$。

第二不完全性定理（哥德尔）   任何一致的形式系统 S，如果一定范围的初等算术能够在其中被表达的话，则 S 的一致性不能在它自身中得到证明，即没有 $S \vdash \mathrm{Consis}_S$。[②]

关于哥德尔定理的几个重要问题：

其一，一致性、完全性和不完全性的问题。

---

① *Monatshefte für Mathematik und Physik* Volume 38 pp. 173-198（Leipzig：1931）. 英译本见 Gödel，Kurt（1931）*On Formally Undecidable Propositions of Principia Mathematica and Related Systems*. Translated by B. Meltzer，Introduction by R. B. Braithwaite. New York：Dover Publication，Inc. 1962。

② 这两个定理的证明都非常复杂。有兴趣的读者可以参阅蔡曙山的《论形式化》，也可以参阅上页注①哥德尔的原始论文。

　　哥德尔 1930 年证明了形式系统的一致性定理和完全性定理，1931 年证明了一个充分大（至少包括形式数论）的形式系统的不完全性定理。有的人会问，这是否意味着哥德尔 1931 年推翻了他 1930 年的结论？

　　——完全不是这么回事！

　　一致性定理和完全性定理揭示的是形式系统的两个重要性质"真"和"可证"之间的关系。一致性定理是说，在这个系统中，凡可证的公式都是真的；完全性定理是说，凡真的公式都是可证的。逻辑学是求"真"的知识体系，真命题在逻辑系统中具有特殊的和特别重要的意义。古希腊的两个重要的公理系统欧几里得几何和亚里士多德三段论就是从少数几个真的命题出发，根据规则进行推导，得出另外的真命题。这个推导过程叫作证明，它是逻辑学的精髓，也是整个自然科学的精髓。在一个公理系统中，按照以上要求可以证明的公式叫定理。以上是形式系统的语形部分。再从语义上看，如果一个公式在任何模型和解释之下都是真的，那么这个公式就是恒真公式，也叫普遍有效式，简称"有效式"。如果一个形式系统满足一致性，那就说明该系统是没有矛盾的，因为它的定理都是真的。如果一个形式系统满足完全性，那就说明该系统是完全的，即所有真公式都是系统的定理。完全性是非常强的，它将所有真公式"一网打尽"，全部囊括为系统的定理。所有的逻辑系统均应满足一致性，但并非所有系统都满足完全性。如果一个系统既满足一致性又满足完全性，这就说明它的真公式集和定理集是完全重合的，这样的系统是非常完美的。一阶逻辑就是这样一个完美的系统——这就是哥德尔 1930 年得到的结果。

　　1931 年的不完全性定理不是在"真"和"可证"之间建立关系，而是在业已建立在"真"和"可证"之间关系上的"一致性"和"完全性"之间建立关系。换句话说，1931 年的完全性定理是在 1930 年的一致性定理和完全性定理之上得到的一个更高阶的结果。1931 年的哥德尔定理表明，一致性与完全性不可得兼。如果一个形式系统满足一致性，则它必不满足完全性。我们说过，一致性是任何一个逻辑系统必须满足的要求，那么，这就意味着任何一个哥德尔意义下的逻辑系统都不具有完全性，即存在系统内真而不可证的命题。这是哥德尔第一不完全性定理的判决！这个结论是致命的，它彻底粉碎了人类试图建立终极真理体系的妄想——无所不包的真理体系是根本不存在的！第二不完全性定理更要命：一个形式系统的一致性在系统中不能证明。它宣告任何一个逻辑理论，它自身的命门——一致性——甚至都是不由它自己掌控的！

其二，哥德尔定理是否可以推广到人类思维和人类知识的一切领域？

既然哥德尔定理是在一个形式系统内得到的，一个重要的问题是，避免形式化，是否就可以避免哥德尔定理的结果呢？或者说，哥德尔定理是否可以推广到人类思维和人类知识的一切领域呢？

按照霍金的理解，尽管哥德尔定理产生于相当具有严格条件的形式系统中之内，但它与形式系统并无必然联系。一个物理学理论是一个数学模型，如果在这个模型之内存在不可证的数学命题，那么，在这个物理学理论中也就存在一个不可预测的物理学问题。霍金以哥德巴赫猜想为例，并用将一些木材分为两堆这样的例子来说明不可预测的问题并不仅仅产生于形式系统之中。我们在本书的算术系统中介绍的那些不可解的定理和猜想，如丢番图方程、科勒兹猜想、哥德巴赫猜想等并不存在于形式系统内。一个非形式的理论，如果它或它的一部分能够映射到一个至少包含 PA 的充分大的形式系统之中，而这个形式系统又不能逃避哥德尔定理的命运，这样，那个非形式的理论也就不可能是完全的。这样的要求其实是非常低的，因为迄今以数学为工具的自然科学，大概没有任何一个理论比它更小。无怪霍金说："我们迄今所有的理论既是不一致的，又是不完全的。"① 斯坦福大学物理学教授张首晟曾问霍金："如果让您告诉外星人我们人类取得的最高成就，您会写什么？"霍金

---

① Franzén, Torkel (2005) *Gödel's Theorem：An Incomplete Guide to Its Use and Abuse.* Wellesley, Mass.：AK Peters, pp. 88-89.

回答说：“我会告诉他们哥德尔不完全定理和费马大定理。”

甚至在绘画和音乐这种完全不需要数学的领域中也发现了与哥德尔定理类似的结果。道格拉斯·霍夫斯达特（Douglas R. Hofstadter）有一部神奇的著作《哥德尔，埃舍尔，巴赫：一条永恒的金带》。[1]　在这本书中，他将奥地利数学家哥德尔、法国画家艾舍尔、德国作曲家巴赫联系起来，说明自我缠绕是人类思维的固有属性。人类凭借特殊的符号来表达自己的思维和智力。但这种符号系统是有限度的——我们不能完全地理解我们自己的心智。

——哥德尔定理是人类理智结出的最灿烂的花朵！

哥德尔定理在数学和逻辑领域的影响是巨大的，并且，这种影响已经超越了数学和逻辑的领域。可以说，在数学和逻辑的发展史上，从未有任何一个纯数学或逻辑的定理像哥德尔定理一样在数学和逻辑以外的领域被广泛关注过。哥德尔定理不仅在数学、逻辑、计算机和哲学的领域被引用和阐述（这是可以理解的），也在政治学、宗教、无神论、诗歌、进化论、年代学以及你能想象的所有领域都被广泛引用和阐述。互联网发明以后，对哥德尔定理的兴趣和关注有增无减，在网上讨论这个定理的不仅有哲学家、数学家和逻辑学家，还有神学家、物理学家、文艺批评家、摄影家、建筑师、诗人和音乐家等。

总结起来，数学是对数的认知的理论体系，它将认知对象数量化，并使用逻辑推理和数学证明的方法研究这些数量之间的关系。对数的实在性和直观性的质疑使我们采取逻辑主义的立场，即用集合论和逻辑学来作为数学的基础并解释全部数学。罗素悖论如晴天霹雳震撼了数学大厦并使它摇摇欲坠。拯救数学的努力使人类在 20 世纪初发明了形式语言、形式系统和形式化的研究方法，其结果是 1930 年哥德尔证明了该形式系统的一致性和完全性，并于 1931 年证明了一致性和完全性不可得兼，一个一致的系统必然是不完全的系统；并且系统的一致性在系统

① Hofstadter, Douglas R. (1979) *Gödel, Escher, Bach: An Eternal Golden Braid*. New York: Basic Books.

内部不能证明。

可以说，如果没有数学和逻辑的认知方法，就没有哥德尔定理的结果，我们也就不可能了解人类理智的局限性。

（三）物理认知与物理学

物理学有双重含义：一是指物理认知，即是对自然现象和自然规律进行认知的一种方式，它是头脑里的东西；另一重含义是我们常用的物理学，它是对物理认知的摹写，是一种理论体系，是书本上的东西。

我们以 20 世纪两个重要的物理实验和理论假说来看看物理科学认知的特征和本质。

1. 迈克尔逊—莫雷实验

黑夜之后，东方微明，天渐渐亮了起来。谁又曾经想过，阳光究竟是如何传播的？

最容易想到的是声音的传播，使用的是类比推理。当时人们想到的是，声音的传播需要介质空气，那么，光线的传播也应该有一种介质，物理学家们把这种介质称为"以太"（ether），认为它充满了太空，充当光线传播的介质。

如何验证太空之中是否存在这种传播介质呢？当时是 19 世纪的末期，飞机尚未发明出来，人们生活在地上，连大气层都上不去，更别说太空。在这种情况下，如何设计一个实验，来验证太空中是否存在"以太"呢？

1887 年，美国两位年轻的物理学家阿尔贝特·麦克尔逊（后来成为美国第一个物理诺贝尔奖获得者）和爱德华·莫雷在克里夫兰的卡思应用科学学校进行了非常仔细的实验，目的是测量地球在以太中的速度（即以太风的速度）。这个实验是以"以太"的存在为假设的。

实验假设：如果存在以太，则当地球穿过以太绕太阳公转时，在地球通过以太运动的方向测量的光速（当我们对着光源运动时）应该大于在与运动垂直方向测量的光速（当我们不对着光源运动时）。

实验设备：这是一个天才的实验设计，实验设备的示意图见图 16-2。这个最初的实验装置有一个足球场那么大，是为了实验中光线走过的光程足够长。图中，S 代表光源，M 是半反射的透视镜，它允许一半光线通过而另一半光线被反射，M_1 和 M_2 是反射镜，T 是接受光线的终端，它是一个电子屏，光线会在上面打出光栅。

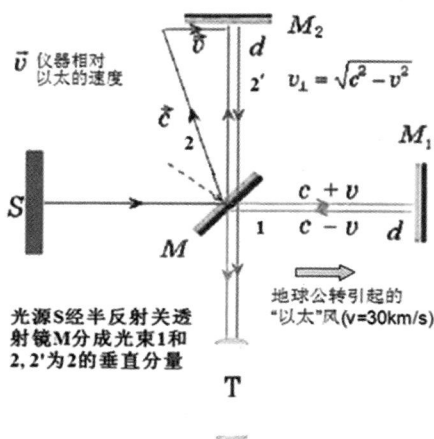

图 16-2　迈克尔逊-莫雷实验装置示意图

实验结果及数据分析：如果以太存在，且光速在以太中的传播服从伽利略速度叠加原理。假设以太相对于太阳静止，实验坐标系相对于以太以公转轨道速度 v 沿光线 2 的方向传播，由于光在不同的方向相对地球的速度不同，达到终端的光程差不同，产生干涉条纹。光线从镜子 M 反射，光线 1 的传播方向在 M_1 方向上，光的绝对传播速度为 c，地球相对以太的速度为 v，光线 1 完成来回路程的时间为 2d/c，光线 2 在到达 M_2 和从 M_2 返回的传播速度为不同的，分别为 c+v 和 c-v，完成往返路程所需时间为：d /(c+v)+d /(c-v)。光线 2 和光线 1 到达终端的光程差为：$c[d /(c+v)+d/(c-v)-2d /c] = 2dv^2/(c^2-v^2)$。

干涉仪整体可以旋转，旋转的过程中，以太速度方向与实验参考系中光线 2 的夹角改变，从而使得速度分量 v 改变，旋转 90° 时，光线 1 和光线 2 交换了状态，光程差可以增加一倍，即为 $\Delta L = 4dv^2/(c^2-v^2) \approx 4dv^2/c^2$。移动的条纹数为 $\Delta L/\lambda$。

实验中用钠光源：$\lambda = 5.9 \times 10^{-7} m$。

地球的公转轨道运动速率为：$\upsilon \approx 10^{-4}c$；干涉仪静止参考系下的光程 $2d = 11m$，应该移动的条纹为：$\Delta N = 2 \times 11 \times (10^{-4})/\lambda = 0.37$ 条。按此干涉仪的灵敏度，可观察到的条纹数为 0.01 条。

但实验结果没有条纹移动。

因此，以太存在且光速满足伽利略速度叠加的前提是错误的。

结论：要么是以太不存在，光速相对于任何参考系的速度都一样，因此旋转迈克尔逊干涉仪时光线 1 和光线 2 不存在时间差；要么是以太存在但是光速不满足伽利略速度叠加。

实验结果令人震撼！实验假设被否定了，太空中并没有以太存在！

一位当时还不知名的瑞士专利局的职员阿尔伯特·爱因斯坦在 1905 年发表的一篇著名论文中指出，只要人们愿意抛弃绝对时间观念的话，整个以太的观念就是多余的。

尽管试验的结果是否定的，但它的伟大之处丝毫也不亚于任何同样伟大的肯定结果的实验。迈克尔逊—莫雷实验为其后的物理学发展提供了两条重要的探索途径：光量子假说和光的波粒二象性假说；光速不变原理。后者成为爱因斯坦相对论的两大前提之一。

2. 大爆炸宇宙论

我们生活在当下，一百年前的事尚且不知，如何能够知道宇宙最初是什么样的？20 世纪最伟大的科学理论——大爆炸宇宙论（The Big Bang Theory）科学地回答了这个问题。

大爆炸宇宙论的提出来源于一个观察事实：谱线红移。1922 年，美国科学家哈勃（Edwin Powell Hubble，1889—1953）发现，如果将观察到的恒星光谱与实验室的光谱对比，恒星光谱总是向红端移动，没有例外。如何解释这个现象，科学家们使用了类比推理。设想一个声源（如救护车）从远向近驶来，它的声音听起来会越来越尖锐，而当它由近及远驶去时，它的声音听起来会越来越低沉。恒星光谱的红移，说明所有恒星都在离我们而去。1929 年，美国天文学家哈勃提出星系的红移量与星系间的距离成正比的哈勃定律，并推导出星系都在互相远离的宇宙膨胀说，这一学说最终导致大爆炸宇宙论的建立。显然，在哈勃的推理中，从谱线红移推出宇宙膨胀，运用了将光波类比于声波，将谱线红移类比于音频降低的类比推理。1950 年前后，俄籍美国核物理学家、宇宙学家乔治·伽莫夫（George Gamow，1904—1968）建立了热大爆炸模型，这个模型运用类比推理，将宇宙空间中的每一点都以极高的速度远离其他点而去的令人惊异的观察事实，类比于吹气球。根据这一模型，宇宙从一个致密的和极热的状态膨胀开来并继续膨胀到今天。一个众所周知的类比的解释是，宇宙空间自身膨胀并带着星系的膨胀，恰如一个充气的气球上的点（图 16-3）。"宇宙空间"可以指的是整个无限的宇宙，或者指的是一个就像球面一样能弯曲地回到原来位置的有限宇宙。

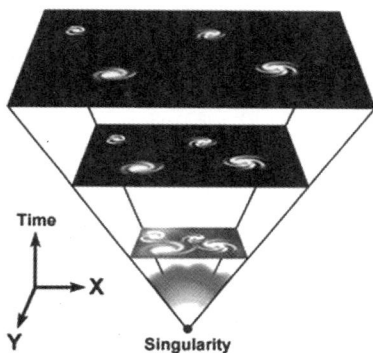

图 16-3　带奇点的大爆炸宇宙论模型

大爆炸宇宙论建立假说时运用的类比推理如下：

（1）提出假说（类比推理，大爆炸宇宙论，哈勃模型）。声音是一种波，当声源离观测者而去时，观测者测出的声音频率会降低；光也是一种波；因此，当光源离观测者而去时，观测者测出的光谱会向频率低的一端移动（红移）。

（2）提出假说（类比推理，大爆炸宇宙论，伽莫夫模型）。气球是一个封闭的空间，当其中每一点与其他各点之间的距离在增加时，此气球正处于膨胀之中；宇宙也是一个封闭的空间，其中各点正在远离其他点而去（由谱线红移和哈勃模型得出）；因此，宇宙正处于膨胀之中。

根据以上模型和哈勃定律，物理学家们计算出宇宙的生命大约为150亿年。

大爆炸宇宙论建立以后，所有的天文观察事实均与之相符。除了哈勃1922年的"谱线红移"的观察结果，其他观察事实还有：

膨胀空间：膨胀宇宙意味着退行速度与距离成正比——这是一个极为重要的关系。借助这个图像，我们就可计算出红移量与距离成正比，这与理论模型的结果完全一致。

视界：大爆炸时空的一个重要特点就是视界的存在。由于宇宙具有有限的年龄，并且光具有有限的速度，从而可能存在某些过去的事件无法通过光向我们传递信息。从这一分析可知，存在这样一个极限或称为过去视界，只有在这个极限距离以内的事件才有可能被观测到。

微波背景辐射：早在40年代末，大爆炸宇宙论创始人伽莫夫就认为，我们的宇宙正沐浴在早期高温宇宙的残余辐射中，其温度约为6K。1964年，美国贝尔电话公司年轻的工程师彭齐亚斯和威尔逊，在调试他们那巨大的喇叭形天线时，出乎意料地接收到一种无线电干扰噪声，各个方向上信号的强度都一样，而且历时数月而无变化。后来，经过进一步测量和计算，得出辐射温度是2.7K，一般称为3K宇宙微波背景辐射。因为彭齐亚斯和威尔逊等人的观测竟与理论预言的温度如此接近，此正是对宇宙大爆炸论的一个非常有力的支持！这是继哈勃发现星系谱线红移后的又一个重大的天文发现。彭齐亚斯和威尔逊于1978年获得了诺贝尔物理学奖。

氦丰度：还有一个证实炽热高密度宇宙起源理论的证据，称为氦丰度。只要知道今天热辐射的温度，由热大爆炸理论很容易计算出宇宙诞生后约1秒时各处的温度约为100亿度。随着这锅汤变冷，核反应就出现了。采用大爆炸模型可以计算氦-4、氦-3、氘和锂-7等轻元素相对普通氢元素在宇宙中所占含量的比例。所有这些轻元素的丰度都取决于一个参数，即早期宇宙中光子与重子的比例，而这个参数的计算与微波背景辐射涨落的具体细节无关。大爆炸理论所推测的轻元素比例大约为：氦-4/氢 = 0.25，氘/氢 = 10^{-3}，氦-3/氢 = 10^{-4}，锂-7/氢 = 10^{-7}。实际测量到的各种轻元素丰度和从光子重子比例推算出的理论值加以比较，发现大爆炸核合成理论所预言的轻元素丰度与实际观测可以认为是基本符合，这是对大爆炸理论的强有力支持。到目前为止，还没有其他理论能够很好地解释并给出这些轻元素的相对丰度。

引力波：原初引力波是爱因斯坦于 1916 年发表的广义相对论中提出的，它是宇宙诞生之初产生的一种时空波动，随着宇宙的演化而被削弱。科学家说，原初引力波如同创世纪大爆炸的"余响"，将可以帮助人们追溯到宇宙创生之初的一段极其短暂的急剧膨胀时期，即所谓的"暴涨"。2014 年 3 月 17 日美国物理学家宣布，首次发现了宇宙原初引力波存在的直接证据。2016 年初，美国激光干涉引力波天文台（LIGO）和欧洲引力波天文台（VIRGO）的科学家联合宣布，他们探测到了两个约为 30 倍太阳质量的黑洞在 13 亿年前并合产生的引力波，这一发现被称为"世纪发现"。

科学理论最初是一种理论假说，当这种理论假说能够解释所有的或者至少是大多数科学事实时，这种理论假说便获得了科学理论的地位。

——大爆炸宇宙论的科学性令人不得不信服，因为它能够解释几乎所有的天文观察和实验事实。

回到前文。我们生活在当下，如何能够知道宇宙是在 150 亿年前诞生的？通过大爆炸宇宙论的创立和验证我们看出，逻辑推理是科学发现的基本方法。在科学发现过程中，唯一可以相信的是我们的思维和逻辑推理。4 种基本的逻辑推理中，类比、归纳、溯因是科学发现的主要方法，演绎对科学发现没有贡献、但可用于科学理论的验证。[①]

从认知科学的观点看，科学认知是人类认知能力的一种方式，属文化认知的范畴，而科学知识和科学理论则是科学认知的结果。科学认知的来源是经验和实践（包括科学实验），主要方法则是数学和逻辑推理，而基于经验的逻辑方法则是科学发现的主要方法。

---

① 蔡曙山：《科学发现的心理逻辑模型》，《科学通报》2013 年第 58 卷第 34 期。该文被《美国科学新闻》予以报道。

第二节 技术认知

技术是行为层次的东西，而不是思想理论层次的东西，两者有很大的差异，甚至有着本质的不同。尽管如此，科学和技术也都是人类的创造物，所以，它们都属于文化层级的认知形式。

科学技术作为人类认知的方式，有两个重要的根据，其一，在古希腊的"三科四艺"中，"三科"语言、逻辑、修辞属于科学研究和认知领域，"四艺"算术、天文、几何、音乐则属于技术认知的领域。其二，按照当代语用学和言语行为理论，人类用语言来做一切事情，当然包括科学和技术，所以，技术也是人类用语言行为来建构的，属于文化认知的范畴。

我们从技术行为、知行关系、言语行为几个方面来讨论技术认知的性质。然后，我们还将讨论清华大学"行胜于言"的校训和作为技术认知和技术行为最高规范的"工匠精神"。

一、技术行为

技术是行为层次的东西，应该受到科学理性和人文精神的指导。[①]在技术行为失去规范和被滥用的今天，有必要对以哈贝马斯为代表的科学技术意识形态理论进行批判。我们的批判针对上述三个方面展开。通过这种批判，我们将建立关于科学技术意识形态理论新的框架，注入新的内容，并确立新的关系。

1. 科学原理与技术行为

批判之一针对哈贝马斯理论的第一个缺陷，即在其理论框架中，科学与技术的基本概念并未完全清楚地加以规定。哈贝马斯对科学原理的先验性和技术方法的现实性未加辨析，也未能认识现代技术的行为特征，从而未能对科学理性与技术行为的关系作深入分析，这样他就过分

---

① 蔡曙山：《论技术行为、科学理性与人文精神》，《中国社会科学》2002 年第 2 期。

强调现代技术的支配地位和主导作用，对技术行为采取完全放纵的态度，使技术行为失去应有的科学理性的约束和规范。在对这一理论框架的批判之中，我们要提出绝对至上的科学理性和规范的技术行为两个新概念。

（1）科学原理的超验性和至上性。

科学与技术是两个有严格区分、属于不同层次的概念，但哈贝马斯常常把它们当作同等程度的概念来使用。例如，哈贝马斯经常使用的"技术科学"和"技术的科学化"这两个概念，[①] 就完全混淆了科学与技术的区别，或者说，他不主张作这样的区别——这是我们不能同意的。

科学是人类理性认识所形成的关于自然、社会和人类精神活动的知识体系。科学理论是人类理性认识的结果，是用概念、判断、推理的逻辑形式来表达的知识体系。科学原理是科学理论的基本原则和基本命题。从科学理论和科学原理的这些本质属性可以知道，科学原理是超验的。正如康德所断言，在理性认识阶段，认识必然要超越经验世界，超验是理性认识的辩证本质。爱因斯坦对科学理论的本质也有深刻的表述，他说："在物理学中，先验的框架是和经验事实一样非常重要的。"[②] 他还说："一切科学的伟大目标是：从最少的假说或公理出发，通过逻辑推导，概括出最多的经验事实。"[③] 在这里，爱因斯坦阐明了科学原理的理论前提和理论方法这两大要素的本质及其在理论体系中的作用。从理论前提看，任何一个科学理论都是以假设为前提的，而这些假设又都是超越经验的，也是该理论自身不能证明的。例如，相对论的建立根据的是"光速不变"和"坐标平权"这样两个假设。史蒂芬·霍金对此评价道："这个被称之为相对论的基本假设是，不管观察者以

———————

① 哈贝马斯：《作为"意识形态"的技术与科学》，李黎、郭官义译，学林出版社 1999 年版。

② 引自雷吉斯：《谁得到爱因斯坦的帮助》，第 135 页。

③ 1950 年 1 月 9 日《生活》杂志。转引自艾丽斯·卡拉普赖斯编：《爱因斯坦语录》，仲维光、还学文译，许良英校，杭州出版社 2001 年版，第 158 页。

任何速度作自由运动，相对于他们而言，科学定律都应该是一样的。这对于牛顿的运动定律当然是对的，但是现在这个观念被扩展到包括马克斯韦理论和光速：不管观察者运动多快，他们应该测量到一样的光速。这简单的观念有一些非凡的结论。可能最著名的莫过于质量和能量的等价，这可以用爱因斯坦著名的方程 $E = mc^2$ 来表达，以及没有任何东西可以运动得比光快的定律。"[1] 从理论方法看，科学理论都是采用演绎逻辑的方法来构造体系，在这种方法之下，能够保证从超验的前提推出符合经验事实的结论。这就是科学理论的价值。在这个体系中，超验的前提是为解释某一范围的经验事实而提出的假说。这样，一个科学理论被推翻，除非在它的理论体系中推出与事实不符的结论，或者其理论前提直接被推翻。爱因斯坦由于对"绝对时间坐标"的怀疑和否定而推翻牛顿的经典力学，当今科学家已经得到"光速可变"的观察事实，仅此一端，相对论的改写已经为期不远。理论之所以是科学的，因为它能够被证伪。有趣的是，人类理性总是试图超越经验，正是这种超越形成了新的科学理论；而在挑战旧理论的新的经验事实面前，人类理性的再次超越又形成更新的科学理论。如此循环，以至无穷，这就是历史。因此，历史应该定义为在人类理性活动参与下，无数可能世界中唯一被实现了的那个可能世界。

由此可见，科学理论就其前提与方法而言是一种纯粹的理性活动，它来源于经验，而又必须超越经验。因此，它具有三种品质：一是理性的品质。科学原理是对经验的超越，它必须而且只能服从理性。二是自然的品质。科学原理是对自然现象的描述，它必须符合自然迄今为止的发展规律，应该体现和尊重自然法则。三是历史的品质。科学原理总是过去理论的变革和发展，它根源于历史，而且自身形成历史，它服从并体现了历史理性。从这个意义上说，科学原理与个人的良知、人类的伦理、社会的义务、历史的责任，都是紧紧联系在一起的。由于科学原理

---

[1] 史蒂芬·霍金：《时间简史》，许明贤、吴忠超译，湖南科学技术出版社 1996 年版，第 29 页。

具有以上这些品质，因此，它具有绝对至上的规定。如果说我们的宇宙中有绝对至上的东西，除了人类理性自身（它就是上帝）之外，唯一有资格戴上绝对至上性这项桂冠的，只有科学理论。

（2）技术方法的现实性和非至上性。

哈贝马斯以"技术科学"和"技术的科学化"为基本概念，赋予现代技术以至上性的规定。在哈贝马斯那里，技术至上性的取得有两个根据，一是现实的根据，即工业社会对生产力发展无止境的追求造成科学技术的至上性，其模式为：科学技术促进现代生产力发展，生产力的发展决定生产方式的变化，生产方式的变化形成社会制度框架，社会制度框架影响社会意识形态，最终，意识形态又巩固和强化科学技术至上性。这个循环往复的过程使科学技术至上性不断得到巩固和加强。在哈贝马斯那里，技术至上性的取得还有一个逻辑的根据，容易看出，他是从科学至上性和技术的科学化这样两个前提得出技术至上性的。但我们认为，作为前提之一的"技术的科学化"这一命题是虚假的。

技术是科学理念加上自然资源得到的一个外在的存在，它是科学理论获得现实性的证明。技术的直接现实性首先表现在它直接成为生产力。在现代社会中，正是技术而不是科学直接作用于劳动者、劳动资料和劳动对象等生产力要素，形成现实的生产力。正如哈贝马斯所说，技术能够产生剩余价值。其次，技术的现实性还在于它自身成为生产方式和社会制度的重要组成部分。哈贝马斯认为，资本主义生产方式使劳动生产率持续增长，新的技术和新的战略的实行就制度化了，并且"本身就是意识形态"。① 在工业化社会中，技术不仅成为生产方式的主宰，也取得对人和自然的绝对统治权，并使人和自然成为奴隶。马尔库塞说："技术作为工具的宇宙，它既可以增加人的弱点，又可以增加人的力量。在现阶段，人在他自己的机器设备面前也许比以往任何时候都更

---

① 哈贝马斯：《作为"意识形态"的技术与科学》，学林出版社 1999 年版，第 39 页。

加软弱无力。"① 最后，技术的现实性还在于它是一种行为，这一属性我们将在下一节详加分析。

技术行为的直接现实性使它有可能因为政治、军事、商业的目的而成为一种非理性的行为。美国的 NMD 计划就是一个典型的例子。其实 NMD 计划在技术上并不成熟，但美国政府和军方却要强行推行。甚至在发生"9·11"恐怖袭击事件，NMD 已经成为一个笑话时，美国政府宣布还要继续执行该计划——政治和军事的目的使它成为一种非理智的行为。最近，美国 51 名诺贝尔科学奖得主致信国会批评政府退出《反弹道导弹条约》并尖锐批评 NMD 计划，美国科学家联合会发表声明说，NMD 是布什总统刚刚打响的第一枪，"这一枪正中美国安全的心脏。"在商业上，非理智的技术行为的例子也很多，其中最为令人担忧的是有损人类道德和尊严、被世界各国禁止的克隆人的技术已经被某些商业集团用来谋利。

我们应该高度警惕并断然拒绝技术对自然、社会和人类自身可能产生的危害，从理论上说，就是要根本剥夺哈贝马斯提出的、根本不应存在的技术的至上性。

（3）科学理性和技术行为。

现在，我们已经可以对"技术的科学化"这个概念进行批判，并提出我们的新概念。"技术的科学化"这个概念在逻辑上是不能成立的，因为没有它所指称的具体对象。但我们可以把它作为一个规定的语词定义来看待，因为它只是一个人为地规定其含义的语词，它的含义就是试图将技术科学化，因此，它的使用永远都要加上引号。一旦去掉这个引号，一旦我们把作为一种方法和行为的技术当作具有至上性的科学，就会混淆科学与技术这两个基本概念，就会在意识形态理论系统中引起混乱。而一旦将它付诸实施，带来的将是实实在在的危害。可以说，技术外在化于人类社会并支配人类社会，是现代社会一切弊端的

① 哈贝马斯：《作为"意识形态"的技术与科学》，李黎、郭官义译，学林出版社1999年版，第 46 页。

根源。

在哈贝马斯的科学技术意识形态理论中，由于他过分强调现代技术的作用，使他无视科学与技术的区别，也使他与"科学理性"、"技术行为"这两个重要的概念失之交臂。下文将会分析，原本从他的"交往行为理论"是很容易得出"技术行为"这个概念的。

我们应该承认科学技术在现代社会中有十分重要的积极作用。正是有了现代科学技术，才会有物质生活与精神生活无比丰富的现代社会。我们还应该承认，现代科学技术由于它对经济基础和上层建筑的深刻影响，已经成为意识形态的重要组成部分或者如哈贝马斯所说的现代科学技术本身就是意识形态。但承认以上两点绝不意味着我们同意哈贝马斯的意识形态理论。恰恰相反，我们要通过批判哈贝马斯的意识形态理论，重构我们关于科学技术的意识形态理论。

（4）尊崇科学理性，确立科学理性对技术行为的指导。

应该说，爱因斯坦相对论最深刻地体现了科学理性的本质，是一种崭新的世界观。但过去人们一直仅仅把它当作一种科学理论，而忽略了它作为世界观和方法论的意义，忽略了它作为意识形态的意义，忽略了它对技术行为的指导作用。

爱因斯坦相对论的前提之一是坐标平权，它原来的意思是说，对运动物体而言，不存在一个绝对的参照系。换句话说，从不同参照系所刻画的物体的运动是彼此等价的。举例来说，在一列运动着的火车上的一个观测者看来，火车不动，是站台在向后运动；而对于这同一列火车，站台上的观测者却认为站台不动，是火车在向前运动。这两种说法哪一种更正确呢？爱因斯坦认为，这两种说法是同样正确的，因为它们是彼此等价的。我们认为，这里就孕育着一种新的世界观——因为我们从这里看到的是一个新的世界。例如，在过去的哲学家看来，人是自然的尺度，人是社会的尺度，人是历史的尺度，人也是人的尺度，总之，人是万物的尺度。从相对论的观点看，以上这些命题只有片面的合理性，还应该补充它们的逆命题，才具有完全的合理性，那就是：自然是人的尺度，社会是人的尺度，历史是人的尺度，他人是自己的尺度，总之，万物皆是人的尺度。从这个新的世界观出发，我们对问题的态度就会发生根本的变化。以人与自然的关系为例，从"人是自然的尺度"看，人可以随心所欲、毫无节制地向自然索取，好像人是自然的主宰。现在从"自然是人的尺度"看，自然也是人的主宰。在人类每一次攫取自然、破坏自然的同时，也受到自然合理的报复，因为人类同时也破坏了自身生存的条件。结论当然是很清楚的：只有这两个命题的合题才是真正合理的命题；只有人与自然的和睦相处，才会有人和自然的共同发展。回到人与科学技术这个主题也是一样。从"人是科学技术的尺度"看，科学技术服从人的需要就应该是"天经地义"的。在这样的观念下，科学技术就成为工具，只要人需要，甚至只要某些人需要，他们就可以利用科学技术来达到自己的目的。我们认为，迄今为止的科学技术观正是这样片面的科学技术观。殊不知科学技术也是人的尺度。从"科学技术是人的尺度"看，科学技术也构成对人的制约。科学技术不仅可以促进，也可以阻碍甚至可能毁灭人的发展。事实上，从人类掌握原子能、发明原子弹的那刻起，人类就已经具备毁灭自身的能力。如果人类不以理性来遏制科学技术的发展，总有一天人类会毁灭于自身的技术发明。现代技术不仅仅是核技术，还有生物技术、基因与信息技术，都有可能一百次、一千次、一万次地毁灭人类。

尊崇科学理性，在理论上应该对现代技术提出"现实需求论"和"发展阶段论"这样两个基本的要求。所谓"现实需求论"，就是要以人的现实发展需求为技术行为的本质要求。如果在一个大多数人尚未解决温饱的国家发展某种用于政治或军事目的的高技术，这样的技术行为就是不合理的；反之，如果在一个已经进入现代社会的国家，出于政治或宗教的原因而拒绝现代科学技术，也同样是不合理的。与此相适应的"发展阶段论"，要求技术行为的发展是分阶段的。就是说，在人类发展的一定阶段上，只需要与此相当水平的技术与生产力。人类不能听任技术与生产力的盲目发展而失去可持续发展的依据，尤其不能容忍那种导致无可挽回损失的技术行为。例如，用于战争的核技术、克隆人的技术、信息垄断的技术，由于它们都是违背科学理性和人的本质的，因而都是不合理的和应该加以制止的行为。

二、知行关系

科学与技术的关系，其本质是知行关系。知行关系本质上又是心智和认知的关系。

知行是一个历史久远的汉语词汇，中国古代哲学的教育、中华文化的核心问题是知行关系和知行观。

知行一词，最早见于《礼记·中庸》："夫妇之愚，可以与知焉……夫妇之不肖，可以能行焉。"汉郑玄注："言匹夫匹妇愚耳，亦可以其与有所知，可以其能有所行者，以其知行之极也。"同时期的《尚书》、《国语》、《左传》等古籍也有关于知行的论述。其中，《尚书·说命》中"知之非艰，行之惟艰"一语被后人概括为"知易行难"的著名命题。

孔子已经深刻论及知行关系。《论语》论及"知"者有117处之多，论及"行"者则有82处。孔子的思想学说中，知先行后，知更为重要。《论语》中记载了"子以四教，文、行、忠、信。"（《论语·述而》）"文"是指《六经》等典籍文献；"行"是所从事的实践活动，"行"是指实行；"忠"是指忠恕之道；"信"是指诚信。"四教"之中，"文"是"行"的基础，孔子反对脱离理论学习的实践活动。孔子称赞颜回，以其知也，并自愧弗如。子谓子贡曰："汝与回也孰愈？"对曰："赐也何敢望回。回也闻一以知十，赐也闻一以知二。"子曰："弗如也。吾与汝弗如也。"（《论语·公冶长》）在孔子看来，"知"是一种认知行为，也是一种智慧。孔子说："知之为知之，不知为不知，是知也。"（《论语·为政》）前面4个"知"是认知，后面这个"知"通"智"。孔子还以"知"来划分人的等级，他在《论语·季氏》中说："生而知之者上也；学而知之者次也；困而学之又其次也；困而不学，民斯为下矣。"又说："民可使由之，不可使知之。"（《论语·泰伯》）这几条为后人所诟病，认为孔子是主张"上智下愚"的，孔子确实也说过"唯上智与下愚不移。"（《论语·阳货》）但如果把"知"看作是一认知能力，承认人的认知能力有高下，孔子的说法就没有错误。孔子一方面承认有"生而知之"、"学而知之"、"困而学之"、"困而不学"的差异，所以要"因材施教"；另一方面却主张"有教无类"，强调"学而知之"，兼重学与思、知与行。孔子提倡知行结合，并把"行"提高到其学说的核心"仁"的高度来认识。子张问仁于孔子，孔子曰："能行五者于天下，为仁矣。"请问之。曰："恭宽信敏惠。恭则不侮，宽则得众，信则人任焉，敏则有功，惠则足以使人。"何谓行？孔子认为那就是能够体现"仁"的"五德"：恭宽信敏惠。孔子还把"恕"作为另一种重要的行为准则，子贡问曰："有一言而可以终身行之者乎？"子曰："其恕乎！己所不欲，勿施于人。"——这些都是后世儒家的道德行为规范。

老子区别"为学"与"为道"，否定感性经验，提出"致虚极，守静笃"的认识方法。后期墨家把认识分为"闻知"、"说知"、"亲知"，注意到它们各自的特点和在认识中的作用。

先秦哲学家很重视知行关系，他们从不同的角度探讨了认识的来源、认识过程和求知方法的问题。

战国思想家尸佼《尸子·劝学》："夫茧，舍而不治，则腐蠹而弃；使女工缫之，以为美锦，大君服而朝之。身者茧也，舍而不治则知行腐蠹。"《荀子·非相》："知行浅薄。"杨倞注："言智虑德行至浅薄。"墨子提出三表，以为判断言论是非的标准。孟子区别"耳目之官"与"心之观"的不同职能，指出"心之官则思"，"思则得之"。

宋明理学家重视知行学说，对知行关系均有论述。程颐、程颢除承续了道德认知与道德修持一体化的思想传统外，从其"天即是理"的本体论出发，自然推导出了"知先行后""行难知亦难"的结论。朱熹发挥了二程的思想，提出"知行常相须"的观点，表面看是知行统一，其实还是强调"论先后，知为先；论轻重，行为重"。朱熹知行观强调知难行易、知先行后，与传统知行观形成鲜明对比。明代哲学家王阳明首先在理论上反对传统知行观中对知行分先后轻重，而提出了知行合一的理论。明王守仁（阳明）《传习录》卷上："知而不行，只是未知，圣贤教人知行，正是要复那本体，不是着你只恁的便罢。"王夫之沿用了"知易行难"的说法，但对它做出唯物主义的解释："行可兼知，而知不可兼行。"即行可以兼容知，带动知的深化，但知对行却没有相同的功用。他还利用、阐发了孔子"仁者先难而后获"的说法：既然"知易行难"，那么，"先难"的行应该在先，"后获"则必须在后。

在中国近代史上，孙中山是第一个从认识论角度探讨革命成败之由的革命思想家。他沿用了中国古代知行关系的范畴与命题，提出了"知难行易"、"分知分行"等观点。孙中山把自己的知行观称为"孙文学说"，并列为《建国方略》的第一部分。在《孙文学说》中，孙中山首先批判了对国人影响甚深的"知易行难"说，接着又正面阐述"行易知难"的知行观，并结合中国革命历史的经验教训深化了自己"行先知后"的重要思想。孙中山提出"知难行易"、"行先知后"的思想，不仅显示了他对中国传统文化中知行脱离、重知轻行的思想行为方式的深刻认识，而且显示出一个革命家在思想领域敢于除旧创新的革命精神。孙中山从民主革命运动的实际出发，将知行关系的认识置于现实需要的基础之上。他把"行"的内容扩展到科学实验、革命斗争、经济发展等广阔的社会领域，使知行关系的古老命题融入了新鲜的时代内涵。孙中山先生的追随者蒋介石推崇王阳明的"知行合一"、"致良知"的学说和孙中山的"知难行易"的思想，提出"力行哲学"。毛泽东用中国哲学范畴，对认识和实践的关系进行研究，强调实践对于认识的重要意义，建立知行统一理论。1937年，毛泽东在《实践论》中把马克思主义哲学关于认识和实践统一的理论总结为：实践、认识、再实践、再认识。这种形式，循环往复以至无穷，而实践和认识每一次循环的内容，都比较地进到了高一级的程度。

技术是行为层级的认知活动，① 因此，应该在知行关系中来考虑技术行为的性质、特征的作用。

---

① 蔡曙山：《论技术行为、科学理性和人文精神》，《中国社会科学》2002年第2期。

三、知行关系与言语行为

从人类认知五层级理论看，行为属于脑与神经和心理层级的认知能力，是人和动物共有的认知形式。表意的符号言语和语言是人类认知特有的形式，并在此基础上产生了抽象思维，形成知识体系，知识积淀为文化。

20 世纪 40 年代，由后期维特根斯坦创立的语言游戏论以及 50 年代由牛津大学语言哲学家奥斯汀创立的言语行为理论，将言语和行为统一起来，即将脑与神经认知、心理认知这两个层级的低阶认知与语言、思维这两个层级的高阶认知结合起来，是一种新的知行观。

从认知科学看，"知"是一种心智能力，由心智能力而产生认知能力。人类的心智和认知能力涵盖脑与神经、心理、语言、思维和文化五个层级。就人类而言，语言认知决定思维认知和文化认知，思维认知和文化认知反过来影响语言认知。这是高阶认知领域的情况。再考虑人和动物共有的低阶认知，脑与神经认知和心理认知这两个低层级的认知方式会对语言和思维认知产生决定的影响。因此，知和行是完全统一的，它们统一于人类认知五个层级之中。然而，知和行这两个领域毕竟是有本质区别的，行是人和动物共有的认知形式，是低层级的认知，知是人类特有的认知形式，是高层级的认知。因此，知和行的关系应该是：行决定知，实践—认识—再实践—再认识，循环往复，以至无穷。实践出真知；实践是检验真理的唯一标准——这些都是人类认知必须遵循的规律。但是，人类的行为不是非人类动物的低级的神经行为和心理行为，而是语言和思维指导下的行为，是言语行为。人类的行为不仅要接受语言和思维的指导，还会受到文化的影响。这就是认知科学所看待的言语行为。关于言语行为更详细的论述，请参阅本书第九章第二、三节。

值得指出的是，明代哲学家王阳明明确提出了"知行合一"的观点，并有很多有关知行关系的精辟论述。他说："一念发动处，便即是行。"这句话有多重含义。一是"知行合一"的观点，一旦有了行动的念头，就等于产生了这一行为，知与行是没有任何区别的。二是"言语行为"的观点，人类的行为不是简单的动物行为，而是言语和思维指导下的行为，即言语行为。同时，人通过说话来做事，说话就是做事。① 王阳明说："知而不行，只是未知。"这样精辟的言语行为的观点，西方哲学家要等到 500 年以后，才由牛津大学语言哲学家奥斯汀创立。所以我们说，阳明心学就是中国的认知科学，不仅是中国古代的认知科学，也是中国当代的认知科学。②

四、行胜于言

对工程技术的定性之精准，莫过于清华大学的校训：行胜于言。这个校训道出了工程技术学科的精髓。

首先，工程技术是行为层次上的认知。我们曾经说过，工程技术是一种行为，而科学理论是人类理性思维的成果。两者不是同一层级的东西。

其次，"行胜于言"强调行为层级的认知，忽视语言层级的认知，在知行观上属于"行先知后"、"行重知轻"。从人类认知五层级看，这似乎也有一定道理，因为低层级的认知决定高层级的认知。实践出真知，人类的认知都是从经验中来，都是从经验开始的。

第三，人类毕竟不是动物，虽然人是从猿（动物）进化而来的，但自人类发明能够表达抽象概念的符号语言、从猿进化为人以来，人类的行为再也不是单纯的动物行为，而是语言和思维指导下的人类行为。近代法国哲学家笛卡尔以"我思，故我在"这个命题来区别人和非人类动物，③ 本书作者蔡曙山根据人类认知五层级理论，更进一步提出"我言，故我在"这个命题以区别人和非人类动物。④ 人类认知是以语

① Austin, J. L.（1962）*How to Do Things with Words*. Second Edition. Edited by J. O. Urmson and Marina Sbisà. Cambridge, Mass：Harvard University Press. Twentieth printing, 2003.

② 蔡曙山：《阳明心学就是中国的认知科学》，《贵州社会科学》2021 年第 1 期。

③ Rene Descartes（1637）*A Discourse on the Method f Rightly Conduction the Eeason*, Liaoning People's Publishing House, 2015, p. 30.

④ 蔡曙山：《论语言在人类认知中的地位和作用》，《北京大学学报》2020 年第 1 期。

言为基础，以思维和文化为特征的，因此，人类的行为也是以语言和思维为指导、受文化深刻影响，既体现人类感性活动（心理认知），又体现人类理性思维（思维认知）的复杂的人类行为。"行胜于言"这样的校训显然已经不符合清华大学目前的学科定位，也不能指导清华大学目前和未来的学科发展，更不利于作为一流大学的人才培养。

第四，根据奥斯汀的言语行为理论，人类用言语来做一切事情，他将这种人类行为称为"言语行为"（speech acts）。塞尔将它们归纳为五种基本的言语行为，即断定式（assertives）、指令式（directives）、承诺式（commissives）、表情式（expressives）、宣告式（declaratives）。[1] 塞尔认为，甚至整个人类社会的现实存在，都是人类用言语来建构的。[2] 这进一步说明，人类的行为不是低级的动物行为，而是人类特有的高级的言语行为。

第五，言行并重，知行合一。在人类的认知活动中，符号语言和理性思维占有根本的地位，发挥重要的作用。人类使用符号进行思维，从而认知世界。人类使用的符号包括语言符号、数学符号、逻辑符号、艺术符号等。说到底，人类不过就是符号的动物。[3] 前述的大爆炸宇宙论是使用理性思维、逻辑推导和数学计算来建立的，这使生活在当下的我们，能够知道发生在 150 亿年前的事情（宇宙大爆炸）。爱因斯坦的质能公式 $E = mc^2$ 不过就是一个言语表达式，它同样也是理性思维、逻辑推导和数学计算的结果。其后的核物理学家和核工程师据此制造出原子弹和核电厂，使人类进入原子能和核工业时代。在这些例子中，我们看到的是言行并重，甚至是言重于行。因此，王阳明的"知行合一"、孙中山的"知难行易"具有更大的合理性。

---

[1] Searle，J. R.（1969）*Speech Acts：An Essay in the Philosophy of Language.* London：Cambridge University Press.

[2] Searle，John R.（1995）*The Construction of Social Reality.* New York：The Free Press，1995.

[3] Deacon，Terrence W.（1998）*The Symbolic Species：The Co-evolution of Language and the Brain*，W. W. Norton & Company.

五、工匠精神

任何科学的发展，都经历了"科学理论—技术专利—产品工艺"三个层次的发展（图16-4）。科学理论和技术行为已于前述，现在我们来看工匠精神和产品工艺这个层次的人类活动。

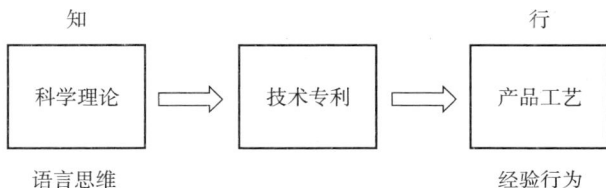

图 16-4　科学发展三层次示意图

在技术行为（包括技术专利和产品工艺）这个层次上，值得推崇的是工匠精神。因为工程技术是行为层次上的东西，一方面它需要科学理性和人文精神的指导，①　另一方面它需要行为层次上的实现。爱因斯坦建立相对论并推导出质能公式，但如果没有曼哈顿计划，原子弹是制造不出来的。②

工匠精神是指在产品制作中所体现的精雕细琢、精益求精、追求完美的精神，产品的品牌和工艺则是这种工匠精神的体现。此外，工匠精神还体现了追求卓越的创造精神、精益求精的品质精神、用户至上的服务精神。

从图16-4我们看出，工匠精神是行为和经验层次的东西，科学理论则是知和语言思维层次的东西，因此，工匠精神应该以科学理论为指导，科学理论与工匠精神是"知"与"行"的关系，是知行关系的体现。科学理论与产品工艺的中间环节、"知"与"行"的中间环节，是技术专利。

中国古代的墨家是工匠精神的杰出代表。墨子和墨家是战国时期城

① 蔡曙山：《论技术行为、科学理性与人文精神》，《中国社会科学》2002年第2期。
② Groves, Leslie R., *Now It can be told: the story of the Manhattan Project*, Da Capo Press, 2009.

市手工业阶级的代表。《墨子》和《墨经》为墨家的经典。墨子提倡兼爱、非攻、尚贤、尚同、天志、明鬼、非命、非乐、节葬、节用，对哲学、逻辑学都有研究和贡献。此外，他在军事学、工程学、力学、几何学、光学上都有相当的研究和贡献，先秦的科学技术成就大都依赖《墨子》相传。

墨子本人就是一位很好的机械师，他既能设计也能制造机械，而且他还探索了很多机械设计原理。在他的著作中，包含大量力学与机械设计原理。《墨经》成书的年代比古希腊欧几里得的《几何原本》还要早，但其涵盖的内容却要丰富得多。作为机械制造大师的墨子，第一个提出机械设计三大定律，以规范机械师的设计标准。这三大定律在《墨子》中称"三表"，说的就是，一要根据历史的经验，二要考察人们的反应，三要考察实际效果是否有利于国家人民。

墨家多能工巧匠。墨子本人就是机械制造的大师，传说他与工匠之祖、比他年长的公输班（即鲁班）（前507—前444）曾就攻城技术展开过攻防推演，最后墨子获胜，迫使公输班放弃帮助楚王攻宋。

有一次，墨子的大弟子禽滑厘问墨子："当今世上进攻的方法不外乎临、钩、冲、梯、堙、水、穴、突、空洞、蚁傅、轩车，请问老师，如何防守这十二种进攻？"针对以上各种攻城方法，墨子分别提出破解良方，内容极为详尽。墨子特别强调"守城者以亟敌为上"的积极防御的指导思想。他认为，守城防御"延日持久以待救之至"，而"亟伤敌"的具体措施是：利用地形、依托城池，正确布置兵力；以国都为中心，形成边城、县邑、国都的多层次纵深防御，层层阻击，消耗敌人。此外，墨子还对战斗中的各种技巧、防御装备的制作方法作了说明。比如战斗中旗帜的运用，可按五色代表不同的军令内容。向弓箭手队伍发出的号令也分多种。他还对城内防御工程的建设、武器装备的准备及使用细节、岗位设置规律等做了详细讲解。

墨家思想中的这种理性、逻辑和工匠精神，在诸子百家中是独树一帜的。墨家在诸子百家中也是影响重大的一家，当时就有"非儒即墨"一说，只可惜后来衰落了。如果墨家在历史上没有衰落，如果墨家的科学理性和工匠精神能够长久地灌溉中国人的精神世界，那么我们这个民族在人类历史上将会更加伟大。墨家在其后的中国主流思想中遭受排挤，墨家的科学理性、技术行为和工匠精神在其后两千多年的失传，是中华民族的最大损失之一。

第三节　哲学认知

　　哲学是一种世界观和方法论，这是传统哲学的观点。哲学是人类认知的一种形式，这是认知科学和心智哲学的观点。哲学是以语言分析为基础，以抽象概念、是非伦理价值判断和逻辑推理为基本方法，以思辨为论证方式的思想理论体系。哲学是文化认知的一种方式，属于文化层级的认知。

一、作为认知方式的哲学

　　为什么说哲学是人类认知的一种方式？在认知科学创立初期的学科框架中，哲学是六大来源学科之一。从这时开始，哲学便成为（或者说被提升为）与人类认知相关的一门学科。在人类认知五层级理论中哲学是与语言认知、思维认知和文化认知相关的一个研究领域，属于文化层级的认知。因此，哲学是人类认知的一种重要方式。

　　人类的认知从身边的事物开始。人类早期的哲学就反映了人类认知方式的这种性质，这时人们关注的是世界是由什么构成的，从而形成本体论哲学。近代哲学的眼光从客体转向主体，更关注人的认识能力，从而形成认知论哲学。当代哲学关注的是主客体联系的中间环节，从而形成分析哲学、语言哲学和心智哲学。

　　（一）古代哲学

　　古代哲学研究世界的本原是什么，因此古代哲学是一种本体论哲学。

　　公元前6世纪，东方伊奥尼亚地方的一些哲学家开始提出世界的本原问题，他们反对过去流传的种种神话创世说，认为世界的本原是一些物质性的元素，如水、气、火等，米利都学派几乎每一位哲学家都独立地提出他们对世界本原的解释和学说，他们是最早用自然本身来解释世界的生成的，是西方最早的唯物主义哲学家。

泰利斯（希腊语 Θαλής，Thalês，英语 Thales，前 624—前 546），希腊最早的哲学学派——米利都学派的创始人。希腊七贤之首，西方思想史上第一个有记载有名字留下来的思想家，被称为"科学和哲学之祖"。他提出了水本原说，即"万物源于水"，是古希腊第一个提出"什么是万物本原"这个哲学问题的人。

阿那克西曼德（希腊语 Αναξιμανδρος，英语 Anaximander，前 610—前 545）认为水的存在需要被解释，他认为万物的本源不是具有固定性质的东西，而是"阿派朗"（aperon，希腊语 ἄπειρον），即无限定，无固定限界、形式和性质的物质。他认为一切事物都有开端，而"无限定"没有开端。"阿派朗"在运动中分裂出冷和热、干和湿等对立面，从而产生万物。世界从它产生，又复归于它。阿那克西曼德还认为最原始的动物是从海里的泥变化而出的，人是从一种鱼类演化而来的。

阿那克西曼德认为在某一个时刻里，所有的东西都是气体。在他的理论中气体是遵照自然的力量，被转变成其他的物质，从而演变为一个原始的世界，就是我们生活着的地球。他认为气体是一种自然的材料，能在任何地方被找到。这个理论同样与在最早的希腊文化"灵魂有时候是生命的呼吸"相吻合。

阿那克西美尼（希腊语 Ἀναξιμένης ο Μιλήσιος，前 586—前 526）认为，气体是万物之源，不同形式的物质是通过气体聚和散的过程产生的，并认为火是最精纯或是稀薄化了的空气。阿那克西美尼用他的理论去说明自然现象：闪电和雷的形成是因为云变成了风；当太阳照到云上的时候就形成了彩虹；当下过雨，地面需要蒸发水分的时候则形成了地震。

毕达哥拉斯（Pythagoras，前 580—前 500），古希腊数学家、哲学家。他认为存在着许多但有限个世界，提出"万物皆数"的世界观，认为"数是万物的本质"，是"存在由之构成的原则"，而整个宇宙是

数及其关系的和谐的体系。参见本章"数学和数学家"之"毕达哥拉斯"（第 549 页）

色诺芬尼（Xenophá nes，约前 570—前 480，或前 565—前 473），埃利亚学派先驱。批判和反对传统观念中关于诸神起源的传说，揭示自己对世界本原的理解和看法。他说："一切都从土中生，一切最后又都归于土。""一切生成和生长的东西都是土和水。""我们都是从土和水中生出来的。"在荷马史诗中，天上的一切都来自海洋，海神育养着天上诸神。色诺芬尼则将诸神传说都当作前人的虚构，提出了土是万物本原的思想。

恩培多克勒（Empedocles，希腊语 Ἐμπεδοκλῆς，约前 495 —前 435），之前泰利斯曾认为宇宙的基本成分是水，阿那克西美尼认为是空气，赫拉克利特认为是火，齐诺弗尼斯认为是土，而恩培多克勒想出将这一切糅合在一起的看法。他认为一切事物都由这些物质的不同组合和排列构成。其后亚里士多德继续研究和改进了这一观点，并成为两千多年后化学理论的基础。

阿那克萨戈拉（Anaxagoras，前 500—前 428）深受伊奥尼亚学派唯物主义思想影响，但他又不满足于用某一种具体物质或元素作为万物本原的主张，因为这不能解决一和多的关系问题。他提出了自己的种子说，认为"种子"有各种不同的性质，数目无限多，体积无限小，是构成世界万物的最初元素；种子具有各种形式、颜色和气味，它们的结合构成了世界上千差万别的事物。阿那克萨戈拉认为种子本身是不动的，推动种子的结合和分离的力量在于种子之外的一种东西，他称之为"奴斯"。他认为，宇宙原是无数无穷小的种子的混合体，由于奴斯的作用，使原始的混合体发生旋涡运动，这个运动首先从一小点开始，然后逐步扩大，产生星辰、太阳、月亮、气体等。这种旋涡运动的结果，使稀与浓、热与冷、暗与明、干与湿分开，于是浓的、冷的、湿的和暗的结合为大地，而稀的、热的、干的和明的结合为高空，从而构成了有秩序的宇宙。在希腊文中"奴斯"本义为心灵，转义为理性。阿那克萨戈拉以此来表述万物的最后动因。他认为，奴斯和任何个别事物不同，它不和别的事物相混，是独立自在的；奴斯是事物中最稀最纯的，它能认知一切事物。奴斯是运动的源泉，宇宙各种天体都是由奴斯推动的，过去、现在和将来的一切东西都是由奴斯安排的。可以说，阿那克萨戈拉的"奴斯"学说，包含了后来的心灵哲学以及当代心智哲学的种子。

德谟克利特（希腊语 Δημόκριτος，英语 Democritus，约前 460—前 370），古希腊伟大的唯物主义哲学家，原子唯物论学说的创始人之一，率先提出原子论。德谟克利特一生勤奋钻研学问，知识渊博，他在哲学、逻辑学、物理、数学、天文、动植物、医学、心理学、伦理学、教育学、修辞学、军事、艺术等方面都有所建树。他是古希腊杰出的全才，在古希腊思想史上占有很重要的地位。他认为，万物的本原是原子和虚空。原子是不可再分的物质微粒，虚空是原子运动的场所。人们的认识是从事物中流射出来的原子形成的"影像"作用于人们的感官与心灵而产生的。德谟克利特的原子论，是另一种形式的"种子"说。但他的"种子"并非阿那克萨戈拉的"心灵"或"理性"的种子，而是"物质"的种子。

古希腊哲学对世界本原的探索，已经涉及非常深刻的心身关系问题，它们后来发展成为哲学的基本问题，也是认知科学的基本问题。①

（二）近代哲学

我们以近代西方哲学为例，说明近代哲学的认知特性。

近代西方哲学指 15 世纪—19 世纪 40 年代的西方哲学。近代西方哲学分为三个时期：（1）由中世纪到近代的过渡期，即 15—16 世纪的"文艺复兴"时期。（2）17—18 世纪末，是近代哲学的中期。这个时期，资本主义进一步发展，自然科学出现了分门别类的研究，现实世界成了可以由人类把握的对象，哲学的兴趣集中在主体与客体的关系、思维与存在的统一等问题上。真正的近代哲学也就是从这里开始的。

---

① 蔡曙山：《认知科学与技术条件下心身问题新解》，《学术前沿》2020 年 5 月（上）。

（3）自18世纪末的康德哲学起，近代哲学进入了晚期。

唯理论和经验论之争，是近代西方哲学的主线，但它们的来源仍然是古希腊哲学。柏拉图和亚里士多德这两位古希腊最重要的哲学家，前者是唯理论者，后者是经验论者。

近代西方哲学继承了古希腊哲学的这一传统，唯理论与经验论之争在近代西方哲学中依然存在并继续发展。唯理论和经验论在西方的发展，传统是一方面，学理则是更重要的一方面。

从学理上说，理性和经验是人类认识世界的两种主要方式，也是人类知识的两个基本来源。从人类认知五层级看，理性思维是左脑的主要功能，经验直觉则是右脑认知的主要方式。唯理论和经验论之争，这个在西方哲学史上历经两千多年的发展而不衰的永恒的哲学问题，可以在脑与认知科学中得到最终的解决。

（三）当代哲学

当代哲学关注的是主客体之间的中间环节，形成的三大主流是分析哲学、语言哲学和心智哲学。

表 16-2　当代西方哲学三大主流对照表

流　派	代表人物	代表作
分析哲学	前期维特根斯坦	《逻辑哲学论》
语言哲学	后期维特根斯坦	《哲学研究》
心智哲学	约翰·塞尔	《心智：简明的导论》

容易看出，20世纪西方哲学的主流学科关注的是语言和心智。主要的流派则是分析哲学（analytic philosophy）、语言哲学（philosophy of language）和心智哲学（philosophy of mind）。

哲学是关于世界观和方法论的理论体系。从认知科学看，哲学是哲学家对世界的认知，属于文化认知的领域；作为一种理论体系的哲学，则不过是各个哲学家的心智和认知的结果。

古代哲学是本体论哲学，是作为认知主体的哲学家对作为认知客体的世界的认知；近代哲学是认识论哲学，是作为认知主体的哲学家对自身认识能力的认知；当代哲学将认知的重点转向主客体的中间环节，这就是语言和人类心智。两千多年来，人类的心智游历了大地和天空，考察了宇宙万物（古代哲学），又考察了自身的认识能力和精神世界（近代哲学）以及人类认知的基础语言（分析哲学和语言哲学），到 20 世纪中期，人类的心智和灵魂终于回到自身，心智哲学成为当代西方哲学的主流。

二、中国哲学

中国哲学是中国人的世界观和方法论，是中国人的心智和认知能力的表现，是中华文化的组成部分。

中国古代有两位世界级的哲学家，一位是老子，一位是王阳明。我们分别加以介绍。①

（一）老子与《道德经》

老子是中国伟大的哲学家和思想家。老子哲学的核心范畴是"道"，最高原则是"道法自然"。老子哲学思想体现在五千言的《道德经》中，成书年代是公元前 5 世纪，即春秋晚期。

道家的思想，围绕着一个中心，那就是"自然"。自然首先是道家思想的最高范畴；其次是万物生长和发展的规律，也是人类活动必须尊崇的规律；再次是作为人类生存环境和发展条件的自然界。

《道德经》中包含一部完备的自然演化史。如果说老子预见了大爆炸宇宙（big bang cosmology）也不为过。"有物混成，先天地生，寂兮寥兮，独立而不改，周行而不殆，可以为天地母。"②（二十五章）这不就是大爆炸之前被压缩于奇点（singularity）的宇宙吗？这个创生之前而又包容万物的宇宙，老子名之曰"道"，它是至大无边的，一旦演化开来，它又是无远弗届的，但它终究会返回"道"。"故道大，天大，地大，王亦大。域中有四大，而王处一焉。"（二十五章）。人来源于自

---

① 蔡曙山：《自然与文化》，《学术界》2016 年第 4 期；《阳明心学就是中国的认知科学》，《贵州社会科学》2021 年第 1 期。

② 老子：《道德经》，中华书局 2021 年版，本节凡引此书，只用文内注出章节。

然，与天地并立而为三才，"道—天—地—人"既是宇宙创生的过程，也是宇宙中至高无上的"四极"，合称"四大"，而由"道"统领之。在第四十二章，老子进一步描述宇宙创生的过程："道生一，一生二，二生三，三生万物。"笔者曾经用数字化（digitalization）的方法来解释《易经》中阴阳二进制的思想，[①] 用同样的方法，我们可以解释老子的宇宙演化论思想，并将两者加以比较（表 16-3）。

表 16-3 宇宙创生的二进制解释

二进制表达式	道德经解释	易传解释	现代数学解释
2^0	道生一	无极生太极	$2^0 = 1$
2^1	一生二	太极生两仪	$2^1 = 2$
2^2	二生三	两仪生四象	$2^2 = 4$
2^3	三生万物	四象生八卦	$2^3 = 8$

表中，数字单位是"比特"（bit），即二进制数的一位。在《道德经》的解释中，"道"是 0，其他数字均表示二进制表达式的指数。我们知道，自然数序列只需基始（0 或 1）和后继运算（'）便可生成。这里，取基始为 0，即"道"或"空"。然后我们有 0'=1，1'=2，2'=3。这就是"道生一，一生二，二生三"的数学含义。那么，"三生万物"又如何解释呢？如果以一、二、三分别表示以 2（阴阳）为底数的幂运算的指数，运算结果表示指数个数的十进制数所能表达的不同信息数。在《周易》中并没有"无极"、"太极"、"两仪"、"四象"等解释的，这些话见于后来经孔子编撰的《易传》。可见，《周易》的阴阳二进制解释比《道德经》来得晚，而且孔子修编的《易传》显然是受到《道德经》的影响。在《易传》的解释中，"无极"是 0，"太极"是 1，"两仪"是 2，"四象"是 4，"八卦"是 8。易传中的 4 句话解释了以 2 为底的指数运算，每句话的前两个字表示指数，后两个字表示运

---

① 蔡曙山：《言语行为和语用逻辑》，中国社会科学出版社 1998 年版，第 390—391 页。

算结果。有意思的是，《易经》中只列举指数为0（无极）、1（太极）、2（两仪）和4（四象）的运算方式和结果。根据这4句话，就能推知其他指数的运算结果。在计算机科学和技术中，8个比特是一个"拜特"（byte），也称为一个"字节"。8个二进制数可以表达$2^8 = 256$种不同的信息，这样我们就可以将所有的数字和英文字符进行编码，这就是ASCII码。用两个字节就能将汉字和更多的信息进行编码。两千多年来，《易经》被古今中外学者反复解读，因为《道德经》和《易经》的思想不仅是一种宇宙论，同时也是一种知识论。

老子自然观的核心概念是"道法自然"——它宣示自然拥有至高无上的权利。老子的"天—地—人"的系统服从于道，而"道—天—地—人"的系统则服从于自然。老子说"人法地，地法天，天法道，道法自然。"（二十五章）这样，老子就建立了他的"自然—道—天—地—人"的自然体系。现在看来，他的这个体系正是宇宙演化的体系。

在这种自然观和知识论之下，老子全方位地展开他的哲学思想体系。

第一，道是自然法则。

道和自然是一而二，二而一的东西。"大道泛兮，其可左右。万物恃之以生而不辞，功成而不有。衣养万物而不为主，常无欲可名于小；万物归焉而不为主，可名为大。以其终不自为大，故能成其大。"（三十四章）在老子看来，道是体现在自然中的规律和法则，犹如斯宾诺莎的那个隐藏在自然后面的上帝。[①] 但斯宾诺莎认识到这个上帝，却是在老子之后很晚的事。

第二，道是万物的规范，这就是老子的"天之道"。

万物应该遵循自然的规律，才能得以生长发育，形物成势。老子曰："道生之，德畜之，物形之，势成之。是以万物莫不尊道而贵德。

---

① 斯宾诺莎（1632—1677），荷兰哲学家，唯理主义者，他认为宇宙间只有一种实体，即作为整体的宇宙本身，而上帝和宇宙就是一回事。他的这个结论是基于一组定义和公理，通过逻辑推理得来的。斯宾诺莎的上帝不仅仅包括了物质世界，还包括了精神世界。他认为人的智慧是上帝智慧的组成部分。

道之尊，德之贵，夫莫之命而常自然。故道生之，德畜之；长之育之；成之熟之；养之覆之。生而不有，为而不恃，长而不宰。是谓玄德。”（五十一章）他又说："天之道，不争而善胜，不言而善应，不召而自来，绰然而善谋。天网恢恢，疏而不失。"（七十三章）

第三，道是王者之道，即人之道，且人之道须合于天之道，故王道即人道，也即天道。

老子说："天之道，利而不害；圣人之道，为而不争。"（八十一章）"天之道，其犹张弓欤？高者抑之，下者举之；有余者损之，不足者补之。天之道，损有余而补不足。人之道，则不然，损不足以奉有余。孰能有余以奉天下，唯有道者。是以圣人为而不恃，功成而不处，其不欲见贤。"（七十七章）他还说："持而盈之，不如其已；揣而锐之，不可长保。金玉满堂，莫之能守；富贵而骄，自遗其咎。功成身退，天之道也。"（九章）他说："江海之所以能为百谷王者，以其善下之，故能为百谷王。是以圣人欲上民，必以言下之；欲先民，必以身后之。是以圣人处上而民不重，处前而民不害。是以天下乐推而不厌。以其不争，故天下莫能与之争。"（六十六章）江海所以能够成为百川河流所汇往的地方，乃是由于它善于处在低下的地方，所以能够成为百川之王。所以，圣人要领导人民，必须用言辞对人民表示谦下；要想领导人民，必须把自己的利益放在他们的后面。所以，圣人虽然地位居于人民之上，而人民并不感到负担沉重；居于人民之前，而人民并不感到受害。天下的人民都乐意推戴他而不感到厌倦。因为他不与人民相争，所以天下没有人能和他相争。后来儒家所提倡的"王道"和"仁政"即来源于此。

第四，道是治国之道，这就是老子无为而治的思想。

老子思想最深刻的部分是"无为而治"。在老子"自然—道—天—地—人"的体系中，道法自然，所以，天道法自然，地道法自然，王道（人道）亦必法自然——这个体系是逻辑一致的。"王道"的思想，是从"道法自然"的前提必然地得出的。老子曰："太上，不知有之；其次，亲而誉之；其次，畏之；其次，侮之。信不足焉，有不信焉。悠兮其贵言。功成事遂，百姓皆谓'我自然'。"（十七章）最好的统治者，人民并不知道他的存在；其次的统治者，人民亲近他并且称赞他；再次的统治者，人民畏惧他；更次的统治者，人民轻蔑他。统治者的诚信不足，人民才不相信他，最好的统治者是多么悠闲，他很少发号施令，事情就办成功了，老百姓都说"我们生活在一个自然的环境中。"在春秋战国那样一个社会动乱，充满战争杀伐的时代，老子向往的是上古帝尧时的清明政治。帝尧之世，"天下太和，百姓无事，有五老人击壤于道，观者叹曰：大哉尧之德也！老人曰：'日出而作，日入而息。凿井而饮，耕田而食。帝力于我何有哉？'"因此，无为而治，才是最好的统治。老子曰："道常无为而无不为。侯王若能守之，万物将自化。化而欲作，吾将镇之以无名之朴。镇之以无名之朴，夫将不欲。不欲以静，天下将自正。"（三十七章）一个理想的社会，除了要求统治者有"太上之德"，行"自然之道"，还要培养淳朴的民风。"绝圣弃智，民利百倍；绝仁弃义，民复孝慈；绝巧弃利，盗贼无有。此三者以为文，不足。故令有所属：见素抱朴，少思寡欲，绝学无忧。"（十九章）由此看出，老子的无为而治并不是主张无所作为，而是主张自然无为，是"太上不知有之"，是恢复古时小国寡民的社会和淳朴的民风。儒家的"民重君轻"的思想、"王道"的思想、"行仁政"的思想，亦出于此。孔子曰："天何言哉？四时行焉，百物生焉，天何言哉？"儒家与道家学说不同，但对自然的敬畏却是共同的。

第五，道对个人而言，则是德性修养。

老子曰："上德不德，是以有德；下德不失德，是以无德。上德无为而无以为；下德无为而有以为。上仁为之而无以为；上义为之而有以为。上礼为之而莫之应，则攘臂而扔之。故失道而后德，失德而后仁，失仁而后义，失义而后礼。夫礼者，忠信之薄，而乱之首。前识者，道之华，而愚之始。是以大丈夫处其厚，不居其薄；处其实，不居其华。故去彼取此。"（三十八章）又曰："上士闻道，勤而行之；中士闻道，若存若亡；下士闻道，大笑之。不笑不足以为道。故建言有之：明道若昧；进道若退；夷道若纇；上德若谷；广德若不足；建德若偷；质真若

渝；大白若辱；大方无隅；大器晚成；大音希声；大象无形；道隐无
名。夫唯道，善贷且成。"（四十一章）又曰："善建者不拔，善抱者不
脱，子孙以祭祀不辍。修之于身，其德乃真；修之于家，其德乃余；修
之于乡，其德乃长；修之于邦，其德乃丰；修之于天下，其德乃普，故
以身观身，以家观家，以乡观乡，以邦观邦，以天下观天下。吾何以知
天下然哉？以此。"（五十四章）老子曰："天下皆谓我道大，似不肖。
夫唯大，故似不肖。若肖，久矣其细也夫！我有三宝，持而保之。一曰
慈，二曰俭，三曰不敢为天下先。慈故能勇；俭故能广；不敢为天下
先，故能成器长。今舍慈且勇；舍俭且广；舍后且先；死矣！夫慈以战
则胜，以守则固。天将救之，以慈卫之。"（六十七章）这里把个人的
道德修养，讲得何其透彻！道是至大无上的，它不像任何具体的事物，
但万物都要遵循它。如果把道当成具体的事物，那么它就显得渺小了。
老子以"慈"、"俭"和"不为天下先"为三种美德，这与孔子的
"仁"、"爱"和"中庸"是相同的，后来儒家的"修齐治平"也是与
此一脉相承。

第六，道还是一种认知方法。

涉身心智（embodied mind）是当代认知科学的三大重要发现之
一，[1] 而老子在两千多年前对此已经有所认识。老子曰："知其雄，守
其雌，为天下溪。为天下溪，常德不离，复归于婴儿。知其白，守其
辱，为天下谷。为天下谷，常德乃足，复归于朴。知其白，守其黑，为
天下式。为天下式，常德不忒，复归于无极。朴散则为器，圣人用之，
则为官长，故大智不割。"（二十八章）他又说："知人者智，自知者
明。胜人者有力，自胜者强。知足者富。强行者有志。不失其所者久。
死而不亡者寿。"（三十三章）"名与身孰亲？身与货孰多？得与亡孰
病？甚爱必大费；多藏必厚亡。故知足不辱，知止不殆，可以长久。"
（四十四章）令人惊讶的是，这些关于涉身心智的论述，其中使用了大

---

① Lakoff, G. and M. Johnson (1999) *Philosophy in the Flesh*: *The Embodied Mind and Its Challenge to Western Thought*, Basic Books, pp. 5-7.

量的隐喻，而涉身心智和隐喻作为当代认知科学的发现，不过是近几十年的事。当代无论是西方人的心智，还是东方人的心智，相对于老子的智慧，差矣！老子还将涉身心智用于自身修养，他说："宠辱若惊，贵大患若身。何谓宠辱若惊？宠为下，得之若惊，失之若惊，是谓宠辱若惊。何谓贵大患若身？吾所以有大患者，为吾有身，及吾无身，吾有何患？故贵以身为天下，若可寄天下；爱以身为天下，若可托天下。"（十三章）"致虚极，守静笃。万物并作，吾以观复。夫物芸芸，各复归其根。归根曰静，静曰复命。复命曰常，知常曰明。不知常，妄作凶。知常容，容乃公，公乃全，全乃天，天乃道，道乃久，没身不殆。"（十六章）老子说："夫兵者，不祥之器，物或恶之，故有道者不处。君子居则贵左，用兵则贵右。兵者不祥之器，非君子之器，不得已而用之，恬淡为上。胜而不美，而美之者，是乐杀人。夫乐杀人者，则不可得志于天下矣。吉事尚左，凶事尚右。偏将军居左，上将军居右，言以丧礼处之。杀人之众，以悲哀泣之，战胜以丧礼处之。"（三十一章）这个论述非常奇特。老子对日常生活、居住、军事中左右的分工，好像让人迷惑不解，但从当今认知神经科学的观点看，却非常合适，有理有据。原来在进化之初，动物（包括人类）左右脑分别管理生存的两个最根本的需求与活动：捕食和防止被捕食（进攻和防守）。由于左右脑对身体的两侧进行交叉管理，所以，动物都是从右边捕食的，防御的功能则主要在身体的左侧。人类也是这样，我们的左脑主要是负责指挥身体向右进攻，所以我们是右手执剑；我们的右脑主要负责指挥左侧身体观察环境并进行防御，所以我们是左手执盾。后来，我们的左脑进化出语言和逻辑思维的能力，右脑则进化出直觉和心理的能力。现在再看老子关于生活居住和军事行动中左右的区分，与当今认知神经科学的结论是如此地吻合，真是让人觉得非常惊异！

老子过去是，现在是，将来仍然是世界级的哲学家，他的思想财富属于全人类！

（二）王阳明与《传习录》

王守仁（1472—1529），字伯安，号阳明，后人尊称"阳明先生"。

《传习录》是其弟子记录其思想言论的语录体著作。其思想理论被中外学者称为"阳明心学"（Wang Yangming's theory of mind）。

王阳明是中国和世界著名的思想家和哲学家，其思想和理论的影响自明清至现当代，遍及全球，尤以美国、欧洲、日本、韩国、中国台湾等一些国家和地区为盛。他不仅是与尼采齐名的伟大哲学家，更是与孔孟并称的儒家圣人。

应该从以下几个方面正确理解阳明心学。

第一，阳明心学不是唯心主义。

过去我们讲哲学喜欢用"唯物"、"唯心"做区分，而阳明心学最适合被划分为"唯心主义"，因为其有"心外无物"、"心外无理"、"万物皆由心生"等思想。但是，看一看当代物理学和认知科学的一些新发现，我们就不会这样做简单的划分了。

量子与物质存在。

与17世纪的英国资产阶级革命相适应，出现了以培根、霍布斯、洛克为代表的一批英国唯物论者。唯物论者主张物质决定精神。例如，霍布斯继承了培根的思想，第一个系统地阐述了机械唯物主义的思想。他认为，哲学的对象是客观存在的物质实体，物体是不依赖于人们思想的东西，它是世界上一切变化的基础。

20世纪物理学的新发现，却提出了一种新的物质存在观。1900年，普朗克在对热辐射的研究中第一个窥见了量子。这一年的12月14日，普朗克在德国物理学会会议上宣布了他的伟大发现——能量量子化假说，根据这一假说，在光波的发射和吸收的过程中，发射体和吸收体的能量变化是不连续的，能量值只能取某个最小能量元的整数倍，这一最小能量元被称为"能量子"。普朗克的能量子概念第一次向人们揭示了微观自然过程的非连续本性，或称量子本性。许多科学家认识到，要从没有意识的物质中产生意识，这需要奇迹的发生，而唯物论是不承认有超自然现象的，这就是说，从没有意识的物质中产生意识是不可能的。在长期研究大脑工作中，神经科学对大脑的功能等方面已经有了很多的认识，但是许多人怀疑从唯物论的立场能够解决以上"意识难题"。现在有科学研究者从量子测量的角度分析，认为意识不能够被进一步简化，也不是在物质运动中突然出现的，因为如果意识只是物质的副产品，那么这无法解决量子力学中的"测量难题"。量子力学认为量子物质在没有测量之前，都是几率波，测量使得物体的几率波"坍塌"（collapse）成为观测到的现实，也就是说，观察改变了物质存在的方式。

于是问题就出来了：如果意识是从物质中产生的，那么从根本上讲大脑也只是由原子、电子、质子、中子等微观粒子组成的几率波，大脑的几率波如何能够使得被观察物体的几率波"坍塌"呢？对于更大的宇宙的现实来说，这是不是意味着存在宇宙之外的具有意识的观察者？这就是量子力学中的"测量悖谬"。为了解决这个量子测量悖谬，物理学家们提出了许多解决方案，但是从根本上仍然无法绕开意识的问题。

由于实证科学研究意识遇到难以克服的问题，现在哲学界、神经科学、心理学、物理学等多学科领域里越来越多的人认为，就像时间、空间、质量和能量一样，意识是物质的一个基本属性，是宇宙不可分割的一部分。

基于上面的原因，越来越多的科学家和研究人员认识到，沿着机械唯物论世界观来研究意识只能走进死胡同，因此他们认识到，必须要改变西方实证科学和机械唯物论的世界观，转而求助于东方哲学的世界观。

其实，最有可能解决物质和意识难题的世界观正是阳明心学。阳明心学的"心外无物"、"心外无理"、"万物皆由心生"的思想，与现代物理学和认知科学的结论完全一致。所以，阳明心学不是唯心主义，而是一种更接近于当代物理学和认知科学的哲学思想。

第二，阳明心学是中国古代的认知科学。

阳明心学一直被当作是一种古代哲学，是儒家思想的一部分。但哲学肯定是容纳不了阳明心学。从学科上看，阳明心学不仅涉及哲学，还涉及心理学、语言学、文学、历史学、宗教学、人类学等众多学科。从人类认知五层级看，阳明心学涉及人类认知所有的五个层级。可以说，阳明心学与当代认知科学不谋而合，高度一致的。阳明心学就是中国古代的认知科学。

在《阳明心学就是中国的认知科学》一文中，笔者从人类认知五层级理论来论证阳明心学的认知科学特征。[①]　下面从阳明心学的主要思想理论来证明阳明心学就是中国古代的认知科学。

心即理，心外无物，心外无理。

阳明心学的"心"就是认知科学"心智"，它是认知科学的对象。具有脑与神经系统的动物皆有心智。脑与神经系统产生心智的过程叫作认知，而认知科学是研究认知现象和规律的科学。[②]　从这一系列的定义我们看出，没有心智，人类不可能感知世界的存在，也不可能认识世界。没有心智的加工，人类不可能从环境中获得信息，也不可能与环境交换信息。而人一旦从一个开放的系统变成封闭的系统，就会立即死亡，这个世界对他而言也不会再存在。所以，心即理，心外无物，心外无理。

格物致知。

从词源学上说，格物学或格致学就是科学。"science"即"科学"一词系近代引入的外来词，最初就译为"格物学"。

据《说文解字》，"科"，是会意字。"从禾从斗，斗者量也"。故"科学"一词乃取义于"测量之学问"之义为名。唐朝到近代以前，"科学"作为"科举之学"的略语。"科学"一词虽在汉语典籍中偶有出现，但大多指"科举之学"。自明代起，中国始称"科学"为"格致"，即"格物致知"，以表示研究自然之物所得之学问。直至中日甲午战争以前出版的许多科学书籍多冠以"格致"或"格物"之名。

日本明治时代，"science"这个词进入了科学语言，启蒙思想家使用"科学"作为"science"的中译词。中国最早使用"科学"一词的学者是康有为。他出版的《日本书目志》中就列举了《科学入门》、

---

① 蔡曙山：《阳明心学就是中国的认知科学》，《贵州社会科学》2021年第1期。
② 蔡曙山：《认知科学框架下心理学、逻辑学的交叉融合与发展》，《中国社会科学》2009年第2期。

《科学之原理》等书目。辛亥革命以后，中国人使用"科学"一词的频率逐渐增多，出现了"科学"与"格致"两词并存的局面。在民国时期，通过中国科学社的科学传播活动，"科学"一词才最终取代"格致"。

科学有两个特性，一是观察和实验；二是实验结果可以重复验证。这两种属性在阳明心学中均有详尽深刻的表述。

纯心、正心、诚心。

阳明心学，仅一个"心"字而已。若要用二字，则是"纯心"、"正心"和"诚心"。

先讲这个"心"字。按《传习录》上卷三大语录《徐爱录》《陆澄录》《薛侃录》统计，《徐爱录》6688 字，"心"字出现 73 次，占 1.09%；《陆澄录》9501 字，"心"字出现 108 次，占 1.14%；《薛侃录》8398 字，"心"字出现 95 次，占 1.13%。阳明先生讲（包括弟子提问）不过百字，即要提到"心"这个字。三大语录中，"心"字出现的比率大致相当，这也绝非偶然。可见"心"在阳明心学中的重要性。

阳明先生曰："身之主宰便是心。"①　先生又曰："心即理也。天下又有心外之事，心外之理乎？"②　认知科学把心智（mind）看作认知科学的目标，以"心智"为最基本的概念，用"心智"来定义"认知"，从心智的五个层级来理解脑与神经认知、心理认知、语言认知、思维认知和文化认知。王阳明关于心身问题和心身关系的表述，与当代认知科学的理解是完全一致的。

再说纯心、正心和诚心。阳明先生曰："此心无私欲之蔽，即是天理。不须外面添一分。以此纯乎天理之心，发之事父便是孝。发之事君便是忠。发之交友治民便是信与仁。只在此心去人欲存天理上用功便是。"③　先生

---

① 王守仁撰：《语录一》，《传习录上》，《王阳明全集》卷一，上海古籍出版社 2011 年版，第 6 页。

② 王守仁撰：《语录一》，《传习录上》，《王阳明全集》卷一，上海古籍出版社 2011 年版，第 2 页。

③ 王守仁撰：《语录一》，《传习录上》，《王阳明全集》卷一，上海古籍出版社 2011 年版，第 3 页。

又曰："至善只是此心纯乎天理之极便是。"①　先生又曰："圣人之所以为圣，只是其心纯乎天理，而无人欲之杂。……人到纯乎天理方是圣。金到足色方是精。然圣人之才力，亦有大小不同。……才力不同，而纯乎天理则同。皆可谓之圣人。犹分两虽不同，而足色则同。皆可谓之精金。……所以为圣者，在纯乎天理，而不在才力也。故虽凡人。而肯为学，使此心纯乎天理，则亦可为圣人。"②　先生又曰："工夫难处，全在格物致知上。此即诚意之事。意既诚，大段心亦自正，身亦自修。但正心修身工夫，亦各有用力处。修身是已发边。正心是未发边。心正则中。身修则和。"③

在阳明心学中，"心"不仅指心智，也指产生心智的身体，以及思维器官——大脑。从本文前述的认知科学定义我们知道，认知科学的对象是人类的心智和认知，认知科学就是研究人类心智和认知规律的科学。用阳明先生的话来说，便是"心即理"——事物的规律不在身心之外，而在自己心中。这一论断特别重要，与现代量子论物理学和认识论是完全相合的。阳明心学还认识到，认识事物的方法是"格物"，但"格物"不是"观察事物"，而是"明明德"——"天理即是明德。穷理即是明明德"。④　阳明心学与认知科学，两者真是一般无二！所以说，阳明心学就是中国古代的认知科学。

知便是行，知行合一。

知行观是阳明心学的另一个精髓。在"知"与"行"的关系问题上，儒家有较为深入的探讨。有知先行后、知易行难、知轻行重、知行

---

① 王守仁撰：《语录一》，《传习录上》，《王阳明全集》卷一，上海古籍出版社2011年版，第3页。

② 王守仁撰：《语录一》，《传习录上》，《王阳明全集》卷一，上海古籍出版社2011年版，第31页。

③ 王守仁撰：《语录一》，《传习录上》，《王阳明全集》卷一，上海古籍出版社2011年版，第29页。

④ 王守仁撰：《语录一》，《传习录上》，《王阳明全集》卷一，上海古籍出版社2011年版，第7页。

并进、知行合一等多种说法。①

《尚书·说命中》记载了傅说说过"非知之艰，行之惟艰"的话，反映了先秦已有"知易行难"之说。孔子认为人有生而知之、学而知之、困而学之三种，主张"君子欲讷于言而敏于行"，实际上是主张以行为本的。子思著《中庸》引孔子论"知行"之言："好学近乎知，力行近乎仁，知耻近乎勇。知斯三者，则知所以修身，知所以修身，则知所以治人，知所以治人，则知所以治天下国家矣。"这是明确将知行问题作为修身治国的根本。《荀子·劝学篇》提出了"君子博学而日参省乎己，则知明而行无过矣"的命题，可以说是"知行合一"说之滥觞，但先秦儒家还没有系统的知行观。

汉代王充认为所有人都是"学而知之"的，即便是圣人也不能"生而先知"或"生而知之"的；知识的真伪必须通过事实的检验才能证实，即所谓"事有证验，以效实然"，但他对知行关系未作深入探讨。南宋朱熹提出了"知行相须"、"知先行重"的观点，认为"知行常相须"，"论先后，知为先；论轻重，行为重"。陆九渊也有"致知在先，力行在后"的观点。

王阳明则针对朱、陆的"知先行后"说提出了"知行合一"说。阳明先生曰："至善是心之本体，只是明明德到至精致一处便是。"先生又曰："自'格物致知'至'平天下'，只是一个'明明德'。虽亲民亦明德事也。明德是此心之德，即是仁。仁者以天地万物为一体。使有一物失所，便是吾仁有未尽处。"阳明心学的知行观有三个要点：第一，知行只是一个工夫，不能割裂。而所谓"工夫"，就是认知与实践的过程。第二，知行关系是相互依存的：知是行的出发点，是指导行的，而真正的知不但能行，而且是已在行了；行是知的归宿，是实现知的，而真切笃实的行已自有明觉精察的知在起作用了。第三，知行工夫中"行"的根本目的，是要彻底克服那"不善的念"而达于至善，这实质上是个道德修养与实践的过程。显然，王阳明所谓的"知"即

---

① 吴光：《历代儒家的"知行观"》，《光明日报》2017年4月10日。

"吾心良知之天理",其所谓"行"即"致吾心良知之天理于事事物物"的道德实践。可以说,王阳明的"知行合一"论在本质上是集道德、伦理、政治于一体的道德人文哲学。

王阳明"知行合一"论的重点放在"行"上。阳明后学的黄宗羲在其《明儒学案·姚江学案序》中指出,阳明先生"以圣人教人只是一个行。如博学、审问、慎思、明辨皆是行也,笃行之者,行此数者不已是也。先生致之于事物,致字即是行字,以救空空穷理,只在知上讨个分晓之非。"这是深得阳明良知心学精髓的精辟之论,也是对王阳明"知行合一重在行"思想的最好注脚。①

阳明心学的知行观,强调"心"和"理"、"知"和"行"是相通的,而且这种相通是即时的,是瞬间贯通的——这就是阳明心学的知行观:"知行合一"。

按照人类认知五层级理论,人类五层级也是瞬间贯通的。也就是说,在人类认知的过程中,当我们执行某一认知加工任务时,例如阅读、理解、推理、决策等,人类心智的五个层级——神经层级、心理层级、语言层级、思维层级、文化层级的心智和认知——也是瞬间贯通的,并且是相互影响的。由此看出,现代认知科学的心智观与阳明心学的知行观也是一脉相承的。

阳明心学讲的不仅仅是哲学,而是人类的心智和认知,包括脑与神经的认知、心理认知、语言认知、思维认知和文化认知。所以,阳明心学就是中国古代的认知科学。②

三、西方哲学

(一)近代西方哲学

哲学作为一种认知形式,是哲学家的心智能力产生的认知成果,是对世界的认知模式、认知方法和认知体系。哲学作为一门学科,是一套

---

① 吴光:《历代儒家的"知行观"》,《光明日报》2017年4月10日。
② 蔡曙山:《阳明心学就是中国的认知科学》,《贵州社会科学》2021年第1期。

由概念、判断和推理组成的知识体系，是世界观和方法论。因此，逻辑学是哲学分析的基本方法，逻辑学的理论和方法对哲学的发展有根本的影响。

人们的知识到底来源于经验还是理性？这是近代西方哲学中一个根本性的问题，并由此产生了近代西方哲学史上的经验论和唯理论之争。下面我们分析这场经验论、唯理论之争，说明逻辑思维对哲学认知的重要影响。①

1. 英国的经验论——培根和休谟

近代经验论的创始人是弗兰西斯·培根（Francis Bacon，1561—1626）。他首先对亚里士多德的演绎法进行了批判。他特别地批判了亚氏三段论。他认为运用这种方法，处理日常事务和发表议论或意见，比较合宜，要以应付自然，则嫌不足。如果它一定要干预它所驾驭的东西，结果不但不会给真理开辟道路，反而会把错误确立和保全下来。这是为什么呢？培根指出：第一，自然的事物精微，不能凭三段论来发掘它们的秘密。第二，三段论由命题组成，命题又由语词组成，语词表征概念。因此，概念是三段论的基础。如果概念不清，作为上层建筑的三段论一定不能巩固。亚氏引入三段论的往往是一些虚构的概念，这样，三段论怎能不陷入错误，并通过论证的形式巩固这种错误？第三，三段论不能建立第一原理或最一般的原理，也不能解决概括性较低的中间公理的问题。这是自然科学分内的事，三段论无权过问。第四，三段论没有同观察、实验相结合，只是偏重空洞的推论。第五，三段论不能发现真理，它强求人们同意它的结论。

在此基础上，培根创立了他的唯物的经验归纳法。他说这种方法不同于亚氏的演绎法，不是要编造论据以战胜对方，而是要制定工作计划，给工作以指导，为此，培根认为必须创制一些基本原则：

（1）创造健康的概念是第一个基本原则。如何创造健康的概念？

---

① 蔡曙山：《归纳法演绎法和近代欧洲哲学中的经验论、唯理论》，《贵州大学七七级七八级毕业论文选集·文科本科生》，内部发行，第236—246页。

培根指出，必须注意个别事物及其关系和秩序，认真地熟悉事实。永远拒绝先入为主的概念。他要求人们放弃一切纯属思辨的或拟人观的概念。他提倡面向自然，认为从个别事物中抽绎出共有的特征，加以综合，并形成概念。

（2）概念的逐步深化是第二个基本原则。培根说："只有根据一种正当的上升阶梯连续不断的步骤，从特殊的事例上升到较低的公理，然后上升到一个比一个高的中间公理，最后上升到普遍的公理，我们才可能对科学抱着好的希望。"①　最低的公理和实验材料接近，内容比较具体。中间公理加深了抽象的性质，它真实、可靠而富有生命力，特别有助于指导人类事业活动。最高公理最为抽象，它的有效性受中间公理的制约。

（3）运用排除法是第三个基本原则。培根认为简单枚举法形同儿戏，容易被相反的事例所推翻。他主张运用排除法，就是在归纳过程中，排除否定的事例，选取肯定的事例，以确定自然事物的原因。他认为宇宙间自然事物的因果关系为数有限，通过去逐渐缩小所涉及的范围，就可以发现这类因果关系。

（4）建立假设是第四个基本原则。假设是在归纳过程中产生的，标志着这一过程的转折或飞跃，是经验积累和思考分析相结合的结果。

培根全面地研究了我们在前面提到的形式逻辑的三个问题，即如何形成概念，如何得出判断和如何进行推理的问题。在推理方面，培根强调经验归纳并把它建立在实验和观察的基础之上。他虽然批判了亚里士多德的演绎法，指出了这种方法的缺陷，但他并未否认理性认识的作用。因此，他的经验归纳法尽管有缺陷，但并没有走入绝路。

培根之后洛克发展了唯物主义经验论，但却陷入了狭隘经验论。

洛克主要讨论的是如何形成观念的问题。他认为事物具有两种性质："第一性的质"是物体的广延、形体、数目、可动性等，这种性质

---

①　北京大学哲学系外国哲学史教研室编：《十六——十八世纪西欧各国哲学》，商务印书馆1975年版，第44页。

为物体本身所固有。"第二性的质"是颜色、声音、滋味等,这种性质不是物体自身所固有,而是物体借"第一性的质"在人们感觉中引起观念的一种能力。因之,由"第一性的质"产生的感觉观念都是对外物的反映,在客观世界中有与之相似的"物的原型"存在。由"第二性的质"产生的观念则只存在于感觉主体中,纯是主观的东西。他断言,我们的知识一定比我们的观念范围还狭窄。"我们无知,首先是由于缺乏观念。"①

洛克是把知识限制在经验的范围内而走入狭隘经验论的。他的典型命题是:"凡在理智中的,无一不是在感觉中。"这一命题承认理性认识从感性认识中来,这是唯物主义经验论。如果他说是"凡在理智中的,必先存在于感觉中",这就是正确的唯物主义反映论的观点了。问题出在"无一不在"这几个字上。既然是"无一不在",那么人们的认识就不可能超出感觉经验,经验之外的一切存在都变成不可知的了。这是唯心主义可以接受的观点。洛克的经验论是经验论的一个十字路口。列宁说:"从感觉出发,可以沿着主观主义路线走向唯我论,……也可以沿着客观主义路线走向唯物主义。"②

休谟代表着近代经验论的逻辑终结。他片面地使用归纳法,从而把经验论推向了死胡同。我们对休谟作一个比较详细的介绍,就可以看出逻辑方法对一个哲学家甚至一个哲学派别的影响是多么大。

休谟比较认真讨论的是概念的问题和推理的问题。关于概念,休谟认为观念是对感觉的摹写,感觉又来源于客观事物。他认为,概念产生出来之后,必须加以严格的定义,以避免在辩论时发生不必要的争吵。他说经院哲学常常使用未定义的名词,使争论冗长到厌烦的地步。概念的定义,休谟认为要遵守两个必要的条件:"第一,它必须和明白的事实相符合,第二,它必须自相符合。"③ 休谟第一点讲的是定义的问题,第二点讲的是形式逻辑的同一律。

---

① 梯利:《西方哲学史》下册,葛力译,商务印书馆 1995 年版,第 80 页。
② 《列宁选集》第 2 卷,人民出版社 2012 年版,第 86 页。
③ 休谟:《人类理解研究》,关文运译,商务印书馆 1957 年版,第 87 页。

关于推理，休谟坚持彻底的经验论。他否认理性演绎法，只讲经验归纳法。他把这种方法贯彻到他的经验论、认识论的各个方面，形成了他的以怀疑论为特征的独特的哲学体系。

休谟否认理性认识的作用。他说，由经验得到的认识不能交给理性去错误演绎，因为理性在任何时候部容易陷于错误。"理性是不完全的，我们总以为只有经验可以使由研究和反省而来的公理稳固而确定起来。"①

休谟坚定地相信而且仅仅只是相信经验归纳法，并彻底地始终一致地贯彻这种方法，从而得出怀疑论的结论。我们认真地来分析他的思路。

首先，他看出经验归纳法既可信又不可全信。显然他指的是简单枚举归纳法，推理规则如下：

（1）S_1 是 P_1，

S_2 是 P_2，

⋮

S_n 是 P_n，

（2）S_{n+1} 是 P_{n+1}，

S_{n+2} 是 P_{n+2}，

⋮

S_{n+m} 是 P_{n+m}，

所以，（1）S 可能是 P；

（2）S 可能不是 P。

为什么会得出两个不相一致的结论呢？休谟认为，这是因为观察和实验的次数可以是无限的。即使从第 1 次到第 n 次出现的是肯定的情况，谁又能担保从第 $n+1$ 次到 $n+m$ 次不会出现否定的情况呢？如何判定结论是肯定还是否定，休谟提出了他的"多数原则"或称"优势原则"，这就是：比较 n 与 m，当 $n>m$ 时，结论是肯定的；当 $m>n$ 时，

---

① 休谟：《人类理解研究》，关文运译，商务印书馆 1957 年版，第 42 页。

结论是否定的。休谟特别强调的是，在这两种情况下，结论都不会超出可能性的范围。这就是休谟的怀疑论原理，它是建立在对经验归纳法的详细分析之上的。

将这一原理应用于认识对象立刻就得出不可知论的结论。因为要解决实体存在的问题只有诉诸经验，而经验在这里不得不沉默，因为经验归纳法是得不出任何确切的结论的。休谟说："凡'存在'者原可以'不存在'。一种事实的否定并没有含着矛盾。任何事物的'不存在'毫无例外地和它的'存在'一样是明白而清晰的一个观念。凡断言它为不存在的任何命题与断言它为存在的任何命题，都是一样可构想、可理解的。"① 休谟的不可知论实际上是"存疑"，即将实体（不论物质实体或精神实体）是否存在的问题悬置起来，不予解决。如果坚持彻底的经验论，又坚持逻辑的一致性，只能得出这样的结论。

将怀疑论原理应用于因果关系就得出因果关系不必然的结论。休谟否认理性可以发现因果关系。他说："因果之被人发现不是凭借于理性，仅是凭借于经验。"例如，火药的爆发，磁石的吸力，是不可能被先验的论证所发现的。那么经验是如何发现因果关系的呢？休谟说："我们由单一例证得不到这个联系的观念，而许多相似的例证却可以把这个观念提出来。"② 恒常的联系产生习惯，习惯产生必然联系的观念。一件事情千百次地跟着另一事情出现，久而久之，我们在这两件事情之间就形成了因果观念。我们把前一事件叫原因，把后一事件叫结果。因此，因果关系只是一种习惯的联想。这种习惯当然就是经验。

那么这种习惯或经验是可靠的吗？运用前面的公式只能回答：不可靠。就是说，因果关系是不必然的。例如，我们一千次向上抛出的石块都掉了下来，谁能担保第一千零一次这石头不会飞上天去把太阳毁灭了呢？几千万年太阳都在第二天早上又出来了，谁能担保明天早上太阳还会出来呢？我们看到，休谟的因果关系不必然的结论正是由他的经验论

① 休谟：《人类理解研究》，关文运译，商务印书馆 1957 年版，第 144 页。
② 休谟：《人类理解研究》，关文运译，商务印书馆 1957 年版，第 69 页。

和怀疑论原理必然地推出来的。同时我们还看到，逻辑方法对一个哲学家的影响是多么大！

当然，休谟是一个逻辑严密的哲学家，他始终一致地运用经验归纳法，不能解决的问题宁可"存疑"，而不像贝克莱那样，为了保证上帝的存在，宁可放弃逻辑上的首尾一致性。休谟与贝克莱的差别正在这里。

总之，所有经验论者，从培根到休谟都片面考大了归纳法的作用。他们不能理解归纳法和演绎法在认识中具有同样重要的地位，不能理解归纳法和演绎法之间的辩证关系，因此在应用归纳法时就产生了这样那样的错误。但是，他们比较详细地研究了归纳法的性质、特征和作用，这又是他们的共同功绩。

2. 欧陆的唯理论——笛卡尔和莱布尼兹

近代欧洲哲学的另外一条发展路线是唯理论，它的创始人是笛卡尔。

笛卡尔是一个伟大的哲学家、数学家和科学家。他在数学上的伟大贡献是发明了坐标几何和解析法。他欣赏数学的严谨推理，也希望把哲学变成一个公理体系，从几条自明的公理出发来推出全部的知识。

如何建立这样一个理性演绎的体系呢？笛卡尔运用"普遍怀疑"来作为他建立系统的原则。他认为一切知识都可以怀疑，唯有"我在怀疑"这一点却是不能再怀疑了，否则就要陷入逻辑矛盾。因此，"我思，故我在"，即思维决定自我的存在，这就是系统中的第一条公理。

笛卡尔接着就证明上帝的存在。这里他利用因果关系并运用了一个AAA式三段论：没有无因之果，而且原因至少必须同结果大小相等；上帝的概念是完善的，它必然有一个完善的原因，或者说是由一个同样完善的东西安置在我们心中的；这原因就是上帝。这个三段论是：凡完善的东西都有一个完善的原因（大前提），上帝这个概念是完善的（小前提），因此上帝这个概念必有一个完善的原因（结论）。上帝存在，这是笛卡尔的第二个公理。

笛卡尔接着又证明世界的存在，他仍然利用因果关系，并且运用了一个选言证法：我们本能地感到世界的存在，这只能有两个原因：一个是上帝，一个是自然本身；如果是上帝，那么我们经常受骗，就是上帝在骗人；但上帝不会骗人，因此自然界的存在以自己为原因。世界存在，这是笛卡尔的第三个公理。

上帝、自我（精神）、世界（物质）这几个观念都是天赋的，是笛卡尔演绎推理的出发点。建立这样的出发点十分重要。首先是笛卡尔鄙视感性经验和归纳推理，因而无法说明演绎推理的大前提或称第一原理从何而来。因此明确几个天赋观念并把它们作为推理的前提是必要的。其次，他的"普遍怀疑"的原则也必须在某处止住，这也是逻辑的需要，否则推理无法进行。这样，笛卡尔认为只要从天赋观念出发，运用演绎法，就可以推出全部知识。

笛卡尔看到了演绎推理的优点与缺陷。优点是：从前提出发可以确定地推出结论。缺点是：它不能建立"第一原理"。为了克服演绎法的缺陷，他提出"天赋观念"而陷入唯心主义。对于上帝、精神、物质三者的关系，笛卡尔认为上帝是最高的天赋观念。其门徒格林克斯又提出"二时钟说"来解决这一问题，他认为精神和物质这两个时钟之所以走得一致，是由上帝对准了的，这就陷入了神学唯心论。

唯理论学者中有一个重要人物，这就是莱布尼兹。他在笛卡尔演绎法的基础上发展了逻辑学。他的贡献是多方面的。

一是关于第一原理。莱布尼兹看到笛卡尔"天赋观念说"的唯心主义色彩太明显，并且已遭到洛克等人的驳斥，于是他对"天赋观念说"进行修改，提出"大理石说"。莱布尼兹认为心灵既不像洛克说的白板，也不像笛卡尔说的生来就具有"清楚明白的观念"，而是一块有花纹的大理石。大理石固然需要加工才能具有形象，但它所具有的花纹早已决定这形象是什么样子了。他用"潜在的天赋观念"来代替笛卡尔的"天赋观念"，承认外界对象和感官对认识起了某种"诱发"和"唤醒"的作用。这是他向经验论做的一点点让步。

二是关于逻辑规律。莱布尼兹认为有两种原则。一种是先验的原则：这就是同一律和矛盾律。这是纯粹思想范围里的真理标准。另一种是经验的原则，这就是充足理由律。这是经验领域中真理的标准。在他看来，充足理由律不仅是逻辑的规律，即每一判断必须有根据和理由来证明它的真理；而且它还是形而上学的规律，即一切事物必须有它存在的充足理由。"如果不承认充足理由律，上帝存在的证明和许多哲学理论就要破产"。他的这种思想仍然在企图调和唯理论与经验论。

三是关于推理的可靠性。莱布尼兹认为，经验论者用归纳法进行推理，只能发现"事实的真理"，而"事实的真理"是没有必然性的。因为一种现象不管有多少例证，都不能证明这个事件将永远和必然地发生。唯理论者用演绎法进行推理，却能够发现"必然的真理"。因为在这种情况下，心灵本身补充了感觉所不能提供的东西。"必然真理的最后证明只来自知性，其他真理导源于经验或感官的观察。心灵能够认识两种真理，它是必然真理的泉源。不管我们有多少关于普遍真理的个别经验，除非通过理性而认识它的必然性，我们永远不能靠归纳来绝对确定这种普遍的真理"。① 这样，他又把唯理论推向了绝路。

四是创立数理逻辑。兼布尼兹毕生怀着希望，想建立笛卡尔提出的"普遍化的数学"，用计算来代替思考，这样就会消除哲学家们的争执。万一发生争吵，他们无须解释，只要像会计师似地拿起粉笔，在石板面前坐下来，彼此说一声：我们来算算，也就行了。这种"普遍化的数学"就是莱布尼兹后来创立的数理逻辑，即用代数方法来解决逻辑问题，它是对唯理的演绎法的重大发展。其主要思想是：

I. 所有概念可以还原成少数原始概念，这些原始概念构成"思想的字母表"。

II. 原始概念彼此之间是没有矛盾的。

III. 复合概念都可以由原始概念通过逻辑乘法得出。

IV. 任何命题是谓项性的。也就是说，可以还原为一个谓项对一个主项有所述说的命题。

V. 任何命题都是分析命题，也就是说，谓项包含在主项之中。

莱布尼兹的这些思想今天仍然是我们分析形式语言和形式系统的基

① 梯利：《西方哲学史》下册，葛力译，商务印书馆1995年版，第142页。

本方法。所以莱布尼兹是现代逻辑真正的创始人。我们也可以看出，莱布尼兹逻辑思想的最大特点是企图调和唯理论与经验论。但他是不成功的。他的唯理论的成分太浓，他对经验论的让步太少了，莱布尼兹没有完成的这项工作是由康德来进行的。

3. 综合与调和（先天综合判断）——康德

在近代欧洲哲学家中，康德无论从哪方面来说都是一位重要人物。他的逻辑学说也极为重要。我们先来看他是如何继承他的前人莱布尼兹调和经验论与唯理论的。

对于经验论与唯理论这两派哲学，康德至少看出了这样两个问题：

第一，经验论和唯理论都有各自的片面性，都存在着不可克服的缺点。休谟的经验论只讲经验，根本否认理性认识的作用，否定普遍性必然性的存在。康德认为这会导致否认科学知识。莱布尼兹的唯理论则完全脱离经验，只凭理性自身推论出客观事物的普遍性和必然性。康德认为，这不能解释理性凭几个先验概念何以能够成为内容无限丰富的科学知识。

第二，他还看出莱布尼兹企图调和经验论和唯理论而没有成功。康德决心来完成莱布尼兹的工作，即批判经验论和唯理论的错误，综合它们的优点。他的这种思想表现在他建立"先天综合判断"的努力之中。康德认为，一切知识必先表现为一个判断。例如，我们只有"太阳"和"热石头"这两个概念并不能形成知识，只有把两者加上因果关系，得到"太阳晒热石头"这个判断，才能形成知识。判断又分为两类，分析判断和综合判断，合起来得到先天综合判断。

（1）分析判断。

定义：宾词 B 属于主词 A，而且包含在概念 A 之中。这种主宾关系的判断叫分析判断。

性质：康德认为，这种判断无须经验维持，它根据矛盾律直接从主词中抽绎出宾词，判断是必然的。因此一切分析判断都是先验的，称为"先天分析判断"。先天判断不依赖于经验而绝对有效。但是，由于判断的宾词没有超出主词断定的范围，因此，这种判断不能增加新的知识。所以，科学的认识不存在于这种判断之中。

例子：康德以"一切物体皆有广延性"为例分析，"广延性"本为"物体"所包含，通过分析"物体"这个概念即可得到。因此，这一判断是分析判断。

唯理论与先天分析判断：康德认为，以形式逻辑的演绎法为主要工具的唯理论哲学，从先验的"自明公理"、"天赋概念"出发进行推演的知识，实际上就是一种"先天分析判断"。因为这种判断不能提供新知识，所以唯理论者面临种种困难，不能得到科学的认识。①

（2）综合判断。

定义：宾词 B 通过该判断与主词 A 联结起来，但概念 B 完全在概念 A 之外。

性质：康德认为，这种判断根据经验将某一宾词系附于主词，它必须依靠感性直观，因此，一切综合判断都是经验的，称为"后天综合判断"。综合判断的宾词超出了主词断定的范围，故它提供了新的知识。但是，它把大多数事例中的有效性推广到一切事例中皆有效，因此，这种判断是不必然的。科学的知识同样不存在于这种判断之中。

例子：康德以"一切物体皆有重量"为例进行分析。他说，"重量"这一性质与我们所思维的"物体"这个概念极不相同，从"物体"这个概念中分析不出"重量"这个性质来（注意康德认为色、刚、柔、重、不可入性等不是物体所固有，可以一一除去，只有空间即广延性不能除去，是物体所固有的）。因此，这一判断是综合判断。

经验论与后天综合判断：康德认为以形式逻辑的归纳法为主要工具的经验论哲学，从感觉经验出发所得的知识，实际上是一种"后天综合判断"。因为这种判断是不必然的，所以经验论者对世界的认识同样面对种种困难而不能得到解决。

———————————

① 笔者在其后的研究中证明：演绎推理在科学发现中没有贡献，但能用于假说的验证。科学发现的逻辑是心理逻辑，包括溯因推理、类比推理和归纳推理。见蔡曙山：《科学发现的心理逻辑模型》，《科学通报》2013 年第 58 卷第 34 期。

（3）先天综合判断。

康德断言，科学知识必存在于另一类判断之中。这类判断克服了前两类判断的片面性，综合了它们的优点。这类判断既能扩大知识又讲推理的必然性，既是经验的又是先天的。这种判断就叫作"先天综合判断"。

康德以"一切发生之事物皆有其原因"为例加以说明。他说，"发生之事物"这一概念是表示"有一时间在其前的一种存在"，其中分析不出"原因"这样一个概念来。为什么我们知道"原因"这一概念不包含于"发生事物"这一概念而又隶属于此概念？康德以为这是由我们的悟性加经验得知的。所以这种判断不仅具有经验的普遍性，而且具有先天的必然性。这就是"先天综合判断"。

有先天综合判断吗？康德做了肯定的回答。他说："理性之一切理论的学问皆包含有先天的综合判断而以之为原理。"① 先天综合判断包括：

I. 一切数学的命题。例如 7+5 = 12 这一命题是必然的，因而它是先天的。但从 7+5 中又不能立即分析出 12 来，还需要感性直观，需要计算，复杂的命题更是如此。因此，这种命题又是综合的。它提供了新的知识。

II. 自然科学的原理。例如，"在物质界的一切变化中，物质之量仍留存不变。"这一命题是必然的，因而它是先天的；但永存性又不为物质这一概念所包含，因而它又是综合的，并且提供了新的知识。

III. 玄学（形而上学）包含有先天综合命题。康德认为，形而上学不仅要分析我们关于事物先天构成的概念，而且要增加我们的知识。例如"世界必须有一最初之起始"就是一个先天综合命题。

以上我们看出，康德着重阐述了概念如何形成判断以及判断的特征这些问题。康德提出"先天综合判断"企图调和经验论与唯理论，调和唯物论和唯心论，他的这一目的并未达到。因为他的"先验+经验"

---

① 康德：《纯粹理性批判》，蓝公武译，三联书店 1957 年版，第 35 页。

归根到底仍然是唯心论的先验论。但是，他的"先天综合判断"对于克服经验论和唯理论的片面性，确实起了积极作用。他从逻辑学的角度透彻地分析了经验论与唯理论各自的缺陷与长处，提出"先天综合判断"来综合两者的优点，既重视感性认识又重视理性认识。虽然他并未认识到感性认识和理性认识的辩证关系，但比之他的前人，他已经高出许多了。

4. 关于近代西方哲学的几点结论

（1）个别和一般的关系问题是哲学的重要问题。

贺麟先生认为，哲学就是研究个别和一般关系问题的。他认为古代哲学侧重从客体方面来研究个别和一般的关系，近代哲学侧重从主体方面来研究个别和一般的关系，而马克思主义哲学则从主客体的结合上来研究这种关系。我们知道，从个别到一般还是从一般到个别反映了不同的思维路线。从逻辑学的角度来说，从个别到一般是归纳法，从一般到个别是演绎法。因此，在归纳法和演绎法内部又交织着唯物主义和唯心主义的斗争。因为形式逻辑仅仅是一种认识工具，唯物主义者和唯心主义者都可以运用它。表现在近代西方哲学中，运用归纳法形成了经验论的发展路线。唯物地运用归纳法是唯物主义经验论，如培根、霍布斯；唯心地运用归纳法是唯心主义经验论，如贝克莱、休谟。类似地，运用演绎法形成了唯理论的发展路线，唯物地运用演绎法是唯物主义唯理论，如斯宾诺莎；唯心地运用演绎法是唯心主义唯理论，如笛卡尔、莱布尼兹。由此可见，逻辑思想对哲学家们认识世界有多么重要的影响。

（2）经验归纳法和理性演绎法都有其无法克服的缺点。

首先来看归纳法。在归纳推理中，前提和结论之间只有或然的联系。休谟正是抓住了归纳法的这个弱点，来否认世界的可知性的。当然，休谟运用的是简单枚举法，这种方法是不可靠的，因为它从有限的情况是如此的前提而试图得出所有情况如此的结论。那么其他归纳法是否可靠呢？类比法的可靠性决定于两类事物的相同属性与推出属性的相关程度，但是这种相关程度不会达到必然性的程度。另外，类比法的可靠性还随着相同属性数量的增加而增加，但它又不可能穷尽地列举所有的相同属性，因此，类比法是不可靠的。穆勒的求因果的五法也是不可靠的。它的可靠性在于正确划出有关情况的范围和正确分析有关情况，而这两个方面都是求因果五法本身不能解决的。完全归纳法是可靠的，因为它毫无遗漏地列举了所有的情况，正因为如此，它的结论没有超出前提所断定的范围，它的结论是必然的。而以上两个特征都是演绎推理的特征，因此现代逻辑学认为完全归纳法都是一种演绎推理。这样我们就证明了归纳法统统都是不可靠的。下面我们再来看看演绎法。演绎法从它的前提必然得出它的结论，因为它的前提和结论之间是蕴涵关系。但是，演绎法大前提是从哪里来的呢？这是它本身所不能解决的。这就是演绎法的缺陷。对于归纳法和演绎法如果偏执任何一方而否定另一方都会造成无法克服的困难。近代西方哲学表明：经验论只讲归纳法不讲演绎法就会否认认识的必然性，休谟就代表着经验论的逻辑终结。唯理论者只讲演绎法不讲归纳法，就会把他们据以推理的"第一原理"看成是先验的、天赋的。笛卡尔、莱布尼兹都是如此。康德试图调和经验论与唯理论而没有成功，但是在综合归纳法和演绎法这两种逻辑方法上，他作出了前人无法比拟的成就。

（3）辩证唯物主义科学地解决了这一问题。

辩证唯物主义认为，归纳法和演绎法既相区别又相互联系。区别有以下三点：一是在推理形式方面，归纳推理的前提和结论间只有或然联系；演绎推理的前提和结论间却有必然联系，是蕴涵关系。二是在推理路线方面，归纳推理是从个别到一般的推理，而演绎推理却是从一般到个别的推理。三是在前提和结论所断定的范围方面，归纳推理的结论超出了前提所断定的范围，而演绎推理的结论却未超出前提所断定的范围。

归纳推理和演绎推理又是相互联系，缺一不可的。联系有两点：其一，作为演绎推理的前提的普遍性的判断，归根到底是从归纳推理得到的；归纳推理的结论的正确性，又只能用演绎推理来加以证实。其二，归纳推理中常常要运用演绎推理。例如在假说中，从假说推出结论，就是演绎地推出；同样，在演绎推理中也需要运用归纳推理。例如，即使是数学这种演绎性很强的推理，在发现数学定理的过程中，人们常常作的"猜测"就是通过简单枚举或类比得到的。

归纳推理和演绎推理一经辩证地联系在一起，就会克服它们各自的缺点，得出普遍性和必然性的结论。科学归纳法就是同时运用归纳法和演绎法的推理。例如，"凡物体受到摩擦就会发热"这一结论，是运用科学归纳法得出的。它包括以下两个推理：

I. 甲物体受到摩擦就发热，

乙物体受到摩擦就发热，

⋮

若干个物体受到摩擦都发热，

（甲、乙……等若干个某类事物的若干对象）

所以，凡物体受到摩擦就发热。

II. 凡物体分子运动就使物体发热，

摩擦使物体分子发生运动，

所以，摩擦使物体发热。

第一个推理是简单枚举法，它得出的是普遍的、或然的结论；第二个推理是一个三段论，它得出的是必然的结论。科学归纳法将两者有机地结合起来，因而，它不需要穷尽地列举该类事物中的一切对象就能够得出普遍的和必然的结论。例如，我们将以上两个推理结合在一起就得出了"凡物体受到摩擦就发热"这一普遍和必然的结论。因为推理已经追溯到"分子运动使物体发热"这一更为普遍的因果联系，无须一一列举所有的对象就能保证结论是普遍的和必然的。我们说，科学归纳法是以认识对象的必然属性为基础的。事实上，科学归纳法是实验科学中普遍使用并得到认可的研究方法。

科学归纳法这一思想在近代由培根提出过，但他片面地强调归纳法，忽视演绎法，因而不可能辩证地看待两者的关系；康德的思想与科学归纳法非常接近，但正如我们在前面所分析的那样，他的理性成分更浓，他的"先验+经验"毕竟是以先验为主的。他也不可能辩证地解决归纳法和演绎法的关系问题。恩格斯说："归纳和演绎，正如综合和分析一样，必然是属于一个整体的。不应当牺牲一个而把另一个捧到天上去，应当设法把每一个都用到该用的地方，但是只有记住它们是属于一个整体，它们是相辅相成的，才能做到这一点。"①　因此，我们可以说，科学归纳法是将辩证法自觉地运用于逻辑学产生的结果。

（4）近代欧洲哲学中经验论和唯理论的这场斗争促进了哲学和逻辑学的发展。

例如，培根和洛克研究了概念的来源和性质等问题，休谟研究了归纳推理的可靠性问题。他们对经验归纳法的发展起了重要作用。笛卡尔建立了演绎推理的一般原则，即试图从一些自明的前提必然地推出它的结论。莱布尼兹从许多方面丰富了演绎推理的内容，并开始调和经验论与唯理论。康德把这项工作大大地推进了一步，尽管调和是不成功的。这不是因为康德的能力不够，而是因为归纳法与演绎法在客观上是既相联系又相区别的，这一点康德未能看到。

近代欧洲哲学的这一段历史表明：归纳法和演绎法可以独立地得到发展，却应该综合地加以运用。在认知科学发展的今天，我们对这个问题的认识更加清晰。从左右脑分工和脑与神经层级的认知看，理性思维和演绎推理是左脑的功能，感性思维和归纳推理、类比推理是右脑的功能。一个非裂脑的正常人，②　其左右脑由胼胝体联结并在认知加工中相互交换信息。正常人的认知是左右脑并用的。我们的左右脑虽有明确分工但却能够协调一致地工作。因此，人类在认知过程中既能够使用演绎法，又能够使用归纳法。归纳法和演绎法可以独立地得到发展，却应该综合地加以运用。研究表明，类比推理、溯因推理、归纳推理是心理逻辑，是提出假说，进行科学发现的主要方法，演绎推理则用来检验假说。③

（二）20 世纪西方哲学

20 世纪西方哲学的三大主流是：20 世纪 30 年代以前期维特根斯坦

---

① 恩格斯：《自然辩证法》，人民出版社 1963 年版，第 189 页。
② "裂脑人"指因治疗癫痫病等疾病而切开胼胝体而导致左右脑分离不能正常工作的特殊人群。参见本书第一章。
③ 蔡曙山：《科学发现的心理逻辑模型》，《科学通报》2013 年第 34 期。

为代表的分析哲学、20 世纪 40 年代以后期维特根斯坦为代表的语言哲学和 20 世纪 70 年代以后塞尔的心智哲学。

1. 分析哲学（前期维特根斯坦）

分析哲学（analytic philosophy）是 20 世纪初在英国形成并鼎盛于 30 年代的西方哲学流派。分析哲学认为传统哲学关于形而上学的思辨是没有意义的，主张哲学的任务是语言批判，清理哲学思维的语言基础。在这一点上可以说，分析哲学是一次语言转向。哲学的目标从古代哲学的客体向到近代哲学的主体，现在转向主客体的中间环节——语言。①

从人类认知五层级理论看，哲学是属于思维和文化层级的认知形式，它的基础是语言认知。分析哲学是一次意义非凡的转向，表明当时的哲学家们已经以某种方式认识到语言认知与思维认知和文化认知的关系。

分析哲学的基本思想来源于 19 世纪末的德国哲学家、逻辑学家弗雷格（F. L. G. Frege，1848—1925）数学逻辑和数学哲学思想，正式形成于 20 世纪初的英国。它继承了休谟的唯心主义经验论和孔德（A. Comte，1798—1857）、马赫（E. Mach，1838—1916）等人的实证主义传统，是在当时兴起的数理逻辑的基础上发展起来的。

分析哲学的目标和任务就是语言分析，以清理哲学的语言基础。维特根斯坦说："哲学的任务就是语言批判。"②

凡主张哲学的唯一任务在于"分析"的，都可称为分析哲学。如英国穆尔的"概念分析"，逻辑原子论的"逻辑分析"，逻辑实证主义的"句法分析"和"语义分析"，牛津学派的"语用分析"等都是语言分析。

弗雷格是现代数学逻辑（mathmatical logic）的主要创始人，也是分析哲学的奠基者。他是第一个感受到罗素悖论对数学有威胁的人，并

---

① 蔡曙山：《论哲学的语言转向及其意义》，《学术界》2001 年第 1 期。
② 维特根斯坦：《逻辑哲学论》，贺绍甲译，商务印书馆 1996 年版，第 113 页。

与罗素共同创建了数学逻辑。他对分析哲学的贡献主要在于，他所始创建的数学逻辑成为大多数分析哲学家的主要研究手段，他在语言哲学方面的观点对后来的分析哲学也有很大影响。此外，他对罗素、维特根斯坦和分析哲学的另一主要代表人物卡尔纳普等还直接发生过影响。

罗素在 20 世纪初（1901）发现集合论悖论，这个悖论后来以发现者的姓氏命名为"罗素悖论"，罗素悖论导致数学基础的危机，史称"第三次数学危机"。为化解这次严重危机，拯救数学和整个自然科学，罗素和弗雷格共同创建了数学逻辑。1930 年，奥地利天才的逻辑学家哥德尔证明了一阶逻辑系统的一致性，第三次数学危机宣告解决，数学的天空继续阳光普照。在这个过程中建立的数学逻辑方法，则成为哲学分析和分析哲学的基本方法。在分析哲学的建立过程中，罗素最先强调要把形式分析和逻辑分析当作哲学的固有方法，他对日常语言提出批评，主张创造精确的人工语言系统，他还提出类型理论和摹状词理论。他的观点对逻辑经验主义的影响巨大。与罗素同为牛津哲学家的摩尔（G. E. Moore，1873—1958）对分析哲学的贡献是论述和应用了概念分析方法，强调常识和日常语言。他的观点对日常语言学派产生了较大的影响。

维特根斯坦是罗素和摩尔的学生，但他的哲学成就远远超过罗素和摩尔。他一生中的两本书《逻辑哲学论》和《哲学研究》开创了 20 世纪西方哲学的两个重要流派——分析哲学和语言哲学。

《逻辑哲学论》对传统哲学的基础自然语言进行批判，并以 20 世纪初以来发展成熟的数学逻辑作为分析工具，提出"逻辑图像论"，以 7 个命题来讨论哲学的语言基础问题。第七个命题以一句震撼世界、警示后人的名言来结束全书：凡不能言说者，应该保持沉默。①

上帝用 7 天创造了世界，维特根斯坦用 7 个语句终结了传统哲学的问题。他是继罗素之后影响最大的分析哲学家，更是 20 世纪排名第一的世界著名哲学家。

前期维特根斯坦建立的逻辑图像论，使用的理论方法，是第一次语

---

① 维特根斯坦：《逻辑哲学论》，贺绍甲译，商务印书馆 1996 年版，第 108 页。

言转向，这次转向改变了哲学的对象，从近代哲学的主体转向主客体的中间环节语言。同时，这次转向还创新了哲学的研究方法，从近代哲学的思辨转向当代哲学使用数学逻辑方法的语言分析，使哲学问题成为可以证实的命题，产生了逻辑实证主义等新的哲学流派，影响深远。

关于前期维特根斯坦分析哲学和逻辑图像论，更多细节可参阅本书第八章第五节"对不能言说的应该保持沉默"。

2. 语言哲学（后期维特根斯坦）

在 20 世纪西方哲学发展史上，维特根斯坦开创了两个而不是一个新的领域，这就是分析哲学和语言哲学。由于语言哲学和分析哲学有本质的不同，语言哲学的兴起以分析哲学的终结为前提，所以也可以说，维特根斯坦做了两件事：建立分析哲学并亲手埋葬了它。

维特根斯坦后期的代表作《哲学研究》（1953），展开了对他自己前期思想和分析哲学的全面批判，它标志着分析哲学的终结和语言哲学的建立。为何说分析哲学至此终结？因为在维特根斯坦和以后的大多数哲学家看来，分析哲学的根本原则已经破产了——将哲学问题归结为语言分析，分析哲学的这一根本原则和方法最终窒息了分析哲学。亨迪卡说："当分析哲学死在它自己手上时，维特根斯坦就是那只手。"①

维特根斯坦的语言批判，前期从自然语言的批判进入形式语言，后期再从形式语言的批判回归自然语言，体现了语言批判的辩证运动。

3. 回归自然语言和语言哲学的发展

20 世纪西方哲学的语言基础有两次大的改变。第一次是发生在 20 世纪初的向人工语言或称理想语言的转变；第二次是发生在 20 世纪 30 年代回归于自然语言的转变。虽然这两次语言基础的改变都是所谓哲学语言转向的组成部分，但两者的意义和作用大不相同。第一次语言转向的结果是分析哲学的诞生和逐渐走向衰亡；第二次语言转向的结果是语言哲学的诞生，它成为 20 世纪下半叶以来西方哲学的主流。

---

① 亨迪卡：《谁将扼杀分析哲学》，张力锋译，引自陈波主编：《分析哲学》，四川教育出版社 2001 年版，第 264 页。

　　20 世纪 30 年代早期，维特根斯坦开始动手拆除《逻辑哲学论》所构筑的理论大厦。在这个过程中，一种新的方法，一种完全不同的关于语言、关于语言的意义、关于语言和现实之间关系的构想逐渐形成。这时，维特根斯坦已经清楚地认识到，在《逻辑哲学论》中他所忽略的东西，即心理哲学，是非常重要的；而那个来自弗雷格并被他当作反心理主义证据而接受下来的东西，看来是毫无理由的。由于语言意义是与理解、思维、意向、意指等概念密切相关，因此，对这些关键概念就需要作哲学的阐释。这种新的方法也导向关于哲学自身的新构想。这些构想当然与《逻辑哲学论》相关，但却有根本的不同。这些转变使他重新考虑对形而上学的批判。

　　维特根斯坦的《哲学研究》第一卷完成于 1945—1946 年，这是他的另一本划时代的著作，代表他一生的最高成就。在本书中，他的思想达到了另一个前所未有高度。不论在精神还是风格上，《哲学研究》与《逻辑哲学论》均形成鲜明的对照。《逻辑哲学论》追求的是将他的卓越的洞察力用来描述独立于语言的事物的本质，《哲学研究》却致力于处理非常重要的语言事实，以解开人类理解的结扣；《逻辑哲学论》体现的是水晶般纯净的关于思想、语言和世界的逻辑形式，《哲学研究》却充满了对丰富多彩的自然语言极其令人困惑、富有欺骗性的形式的十分睿智的理解；《逻辑哲学论》建立的是概念的结构体系，它试图通过深刻的语言分析，揭示事物不可言说的本质；《哲学研究》建立的却是概念的解释体系，它的目标是通过对我们熟悉的语言事实进行耐心细致的描述来消解哲学问题。哈克说："《逻辑哲学论》是西方哲学传统的顶峰。《哲学研究》在思想史上则是真正史无前例的。"①

　　《哲学研究》是 20 世纪西方哲学的一次意义深远的转向（transition）。这次转向的第一种意义是语言基础的转变，即从本质直观（wesenss-chau）——对事物的性质和本质的洞察力——向澄清概念——为了解开

---

　　①　Hacker, P. M. S. Ludwig Wittgenstein, in Martinich, A. P. and D. Sosa（eds.）（2001）*A Companion to Analytic Philosophy*, Blackwell Publishing Ltd.

思想之结，用我们所使用的语言的语法去澄清概念的关联——的转变。这次转向的第二种意义是方法的转变，在《哲学研究》中发展出来的方法，为后来的很多哲学家接受，使他们成为"熟练的哲学家"（skillful philosophers）。维特根斯坦称这种转变是从"真值方法"（the method of truth）向意义方法（the method of meaning）的转变。关于后期维特根斯坦回归自然语言和语言哲学之发展，以及分析哲学与语言哲学之分野，更多的分析请参阅本书第九章第一节"语言的意义在于应用"。

4. 开创了语用学和语言交际的新领域

维特根斯坦提出"语言的意义在于应用"，绘制了语用学的蓝图，奥斯汀则奠定了语用学的基础。

奥斯汀在 20 世纪 50 年代初的工作是意义理论和方法发展的一个重要里程碑。奥斯汀声称他的言语行为理论来源于维特根斯坦的语言游戏论。根据语言游戏论，语言被看作一种活动，或者说，语言和活动被看作一个整体，语言的学习和使用都被看作类似于游戏的一种活动。维特根斯坦说："语言是一种工具。"① "对某一大类的情况来说，……一个语词的意义，就是它在语言中的使用。"② 他又说："语句有多少种呢？譬如说，肯定句、问句、命令句——有数不尽的种类，我们所谓的'符号'、'语词'、'语句'，有数不尽不同种类的使用。而这种多样性并不是一次固定了的；新类型的语言，或者如我们所说的新语言游戏就会产生出来，而其他的会废弃和遗忘。"③ 在他看来，语言游戏不仅包括描述事实和陈述思想，还包括提问、评价、请求、允许、命令、任命、指责等语言活动。

奥斯汀所发现的一类既非真又非假却又并非无意义的命题，即"通过说事来做事"（doing something in saying something）的命题，不仅使过去所有的意义理论显得苍白，也使过去 2500 年以任何一种方式研

---

① L. Wittegenstein, *Philosophical Investigations*，§ 569.

② L. Wittegenstein, *Philosophical Investigations*，§ 43.

③ L. Wittegenstein, *Philosophical Investigations*，§ 23.

究语言的人蒙羞。由此建立的言语行为理论（1955），开创了"以言行事"的语用学的新领域。这一理论的建立，使各种语用要素——说者、听者、时间、地点、上下文——首次进入语言分析的视野，也使语言的使用者即人这个最重要的语言要素首次进入逻辑和哲学的视野。奥斯汀的学生和后继者塞尔建立了系统的言语行为理论（1969），并与他人合作建立了语用逻辑的分析理论和分析方法（1985）。

第一次语言转向产生的分析哲学，主要使用形式语言和真假二值的意义框架对哲学的范畴和命题进行分析。维特根斯坦的语言游戏论以及在他影响下的奥斯汀的言语行为理论建立以后，完成了第二次语言转向。语言哲学不仅能够从语形和语义上，更多的是从语用因素上全面展开对自然语言的分析，这种"并非真假却是有意义的命题"使语言分析扩展到语用学的层次，只有语用学的分析才是完全有意义的语言分析，言语行为和语用学成为语言交际的理论基础。后期维特根斯坦的语言游戏论和语言哲学思想拓展了语言分析的范围，奠定了语用学和语言认知的基础。

5. 心智哲学

新世纪语言哲学和心智哲学的发展，有一条明显的线索，那就是从语言研究到心智研究，再从心智研究进入到认知科学发展的新领域。

语言哲学的两位代表性人物乔姆斯基和塞尔都经历了同样的发展道路。乔姆斯基从句法研究（1957），到语言和心智研究（1968，1972），再到心智和认知研究（1990，2000，2002）；塞尔则从言语行为理论研究（1969），到人工智能新标准 CRA 的提出（1984），再到意向性和心智哲学（1983，1997，2002）。两人为何殊途而同归，从不同的出发点而达到共同的终点？这其中有何规律值得思考？

关于对乔姆斯基发展道路的探索，我们已有专文论述，[①] 此处主要讨论另一位世界著名语言哲学家塞尔从语言到心智和认知的发展路径，以及这一发展路径给我们的启迪。

6. 言语行为理论和语言哲学

约翰·塞尔是美国加州大学伯克利分校（UC Berkeley）哲学系心

---

① 蔡曙山：《没有乔姆斯基，世界将会怎样》，《社会科学论坛》2006 年第 6 期。

智和语言哲学威里斯和迈琳·斯卢瑟讲座教授，世界著名心智和语言哲学家，在语言哲学、心智哲学和社会哲学等方面成就卓著。

综观塞尔半个世纪的学术生涯，可分为前后两个时期。前期的主要工作集中在言语行为理论和语言哲学的研究上，代表作有《言语行为：语言哲学论集》（1969）、《表述与意义：言语行为理论研究》（1979）。

在言语行为的研究方面，塞尔是少数原创性哲学家之一。20 世纪50 年代，他在牛津大学求学时，师从著名的牛津分析哲学家奥斯汀（J. L. Austin）等人，而奥斯汀是公认的言语行为理论的创始人。①

塞尔对言语行为理论的发展和贡献是多方面的：

第一，塞尔将奥斯汀的理论普遍化和规范化，并建立了言语行为理论和它的逻辑分析系统。在此基础上，塞尔提出了自己对语用行为的分类。他也将语用行为分为五类：

（1）断定式（assertives），符号化表述为：$\vdash \downarrow B(p)$

（2）指令式（directives），符号化表述为：$! \uparrow W(H \text{ does } A)$

（3）承诺式（commissives），符号化表述为：$C \uparrow I(S \text{ does } A)$

（4）表情式（expressives），符号化表述为：$E \varnothing (P)(S/H+property)$

（5）宣告式（declaratives），符号化表述为：$D \updownarrow \varnothing (p)$

1985 年，塞尔和他的合作者建立的语用逻辑（illocutionary logic），将言语行为理论的研究推进到逻辑分析的阶段。②

半个世纪以来，奥斯汀和塞尔的言语行为理论，在自然科学、人文和社会科学的众多领域产生了广泛而深远的影响，除了对语言学、语言哲学、逻辑学和计算机科学特别是人工智能产生的影响外，对心理学、社会学、脑神经科学乃至整个认知科学，也都产生了非常重要的影响。

第二，塞尔提出言语行为的建构规则，在言语行为与现实世界之间

---

① Austin, J. L. (1962) *How to Do Things with Words*. Cambridge, Mass.: Harvard University Press.

② Searle, John R. and Vanderveken, D. (1985) *Foundations of Illocutionary Logic*. Cambridge, London: Cambridge University Press. 另参见蔡曙山：《言语行为和语用逻辑》，中国社会科学出版社 1998 年版。

建立了建构性关系，不仅丰富和发展了言语行为理论，也为他的社会哲学奠定了理论基础。

塞尔强调，他的哲学由三个部分构成，即语言哲学、心智哲学和社会哲学。他不仅把语言哲学与社会哲学联系在一起，而且把心智哲学和社会哲学联系在一起。在第一种联系当中，塞尔为奥斯汀的一般言语行为理论充实了具体的内容。在塞尔的言语行为理论中，除了言语行为理论的分类之外，更重要的工作是他提供了这样一种理论框架，使得言语行为所涉及的话语（utterance）、意义（meaning）和行为（action）这三个向度被统一到了一起。因此，在塞尔的理论中，规则、意义和事实这三个要素在其后的思想发展中充当了重要的角色。

塞尔指出，建构的规则具有"在语境 C 中，X 被当作 Y"的基本形式。例如，在一辆行驶的汽车内发出"向左转"的信号，在确定的方式下和确定的环境中就被当作向左转的行为；在拍卖会上，举起手指就会被当作投标的行为；说出"我答应给草地除草"，就将说话人置于一种责任之中。在建构的规则中，Y 代表某种结果，它或者是一种奖励，或者是一种惩罚，或者是某人在将来有责任作出的行为。

因此，当你作一个言语行为时，也就创造了一个建构的事实。按照里德（T. Reid）的说法是，你创造了一个微型的"市民社会"。建构事实的存在，仅仅是由于我们是在确定的（即认知的）方式下，并在确定的（即建构的）语境之中来对待这些世界。后来，塞尔又区分了与观察者独立的世界的特征和与观察者相关的世界的特征。前者有力量、物质和地球引力等，后者有货币、财产、婚姻和政府等。在塞尔看来，后面的这些建构事实都是建构规则的系统。

第三，塞尔通过对意向性和人工智能标准等重大理论问题的研究，完成了从言语哲学到心智和认知研究的转向。

更为重要的是，塞尔不仅是一位语言学家，还是一位语言哲学家。他不仅要研究语词和语词的使用等有关语言的问题，更重要的是研究语言所涉及的哲学问题，如义务的性质、力量的性质和责任的性质等。在塞尔近期的著作中，还提出了自由行为、自愿行为和理性行为等问题。

为了解决这些问题，他逐渐认识到，我们不仅要研究语言，还要研究大脑、心智、物理学的定律和社会组织形式。

在完成言语行为理论和语言哲学的创新性研究（20 世纪 60—70 年代）以后，塞尔并没有停止前进。他以探索的精神去挑战新的问题，开拓新的疆域。20 世纪 70 年代后期，塞尔转向心智哲学研究，其研究领域包括意向性、心智和意识、人工智能标准（中文房间论证）等。此后，他逐步成为一位公认的、卓有成效的心智哲学家。

7. 意向性和心智哲学

塞尔的哲学由语言哲学、心智哲学和社会哲学构成。20 世纪 70 年代末以前，塞尔的工作主要集中在言语行为理论和语言哲学上。1975 年以后，由于斯隆基金的投入和认知科学的建立，作为基隆基金主要受益者、加州大学伯克利分校的著名学者、认知科学的创始人之一，塞尔的研究方向发生了改变，他的兴趣从言语行为理论和语言哲学的研究逐步转向心智哲学和认知科学的研究。20 世纪 80 年代，他的两项代表性学术成果是《意向性：心智哲学论集》（1983）和《心智、大脑和科学》（1984）。其中，他提出的"中文房间论证"成为反驳强人工智能的论据和人工智能的新标准。90 年代以后，他在心智哲学方面的著作包括《心智的重新发现》（1992）、《意识之谜》（1997）、《意识和语言》（2002）以及《心智：简要的导论》（2004）等。

塞尔的社会哲学贯穿在他的言语行为理论、语言哲学和心智哲学之中，这与他的语言和心智观有关。塞尔认为，语言不仅仅是一种能力，更重要的是一种社会行为。语言一经使用，言语一经说出，就建构了一种社会现实。因此，塞尔的社会哲学与他的言语行为理论、语言哲学和心智哲学是紧密相关的。我们集中讨论塞尔心智哲学的两本重要著作《意向性：心智哲学论集》和《心智：简要的导论》。

在塞尔的言语行为理论中，"适应方向"也体现了对心智的分析，而在《意向性：心智哲学论集》一书中，塞尔将这种分析普遍化了。例如，信念具有从心智到世界的适应方向，愿望则具有从世界到心智的适应方向。每一个不同的心智行为都是如此，它们都反映了心智与世界的某种关系。信念、愿望、意向的满足条件也被普遍化了。塞尔说：

> 在具有适应方向的情况下，满足条件的概念非常普遍地应用于言语行为和意向状态。例如，我们说陈述是或真或假的，命令是或者被服从或者被违背的，承诺是或者被遵守或者被破坏的。在每一种情形下，我们都把语用行为的成功和失败归结为该行为与现实的适应关系，而这种适应关系是由语用要点所规定的特殊的适应方向所确定的。我们可以给所有的条件贴上"满足条件"或"成功条件"的标签，从而得到一个表达式。这样，我们说一个陈述是被满足的，当且仅当它是真的；一个命令是被满足的，当且仅当它是被服从的；一个承诺是被满足的，当且仅当它是被遵守的，如此等等。现在，这种满足概念也可以被清晰地应用于意向状态。我的信念将被满足，当且仅当事情就是我所相信的那样；我的愿望将被满足，当且仅当它们会被实现；我的意向将被满足，当且仅当它们会被实行。因此，不论对言语行为还是意向状态，满足概念在直观上看起来都是相当自然的，并可以相当普遍地应用于所有具有适应方向的地方。①

可以看出，《意向性：心智哲学论集》一书仍然留有言语行为理论和语言哲学的痕迹。但两者又是截然不同的。在该书中，作者首先分析了心理状态的意向（第一章）；他发现不得不研究感知意向性（第二章）和行为（第三章）；但如果不理解意向因果性则不可能理解感知和行为（第四章）；这些研究导致对非表现的心理能力的基础研究（第五章）；作者的最初目标——揭示语言意向性与心理意向性之间的关系，体现在第六章的讨论中；第七章讨论两种特殊意向的语言表现形式；第八、第九两章使用前面的理论批评了当时有影响的指称和意义理论，提出了对索引表达式和专名的意向性思考；最后，第十章提出关于"心身问题"（mind-body problem）和"心脑问题"（mind-brain problem）

---

① Searle，John R.（1983）*Intentionality*：*An Essay in the Philosophy of Mind*，London：Cambridge University Press，p. 10.

的一些结论。

在《心智：简要的导论》一书中，塞尔对意向性问题有了更深刻的表述。在该书中，塞尔是从心智哲学的立场来看待意向性问题的。塞尔认为，意向性问题是心智哲学中仅次于意识问题的另一个困难而又重要的问题。塞尔认为，意向性问题是意识问题的一个镜像。这样，塞尔就把意向性问题与心智哲学紧密结合起来了。

在《心智：简明的导论》一书中，塞尔从三个方面来研究意向性问题：第一，意向性是如何可能的；第二，既然假设意向性状态是可能的，那么，它的内容又是如何确定的；第三，意向性作为一个完整的系统又是如何工作的（见图3-3）。

意向性是如何可能的？塞尔对二元论的解决方案、功能主义的解决方案、消解论的解决方案一一作了驳斥，认为它们都不能提供正确的途径来解决这一问题。塞尔认为，对这个问题的解决应该是脚踏实地的，我们无须考虑人的思想为何会到达太阳、月亮、凯撒和卢比肯河，因为这些问题太复杂；如果我们考虑动物为什么会感到饥饿和口渴，问题就要简单得多。塞尔认为，这时我们所说的是关于心智的生理学能力问题，它是基本的，是我们考虑饥饿、口渴、性冲动、感知和其他意向行为的基础。现在，"意向性如何可能"这个问题可以归结为大脑何以会产生口渴的感觉这个问题。塞尔认为，这是因为，口渴是一种意向现象，而大脑具有处理这些意向性形式的功能。感觉口渴是有一种喝水的愿望。当2号血管收缩素到达大脑视丘下部的时候，它就会激发神经元的活动，神经元的活动最终会引起口渴的感觉，即引起一种意向的感觉。意识和意向性的基本形式是由神经行为引起的，也是由脑系统来实现的。由大脑和神经系统的机制来解释口渴的意向，同样适用于对饥饿、害怕、知觉、愿望和其他各种意向的解释。塞尔认为，一旦我们将意向性问题从抽象的精神层面放回到真实的动物生理学的具体层面，意向性问题的神秘性就被破除了。这样一来，动物何以具有意向状态这个问题就再也不是难解之谜。

意向性的结构和内容又是如何确定的呢？塞尔将意向性结构分为：

（1）命题内容和心理模式；（2）适应方向；（3）满足条件；（4）因果自我指称性；（5）意向性网络和前意向能力背景。显然，塞尔继承与发展了他在言语行为理论和意向性研究方面的思想。前三种意向性结构是对言语行为理论和《意向性：心智哲学论集》一书相关内容的继承和发展，后两种意向性结构是塞尔的新创造。在因果自我指称性方面，塞尔认为，大多数生物学上基本的意向现象都具有其满足条件的逻辑特征。例如，关于我昨天去野餐的记忆，一定是由我去野餐这件事引起的。因此，记忆的满足条件不仅包括已经发生的事件，还包括该事件的发生所引起的关于该事件发生的记忆。我们可以说，记忆、意向和感觉经验统统都是因果自我指称的。但另一些意向状态却不具有因果自指性，如相信、愿望等，塞尔将它们与具有因果自指性的意向状态区别开来。塞尔认为，每一个具有适应方向的因果自指的意向状态同时也具有因果方向。塞尔将认知和意愿两个部分的因果自指性、适应方向和因果方向列表对照如下（表 16-4）①

表 16-4　认知和意愿两个族的因果自指性、适应方向和因果方向对照表

	认知			意愿		
	感知	记忆	相信	行为意向	先期意向	愿望
因果自指性	有	有	无	有	有	无
适应方向	↓	↓	↓	↑	↑	↑
因果方向	↑	↑	空	↓	↓	空

　　由此出发，塞尔发展了一种关于意向因果性的全新的理论。他揭示了这样一个事实，一个意向被满足，当且仅当意向自身成为其满足条件的其他各个方面被满足的原因。因此，如果我要举起我的手臂，这个意向被满足并不是我要举起我的手臂，而是这个意向引起我要举起我的手臂这个行为。

---

① Searle, John R. (2004) *Mind：A Brief Introduction*. New York：Oxford University Press，pp. 171-172.

与过去在《意向性：心智哲学论集》一书中所作的分析不同，在《心智：简要的导论》一书中，塞尔不仅对意向性继续作语言学和语言哲学的分析，而且将意向性研究与神经科学结合起来。下面是塞尔给出的关于意向分析的一个新的模型（图16-5）①。

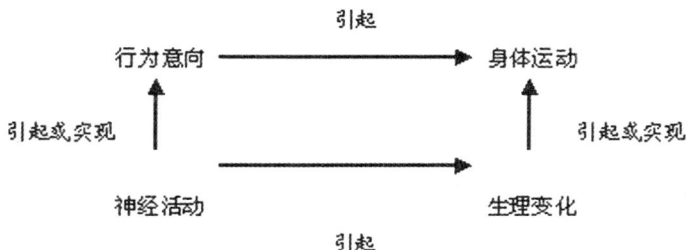

图16-5 意向分析的生理和神经模型

其中，顶层的结构显示行为意向引起身体运动；底层的结构显示神经活动引起生理变化；两边显示神经活动与行为意向、生理变化、身体运动的关系，总之就是底层的活动引起顶层的活动。显然，这是一个由神经活动（Neuronfirings）、行为意向（Intention-in-action）、生理变化（Physiological changes）、身体运动（Bodilymove-ment）构成的综合模型，其关系是因果链关系，用"→"表示，读为"引起"。我们可以把这个模型表示为：

$$M = \langle N, I, P, B, \rightarrow \rangle$$

M 的四个子结构分别是：

$$M_1 = \langle N, I, \rightarrow \rangle$$
$$M_2 = \langle P, B, \rightarrow \rangle$$
$$M_3 = \langle N, P, \rightarrow \rangle$$
$$M_4 = \langle I, B, \rightarrow \rangle$$

塞尔认为，这个模型在教育上是有用的，但它容易让人产生误解，

---

① Searle, John R. (2004) *Mind: A Brief Introduction*. New York: Oxford University Press, pp. 210-211.

似乎意向在神经之上。塞尔认为下面的模型图示（图16-6）也许更恰当。① 其中，小圆圈代表神经元，阴影代表分布在神经元系统中的意识状态。意向是整个系统的功能而不仅仅是在系统的上部。

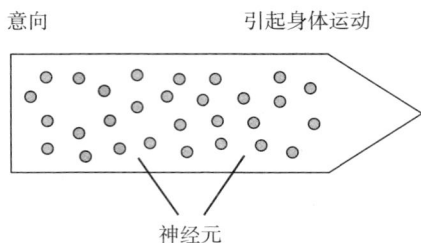

图 16-6　意向引起身体运动的神经模型

8. 关于 20 世纪西方哲学的几点重要结论

我们以著名语言和心智哲学家塞尔为例，分析了从语言哲学到心智哲学的发展，从中可以得出以下重要结论：

（1）20 世纪西方哲学特别是英、美哲学体现了从分析哲学到语言哲学再到心智哲学的发展路径，塞尔是这一发展路径的典型代表。

过去的一个世纪，西方哲学特别是英、美哲学有一条明显的发展路线，这就是从分析哲学到语言哲学再到心智哲学的发展路线。这条发展路线在塞尔哲学中得到了印证。在 20 世纪 80 年代以前，塞尔的主要工作是言语行为理论。70 年代末，认知科学在美国建立，作为斯隆基金的主要资助对象和认知科学最早的发起单位，塞尔所在的美国加州大学伯克利分校于 1984 年成立了认知科学研究的 ORU，塞尔是其中的重要成员。1983 年，《意向性：心智哲学论集》一书问世，是他从语言哲学过渡到心智哲学的桥梁和标志。此后，他的工作重点转向意向性和心智研究，并发表和出版了大量的论著，包括《心智、大脑和科学》（1984）、《心智的重新发现》（1992）、《意识之谜》（1997）、《心智、语言和社会：现实世界的哲学》（1998）、《行为中的理性》（2001）、《意识和语言》

---

① Searle, John R. (2004) *Mind*: *A Brief Introduction*. New York: Oxford University Press, p. 211.

（2002）、《心智：简要的导论》（2004）等。在塞尔看来，语言哲学是心智哲学的一部分，语言哲学最终一定会导向心智哲学。塞尔说:①

> 我们已经从以语言哲学为研究中心转移到以心智哲学为研究中心。发生这种转向的原因有很多。原因之一是，在语言哲学中正在发生许多激动人心的事情，而当我们对大脑如何工作有更多的发现，以及当我们对语言和意识的诸多问题做了透彻的研究时，在心智哲学中也有大量激动人心的事情正在发生，心智哲学已经转移到了前台。我认为，我们业已从语言转到心智最简明的原因就是，语言的最重要的性质是基于心智的，因此，意义和意向性是先于语言的心理能力，在我们能够阐明语言的性质之前，我们必须将先于语言的心理能力搞清楚。语言依赖于心智，甚于心智依赖于语言。

（2）心智哲学与过去的哲学理论包括分析哲学和语言哲学既是一脉相承，又有本质区别。

心智哲学是认知科学的哲学，也就是在认知科学发展的背景下，特别是在脑和神经科学发展的背景下重建的哲学理论。

古代哲学是本体论哲学，它所关注的是世界的本原问题；近代哲学是认知论哲学，它所关注的是主体的认知能力问题；20世纪以英、美为主流的现代哲学是分析哲学，它将哲学的关注点转向主客体之间的中介环节——语言。这种"语言转向"又分为前后两个时期：前一时期是以前期维特根斯坦为代表的早期分析哲学，它以形式语言为哲学分析的基础，以形式语言为基础建立起来的数学逻辑为哲学分析的工具；后一时期是以后期维特根斯坦、奥斯汀、乔姆斯基、塞尔等一大批语言哲学家为代表的语言哲学，它将哲学的基础重新转向自然语言，以在经典逻辑的扩充和变异的基础上建立的哲学逻辑、语言逻辑、人工智能的逻辑为哲学分析的工具。语言哲学是分析哲学的高级发展阶段。

心智哲学继承了古代哲学、近代哲学和现代哲学全部发展的积极成

---

① 蔡曙山：《关于哲学、心理学和认知科学12个问题与塞尔教授的对话》，《学术界》2007年第3期。

果，特别是与 20 世纪以来的分析哲学和语言哲学一脉相承。例如，心智哲学同样认为哲学分析是与语言密切相关的，心智哲学不仅注重对形式语言的分析，而且更加注重对自然语言的分析。在语言哲学的三分框架中，心智哲学不仅注重句法分析和语义分析，而且更加注重语言分析中人的因素和身心关系的分析，即语用学的分析。在塞尔的语义学理论中，意向性是理解语言意义的重要因素，而意向性是意识的反映，是与个人的心智相关的。意义的客观性不复存在，任何意义都是主观的建构，都是主客观相结合的产物。在语用学方面，奥斯汀、塞尔建立和发展的言语行为理论是语用学的基础理论及核心，根据言语行为理论，语言的意义是与说话者、听话者、时间、地点和语境这五大要素密切相关的，人的因素第一次进入语言分析和逻辑分析的范畴，从而也就进入哲学分析的范畴。从以上发展可以看出，心智哲学最初是孕育于语言哲学母体中的一个婴儿，两者是血脉相连、不可分割的。但从 20 世纪 70 年代后期以来，随着认知科学的建立和发展，心智哲学已经逐渐脱离语言哲学的母体而诞生为一个独立的生命，并发展壮大，逐步转移到了以英、美为主流的西方哲学的前面。

心智哲学与过去各种哲学理论的本质区别是：不论是在本体论、认识论、语言基础和逻辑方法上，心智哲学处处都将哲学问题与人的身体、心智联系起来，哲学不再是一种脱离人的抽象的概念体系，而是与人的身体构造、生理结构、心理结构、心智状况密切相关的理论，是"体验哲学"。正如莱考夫和约翰逊在《体验哲学——涉身的心智及其对西方思想的挑战》一书中一开始就提出三个重要的命题：心智与生俱来是被体验的；思维通常是无意识的；抽象概念大多数是隐喻的，并认定这是认知科学的三大发现。莱考夫说："这是认知科学的三个重大发现。两千多年以来，哲学家关于理智的性质的思考已经完结。由于这些发现，哲学绝不可能再与过去一样了。"[①]

---

① Lakoff, G. and M. Johnson, （1999）*Philosophy in the Flesh：The Embodied Mind and Its Challenge to Western Thought*. Basic Books, p. 3.

根据莱考夫和约翰逊，灵与肉完全分离的笛卡尔哲学意义上的人根本就不存在；按照普遍理性的律令而具备道德行为的康德哲学意义上的人根本就不存在；仅仅依靠内省而具备完全了解自身心智的现象主义意义上的人根本就不存在；功利主义哲学意义上的人、乔姆斯基语言学意义上的人、后结构主义哲学意义上的人、计算主义哲学意义上的人以及分析哲学意义上的人统统都不存在。在认知科学的背景下，哲学已经进入一个与人相关，与人的身体、大脑和心智紧密相关的全新的发展阶段，这就是心智哲学的发展阶段。

（3）基于经验和重视个体差异性的认知科学决定了心智哲学的本质。

认知科学与过去的科学理论的区别是：在学科特征上，过去的科学强调的是科学原理的一般性，数学和逻辑的定理、物理学的公式、化学结构等，它们都是"放之四海而皆准的真理"。认知科学却强调特殊性与个体差异性，曹雪芹之所以成为曹雪芹，爱因斯坦之所以成为爱因斯坦，到底是什么因素在起作用？在基因表达上完全相同的同卵双胞胎为什么会是不同的个体？这些都是认知科学所要关注的问题。

在学科目标上，20世纪的科学要上天入地，人类不仅要遨游太空，还要潜入深海；人类不仅要释放核能，还要创造生命——这些都是20世纪科学所要解决并正在解决的问题。21世纪的认知科学所要关心的却是人自身，是我们肩上这几磅重的"宇宙间最复杂的也是最不可思议的物质"——我们的大脑。① 认知科学要从脑与神经、心理、语言、思维和文化五个层级来理解人类的心智和认知。在思维认知层级上，心智哲学要解决困扰人类数千年的心身问题（Mind and Body Problem）、人类的意识之谜、意向性问题、心理因果性问题、自由意志问题、无意识行为的问题、感知问题、自我问题等。因此，心智哲学是一种"以人为本"的哲学。

（4）由于对心智和脑的研究，由于认知科学的发展，许多学科的

① 蔡曙山：《奥利弗·萨克斯"探索者"系列丛书序言》，中信出版社2016年版。

面貌就焕然一新了。

首先，以认知科学为基础形成的 NBIC 聚合科技，是一个更大的人类知识综合体，它将促进人类的生存和发展。CTIHP 研究报告指出："在下个世纪，或者在大约五代人的时期之内，一些突破会出现在纳米技术（消弭了自然的和人造的分子系统之间的界限）、信息科学（导向更加自主的、智能的机器）、生物科学和生命科学（通过基因学和蛋白质学来延长人类生命）、认知和神经科学（创造出人工神经网络并破译人类认知）与社会科学（理解文化信息，驾驭集体智商）领域，这些突破被用于加快技术进步的步伐，并可能会再一次改变我们的物种，其深远的意义可以媲美数十万代人以前人类首次学会口头语言知识。NBICS（纳米—生物—信息—认知—社会）的技术综合可能成为人类伟大变革的推进器。"①

其次，在认知科学的学科框架内，促进六个相关学科的发展。认知科学由哲学、心理学、语言学、人类学、计算机科学和神经科学等六大学科所支撑，在这个框架内，已经形成心智哲学、认知心理学、语言与认知、认知人类学、人工智能、认知神经科学等六个新兴学科，它们被称为认知科学的核心学科。六大学科之间互相交叉，已经形成更多的新兴学科，如控制论、神经语言学、神经心理学、认知过程仿真、计算语言学、心理语言学、心理哲学、语言哲学、人类学语言学、认知人类学、脑进化等。

实际上，认知科学对学科发展的影响远非如此，即便是传统学科，如逻辑学、数学、物理学、天文学、地理学、生物学、文学、历史学、经济学、政治学、法学、管理科学、教育学的发展也离不开认知科学，因为所有这些学科的研究都与人相关，与人的心智相关，因而与认知科学相关。可以说，在 21 世纪，如果不做认知科学研究，或者不与认知研究相结合，很多学科都无法深入发展。

---

① Roco, M. C. and William Sims Bain bridge (eds.) (2002) *Converging Technologies for Improving Human Performance*. Kluwer Academic Publishers, p. 102.

2020 年 9 月 28 日，中国科学院哲学研究所在京揭牌。中科院哲学所成立的目标是通过创建科学家与哲学家的联盟，促进科技创新、哲学发展和文明进步。2020 年 11 月 3 日，由教育部新文科建设工作组主办的新文科建设工作会议在山东大学（威海）召开。会议发布了《新文科建设宣言》，对新文科建设作出了全面部署。所谓新文科，就是传统文科（文、史、哲、艺术和语言）与理工科（科学技术）相结合而产生的交叉综合学科。2020 年 11 月 29 日，国家自然科学基金委员会交叉科学高端学术论坛在京举行。开幕式上，自然科学基金委交叉科学部宣告正式成立。交叉学科成为我国自然科学的第 14 个学科部类。

其实，早在这些"国家行为"之前，认知科学在中国的发展已有 20 多年的历史，认知科学的专家学者一直在默默耕耘。

2000 年，清华大学组建了全国第一个文理工大交叉、全学科覆盖的认知科学团队，在科学研究、学科建设和人才培养方面取得了一系列重大成果。2010 年，蔡曙山领导的清华大学认知科学团队翻译出版了"21 世纪科学技术纲领性文献"——《聚合四大科技　提高人类能力——纳米技术、生物技术、信息技术和认知科学》，[①]　蔡曙山撰文的《综合的时代：认知科学、聚合科技及其后的发展》，发表于《科学通报》上（英文版），指出人类社会已经进入综合发展的新时代。[②]　2015 年，蔡曙山带领的清华大学认知科学团队移师贵州民族大学，组建了贵州民族大学民族文化与认知科学学院。短短五年时间，建成全国第一个认知科学与技术本科专业；逻辑与认知、民族文化与认知两个二级交叉学科硕士点；民族文化与认知一个省级重点学科。科学研究方面，团队成员获批国家社会科学基金重大项目、国家自然科学基金重点项目、贵

---

①　米黑尔·罗科、威廉·班布里奇编：《聚合四大科技　提高人类能力——纳米技术、生物技术、信息技术和认知科学》，蔡曙山等译，清华大学出版社 2010 年版。本书入选 2011 年中央国家机关"强素质，作表率"读书活动科技类唯一推荐书目。

②　Cai, S. The age of synthesis: From cognitive science to converging technologies and hereafter, Beijing: *Chinese Science Bulletin*（《科学通报》英文版），2011，56：465−475，doi：10. 1007/s11434-010-4005-7。另参见蔡曙山：《综合再综合——从认知科学到聚合科技》，《学术界》2010 年第 6 期。

州省国学单列重大项目等一批科研项目，并产出一批有创新性和影响力的科研成果。人才培养方面，全国首个认知科学本科专业毕业，宽基础、多学科交叉的培养模式取得了显著成效，适应 21 世纪的综合性人才正在成长。

<h2 style="text-align:center">第四节　宗教认知</h2>

本书所研究的宗教，是作为文化认知形式的宗教，而不是作为信仰的宗教。宗教与认知科学的关联在于它们有一个共同的目标——人类心智（human mind）。

一、作为文化认知形式的宗教

（一）什么是宗教

宗教是人类社会发展到一定历史阶段出现的一种文化现象，属于社会特殊意识形态。传统将宗教看作一种信仰，是一种思想、道德和行为规范。当今世界主要的宗教有佛教、基督教、伊斯兰教、印度教、犹太教、道教、神道教等。

宗教产生于对自然力量和超自然力量的崇拜。古时由于人类对宇宙的未知探索以及表达人渴望不灭解脱的追求，产生对现实世界之外存在着超自然的神秘力量或实体的敬畏及崇拜，从而产生出信仰认知及仪式活动体系。

宗教是一种文化现象，由此我们可以有下面的推理：

　　　　文化是一种认知形式，

　　　　宗教属于文化，

　　　　所以，宗教也是一种认知形式。

上面是一个三段论推理，加上它的大小前提为真，这就证明了宗教是一种认知形式。

（二）作为文化认知形式的宗教

宗教是一种非理性的心智活动，科学是一种纯理性的心智活动，宗教与科学从来都被人们看作是两种互相对立、水火不容的体系。但宗教—哲学—科学的发展史充分说明，在人类心智发展的历程中，科学与宗教有着一脉相承的血缘关系。宗教是内在的心智活动，科学是外在的心智活动，哲学则处于两者之间。科学与宗教的关系并不比科学与哲学或哲学与宗教的关系更远。所以，在心智研究领域中我们往往会看到这两种互相对立的体系又重新融合在一起。宗教与心智科学（认知科学）结合的一个生动例子是哈佛大学心智科学研讨会。

1991 年，哈佛医学院和身心医学研究院举办了一次心智科学研讨会。在这次研讨会上，当时的哈佛医学院副教授、身心医学研究院院长赫伯特·班森（Herbert Benson）博士报告了他们在印度达兰萨拉山、马纳和锡金所做的三次心智科学实验。实验结果表明，受试者（几位修拙火瑜伽的僧侣）的心智和意念可以控制身体，使他们在喜马拉雅山上的严寒中免受冻伤，他们甚至可以通过练功来烘干床单。他们用在冰水中浸泡的正在滴水的床单包住身体，三五分钟之后，床单开始冒热气，四十五分钟之内，床单完全被烘干。[①]　这些研究结果已经用来治疗疾病，如在对癌症的治疗中，可以通过静坐并观想体内白细胞攻击癌细胞来取得治疗效果。在这次研讨会上，有学者说："有些现代学者认为，佛教不是宗教，而是一门心智科学！这项主张看来不是没有根据的。"[②]

宗教是一种特殊的人类心智活动形态，它主要以非理性的方式或内心自省的方式来把握真理，开发心智并控制自己的行为。宗教为我们研究非理性的心智活动以及非理性的心智活动与理性的心智活动的关系提供了很好的素材，这在心智科学和认知科学中是值得注意的。

总之，科学、哲学、宗教是三种主要的文化认知方式。科学是客观的和涉身的认知活动；哲学是主客观并重的和涉身的认知活动；宗教是纯主观的、涉身的和体验的认知活动。

---

① 这项结果曾发表于《自然》1982 年第 295 期。
② 蔡曙山：《心智科学的若干重要领域探析——它所遭遇的疑难和悖论》，《自然辩证法通讯》2002 年第 6 期。

本章前面几节我们分析了科学和哲学的认知形式，本节我们来分析宗教的认知形式。限于篇幅，只讨论中国的儒教、道教和佛教。

二、儒学和儒教

（一）儒家、儒学和儒教

儒家、儒学、儒教是互相联系而又有所区别的概念。共同点在"儒"，也就是春秋时期孔子所创立并经过后人所发展的学说，即前述的"儒学"。儒家指人，即"儒生"，也指学派，即儒家学派，代表人物有孔子、孟子、荀子、董仲舒、程颐、朱熹（继孔子后最博学的大儒）、陆九渊、王守仁（儒家集大成者）。

儒学即儒家学说，是儒家所创立的学说和理论。儒学经典包括孔子编撰或修订过的"六经"，即《诗经》《尚书》《仪礼》《乐经》《周易》《春秋》。东汉在此基础上加上《论语》、《孝经》，共"七经"；唐时加上《周礼》、《礼记》、《春秋公羊传》、《春秋穀梁传》、《尔雅》，共"十二经"；宋时再加上《孟子》，此所谓"儒学十三经"。儒家思想是恕、忠、孝、悌、勇、仁、义、礼、智、信，其核心是"仁"。

儒教指作为宗教的儒学，但对以孔子为鼻祖的教义究竟是"儒学"还是"儒教"，存在强烈的争论。任继愈先生认为"儒学"历史演变的结果就在于形成了"儒教"。他指出："先秦时代的'儒学'虽然继承了殷周以来的宗教思想，但并非宗教。在此基础上董仲舒添加神学目的论，继而发展成了儒、佛、道三教合一的宋明理学，从而形成了现在的'儒教'。"[1]　还有学者认为，董仲舒把孔子的学说与传统宗教相结合，创立了作为宗教的儒教。他将天人感应说作为人神交往的手段加以重视，并将谶纬思想定位于其思想发展。此外，从东汉开始，作为国家祭祀而持续进行的祭孔活动也是证明其为宗教的有力证据。[2]　反对者则认为，人们很难把儒教看成是一种宗教，因为儒教不像一般的宗教，仅

---

[1]　任继愈口述：《儒家と儒教》，吉川忠夫译，《东洋史研究》38-3，1979年，第449—463页。

[2]　李申：《简论宗教和儒教》，《上海师范大学学报》2005年第3期。

凭借感情上的信仰或祈祷其无法达到显灵或超度的境界。换言之，从儒教达成领悟或信念的方法是十分理性的这一点来看，它与一般宗教不同，它更应该被视为一种修养体系，或是一种伦理学说体系。①

我们赞成任继愈先生的观点，儒学在历史上的地位相当于一种宗教，即儒教。但儒教仅仅是一种准宗教，而不是完全意义上的宗教。说它是宗教，是因为宗教的三种基本性质——信仰、精神寄托和道德行为规范——儒教都具备。说它是准宗教而不是完全的宗教，是因为儒教没有教主。孔子是儒学的创始人，但他是人而不是神，是学者、教育家和思想家，而不是教主；另外，儒教也没有崇拜的仪式和仪轨。例如，儒教没有早晚的祈祷、信徒的供奉等，只有融入日常生活中的道德规范和行为约束。

（二）儒教和伦理道德

儒学和儒教有一套非常完整的伦理道德体系，包括以下内容。

1. 君臣父子——封建等级制度和伦理道德规范

齐景公问政于孔子。孔子对曰："君君，臣臣，父父，子子。"公曰："善哉！信如君不君，臣不臣，父不父，子不子，虽有粟，吾得而食诸？"（《论语·颜渊》）

"君君，臣臣，父父，子子。"这是儒家学说的核心，深得封建统治者的欢心。齐景公高兴地说："好啊！假如君不像君，臣不像臣，父不像父，子不像子，虽然天下粮食充足，我又能得吃吗？"所以，自汉以后，罢黜百家，独尊儒术。只要维护好君臣父子的等级制度，遵守君臣父子的伦理道德规范，天下便可太平。汉以后，孔子受历代封建统治者加封，成为"大成至圣先师"，享受国家供奉，是必然的。

2. 仁义礼智信——核心价值

仁义礼智信为儒家"五常"，孔子提出"仁、义、礼"，孟子延伸为"仁、义、礼、智"，董仲舒扩充为"仁、义、礼、智、信"，后称

① 日原利国编：《中国思想辞典》，东京研文出版社1984年版，第1—452页。转引自渡边义浩撰，仙石知子、朱耀辉译：《论东汉"儒教国教化"的形成》，《文史哲》2015年第4期。

"五常"。

儒家学说的核心是"仁"。《论语》说到"仁"，凡110处之多。

颜渊问仁。子曰："克己复礼为仁。一日克己复礼，天下归仁焉。为仁由己，而由人乎哉？"颜渊曰："请问其目。"子曰："非礼勿视，非礼勿听，非礼勿言，非礼勿动。"颜渊曰："回虽不敏，请事斯语矣。"（《颜渊第十二》）这一段是"仁"的定义。"克己复礼"就是"仁"，一旦这样做了，天下就归于"仁"了。所以，"仁"是行为规范。"仁"的行为规范就是"礼"。"仁"不仅是百姓的行为规范，也是统治者的行为规范。仲弓问仁。子曰："出门如见大宾，使民如承大祭，己所不欲，勿施于人，在邦无怨，在家无怨。"仲弓曰："雍虽不敏，请事斯语矣。"孔子的学生们，都愿意按照"仁"的要求去做。

孔子对弟子也提出"泛爱众而亲仁"的明确要求，"学文"则是次要的。子曰："弟子入则孝，出则悌，谨而信，泛爱众而亲仁，行有余力，则以学文。"（《学而第一》）

仁、义、礼、智是孔子的核心价值，至于孝悌、道德、才艺，这些也都是孔子提倡的价值标准。在孔子的价值体系中，"仁"是核心中的核心。子曰："里仁为美。择不处仁，焉得知！"（《里仁第四》）子曰："人而不仁，如礼何！人而不仁，如乐何！"（《八佾第三》）子曰："志于道，据于德，依于仁，游于艺。"（《雍也第六》）"孝弟也者，其为仁之本与！"（《学而第一》）

是否能够做到"仁"的要求，全由自己决定。"为仁由己，而由人乎哉？"（《颜渊第十二》）"仁远乎哉？我欲仁，斯仁至矣。"（《述而第七》）

孟子在孔子"泛爱众而亲仁"的仁学基础上，更加明确地提出"仁者爱人"的思想，成为后世对"仁"的标准定义和仁学的核心。

孟子在仁义礼之外加入"智"，构成四德或四端，曰："仁之实事亲（亲亲）是也；义之实从兄（尊长）是也；礼之实节文斯二者是也；智之实，知斯二者弗去（背离）是也。"孟子进一步阐释"仁"的含义以及"仁"、"义"、"礼"、"智"的关系，提出"性善说"。孟子曰："恻隐之心，人皆有之；羞恶之心，人皆有之；恭敬之心，人皆有之；是非之心，人皆有之。恻隐之心，仁也；羞恶之心，义也；恭敬之心，礼也；是非之心，智也。仁义礼智，非由外铄我也，我固有之也，弗思耳矣。"（《孟子·告子上》）

汉以后，董仲舒在儒家核心价值中又加入"信"，并将仁义礼智信说成是与天地长久的经常法则（"常道"），号"五常"。曰："仁义礼智信五常之道。"（《贤良对策》）

从孔子、孟子到董仲舒，儒家完备的道德体系、价值观念和行为准则已被建立。

3. 修齐治平——儒家理想

修齐治平出于《礼记·大学》，相传为孔子的弟子曾参（前505—前434）所作。"古之欲明明德于天下者，先治其国。欲治其国者，先齐其家。欲齐其家者，先修其身。欲修其身者，先正其心。欲正其心者，先诚其意。欲诚其意者，先致其知。致知在格物，物格而后知至，知至而后意诚，意诚而后心正，心正而后身修，身修而后家齐，家齐而后国治，国治而后天下平。自天子以至于庶人，壹是皆以修身为本。"

修齐治平即修身、齐家、治国、平天下。指提高自身修为，管理好家庭，治理好国家，实现天下大治，造福百姓苍生。

修齐治平，基础在修，即修身。子曰："德之不修，学之不讲，闻义不能徙，不善不能改，是吾忧也。"（《述而第七》）修齐治平是儒家的行为规范、道德标准和人生理想。

4. 文行忠信——君子和教育

作为教育家的孔子，其目标是培养符合具有仁的思想，维护封建等级制度，具有儒家伦理道德规范，视听言动符合礼的要求的人，即君子。

如何培养这样的君子？"子以四教：文、行、忠、信。"（《述而第七》）子曰："圣人，吾不得而见之矣，得见君子者斯可矣。"子曰：

"善人，吾不得而见之矣，得见有恒者，斯可矣。亡而为有，虚而为盈，约而为泰，难乎有恒矣。"又曰："盖有不知而作之者，我无是也。多闻，择其善者而从之，多见而识之，知之次也。"

如何成为君子，首要的是学习。《论语》开宗明义说："学而时习之，不亦乐乎？有朋自远方来，不亦乐乎？人不知而不愠，不亦君子乎？"又说："其为人也孝弟，而好犯上者，鲜矣；不好犯上而好作乱者，未之有也。君子务本，本立而道生。孝弟也者，其为仁之本与！"（《学而第一》）

孔子对"君子"是有一系列要求的。首先，君子是"仁义礼智信"五德具备的。子曰："君子义以为质，礼以行之，孙以出之，信以成之。君子哉！"（《卫灵公第十五》）其次，君子是安于贫穷的，榜样就是颜回。子曰："贤哉回也！一箪食，一瓢饮，在陋巷，人不堪其忧，回也不改其乐。贤哉回也！"（《雍也第六》）子曰："君子固穷，小人穷斯滥矣。"子曰："君子谋道不谋食。耕者，馁在其中矣；学也，禄在其中矣。君子忧道不忧贫。"（《卫灵公第十五》）其三，君子是群而不党的。子曰："君子矜而不争，群而不党。"（《卫灵公第十五》）其四，君子是求诸己的。子曰："君子求诸己，小人求诸人。"（《卫灵公第十五》）子曰："仁远乎哉？我欲仁，斯仁至矣。"（《述而第七》）其五，君子是讲宽恕的。子贡问曰："有一言而可以终身行之者乎？"子曰："其恕乎！己所不欲，勿施于人。"（《颜渊第十二》）其六，不仅君子要学道，小人也要学道。"君子学道则爱人，小人学道则易使也。"（《阳货第十七》）君子学道，可以为仁（爱人），小人学道，懂得服从，这样天下便归于仁矣。

（三）半部《论语》可以治天下

自汉以后，罢黜百家，独尊儒术。孔孟之道，成为治国平天下的思想理论和道德行为规范。

宋代大儒朱熹（1130—1200）更将《大学》、《中庸》、《论语》、《孟子》并称"四书"，于南宋绍熙元年（1190）刊刻成《四书章句集注》，因《论语》记载孔子言行，《大学》为曾子所作，《中庸》为子思所作，《孟子》记载孟子言行，故又称"四子书"。元延祐年间，以《四书章句集注》试士子，悬为令甲，从此，"四书"成为芸芸士子干禄之必读经典。

"半部《论语》治天下"的典故，最早出自朱熹谢世之后，是一个叫林駉的人所撰《古今源流至论》前集卷八《儒史》所记："赵普，一代勋臣也，东征西讨，无不如意，求其所学，自《论语》之外无余业。"赵普所学的书籍，除了《论语》之外，没有别的了。在这段话下面，有个小注，写着这样的话："赵普曰：《论语》二十篇，吾以一半佐太祖定天下"。

明代大儒王阳明，后世称为"全能大儒"，不仅是明代，而且是饮誉世界的思想家、哲学家、文学家、教育家、书法家、军事家，也是中国古代的认知科学家。王阳明精通儒、释、道三教，马下治民，马上治军，是立身、立德、立言"三不朽"的圣人。阳明心学，作为哲学，具有"心外无理，心外无物"的本体论，有"格物致知"的认识论，也有"知行合一"的实践观，阳明心学是一个完整的哲学思想体系；作为认知科学，阳明心学体现了所有五个层级的人类心智和认知，包括脑与神经层级的心智和认知、心理层级的心智和认知、语言层级的心智和认知、思维层级的心智和认知、文化层级的心智和认知。阳明心学就是中国古代的认知科学。① 阳明心学的这些特征表明：第一，儒学具有哲学和（准）宗教的性质，是中国古代治国平天下的思想理论和行为工具。第二，王阳明将儒家哲学思想和儒教提升到认知的高度，反映了中国人的心智和认知特征，对认知科学的发展具有重要的理论指导意义和实际应用价值。

三、道家和道教

（一）老子和《道德经》

老子在函谷关前著有五千言的《道德经》。《道德经》、《易经》和

---

① 蔡曙山：《阳明心学就是中国的认知科学》，《贵州社会科学》2021 年第 1 期。

《论语》被认为是对中国人影响最深远的三部思想巨著。《道德经》分为上下两册，共81章，前37章为上篇道经，第38章以下属下篇德经，全书的思想结构是：道是德的"体"，德是道的"用"。

最初老子书称为《老子》，而无《道德经》之名，《道德经》是后来的称谓，其成书年代过去多有争论。根据1993年出土的郭店楚简"老子"年代推算，成书年代至少在战国中前期。

老子过去、现在和未来都是世界级的哲学家，其思想精髓是"道法自然"和"无为而治"。蔡曙山在《自然与文化——认知科学三个层次的自然文化观》一文中，将老子的思想总结为以下几个方面：①

一是道是自然法则。道和自然是一而二、二而一的东西。在老子看来，道是体现在自然中的规律和法则，犹如斯宾诺莎的那个隐藏在自然后面的上帝。但斯宾诺莎认识到这个上帝，却是在老子之后约2200年的事。

二是道是万物的规范，这就是老子的"天之道"。万物应该遵循自然的规律，才能得以生长发育，形物成势。

三是道是王者之道，即人之道，且人之道须合于天之道，故王道即人道，也即天道。圣人要领导人民，必须用言辞对人民表示谦下；要想领导人民，必须把自己的利益放在他们的后面。所以，圣人虽然地位居于人民之上，而人民并不感到负担沉重；居于人民之前，而人民并不感到受害。天下的人民都乐意推戴他而不感到厌倦。因为他不与人民相争，所以天下没有人能和他相争。后来儒家所提倡的"王道"和"仁政"即来源于此。

四是道是治国之道，这就是老子无为而治的思想。老子思想最深刻的部分是"无为而治"。在老子"自然—道—天—地—人"的体系中，道法自然，所以，天道法自然，地道法自然，王道（人道）亦必法自然——这个体系是逻辑一致的。"王道"的思想，是从"道法自然"的

---

① 蔡曙山：《自然与文化——认知科学三个层次的自然文化观》，《学术界》2016年第4期。

前提必然地得出的。老子的无为而治并不是主张无所作为，而是主张自然无为，是"太上不知有之"，是恢复古时小国寡民的社会和朴实淳厚的民风。儒家的"民重君轻"的思想、"王道"的思想、"行仁政"的思想，亦出于此。孔子曰："天何言哉？四时行焉，百物生焉，天何言哉？"儒家与道家学说不同，但对自然的敬畏却是相同的。

五是道对个人而言，则是德性修养。道是至大无上的，它不像任何具体的事物，但万物都要遵循它。如果把道当成具体的事物，那么它就显得渺小了。老子以"慈"、"俭"和"不为天下先"为三种美德，这与孔子的"仁"、"爱"和"中庸"是相同的，后来儒家的"修齐治平"也是与此一脉相承的。

六是道还是一种认知方法。涉身心智（embodied mind）是当代认知科学的三大重要发现之一，而老子在两千多年前对此已经有所认识。令人惊讶的是，这些关于涉身心智的论述，其中使用了大量的隐喻，而涉身心智和隐喻作为当代认知科学的发现，不过是近几十年的事。

（二）道家

道家，春秋战国时期的诸子百家之一。老子和《道德经》集古圣先贤之大智慧，形成了道家完整系统的理论，标志着道家思想已经形成。

道家以"道"为核心，认为大道无为、主张道法自然，提出道生法、以雌守雄、刚柔并济等政治、经济、治国、军事策略，具有丰富的辩证法思想，是"诸子百家"中极为重要的哲学流派，对中华文化产生了极为重要的影响。中华文化就是儒道两家思想的体现，儒为表，道为里。

老子和《道德经》对西方科学、哲学、宗教和文化的影响也是巨大的。如今几乎每年都有一两种新的译本问世。又据联合国教科文组织的统计，在被译成外国文字发行量最大的世界文化名著中，《道德经》排名第二，仅次于《圣经》。在美国最大的购物网站亚马逊的图书搜索一栏，输入 Dao、Tao、Taoist 等这些与"道"有关的英文单词，竟然会得到近 8 万个搜索结果，其中绝大多数都是英文著作。从物理学之道、科学之道，到艺术之道、两性之道、瑜伽之道，甚至还有儿童读物。可见道家的思想元素开始融入西方人的生活和思想之中。德国电视台最近的一项调查表明，老子是德国人心中"最知名的中国人"，哈佛学者泰勒用《道德经》诠释"幸福学"。《老子》中的"雌""母"的隐喻，也引起了西方女权运动者的兴趣。练气功或柔道的人、传统医学从业者、环保主义者、和平主义者、从《老子》寻找经营理念的商人以及要消解现代性的后现代主义者，都宣称从《老子》那里找到了精神养料与灵感源泉。许多西方的古典自由主义对老子和天道思想十分推崇，认为道家思想是人类自由传统的重要组成部分。

（三）道教

道家是哲学流派，道教是宗教流派。道家创始人是老子，道教创始人是张道陵。道教是中国本土自创的唯一宗教。

道教是以道家思想为基础，讲究无为而治、顺其自然。老子是道家的创始人，庄子是老子思想的继承者和发扬者。在教内，老子被奉为太清道德天尊，庄子被奉为南华真人。魏晋以后，道家实际上已成为一个历史名词，不复存在，道家被道教取而代之。道家诉诸心灵或理性，而道教却诉诸人的情感、情绪或情趣。

道教创始人张道陵（34 — 156），字辅汉，原名张陵，东汉丰县（今江苏徐州丰县）人。张道陵 26 岁时曾官拜江州（今重庆）令，但不久就辞官隐居到洛阳北邙山（今河南洛阳北）中，精思学道。汉桓帝亲自祭祀老子，把老子作为道教之祖。唐代皇帝曾尊封老子为太上玄元皇帝，宋代加封号称太上老君混元上德皇帝。其道教尊称为"太上老君"，亦被尊称为"混元皇帝"，也是道教三清道祖中的道德天尊。

四、佛教和禅宗

（一）释家和佛教

释家，从广义来说，是信仰佛教的僧侣居士的统称，他们的生活世界受佛教信仰的主导。释家之于佛教，犹如道家、儒家之于道教和儒教。

佛教（Buddhism），世界三大宗教之一，由公元前 6 世纪至前 5 世纪古印度的迦毗罗卫国（今尼泊尔境内）王子乔达摩·悉达多所创。因为他属于释迦（Sākya）族，人们又称他为释迦牟尼，意思是释迦族的圣人。佛教距今已有两千五百多年，广泛流传于亚洲的许多国家。西汉末年经丝绸之路传入我国。

佛，意思是"觉者"。佛又称如来、应供、正遍知、明行足、善逝、世间解、无上士、调御丈夫、天人师、世尊。佛教重视人类心灵和道德的进步和觉悟。佛教信徒修习佛教的目的即在于依照悉达多所悟到的修行方法，发现生命和宇宙的真相，最终超越生死和苦、断尽一切烦恼，得到彻底解脱。

（二）佛教思想

佛教否认宿命论，认为人有命运，但不能听天由命，而是希望人开创命运。佛教主张诸法因缘而生，因此命运也是因缘生法。坏的命运可以借着种植善因善缘而加以改变。命运既然可以因为行慈悲、培福德、修忏悔而加以改变，因此命运并不是必然如此不可更改的。再坏的命运也能透过种种的修持而加以改造。相反地，好的命运不知善加维护，也会失却堕落。

佛教相信缘起说。佛经《中论》说："因缘所生法，我说即是空，亦名是假名，亦是中道义。"又说："未曾有一法，不从因缘生，是故一切法，无不是空者。"即一切事物都是因缘和合而生，既然是众缘所生，就是无自性的，就是空的。佛教认为，因缘不具备的时候，事物就消失了，这样的一种现象就是"空"。那么，什么是因缘呢？因者是主要的条件，缘者是辅助的条件，主要的条件和辅助的条件都不具备的时候，就没有事物的存在。因此，任何事物的存在都需要具备主因和辅因。当因缘具备的时候，事物就存在；因缘不具备的时候，事物就消失。

缘起论是般若思想的基础。般若重视"缘起"。《佛说造塔功德经》里有一个偈语："诸法因缘生，我说是因缘；因缘尽故灭，我作如是说。"站在今天的立场上看，这四句话是说，世界并不是神创造的，而是由各种各样的因缘、条件聚合而成的，这是佛教的根本道理，也是般若最核心的思想。"缘起"是我们理解般若思想的一个重点。

佛家反对自杀。佛教认为人身难得。众生在无量劫的轮回中，获得人身的机会如"盲龟值木"，极为难得。所以我们无论是要报答父母的养育之恩，追求世间的幸福生活，还是修学佛法，追求世间的解脱利益，都要依靠这极为难得的宝贵人身。佛教既反对自杀，也反对杀生，而提倡爱护众生。

佛家和佛教反对末日邪说。末日传言没有任何佛教经典依据，佛教是给人信心、给人希望、给人欢喜的宗教，佛教徒不相信和传播世界末日的说法。佛教宣称每天都是好日。

（三）禅宗思想

禅宗，又称宗门，汉传佛教宗派之一，始于菩提达摩，盛于六祖慧能，中晚唐之后成为汉传佛教的主流，也是汉传佛教最主要的象征之一。汉传佛教宗派多来自印度，但唯独天台宗、华严宗与禅宗，是由中国独立发展出的三个本土佛教宗派。其中又以禅宗最具独特的性格。禅宗祖师会运用各种教学方法，以求达到这种境界，这又称开悟。其核心思想为："不立文字，教外别传；直指人心，见性成佛"，意指透过自身实践，从日常生活中直接掌握真理，最后达到真正认识自我。

作为禅宗经典的《六祖坛经》，主张心性本净，佛性本有，觉悟不假外求，舍离文字义解，直彻心源。认为"于自性中，万法皆见；一切法自在性，名为清净法身"。一切般若智慧，皆从自性而生，不从外入，若识自性，"一闻言下大悟，顿见真如本性"，提出了"即身成佛"的"顿悟"思想。"直觉"和"顿悟"是当代认知科学的重要方法，涉及人类认知各个层级。

禅宗的思想和心性在六祖慧能身上得到完美体现。

（四）禅宗六祖

传说当年五祖传衣钵，让弟子各出一偈（有禅意的诗，或体现悟性的警语）以明心智。众弟子知道非座上神秀莫属。此时神秀乃五祖最得意的大弟子。思考三日之后，神秀于一夜晚在壁上写下一偈：

　　　身是菩提树，心如明镜台。

　　　时时勤拂拭，莫使惹尘埃。

众弟子见了叹服。五祖见了，知道神秀之心仍在尘世之中，并未了悟。因对神秀说："你的这首偈子，还没有明心见性，见地还不到位，还在门外。如此见解，欲觅无上菩提，了不可得。无上菩提须于当下识自本心、见自本性中荐取。"

当时慧能正在碓坊舂米，听到外边有位童子在诵神秀的偈子，便上前打听，于是童子就把五祖吩咐大众作偈以及让大众梵香礼拜神秀之偈的事一一告诉了慧能。慧能听了，乃口诵一偈道：

　　　菩提本无树，明镜亦非台。

　　　本来无一物，何处惹尘埃？

后来，五祖便将衣钵传他，这就是历史上著名的南宗六祖。

（五）心智和顿悟

慧能何能传得衣钵？主要在于他的心智与顿悟，而这正是禅宗独特的门道。慧能的禅法以定慧为本。他又认为觉性本有，烦恼本无。直接契证觉性，便是顿悟。他说自心既不攀缘善恶，也不可沉空守寂，即须广学多闻，识自本心，达诸佛理。因此，他并不以静坐敛心才算是禅，就是一切时间行住坐卧行为言语之中，也可体会禅的境界。

南宗慧能的心智与禅法主要有以下几端。

其一是"下下人有上上智"、"高贵者最愚蠢，卑贱者最聪明"。

慧能不识字，当年追随五祖学佛时，被五祖戏称为"葛獠"，并打发他到碓坊舂米。

但不识字不等于没文化。当慧能听了神秀的偈子，也想献上一偈。江州别驾张日用正好在旁，别驾听了，非常惊讶："你这个舂米的，也能作偈子，真是稀有！"慧能正色道："欲学无上菩提，不可轻于初学。下下人有上上智，上上人没有意智。若轻人，即有无量无边罪。"别驾听了，连忙谢罪道："汝念偈子，我给你写。如果你将来得法了，不要忘了要先度我。"于是慧能念出那首流传千古的"菩提本无树"的偈语来。其实，"下下人有上上智"这句名言也是一偈。后来这句话被引申为"高贵者最愚蠢，卑贱者最聪明"，乃是禅宗佛法对世人的警示。

其二是顿悟。

禅宗有两派：主张渐悟的北宗和主张顿悟的南宗，北宗以神秀为宗祖，南宗以慧能为宗祖。

以当代认知科学的观点看，虽然渐悟与顿悟均有道理，但利用右脑的直觉和顿悟，更符合宗教认知的本质。因此，南宗六祖慧能后来成为中国本土佛教禅宗最有成就的领袖和佛祖，不是没有道理的。

其三是言语和顿悟。

宗教作为一种认知方式，是否需要经过语言？

有的人可能认为，宗教用心灵直接感知神的存在，似乎可以不需要经过语言。慧能在宝林寺30余年，悉心传道，弘法不辍。他以"见性成佛"为宗旨，提倡不立文字，弘扬"顿悟"。慧能说："诸佛妙理，非关文字。"陈寅恪称赞六祖："特提出直指人心、见性成佛之旨，一扫僧徒烦琐章句之学，摧陷廓清，发聋振聩，固中国佛教史上一大事也！"

但"认知不通过语言"这种看法是不能成立的。人类在200万年前发明了言语，5000年前创造了文字，人类所做的一切事情都必须经过言语和语言。维特根斯坦说："我的语言限度就是我的世界限度。"[1] 乔姆斯基说："言语是心灵的窗户。"[2] 奥斯汀说："我们通过说话来做事。"[3] 塞尔说："人类社会是用语言来建构的。"[4] 根据奥斯汀和塞尔的言语行为理论，人用语言和言语来做一切事情，包括认识世界和自己的心灵。

慧能虽然不识字，但他使用了语言（言语），说出了"菩提本无

---

① 维特根斯坦：《逻辑哲学论》，贺绍甲译，商务印书馆1996年版。

② Austin, J. L. (1962) *How to Do Things with Words*. Cambridge, Mass：Harvard University Press. Twentieth printing, 2003.

③ Chomsky, N. (1968) *Language and Mind*. New York，Harcourt，Brace & World.

④ Searle, John R. (1995) *The Construction of Social Reality*. New York：The Free Press, 1995.

树，明镜亦非台。本来无一物，何处惹尘埃"这样充满智慧和悟性的偈语。——这言语反映了他的心智。

其四是人类心智的认知。

英国伦敦大不列颠国家图书馆广场，矗立着世界十大思想家的塑像，其中就有代表东方思想的先哲孔子、老子和慧能，并列为"东方三圣人"。慧能是中国历史上有重大影响的思想家和宗教领袖，其思想包含着丰富的哲理和智慧，至今仍给人以有益的启迪。

认知科学是 20 世纪 50 年代启航，70 年代中期在美国建立的，它的目标是揭开人类心智的奥秘，美国为此启动了"人类认知组计划"，21 世纪成为脑与认知科学的世纪。

虽然光的性质在 20 世纪才被物理学家们所了解，但太阳照耀我们这个星球已经 45 亿年了！

五、宗教的文化认知价值

宗教的文化认知价值可以从以下几个方面来认识。

（一）信仰（非理性的认知）

宗教作为一种文化的认知价值，在于它是一种特殊的、非理性的认知方式，这就是信仰。

宗教认知不服从理性的判断，信仰对宗教认知来说更为重要。宗教的是非对错不是建立在理性分析的基础上，而是建立在信仰的基础上，由信仰来保证宗教认知的是非对错。"主说"、"神说"、"佛说"、"子曰"——对宗教信徒而言就是真理。所以，《圣经》《六祖坛经》这些宗教经典都是用语录体写成。所谓语录体，就是简单地下判断，无须展开论证。甚至包括准宗教的儒家经典《论语》也是用语录体写成。这样的语言系统，对宗教信众有强烈的心理暗示作用，在心理和语言层级上就能够起到引导信众的作用，无须进入思维认知的层级。所以，宗教是引导民众思想和行为的一种非常有效的方式。

（二）精神寄托

人有身体和精神两个方面，心身问题是哲学永恒的问题，也是认知科学和心智哲学的基本问题。[①]　宗教认知，说到底，也是心身问题。

在心身关系上，宗教信仰是把心灵、心智和精神看作是第一性的，而把身体、万物和世界的存在看作是第二性的，甚至看作是虚无。《红楼梦》的世界就是由癞头和尚和跛足道人这两位宗教大师幻化出来的，所以叫"太虚幻境"。第一回"甄士隐梦幻识通灵，贾雨村风尘怀闺秀"，甄士隐（真事隐）梦中被一僧一道引进太虚幻境，只见大石牌坊上书"太虚幻境"四个大字，两边有一副对联，道是：

> 假作真时真亦假，无为有处有还无。

在僧道二人看来，大千世界只是虚无，所谓"色即是空，空即是色"。这里的"色"，就是五光十色的大千世界，"空"才是佛家的世界，是神的世界。

由于现实世界是虚无的，所以，人能够相信的只有自己的精神世界，只有自己的内心体验才是真实的。宗教为人们提供了一种比现实世界更真实的存在，为人们提供了一种精神寄托。

（三）道德行为规范，高于尘世的约束

宗教认知的另一个意义是为人们提供一种道德行为规范。在现实世界中，道德和法律是世俗的力量，但仅有这些是不够的。因为人有本能的冲动，例如对性、金钱和权力的占有欲。宗教和信仰能够提供一种更高的道德行为规范和高于尘世的约束，所谓"三尺之上有神灵"，使你能够服从这种来自上天的约束。所以，信仰宗教的人每天要做祈祷，是为了将自己的心灵交给上帝和神灵，在服从上天约束的同时，他们的心灵得到了安宁和平静。

（四）寻求第一推动

科学、哲学和宗教都是人类认知的方式。在这个意义上，三者是可以统一的，它们统一于人类的心智和认知。

首先，哲学和宗教是统一的。老子既是通晓自然和道德的哲学

---

① 蔡曙山：《认知科学与技术条件下心身问题新解》，《学术前沿》2020 年 5 月（上）。

家，又是主张"道法自然""清静无为"的道教创始人和通天教主（太上老君）。中国古代另一位大哲学家王阳明除了是从祀孔庙的大儒，也是精通道教和佛教的宗教大师，他的哲学理论（阳明心学）中渗透了儒、道、释三家思想的精华，所以我们说，阳明心学就是中国的认知科学，[①] 不仅是中国古代的认知科学，也是中国当代的认知科学需要学习、借鉴和发扬光大的思想精神财富。[②] 此外，西方哲学中，唯理主义者都是寻求第一原理，并从第一原理来建构理论体系的，这一点与宗教也是非常接近的。

其次，科学和宗教也是相通的。例如，近代以来两个最伟大的物理学家牛顿和爱因斯坦，他们的科学理论和宗教思想并行不悖。

1. 艾萨克·牛顿（1643—1727）

牛顿爵士，英国皇家学会会长，英国著名的物理学家，百科全书式的"全才"，以发明三大运动定律和万有引力定律著称。牛顿警告，不可由此发现把宇宙看成只是机器。他说："重力解释行星的运行，但不能解释谁使行星运行。上帝治理万物，知道一切可做或能做的事。"因此，牛顿被认为是"自然神论者"。所谓"自然神论"，是相信神创造这世界之后，就让自然规律去统治这个世界，自己再不插手，世界在自然规律的支配下运转。牛顿明确地说：他认为天体之所以会运动，是因为上帝创造了万物以后，也设定了各种自然规律，比如运动定律等。上帝先把它们一推，然后天体就按"动者恒动"的定律一直运动下去，事物都就按照自然规律和概率顺其自然地发生。

牛顿统一了科学与神学。他活了80岁，他40年用于科学研究，另外40年他居然沉迷于神学。他用许多"科学现象"来证明上帝的存在，甚至在研究地球有多少岁时，他居然用《圣经》推算出6000年。人们很难把这些事与这个科学巨人联系起来，但这却是一个真实的牛顿。

---

① 蔡曙山：《阳明心学就是中国的认知科学》，《贵州社会科学》2021年第1期。
② 蔡曙山：《认知科学与阳明心学的实证研究》，贵州省哲学社会科学规划国学单列重大项目（20GZGX10）。

2. 阿尔伯特·爱因斯坦（1879—1955）

爱因斯坦是 20 世纪最伟大的物理学家。很难说清爱因斯坦的宗教观。他是一个犹太人，但他并不信奉犹太教，他认为宗教是幼稚迷信的化身，他只是赞叹宇宙和自然的美丽。

1940 年，爱因斯坦写了一篇著名论文，为他的宇宙中没有上帝进行辩护，即"我不信仰一个人格化的神"。他曾经说："我们不理解的事物存在的知识，以及我们对那些我们的意识可以接受的最深奥的推理和最美丽事物的感觉构成了我们对宗教的虔诚。在这个意义上，但仅仅在此意义上，我深信宗教。"① 在回答美国纽约国际犹太人会堂（International Synagogue）的拉比赫伯特·高德斯坦（Herbert Goldstein）时，他说道："我相信斯宾诺莎的神，一个通过存在事物的和谐有序体现自己的神，而不是一个关心人类命运和行为的神。"作为自己宗教信仰的总结，他曾说道："有一个无限的高级智慧通过我们脆弱无力的思维可以感受的细节来显示他自己，对此谦卑的赞美构成了我的宗教信仰。"

对于科学与宗教的关系，爱因斯坦曾经说过这样一句名言："没有宗教的科学是跛脚的，没有科学的宗教是盲目的。"——爱因斯坦的这句名言一直是有神论和无神论者争论的焦点，他们都企图用自己的想法去解读这位 20 世纪最伟大的科学家的这句名言，并把他当作自己一派。

对于宗教的立场被无神论者和宗教信仰者一再解释，爱因斯坦不愿像外界希望的那样落入非黑即白的俗套。比如，他尊重宗教价值观，但他所理解的宗教却远比通常人们所谈论的宗教要微妙。

爱因斯坦曾说，"宇宙最令人难以理解的，就是它竟然是可以理解的"。他认为，可以用像 $E=mc^2$ 这样简洁优美的数学公式描述的自然规律是那么的真实、永恒、优雅，本身就让我们感动和惊叹，引发我们的宗教情怀。作为一名科学家，爱因斯坦对科学的热忱也是其宗教情怀的一种表现。他说，"我想知道上帝的构思。其他的都只是细节"。他还说："上帝不为我们那些数学难题而费心。他只是做经验整合（He in-

————

① 见《生活哲学》（*Living Philosophy*）1931 年第 13 期。

tegrates empirically）。"

爱因斯坦信仰的上帝是所谓"斯宾诺莎的上帝"，是与自然同一的、又能主宰宇宙和自然的上帝，是一种能够体现在自然之中的超自然的力量，是能够体现在人类心智中的最高的智慧。

——对超自然和自然的力量的崇拜，这就是爱因斯坦的科学和宗教统一论的基础。

（五）三教合一

中国的三种主要宗教儒、道、释。儒家和道家是中国本土的宗教（和准宗教）。两汉之际即公元 1 世纪前后，印度佛教通过西域，逐渐传到我国内地。佛教传入中国后，很快本土化并与儒、道两教融合，唐以后形成儒、道、释三教合一的兴盛局面。

三教合一证明了宗教之间也是可以互通共存的，不过这仅仅是在中国，因为儒家思想有强大的同化和共生能力。除中国以外的其他世界宗教之间，基本上是水火不容的。

三教合一的影响，可以《红楼梦》为例。首先，是"一僧一道"——癞头和尚和跛足道人——他们是作者的化身，由这两位神仙来引出石头的故事，交代故事情节和人物命运，最后也由这二位神仙来了结这段孽缘情债。

为什么没有儒？其实是有的，他就是贾政，他是儒家的化身。贾政在《红楼梦》中的地位自不待言，他是封建礼教的代表。但儒是人而不是神，是槛内人而不是槛外人。儒家思想是世俗化的伦理道德，不是超越尘世的精神和灵魂。儒家思想并不是真正意义的宗教，儒家哲学只能解释世俗和自然的存在，并不能解释超世俗和超自然的存在。尽管如此，儒仍然非常之重要。如前分析，中国文化的核心是一儒一道，儒为表，道为里。《红楼梦》的男主人公贾宝玉是反儒的——反对他的老子贾政，并且最后的结局是出家，皈依佛门。① 书中的女主人公林黛玉是

① 宝玉出家，究竟是为僧还是为道？笔者将在即将出版的《中华文化与认知》一书中详加解说。

贾宝玉的精神伴侣；俩人是"木石前盟"。——这其中寓意深刻。

思考作业题

1. 文化是一种认知形式，为什么？

2. 文化认知可以分为哪三个层次？为什么？

3. 什么是人类知识体系？人类知识体系是怎样建构的？

4. 什么是科学？什么是学科？两者之间是什么关系？

5. 试述"三科四艺"的学科体系。"三科四艺"的学科分类对西方的教育有何影响？试以人类认知五层级理论加以分析。

6. 现代教育强化了学科分类，形成了"学科门类十几个，一级学科几十个，二级学科几百个，三级学科几千个"的学科格局。试以认知科学的理论分析这种学科分类的利和弊。

7. 试述"四部十二门学科分类法"，这个分类法在科学研究、学科建设、教育和认知上有何意义？

8. 什么是"文理学科"（liberal arts）？为什么说文理学科是现代大学的基础？

9. 试以"四部十二门学科分类法"分析我国高校的学科结构；试以此分类法分析你所在大学的学科结构。

10. 什么是科学？什么是技术？两者有何联系与区别？

11. 科学是一种认知形式，为什么？科学作为一种认知形式，它的两个基本属性和要求是什么？

12. 试以数学、物理学等学科为例，说明科学理论的认知意义。

13. 什么是数学？什么是数学家？举例说明数学家对数学发展的贡献。

14. 世界著名数学家丘成桐质疑某公司数百名数学工作者是否为数学家。请对他的论点进行讨论。

15. 试述罗素悖论、第三次数学危机和数学逻辑的发展。

16. 试述一阶逻辑的一致性定理和完全性定理。据此分析，第三次数学危机已经解决了吗？

17. 试述哥德尔定理，说明哥德尔定理的认知意义。

18. 哥德尔定理（不完全性定理；1931）与一致性定理和完全性定理（1930）之间是什么关系？

19. 为什么说哥德尔定理是"人类理智结出的最灿烂的花朵"？

20. 什么是形式化？什么是数字化？什么是虚拟化？三者之间是什么关系？

21. 为什么说形式化、数字化和虚拟化是"20世纪人类最重要的文化遗产"？是"人类进入21世纪的钥匙"？

22. 试述迈克尔逊—莫雷实验。这个实验对20世纪的物理学发展有何推动作用？说明这个实验的认知意义。

23. 试述大爆炸宇宙论。这个理论假说的提出、证明都使用了什么逻辑方法？

24. 为什么说类比、溯因和归纳是科学发现的逻辑？为什么说演绎在科学发现中没有贡献，但却可以用于假说的验证？试举例说明。

25. 为什么说类比、溯因和归纳是"心理逻辑"？为什么说科学发现中同时运用了逻辑和心理两种认知方法？

26. 为什么说所有的逻辑都是心理逻辑？请举例说明。

27. 请从文化和文明、知行关系来说明科学与技术的联系与区别。

28. 试以认知科学的理论方法分析中国历代的知行观和知行学说。

29. 为什么说技术是一种行为活动？试分析科学理性和技术行为的关系。

30. 什么是工匠精神？试以言语行为理论和知行学说来分析工匠精神，并说明大国工匠在中国未来发展中的重要性。

31. 试分析墨家的科学理论（包括逻辑理论）、技术行为和工匠精神。试分析墨家思想的文化价值。

32. 什么是语言？什么是语言知识？什么是语言能力？什么是先天语言能力？请举例说明。

33. 试述乔姆斯基的语言革命的主要内容。说明乔姆斯基语言革命在 20 世纪认知科学建立和发展过程中的重要作用。

34. 什么是行为语言学？什么是认知语言学？两者的主要区别是什么？

35. 什么是文学？为什么说文学也是一种认知方式？文学认知的特征和价值是什么？

36. 试以《诗经》分析中国文学的特征和认知价值。试分析《诗经》对中国文学的深远影响。

37.《诗经》的三种方法赋、比、兴，试以当代语言学和认知科学的方法加以分析。

38. 类比和隐喻是中国人擅长的思维和认知方式，认知科学重新肯定了隐喻的认知意义和价值（认知科学的三大发现之一）。请以中国古代和现代文学作品（诗歌、小说、戏剧）加以分析。

39. 为什么说曹雪芹是"隐喻大师"？试分析隐喻在《红楼梦》中的应用和认知意义。

40. 哲学是世界观和方法论的体系，但我们说哲学是一种文化认知的方式，为什么？

41. 试以认知科学的方法分析古代哲学、近代哲学和当代哲学的特征、方法和认知价值。

42. 中国哲学是中国人的心智和认知能力的表现，是中华文化的组成部分。试以老子和《道德经》加以分析。

43. 试述老子的哲学思想体系和认知意义。

44. 中国哲学是中国人的心智和认知能力的表现，是中华文化的组成部分。试以王阳明和《传习录》加以分析。

45. 为什么说阳明心学就是中国的认知科学？

46. 试以认知科学的理论和方法对近代西方哲学的经验论、唯理论加以分析。

47. 逻辑方法（思维认知）对西方经验论、唯理论的发展有哪些影响？

48. 什么是西方哲学的语言转向？两次语言转向的代表人物是谁？

这两次语言转向的主要成果是什么？

49. 语言哲学和分析哲学有何联系与区别？试以《逻辑哲学论》和《哲学研究》认真加以分析。

50. 20 世纪西方哲学三大主流是什么？为什么？

51. 试述分析哲学—语言哲学—心智哲学的发展。

52. 心智哲学的发展经历了语言哲学—意向性研究—心智哲学的发展，试以语言和心智哲学家塞尔为例加以分析。

53. 试述奥斯汀和塞尔的言语行为理论的联系与区别。言语行为理论在认知科学和心智哲学的发展中起了什么作用？

54. 试以心智哲学的代表作、塞尔的《心智：简要的导论》一书，说明心智哲学与此前的语言哲学和分析哲学的联系与区别。

55. 为什么说 21 世纪是脑与认知科学的世纪？为什么说 21 世纪人类进入了综合的时代？综合时代对科学研究、学科建设和人的发展有什么不同的要求？

56. 近期国家采取多种举措促进交叉学科建设和新文科发展。为什么说这些举措体现了国家意志，是时代发展和人类前进方向的要求？

57. 清华大学认知科学团队以及首都师范大学、中山大学、贵州民族大学认知科学合作团队在认知科学的发展方面做出了哪些重要贡献？这些工作有何理论意义与实际应用价值？

58. 为什么说宗教也是一种文化认知形式？宗教与认知科学的关联是什么？为什么？

59. 试述儒学、儒家和儒教，并说明其认知价值。

60. 试述道家和道教，并说明其认知价值。

61. 为什么说中华文化的核心是儒家思想和道家思想，儒为表、道为里？说明儒道两家思想的文化认知价值。

62. 试述佛教和禅宗的思想和文化认知价值。

63. 试述宗教的文化认知价值。

64. 科学认知与宗教认知有何统一性？为什么说"科学越来越像宗教，宗教越来越像科学"？请举例说明并加以分析。

65. 朱清时说："科学家千辛万苦爬到山顶时，佛学大师已经在此等候多时了。"你怎样理解这个说法？请加以分析。

推荐阅读

Austin, J. L. (1962) *How to Do Things with Words*. Second Edition. Edited by J. O. Urmson and Marina Sbisà. Cambridge, Mass: Harvard University Press. Twentieth printing, 2003.

Chomsky, N. (1957) *Syntactic Structure*. The Hague, Mouton.

Chomsky, N. (1959) Review of Skinner, 1957. *Language* 35: 26-58.

Chomsky, N. (1968) *Language and Mind*. New York, Harcourt, Brace & World.

Franzén, Torkel (2005) *Gödel's Theorem: An Incomplete Guide to Its Use and Abuse*. Wellesley, Mass.: AK Peters.

Descartes, Rene (1637) *A Discourse on the Method f Rightly Conduction the Eeason*, Liaoning People's Publishing House, 2015.

Gödel, Kurt (1931) *On Formally Undecidable Propositions of Principia Mathematica and Related Systems*. Translated by B. Meltzer, Introduction by R. B. Braithwaite. New York: Dover Publication, Inc. 1962.

Groves, Leslie R., *Now It can betold: the story of the Manhattan Project*, Da Capo Press, 2009.

Hacker, P. M. S. Ludwig Wittgenstein, in Martinich, A. P. and D. Sosa (eds.) (2001) *A Companion to Analytic Philosophy*, Blackwell Publishing Ltd.

Hofstadter, Douglas R. (1979) Gödel, Escher, Bach: An Eternal Golden Braid. New York: Basic Books.

Lakoff, George and Mark Johnson, *Metaphors We Live By*, University of Chicago Press, 2003.

Lakoff, George and Mark Johnson, *Philosophy in the Flesh: the Em-*

bodied Mind and its Challenge to Western Thought, Basic Books, 1999.

Maslow, A. (1961) *A Study in Wittgenstein's Tractatus*, Berkeley and Los Angeles: University of California Press.

Searle, J. R. (1969) *Speech Acts: An Essay in the Philosophy of Language*. London: Cambridge University Press.

Searle, John R. (1983) *Intentionality: An Essay in the Philosophy of Mind*, London: Cambridge University Press.

Searle, John R. (1992) *The Rediscovery of the mind*, A Bradford Book.

Searle, John R. (1995) *The Construction of Social Reality*. New York: The Free Press, 1995.

Searle, John R. (2004) *Mind: A Brief Introduction*. New York: Oxford University Press.

Searle, John R. and Vanderveken, D. (1985) *Foundations of Illocutionary Logic*. Cambridge, London: Cambridge University Press.

Roco, M. C. and William Sims Bain bridge (eds.) (2002) *Converging Technologies for Improving Human Performance*. Kluwer Academic Publishers.

Wittgenstein, L. *Philosophical Investigation*, §1, translated by G. E. M. Anscombe, Basil Blackwell Ltd 1953.

蔡曙山:《言语行为和语用逻辑》,中国社会科学出版社 1998 年版。

蔡曙山:《现代逻辑与形式化方法》,课程讲义,未出版。

蔡曙山:《论哲学的语言转向及其意义》,《学术界》2001 年第 1 期。

蔡曙山:《论技术行为、科学理性与人文精神》,《中国社会科学》2002 年第 2 期。

蔡曙山:《心智科学的若干重要领域探析——它所遭遇的疑难和悖论》,《自然辩证法通讯》2002 年第 6 期。

蔡曙山：《让中国的人文艺术和社会科学走向世界》，《云梦学刊》2004 年第 4 期。

蔡曙山：《没有乔姆斯基，世界将会怎样》，《社会科学论坛》2006 年第 6 期。

蔡曙山：《论形式化》，《哲学研究》2007 年第 7 期。

蔡曙山：《语言、逻辑与认知》，清华大学出版社 2007 年版。

蔡曙山：《关于哲学、心理学和认知科学 12 个问题与塞尔教授的对话》，《学术界》2007 年第 3 期。

蔡曙山：《认知科学框架下心理学、逻辑学的交叉融合与发展》，《中国社会科学》2009 年第 2 期。

蔡曙山：《自然语言形式理论研究》，人民出版社 2010 年版。

蔡曙山：《科学发现的心理逻辑模型》，《科学通报》2013 年第 34 期。2013，58：3530-3543，doi：10. 1360/ 972012-515。

蔡曙山：《语言、思维、文化层级的高阶认知研究》，国家社会科学基金重大项目（15ZDB017），2015 年。

蔡曙山：《论人类认知的五个层级》，《学术界》2015 年第 12 期。

蔡曙山：《自然与文化——认知科学三个层次的自然文化观》，《学术界》2016 年第 4 期。

蔡曙山主编，江铭虎副主编：《人类的心智与认知》，人民出版社 2016 年版。

蔡曙山：《论语言在人类认知中的地位和作用》，《北京大学学报》2020 年第 1 期。

蔡曙山：《认知科学与技术条件下心身问题新解》，《学术前沿》2020 年 5 月（上）。

蔡曙山：《阳明心学就是中国的认知科学》，《贵州社会科学》2021 年第 1 期。

蔡曙山：《认知科学与阳明心学的实证研究》，贵州省哲学社会科学规划国学单列重大项目（20GZGX10），2020 年。

蔡元培：《石头记索记》，吉林出版社 2016 年版。

曹雪芹：《红楼梦》，人民文学出版社 2013 年版。

李申：《简论宗教和儒教》，《上海师范大学学报》2005 年第 3 期。

孔子：《论语》，中华书局 2016 年版。

老子：《道德经》，中华书局 2020 年版。

钱穆：《中国文学史》，天地出版社 2015 年版。

任继愈口述：《儒家と儒教》，吉川忠夫译，《东洋史研究》38-3，1979 年。

王守仁撰：《王阳明全集》卷一，语录一，《传习录上》，上海古籍出版社 2011 年版。

吴光：《历代儒家的"知行观"》，《光明日报》2017 年 4 月 10 日。

许慎：《说文解字》，中华书局 2013 年版。

北京大学哲学系外国哲学史教研室编：《十六——十八世纪西欧各国哲学》，商务印书馆 1975 年版。

原利国编：《中国思想辞典》，研文出版社 1984 年版。

渡边义浩撰，仙石知子、朱耀辉译：《论东汉"儒教国教化"的形成》，《文史哲》2015 年第 4 期（总第 349 期）。

梯利：《西方哲学史》下册，葛力译，商务印书馆 2015 年版。

侯世达：《哥德尔、艾舍尔、巴赫：集异璧之大成》，商务印书馆 2021 年版。

哈贝马斯：《作为"意识形态"的技术与科学》，李黎、郭官义译，学林出版社 1999 年版。

休谟：《人类理解研究》，关文运译，商务印书馆 1957 年版。

康德：《纯粹理性批判》，蓝公武译，三联书店 1957 年版。

恩格斯：《自然辩证法》，贺绍甲译，人民出版社 1963 年版。

维特根斯坦：《逻辑哲学论》，商务印书馆 1996 年版。

维特根斯坦：《哲学研究》，李步楼译，商务印书馆 2004 年版。

陈波主编：《分析哲学》，四川教育出版社 2001 年版。

施太格缪勒：《当代哲学主流》（上），王炳文等译，商务印书馆 1986 年版。

第十七章

人类去向何方

认知科学所关注的，是人类的命运。人类从何而来，又将去向何方，这是认知科学的终极问题。

第一节　认知科学的终极问题

一、心身问题

首先将身心问题或心身问题纳入学科视野的是哲学。古代哲学关心的是身体与世界的关系，探讨世界的本原问题，是一种本体论哲学。古代哲学由此而关注世界是如何构成的以及宇宙是如何演化的。前者如古希腊的米利都学派，如泰勒斯的水、阿那克西曼德的"无限"或"无定"（apeiron），阿那克西美尼的气等；后者如中国古代哲学家老子，他探究宇宙的生成和发展："万物生于有，有生于无。""道生一，一生二，二生三，三生万物"。笔者曾经将此解释为老子的宇宙生成论。[①]这个时期的哲学，身体和世界是第一性的，心灵（心智）和精神是第二性的。这种类型的哲学，我们给它冠以"唯物主义"的名称，米利都学派的哲学家都是朴素的唯物主义，老子也是朴素的唯物主义。

近代哲学关注的是人的认识能力，即人的精神和心智能力。所以，近代哲学是心智和精神为主体的认知论哲学。近代哲学中，唯理论和经

---

① 参见蔡曙山：《自然与文化》，《学术界》2016 年第 4 期。

验论之争是最有价值的哲学问题。唯理论者试图从第一原理出发，用演绎法和分析的方法来建构知识体系，如笛卡尔和莱布尼兹。经验论者却把经验看作知识的唯一来源，他们用归纳法和综合方法来建构知识体系，如贝克莱和休谟。从认知加工上看，唯理论是自上而下加工的，而经验论则是自下而上加工的。唯理论形成欧洲大陆的思想文化传统，经验论则成为英美的思想文化传统。这两种思想文化传统水火不容，持续至今。

　　20世纪的西方哲学三大主流分析哲学、语言哲学和心智哲学，也反映了心身问题在哲学和人类认知中的核心地位。20世纪西方哲学发生的两次语言转向，分别体现在一位哲学家前后期的两本著作中。前期维特根斯坦的《逻辑哲学论》使用形式语言和形式化方法（数学逻辑的方法）来分析哲学问题，以7个命题终结了全部哲学。第7个命题悍然说："对不可言说的东西，我们必须保持沉默。"①　这是第一次语言转向，即从过去时代哲学所使用的自然语言转向当时最强大最先进的形式语言，凭借这种新型语言和其上的数学逻辑分析方法，把哲学问题变成可以分析、可以实证的科学问题，产生了逻辑实证主义和分析哲学的新理论、新方法。哲学的任务就是语言分析——这是第一次语言转向的重要结果。后期维特根斯坦重新返回自然语言，分析自然语言的使用与哲学思维之间的关系，提出"语言的意义在于它的应用"，②　建立了"语言游戏论"，③　开创了语用学的领域。这些理论和方法被广泛地应用到哲学和逻辑学以外的领域，如语言学、经济学、政治学都受到其影响。——这是第二次语言转向的重要结果。

　　那么，这两次语言转向与心身问题又有什么关系呢？语言是人类最基本、最重要的心智和认知能力，是人类其他心智和认知能力如思维认知能力、文化认知能力的基础。根据认知人类学的研究，人类的语言心智和认知能力是人类心智长期进化的结果，是脑与语言双重进

---

① 维特根斯坦：《逻辑哲学论》，贺绍甲译，商务印书馆1962年版，第108页。
② 维特根斯坦：《哲学研究》，李步楼译，商务印书馆1996年版，第10、115页。
③ 维特根斯坦：《哲学研究》，李步楼译，商务印书馆1996年版，第13、23页。

化的结果。根据人类认知五层级理论，人类的语言心智和认知能力是由脑与神经认知能力决定的。例如，以汉语为基础的中国人的认知是由右脑优势的涉身心智所决定的。而以汉字这种象形文字为基础的汉语系统，产生了中国人特有的形象思维、类比推理和隐喻的思维方式以及诗经、楚辞、汉赋、唐诗、宋词、元曲、明清小说等灿烂的中华文化。

由此可见，语言、思维、文化（包括科学、哲学和宗教）等一系列复杂的人类认知活动，实质上都是心身关系既相互对立又相互协调辩证运动的结果。因此，心身问题始终是人类认知的根本问题。只是在认知科学的今天，我们对这个古老的问题有了完全不同的、新的认知。

认知科学重新把心身问题放到人类的面前。心智是认知科学的核心，认知科学的目标是揭开人类心智的奥秘。认知科学三大发现中第一大发现"心智是涉身的"，[①] 这就将心身问题列为认知科学最基本的问题。莱考夫和约翰逊在《体验哲学：涉身心智及其对西方思想的挑战》一书中，指出人的本质存在，无非就是心智和身体的存在，是灵和肉的共同存在。而过去那种灵与肉、理性与经验完全对立的哲学思想和理论，统统都是根本不存在的。[②]

中国古代哲学家王阳明创立的阳明心学在中外思想史上第一次将人类心智作为自己学说的核心概念，建立了心外无物的认识论、格物致知的认识论和知行合一的实践观，深入研究了心身问题以及心理、语言、思维和文化各层级的认知。阳明心学就是中国古代的认知科学。[③]

除了心身问题，认知科学的核心问题还有意识问题、自我意识问题、他人之心问题等。关于这些问题的研究，读者可以参阅塞尔《心

---

① George Lakoff, G., Mark Johnson. *Philosophy in the Flesh*: *the Embodied Mind and its Challenge to Western Thought*, Basic Books, 1999: 1-7.

② George Lakoff, G., Mark Johnson. *Philosophy in the Flesh*: *the Embodied Mind and its Challenge to Western Thought*, Basic Books, 1999: 1-7.

③ 蔡曙山：《阳明心学就是中国的认知科学》，《贵州社会科学》2021年第1期。

智：简要的导论》①　以及本书第三章"心身问题"。

二、终极问题：人类去向何方

认知科学所关注的，是人类的命运，人类从何而来，又将去向何方，这是认知科学的终极问题。

（一）人类从何而来

人类是自然进化的产物。宇宙的历史 148 亿年，在 100 多亿年的时间里，宇宙是死寂的，了无生机。距今 45 亿年前，地球诞生了，但那时地球的大气是有毒的，此后 10 亿年，宇宙和地球仍然是了无生机。但地球在进化着。海洋在形成，海洋中的藻类在合成氧气，地球逐渐具备适合生命出现的条件。距今 35 亿年前，地球上终于出现了第一个简单的生命，它就是今天肆虐全球的病毒，它是一切生命的始祖，但它还不是一个生物。生命继续进化，此后出现了双链的 DNA，它既是生命的内核，又有生物的外形。DNA 只做一件事：尽可能多地复制自身，而大自然对它施行"优胜劣汰，适者生存"的选择机制。这样，DNA 进行着从简单到复杂的、漫长而有序的进化。终于在 600 万—200 万年前完成了语言的发明，从猿进化为人。

（二）语言、思维和文化

语言的发明和人类心智的出现，这是生命进化中最重要的两件大事，这使得灵长类动物中的一支——人类——终于告别其他非人类动物而进化为人。

以抽象概念为特征的人类语言一经产生，抽象思维也就随之产生了。人类使用语言和思维建构了知识大厦，知识中对人类生存和发展有价值的部分积淀为文化。语言、思维和文化是人类心智和认知特有的形式。"人为万物之灵"是认知意义上的一个命题，而非生物学意义上的命题。从自然进化和生物学意义上说，人终究仍然是动物，人不能忘记自己的来处。从心智和认知的意义上说，人毕竟不是动物，人类的心智

---

① Searle, John R. (2004) *Mind: A Brief Introduction*, Oxford University Press.

和认知毕竟不是动物的心智和认知。人类认知是以语言为基础，以思维和文化为特征的。语言、思维和文化的复杂的辩证运动，造成了人类的进化和社会的进步。所以，笛卡尔说："我思，故我在。"[1] 而从根本上应该说："我言，故我在。"[2]

（三）人类文化前进的方向

语言和人类心智出现以后，人类的进化有生物基因和文化基因双重因素在起作用，但起主导作用的并不是生物基因，而是文化基因。

文化基因这个新概念来自于一个新的英文语词"meme"（/ˈmiːm/），最初是由英国著名科学家理查德·道金斯（Richard Dawkins）在《自私的基因》（*The Selfish Gene*）一书中所创造，并将其定义为"在诸如语言、观念、信仰、行为方式等的传递过程中与基因在生物进化过程中所起的作用相类似的那个东西。"[3] 这个语词在中文里还译为媒母、米姆、谜米、弥母、模因、拟子等。

道金斯创造此词时，为了读上去与"基因"（gene）一词相似，他去掉

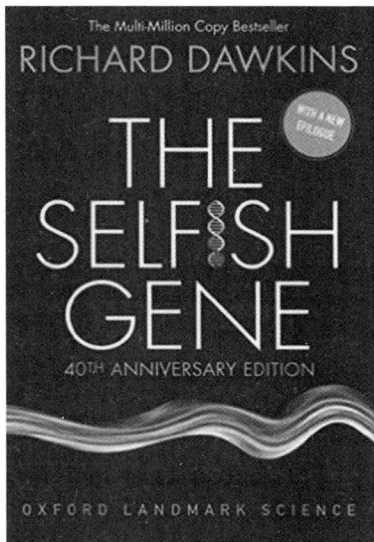

图 17-1　道金斯《自私的基因》

希腊字根 mimeme（原意是模仿的意思）的词头 mi，把它变为 meme，这样还很容易使人联想到跟英文的"记忆"（memory）一词，或是联想到法文的"同样"或"自己"（meme）一词。道金斯提出 meme 概念和理论之后，很多学者秉承道金斯的观点，撰文阐明"meme"的含义和规律，并尝试建立文化进化的"meme 理论"。著名哲学家丹尼特

---

① Descartes, Rene（1637）*A Discourse on the Method of Rightly Conducting the Reason and Seeking Truth in the Sciences*, Liaoning People's Publishing House, 2015, p. 30.
② 蔡曙山：《论语言在人类认知中的地位和作用》，《北京大学学报》2020 年第 1 期。
③ Dawkins, R.（1976）*The Selfish Gene*, Oxford University Press, 1978.

（Daniel Dennet）也很赞同道金斯的 meme 理论，他在《意识的阐释》、《达尔文的危险观念》中应用 meme 理论阐释心灵进化的机制。现今"meme"一词已被收录到《牛津英语词典》中。根据《牛津英语词典》，meme 被定义为"文化的基本单位，通过非遗传的方式，特别是模仿而得到传递。"

根据认知科学的理论我们可以证明，人类进化不只是基因主导的，而是文化主导的。这是因为，人类心智的最高形式是文化层级的心智，从而产生文化层级的认知，文化认知向下包含了其他各个层级的认知：思维认知、语言认知、心理认知和神经认知。人类发明语言，运用语言和思维创造知识和文化，语言、思维和文化三个层级的高阶认知成为人与动物的最后分野。此后，人类的进化主要地不是基因层级的进化，而是语言、思维和文化层级的进化。心智进化论不仅回答了人类与非人类动物的差异，而且回答了人类各种族、各民族、各群体之间的差异，甚至回答了兄弟姐妹和同卵双胞胎之间的差异。[①] 文化是人类心智进化的最高形式，因此，文化基因主导着人类的进化和发展，文化认知主导着人类前进和发展方向。

但是，人类文化前进的方向，人类自己能够主导吗？

第二节　文化的发展与失落

人类从自然中来，创造了文化与文明。但人类似乎已经忘了自己的来处，失去了对自然的尊重与珍惜。

一、文明背离文化、文化背离自然

人类从自然中来，三种进化方式——物种进化、基因进化和心智进化共同造就了人类。

---

① 蔡曙山：《认知科学与技术条件下心身问题新解》，《学术前沿》2020 年 5 月（上）。

因人类的心智进化，先后产生了语言和思维，形成了知识和文化。

文化和文明都是人类心智的创造物，文化更侧重于精神的方面，文明则侧重于物质的方面。文化比文明更久远，它起源于人类发明语言，使用工具，发明文字，从事生产活动，进行精神和物质产品的创造。人类文化起源于石器时代，地点在 260 万年前的非洲。在生产劳动中，非洲的南方古猿在 600 万年前发明了口头语言，完成于 200 万年前。随着语言的发明和使用，人类心智和认知产生了，这就是语言基础上的思维和文化的创造。在继续进化的过程中，人类使用表意的符号记录下语音，便产生了文字。有了文字，人类的经验可以被记录下来，形成知识。此后，人类文化的进步便日新月异了。

文明则是城邦化以后的事，它侧重人类创造的物质方面，先后经历了以青铜器为工具的奴隶社会，以铁器为工具的封建社会，以机器为工具的资本主义社会（工业社会）和以数字计算机为工具的信息社会（后工业社会或信息社会）。

在工业文明以前，人类的发展包括文化和发展与文明的发展并未出现违背自然的重大事件。即使如修筑金字塔和万里长城这种耗费极大人力和物力的事件，也仍然在自然可以接受的范围之内，并未改变自然的存在。这些非凡的人类创造物成为文化和文明的重要遗产。

人类进入工业社会以后，文明背离文化、文化背离自然的倾向逐渐显露出来，而且越来越有加剧的趋势。例如，作为现代大都市形象的高楼大厦，其实并不符合人类的文化内涵，它隔绝了人与自然的联系，也隔绝了人与人的联系。例如，中华文化的本质是农耕文化，中国人的文化内涵本应该是田园诗般的优美。如孟浩然的诗句："故人具鸡黍，邀我至田家。绿树村边合，青山郭外斜。开轩面场圃，把酒话桑麻。待到重阳日，还来就菊花。"（《过故人庄》）一幅闲适优雅的田园生活图画。再如王维的诗："空山不见人，但闻人语响。返景入深林，复照青苔上。"（《鹿柴》）"独坐幽篁里，弹琴复长啸。深林人不知，明月来相照。"（《竹里馆》）诗句记录了那时候人与自然合为一体，人与自然完美融合，人生活在自然美景中，而不是生活在城市高楼中。宋代词人辛弃疾所描绘的农家欢乐图是这样的："茅檐低小，溪上青青草。醉里吴音相媚好，白发谁家翁媪？大儿锄豆溪东，中儿正织鸡笼，最喜小儿无赖，溪头卧剥莲蓬。"（《清平乐·茅檐低小》）。现代社会中，这种田园风光已经不再。

文化背离自然的现象也非常严重。近代以来，西方文化的主体是科学技术。人类在享受科学技术进步成果的同时，也承受着它对自然环境带来的威胁和危害。现代文明的发展是以自然资源的消费为代价的，科学技术的发展必然带来自然资源的消耗和环境的破坏。

科学技术在不断地进步，人类从来也没有停止向大自然索取。与过去的时代相比，20世纪是人类历史上科技进步最迅速的时代。在这个时代，我们发明了电灯电话、火车汽车、飞机大炮、计算机和网络，我们也释放了原子能，制造了多莉羊和转基因食物，[①] 在实验室里合成了生命。[②] 克隆超越了自然生育的界限，合成生命则要超越自然生命的界限。自然界用上百亿年才进化出生命，又用数十亿年才进化出人这种最高级最复杂的生命，科学家们却试图在实验室里从无到有地创造出生命，从无到有地创造出人类！人类试图扮演上帝的角色，自然生命正面临"灭顶之灾"！[③]

二、文化背离自然的结果

近代以来，科学技术已经成为文化和文明的主流。但作为现代文化和文明形式的科学技术却凌驾于文化和自然之上，加深了文化与自然的冲突。

文化背离自然的结果是十分严重的，这可能使人类处于万劫不复的

---

① 1996年7月5日，英国科学家伊恩·维尔穆特（Ian Wilmut）用一个成年羊的体细胞成功地克隆出了一只小羊。这只小羊与它的"母亲"一模一样。动物的繁衍一般都要经过有性繁殖过程，克隆却是无性繁殖。

② 美国《科学》杂志2015年5月25日报道，美国科学家克雷格·温特尔（J. Craig Venter）和他的研究团队利用实验室化学物质合成出了一种细菌的基因组，向创造首个人造生命又迈进了一步。

③ *Science* DOI：10.1126/science.1151721，Published Online January 24, 2008.

境地。以科学技术为核心的西方文化，已经拥有千百万次毁灭人类的能力，这种可能性转变为现实性有时只是一念之差。

除了核技术和核武器之外，生化技术和生物、化学武器、基因技术和基因武器、计算机技术和人工智能，也都可能千百次地毁灭人类。作为自然进化结果的人类，已经具备了如此强大的能力，他们不仅可以改变自然，破坏自身存在的根基，甚至可以轻而易举地毁灭自身。

三、文化的发展与失落

当人类创造的文化和文明违背人类自身的意愿，走向与自然对抗甚至与人类自身对抗的错误道路时，人类失落了什么？

首先，我们会失去自然。

中国古代先贤老子提倡"道法自然"的生存方式。"人法地，地法天，天法道，道法自然。"指出了"自然—道—天—地—人"的系统的顺序和法则，在这个系统中，人是最卑微的。自然才是最高尚的，它处于"自然—道—天—地—人"的系统之上，是最值得敬畏的。

工业化以来，西方以科学技术为核心的文化和文明却在走一条完全相反的路：无节制地消费自然，破坏人类赖以生存的自然环境。现代的文化和文明使人类正在远离自然，失去与自然的联系。

《易经》中讲人生的六个阶段是："潜龙勿用、见龙在田、终日乾乾、或跃在渊、飞龙在天、亢龙有悔。"[①] 其实，这种人生的智慧也同样适合于规范人类的技术行为。科学技术在发明之初犹如龙潜于渊，阳之深藏，不宜施展，这样才有利于下一步行动。科学技术的发展是"见龙在田，利见大人。"犹如龙已出现在田野之上，但需要有德有能的"大人"才能掌握。此后的继续发展是"终日乾乾"的"惕龙"，要时刻警惕；"或跃在天"的"跃龙"，可以施展才华；到了"飞龙在天"的阶段，一定要有贤德之人，方能自由自在，成就辉煌。科学技术发展到它的高峰，就到了"亢龙"阶段，这时物极必反，稍不小心，

———————————

① 参见《易经》，中华书局 2020 年版。

就会跌落尘埃，招来祸害，后悔莫及。

其次，我们会失去文化。

失去了自然，我们接着就会失去文化。人类无节制地消费自然，甚至破坏自然，这个过程是一个熵增的过程，根据热力学第二定律，[①]这个过程是不可逆的。

我们正在失去我们赖以生存的自然，但我们很可能不会知觉得到。如果这个过程是逐渐发生的，那么可能如"温水煮青蛙"，知觉到时，已经晚了。另一方面，在现代科学技术背景下，以人类掌握的毁灭力量，我们也有可以在一瞬间失去我们赖以生存的自然和环境。这种情况我们也不可能知觉得到。这真是人类的悲哀！

最后，我们会失去自身。

这样发展的结果，人类最终会失去自身。

——除非我们有所警觉，从现在就开始采取行动。

第三节　创新和毁灭的发明

科学技术既是创新的力量，也是毁灭的力量。科学技术既可以造福人类，也可能危害人类，甚至毁灭人类。

一、科学技术是把双刃剑

人们常说科学技术是把双刃剑，其实主要是技术发明是双刃剑，科学理论自身其实并没有善恶好坏的伦理属性的。例如：爱因斯坦的质能公式 $E=mc^2$ 既可以用来作核发电，为人类提供清洁能源，也可以用来造原子弹，成为大规模的杀人武器。

---

① 热力学第二定律，热力学基本定律之一。克劳修斯（Rudolph Clausius）表述为：热量不能自发地从低温物体转移到高温物体。热力学第二定律的效应可表述为"熵增原理"：不可逆热力过程中熵的微增量总是大于零。在自然过程中，一个孤立系统的总混乱度（即"熵"）不会减小。

二、创新的发明

科学技术当然有它积极的、服务和造福于人类的一面。

创新的技术和创新的发明就是有利于人类生存和发展的技术发明。例如，天才的发明家爱迪生的技术发明有留声机、发电机、电灯、电话、电影、电车、印刷机、投票计数器、同步发报机、电表、电钮、保险丝、电流切断器、蜡纸油印机、活动电影放映机等。这些发明造福于人类，带来了 20 世纪技术的进步和人类生活质量的提高。

2007 年，英国《独立报》评选出改变世界的 101 个发明，中国的四大发明和算盘赫然在列。①

（一）古代四大发明和贡献

1. 造纸术

西汉蔡伦改进了造纸术，称为"蔡侯纸"。《后汉书·蔡伦传》记载：蔡伦字敬仲，桂阳人也。伦有才学，尽心敦慎，数犯严颜，匡弼得失。伦乃造意，用树肤、麻头及敝布、鱼网以为纸。元兴元年奏上之，帝善其能，自是莫不从用焉，故天下咸称"蔡侯纸"。造纸术的发明是给书写材料带来根本意义的一次革命，极大地推进了知识的普及和文化传播。

2. 印刷术

隋唐时出现了雕版印刷，868 年印制的《金刚经》是世界上现存最早的雕版印刷品。11 世纪初，北宋平民毕昇发明活字印刷术，比欧洲早 4 个多世纪，东传朝鲜、日本，西传埃及、欧洲。印刷术的发明，对人类文化的传播和保存是一个重大贡献。宋元时期，我国已有套色印刷技术。山西应县木塔内，发现了辽代的红、黄、蓝三色佛像版画，这是目前发现的我国最早的雕版彩色套印印刷品。沈括的《梦溪笔谈》中有关于毕昇的记载：毕昇的活字印刷若只印三二本，未为简易；若印数十百千本，则极为神速。

---

① 中国古代四大发明，见 http://xh.5156edu.com/page/z3232m4724j19287.html。

3. 火药

火药是我国古代炼丹家发明的，唐中期书籍记载了制成火药的方法。唐末运用于军事。南宋时发明"突火枪"，13 世纪传入阿拉伯和欧洲。火药的发明和传播，改变了中世纪的战争模式，是军事史上划时代的一件大事。

4. 指南针

战国时人们制作出指示方向的仪器"司南"，后来用磁石指南原理制成指南针。北宋指南针运用于航海。13 世纪传入阿拉伯和欧洲。指南针的发明和传播，为欧洲航海家探索新航路提供了重要条件。

（二）逻辑和数学

1. 逻辑

中国是逻辑学的三大发源地之一：古希腊逻辑、中国古代逻辑和印度的因明。中国古代逻辑思想上启先秦，下至现代，学者众多，著作丰富。我们认为中国古代逻辑（学）中最有价值的是类推（类比推理）的理论和论辩、正名等逻辑思想。

过去的时代，由于古希腊亚里士多德逻辑成为西方逻辑和大学逻辑学的正宗，特别是 20 世纪以来，由于罗素悖论引发的第三次数学危机，为解决危机而导致现代逻辑的发展，从亚里士多德到弗雷格、罗素的理论成为西方逻辑的经典，也受到中国学者的顶礼膜拜。一些中国学者以西方标准为标准，放言"中国古代无逻辑"、"有逻辑思想而无逻辑学"等，不一而足。

认知科学建立以后，我们知道"心智是涉身的"、"思维是无意识的"、"抽象概念是隐喻的"，这是认知科学的"三大发现"。认知科学的研究表明，人类心智的各个层级脑与神经、心理、语言、思维和文化，东西方都存在极大的差别。从思维层级看，没有全人类共享的逻辑和逻辑学，东西方的思维和逻辑不必相同，也不可能相同。以西方的演绎推理为标准，把逻辑仅仅限定为推理，要求中国人也按照西方的演绎推理来思维，否则就判定为"无逻辑"，真是无知加狂妄。

在认知科学时代，类比推理受到无比的重视，因为它是隐喻的逻辑基础，而隐喻是人们发明和使用抽象概念、通过概念和思维来认知世界的基本方法。类比推理是科学发现的重要逻辑方法，[①]　类比和隐喻是中华文化的精髓（本章第四节之三"先进文化引领人类前进方向"）。所以，我们应该重新认识中国的逻辑和思维方式的价值。

2. 数学

数学是中国古代科学中一门重要学科，其发展源远流长，成就辉煌。

（1）计数和测量。

我们的先民在从野蛮走向文明的历程中，逐渐认识了数与形的概念。出土的新石器时期的陶器大多为圆形或其他规则形状，陶器上有各种几何图案，通常还有三个着地点，都是几何知识的萌芽。先秦典籍中有"隶首作数"、"结绳记事"、"刻木记事"的记载，说明人们从辨别事物的多寡中逐渐认识了数，并创造了记数的符号。殷商甲骨文（前14—前11世纪）中已有13个记数单字，最大的数是"三万"，最小的是"一"。一、十、百、千、万，各有专名。其中已经蕴涵有十进位数制的萌芽。

传说伏羲创造了画圆的"规"、画方的"矩"，也传说黄帝臣子倕是"规矩"和"准绳"的创始人。早在大禹治水时，禹便"左准绳"（左手拿着准绳），"右规矩"（右手拿着规矩）。规、矩、准、绳是我们祖先最早使用的数学工具。人们丈量土地面积，测算山高谷深，计算产量多少；粟米交换，制定历法，都需要数学知识。《周髀算经》载商高答周公问，提到用矩测望高深广远。相传西周初年周公（前11世纪）制礼，数学成为贵族子弟教育中六门必修课程（六艺）之一。

春秋末年，人们已经掌握了完备的十进制记数法，普遍使用了算筹这种先进的计算工具。人们已谙熟九九乘法表、整数四则运算，并使用了分数。

---

① 蔡曙山：《科学发现的心理逻辑模型》，《科学通报》2013年第58卷第34期。

（2）《九章算术》。

《九章算术》成于公元 1 世纪左右，作者已不可考。一般认为它是经历代各家的增补修订，而逐渐成为现今定本的，西汉的张苍、耿寿昌曾经做过增补和整理，其时大体已成定本。最后成书最迟在东汉前期，现今流传的大多是在三国时期魏元帝景元四年（263 年），刘徽为《九章算术》所作的注本。《九章算术》内容十分丰富，全书总结了战国、秦、汉时期的数学成就。同时，《九章算术》在数学上还有其独到的成就，不仅最早提到分数问题，也首先记录了盈不足等问题，《方程》章还在世界数学史上首次阐述了负数及其加减运算法则。它是一本综合性的历史著作，是当时世界上最简练有效的应用数学，它的出现标志着中国古代数学形成了完整的体系。《九章算术》共收有 246 个数学问题，分为九章。

《九章算术》是中国最重要的数学经典，它之于中国和东方数学，大体相当于《几何原本》之于希腊和欧洲数学。在世界古代数学史上，《九章算术》与《几何原本》像两颗璀璨的明珠，东西辉映。

（3）《九章算术注》。

刘徽《九章算术注》作于魏元帝景元四年（263），原 10 卷。前九卷全面论证了《九章算术》的公式、解法，发展了出入相补原理、截面积原理、齐同原理和率的概念，在圆面积公式和锥体体积公式的证明中引入了无穷小分割和极限思想，首创了求圆周率的正确方法，指出并纠正了《九章算术》的某些不精确的或错误的公式，探索出球体积的正确途径，创造了解线性方程组的互乘相消法与方程新术，用十进分数逼近无理根的近似值等，使用了大量类比、归纳推理及演绎推理。第十卷原名重差，为刘徽自撰自注，发展完善了重差理论，此卷后来单行，因第一问为测望一海岛的高远，名之曰《海岛算经》。他还著有《九章重差图》1 卷，已佚。

（4）《孙子算经》。

《孙子算经》3 卷，常被误认为春秋军事家孙武所著，实际上是公元 400 年前后的作品，作者不详。这是一部数学入门读物，给出了筹算记数制度及乘除法则等预备知识，其河上荡杯、鸡兔同笼等问题后来在民间广泛流传，"物不知数"题则开了一次同余式解法之先河。张丘建著的《张丘建算经》3 卷，成书于北魏（5 世纪下半叶）。此书补充了等差级数的若干公式，其百鸡问题是著名的不定方程问题。

（5）《缀术》和《大明历》。

祖冲之是南北朝时期著名的世界级数学家和天文学家。《缀术》包含了祖冲之父子的数学贡献。由于其内容深奥，隋唐算学馆学官读不懂，遂失传。据认为，此书计算圆周率精确到 8 位有效数字、球体积的计算及含有负系数的二次、三次方程的求解等。他对机械也深有研究，制造过水碓、水磨、指南车、千里船、漏壶等，并著《安边论》、《述异记》、《大明历》等。大明历亦称"甲子元历"，由祖冲之创制。《大明历》采用的朔望月长度为 29.5309 日，这和利用现代天文手段测得的朔望月长度相差不到 1 秒钟。在《大明历》中，祖冲之提出了在 391 年插入 144 个闰月的新闰周。根据新的闰周和朔望月长度，可以求出《大明历》的回归年长度是 365.24281481 日，与现代测得回归年长度仅差万分之六日左右，也就是说一年只差 50 多秒，这是非常精确的数学和天文学资料。冬至点是制定历法的起算点，因此测定它在天空中的位置对于编算历法来说非常重要。可是在祖冲之之前，历算家们一直认为冬至点的位置是固定不变的，这就使得历法制定从一开始就产生了误差。祖冲之把"岁差"的概念引进历法中之后，大大提高了历法计算的精度。

（6）算盘和珠算。

北周甄鸾有 3 部数学著作传世，即《五曹算经》、《五经算术》、《数术记遗》。《数术记遗》一卷，传本题东汉徐岳撰、北周甄鸾注，近人多以为系甄鸾自撰自注，假托徐岳。书中记载了 3 种大数进位制及 14 种算法，其中珠算虽不同于元明的珠算盘，然开后者之先河，似无可疑。后经杨辉、朱世杰等人对筹算乘除捷算法的改进、总结，导致了珠算盘与珠算术的产生（大约在元中叶），完成了我国计算工具和计算技术的改革。元中后期，又出现了《丁巨算法》、贾亨《算法全能集》、何平子《详明算法》等改进乘除捷算法的著作。元明之后，随着筹算捷算法的完备，珠算术产生并得到普及，明朝出现了一批有关珠算的著作。其最著者为程大位的《算法统宗》（1592），凡17卷，595问。此书适应商业发展的需要，以珠算为主要计算工具，并载有珠算开方法。此书在以后二三百年间被多次翻刻、改编，流传之广是罕见的。

（7）《算经十书》。

隋唐统治者在国子监设算学馆，置算学博士、助教指导学生学习。唐李淳风等奉敕于显庆元年（656年）为《周髀算经》《九章算术》《海岛算经》《孙子算经》《夏侯阳算经》《缀术》《张丘建算经》《五曹算经》《五经算术》《缉古算经》等10部算经作注，作为算学馆教材，这就是著名的《算经十书》，该书是中国古代数学奠基时期的总结。李淳风等注释保存了许多宝贵资料，注释水平并不高。算学馆实际未培养出像样的数学家。

（8）《夏侯阳算经》。

宋元数学高潮早在唐中叶已见端倪。随着商业贸易的蓬勃发展，人们改进筹算乘除法，新、旧《唐书》记载了大量这类书籍，可惜绝大多数失传，只有韩延《算术》（8世纪）以《夏侯阳算经》的名义流传下来，该书提出了若干化乘除为加减的捷算法，并在运算中使用了十进制小数，极为宝贵。

（9）《黄帝九章算经细草》。

11世纪上半叶贾宪撰《黄帝九章算经细草》，是为北宋最重要的数学著作，还著有《算法栫古集》2卷，已佚。他将《九章算术》未离开题设具体对象甚至数值的术文大都抽象成一般性术文，提高了《九章算术》的理论水平。他对某些类型的数学问题进行概括，比如提出开方作法本源即贾宪三角，作为他提出的立成释锁（即开方）法的算表，这是开方问题的纲。他提出了若干新的重要方法，其中最突出的是创造增乘开方法，并提出了开四次方的程序。贾宪的思想与方法对宋元数学影响极大，是宋元数学的主要推动者之一。《黄帝九章算经细草》

因被杨辉《详解九章算法》抄录而大部分保存了下来。

(10)《梦溪笔谈》。

北宋大科学家、政治家沈括（1031—1095）的《梦溪笔谈》是一部涉及古代中国科学和技术及社会政治的综合性笔记体著作，在西方世界很有影响，被英国科学史家李约瑟称为"中国科学史上的里程碑"。该书对数学亦有独到的贡献。在《梦溪笔谈》中首创隙积术，开高阶等差级数求和问题之先河，又提出会圆术，首次提出求弓形弧长的近似公式。

(11)《详解九章算法》。

南宋数学家杨辉共撰5部数学著作，传世的有4部，居元以前数学家之冠。杨辉，字谦光，在今江浙一带管钱粮，为政清廉。1261年，杨辉在《九章算术》基础上作解题、比类，并补充了图、乘除、纂类三卷，是为《详解九章算法》。商功章的比类中的垛积术发展了沈括的隙积术；纂类则打破了《九章算术》的分类格局，按方法分成乘除、互换、合率、分率、衰分、叠积、盈不足、方程、勾股九类。1262年又撰《日用算法》，着重于改进乘除捷算法，只有少量题目保存下来。1274年撰《乘除通变本末》3卷。卷上的"习算纲目"是一个从启蒙到《九章算术》主要方法的数学教学计划。本书还总结了九归等乘除捷算法及其口诀。次年编纂《田亩比类乘除捷法》2卷，引用了刘益的方法与题目，批评了《五曹算经》四不等田求法的错误。同年，编纂《续古摘奇算法》2卷，对纵横图即幻方研究颇有贡献。后3部书又常合称为《杨辉算法》。

(12)《数书九章》。

秦九韶，撰成《数书九章》18卷。《数书九章》分大衍、天时、田域、测望、赋役、钱谷、营建、军旅、市易九类81题，其成就之大，题设之复杂都超过以往算经，有的问题有88个条件，有的答案多达180条，军事问题之多也是空前的，反映了秦氏对抗元战争的关注。大衍总数术系统解决了一次同余式组解法。正负开方术把以增乘开方法为主导的求高次方程正根的方法发展到十分完备的程度，有的方程高达十次。线性方程组解法完全以互乘相消法取代直除法，提出了与海伦公式等价的三斜求积公式，使用了完整的十进小数表示法等，成就杰出。

（13）《数理精蕴》。

由梅珏成、何国宗、明安图、陈厚耀等编纂的《数理精蕴》53 卷，全面系统地介绍了当时传入的西方数学知识。上编立纲明体，为数理本源、几何原本、算术原本等五卷。下编分条致用，为实用数学和借根方比例以及对数、三角函数等 40 卷，表 4 种 8 卷，对清朝数学产生了巨大影响。此书于雍正元年（公元 1723 年）印行。

中国古代数学成就辉煌，出现了《九章算术》、《大明历》这样世界级的数学理论和文献，也出现了刘徽、祖冲之、秦九韶这样世界级的数学家，以及算盘和珠算这样影响世界的计算工具。中国近现代数学发展也是成就辉煌，出现了熊庆来、苏步青、华罗庚、陈省身、陈景润等世界级的数学家。

三、毁灭的发明

近代以来，西方以科学技术为核心的文化和文明，在给人类生活带来便利的同时，也对人类的生存造成影响和威胁。造成这种影响和威胁的，正是西方的科学技术以及以科学技术为核心的现代文化与文明。

人类现在掌握的诸多技术已经可以千百次地毁灭人类，现在，盛极一时的人工智能也可以成为主宰人类、统治人类甚至终结人类的恐怖技术和毁灭的发明。笔者曾经撰文称，如果人工智能这种技术最终的结果是统治人类和毁灭人类，那么，现在就应该停止它。人类至少应该有这点理智和能力。[1]

现代科学技术主要是现代技术对自然资源的无遏止的消费和对人类生存环境的破坏也是有目共睹的。笔者也曾撰文，呼吁要将技术行为置于科学理性和人文精神的指导之下。[2]

---

[1]　蔡曙山：《生命进化与人工智能》，《上海师范大学学报》2020 年第 3 期。
[2]　蔡曙山：《论技术行为、科学理性与人文精神》，《中国社会科学》2002 年第 2 期。

四、人类文化和文明要有正确方向

技术是行为层次的东西，它应该受到科学理性和人文精神的双重约束。科学是人类理性的创造，无论是前面论及的古代的逻辑和数学，还是近代西方发展起来的物理学、化学、天文学、地理学、生物学，他们都是人类理性的创造，当然不可能是反理性的。例如，爱因斯坦质能公式 $E = mc^2$ 产生于理性的建构和推导，这个理论既可用于制造原子弹、氢弹，也可以用于核发电，前者可以毁灭人类，后者可以造福人类。因此，人类的技术行为应该受到人类理性的约束。

人类理性的最高成就是人类文化，它是最高层级的人类心智。因此，技术行为、科学理性最终应该服从人类理智和人类文化。结论是：人类文化和文明要有正确的前进方向，这个方向，只能由人类理性和先进的人类文化来引导。

第四节 先进文化引领人类前进方向

自人类发明使用符号语言，用语言和思维构建知识体系，知识积淀为文化以来，经过数百万年的进化和发展，人类已经变得足够强大。人类不仅忘记了自己所自何来，似乎也不知道自己要去向何方。

一、人的隐喻和人类命运的隐喻

认知科学的一般问题是：什么是心智？什么是认知？什么是人的心智和认知？人类五个层级的心智和认知的科学机理和作用是什么？

认知科学的终极问题是：人是什么？从何而来？向何处去？

（一）人是什么

人是什么？这个问题必须用"A 是 B"的判断形式来回答。在历史上有过很多答案。

其一，人是万物之灵。这是文艺复兴时期的哲学家的回答。但这是一个隐喻，未能揭示人的本质属性以及人与非人类动物的根本区别。

其二，人是有语言、能思维、能够制造和利用生产工具的动物。这是马克思和恩格斯所作的定义。这是一个实质定义。随着人类认识的发展，已经可以否定"能够制造和利用生产工具"这一本质属性，因为其他动物也能够制造和利用生产工具。

其三，人是符号动物。这是符号人类学家的定义。他们认为人是使用符号的动物，这种符号能够表达抽象概念。① 相对而言，非人类动物的语言仅仅是一种能够传达信息的信号语言，而不是表达抽象概念的符号语言。因此，人是符号动物，是能够使用抽象的符号语言并进行抽象思维的动物。

其四，人是有语言、能思维、能在知识和文化体系中认知世界的动物。这是认知科学的定义。这个定义包含4层意思。第一，人是有语言的，这种语言是区别于非人类动物的信号语言的另一种语言——表达抽象概念的符号语言。人类用400万年时间（从600万年前至200万年前）发明和进化出这种语言。有了这种语言，才会有其上的以概念为基础的抽象思维。所以，"我言，故我在。"② 从人类认知五层级看，语言对人类的意义更加清楚。语言区分了高阶认知和低阶认知，即区分了人类的认知与非人类动物的认知。语言是人类认知的基础。从人类进化的过程和历史看，直立行走、火的使用和语言发明这三件大事最终使猿进化为人，但只有完成了语言的发明和进化，人类才完成了从猿到人的进化。第二，人是能思维的。人类完成抽象的符号语言的发明的同时，也就产生了思维。思维是以概念、判断和推理为形式的对世界的认知过程。第三，在语言和思维的基础上，人类构建了宏伟的知识大厦，并在知识体系中实现对世界的认知。人类最早的知识体系是哲学。对客观世界的认知产生了本体论为特征的古代哲学；对主观世界的认知产生了以认知论为特征的近代哲学；20世纪30—40年代，西方哲学转向对主客体的中间环节语言的认知，产生了主流的分析哲学和语言哲学；20

---

① Terrence W. Deacon（1998）*The Symbolic Species：The Co - evolution of Language and the Brain*，W. W. Norton & Company.

② 蔡曙山：《论语言在人类认知中的地位和作用》，《北京大学学报》2020年第1期。

世纪 50 年代以后，人类返回自身，探索人类心智的奥秘。对心智的认知产生了认知科学和心智哲学。[①] 自然科学是人类对自然现象和规律认知的知识体系；人文艺术和社会科学是人类对自身和社会现象及规律认知的知识体系；因为有了语言和思维，人类的经验可以形成知识，而不必如非人类动物一样，每一代从经验开始学习。人类的存在，不过就是语言和思维的存在。所以，"我思，故我在。"[②] 第四，知识积淀为文化，形成文化基因。人类的存在，以语言为基础，以思维和文化为特征。人类的存在，其本质是文化的存在。文化是人类认知世界的方式，文化引导人类的前进方向。

以上可以看出，人类的存在其实是一系列的隐喻。例如：基因的隐喻（身体与神经层级）、心理直觉的隐喻（心理层级）、语言符号的隐喻即"我言，故我在"的隐喻（语言层级）、理性与逻辑的隐喻即"我思，故我在"的隐喻、文化基因的隐喻（文化层级）等。此外还有：心身关系的隐喻、意识的隐喻；神和上帝的隐喻等。

（二）人类所自何来

人类的进化史以及三种进化论（达尔文的物种进化论、基因层级的扩展进化论以认知科学的心智进化论）我们在第一部分"脑与神经认知"中已经做了详细分析和研究。但"人类所自何来"这个问题似乎已经渐渐地被人们淡忘。我们以"人类还是不是动物""人类还属不属于自然"这两个问题来帮助人们重新理解和认识"人类所自何来"这个根本的问题。

1. 人类还是不是动物

答案是完全肯定的。从进化论的角度看，人类当然是动物。从达尔文的物种进化论看，人是从猿进化而来的，所以，人是动物。

---

① 蔡曙山：《20世纪语言哲学和心智哲学的发展走向——以塞尔为例》，《河北学刊》2008年第1期；蔡曙山：《人类心智探秘的哲学之路——试论从语言哲学到心智哲学的发展》，《晋阳学刊》2010年第3期。

② Descartes, Rene（1637）*A Discourse on the Method of Rightly Conducting the Reason and Seeking Truth in the Sciences*, Liaoning People's Publishing House, 2015, p. 30.

　　从基因进化论看，人与其他动物基因的差别其实很小。例如，人和鼠都是进化程度很高的哺乳动物，人和鼠有90%以上的基因是相似的，当然这90%相似的基因仅仅是相似，不是完全相同，剩余的10%的差别分散在所有基因中。虽然灵长类动物与啮齿类动物进化分离已经数千万年了，但基因的相似度仍然很高。

　　在非人类动物中，与人类"近亲"的灵长类动物与人类最相似。在人类基因组计划完成之后，基因专家比较人与黑猩猩的基因组后认为，人与黑猩猩的基因只有1.23%的差异，而非原先认为的1.5%—2%的差异。但进一步的研究表明，人与黑猩猩的基因差异不仅存在，而且很大。这是由于现在单从基因序列上说不同已经显得不够了，这些年，分子生物学取得了很多重大的突破。基因表达调控的多样性已日渐显现，表观遗传学等研究已成热门领域。简单来说，就算是相同的一段DNA序列，由于调控机制的微小变化也会对基因表达的结果产生足够的影响。所以讨论基因序列的差异已经没有过多的意义，保守序列的存在以及长期的进化，注定了很多基因的同源性很高。

　　很显然，仅从基因进化论的角度并不能完全解释生物的个体差异性，包括人与鼠、人与黑猩猩的差异，更不用说不同的人种和种族之间的差异，甚至同种族以至同亲属的兄弟姊妹之间的差异，而根本无法解释的是基因表达完全相同的同卵双胞胎之间的差异。要解释这种差异性只能依靠认知科学和心智进化论。

　　从人类认知五层级看，人类心智的五种能力脑与神经认知、心理认知、语言认知、思维认知和文化认知能力都是从进化中获得的。人与动物的本质区别也从五层级的心智和认知能力得到说明的。在人类心智和认知能力中，语言是基础。人类表意的符号语言（概念语言）将人类心智与动物心智截然分开。在抽象的概念语言之上产生的思维也是非人类动物断然没有的。在语言和思维基础上形成的知识和文化，这种特殊的心智和认知能力更不可能为非人类动物所具有。语言、思维和文化是人类特有的心智和认知形式。越是高层级的心智和认知，人类与非人类动物的差异就越大。在这个意义上，认知科学追求差异性的科学，这使得认知科学与过去时代寻求统一原则的所有科学理论都不同。

那么是不是可以说，从语言、思维和文化的角度看，人类就已经区别于其他非人类动物，因而人已经不是动物了？当然不是这样。在人类心智和认知五种能力中，脑与神经认知、心理认知两种能力是人和动物共有的，因此，在这两个层级中，人和动物没有根本的差异，人就是动物。非人类动物的心智和认知能力，如左右脑的分工，左脑负责进攻、捕食、MP 的先天逻辑能力（在动物身上是刺激反应能力）以及自上而下的加工方式；右脑负责防守、防止被捕食，对环境的认知、心理和直觉能力，以及自下而上的加工方式，这些都是人与动物共有的。

在以上意义上，人类不仅要建立自身的自信，即看到自己高于其他非人类动物的高阶认知能力；同时更需要建立人类的自卑，即看到自己仍然是动物，也具有其他动物的低阶认知能力。人并没有完全脱离动物界，仍然是动物界的一成员，一分子。人脱离其他动物是完全无法生存的。

2. 人类还属不属于自然

答案也是完全肯定的。从达尔文进化论的立场看，人是从自然中进化而来的。从基因进化论来看，人是从 35 亿年前的一个简单的基因逐步进化而来的，而这个简单的基因，生命的最初的形式，也是在自然进化中产生的。人类五个层级齐备的心智和认知能力，也是拜自然所赐，从简单到复杂，从低级到高级在漫长的进化过程中获得的。

虽然人类现在已经强大到可以凌驾于自然之上，可以永无休止、永不知足地向大自然索取，他们忘记了自己的来路，不知道人类的生存和发展都依赖于自然，不知道感激自然，敬畏自然。

人类的生存和发展包括文化的发展都是对自然的消费，而自然是脆弱的，自然资源是有限的。自然与文化，谁更重要？当然自然更重要，因为文化和文明连同它的创造者都不过是自然进化的产物。自然不可能再造，文化和文明却可以重建。自然与文化，不得已而弃之，当然是弃文化而保自然。即使人类毁灭，自然会重新塑造一切。而一旦自然被毁灭，人类将连同自然一起毁灭，人类也将不复存在，宇宙将坠入永久的黑暗之中。

两千多年前，中国古代思想家和哲学家老子就提出："人法地，地法天，天法道，道法自然。"这是何等澄明的自然文化观！事实上，老子的自然文化哲学是不可能超越的，因为它是自然文化观上的终极真理。①

人类要知道自己永远是自然的一部分，而不是也不可能凌驾于自然之上。人类要学会尊重自然，敬畏自然。面对大自然，人类要谦卑地低下自己的头，而不要为所欲为。

（三）人类将去向何方

虽然人类的出现、生存和发展都是自然所创、自然所赐，但自近代以来，与人类生存和发展的初衷相违背的行为、与老子思想相反的事实却正在发生。当今世界，自然的因素正在迅速被消解：河流干涸、冰山融化、气候反常、空气污染；文化的因素正却在迅猛增长：核爆核泄、试管婴儿、数字虚拟、网络为家——人类试图扮演上帝，不仅要改变自然，还要改变自身作为人的自然属性。更有甚者，西方科学家的"星际移民"计划，事实上是要放弃养育我们的这个星球，相当于大海上的一艘航船，当它遇到风暴，面临灭顶之灾时，船上的人们不是奋力来救这艘船，而是要弃船逃生。不！这不是人类的未来计划。

人类的未来，答案其实很简单，那就是生存和发展，继续在这个宇宙中唯一适合人类生存的星球，这个生我养我，赐予我食物和智慧的星球生存并发展。

二、谁在指引方向

如前所述，人类的存在是一系列的隐喻，这个隐喻是谁设置的？是自然设置的隐喻，自然指引方向？还是人类自己在设置自身的方向和旅程？

人类诞生以后，纯粹的自在自为的自然已经不复存在。人和人的创造物——文化和文明——已经嵌入到自然之中。人类参与了自身未来发展方向的设置。

---

① 蔡曙山：《自然与文化》，《学术界》2016年第4期。

具体来说，人类通过文化与文明，为自身未来的发展设置方向。在这个过程中，自然因素虽然也会起某种作用，但正面的作用已经微乎其微。只是在人类发展背离正确方向时，大自然会发出警告，甚至会如马克思和恩格斯所说对人类进行报复。

那么，到底是谁在为人类的未来指引方向？

三、先进文化引领人类前进方向

从人类认知五层级理论看，是人类心智在为人类的未来指引方向。文化处于人类心智和认知的最高端，所以，当然是人类创造的文化为人类的未来指引方向。

文化是知识的积淀，但并非所有的人类知识都能够积淀为文化。只有那些对人类生存和发展具有肯定意义和积极作用的知识才会积淀到文化之中。人类文化之中，那些能使人类与自然保持和谐的、反映人类心智特征的、能够引领人类前进方向的文化，我们称为先进文化。只有这种文化，才能引领人类走向未来。

中华文化，相传经历了远古文化时期的有巢氏、燧人氏、伏羲氏、神农氏炎帝、轩辕氏黄帝、尧、舜、禹等时代。据考古发现，旧石器时代中华文化就已经开始了，此时期考古发现有织缝衣物和葬礼。新石器时代在中原大地已经出现农耕文化和农耕文明。这个时期已经开始懂得耕作。在湖南已有文献记载有第一个人工耕作，群居文化开始出现，形成氏族公社。在中原地区考古发现1万年前至7千年前的裴李岗文化、贾湖文化等，已经进入以原始农业、畜禽饲养业和手工业生产为主，以渔猎业为辅的原始氏族社会。

在中华文化产生和发展的过程中，语言和文字、逻辑和思维以及在此基础上形成的具有中华民族特色的科学和技术、艺术和人文、哲学和宗教，是孕育中华民族生生不息的土壤、引领中华民族奋发前进的力量。中华民族经五千年风雨而不衰，历数百朝更替而弥坚，靠的就是日日新、更日新的中华文化。

我们从语言和文字、逻辑和思维及5千年灿烂的中华文化中，简要分析优秀的中华文化对中华民族的引领。

（一）语言和文字

反映人类心智特征的先进文化，包括优秀的民族语言，它是人类文化的基础。就中华文化而言，汉语和汉字是中华文化的根基，具有独一无二、不可替代的文化价值。

我们可以把汉语系统的初始符号看作是横、竖、撇、捺（点）、折五种基本笔画。这五种基本笔画组成偏旁和部首，由偏旁部首生成汉字，由汉字生成语词，包括一字词（汉字本身）、二字词、三字词、四字词（包括丰富多彩的汉语成语）、多字词。6000 个基本汉字组成的二字词有约 1800 万至 3600 万个、三字词约 36 亿至 2159 亿个、四字词约 54 万亿个，故中国人只需认识 6000 个基本汉字便可保证阅读和学习之需，而英语或其他拼音文字即使记住 10 万至 100 万个，也未必能够达到 6000 个汉字的表达能力！由此看出，汉语系统具有最少的基本符号，即汉字五种基本笔画，却有最强的生成能力！①

自然语言的抽象性可以用两个指标来测量：一是基本符号的数量；二是基本语词的数量。以这两个标准来测量，汉语是世界上最抽象、最简明和最有效的语言。汉语是中国人认知的基础，它决定中国人的思维和文化。我们应该珍爱祖宗留给我们的这份独一无二的无比珍贵的遗产。

1. 格律诗词

汉字音形义统一，一字一音，每个音有四声（古代是五声，包括古入声），这样就形成汉语的独一无二的特征：它可以实现语词在音形义上的对仗，体现汉语独有的格律诗词的对仗、平仄的音乐之美。所以，汉语可以书写格律诗词，也只有汉语可以书写格律诗词。

2. 对联

对联是格律诗的一部分，律诗的颔联和颈联就分别是两副对联。对

---

① 蔡曙山：《论语言在人类认知中的地位和作用》，《北京大学学报》2020 年第 1 期。另参见本书第七章"句法加工和语句结构"。

联集汉语言文字和中国人的思维于一体，古今多少名联佳作，构成中华文化的一道美丽风景。

（二）逻辑和思维

根据沃尔夫，说什么语言就按什么方式思维。又根据维特根斯坦，我的思维的限度就是我的语言的限度。所以，说汉语的中国人按照汉语的方式来思维，汉语决定了中国人的思维方式和特征。

1. 经验思维

从脑与神经层级看，中国人是右脑优势，导致在心理层级上擅长经验与直觉认知。在语言层级上，象形文字是一种经验文字，适合于经验思维。在思维层级上，四种主要的推理形式（演绎、归纳、类比、溯因），中国人擅长的是类比、归纳和溯因这三种经验逻辑，以及直觉和顿悟的心理逻辑。在文化层级上，中华文化的本质是一种久远的农耕文化，这也是典型的经验文化。因此，从五个层级上看，中国人的认知方式都带有强烈的经验特征。

过去两千多年来，西方文化一直以分析和演绎思维为正宗，形成一种左脑型的思维模式。这种认知模式从古希腊一直延续到近现代。所以，"言必称希腊"。

20世纪50年代以来，随着认知科学的建立和发展，在语言、思维和文化认知的领域发生了根本的转向，这就是认知科学的经验转向。语言、思维和文化以及整个人类认知的基础重新被奠定在经验之上。我们的语言不必是拼音语言，以汉字为基础的象形文字和经验语言被证明比西方的声音语言有更大优势，也具有更强大的隐喻认知能力。我们的思维也不必是分析的和演绎的，基于经验的类比推理、归纳推理和溯因推理被证明是科学发现的逻辑工具。[①]

在认知科学时代，以经验为基础的语言文字、逻辑思维、直觉和顿悟、经验文化、民族文化，具有特别重要的认知意义和认知价值。

2. 类比和隐喻

中国古代逻辑擅长类比推理，这个影响延续至今。

---

① 蔡曙山：《科学发现的心理逻辑模型》，《科学通报》2013年第34期。

类比推理是隐喻的逻辑基础，隐喻是人类认知的重要方法，人们凭借隐喻产生更多的抽象概念，而使用抽象概念是人类抽象思维的基础。认知科学新的发现和发展使汉语和汉字以及中国人擅长的类比推理和隐喻认知重新焕发青春。

（三）灿烂的中华文化

中华文化博大精深，包括它的语言（汉语）和文字（汉字）基础、国学与小学、中国人的脑与神经认知、中国人的心理认知、中国人的思维和认知、中国的逻辑和数学、中国的科学与技术、中国的教育、中国的哲学、中国的文学和艺术、中国历史、中国古代神话、中国民间传说、儒家思想、道家思想、佛家思想、中国的医学、中国的风水和命理等。

前文所述，文化处于人类心智和认知的最高层级。人类心智、理性和先进文化应该引领人类前进的方向。五千年灿烂的中华文化，是中华民族最宝贵的精神财富。这些宝贵的文化遗产必将在中华民族中代代相传，并将永远传播下去，引领中华文化前进的方向。

关于中华文化与认知，笔者将有专著问世，其中对中华文化博大精深的内容和认知意义将展开更加深入的分析和研究。

思考作业题

1. 什么是认知科学的一般问题？什么是认知科学的终极问题？为什么？

2. 什么是心身问题？为什么说哲学首先将心身问题（或身心问题）纳入学科视野？请举例说明。

3. 为什么说20世纪西方哲学三大主流分析哲学、语言哲学和心智哲学也将心身问题放在核心地位？请加以分析。

4. 试述20世纪西方哲学的两次语言转向，并说明这两次语言转向与心身问题的关系。

5. 认知科学重新把心身问题放在人类面前。试述认知科学的心身问题与过去的心身问题有何联系与区别。

6. 从认知科学的三大发现分析心身问题对认知科学的重要性和意义。

7. 阳明心学如何看待和研究心身问题？为什么说阳明心学就是中国的认知科学？

8. 简述人类的进化史，为什么说"人是自然进化的产物"。

9. 人类进化的三件大事是什么？语言的发明在人类进化中有何重要价值和意义？

10. 试论述"我言，故我在。"

11. 试论述"我思，故我在。"

12. 试论述"我言，故我在"和"我思，故我在"这两个论断之间的关系。

13. 什么是文化基因？为什么说语言和人类心智出现以后，在人类进化中起主导作用的并不是生物基因，而是文化基因？

14. 试述人类进化的三种主要方式：物种进化、基因进化和心智进化，试述物种进化论（达尔文进化论）、基因进化论和心智进化之间的关联和发展。

15. 为什么说现代社会存在文明背离文化、文化背离自然两种趋势，请举例说明。

16. 当人类创造的文化和文明的发展违背人类自身的意愿，走向与自然对抗，甚至与人类自身对抗的错误道路时，人类会失去什么？试举例说明。

17. 为什么说科学技术是把双刃剑？试举例说明。

18. 中国古代四大发明是什么？其创新性和贡献是什么？

19. 试述中国古代逻辑的发展和主要成就。

20. 为何说"中国古代无逻辑""有逻辑而无逻辑学"的说法是完全错误的？请以事实和认知科学的理论加以反驳。

21. 类比推理和隐喻之间有什么关联？隐喻在人类认知中扮演何种角色？有什么重要作用？

22. 试述中国古代数学的主要成就，并以此证明"中国古代无逻辑（学）"是完全错误的。

23. 逻辑与数学是何关系？试从罗素悖论、第三次数学危机、一阶逻辑的建立和发展、一致性定理和完全性定理、哥德尔不完全性定理（1931）加以论证。

24. 为什么说技术是行为层次的东西，科学是理性建构，文化的核心是人文精神？试述技术行为、科学理性和人文精神三者的关系。

25. 为什么说人类的语言是符号语言，动物的语言是信号语言？试比较这两种语言的联系和区别。

26. 人是什么？请给出人的定义并加以分析。

27. 关于人的隐喻有哪些？试一一加以分析。

28. 为什么说关于人的定义终究都是隐喻？

29. 人类还是动物吗？为什么？

30. 人类还属不属于自然？为什么？

31. 什么是老子的自然文化观？试分析"人法地，地法天，天法道，道法自然"命题的哲学意义和认知意义。

32. 人类将向何处去？谁在为我们指引方向？为什么？

33. 为什么说只能由先进文化指引人类未来的前进方向？

34. 试从语言文字、逻辑思维分析五千年中华文化的先进性。

35. 试分析汉语和汉字的先进性。

36. 语言决定思维，语言和思维决定文化。试从汉语和汉字的特质分析中国人的思维和文化特征。

37. 格律诗词和对联如何反映了汉语和汉字独特的认知特征？

38. 试分析《红楼梦》使用的类比和隐喻，这些隐喻体现了《红楼梦》哪些独特的认知价值和文化价值？

39. 为什么说中国人的思维是一种经验思维？为什么说中华文化是一种经验文化？请说明这种经验思维和经验文化独特的认知价值。

推荐阅读

Dawkins, R. (1976) *The Selfish Gene*, Oxford University Press, 1978.

Deacon, T. W. (1998) *The Symbolic Species：The Co-evolution of Language and the Brain*, W. W. Norton & Company.

Descartes, Rene (1637) *A Discourse on the Method of Rightly Conducting the Reason and Seeking Truth in the Sciences*, Liaoning People's Publishing House, 2015.

Lakoff, G., Mark Johnson. *Philosophy in the Flesh：the Embodied Mind and its Challenge to Western Thought*, Basic Books, 1999：1-7.

Science DOI：10. 1126/science. 1151721, Published Online January 24, 2008.

Searle, John R. (2004) *Mind：A Brief Introduction*, Oxford University Press.

蔡曙山：《论技术行为、科学理性与人文精神》，《中国社会科学》2002 年第 2 期。

蔡曙山：《从语言到心智和认知：20 世纪语言哲学和心智哲学的发展——以塞尔为例》，《河北学刊》2008 年第 1 期。

蔡曙山：《人类心智探秘的哲学之路——试论从语言哲学到心智哲学的发展》，《晋阳学刊》2010 年第 3 期。

蔡曙山：《科学发现的心理逻辑模型》，《科学通报》2013 年第 34 期。

蔡曙山：《自然与文化》，《学术界》2016 年第 4 期。

蔡曙山：《论语言在人类认知中的地位和作用》，《北京大学学报》2020 年第 1 期。

蔡曙山：《生命进化与人工智能》，《上海师范大学学报》2020 年第 3 期。

蔡曙山：《认知科学与技术条件下心身问题新解》，《学术前沿》2020 年 5 月号。

蔡曙山:《阳明心学就是中国的认知科学》,《贵州社会科学》2021年第 1 期。

老子:《道德经》,中华书局 2019 年版。

胡适:《红楼梦考证》,北京出版社 2020 年版。

维特根斯坦:《逻辑哲学论》,贺绍甲译,商务印书馆 1962 年版。

维特根斯坦:《哲学研究》,李步楼译,商务印书馆 1996 年版。

美国《科学》杂志,2015 年 5 月 25 日。

《易经》,中华书局 2020 年版。

张爱玲:《红楼梦魇》,上海古籍出版社 1995 年版。

后　记

我的认知科学之路

　　自 1978 年高考进入贵州大学，至今走过了 43 年的学术道路。其间有本科生四年，硕士生三年、博士生三年。三个阶段之间各有两年的工作经历，都是在高校任教学工作。1992 年博士毕业后，先在全国哲学社会科学规划办公室（国家社会科学基金会）工作了 8 年，从事学术和科研管理工作。2000 年，新世纪拉开帷幕，我来到了清华大学，担任清华大学文科建设委员会委员，清华大学首任文科建设处处长，参与了清华大学文科复建工作，创建了清华大学认知科学团队，走上认知科学之路，不觉已经 20 载矣。

　　走上这条道路不是偶然的。追溯到大学本科阶段，毕业论文做的题目是"归纳法演绎法和近代欧洲哲学中的经验论唯理论"，这篇论文开始了我对逻辑学的系统研究，焦点放在逻辑方法对近代欧洲哲学认知论的影响上。此文收入贵州大学科教处编的《贵州大学七七、七八级毕业论文选集》（内部发行），该论文集从该校七七、七八两届 894 名毕业生的 625 篇论文中，精选出 40 篇，文理科各 20 篇，分文理两册印行，现在看来这些入选的论文质量大多是不错的，反映了这两届学生的水平确实不凡。我常说中国教育史上有两个辉煌时期，一是西南联大，战乱中由北方三校南迁的这所大学，成为近代中国教育史上不可超越的顶峰。另一个就是新时期恢复高考后收获的前两届大学生，他们是十年动乱积压的人才，经历了人生磨难，当过工人农民士兵，了解中国社会，经高考改变命运，立志为中华崛起而读书。那个时候的我们，在知识的海洋中畅游，像吸不足水的海绵，近乎疯狂地学习。

大学毕业工作两年后，我考上了中国人民大学（两年工作经历是当时考研的条件），走出贵州，来到北京。在中国人民大学哲学系逻辑学专业，系统地学习数学和逻辑学。硕士论文的题目是"一个与卢卡西维兹不同的亚里士多德三段论形式系统"，改进了波兰著名逻辑学家卢卡西维茨的工作，以三段论第一格 AAA 式和 EAE 式为公理，用形式化的方法建立了原来意义的亚氏三段论形式系统，形式地证明了三段论的所有定理（有效式），排斥了所有的无效式；证明了公理的独立性，解决了三段论系统的判定方法。这项工作以《一个与卢卡西维茨不同的亚里士多德三段论形式系统》、《词项逻辑与亚里士多德三段论》为题，发表在《哲学研究》1988 年第 4 期和 1989 年第 10 期。这是我一生中最引以为自豪的研究工作之一。

1989 年秋，我考入中国社科院哲学所，师从周礼全先生，做他的博士研究生，研究方向语言逻辑。在周先生指导下，我的博士论文以塞尔和范德维克（John R. Searle and D. Vanderveken）1985 年的新著 *Foundations of illocutionary logic* 为研究对象，对当时国内尚无人了解的 illocutionarylogic（语用逻辑）开展研究。1992 年春，我的博士论文《语力逻辑》通过答辩。著名语言学家许国璋先生亲任答辩委员会主席，答辩委员会成员为当时国内语言学和逻辑学界名师大家，可谓集一时之盛也。其后几年之内，我的博士论文中对语用逻辑所做的三个形式系统的研究工作分别以《命题的语用逻辑》《量化的语用逻辑》和《模态的语用逻辑》为题，在国内著名学术期刊《中国社会科学》《哲学研究》和《清华大学学报》发表（见附录）。1998 年，我的第一本学术著作《言语行为和语用逻辑》由中国社会科学出版社出版。

2000 年，我转入清华大学工作，组建清华大学认知科学团队并对认知科学及其相关学科开展系统的研究。在言语行为理论和语用逻辑、语言哲学和语言逻辑、心智哲学、心理学和心理逻辑、计算机科学与人工智能等领域开展研究。自 2009 年起，每年一届主办全国认知科学会议，2015 年起同时召开中国与世界认知科学国际会议，持续推进中国的认知科学发展。

2015 年 9 月，应贵州民族大学校长（后任党委书记）张学立教授、副校长王林教授（现任校长）和副校长肖远平教授（现任贵州师范大学党委书记）邀请，我到该校组建民族文化与认知科学学院并任院长。五年来，建成"四系二中心"（认知科学与技术系、心理学系、教育学系、逻辑与认知研究中心、阳明心学研究中心）的学科结构，招收认知科学与技术、应用心理学、学前教育、教育技术 4 个专业方向的本科生，在校学生近 700 人，其中，认知科学与技术为全国第一个认知科学本科专业。同时建成逻辑与认知、民族文化与认知两个硕士学位点，这两个学科已列入教育部认定的二级交叉学科名录。假以时日（3 至 5 年之内），贵州民族大学原本是有望成为全国第一个认知科学博士点的，可惜这一切于 2020 年 8 月戛然而止。2018 年，我们在认知科学"6+1"学科框架下，整合全校教育学资源，以"教育+民族+认知"为特色，申报并获批教育学一级学科专业硕士点。期间，民族文化与认知经评审确立为省级重点学科。现在读研究生 60 多人。贵州民族大学工作时期，我的研究范围进一步扩大到阳明心学、文化学、民族文化与认知等新的领域。以上各时期主要研究成果见附录。

在贵州民族大学工作期间，创办了中英文两份国际学术期刊《中华文化与认知》和 *Journal of Human Cognition: Language, Thinking and Culture*，这两份国际学术期刊已经在设于大英图书馆的联合王国 ISSN 中心注册成功并获得刊号。

2020 年 8 月底，我和贵州民族大学的五年合同期满，交接工作后返回北京，计划开始过真正的退休生活，专注于自己的学术兴趣，专心著书立说。8 月 31 日下午，接民大校长电话，希望我回贵州民族大学再续合同。但其后事情的发展变化出乎预料，让人匪夷所思，令人瞠目结舌。曾经灿烂辉煌的认知科学之梦，① 已经成为今生永远难忘之痛！

---

① 蔡曙山、傅小兰、杨英锐、张刚：《廿载一觉认知梦 十年辛苦不寻常——清华大学-贵州民族大学认知科学团队创建发展及全国认知科学会议历程回顾》，《科学中国人》2018 年第 12 期（上）。

2015 年 9 月到贵州民族大学以来，我始终以学生为重，也深得学生的尊敬与爱戴。2016 年以来，我连续多年当选贵州民族大学"师恩难忘——影响我最大的好老师"，参加贵州民族大学本科生毕业典礼暨学位授予仪式，接受学生代表献花。这项荣誉是由全校本科应届毕业生投票选举产生的，让我感到特别珍贵。获此殊荣，使我感到作为教师甚至作为人的最高荣誉和最本质的存在。"得天下英才而育之，人生至乐也。"① 我完全相信，六年来我朝乾夕惕、心心念念的这些学生，学习了认知科学和相关学科的广泛知识，具备了综合和分析的认知能力，将来一定会成为奉献于国家和民族的优秀的学术大师、领导干部和创业英才。

民族文化与认知科学学院教育系主任、友人白正府教授赠诗一首，颇适合描写我这六年的经历和现在的心情，兹录于后。

《辛丑春寄怀友人》
白正府

心灵居所天下寻，

黔贵北上今又回。

乐在杏坛播春信，

好从学问析清贫。

踏遍青山颜不变，

看穿浮云心路平。

南来北往情难断，

传道解惑永不停。

---

① 孟子曰："君子有三乐，而王天下不与存焉。父母俱存，兄弟无故，一乐也。仰不愧于天，俯不怍于人，二乐也。得天下英才而教育之，三乐也。"（《孟子·尽心上》）

廿载一觉认知梦　十年辛苦不寻常

——清华大学认知科学团队创建发展及
全国认知科学会议历程回顾

蔡曙山　傅小兰　杨英锐　张　刚[①]

这个世界上，总有一些人爱做梦。

认知科学确实是一个梦，她虽说是一个奇异的梦，然而却是一个美丽的梦。人类在 600 万年漫长的进化过程中，产生了心智。人类却梦想用自己的心智来破解心智的奥秘——这难道不是一个奇异的梦？然而，这个"上帝最后的秘密"却只有用人类心智才能破解——这难道不是一个美丽的梦？

——这个梦，就是要揭开人类心智的奥秘。

[①]　蔡曙山，清华大学心理学系教授，博士生导师，清华大学心理学与认知科学研究中心主任，教育部"985"哲学社会科学创新基地主任，清华大学认知科学团队创建人和负责人，全国认知科学会议发起人，会议主席，时任贵州民族大学民族文化与认知科学学院院长；傅小兰，中国科学院心理研究所所长，研究员、博士生导师，中国科学院大学心理学系主任、岗位教授，中国心理学会原理事长，国务院学位委员会第七届学科评议组心理学组成员，清华大学认知科学团队创建人之一；杨英锐，美国伦斯勒理工学院（Rensselaer Polytechnic Institute）认知科学系终身教授，曾任普林斯顿大学博士后研究员，清华大学韦伦特聘访问教授，清华大学认知科学团队创建人之一；张刚，《科学中国人》杂志社执行社长兼总编辑，全国认知科学会议发起人之一。

一、艰难创业时期（2000—2004）

20世纪中叶，在计算机科学和人工智能、语言学、心理学、生命科学和基因科学领域掀起的革命，导致70年代中期认知科学在美国建立。认知科学的梦想，就是揭开人类心智的奥秘。

新世纪之初，有一些中国人，也开始做这个梦。

2000年，蔡曙山从全国哲学社会科学规划办公室规划处处长的岗位，调入清华大学工作，担任清华大学文科工作委员会委员，清华大学文科建设处处长。时值国家建设世界一流大学计划即"985计划"实施之初，王大中校长率领清华大学院部处级干部访问欧美一流大学，回校后制定一流大学建设规划。一时间，清华上下热烈讨论"如何建设世界一流大学"，规划何其辉煌！此时，任文科处长的蔡曙山教授根据认知科学在欧美蓬勃发展的形势，明确提出"不做认知科学，不能成为世界一流大学"的论断，并向王大中校长进言：建立清华的认知科学。未几，在清华大学校长王大中院士和科研副校长龚克教授的领导下，蔡曙山处长受命组建清华大学认知科学团队。

创业之初，诸多艰难。

首先是学科建设的指导思想。经过认真考察认知科学在国际国内的发展，团队负责人蔡曙山教授提出"多学科交叉，全学科覆盖"的学科发展战略，这个方针一直贯穿于清华大学认知科学团队及其后的清华大学—贵州民族大学认知科学团队的建设过程中，也体现在历届的全国认知科学会议暨中国与世界认知科学国际会议中。

其次是队伍建设的方略。确定学科建设指导思想以后，如何具体地实施队伍建设是重中之重。团队者，非大楼之谓也，乃大师之谓也。团队创建之初，蔡曙山首先请来中国科学院心理研究所傅小兰研究员，共谋团队建设和学科发展，制定了"清华大学认知科学四级团队"的建设方案。这支全国首个多学科交叉、全学科覆盖的认知科学团队，来自清华大学人文社科学院、信息学院、医学院、中科院心理所、中国社科院语言所以及国际合作的一流大学，共有教授、副教授、讲师26人，他们组成清华大学认知科学团队基本的学术力量。为清华大学的认知科学发展奠定了基础。

二、基地建设时期（2004—2006）

清华大学认知科学覆盖认知科学各学科，研究团队由人文社科学院核心研究团队、校内紧密合作团队、国内友好合作团队、国际合作研究团队组成，四级结构如下：

第一级，院内核心研究团队：本中心蔡曙山教授、尹莉副教授、郑美红讲师；教育所樊富珉教授、李虹教授；历史系李学勤教授；社会学系张小军教授；中文系江铭虎教授；外语系杨小璐副教授、周允程讲师。

第二级，校内紧密合作团队：信息学院张钹院士、应明生教授、孙茂松教授、孙富春教授、杨士强教授；医学院刘国松教授、高上凯教授、高小榕教授。

第三级，国内友好合作团队：中国科学院心理研究所傅小兰研究员；中国社会科学院语言研究所沈家煊研究员；重庆大学李伯约教授；浙江大学黄华新教授。

第四级，国际合作研究团队：约翰·塞尔客座教授（美国加州大学伯克利分校）、詹姆斯·沃希客座教授（美国华盛顿大学圣路易斯分校）、理查德·安德森客座教授（美国伊利诺依大学香槟分校）、杨英锐伟伦讲座教授（美国伦斯勒理工学院）以及张建伟教授（德国汉堡大学）。

这支队伍涵盖了认知科学6大学科方向。各学科方向研究人员分布如下：心智哲学和语言哲学：蔡曙山教授、约翰·塞尔教授、黄华新教授、周允程讲师；认知心理学：樊富珉教授、李虹教授、傅小兰教授、詹姆斯·沃希教授、理查德·安德森教授、杨英锐教授、李伯约教授；认知语言学（语言与认知）：杨小璐副教授、江铭虎教授、沈家煊教授；认知人类学（文化、进化与认知）：李学勤教授、张小军教授；计算机科学与人工智能：张钹院士、应明生教授、孙茂松教授、孙富春教

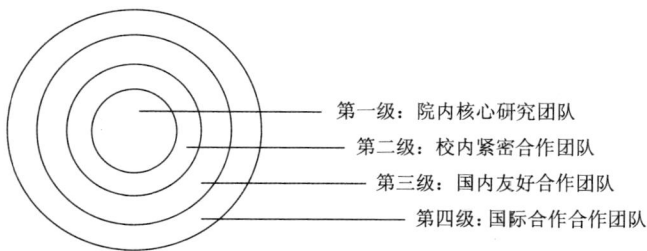

图附-1　清华大学认知科学团队四级结构示意图

授、杨士强教授、张建伟教授；认知神经科学：郑美红讲师、刘国松教授、高上凯教授、高小榕教授。（摘自心理学与认知科学研究中心工作简报第 7 期：《基地建设探索新模式　队伍建设形成新格局》）

团队成立以后的第一件大事，是争取北京市、教育部和国家社科基金、国家自然基金各类项目，使团队发展具备充分的项目与经费支持。团队成立以后，获批的各类项目有：语言逻辑及其在计算机科学和人工智能中的应用（教育部重大项目，2001—2005）；语言逻辑及其在人工智能中的应用（北京市哲学社会科学规划项目，2001—2005）；数字化的逻辑基础理论研究（国家社会科学基金研究项目，2001—2005）等。

2004 年，蔡曙山教授率领的清华大学认知科学团队，在教育部"985"重大创新基地项目的竞争中，以全票通过的优秀成绩，获得教育部"985"重大创新基地项目支持，建立了清华大学认知科学研究基地。这个项目的经费，用于团队建设初期的发展，购买了科学研究所需要的设备，如与事件相关电位 ERP，电脑、服务器等设备。由于获得了"985"重大项目的支持，清华大学认知科学团队进入重要的发展时期。

三、中心发展时期（2006—2015）

2004 年是清华大学认知科学发展关键的一年。这一年我们获得教育部"985"重大创新基地项目支持，建立清华大学认知科学创新基地，并在此基础上，成立了清华大学心理学与认知科学研究中心。清华大学认知科学进入全面发展的重要时期。

中心建设和发展时期，在认知科学研究、认知科学教育和课程建设以及人才培养方面取得一系列重大标志性成果。

科学研究方面，获得教育部哲学社会科学重大攻关课题研究项目"认知科学的重大理论和应用研究"（2007—2012）；清华大学自主创新项目"特殊人群的心理支持与认知决策系统"（2009—2013）；国家社会科学基金重大项目"语言、思维、文化层级的高阶认知研究（15ZDB017）"，2015年立项，2017年中期评估获滚动资助（2015—2020）。

这一时期，团队科研成果丰硕。出版清华大学认知科学研究系列丛书、清华大学认知科学译丛；在《科学通报》、《中国社会科学》等国内学术期刊、国际学术期刊上发表一系列重要学术论文。

人才培养方面，指导研究生在欧美一流大学进行访问和合作研究，进行国际学术交流，撰写高质量学术论文。指导美国普度大学心理学系留学生娜塔莉·贝尔茨（Natalie Beltz）1人、已毕业硕士研究生10人、已毕业博士研究生11人，其中1人获得清华大学优秀博士论文奖，并被评为优秀博士毕业生（王志栋，2008）。担任博士后合作导师，其中已出站3人：张寅生，现任中国科学技术情报所研究员；衣新发，现任陕西师范大学现代教学技术教育部重点实验室、教师专业能力发展中心教授；白晨，现任天津大学语言科学中心教授。1人获博士后优秀论文（张寅生，2006）。

国际学术交流方面，在学科缺失的背景下，如何推动认知科学在中国的发展？我们选择了举办认知科学国内国际学术会议的办法，从2009年开始，由清华大学、贵州民族大学、首都师范大学、科学中国人杂志社等单位主办，每年一届连续召开全国认知科学会议暨中国与世界认知科学国际学术会议，交流科研成果，促进学科发展，增进人才培养。自2009年至2020年，已经连续召开12届全国认知科学会议和6届中国与世界认知科学国际学术会议。

表附-1 2016年以后历届认知科学会议

名称	主题	报道	主办	承办	地点	时间
第八届全国认知科学会议暨第二届中国与世界认知科学国际会议	人工智能与人类心智	全学科探索心智，五层级研讨认知，《科学中国人》2016年11月号	清华大学心理学与认知科学研究中心、清华大学心理学系、贵州民族大学认知文化与人类文化研究院、科学中国人杂志社、成都大学联合主办	成都大学承办	成都，成都大学	2016年10月22—23日
第九届全国认知科学会议暨第三届中国与世界认知科学国际会议	认知科学的学科建设、科学研究和人才培养	聚会贵州民族大学，迎接认知科学春天，《科学中国人》2017年11月号	贵州民族大学、贵阳孔学堂文化传播中心、清华大学心理学与认知科学研究中心、世界科学出版社、科学中国人杂志社联合主办	贵州民族大学认知科学与民族文化研究院、贵州民族大学音乐舞蹈学院共同承办	贵阳，贵阳孔学堂文化传播中心	2017年12月9—10日
第十届全国认知科学会议暨第四届中国与世界认知科学国际会议	语言、思维、文化——高阶认知的理论与应用	廿载认知齐襄力，十度春秋铸辉煌，《科学中国人》2018年11月号	贵州民族大学、首都师范大学、清华大学心理学与认知科学研究中心、《科学中国人》杂志社联合主办	首都师范大学中国语言智能研究中心承办	北京，北京裕龙国际酒店	2018年10月27—28日
第十一届全国认知科学会议暨第五届中国与世界认知科学国际会议	认知科学的理论与应用	认知科学成果卓著，学科建设成就辉煌，《科学中国人》2019年11月号	贵州民族大学、北京邮电大学、清华大学心理学与认知科学研究中心、《科学中国人》杂志社合主办	北京邮电大学承办	北京，北邮科技文化交流中心	2019年10月26—27日
第十二届全国认知科学会议暨第六届中国与世界认知科学国际会议	认知科学交叉综合发展	认知科学交叉创春风，学科交叉创辉煌，《科学中国人》2020年12月号	贵州民族大学民族文化与认知科学学院、清华大学社会科学院和《科学中国人》杂志社联合主办	清华大学心理学与认知科学研究中心承办	北京，清华大学	2020年11月14—15日

说明：第一届全国认知科学会议，至第八届全国认知科学国际会议信息，见蔡曙山主编：《人类的心智与认知》，人民出版社2016年版，第4页。

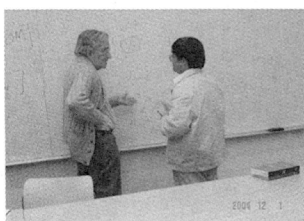

图附-2　清华大学认知科学团队国际国内学术活动

上：世界著名语言与心智哲学家塞尔教授主讲清华论坛并与清华四教授座谈

（左起：王宁、蔡曙山、塞尔、杨英锐、高策理）；

中左：在 MIT 跟语言学大师、认知科学领袖乔姆斯基教授学习并讨论问题；

中右：在世界著名语言与心智哲学家塞尔教授家中做客；

下：清华大学认知科学四级团队部分

（四）学院发展时期(2015—2020)

图附-3 贵州民族大学民族文化与认知科学学院成立，蔡曙山任学院院长
左起：省政府副秘书长潘小林、贵州民族大学校长张学立、学院院长蔡曙山、
科学中国人杂志社社长张刚、贵州民族大学副校长杨昌儒

2015 年，在张学立教授和蔡曙山教授共同带领下，贵州民族大学与清华大学共建贵州民族大学民族文化与认知科学学院，这是全国首家将民族文化与认知科学相结合且以认知科学命名的学院。在认知科学"6+1"的学科框架下，建成 4 系 2 中心的学科结构。目前招收认知科学与技术（全国首个认知科学本科专业）、应用心理学、学前教育、教育技术 4 个专业本科生，在校学生约 700 人；建成"民族文化与认知科学"省级重点学科；建成"逻辑与认知""民族文化与认知"2 个学术型硕士点（列入教育部交叉学科二级学科目录），1 个教育专硕点（含教育管理、学前教育、学科教学〈语文〉、学科教学〈历史〉4 个领域），在校研究生 67 人。

团队建设方面，学院近年从北京大学、清华大学、武汉大学、中山大学、西南大学等名校引进相关学科博士 10 多人。学院现有教职工 32 人。教职工中少数民族 10 人；专任教师 23 人（博士 14 人、硕士 9 人、正高职称 3 人，副高职称 14 人），博士生、硕士生指导教师 8 人。

2016 年以来，聘请美国哈佛大学、美国伦斯勒理工学院、英国巴斯大学、德国汉堡大学、香港中文大学、清华大学、北京大学、首都师范大学、中国科学院心理研究所、中国社科院哲学所等国际国内一流学者担任兼职教授，开展"名师进课堂"和"贵州民族大学认知科学系列讲座"，使贵州民族学生和名师面对面，启发心智，开阔眼界，增长知识。

学科建设成就辉煌，主要成绩如下：

1. 建成"民族文化与认知"省级重点学科

2016 年申报省重点学科"民族文化与认知"，当年获批。本学科设置 4 个方向：（1）逻辑、文化与认知；（2）民族语言与认知；（3）民族教育与认知；（4）民族文化与认知。目前项目进展顺利，已经产出一批重要成果。此省级重点学科的建立，对推动我院的教学、科研和学科建设发挥了重要的作用。

2. 建成"逻辑与认知"学术型硕士点

2016 年建成"逻辑与认知"学术型硕士点，2017 年开始招生，第一批 4 名硕士生以优良成绩毕业。本硕士点列入教育部交叉学科二级学科目录。

3. 建成"民族文化与认知"学术型硕士点

2017 年建成"民族文化与认知"学术型硕士点，2018 年开始招生，目前共有 2018 级和 2019 级两届在读硕士研究生共 9 人。本硕士点列入教育部交叉学科二级学科目录。

4. "民族文化与认知"为学校民族学博士点申报贡献力量

在学校民族学博士点申报中，"民族文化与认知"成为该博士点 4 个方向之一，方向负责人蔡曙山教授，为学校申报博士授予权作出贡献。

5. 建成"教育学"硕士专业学位点

2017 年申报教育硕士专业学位，2018 年获批，2019 年招收教育管理、学前教育、学科教学语文、学科教学历史 4 个方向研究生 19 名；

2020年继续招收4个方向研究生30名。培养具有"教育+民族+认知"特色的学以致用的专业人才。

6. 建成"认知科学与技术"本科专业

2017—2018年，在校党委和行政的大力支持下，连续两年招收认知科学与技术实验班，两年共招收本专业本科生42人。两个实验班为认知科学本科生培养奠定了基础，积累了经验，形成了基本完备的培养方案（本培养方案参照欧美一流大学认知科学本科生培养方案制定）和课程体系（本课程体系参照世界一流大学课程并结合中国和贵州经济社会发展实际需要制定），为申报教育部新增认知科学与技术本科专业作好了充分准备。

2018年申报认知科学与技术本科专业，2019年3月获教育部批准设置"认知科学与技术"新专业，2019年秋季开始招生，首届招收40人。这是全国第一个认知科学本科专业，将永远载入中国教育史和中国认知科学发展史。2019年3月30日中国新闻网报道：中国首个认知科学本科专业落户贵州民大。

7. 建成"应用心理学"本科专业

2016年建成应用心理学系和应用心理学本科专业，2017年开始招生，2020年6月首届毕业生47人全部通过论文答辩顺利毕业。

8. 教育学整体划归我院，学前教育和教育技术形成特色

2016年学院成立之初，按照认知科学"6+1"的学科框架，学校将教育学整体划归我院，确立和形成"教育+民族+认知"的学科特色，学前教育实现一本招生，毕业生100%就业。教育技术与认知科学与技术、聚合科技NBIC相结合，在历届创新创业大赛中表现突出，获得全国和省级多项奖励。

科学研究方面，坚持高水平科研，并以科学研究支撑和带动学科建设。五年来仅蔡曙山本人就在国际国内学术期刊共发表高质量学术论文26篇，其中CSSCI源期刊论文11篇。最高被引152次/篇，最高下载11915次/篇。

2017年，中英文两份认知科学国际学术期刊《中华文化与认知》、

《Journal of Human Cognition：Language，Thinking and Culture》在英国注册成功并出版创刊号，蔡曙山教授担任两份国际学术期刊主编。认知科学期刊的创办是认知科学发展的三个重要标志之一，其他两项是研究方法的确立和学术共同体（学会）的建立，清华大学—贵州民族大学认知科学团队在这三个方面都作出了突出贡献。

蔡曙山认知科学及相关
学科研究项目成果

一、科研项目

（一）国内科研项目

（1）认知科学视阈下的中华文化特质研究，2023 年度国家社会科学基金重大项目（23&ZD238），项目负责人和首席专家，2023—2028。

（2）认知科学与阳明心学的实证研究，贵州省哲学社会科学规划国学单列重大项目（20GZGX10），项目负责人和首席专家，2020 年立项。

（3）语言、思维、文化层级的高阶认知研究，国家社会科学基金重大项目（15ZDB017），项目负责人和首席专家，2015 年立项，2017 年获滚动资助。

（4）阳明心学与现代心态学研究，贵州省社会科学院招标课题（省领导圈示），项目负责人，2016—2017 年。

（5）特殊人群的心理支持与认知决策系统，清华大学自主创新项目，任首席专家，2009—2013 年。

（6）认知科学的重大理论和应用研究，教育部哲学社会科学重大攻关课题研究项目，任首席专家，2007—2012 年。

（7）认知科学研究创新基地，教育部"985"重大创新基地项目，任基地主任，2004—2009 年。

（8）数字化的逻辑基础理论研究，国家社会科学基金研究项目，项目负责人，2001—2005 年。

（9）语言逻辑及其在人工智能中的应用，北京市哲学社会科学规划项目，项目负责人，2001—2005 年。

（10）语言逻辑及其在计算机科学和人工智能中的应用，教育部重大项目，项目负责人，2001—2005 年。

（二）国际国内合作研究项目

（1）清华大学心理学研究中心与美国华盛顿大学圣路易斯分校哲学、神经科学和心理学合作项目（PNP Program），项目负责人，2006—2012 年。

（2）自然与人工认知系统跨模型交互研究计划参加者（Cross-modal Interaction in Natural and Artificial Cognitive Systems，CINACS），中德博士生交流计划，清华大学与德国汉堡大学合作项目，2005—2015 年。

二、学术著作

专著

（1）蔡曙山：《认知科学导论》，人民出版社 2021 年版。

（2）蔡曙山、邹崇理：《自然语言形式理论研究》，人民出版社 2010 年版。

（3）蔡曙山：《语言、逻辑与认知》，清华大学出版社 2007 年版。

（4）蔡曙山：《言语行为和语用逻辑》，中国社会科学出版社 1998 年版，2000 年重印。

（5）蔡曙山主编，江铭虎副主编：《人类的心智与认知》，人民出版社 2016 年版。

编、译著

（6）Cai，Shushan.（ed.）*Mind and Cognition*，Beijing：People's Publishing House，2014.

（7）Cai, Shushan. et al.（eds.）*Logic*, *Methodology and Philosophy of Science*, *Proceeding of 13th International Congress*, London：King's College Publications, 2011.

（8）米黑尔·罗科、威廉·班布里奇编：《聚合四大科技，提高人类能力——纳米技术、生物技术、信息技术和认知科学》，蔡曙山等译，清华大学出版社 2010 年版。

三、学术论文

在《科学通报》《中国社会科学》《哲学研究》《学术前沿》《北京大学学报》《清华大学学报》等国内外学术期刊发表学术论文 150 多篇，其中 SCI 源期刊 3 篇，CSSCI 源期刊 55 篇，被中国知网全文收录113 篇，被引 83 篇，最高被引前三位 255 次/篇、231 次/篇、134次/篇；被下载 113 篇，最高下载前三位 7248/篇、7248/篇、4216/篇；此处选认知科学及相关学科论文 62 篇。（截至 2021 年 8 月 15 日）

（1）蔡曙山：《从认知科学看人工智能的未来发展》，《学术前沿》2023 年 7 月（下），封面文章。

（2）蔡曙山：《大科学时代的基础研究、核心技术和综合创新》，《学术前沿》2023 年 5 月（上），封面文章。

（3）蔡曙山：《我与清华的认知科学》，《科学中国人》2022 年 12月号。

（4）蔡曙山：《综合的时代：从认知科学到聚合科技及其未来发展》，《学术前沿》2022 年 10 月（下），封面文章。《人民论坛》《人民智库》等多家中央媒体转载。《新华文摘》2023 年第 7 期全文转载，封面文章。本文 3000 字信息专报通过内参上报中央。

（5）蔡曙山：《阳明心学就是中国的认知科学》，《贵州社会科学》2021 年第 1 期。

（6）蔡曙山：《从思维认知看人工智能》，《求索》2021 年第 1 期。

（7）蔡曙山：《认知科学与技术条件下心身问题新解》，《学术前沿》2020 年 5 月（上）。

（8）蔡曙山：《生命进化与人工智能》，《上海师范大学学报》2020 年第 3 期。

（9）蔡曙山：《论语言在人类认知中的地位和作用》，《北京大学学报》2020 年第 1 期。

（10）蔡曙山：《重新认识语言》，《光明日报》2019 年 11 月 9 日第 12 版《语言文字》专栏。

（11）蔡曙山：《人类认知体系和数据加工》，《张江科技评论》2019 年第 4 期。

（12）蔡曙山、傅小兰、杨英锐、张刚：《廿载一觉认知梦　十年辛苦不寻常——清华大学—贵州民族大学认知科学团队创建发展及全国认知科学会议历程回顾》，《科学中国人》2018 年第 12 期。

（13）蔡曙山：《论民族文化与认知》，［英］布里斯托：《中华文化与认知》2018 年第 1 卷第 1 期。

（14）Cai Shushan, Xue Xiaodi. Artificial Intelligence and Human Intelligence——On Human-Computer Competition from theFive-Level Theory of Cognitive Science, *Contemporary Social Science*, 2017, 4：141-155.

（15）蔡曙山：《网络和虚拟条件下的道德行为——基于当代认知科学立场的分析》，《学术前沿》2016 年第 12 期。

（16）蔡曙山：《人工智能与人类智能——从认知科学五个层级的理论看人机大战》，《北京大学学报》2016 年第 7 期。

（17）蔡曙山：《自然与文化》，《学术界》2016 年第 4 期。

（18）蔡曙山：《论批判性思维的临界性》，《湖北大学学报》2016 年第 4 期。

（19）蔡曙山：《人类认知的五个层级和高阶认知》，《科学中国人》2016 年 2 月号。

（20）蔡曙山：《论人类认知的五个层级》，《学术界》2015 年第 12 期。

（21）蔡曙山：《探索语言与人类认知的奥秘》，《科学中国人》2015 年第 12 期。

（22）蔡曙山：《心理逻辑、创造性思维与科学发现——兼论逻辑认知的文化价值》，《贵州民族大学学报》（哲学社会科学版）2015 年第 1 期。

（23）蔡曙山：《以语言和文化为基础的人类学习与认知》，《科学中国人》2014 年第 3 期。

（24）蔡曙山：《科学发现的心理逻辑模型》，《科学通报》2013 年第 58 卷第 34 期。2013，58：3530-3543，doi：10. 1360/ 972012-515。

（25）蔡曙山：《心理与逻辑：人类认知的两个重要通道》，《科学中国人》2012 年第 22 期。

（26）张玲、蔡曙山、白晨、衣新发：《假言命题与选言命题关系的实验研究——对逻辑学、心理学与认知科学的思考》，《晋阳学刊》2012 年第 3 期。

（27）Cai，S. The age of synthesis：From cognitive science to converging technologies and hereafter，Beijing：*Chinese Science Bulletin*（《科学通报》英文版），2011，56：465 - 475，doi：10. 1007/s11434 - 010 - 4005-7。

（28）Bai，C. ；Cai，S. & Shumacher，B. P. Reversibility in Chinese word formation influences target identification. *Neuroscience Letters* 2011，499，14-18. doi：10. 1016/ j. neulet. 2011. 05. 020.

（29）Cai，Shushan. The role of abduction in learning and cognition，in 14th International Congress of Logic，Methodology and Philosophy of Science，July 19-26，2011，Nancy，France.

（30）蔡曙山、白晨、衣新发、韩旭：《推理在学习与认知中的作用》，《重庆理工大学学报》2011 年第 8 期。

（31）蔡曙山、白晨、韩旭、易源俏：《继续推进多学科认知科学研究》，《科学中国人》2011 年第 11 期。

（32）蔡曙山：《综合再综合：从认知科学到聚合科技》，《学术界》2010 年第 6 期。

（33）蔡曙山：《人类心智探秘的哲学之路——试论从语言哲学到

心智哲学的发展》,《晋阳学刊》2010 年第 3 期。

（34）Cai, S. Convergence and development of psychology and logic on the frame of cognitive science, *Social Sciences in China*, August 2009（3）: 93-107. Taylor &Francis Group Ltd. 2009.

（35）蔡曙山:《认知科学框架下心理学、逻辑学的交叉融合与发展》,《中国社会科学》2009 年第 2 期。

（36）Cai, S. The twelve Chinese zodiac animal signs: their semiotic explanation and cognitive significance, Proceeding of 10th World Congress of Semiotics, 2009.

（37）蔡曙山:《从语言到心智和认知: 20 世纪语言哲学和心智哲学的发展——以塞尔为例》,《河北学刊》2008 年第 1 期。

（38）Cai, S. Logics in a NewFrame of Cognitive Science: On Cognitive Logic, its Objects, Methods and Systems, *Logic*, *Methodology and Philosophy of Science*: *Proceeding of the* 13th *International Congress*, Vol. 1. London: King's College Publications, 2009, 427-442.

（39）Cai, S. A Cognitive Model with Two Structures of Language and World, *Mind and Cognition*, Tsinghua-Springer, 2008.

（40）蔡曙山:《论形式化》,《哲学研究》2007 年第 7 期。

（41）蔡曙山:《认知科学: 世界的和中国的》,《学术界》2007 年第 4 期,《新华文摘》2007 年第 19 期转载。

（42）蔡曙山:《认知科学研究与相关学科的发展》,《江西社会科学》2007 年第 4 期。

（43）蔡曙山:《关于哲学、心理学和认知科学的 12 个问题与塞尔教授的对话》,《学术界》2007 年第 3 期。

（44）蔡曙山:《逻辑、心理与认知——论后弗雷格时代逻辑学的发展》,《浙江大学学报》2006 年第 6 期。

（45）蔡曙山:《没有乔姆斯基,世界将会怎样》,《社会科学论坛》2006 年第 6 期。

（46）蔡曙山:《论虚拟化》,《浙江社会科学》2006 年第 5 期。

（47）蔡曙山：《符号学三分法及其对语言哲学和语言逻辑的影响》，《北京大学学报》2006 年第 5 期。

（48）蔡曙山：《再论哲学的语言转向及其意义》，《学术界》2006 第 4 期。

（49）蔡曙山：《认知科学背景下的逻辑学》，《江海学刊》2004 年第 5 期。

（50）Cai，S. Logic，Speech and Communication，*Proceeding of 8th Congress of IASS/AIS International Association for Semiotics Studies*，Lyon，2004.

（51）Cai，S. AFormal System for the Illocutionary Force and Its Application in AI，Beijing，*Social Sciences in China*（《中国社会科学·英文版》），Vol. XXIV No. 3，2003（autumn）：142-148。

（52）蔡曙山：《经验在认知中的作用》，《科学中国人》2003 年第 12 期。

（53）蔡曙山：《学科交叉视野中的现代逻辑》，《科学中国人》2003 年第 11 期。

（54）蔡曙山：《心智科学的若干重要领域探析》，《自然辩证法通讯》2002 年第 6 期。

（55）蔡曙山：《模态的语用逻辑》，《清华大学学报》2002 年第 3 期。

（56）蔡曙山：《论技术行为、科学理性与人文精神》，《中国社会科学》2002 年第 2 期。

（57）蔡曙山：《哲学家如何理解人工智能》，《自然辩证法研究》2001 年第 11 期。

（58）蔡曙山：《论数字化》，《中国社会科学》2001 年第 4 期。

（59）蔡曙山：《论哲学的语言转向及其意义》，《学术界》2001 年第 1 期。

（60）蔡曙山：《逻辑学与现代科学的发展》，《中国社会科学》2000 年第 4 期。

（61）蔡曙山：《语用逻辑及其在计算机语言和人工智能中的应用》，《中山大学学报》2000 年第 2 期。

（62）蔡曙山：《量化的语用逻辑》，《哲学研究》1999 年第 2 期。

（63）蔡曙山：《命题的语用逻辑》，《中国社会科学》1997 年第 5 期。

（64）蔡曙山：《词项逻辑与亚里士多德三段论》，《哲学研究》1989 年第 10 期。

（65）蔡曙山：《一个与卢卡西维茨不同的亚里士多德三段论形式系统》，《哲学研究》1988 年第 4 期。

（66）蔡曙山：《归纳法演绎法和近代欧洲哲学中的经验论唯理论》，载于贵州大学科教处编《贵州大学七七、七八级毕业论文选集》（内部发行），1983 年。

世界文化遗产、世界自然遗产和
世界文化与自然双重遗产名录

一、科研项目中国世界文化遗产名录（37 项）

表附-2　中国世界文化遗产名录（37 项）

序号	名　　录
1	长城（黑龙江、吉林、辽宁、河北、天津、北京、山东、河南、山西、陕西、甘肃、宁夏、青海、内蒙古、新疆，1987.12 世界文化遗产）
2	莫高窟（甘肃，1987.12 世界文化遗产）
3	明清皇宫（北京故宫，北京，1987.12；沈阳故宫，辽宁，2004.7.1 世界文化遗产）
4	秦始皇陵及兵马俑坑（陕西，1987.12 世界文化遗产）
5	周口店北京猿人遗址（北京，1987.12 世界文化遗产）
6	布达拉宫（大昭寺、罗布林卡）（西藏，1994.12 世界文化遗产）
7	承德避暑山庄及周围寺庙（河北，1994.12 世界文化遗产）
8	曲阜孔府、孔庙、孔林（山东，1994.12 世界文化遗产）
9	武当山古建筑群（湖北，1994.12 世界文化遗产）
10	丽江古城（云南，1997.12 世界文化遗产）
11	平遥古城（山西，1997.12 世界文化遗产）
12	苏州古典园林（江苏，1997.12 世界文化遗产）
13	天坛（北京，1998.11 世界文化遗产）

续表

序号	名　　录
14	颐和园（北京，1998.11 世界文化遗产）
15	大足石刻（重庆，1999.12 世界文化遗产）
16	龙门石窟（河南，2000.11 世界文化遗产）
17	明清皇家陵寝（明显陵〈湖北〉、清东陵〈河北〉、清西陵〈河北〉，2000.11；明孝陵〈江苏〉、十三陵〈北京〉，2003.7；盛京三陵〈辽宁〉，2004.7 世界文化遗产）
18	青城山—都江堰（四川，2000.11 世界文化遗产）
19	皖南古村落（西递、宏村）（安徽，2000.11 世界文化遗产）
20	云冈石窟（山西，2001.12 世界文化遗产）
21	高句丽王城、王陵及贵族墓葬（吉林、辽宁，2004.7.1 世界文化遗产）
22	澳门历史城区（澳门，2005.7.15 世界文化遗产）
23	安阳殷墟（河南，2006.7.13 世界文化遗产）
24	开平碉楼与村落（广东，2007.6.28 世界文化遗产）
25	福建土楼（福建，2008.7.7 世界文化遗产）
26	郑州天地之中历史建筑群（少林寺〈常住院、初祖庵、塔林〉、东汉三阙〈太室阙、少室阙、启母阙〉、中岳庙、嵩岳寺塔、会善寺、嵩阳书院、观星台）（河南，2010.8.1 世界文化遗产）（河南，2010.8.1 世界文化遗产）
27	元上都遗址（内蒙古，2012.6.29 世界文化遗产）
28	中国大运河（北京、天津、河北、山东、河南、安徽、江苏、浙江，2014.6.22 世界文化遗产）
29	丝绸之路：长安—天山廊道的路网（河南、陕西、甘肃、新疆，2014.6.22 世界文化遗产）
30	土司遗址（湖南、湖北、贵州，2015.7.4 世界文化遗产）
31	鼓浪屿：历史国际社区（福建，2017.7.8 世界文化遗产）
32	良渚古城遗址（浙江，2019 年 7 月 6 日世界文化遗产）
33	庐山（江西，1996.12.6 世界文化景观遗产）
34	五台山（山西，2009.6.26 世界文化景观遗产）
35	杭州西湖（浙江，2011.6.24 世界文化景观遗产）
36	哈尼梯田（云南，2013.6.22 世界文化景观遗产）
37	花山岩画（广西，2016.7.15 世界文化景观遗产）

二、中国世界自然遗产名录

① 武陵源

武陵源风景名胜区位于湖南省张家界市。总面积 264 平方公里，由张家界国家森林公园、索溪峪和天子山等三大景区组成。

② 九寨沟

九寨沟风景名胜区位于四川省阿坝藏族羌族自治州南坪县（今九寨沟县）境内，总面积 620 平方公里。

③ 黄龙

黄龙风景名胜区位于四川省阿坝藏族羌族自治州松潘县境内。面积 700 平方公里。

④ 三江并流

三江并流国家公园坐落于云南省西北部的山区，占地面积约 170 万平方公顷。

⑤ 四川大熊猫栖息地

大熊猫栖息地是中国稀有的"活化石"动物栖息地。四川大熊猫栖息地世界自然遗产包括卧龙、四姑娘山、夹金山脉，面积 9245 平方公里。

⑥ 三清山

又名少华山，位于江西省上饶市与德兴市交界处，因玉京、玉虚、玉华三峰宛如道教玉清、上清、太清三位尊神列坐山巅而得名，为道教名山。

⑦ 中国南方喀斯特

第一期：云南石林、贵州荔波县、重庆武隆，2007 年 6 月入选。第二期：重庆金佛山、贵州施秉、广西桂林、环江，2014 年 6 月入选。

⑧ 中国丹霞

中国丹霞世界自然遗产，包括江西鹰潭龙虎山风景区、广东丹霞山风景区，贵州赤水风景区，福建泰宁风景区，浙江江郎山风景区，湖南崀山风景区。

⑨ 澄江化石地

中国首个化石类世界遗产，填补了中国化石类自然遗产的空白。澄江化石地位于云南省玉溪市澄江县境内，面积512公顷，缓冲区面积220公顷，距今5.3亿年，被誉为"20世纪最惊人的古生物发现之一"。澄江化石地共涵盖16个门类、200余个物种，这在世界同类化石地中极为罕见，完整展示了寒武纪早期海洋生物群落和生态系统。

⑩ 新疆天山

新疆天山属全球七大山系之一，是世界温带干旱地区最大的山脉链，也是全球最大的东西走向的独立山脉。由昌吉回族自治州的博格达、巴音郭楞，蒙古自治州的巴音布鲁克和阿克苏地区的托木尔、伊犁，哈萨克自治州的喀拉峻—库尔德宁四个区域组成，总面积达5759平方公里。

⑪ 可可西里

青海可可西里位于青藏高原的东北角，夹在唐古拉山和昆仑山之间，是世界第三大无人区，保留着原始自然状态，成为野生动物的乐土，总面积450万公顷，可可西里世界遗产总面积600万公顷。

⑫ 神农架

神农架位于湖北省西部边陲，总面积3253平方公里，坐拥联合国"世界地质公园"。

⑬ 梵净山

贵州梵净山自然保护区位于贵州省铜仁市江口、印江、松桃3县交界处，总面积为41900公顷，主要保护对象是以黔金丝猴、珙桐等为代表的珍稀野生动植物及原生森林生态系统，森林覆盖率90%。

⑭ 中国黄（渤）海候鸟栖息地（第一期）

中国黄（渤）海候鸟栖息地范围涉及黄（渤）海多个候鸟栖息地。2019年第一期入选世界自然遗产。遗产地位于东亚—澳大利西亚水鸟迁飞路线（EAAF）的中心位置，每年有鹤类、雁鸭类和鸻鹬类等大批量多种类的候鸟选择在此停歇、越冬或繁殖。

三、中国世界文化与自然双重遗产名单

① 泰山

泰山位于山东省泰安市。古称东岳，一称岱山、岱宗。绵延起伏长约 200 公里。主峰玉皇顶海拔 1532 米，山峰突兀峻拔，雄伟壮丽。从山脚到山顶，沿途古迹名胜 30 多处，中路有王母池、斗母宫、经石峪、壶天阁；西路有黑龙潭、扇子崖、长寿桥等。中西两路会合后为中天门，登天险十八盘，有南天门、碧霞祠、瞻鲁台、日观峰。登日观峰看日出，更为胜景。1987 年被列入《世界自然与文化遗产名录》。

② 黄山

黄山位于安徽省黄山市境内。古称黟山，唐改黄山。由花岗岩构成。南北长约 40 公里，东西宽约 30 公里。有三大主峰；莲花峰（1864.8 米）、光明顶（1860 米）、天都峰（1810 米）。风景秀丽，以奇松、怪石、云海、温泉著名，并称"黄山四绝"。七十二峰各具特色。有玉屏楼、云谷寺、半山寺、慈光阁、始信峰、天都峰、莲花峰、仙人洞、白鹅岭、百丈瀑等名胜古迹，是我国最著名的风景区之一。1990 年被列入《世界自然与文化遗产名录》。

③ 峨眉山—乐山大佛

峨眉山位于四川省乐山市峨眉山市西南，海拔 3099 米。素有"峨眉天下秀"之誉。传为普贤菩萨说法道场。唐宋时期，佛教日趋兴盛，梵宇琳宫，遍及山峦，有佛龛百余，洞窟 40 个，又有万年寺、报国寺、洪椿坪（千佛禅院）、洗象池、金顶华藏寺等名胜。乐山大佛位于四川省乐山市中区东南凌云山栖鸾峰临江峭壁。唐开元元年（公元 713 年）至贞元十九年（803）完成。大佛头与山齐，脚踏大江，通高 71 米，肩宽 24 米，故又名凌云大佛，为世界最大的石佛像。1996 年被列入《世界文化与自然遗产名录》。

④ 武夷山

武夷山世界文化与自然双重遗产位于江西与福建西北部两省交界处。武夷山于 1999 年 12 月被联合国教科文组织列入《世界遗产名

录》，成为全人类共同的财富。红色砂岩构成的低山，海拔 600 米左右。为喀斯特地貌静观集中地。有三十六峰、九十九岩、九曲溪、桃源洞、流香涧、卧龙潭、龙啸岩等名胜和冲佑万年宫（武夷宫）、紫阳书院（武夷精舍）旧址及历代摩崖题刻。建阳、武夷山、光泽三市交界处建有武夷山国家重点自然保护区，并被纳入国际"人与生物圈"自然保护区网。1999 年被列入《世界自然与文化遗产名录》。①

---

① 本节资料来自百度百科。

附录四

本书图片来源一览表

图号	图题	图片来源
图 0-1	认知科学 6 学科框架	源自 Pylyshyn, Z. Information science：its roots and relations as viewed from the perspective of cognitive science. In Machlup and Mansfield，1983：76.本书作者中译并改绘
图 0-2	认知科学"6+1"学科框架	源图片来自维基百科(www.wiki.com)，本书作者中译并改绘
图 0-3	动物和人类心智进化图	本书作者设计并自绘
图 0-4	人类认知五层级结构图	来自蔡曙山：论人类认知的五个层级，合肥：《学术界》2015 年第 12 期;另见本丛书总序图
图 0-5	认知科学与学科映射关系图	本书作者设计并自绘
图 1-1	32 亿年生命的历程	源自网络()
图 1-2	人类的进化	源自网络(https://xiaoxue.hujiang.com/wu/yu-wen/p224364/)，由沪江小学资源网提供
图 1-3	人的直立行走	来自 360 快传 (https://www.360kuai.com/pc/9ffd7eb1b944-d3d22？cota＝3&kuai_so＝1)
图 1-4	火的使用和人类脑容量的增大	来自探秘志>科学探索(https://www.tanmizhi.com/html/19059.html)
图 1-5	语言和文字的发明,甲骨文:中国古代文字	来自网易号 (https://www.163.com/dy/article/FAC-NS9UL05438RAK.html)

续表

图号	图题	图片来源
图 1-6	迪肯《符号物种：脑与语言的双重进化》	来自亚马逊图书网（www.amazon.com）
图 1-7	神经元图	来自网络"图虫创意"（stock.tuchong.com）
图 1-8	大脑左右半球	来自网络（https://www.360kuai.com/）
图 1-9	大脑四大分区	来自网络（https://www.cdstm.cn）
图 1-10	胼胝体（上视图）	来自 360 图片（https://zhuanlan.zhihu.com/p/74133667）
图 1-11	胼胝体（剖视图）	来自网络（https://spro.so.com）
图 1-12	左右脑分工示意图	本书作者自绘
图 1-13	动物强烈偏好从右边捕食	来自 Peter F. MacMeilage, Lesley J. Rogers and Giorgio Vallortigara, Evolutionary Origins of Your Right and Left Brain. *Scientific American*, July 2009.中译文见冯泽君译，大脑为何分左右半球，《环球科学》，Aug.2009
图 1-14	动物的日常行为控制	来源同上
图 1-15	左右脑各司其职，协调一致工作更有效	来源同上
图 1-16	口语产生于哺乳动物日常的咀嚼行为	来源同上
图 1-17	古猿在捕猎时用言语来协调行动	来自知乎图片（https://www.zhihu.com/question/43128972/answer/988297889）
图 2-1	颅相学的心-脑映射图	来自维基百科（https://en.wikipedia.org/wiki）
图 2-2	笛卡尔心身关系图	来源同上
图 2-3	动物心智进化图	本书作者自绘
图 2-4	视觉竞争：鸭兔图	来自 360 百科（www.360doc.cn）
图 2-5	埃尔文·薛定谔	来自 360 百科（www.360doc.cn）
图 2-6	量子双缝实验	来自 360 百科（www.360doc.cn）
图 2-7	从光源 a 射出的光通过 b 和 c 两条狭缝，在屏幕 d 上打出干涉条纹	来自 360 百科（www.360doc.cn）

续表

图号	图题	图片来源
图 2-8	光的波动性质使得通过两条狭缝的光束互相干涉,产生漂亮的干涉条纹	来自 360 百科(www.360doc.cn)
图 2-9	薛定谔的猫	来自 360 百科(www.360doc.cn)
图 2-10	量子纠缠与人类意识	来自网络 (http://k.sina.com.cn/article _ 6485452795 _ 1829027fb00100aqvv.html)
图 2-11	弗洛伊德冰山理论	来自网络 (http://tupian.hudong.com/a1 _ 47 _ 62 _ 01300000329092128471624315262_jpg.html)
图 2-12	弗洛伊德	来自 360 百科(www.360doc.cn)
图 2-13	脑与神经系统、心智和认知关系图	本书作者设计并自绘
图 2-14	巴甫洛夫的狗	来自 360 图片(https://zhidao.baidu.com/daily/view? id=189372)
图 3-1	DNA 的发现者克里克和沃森	源于凤凰网资讯(https://news.ifeng.com/c/7guKpf2YyLI)
图 3-2	认知科学之父诺姆·乔姆斯基	来自亚马逊图书网(www.amazon.com)
图 3-3	塞尔《心智:简要的导论》	来自亚马逊图书网(www.amazon.com)
图 3-4	庄子(约前 369 - 前 286)	来自 360 百科(www.360doc.cn)
图 4-1	人类知识体系图	本书作者自绘
图 4-2	盲人摸象	源自搜狗网图片(https://m.sohu.com/a/115222727_335437)
图 4-3	费希纳的刺激量与感觉强度关系图	源于彭聃龄主编:《普通心理学》,北京:北京师范大学出版社,2012 年第 4 版,第 98 页
图 4-4	感觉剥夺试验	源于 D.O.Hebb,1954,图片下载自搜狐网(https://www.sohu.com/a/370640998_722944)
图 4-5	视觉适应(明适应和暗适应)图	本书作者自绘
图 4-6	感觉对比(亮度对比)	本书作者自绘
图 4-7	感觉对比(色调对比)	本书作者自绘

图号	图题	图片来源
图 4-8	注意与知觉关系模型	源图片来自加扎尼加、艾弗瑞、门冈著:《认知神经科学:关于心智的生物学》,周晓林、高定国等译,北京:中国轻工业出版社,2015 年版。本书作者重新绘制
图 4-9	两栋楼房哪一栋更高?	本书作者拍照制图
图 4-10	两可图	源于 360 百科(https://baike. so. com/doc/2380948-2517479.html)
图 4-11	河水清且浅(贵州荔波小七孔)	源于千叶网 > 荔波小七孔旅游景区河流风景(http://qianye88.com/tupian/43225.html)
图 4-12	海市蜃楼	源于 360 图片(http://www. k1u. com/trip/78085.html)
图 4-13	选择性:背景与对象	源于 360 图片知觉选择性(www.shicuojue.com)
图 4-14	整体性:三角形和长方形	源于 360 图片知觉整体性
图 4-15	整体知觉的组织原则	源于 360 图片知觉整体性(https://www. sohu. com/a/247172305_697206)
图 4-16	理解性:罗夏墨迹图	源于 360 图片罗夏墨迹图(https://xsj.699pic. com/tupian/08q8cg.html)
图 4-17	恒常性:它们是同一扇门吗?	源于 360 图片(https://m. sohu. com/a/319940779_464088)
图 4-18	艾宾浩斯错觉图	源于 360 个人图书馆视错觉图片(http://www. 360doc. com/content/11/1003/10/4359370_153066591.shtml)
图 4-19	缪勒-莱耶尔错觉图	来源同上
图 4-20	奥尔比逊错觉图	来源同上
图 4-21	松奈错觉(Z llner illusion)图	来源同上
图 4-22	编索错觉(twisted cord illusion)图	来源同上
图 5-1	传统哲学的认识论模型	本书作者自绘

续表

图号	图题	图片来源
图5-2	人类记忆三级加工模型	源自 Atkinson, R. C. and R. M. Shiffrin, Human memory: A proposed system and its control peocess. In Spence, K. W. & J. T. Spence（eds.）, *The psychology of learning and motivation: Advances in research and theory*（Vol. 2, pp. 89~195）. New York: Academic Press, 1968. 转引自彭聃龄：《普通心理学》，北京：北京师范大学出版社，2012年第4版，第238页。本书作者重新绘制
图5-3	大脑海马区的结构（上）和功能（下）	源自 Penfield, W. and P. Perot, The brain's record of auditory and visual experience. Brain, 1963, 86: 596~696.
图5-4	艾宾浩斯记忆遗忘曲线	源自360百科（https://baike. so. com/doc/6683446-6897346.html）
图5-5	使用记忆曲线复习后的记忆效果	源自360百科（https://baike. so. com/doc/6683446-6897346.html）
图5-6	心理旋转实验	源自360百科（https://baike. so. com/doc/2829047-2985695.html），本书作者重新绘制
图5-7	心理旋转角度与反应时关系图	源自360百科（https://baike. so. com/doc/2829047-2985695.html），本书作者重新绘制
图5-8	北宋张择瑞《清明上河图》（局部）	源自搜狐网"国宝《清明上河图》高清大图欣赏"（http://roll. sohu. com/20150923/n421925810.shtml）
图6-1	语言的进化和语言分支图	本书作者设计并自绘
图6-2	楔形文字	源于360个人图书馆（http://www. 360doc. com/content/14/0318/15/4007715_361592434.shtml）
图6-3	商代祭祀狩猎涂朱牛骨刻辞	来源同上
图6-4	语形学、语义学、语用学三者关系图	本书作者自绘
图6-5	人类知识与人类认知体系对照图	本书作者自绘
图7-1	汉字六书	源自汉许慎《说文解字》，本书作者重新绘制
图7-2	转换生成语法理论框架图	源于赵世开：《现代语言学》，知识出版社，1983年，第60页。本书作者重新绘制

图号	图题	图片来源
图 7-3	REST 理论理论框架图	源于 Chomsky, N.（1986） Knowledge of Language：Its Nature, Origin and Use, NewYork：Praeger Publishers, pp.67-68.本书作者重新绘制
图 7-4	三段论第一格 AAA 式	本书作者自绘
图 7-5	三段论第一格 EAE 式	本书作者自绘
图 7-6	颜体笔画图解	源于网络,本书作者重新制作
图 7-7	中国书法艺术	源于网络,本书作者编排
图 8-1	语义模型图	本书作者自绘
图 8-2	直言命题的逻辑方阵	本书作者自绘
图 9-1	语用加工和语言交际模型	本书作者设计并绘制
图 9-2	《红楼梦》语用交际转换模型	本书作者设计并绘制
图 10-1	两个概念 a 和 b 之间的外延关系图	本书作者自绘
图 10-2	三个概念 a、b 和 c 之间的外延关系图	本书作者自绘
图 11-1	逻辑方阵	源自 Baum, Robert（1995）Logic［4th Edition］, Oxford University Press.本书作者重新绘制
图 12-1	推理分类图	本书作者设计并绘制
图 12-2	历史因果决定论示意图	本书作者设计并绘制
图 12-3	第一格 AAA 式（Barbara）	本书作者自绘
图 12-4	第一格 EAE 式（Cellarent）	本书作者自绘
图 12-5	沃森选择任务实验统计结果	本书作者自绘
图 13-1	兰德决策模型	源自网络,本书作者重新绘制
图 13-2	前景理论:盈亏的心理价值	源自维基百科,自由的百科全书（https：//encyclopedia.thefreedictionary.com/）
图 13-3	视错觉图	源自 360 图片（http：//www.360doc.com）
图 14-1	弗洛伊德无意识冰山图	源自 360 图片（https：//image.so.com/view?）

图号	图题	图片来源
图 14-2	弗洛伊德《梦的解析》	源自当当网（http://www.dangdang.com/）
图 14-3	第一语言加工的脑电图	源自 Kutas, M. and Hillyard, S. A. Reading senseless sentences: brain potentials reflect semantic incongruity. *Science*, 1980, 207: 203－205; Brain potentials during reading reflect word expectancy and semantic association. *Nature*, 1984, 307: 161~163. 另请参见赵仑:《ERPs 实验教程》(修订版), 东南大学出版社, 2010 年, 第 82 页。
图 16-1	四部十二门学科结构图	本书作者设计并自绘, 2004
图 16-2	迈克尔逊-莫雷实验装置示意图	源自 360 百科 (https://baike.so.com/doc/1785587-1888276.html)
图 16-3	带奇点的大爆炸宇宙论模型。	源自维基百科全书自由的百科全书 (https://encyclopedia.thefreedictionary.com/)
图 16-4	科学发展三层次示意图	本书作者设计并自绘, 2021
图 16-5	意向分析的生理和神经模型	源自 Searle, John R. *Mind: A Brief Introduction*, New York: Oxford University Press, 2004. 本书作者翻译并重新绘制
图 16-6	意向引起身体运动的神经模型	源自 Searle, John R. *Mind: A Brief Introduction*, New York: Oxford University Press, 2004. 本书作者翻译并重新绘制
图 17-1	道金斯《自私的基因》	源自 Dawkins, R. *The Selfish Gene*, Oxford University Press, 1978. 图片来自亚马逊图书网 (https://www.amazon.com)
图附-1	清华大学认知科学团队四级结构示意图	本书作者设计、组建并绘制
图附-2	清华大学认知科学团队国际国内学术活动	本团队照片, 本书作者收集并编排
图附-3	贵州民族大学民族文化与认知科学学院成立, 蔡曙山任学院院长	本团队照片, 本书作者收藏

责任编辑:夏　青
封面设计:汪　莹

图书在版编目(CIP)数据

认知科学导论/蔡曙山 著. —北京:人民出版社,2021.11(2024.1 重印)
(清华大学认知科学研究系列丛书)
ISBN 978 - 7 - 01 - 023630 - 8

Ⅰ.①认…　Ⅱ.①蔡…　Ⅲ.①认知科学-概率　Ⅳ.①B842.1

中国版本图书馆 CIP 数据核字(2021)第 150657 号

认知科学导论
RENZHI KEXUE DAOLUN

蔡曙山　著

人民出版社 出版发行
(100706　北京市东城区隆福寺街 99 号)

中煤(北京)印务有限公司印刷　新华书店经销

2021 年 11 月第 1 版　2024 年 1 月北京第 2 次印刷
开本:710 毫米×1000 毫米 1/16　印张:47.75
字数:700 千字

ISBN 978 - 7 - 01 - 023630 - 8　定价:130.00 元

邮购地址 100706　北京市东城区隆福寺街 99 号
人民东方图书销售中心　电话 (010)65250042　65289539